Reichert

Konstruktiver Mauerwerksbau

Konstruktiver Mauerwerksbau

Bildkommentar zur DIN 1053-1

8., überarbeitete Auflage

mit 466 Zeichnungen, 69 Fotos
und zahlreichen Tabellen

Professor Hubert Reichert
Dipl.-Ing. Architekt
FH Karlsruhe HfT
Lehrbereich Baukonstruktion

Die Deutsche Bibliothek – CIP-Einheitsaufnahme

Reichert, Hubert:
Konstruktiver Mauerwerksbau :
Bildkommentar zur DIN 1053-1 ;
mit zahlreichen Tabellen /
Hubert Reichert. –
8., überarb. Aufl. –
Köln : Müller, 1999

ISBN 3-481-01513-5

ISBN 3-481-01513-5

Umschlaggestaltung: Hattab + Lörzer, Köln
Satz: Satz+Layout Werkstatt Kluth GmbH, Erftstadt
Druck: Druckerei A. Hellendoorn, Bad Bentheim
Printed in Germany

Das vorliegende Werk wurde auf umweltfreundlichem Papier
aus chlorfrei gebleichtem Zellstoff gedruckt.

Vorwort zur 8. Auflage

Im Bereich des Wohnungsbaus werden nach wie vor etwa 90% aller Bauten als Mauerwerksbau ausgeführt. Der Planende wie der Ausführende muß die Regeln der Technik, die dabei einzuhalten sind, kennen und beachten.

Maßgebend für Mauerwerkskonstruktionen ist die DIN 1053, die im Laufe der Zeit in mehreren Teilen erschien. Die im Februar 1990 veröffentlichte Fassung der Norm DIN 1053 Teil 1 »Mauerwerk; Rezeptmauerwerk; Berechnung und Ausführung« ist zusammen mit DIN 1053 Teil 2 überarbeitet worden. Dabei wurde das genauere Berechnungsverfahren aus der früheren Fassung der DIN 1053 Teil 2 in den Teil 1 übernommen, damit bei der Bemessung von Mauerwerk ein häufiges Wechseln zwischen den beiden Normteilen vermieden wird. Diese Neufassung der DIN 1053-1 »Mauerwerk; Berechnung und Ausführung« ist im November 1996 veröffentlicht worden.

Das Studium dieser in eine exakte, aber trockene Form gepreßten technischen Information bereitet Studierenden und auch Praktikern nicht selten Schwierigkeiten. Um sich diese »Verbal-Konstruktions-Informationen«, wie sie in den Texten und Tabellen der Normen vorliegen, auf Anhieb vorstellen zu können und die Scheu vor mehrmaligem Lesen dieser Texte zu nehmen, hatte sich für die Vorgänger-Normen in der Fachwelt der gut eingeführte »Bildkommentar zur DIN 1053« bewährt, wie das die bislang sieben notwendig gewordenen Auflagen zeigten.

In dieser achten Auflage wurde nun die neue Norm DIN 1053-1 vom November 1996 in den bewährten Rahmen eingearbeitet. Dabei zeigte es sich, daß die neue Fassung des Regelwerkes mit der alten vieles nicht mehr gemeinsam hat. Die neue DIN 1053-1 erforderte daher an vielen Stellen eine neue Kommentierung, die hiermit nun der Fachwelt vorgelegt wird.

Die im Normentext genannten und nur mit Ordnungszahlen angegebenen Verweise auf andere Regelwerke sind wieder direkt zitiert, um dem Leser langwieriges Suchen zu ersparen.

An dieser Stelle möchte ich allen danken, die durch ihren freundlichen Rat zum Gelingen dieser Arbeit beigetragen haben. Dank auch den verschiedenen Verbänden der Hersteller von Mauersteinen für ihre bereitwilligen Auskünfte und für das zur Verfügung gestellte Bildmaterial. Besonderen Dank sage ich der Deutschen Gesellschaft für Mauerwerksbau (DGfM) und ihren Gesellschaftern für die wertvollen und fördernden Anregungen, die meine Arbeit unterstützt haben.

Im Anhang erscheint wieder der Text der DIN 1053-1 im Zusammenhang.

Karlsruhe, im Oktober 1998

Hubert Reichert

»Konstruktiver Mauerwerksbau«
Geleitwort zur 8. Auflage von Hubert Reichert

Die Kommentare zur DIN 1053-1, die Prof. Reichert in seinem Fachbuch »Konstruktiver Mauerwerksbau« nunmehr in der 8. Auflage vorlegt, haben sich inzwischen als viel berücksichtigtes Standardwerk in Fachkreisen etabliert. Mit Hilfe von leicht verständlichen Konstruktionsskizzen und Prinzipdarstellungen erläutert Reichert die Regeln des Mauerwerksbaus. Das Werk enthält darüber hinaus zahlreiche Hinweise und Anregungen, die der Autor aus seiner langjährigen praktischen Erfahrung einfließen läßt.

Die DIN 1053 ist 1996 gegenüber der Fassung von 1990 sowohl inhaltlich als auch von ihrer Gliederung her einschneidend verändert worden. So enthält der Teil 1 »Mauerwerk; Berechnung und Ausführung« der Norm nunmehr sowohl das vereinfachte als auch das genauere Berechnungsverfahren. Folgerichtig wurde auch die völlige Neugestaltung des Lehrbuchs »Konstruktiver Mauerwerksbau« erforderlich. Die grundlegenden Zusammenhänge sind wiederum in gut nachvollziehbarer und anschaulicher Form für den täglichen Gebrauch in der Praxis, aber auch für den Lernenden an der Hochschule, dargestellt. Dem Autor sei daher an dieser Stelle herzlich gedankt, verbunden mit dem Wunsch, daß auch die 8. Auflage des Bildkommentars wiederum eine große Verbreitung findet.

Bonn, im November 1998

Deutsche Gesellschaft für Mauerwerksbau e.V.

Hinweise zum Gebrauch des Buches

Die Gliederung des Buches erlaubt ein müheloses Zurechtfinden, da die Ordnungszahlen der DIN 1053-1 die Inhaltsfolge bestimmen. Der **Originaltext,** der zusätzlich im Zusammenhang ab Seite 235 abgedruckt ist, wird im folgenden durch Farbgebung hervorgehoben. Die Erläuterungen, Zusätze und Hinweise sind oft unmittelbar in diesen Originaltext eingearbeitet oder diesem nachgestellt. Diese sind schwarz gedruckt.

Alle Abbildungen wurden nach derselben Regel gezeichnet: Die Schnittlinien sind dicker, und die durch sie begrenzten Schnittflächen tragen eine dem geschnittenen Werkstoff eigene Schraffur. Ansichtslinien dagegen sind dünner gezeichnet, und Ansichtsflächen bleiben von Schraffuren oder Oberflächenstrukturen frei.

Die verwendeten Schraffursinnbilder sind auf Seite 270 aufgeführt.

Kürzel oder Abkürzungen im Text oder in den Abbildungen sind auf den Seiten 267 bis 269 zusammengestellt.

Jede Abbildung trägt in ihrer linken unteren Ecke ein Symbol, das die geometrische Lage der Darstellung im Baugefüge angibt.

Es bedeuten:

- Waagerechter Schnitt = Horizontalschnitt (= Grundriß)
- Lotrechter Schnitt = Vertikalschnitt (= Querschnitt oder Längsschnitt)
- Ansicht einer waagerechten Fläche (Draufsicht)
- Ansicht einer lotrechten Fläche (z.B. Fassade)
- Schaubild (Isometrie, Perspektive)

Inhalt

DIN 1053-1

Mauerwerk
Berechnung und Ausführung*)

Ausgabe November 1996

ICS 91.060.10; 91.080.30

Deskriptoren: Mauerwerk, Berechnung, Ausführung, Bauwesen

Masonry – Design and construction

Maçonneries – Calcul et exécution

Ersatz für Ausgabe 1990-02

Mit DIN 1053-2 : 1996-11
Ersatz für DIN 1053-2 : 1984-07

Vorwort

Diese Norm wurde vom Normenausschuß Bauwesen (NABau), Fachbereich 06 »Mauerwerksbau«, Arbeitsausschuß 06.30.00 »Rezept- und Ingenieurmauerwerk«, erarbeitet. DIN 1053 »Mauerwerk« besteht aus folgenden Teilen:

Teil 1: Berechnung und Ausführung

Teil 2: Mauerwerksfestigkeitsklassen aufgrund von Eignungsprüfungen

Teil 3: Bewehrtes Mauerwerk – Berechnung und Ausführung

Teil 4: Bauten aus Ziegelfertigbauteilen

Änderungen

Gegenüber der Ausgabe Februar 1990 und DIN 1053-2: 1984-07 wurden folgende Änderungen vorgenommen:

a) Haupttitel »Rezeptmauerwerk« gestrichen.

b) Inhalt sachlich und redaktionell neueren Erkenntnissen angepaßt.

c) Genaueres Berechnungsverfahren, bisher in DIN 1053-2, eingearbeitet.

Frühere Ausgaben

DIN 4156: 05,43; DIN 1053: 02.37x, 12.52, 11.62;
DIN 1053-1: 1974-11, 1990-02

*) Herausgeber: Normenausschuß Bauwesen (NABau) im DIN Deutsches Institut für Normung e.V.

1 Anwendungsbereich und normative Verweisungen

1.1 Anwendungsbereich

Diese Norm gilt für die Berechnung und Ausführung von Mauerwerk aus künstlichen und natürlichen Steinen.

Mauerwerk nach dieser Norm darf entweder nach dem vereinfachten Verfahren (Voraussetzungen siehe 6.1) oder nach dem genaueren Verfahren (siehe Abschnitt 7) berechnet werden.

Innerhalb eines Bauwerkes, das nach dem vereinfachten Verfahren berechnet wird, dürfen einzelne Bauteile nach dem genaueren Verfahren bemessen werden.

Bei der Wahl der Bauteile sind auch die Funktionen der Wände hinsichtlich des Wärme-, Schall-, Brand- und Feuchteschutzes zu beachten (→ Abb. 1). Bezüglich der Vermauerung mit und ohne Stoßfugenvermörtelung siehe 9.2.1 und 9.2.2. Es dürfen nur Baustoffe verwendet werden, die den in dieser Norm genannten Normen entsprechen.

Anmerkung:
Die Verwendung anderer Baustoffe bedarf nach den bauaufsichtlichen Vorschriften eines besonderen Nachweises der Verwendbarkeit, z. B. durch eine allgemeine bauaufsichtliche Zulassung.

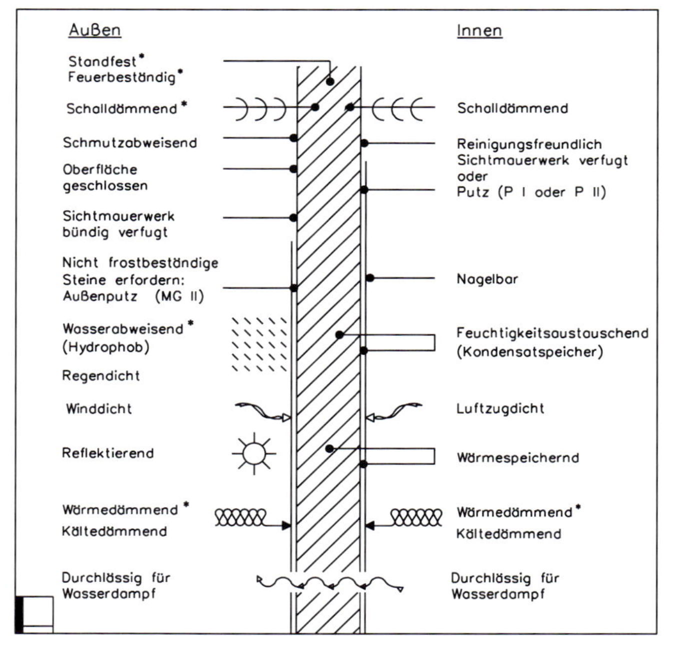

Abb. 1

1.2 Normative Verweisungen

Diese Norm enthält durch datierte oder undatierte Verweisungen Festlegungen aus anderen Publikationen. Diese normativen Verweisungen sind an den jeweiligen Stellen im Text zitiert, und die Publikationen sind nachstehend aufgeführt. Bei datierten Verweisungen gehören spätere Änderungen oder Überarbeitungen dieser Publikationen nur zu dieser Norm, falls sie durch Änderung oder Überarbeitung eingearbeitet sind. Bei undatierten Verweisungen gilt die letzte Ausgabe der in Bezug genommenen Publikation.

DIN 105-1
Mauerziegel – Vollziegel und Hochlochziegel

DIN 105-2
Mauerziegel – Leichthochlochziegel

DIN 105-3
Mauerziegel – Hochfeste Ziegel und hochfeste Klinker

DIN 105-4
Mauerziegel – Keramikklinker

DIN 105-5
Mauerziegel – Leichtlanglochziegel und Leichtlangloch-Ziegelplatten

DIN 106-1
Kalksandsteine – Vollsteine, Lochsteine, Blocksteine, Hohlblocksteine

DIN 106-2
Kalksandsteine – Vormauersteine und Verblender

DIN 398
Hüttensteine – Vollsteine, Lochsteine, Hohlblocksteine

DIN 1045
Beton und Stahlbeton – Bemessung und Ausführung

DIN 1053-2
Mauerwerk – Teil 2: Mauerwerksfestigkeitsklassen aufgrund von Eignungsprüfungen

DIN 1053-3
Mauerwerk – Bewehrtes Mauerwerk – Berechnung und Ausführung

DIN 1055-3
Lastannahmen für Bauten – Verkehrslasten

DIN 1057-1
Baustoffe für freistehende Schornsteine – Radialziegel – Anforderungen, Prüfung, Überwachung

DIN 1060-1
Baukalk – Teil 1: Definitionen, Anforderungen, Überwachung

DIN 1164-1
Zement – Teil 1: Zusammensetzung, Anforderungen

* Außer diesen in der DIN 1053 eigens angesprochenen Anforderungen (»Wärmeschutz« DIN 4108; »Schallschutz« DIN 4109; »Brandschutz« DIN 4102 und »klimabedingter Feuchteschutz« DIN 4108 Teil 3) sind für eine Wohnungs-Außenwand nach Möglichkeit auch die anderen aufgeführten Eigenschaften anzustreben, um damit dem Menschen ein zuträgliches Raumklima zu schaffen!

DIN 4103-1
Nichttragende innere Trennwände – Anforderungen, Nachweise

DIN 4108-3
Wärmeschutz im Hochbau – Klimabedingter Feuchteschutz – Anforderungen und Hinweise für Planung und Ausführung

DIN 4108-4
Wärmeschutz im Hochbau – Wärme- und feuchteschutztechnische Kennwerte

DIN 4165
Porenbeton-Blocksteine und Porenbeton-Plansteine

DIN 4211
Putz- und Mauerbinder – Anforderungen, Überwachung

DIN 4226-1
Zuschlag für Beton – Zuschlag mit dichtem Gefüge – Begriffe, Bezeichnung und Anforderungen

DIN 4226-2
Zuschlag für Beton – Zuschlag mit porigem Gefüge (Leichtzuschlag) – Begriffe, Bezeichnung und Anforderungen

DIN 4226-3
Zuschlag für Beton – Prüfung von Zuschlag mit dichtem oder porigem Gefüge

DIN 17440
Nichtrostende Stähle – Technische Lieferbedingungen für Blech, Warmband, Walzdraht, gezogenen Draht, Stabstahl, Schmiedestücke und Halbzeug

DIN 18151
Hohlblöcke aus Leichtbeton

DIN 18152
Vollsteine und Vollblöcke aus Leichtbeton

DIN 18153
Mauersteine aus Beton (Normalbeton)

DIN 18195-4
Bauwerksabdichtungen – Abdichtungen gegen Bodenfeuchtigkeit – Bemessung und Ausführung

DIN 18200
Überwachung (Güteüberwachung) von Baustoffen, Bauteilen und Bauarten – Allgemeine Grundsätze

DIN 18515-1
Außenwandbekleidungen – Angemörtelte Fliesen oder Platten – Grundsätze für Planung und Ausführung

DIN 18515-2
Außenwandbekleidungen – Anmauerung auf Aufstandsflächen – Grundsätze für Planung und Ausführung

DIN 18550-1
Putz – Begriffe und Anforderungen

DIN 18555-2
Prüfung von Mörteln mit mineralischen Bindemitteln – Frischmörtel mit dichten Zuschlägen – Bestimmung der Konsistenz, der Rohdichte und des Luftgehalts

DIN 18555-3
Prüfung von Mörteln mit mineralischen Bindemitteln – Festmörtel – Bestimmung der Biegezugfestigkeit, Druckfestigkeit und Rohdichte

DIN 18555-4
Prüfung von Mörteln mit mineralischen Bindemitteln – Festmörtel – Bestimmung der Längs- und Querdehnung sowie von Verformungskenngrößen von Mauermörteln im statischen Druckversuch

DIN 18555-5
Prüfung von Mörteln mit mineralischen Bindemitteln – Festmörtel – Bestimmung der Haftscherfestigkeit von Mauermörteln

DIN 18555-8
Prüfung von Mörteln mit mineralischen Bindemitteln – Frischmörtel – Bestimmung der Verarbeitbarkeitszeit und der Korrigierbarkeitszeit von Dünnbettmörteln für Mauerwerk

DIN 18557
Werkmörtel – Herstellung, Überwachung und Lieferung

DIN 50014
Klimate und ihre technische Anwendung – Normalklimate

DIN 51043
Traß – Anforderungen, Prüfung

DIN 52105
Prüfung von Naturstein – Druckversuch

DIN 52612-1
Wärmeschutztechnische Prüfungen – Bestimmung der Wärmeleitfähigkeit mit dem Plattengerät – Durchführung und Auswertung

DIN 53237
Prüfung von Pigmenten – Pigmente zum Einfärben von zement- und kalkgebundenen Baustoffen

Richtlinien für die Erteilung von Zulassungen für Betonzusatzmittel (Zulassungsrichtlinien), Fassung Juni 1993, abgedruckt in den Mitteilungen des Deutschen Instituts für Bautechnik, 1993, Heft 5

Vorläufige Richtlinie zur Ergänzung der Eignungsprüfung von Mauermörtel – Druckfestigkeit in der Lagerfuge – Anforderungen, Prüfung

Zu beziehen über Deutsche Gesellschaft für Mauerwerksbau e.V. (DGfM), 53179 Bonn, Schloßallee 10.

2 Begriffe

2.1 Rezeptmauerwerk (RM)

Rezeptmauerwerk ist Mauerwerk, dessen Grundwerte der zulässigen Druckspannungen σ_0 in Abhängigkeit von Steinfestigkeitsklassen, Mörtelarten und Mörtelgruppen nach den Tabellen 4a und 4b festgelegt werden.

2.2 Mauerwerk nach Eignungsprüfung (EM)

Mauerwerk nach Eignungsprüfung ist Mauerwerk, dessen Grundwerte der zulässigen Druckspannungen σ_0 aufgrund von Eignungsprüfungen nach DIN 1053-2 und nach Tabelle 4c bestimmt werden.

»Rezeptmauerwerk« (RM) stellt nichts anderes dar als das in der bisher gültigen DIN 1053 Blatt 1 bekannte Mauerwerk einer beabsichtigten Zusammensetzung (Stein-Mörtel-Kombination = Rezept) (→ Abb. 2). Es wird also auch in der vorliegenden Neufassung der DIN 1053-1 das bewährte Bemessungskonzept der zulässigen Beanspruchung von Mauerwerk anstatt eines auf Bruchüberlegungen beruhenden Nachweises beibehalten.

Rezeptmauerwerk kann ein Bauunternehmer ohne höheren Aufwand auf der Baustelle ausführen.

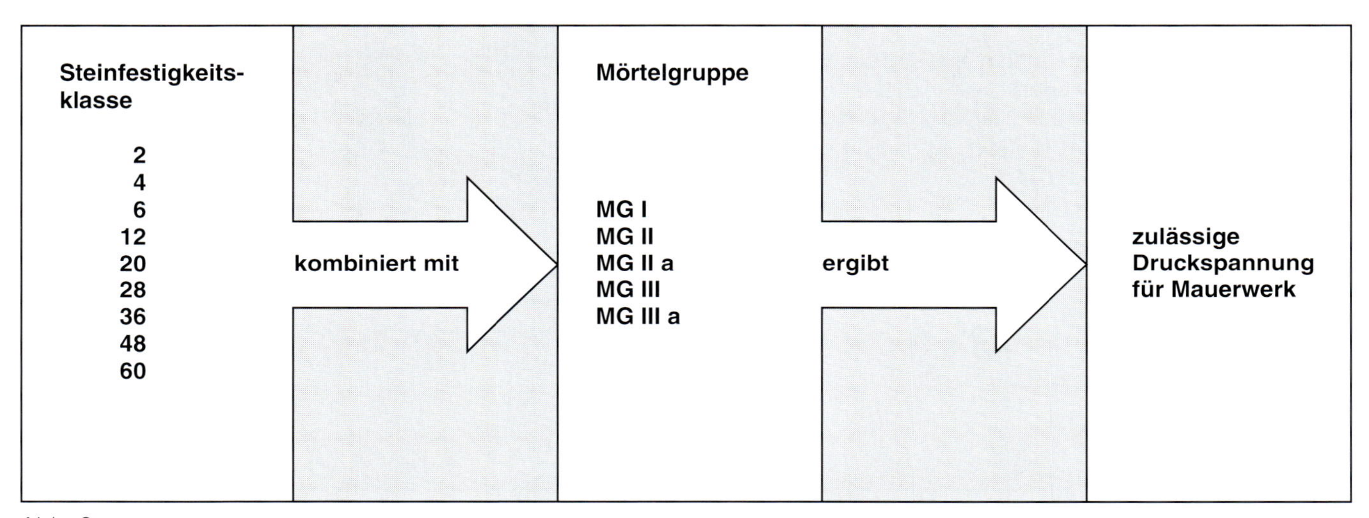

Abb. 2

2.3 Tragende Wände

Tragende Wände sind überwiegend auf Druck beanspruchte, scheibenartige Bauteile zur Aufnahme vertikaler Lasten, z. B. Deckenlasten *(V-Last)*, sowie horizontale Lasten *(H-Last)*, z. B. Windlasten (→ Abb. 3). Als »Kurze Wände« gelten Wände oder Pfeiler, deren Querschnittsflächen kleiner als 1000 cm^2 sind. Gemauerte Querschnitte kleiner als 400 cm^2 sind als tragende Teile unzulässig.

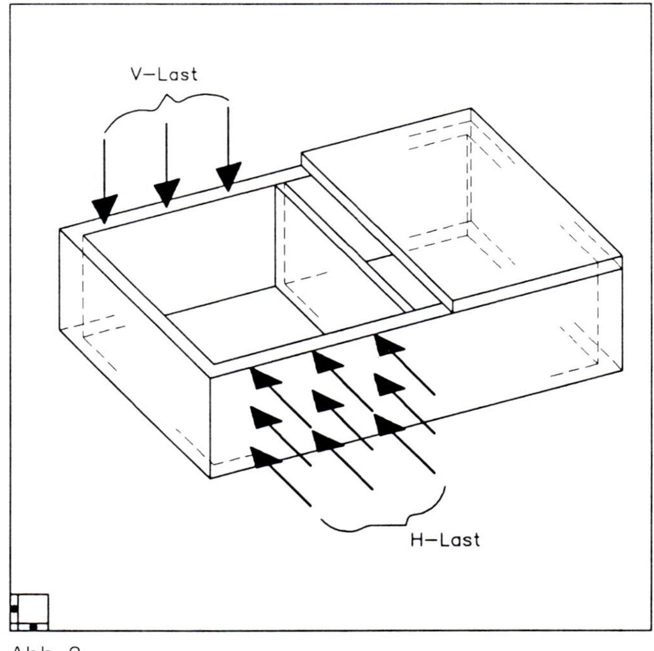

Abb. 3

2.4 Aussteifende Wände

Aussteifende Wände sind scheibenartige Bauteile zur Aussteifung des Gebäudes oder zur Knickaussteifung tragender Wände. Sie gelten stets auch als tragende Wände.

Ein Bauwerk ist dreidimensional. Ein Wandbauteil dagegen ist, sieht man von seiner Dicke ab, zweidimensional und hat eine geringe Standfestigkeit, wenn seine eigene Standfläche, durch eine mindere Dicke bedingt, klein ist (→ Abb. 4). Es neigt zum Kippen.

Das Kippen wird verhindert, indem eine solche Scheibe eine Aussteifung (Abwinklung) erfährt (→ Abb. 5). Diese kann an beiden Enden (→ Abb. 6) oder einseitig (→ Abb. 7), meist aber doppelseitig, versetzt (→ Abb. 8) oder in einer Flucht (→ Abb. 9) angeordnet werden.

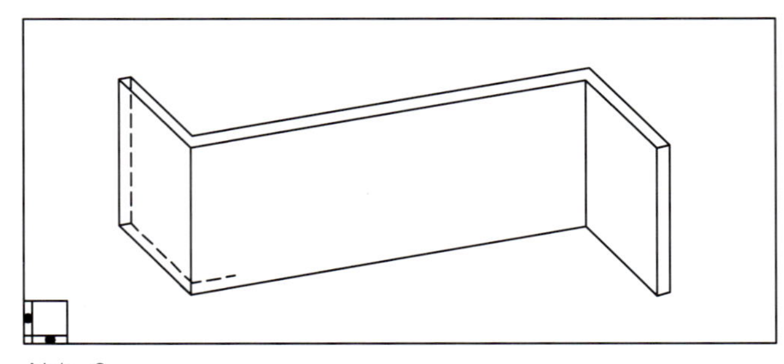

Abb. 6

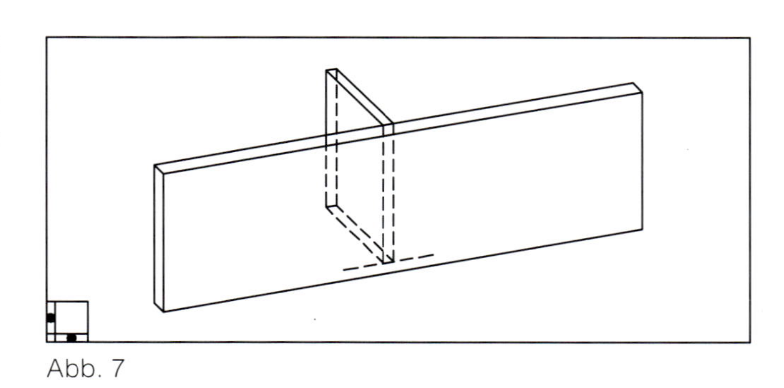

Abb. 7

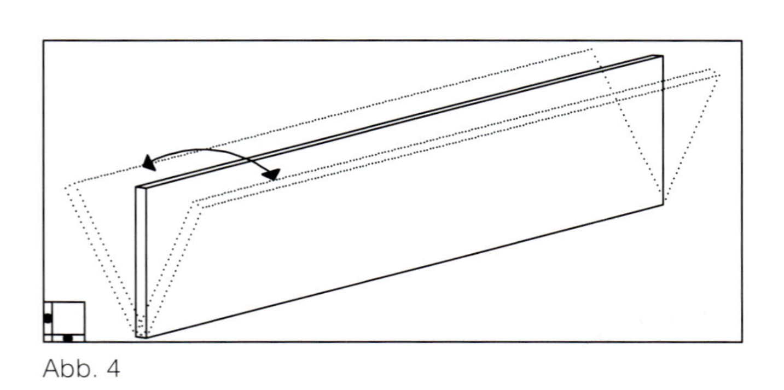

Abb. 4

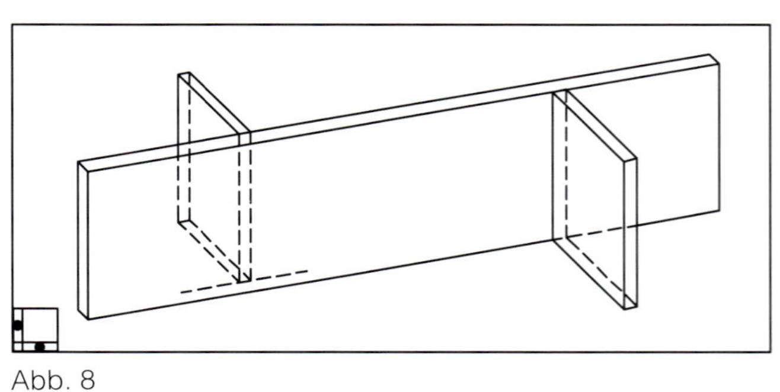

Abb. 8

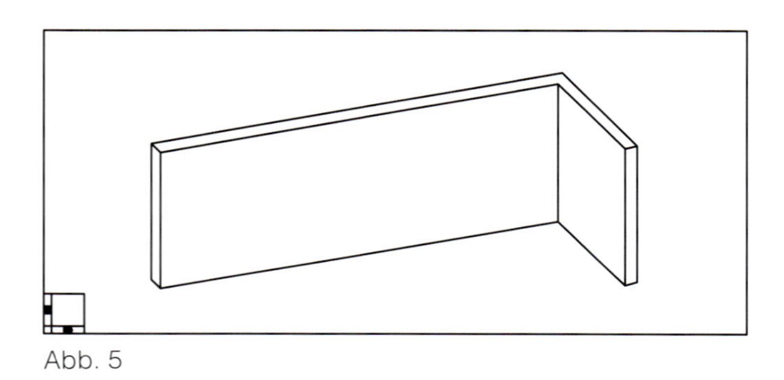

Abb. 5

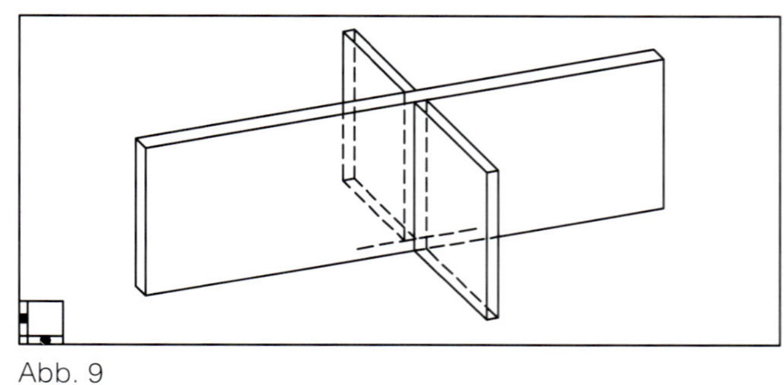

Abb. 9

Diese auf den Abb. 4...9 gezeigten Figuren (Vertikal-Scheiben) sind auch in der Zusammensetzung zu einem Kasten immer noch nicht raumstabil, d. h., sie können beim Angriff von Horizontalkräften (H) Verschiebungen erleiden (→ Abb. 10).

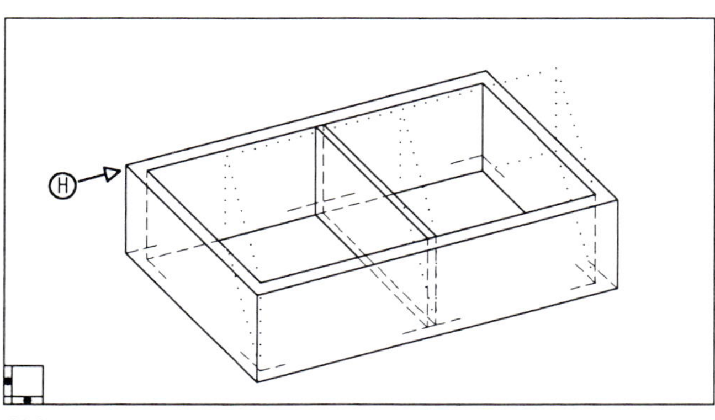

Abb. 10

Erst der Einbau einer flächensteifen Deckenscheibe (Horizontal-Scheibe), die mit den Wandscheiben verankert sein muß, bringt die erforderliche Raumstabilität (→ Abb. 11), wobei die H-Scheibe u. U. nur einen Teil des Bauwerks zu überdecken braucht.

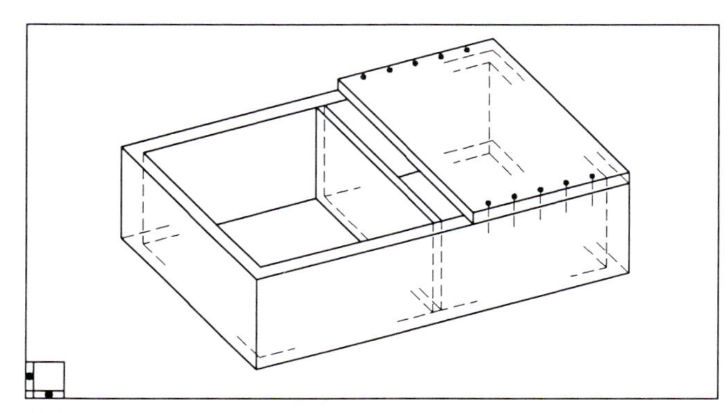
Abb. 11

Dieses System des Zusammenfügens von Vertikal- und Horizontal-Scheiben nennt man das **Baugefüge** (→ Abb. 53). Es ist die Grundlage des mehrgeschossigen Mauerwerksbaus.

2.5 Nichttragende Wände

Nichttragende Wände sind scheibenartige Bauteile (→ Abb. 12), die überwiegend nur durch ihre Eigenlast beansprucht werden und auch nicht zum Nachweis der Gebäudeaussteifung oder der Knickaussteifung tragender Wände herangezogen werden.

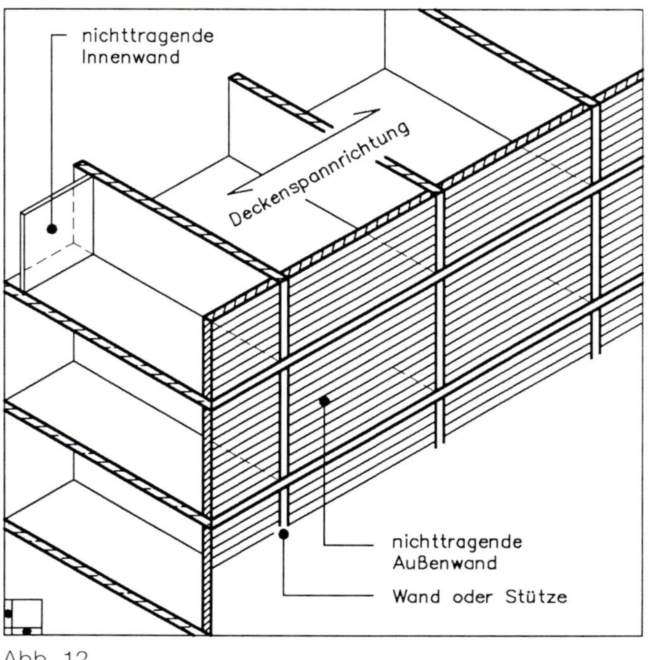

Abb. 12

2.6 Ringanker

Ringanker sind in Wandebene liegende horizontale Bauteile (→ Abb. 13) zur Aufnahme von Zugkräften, die in den Wänden infolge von äußeren Lasten oder von Verformungsunterschieden entstehen können.

2.7 Ringbalken

Ringbalken sind in Wandebene liegende horizontale Bauteile (→ Abb. 13), die außer Zugkräften auch Biegemomente infolge von rechtwinklig zur Wandebene wirkenden Lasten aufnehmen können.

Auf tragenden Wänden (Außenwände und Innenwände) sind erforderlichenfalls Ringanker bzw. Ringbalken anzuordnen. Die nichttragenden Wände bleiben davon ausgenommen. Auf Abb. 13 sind diese Zusammenhänge dargestellt.

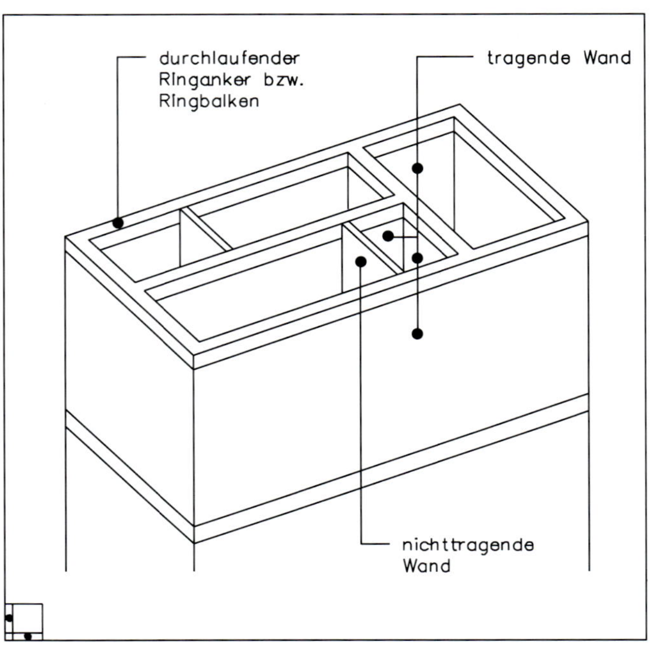

Abb. 13

3 Bautechnische Unterlagen

Als bautechnische Unterlagen gelten insbesondere die Bauzeichnungen (Werkpläne), der Nachweis der Standsicherheit und eine Baubeschreibung sowie etwaige Zulassungs- und Prüfbescheide.

Für die Beurteilung und Ausführung des Mauerwerks sind in den bautechnischen Unterlagen mindestens Angaben (Die Angaben a) bis h) sind mit dem Statiker festzulegen.) über

a) Wandaufbau und Mauerwerksart (RM oder EM) (→ Abb. 14 ... 16),

b) Art, Rohdichteklasse und Druckfestigkeitsklasse der zu verwendenden Steine (→ Abb. 14 ... 16),

c) Mörtelart, Mörtelgruppe (→ Abb. 14 ... 16), Normalmörtel (NM), Leichtmörtel (LM), Dünnbettmörtel (DM)

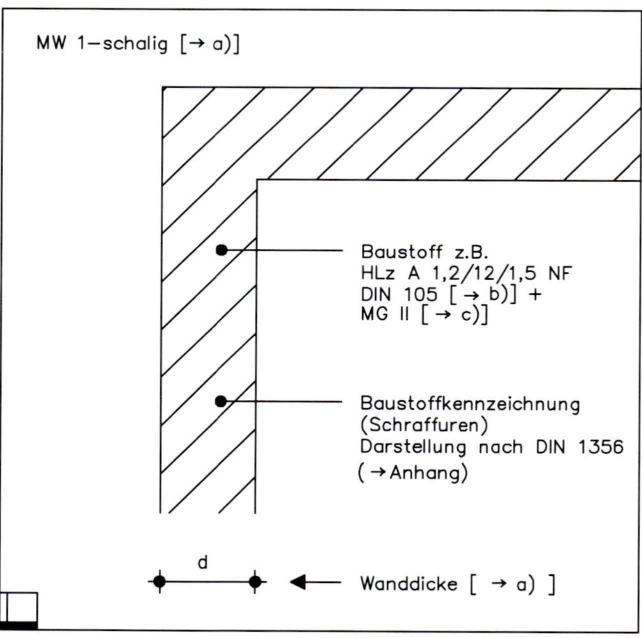

Abb. 14

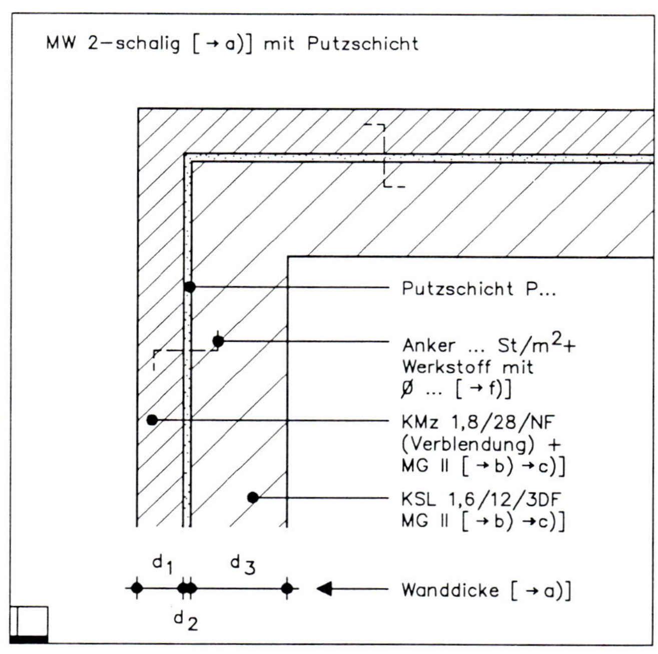

Abb. 15

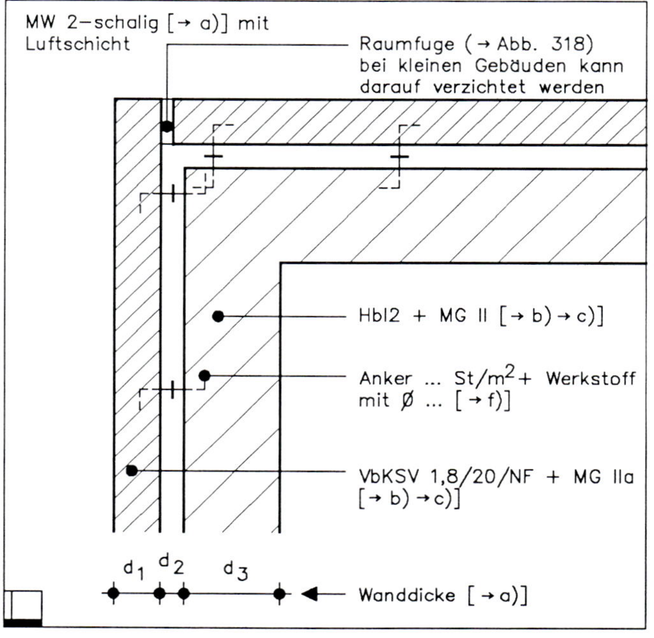

Abb. 16

d) Aussteifende Bauteile (→ Abb. 21 + 23), Ringanker (→ Abb. 17 + 18) und Ringbalken (→ Abb. 19 ... 21).

Die Ringanker (RA) und Ringbalken (RB) sind in die Vertikalschnitte (→ Abb. 17 ... 20) der Ausführungszeichnungen (= Werkpläne) einzutragen. Der Verlauf des Ringankers ist in den Grundrissen deutlich kenntlich zu machen.

Die Lage der Ringanker ist in bezug zur Decke variabel (→ Abb. 17 + 18).

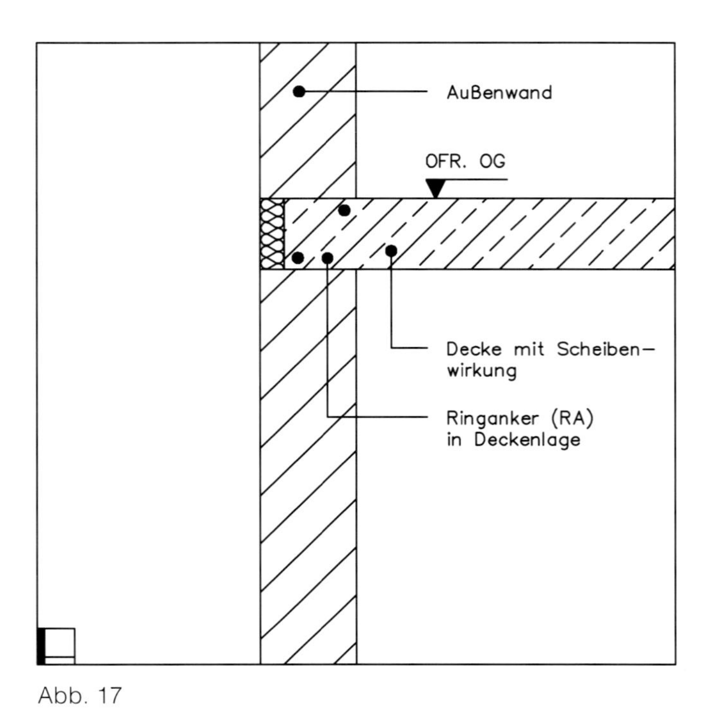

Abb. 17

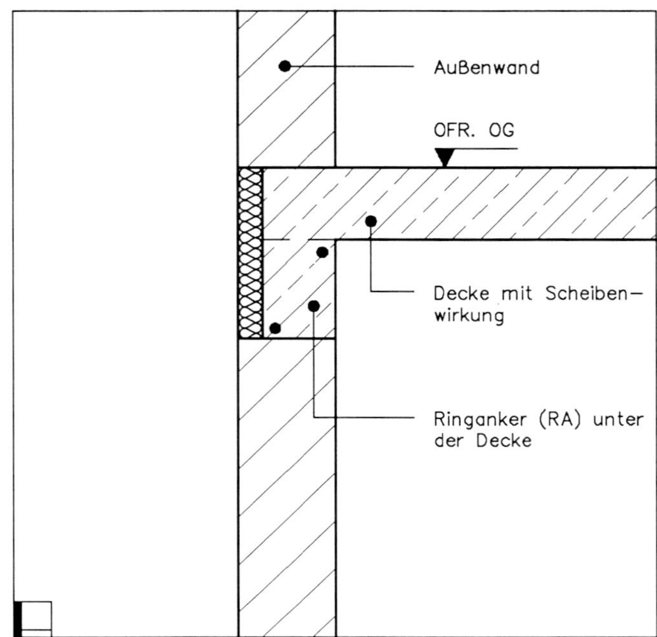

Abb. 18

Decken mit Scheibenwirkung sind Massivdecken. Im besonderen zählen dazu Ortbetonplatten, Rippendecken mit ausreichender Plattendicke und Fertigteildecken mit entsprechendem Überbeton ($d \geq 1/10$ des lichten Rippenabstandes ≥ 5 cm).

Die DIN 1045 beschreibt die »Deckenscheiben aus Fertigteilen« folgendermaßen:

> »*19.7.4.1 Allgemeine Bestimmungen*
>
> *Eine aus Fertigteilen zusammengesetzte Decke gilt als tragfähige Scheibe, wenn sie im endgültigen Zustand eine zusammenhängende, ebene Fläche bildet, die Einzelteile der Decke in Fugen druckfest miteinander verbunden sind und wenn die in der Scheibenebene wirkenden Lasten durch Bogen- oder Fachwerkwirkung zusammen mit den dafür bewehrten Randgliedern und Zugpfosten aufgenommen werden können ...*«

Um Wärmebrücken an den Auflagern von Decken und Ringankern zu vermeiden, sind die Hinweise in DIN 4108, Beiblatt 2, zu beachten.

Wenn Decken eingebaut werden, die keine aussteifende Scheibenwirkung haben (z. B. Holzbalkendecken), dann sind diese auf einen durchlaufenden Ringbalken (RB) aufzulegen (→ Abb. 19).

Die gleichen Erfordernisse sind u. U. auch nötig bei sogenannten Fertigteildecken, die meist keinen Aufbeton haben (→ Abb. 20).

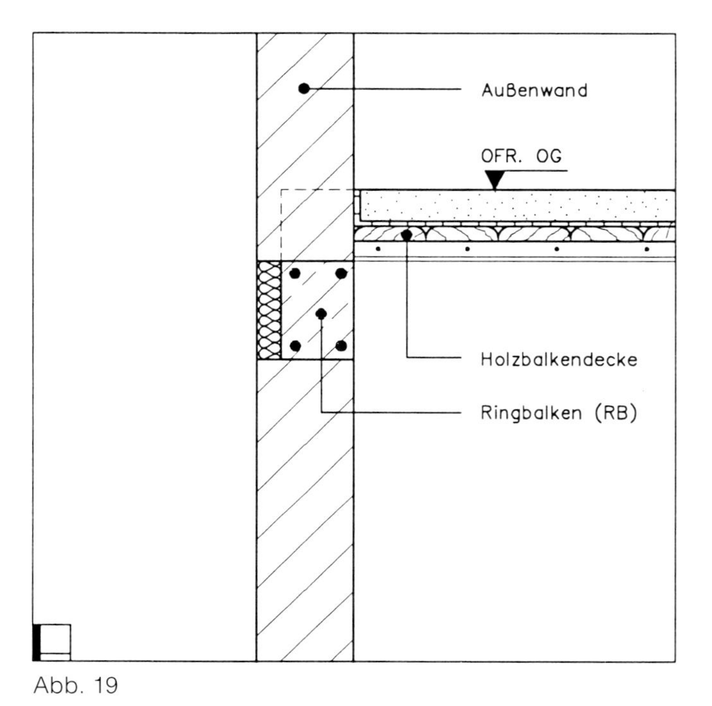

Abb. 19

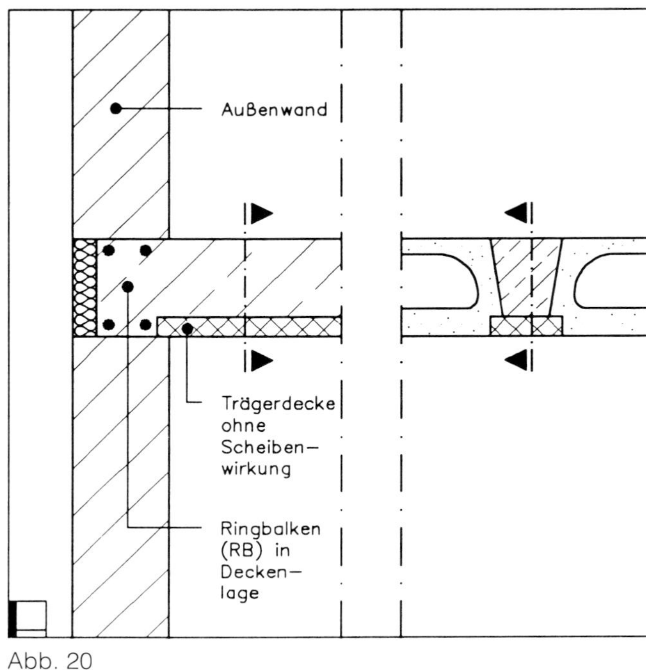

Abb. 20

Ringbalken sind auch erforderlich unter (Flachdach-)-Decken, die Formänderungen erwarten lassen und die daher auf Gleitfugen (GF) (= Gleitlager) aufzulegen sind. Auf Abb. 21 sind die Zusammenhänge isometrisch dargestellt.

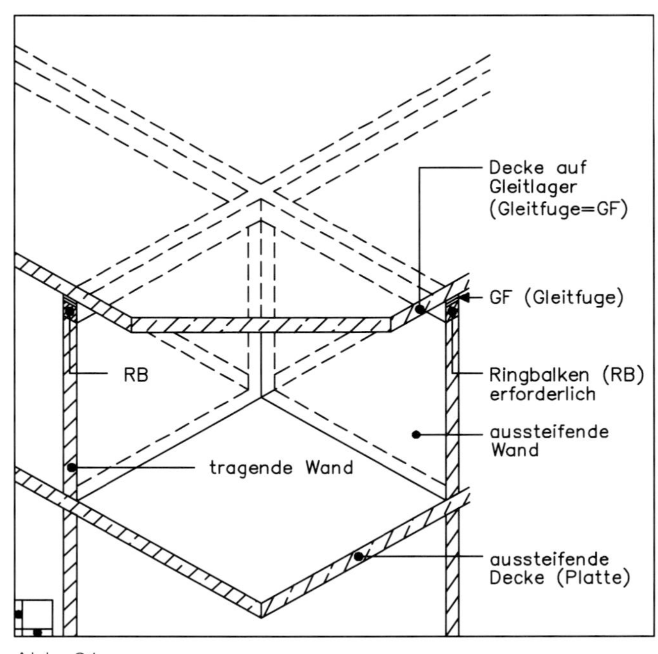

Abb. 21

e) Schlitze und Aussparungen (→ Abb. 22),

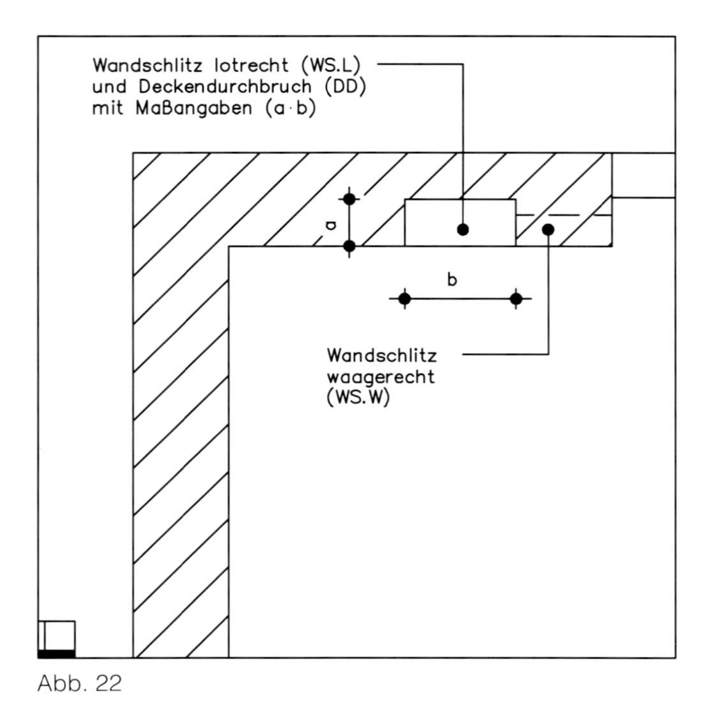

Abb. 22

f) Verankerungen der Wände (→ Abb. 23),

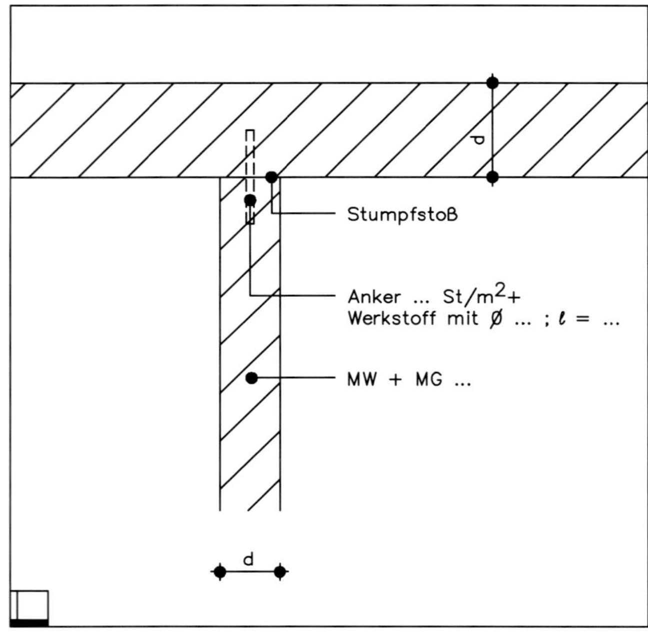

Abb. 23

g) Bewehrungen des Mauerwerks (→ Abb. 24),

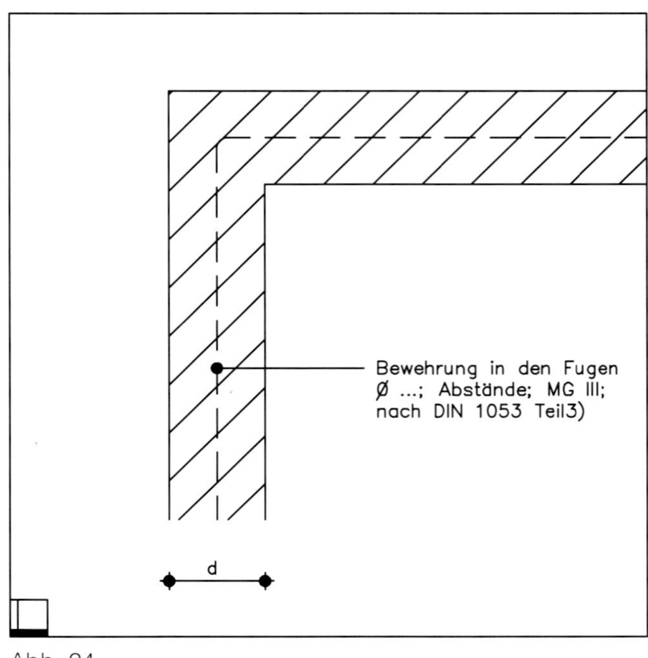

Abb. 24

h) verschiebliche Auflagerungen (→ Abb. 25) erforderlich.

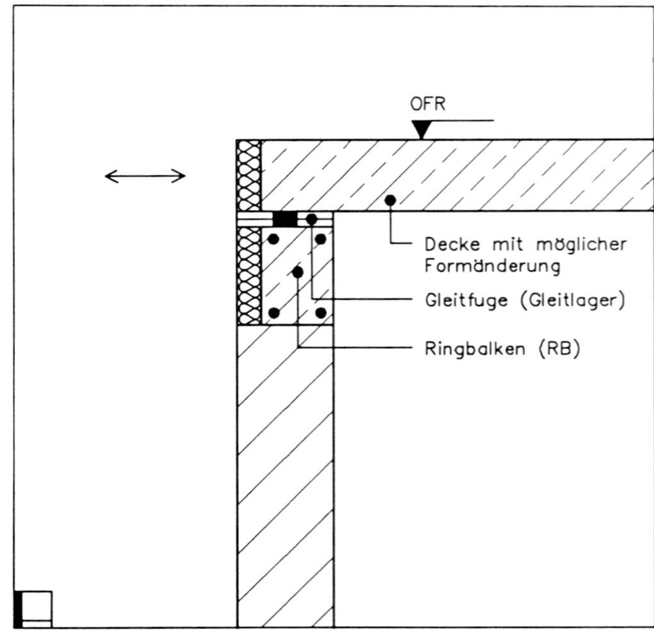

Abb. 25

4 Druckfestigkeit des Mauerwerks

Die Druckfestigkeit des Mauerwerks wird bei Berechnung nach dem vereinfachten Verfahren nach 6.9 charakterisiert durch die Grundwerte σ_0 der zulässigen Druckspannungen. Sie sind in Tabelle 4a und 4b in Abhängigkeit von den Steinfestigkeitsklassen, den Mörtelarten und Mörtelgruppen, in Tabelle 4c in Abhängigkeit von der Nennfestigkeit des Mauerwerks nach DIN 1053-2 festgelegt.

Wird nach dem genaueren Verfahren nach Abschnitt 7 gerechnet, so sind die Rechenwerte β_R der Druckfestigkeit von Mauerwerk nach Gleichung (10) zu berechnen.

Für Mauerwerk aus Natursteinen (→ Abschnitt 12) ergeben sich die Grundwerte σ_0 der zulässigen Druckspannungen in Abhängigkeit von der Güteklasse des Mauerwerks, der Steinfestigkeit und der Mörtelgruppe aus Tabelle 14.

5 Baustoffe

5.1 Mauersteine

Es dürfen nur Steine verwendet werden, die DIN 105-1 bis DIN 105-5, DIN 106-1 und DIN 106-2, DIN 398, DIN 1057-1, DIN 4165, DIN 18151, DIN 18152 und DIN 18153 entsprechen.

Für die Verwendung von Natursteinen gilt Abschnitt 12.

Diese beinhalten im einzelnen:

DIN 105-1	Mauerziegel; Vollziegel und Hochlochziegel
DIN 105-2	Mauerziegel; Leichthochlochziegel
DIN 105-3	Mauerziegel; Hochfeste Ziegel und hochfeste Klinker
DIN 105-4	Mauerziegel; Keramikklinker
DIN 105-5	Mauerziegel; Leichtlanglochziegel und Leichtlangloch-Ziegelplatten
DIN 106-1	Kalksandsteine; Vollsteine, Lochsteine, Blocksteine, Hohlblocksteine
DIN 106-2	Kalksandsteine; Vormauersteine und Verblender
DIN 398	Hüttensteine; Vollsteine, Lochsteine, Hohlblocksteine
DIN 1057-1	Baustoffe für freistehende Schornsteine; Radialziegel; Anforderungen, Prüfung, Überwachung
DIN 4165	Porenbeton-Blocksteine und Porenbeton-Plansteine
DIN 18151	Hohlblöcke aus Leichtbeton
DIN 18152	Vollsteine und Vollblöcke aus Leichtbeton
DIN 18153	Mauersteine aus Beton (Normalbeton)

In der nebenstehenden Tabelle sind die bei den einzelnen Steinarten gefertigten Steingrößen zusammengestellt.

l (mm)	b (mm)	h (mm)	Größen-bezeichnung	DIN 105 Ziegel	DIN 105 Leicht-hochlochziegel	DIN 105 Kalk-sandsteine	DIN 398 Hüttensteine	DIN 18151 Leichtbeton-Hohlblocksteine	DIN 18152 Leichtbeton-vollsteine	DIN 18153 Hohlblöcke **	DIN 4165 Porenbeton-Block- und -Plansteine
240	115	52	DF	●		●	●				Vorzugsmaße siehe unten ***
240	115	71	NF	●	●	●	●				
240	115	113	2 DF	●	●	●	●		●		
240	175	113	3 DF	●	●	●	●		●		
300	145	113	3,2 DF	●	●						
300	175	113	3,75 DF	●	●						
240	240	113	4 DF			●					
300	240	113	5 DF	●	●	●	●		●		
240	240	155	5,4 DF								
240	240	175	6 DF		●				●		
365	240	115	6 DF		●	●					
300	240	175	7,5 DF		●		●				
365	240	155	7,9 DF								
240	240	238	8 DF		●	●		●			
490	240	115	8 DF						●		
365	240	175	8,9 DF				●	●		●	
240	365	175	9 DF					●		●	
365	175	238	9 DF			●	●	●		●	
240	300	238	10 DF		●	●	●				
490	300	115	10 DF								
365	300	175	11 DF					●		●	
365	240	238	12 DF		●	●	●	●		●	
240	365	238	12 DF		●	●		●		●	
490	175	238	12 DF		●	●		●		●	
490	240	175	12 DF					●		●	
365	300	238	15 DF		●			●		●	
490	300	175	15 DF					●		●	
490*	240	238	16 DF		●	●		●			
490*	300	238	20 DF		●	●		●		●	
615	115	240	10 DF								
	175		15 DF								
	240		18 DF		●						
	300		25 DF								
615	300	115	12,5 DF								

* Gibt es auch 495 mm lang (DIN 18151 bis DIN 18153)

** Lieferbare Formate für Vollblöcke, Vollsteine, Vormauerblöcke und Vormauersteine aus Normalbeton regional unterschiedlich.

*** Durch die Herstellungsart sind alle gewünschten Formate herstellbar.
Als Vorzugsmaße bei Porenbeton-Plansteinen gelten:
Länge: 332, 399, 499, 599, 624 mm
Höhe: 199 und 249 mm
Dicke: 175 bis 365 mm

Es empfiehlt sich, die örtlich lieferbaren Steinarten und -formate beim Baustoffhandel zu erfragen.

5.2 Mauermörtel

Mauermörtel ist ein Gemisch von Sand, Bindemittel und Wasser, gegebenenfalls auch Zusatzstoff und Zusatzmittel.

5.2.1 Anforderungen

Es dürfen nur Mauermörtel verwendet werden, die den Bedingungen des Anhanges A entsprechen (→ S. 227).

5.2.2 Verarbeitung

Zusammensetzung und Konsistenz des Mörtels müssen vollständiges Vermauern (→ S. 122) ermöglichen. Dies gilt besonders für Mörtel der Gruppe III und IIIa. Werkmörteln dürfen auf der Baustelle keine Zuschläge und Zusätze (Zusatzstoffe und Zusatzmittel) (→ S. 227, 228) zugegeben werden. Bei ungünstigen Witterungsbedingungen (Nässe, niedrige Temperaturen) ist ein Mörtel mindestens der Gruppe II zu verwenden.

Der Mörtel muß vor Beginn des Erstarrens verarbeitet sein.

5.2.3 Anwendung

5.2.3.1 Allgemeines

Mörtel unterschiedlicher Arten und Gruppen dürfen auf einer Baustelle nur dann gemeinsam verwendet werden, wenn sichergestellt ist, daß keine Verwechslung möglich ist.

Wenn auf einer Baustelle über die ganze Bauzeit immer dieselben Zuschlagstoffe verwendet werden, dazu Bindemittel der Tabelle A.1 (→ S. 229), dann kann der erfahrene Maurer bzw. Polier allein durch die Farbe des Mörtels feststellen, welche Mörtelgruppe verarbeitet wird. Der Luftkalkmörtel (MG I) ist heller als der verlängerte Zementmörtel (MG II und IIa), und dieser ist wiederum heller als der reine Zementmörtel (MG III).

Auch durch die Geschmeidigkeit der Mörtel sind Unterscheidungsmerkmale gegeben.

Da aber die MG II nicht von der MG IIa ohne weiteres unterschieden werden kann, besteht Verwechslungsgefahr. Daher sollen beide Mörtelgruppen nicht zusammen auf einer Baustelle verwendet werden.

5.2.3.2 Normalmörtel (NM)

Normalmörtel sind baustellengefertigte Mörtel oder Werkmörtel mit Zuschlagarten nach DIN 4226-1

(Man unterscheidet:

- Zuschlag aus natürlichem Gestein: Hierzu rechnen ungebrochene und gebrochene dichte Zuschläge aus Gruben, Flüssen, Seen und Steinbrüchen;
- Künstlich hergestellter Zuschlag: Hierzu rechnen die künstlich hergestellten, gebrochenen und ungebrochenen dichten Zuschläge, wie kristalline Hochofenstückschlacke und ungemahlener Hüttensand nach DIN 4301 sowie Schmelzkammergranulat mit 4 mm Größtkorn.)

mit einer Trockenrohdichte von mindestens 1,5 kg/dm³ (→ Tab. A.1).

Es gelten folgende Einschränkungen:

a) Mörtelgruppe I:

- Nicht zulässig für Gewölbe und Kellermauerwerk, mit Ausnahme bei der Instandsetzung von altem Mauerwerk, das mit Mörtel der Gruppe I gemauert ist (→ Abb. 26 + 27).

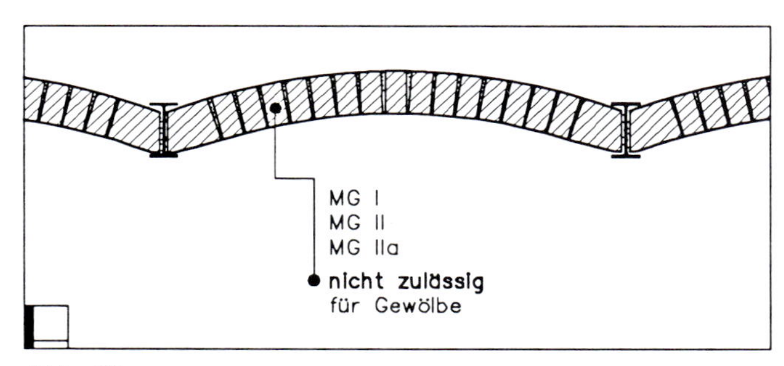

Abb. 26

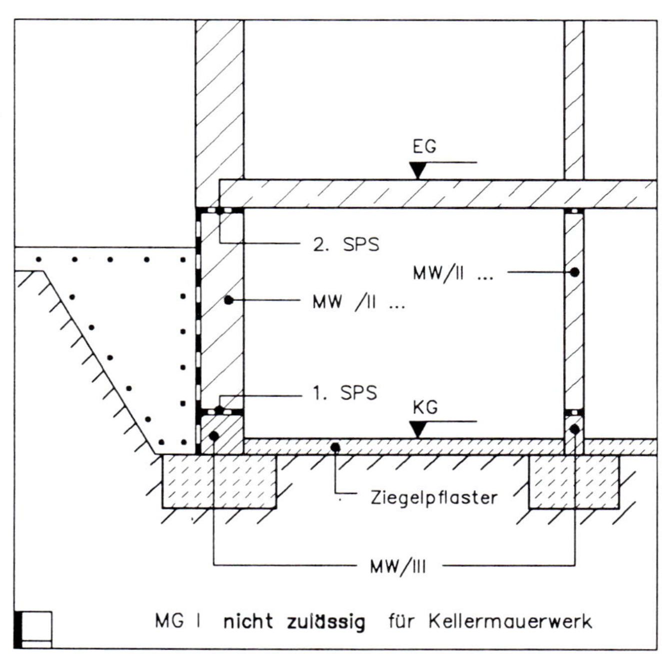

Abb. 27

- Nicht zulässig bei mehr als zwei Vollgeschossen und bei Wanddicken kleiner als 240 mm; dabei ist als Wanddicke bei zweischaligen Außenwänden die Dicke der Innenschale maßgebend (→ Abb. 28 + 29).
- Nicht zulässig für Vermauern der Außenschale nach 8.4.3 (→ Abb. 29).

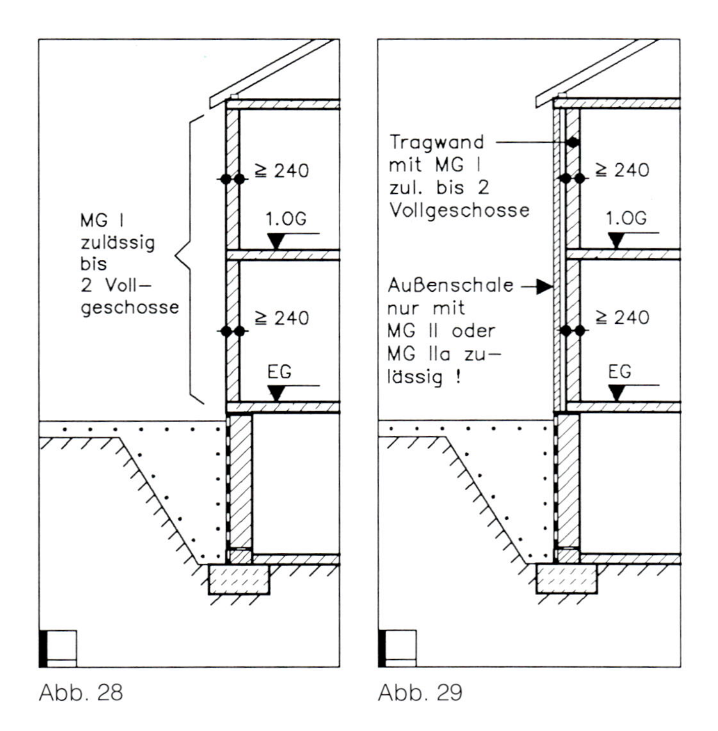

Abb. 28 Abb. 29

- Nicht zulässig für Mauerwerk EM (nach Eingangsprüfung)

b) Mörtelgruppe II und IIa:
- Keine Einschränkung.

c) Mörtelgruppen III und IIIa:
- Nicht zulässig für Vermauern der Außenschale nach 8.4.3 (→ Abb. 29). Abweichend davon darf MG III zum nachträglichen Verfugen und für diejenigen Bereiche von Außenschalen verwendet werden, die als bewehrtes Mauerwerk (→ Abb. 30) nach DIN 1053-3 ausgeführt werden.

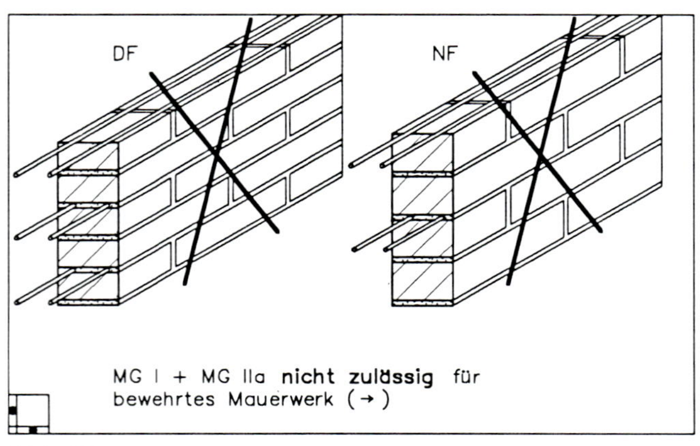

Abb. 30

5.2.3.3 Leichtmörtel (LM) (→ Abschnitt A.3.2)

Es gelten folgende Einschränkungen:

- Nicht zulässig für Gewölbe (→ Abb. 26) und der Witterung ausgesetztes Sichtmauerwerk (siehe auch 8.4.2.2 (→ Abb. 246 ... 248) und 8.4.3 (→ Abb. 259 ... 262).

Leichtmörtel sind Werk-Trocken- oder Werk-Frischmörtel mit einer Trockenrohdichte < 1,5 kg/dm³, mit Zuschlagarten nach DIN 4226-1 (→ 5.2.3.2 Normalmörtel) und 4226-2 sowie Leichtzuschlag, dessen Brauchbarkeit nach den bauaufsichtlichen Vorschriften nachgewiesen ist.

(Man unterscheidet:

- Zuschlag aus natürlichem Gestein: Hierzu rechnen gebrochene und ungebrochene porige Zuschläge aus Gruben und Steinbrüchen, wie Naturbims, Lavaschlacke und Tuff.
- Künstlich hergestellter Zuschlag: Hierzu rechnen künstlich hergestellte gebrochene und ungebrochene Zuschläge, wie Blähton und Blähschiefer, Ziegelsplitt, Hüttenbims nach DIN 4301 und gesinterte Steinkohlenflugasche sowie Leichtzuschlag (Leichtzuschlag nach DIN 4226-2 ist ein Gemenge (Haufwerk) von ungebrochenen und/oder gebrochenen Körnern aus natürlichen und/oder künstlichen mineralischen Stoffen. Er besteht aus etwa gleich oder verschieden großen Körnern mit porigem Gefüge.)

5.2.3.4 Dünnbettmörtel (DM) (→ Abschnitt A.3.3)

Es gelten folgende Einschränkungen:

- Nicht zulässig für Gewölbe (→ Abb. 26) und für Mauersteine mit Maßabweichungen der Höhe von mehr als 1,0 mm (Anforderungen an Plansteine).

Dünnbettmörtel sind Werk-Trockenmörtel aus Zuschlagarten nach DIN 4226-1 (→ 5.2.3.2 Normalmörtel) mit einem Größtkorn von 1,0 mm, Zement nach DIN 1164-1 sowie Zusätzen (Zusatzmittel, S. 228, Zusatzstoffe S. 227). Die organischen Bestandteile dürfen einen Massenanteil von 2 % nicht überschreiten.

6 Vereinfachtes Berechnungsverfahren

6.1 Allgemeines

Der Nachweis der Standsicherheit darf mit dem gegenüber Abschnitt 7 vereinfachten Verfahren geführt werden, wenn die folgenden und die in Tabelle 1 enthaltenen Voraussetzungen erfüllt sind:

- Gebäudehöhe über Gelände nicht mehr als 20 m (→ Abb. 31 + 32).

Als Gebäudehöhe darf bei geneigten Dächern das Mittel von First- und Traufhöhe gelten (→ Abb. 32).

- Stützweite der aufliegenden Decken $l \leq 6{,}0$ m (→ Abb. 33), sofern nicht die Biegemomente aus dem Deckendrehwinkel durch konstruktive Maßnahmen, z. B. Zentrierleisten (→ Abb. 75), begrenzt werden;

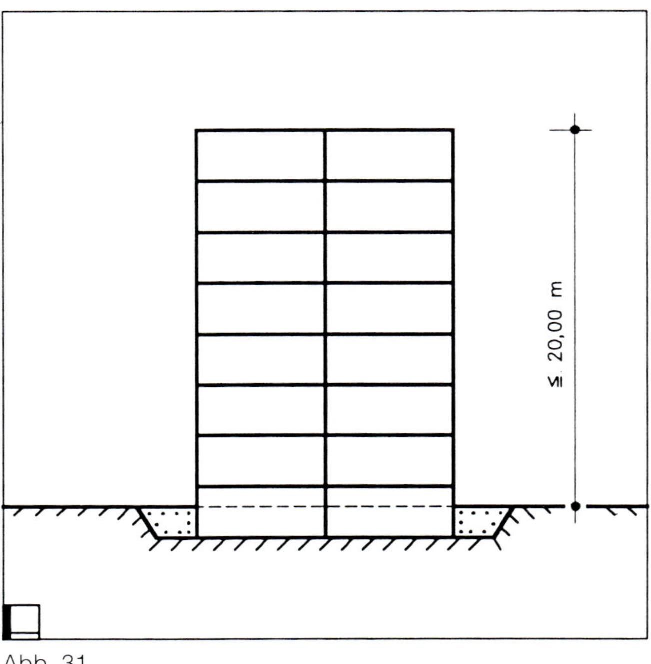

Abb. 31

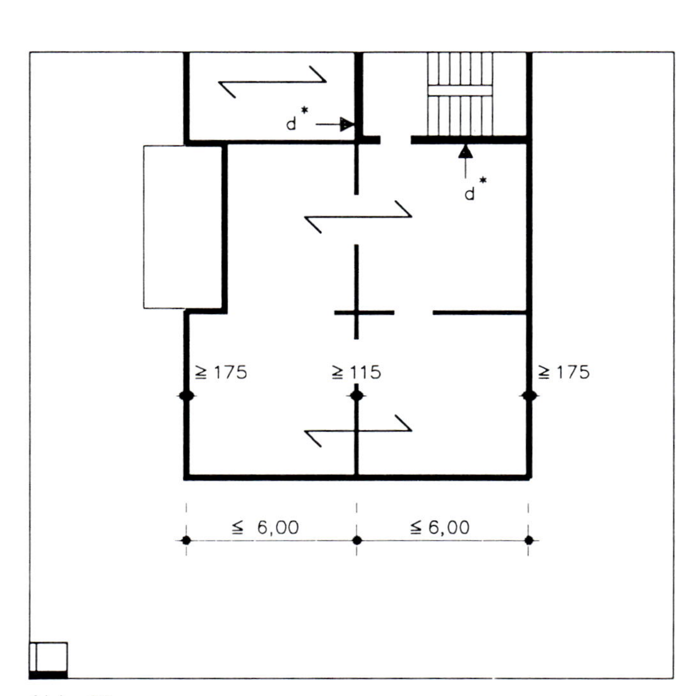

Abb. 33

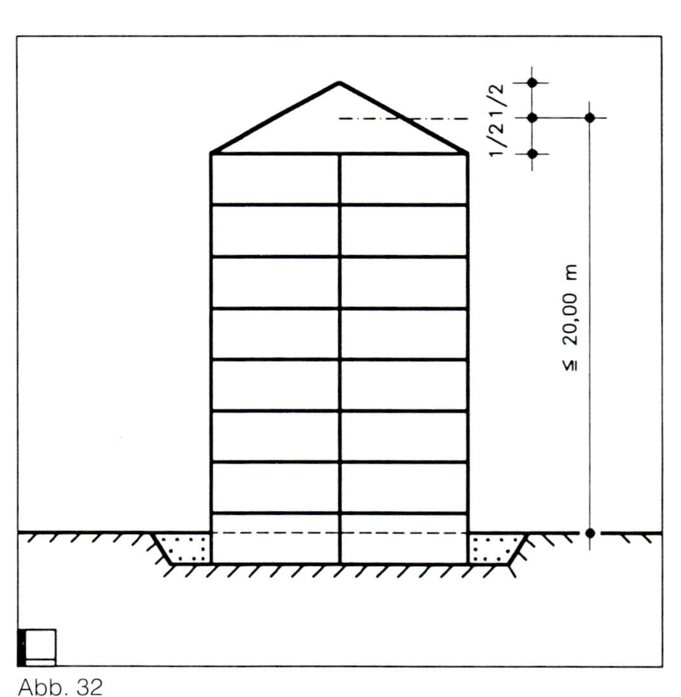

Abb. 32

* Dicke *d* der Treppenraumwand: Aus Gründen des Schallschutzes müssen die Treppenraumwände erfahrungsgemäß ein Flächengewicht von mindestens 400 kg/m² haben. Die Wanddicken richten sich danach.

- bei zweiachsig gespannten Decken ist für *l* die kürzere der beiden Stückweiten einzusetzen (→ Abb. 34).

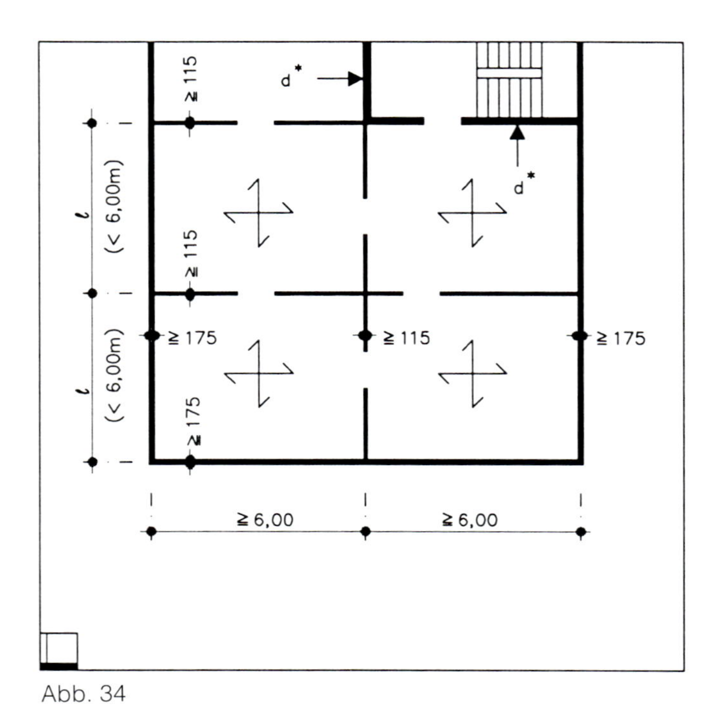

Abb. 34

* Dicke *d* der Treppenraumwand. Aus Gründen des Schallschutzes müssen die Treppenraumwände erfahrungsgemäß ein Flächengewicht von mindestens 400 kg/m² haben. Die Wanddicken richten sich danach.

Die tabellarisch zusammengestellten »Voraussetzungen für die Anwendung des vereinfachten Verfahrens« sind in den Abb. 35 ... 45 zeichnerisch dargestellt.

Tabelle 1: Voraussetzungen für die Anwendung des vereinfachten Verfahrens

		Bauteil	Voraussetzungen *d* mm	 h_s	 *p* kN/m²
Abb. 35	1	Innenwände	≥ 115 < 240	≤ 2,75 m	≤ 5
Abb. 36	2		≥ 240	–	
Abb. 37 Abb. 38	3	einschalige Außenwände	≥ 175 [1] < 240	≤ 2,75 m	
Abb. 39	4		≥ 240	≤ 12 · *d*	
Abb. 40 Abb. 43	5	Tragschale zweischaliger Außenwände und zweischalige Haustrennwände	≥ 115 [2] < 175 [2]	≤ 2,75 m	≤ 3 [3]
Abb. 41 Abb. 44	6		≥ 175 < 240		≤ 5
Abb. 42 Abb. 45	7		≥ 240	≤ 12 · *d*	

[1] Bei eingeschossigen Garagen und vergleichbaren Bauwerken, die nicht zum dauernden Aufenthalt von Menschen vorgesehen sind, auch d ≥ 115 mm zulässig.

[2] Geschoßanzahl maximal zwei Vollgeschosse zuzüglich ausgebautes Dachgeschoß; aussteifende Querwände im Abstand ≤ 4,50 m bzw. Randabstand von einer Öffnung ≤ 2,0 m.

[3] Einschließlich Zuschlag für nichttragende innere Trennwände.

Einschalige Innenwand nach Tabelle 1

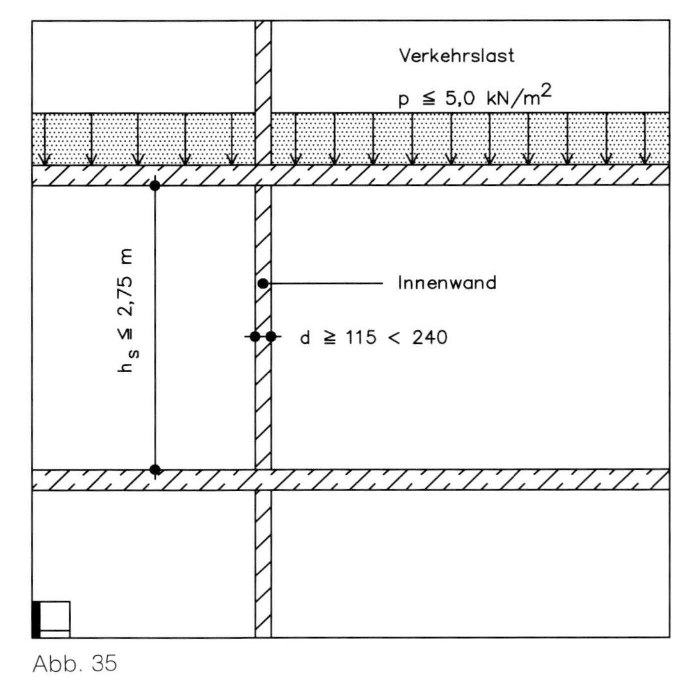

Abb. 35

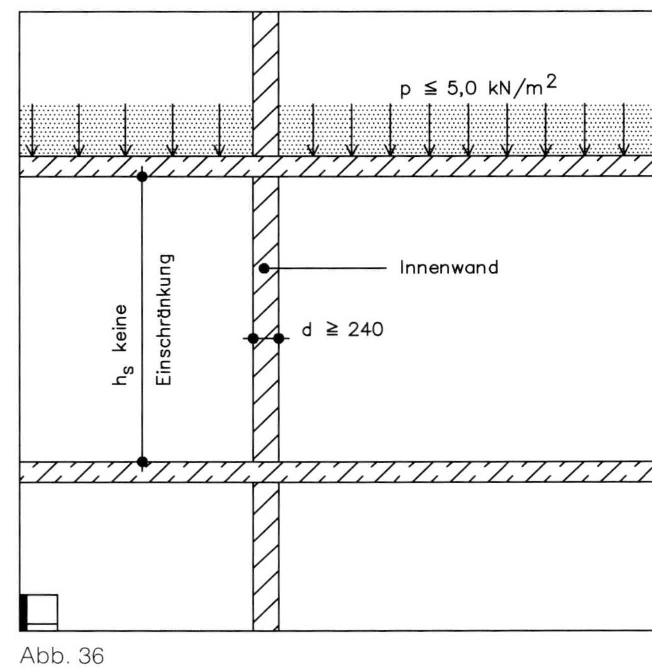

Abb. 36

Einschalige Außenwand nach Tabelle 1

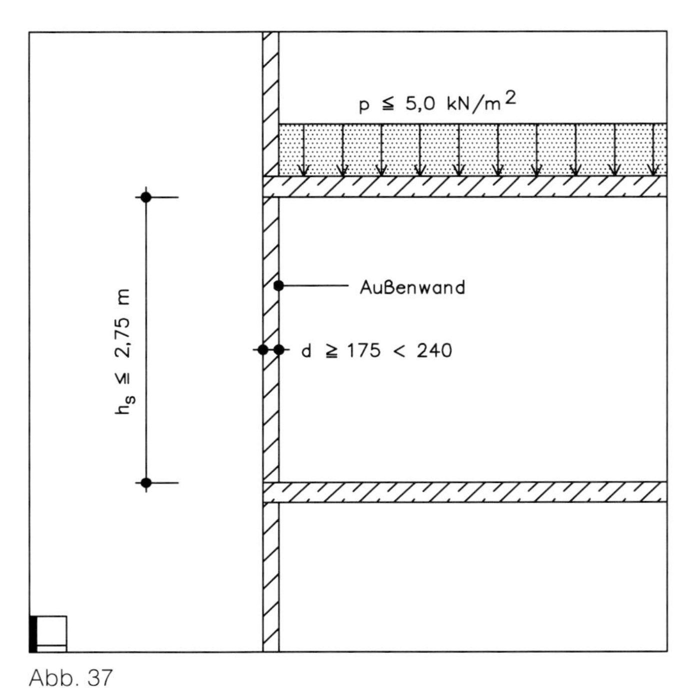

Abb. 37

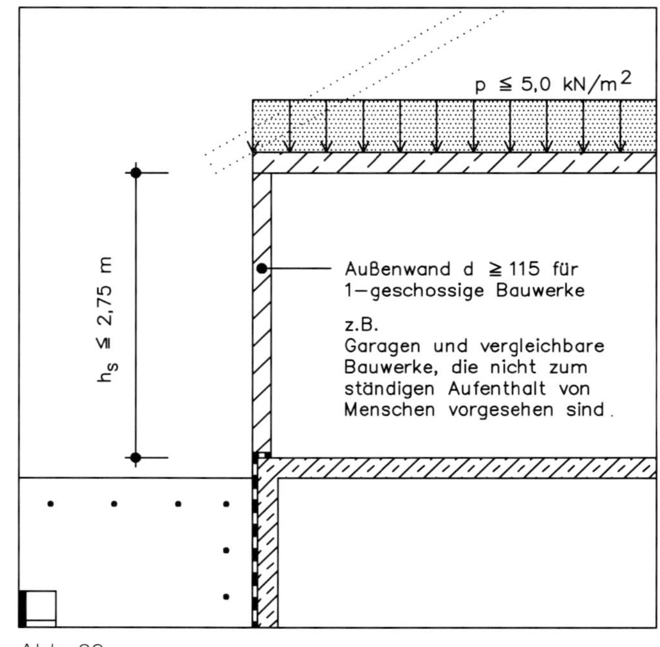

Abb. 38

Einschalige Außenwand nach Tabelle 1

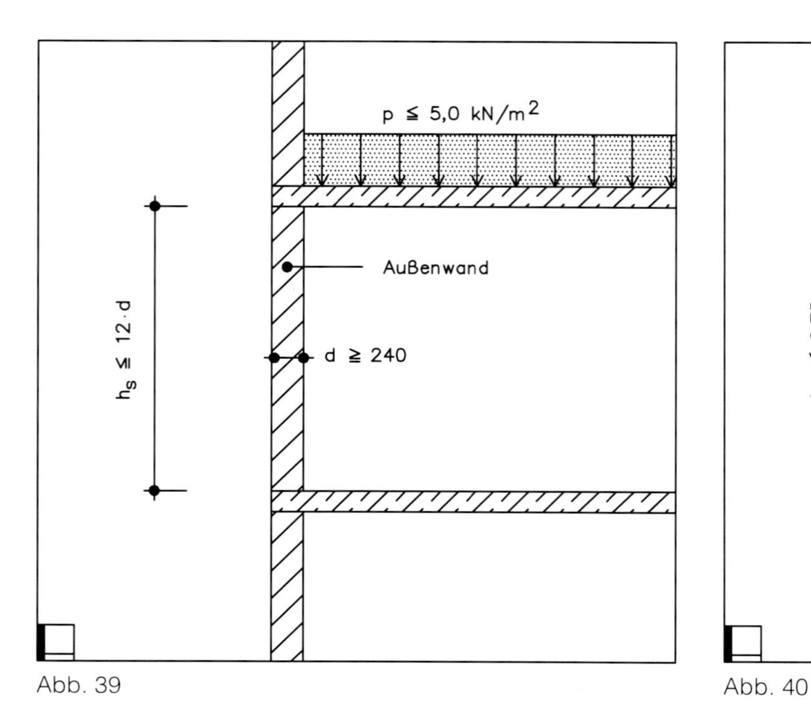

Abb. 39

Zweischalige Außenwand nach Tabelle 1

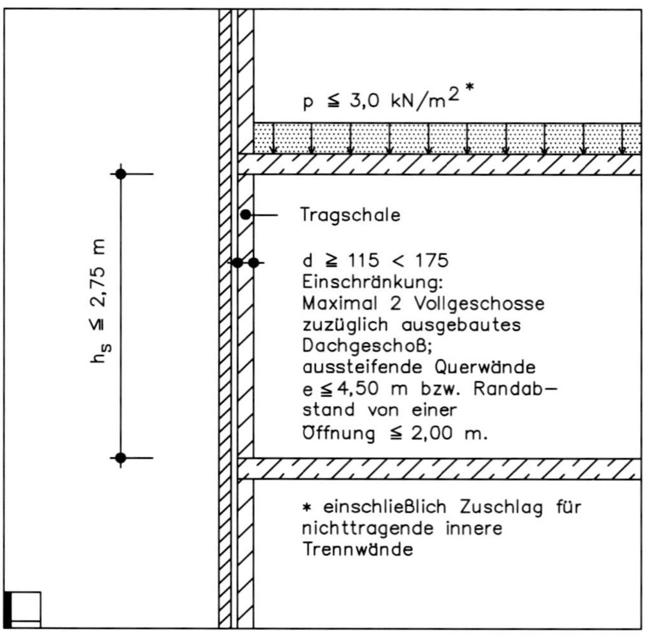

Abb. 40

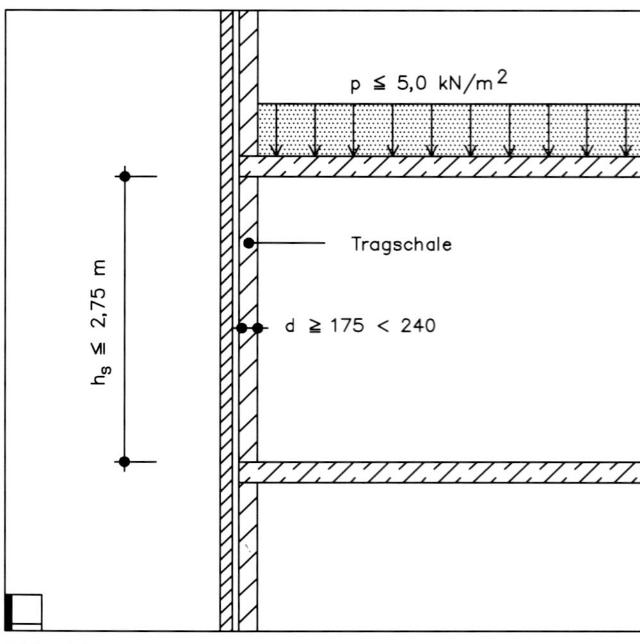

Abb. 41

Zweischalige Außenwand nach Tabelle 1

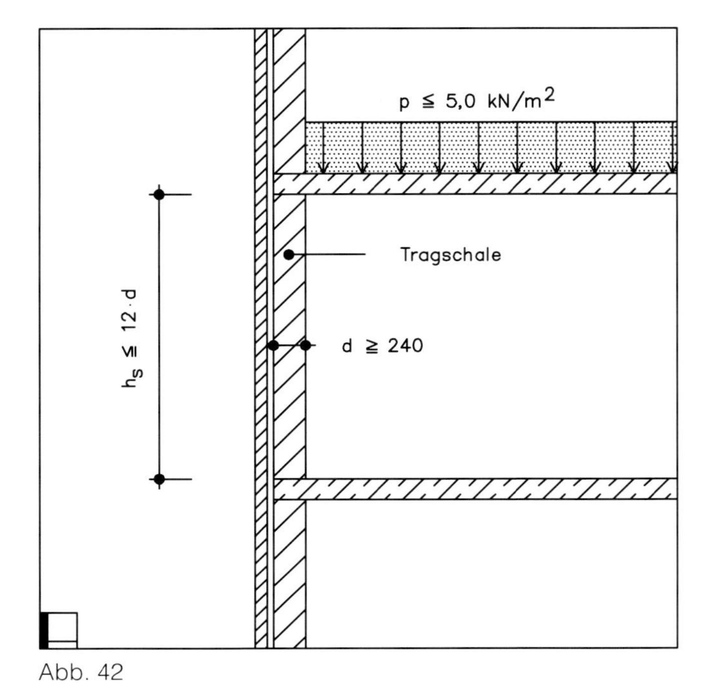

Abb. 42

Zweischalige Innenwände (Haustrennwände) nach Tabelle 1

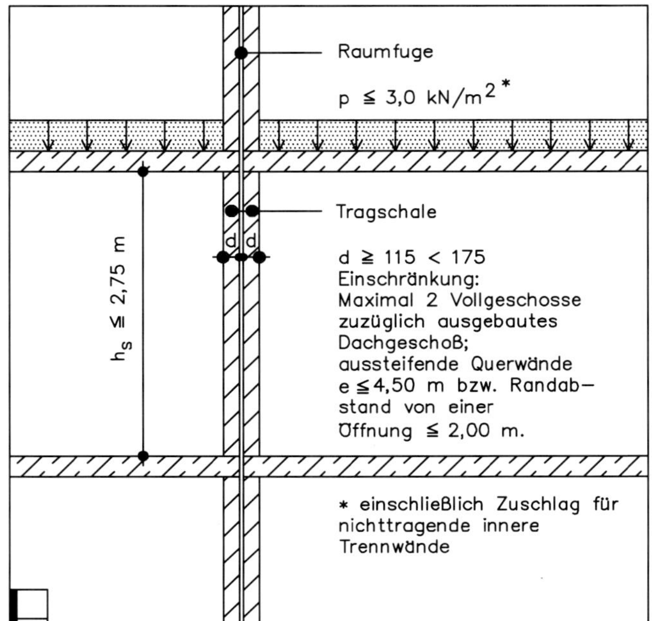

Abb. 43

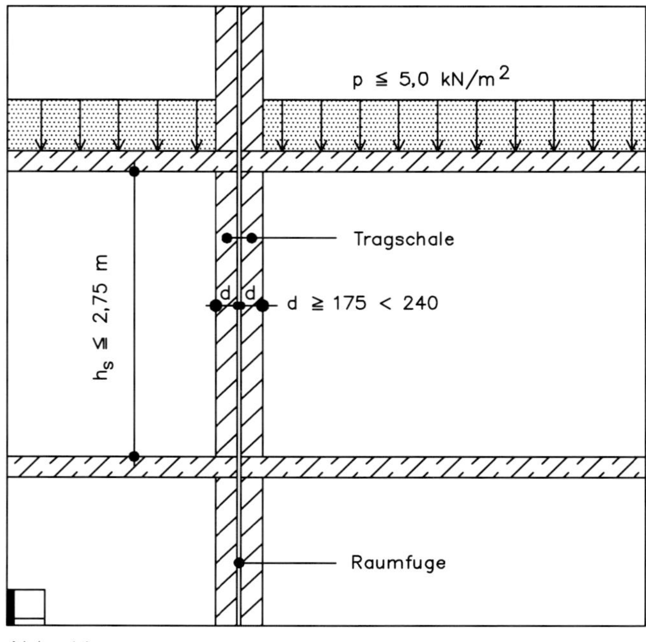

Abb. 44

Zweischalige Innenwände (Haustrennwände) nach Tabelle 1

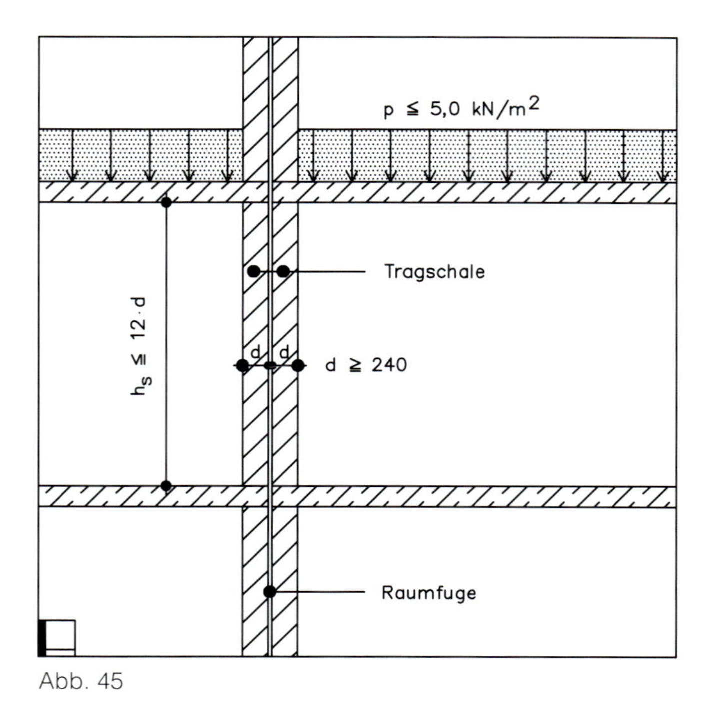

Abb. 45

Beim vereinfachten Verfahren brauchen bestimmte Beanspruchungen, z. B. Biegemomente aus Deckeneinspannung, ungewollte Exzentrizitäten beim Knicknachweis, Wind (→ Abb. 51) auf Außenwände usw., nicht nachgewiesen zu werden, da sie im Sicherheitsabstand, der den zulässigen Spannungen zugrunde liegt, oder durch konstruktive Regeln und Grenzen berücksichtigt sind.

Ist die Gebäudehöhe größer als 20 m (→ Abb. 46), oder treffen die in diesem Abschnitt enthaltenen Voraussetzungen nicht zu, oder soll die Standsicherheit des Bauwerks oder einzelner Bauteile genauer nachgewiesen werden, ist der Standsicherheitsnachweis nach Abschnitt 7 zu führen.

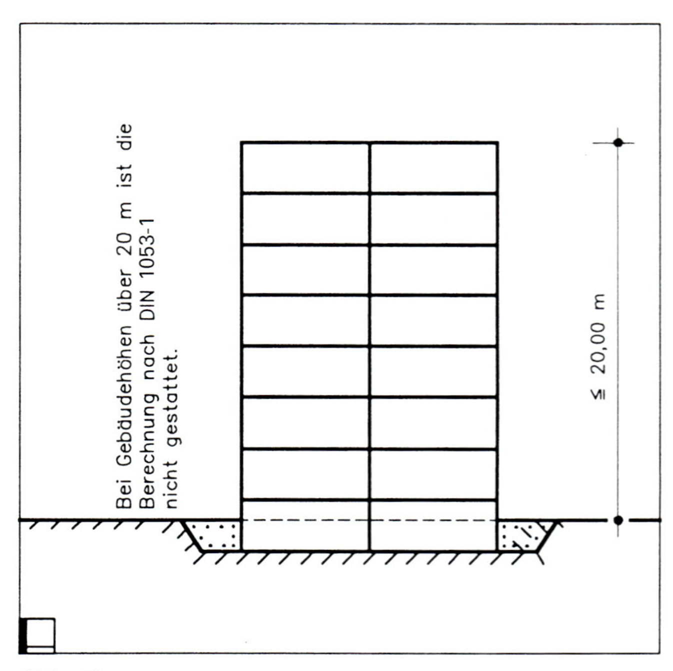

Abb. 46

6.2 Ermittlung der Schnittgrößen infolge von Lasten

6.2.1 Auflagerkräfte aus Decken

Die Schnittgrößen sind für die während des Errichtens und im Gebrauch auftretenden maßgebenden Lastfälle zu berechnen. Bei der Ermittlung der Stützkräfte, die von einachsig gespannten Platten und Rippendecken sowie von Balken und Plattenbalken auf das Mauerwerk übertragen werden, ist die Durchlaufwirkung bei der ersten Innenstütze stets, bei den übrigen Innenstützen dann zu berücksichtigen, wenn das Verhältnis benachbarter Stützweiten kleiner als 0,7 ist (→ Abb. 47). Alle übrigen Stützkräfte dürfen ohne Berücksichtigung einer Durchlaufwirkung unter der Annahme berechnet werden, daß die Tragwerke über allen Innenstützen gestoßen und frei drehbar gelagert sind.

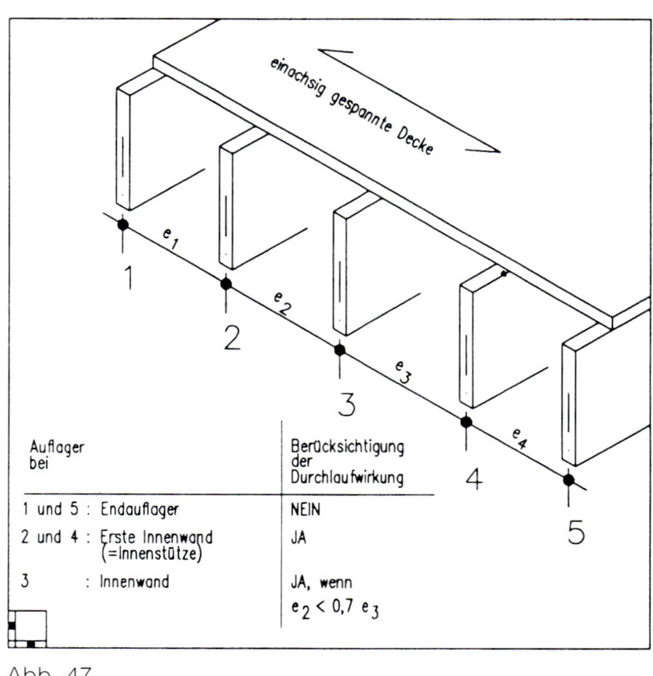

Abb. 47

Tragende Wände unter einachsig gespannten Decken, die parallel zur Deckenspannrichtung verlaufen (→ Abb. 48), sind mit einem Deckenstreifen angemessener Breite zu belasten, so daß eine mögliche Lastabtragung in Querrichtung berücksichtigt ist. Die Ermittlung der Auflagerkräfte aus zweiachsig gespannten Decken darf nach DIN 1045 erfolgen.

Die Ermittlung der sogenannten »angemessenen Breite« des belasteten Deckenstreifens basiert auf dem Lastverteilungsbild nach DIN 1045, 20.1.5. In der Abb. 48 zeigt dies die strichpunktierte Linie.

In der Regel kann man davon ausgehen, daß in etwa ein Deckenlastanteil mit einer Breite von 1,0 m die Wand beeinflußt.

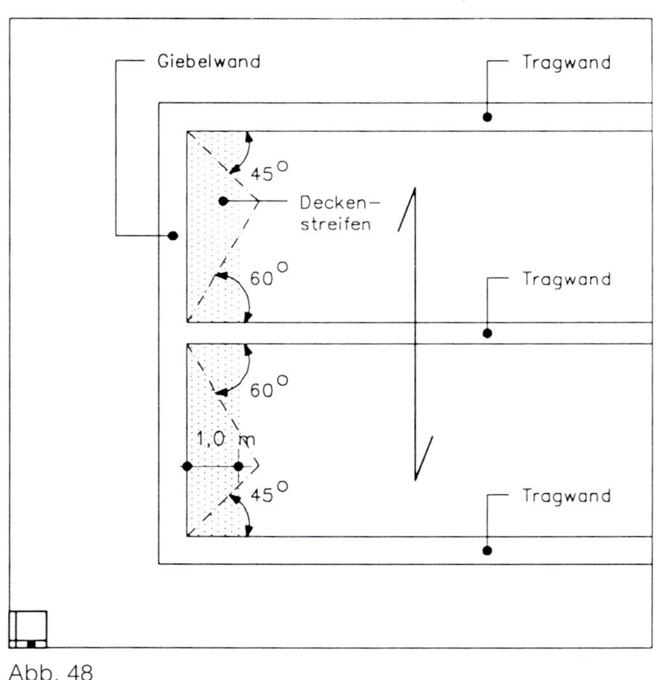

Abb. 48

6.2.2 Knotenmomente

In Wänden, die als Zwischenauflager von Decken dienen, brauchen die Biegemomente infolge des Auflagerdrehwinkels der Decken unter den Voraussetzungen des vereinfachten Verfahrens nicht nachgewiesen zu werden. Als Zwischenauflager in diesem Sinne gelten:

a) Innenauflager durchlaufender Decken (→ Abb. 49)

b) Beidseitige Endauflager von Decken (→ Abb. 50)

c) Innenauflager von Massivdecken mit oberer konstruktiver Bewehrung im Auflagerbereich, auch wenn sie rechnerisch auf einer oder auf beiden Seiten der Wand parallel zur Wand gespannt sind.

In Wänden, die als einseitiges Endauflager von Decken dienen, brauchen die Biegemomente infolge des Auflagerdrehwinkels der Decken unter den Voraussetzungen des vereinfachten Verfahrens nicht nachgewiesen zu werden, da dieser Einfluß im Faktor k_3 nach 6.9.1 berücksichtigt ist.

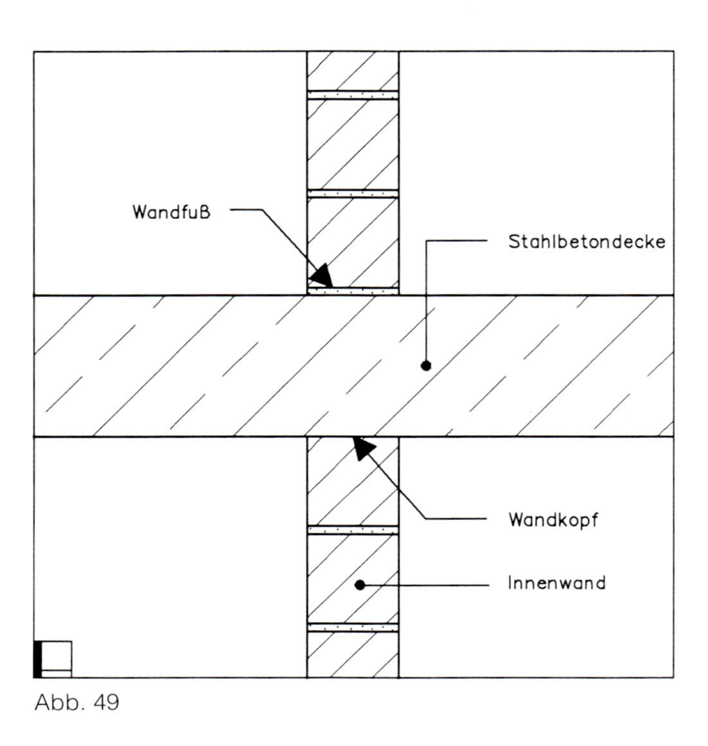

Abb. 49

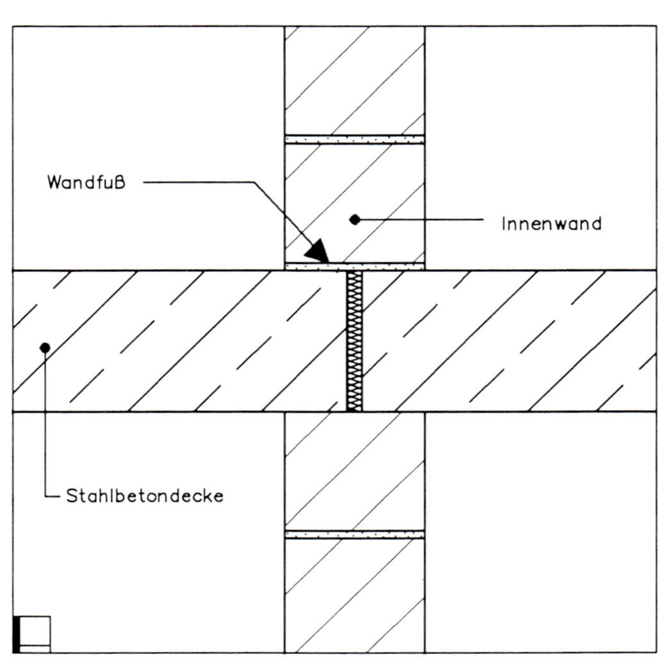

Abb. 50

Die Problematik des Wand-Decken-Knotens erläutert folgende Betrachtung [33]:

»Beim Nachweis des Wand-Decken-Knotens wird der Einfluß der Deckenverformung auf die Bemessung der Wand berücksichtigt. Die in einem Bauwerk zusammen wirkenden Decken und Wände stellen ein Rahmentragwerk dar. Die auf Mauerwerkswänden lagernde Stahlbetondecke kann sich – insbesondere bei darüber stehenden Wänden – am Auflager nicht frei verdrehen. Die Decke ist zwischen den Wänden elastisch eingespannt. Die Auswirkungen dieser Einspannung auf die Bemessung der Decke ist gering und kann deshalb in der Regel vernachlässigt werden. Für die Wand jedoch ergeben sich infolge der Einspannmomente Lastausmitten, die bei der Bemessung berücksichtigt werden müssen.

Zur Bemessung der Wand werden daher die Schnittkräfte an einem Wand-Decken-Knoten ermittelt, der aus der Decke mit den oben und unten anschließenden Wänden gebildet wird und als Teil eines größeren Rahmensystems betrachtet werden kann.«

6.3 Wind

Der Einfluß der Windlast (→ Abb. 51) rechtwinklig zur Wandebene darf beim Spannungsnachweis unter den Voraussetzungen des vereinfachten Verfahrens in der Regel vernachlässigt werden, wenn ausreichende horizontale Halterungen der Wände vorhanden sind. Als solche gelten z. B. Decken mit Scheibenwirkung (Decken mit Scheibenwirkung sind Massivdecken. Im besonderen zählen dazu Ortbetonplatten, Rippendecken mit ausreichender Plattendicke und Fertigteildecken mit entsprechendem Überbeton; $d \geq 1/10$ des lichten Rippenabstandes ≥ 5 cm.)

Die DIN 1045 beschreibt die »Deckenscheiben aus Fertigteilen« folgendermaßen:

> »*19.7.4.1 Allgemeine Bestimmungen*
> *Eine aus Fertigteilen zusammengesetzte Decke gilt als tragfähige Scheibe, wenn sie im endgültigen Zustand eine zusammenhängende, ebene Fläche bildet, die Einzelteile der Decke in Fugen druckfest miteinander verbunden sind und wenn die in der Scheibenebene wirkenden Lasten durch Bogen- oder Fachwerkwirkung zusammen mit den dafür bewehrten Randgliedern und Zugpfosten aufgenommen werden können ...*«

oder statisch nachgewiesene Ringbalken (→ S. 100) im Abstand der zulässigen Geschoßhöhe nach Tabelle 1.

Unabhängig davon ist die räumliche Steifigkeit des Gebäudes sicherzustellen.

Über die Windlastverteilung an einem höheren Bauwerk gibt Abb. 51 Auskunft. Auf die erhöhten Windsoglasten an Gebäudeecken und Dachrändern wird hingewiesen (DIN 1055-4).

Bei Hallen ist ein Nachweis der Windkraftableitung immer erforderlich (→ Abb. 52).

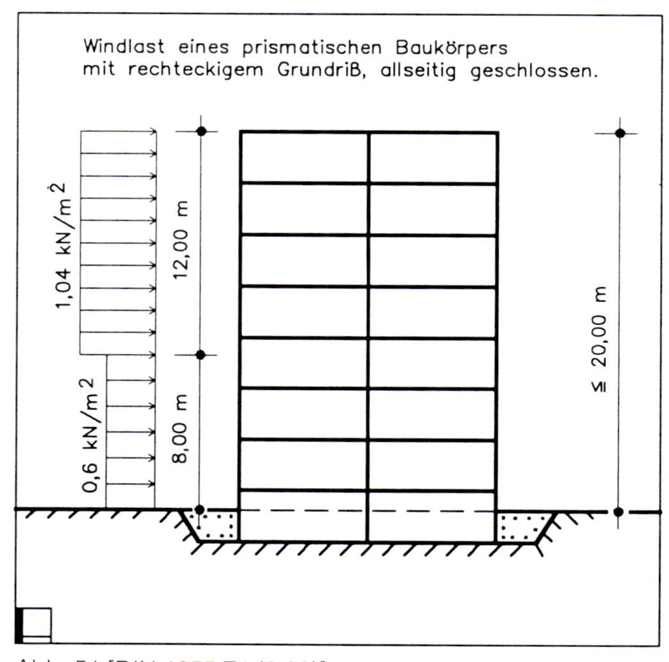

Abb. 51 [DIN 1055 T4 (8.86)]

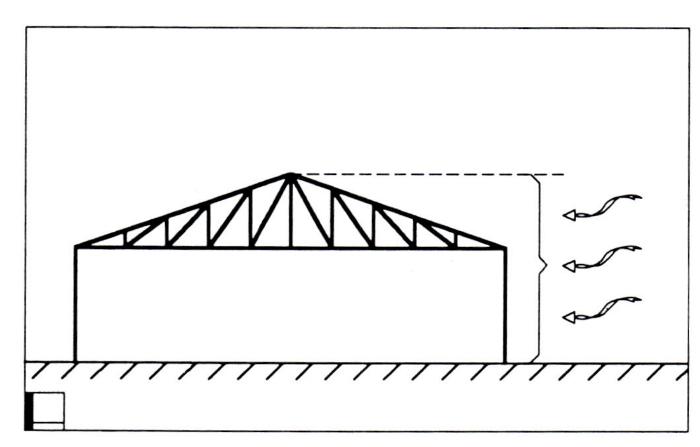

Abb. 52

6.4 Räumliche Steifigkeit

Alle horizontalen Kräfte, z. B. Windlasten, Lasten aus Schrägstellung des Gebäudes, müssen sicher in den Baugrund weitergeleitet werden können. Auf einen rechnerischen Nachweis der räumlichen Steifigkeit darf verzichtet werden, wenn die Geschoßdecken als steife Scheiben (→ Erklärung bei 6.3) ausgebildet sind bzw. statisch nachgewiesene, ausreichend steife Ringbalken vorliegen und wenn in Längs- und Querrichtung des Gebäudes eine offensichtlich ausreichende Anzahl von genügend langen aussteifenden Wänden (→ Abb. 53) vorhanden ist, die ohne größere Schwächungen (Aussparungen, Schlitze, Öffnungen ...) und ohne Versprünge (Wände übereinander!) bis auf die Fundamente geführt sind.

Die »Räumliche Steifigkeit« bezeichnet das Zusammenwirken von Horizontalscheiben (= Decken) und Vertikalscheiben (= Wänden). Man nennt es auch Baugefüge. Darüber sind bei den Abb. 3 ... 11 grundlegende Ausführungen gemacht.

Abb. 53 zeigt diese Überlegungen im Zusammenhang. Bei einem wirtschaftlichen Baugefüge stehen die tragenden und aussteifenden Wände übereinander!

Ist bei einem Bauwerk nicht von vornherein erkennbar, daß Steifigkeit und Stabilität gesichert sind, so ist ein rechnerischer Nachweis der Standsicherheit der waagerechten und lotrechten Bauteile erforderlich. Dabei sind auch Lotabweichungen des Systems durch den Ansatz horizontaler Kräfte zu berücksichtigen, die sich durch eine rechnerische Schrägstellung des Gebäudes um den im Bogenmaß gemessenen Winkel

$$\varphi = \pm \frac{1}{100\sqrt{h_G}} \qquad (1)$$

ergeben. Für h_G ist die Gebäudehöhe in m über OK Fundament einzusetzen.

Bei Bauwerken, die aufgrund ihres statischen Systems eine Umlagerung der Kräfte erlauben, dürfen bis zu 15 % des ermittelten horizontalen Kraftanteils einer Wand auf andere Wände umverteilt werden.

Bei großer Nachgiebigkeit der aussteifenden Bauteile müssen darüber hinaus die Formänderungen bei der Ermittlung der Schnittgrößen berücksichtigt werden. Dieser Nachweis darf entfallen, wenn die lotrechten aussteifenden Bauteile in der betrachteten Richtung die Bedingungen der folgenden Gleichung erfüllen:

$$h_G \sqrt{\frac{N}{EI}} \leq 0{,}6 \text{ für } n \geq 4 \qquad (2)$$

$$\leq 0{,}2 + 0{,}1 \cdot n \quad \text{für } 1 \leq n < 4$$

Hierin bedeuten:

h_G Gebäudehöhe über OK Fundament
N Summe aller lotrechten Lasten des Gebäudes
EI Summe der Biegesteifigkeit aller lotrechten aussteifenden Bauteile im Zustand I nach der Elastizitätstheorie in der betrachteten Richtung (Für E siehe 6.6)
n Anzahl der Geschosse

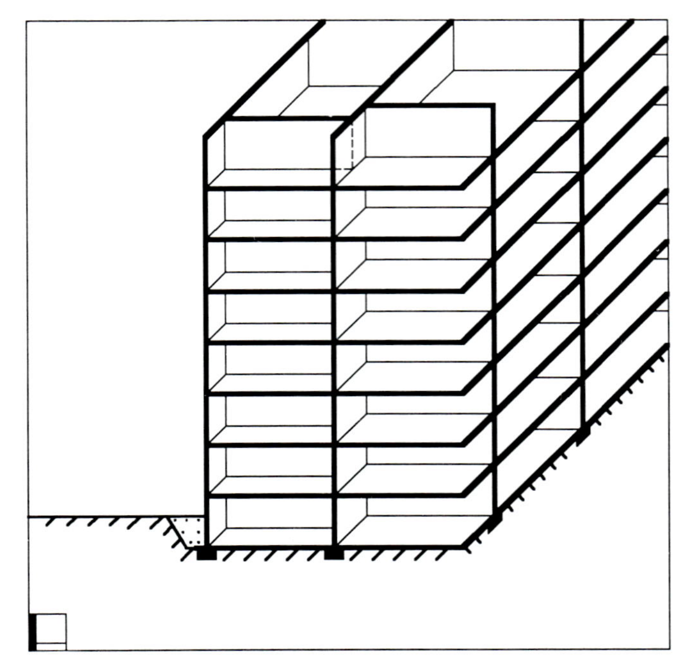

Abb. 53

6.5 Zwängungen

Aus der starren Verbindung von Baustoffen unterschiedlichen Verformungsverhaltens können erhebliche Zwängungen infolge von Schwinden, Kriechen und Temperaturänderungen entstehen, die Spannungsumlagerungen und Schäden im Mauerwerk bewirken können. Das gleiche gilt bei unterschiedlichen Setzungen. Durch konstruktive Maßnahmen (z. B. ausreichende Wärmedämmung, geeignete Baustoffwahl, zwängungsfreie Anschlüsse, Fugen usw.) (→ Abb. 54) ist unter Beachtung von 6.6 sicherzustellen, daß die vorgenannten Einwirkungen die Standsicherheit und Gebrauchsfähigkeit der baulichen Anlage nicht unzulässig beeinträchtigen.

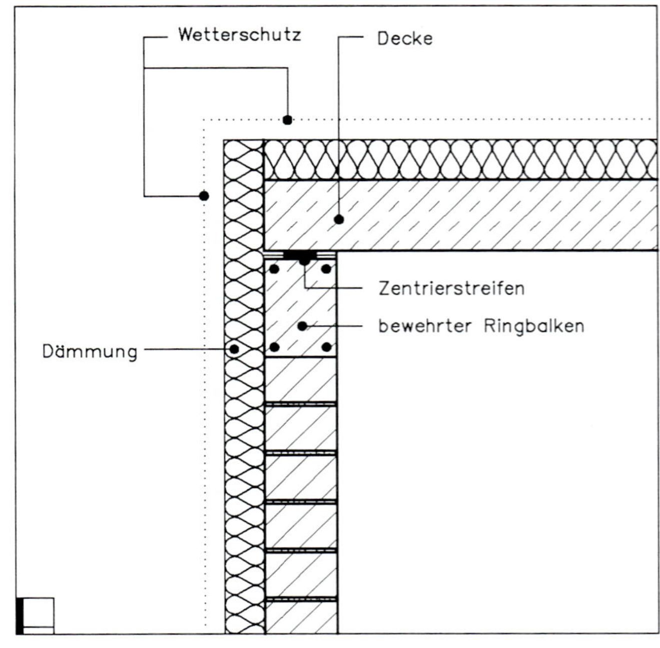

Abb. 54

Verformungen im Baugefüge entstehen durch die Aufnahmen unterschiedlichster Belastungen und Einflüsse. Während früher konstruktiv eine Wand von respektabler Dicke gewählt wurde und für alle Belange ausreichte, muß heute eine Wand aufgrund der geringen Dicke nicht nur statischen Gesichtspunkten genügen. Es müssen vielmehr darüber hinaus auch alle bauphysikalischen Belange nachgewiesen und eingehalten werden.

Von den äußeren Einflüssen sind hier neben der Belastung (Eigengewicht und Verkehrslast) die Temperatur und die Feuchtigkeit zu nennen. Von den Stoffeigenschaften her sind die Elastizität, die Wärmedämmung, das Kriechen sowie Schwinden und Quellen zu berücksichtigen.

Wird nur einer der genannten Gesichtspunkte gar nicht oder nicht ausreichend beim Entwurf beachtet, so können hieraus schwere Schäden am Bauwerk entstehen [34]. Es wird im folgenden aus dem großen Gebiet der möglichen Schäden lediglich der Bereich der Rißschäden angesprochen.

Als Rißursachen werden unterschieden:

Rißursachen bei Belastung (→ Abb. 55 ... 58)

Rißursachen bei Formänderungen des Mauerwerks (→ Abb. 59 + 60)

Rißursachen bei Durchbiegung von angrenzenden Bauteilen (→ Abb. 61 ... 64)

Rißbildungen bei Temperaturdifferenzen in Decken (→ Abb. 65 ... 67)

Rißbildungen bei Verformung des Baugrundes (→ Abb. 68 + 69)

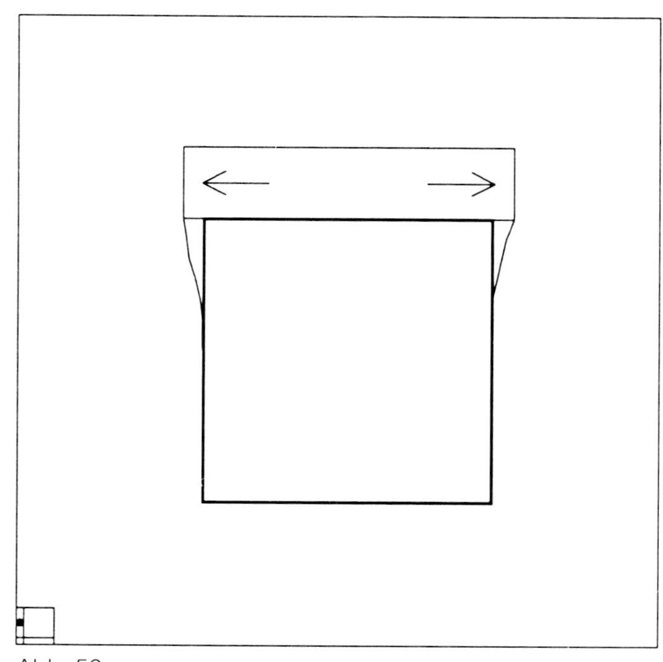

Abb. 56

Zu kurzes Auflager von Stürzen: Schubbruch

Rißursachen bei Belastung (→ Abb. 55 ... 58)

Überschreiten der zulässigen Spannung, z. B. unter Einzellast, hier mit Druckverteilungsbalken

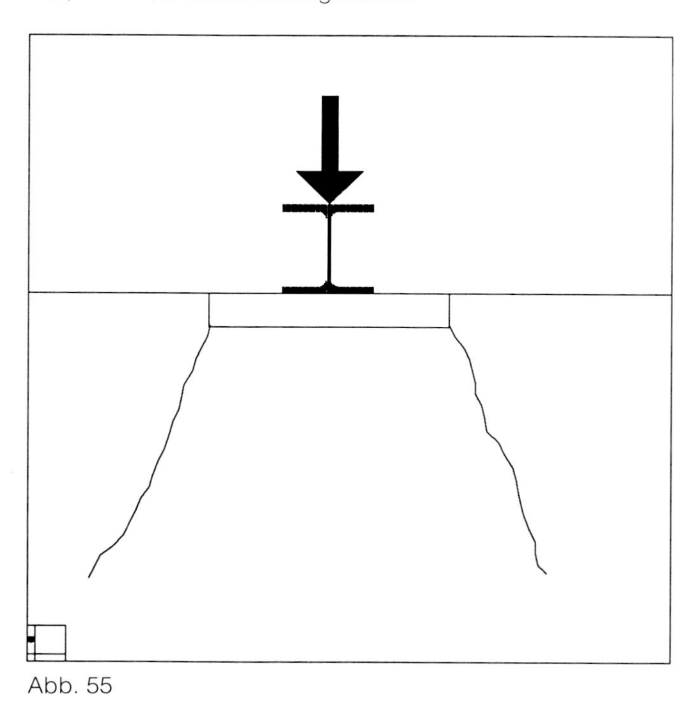

Abb. 55

Spannungskonzentration bei Wandöffnungen

Durch entsprechende Fugenbewehrung (gestrichelte Linien) unterhalb der Öffnung kann die Rißbildung vermieden werden [37].

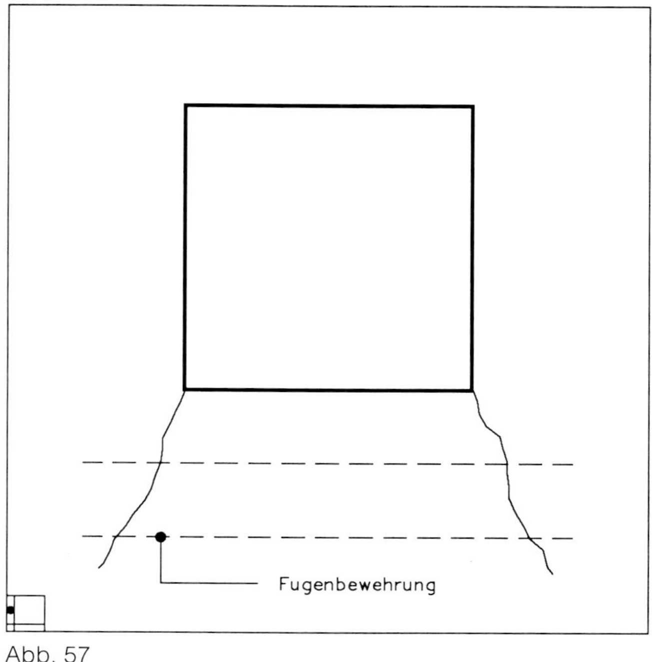

Abb. 57

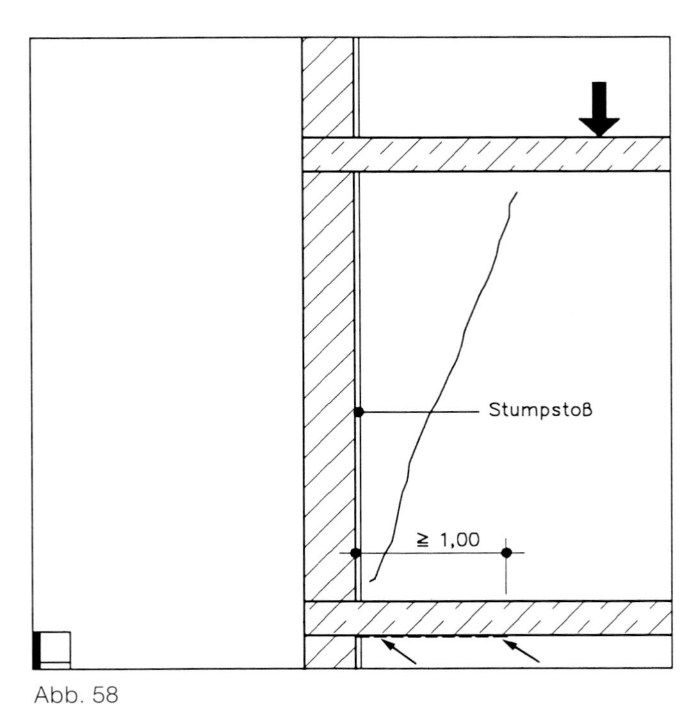

Abb. 58

Auswirkungen von Stumpfstößen

Durch die Stumpfstoßtechnik bei der Ausbildung des Mauerstoßes und die Einlage von Trennschichten (unbesandete Sperrbahnen bzw. -folien) unmittelbar unterhalb der Massivdecke auf der Querwand mindestens 1 m lang (siehe gestrichelte Linie und Pfeile im unteren Bereich der Abb. 58) sind Rißbildungen vermeidbar [43].

Rißursachen bei Formänderung des Mauerwerks
(→ Abb. 59 + 60)

Risse in den Querwänden eines hohen Bauwerks, dessen Innenwände aus »gebundenen Steinen« stärker schwinden und kriechen als die Außenwände aus »gebrannten Steinen« (Vergleiche hierzu Bemerkungen zu Abb. 58).

Riß aus unterschiedlichem horizontalem Schwinden im Mauerwerk [35].

Mauerwerk schwindet auch quer zur Tragrichtung, und auch hier müssen die Schwindunterschiede beachtet werden. Ein typischer Fehler ist in Abb. 60 dargestellt.

Das mit durchgehender Luftschicht ausgeführte Mauerwerk ist außen aus gebrannten und innen aus gebundenen Steinen gebaut. Durch den Hohlraum sind beide Schalen bis auf den Giebel sauber voneinander getrennt. Der Giebel mußte aus Festigkeitsgründen einschalig erstellt werden. Dort können sich nun die unterschiedlichen Schwindbewegungen, die sonst zwischen den Schalen durchaus möglich sind, nicht mehr ausgleichen; es muß zum Riß kommen.

Bei einschaligem Verblendmauerwerk (→ 8.4.2.2) ist aus den eben besprochenen Gründen der Zusammenbau verschiedener Steinsorten schadensträchtig.

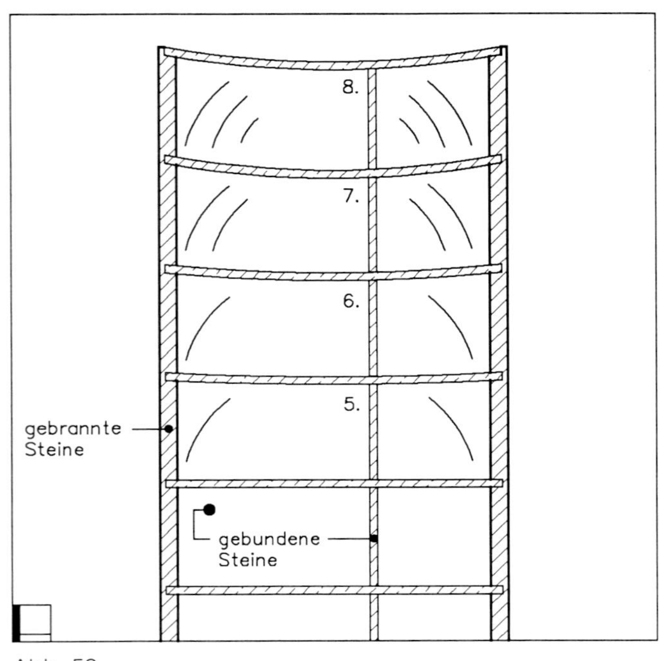

Abb. 59

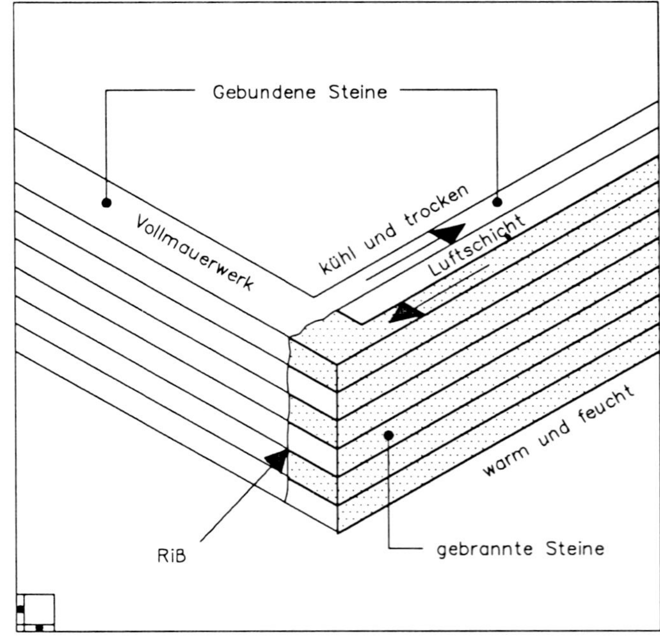

Abb. 60

Rißursachen bei Durchbiegung von angrenzenden Bauteilen (→ Abb. 61 ... 64)

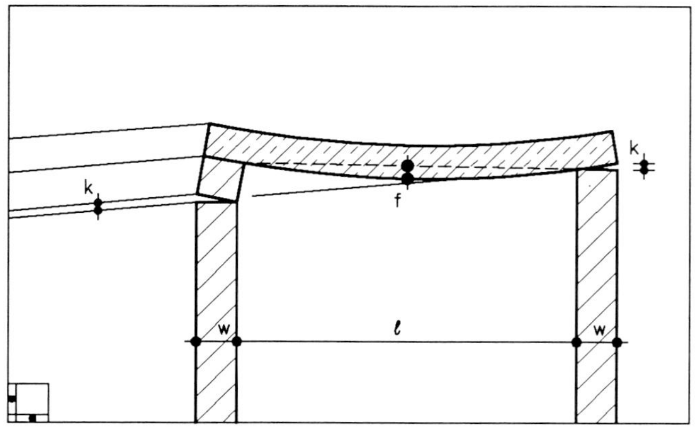

Abb. 61

Jede Decke biegt sich in Feldmitte um den Betrag *f* durch. Aus der Randverdrehung und der Wanddicke entsteht die klaffende Fuge *k* [35]. Lochsteine verbinden sich sehr fest mit der Betonplatte, so daß waagerechte Risse außen meist in den darunterliegenden waagerechten Fugen auftreten. Durch entsprechende Wandauflast kann dies eingeschränkt werden.

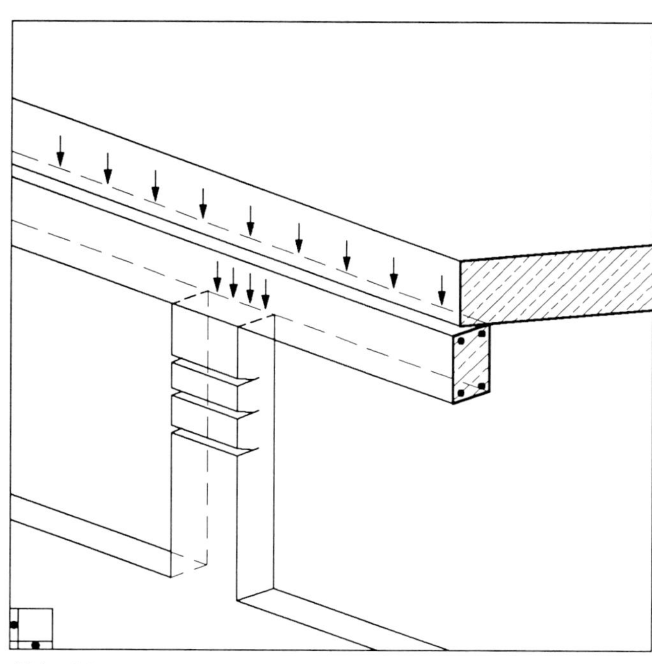

Abb. 62

Durch die Verdrehung der Decke werden ihre Auflagerlasten in den Rand des Unterzuges übertragen. Dieser gibt dabei seine Auflagerlast ebenfalls stark exzentrisch an den Pfeiler ab. Daraus entstehen außen feine waagerechte Risse [35].

Beginnender Riß zwischen einer starren Leichtwand und einer sich biegenden Decke [35].

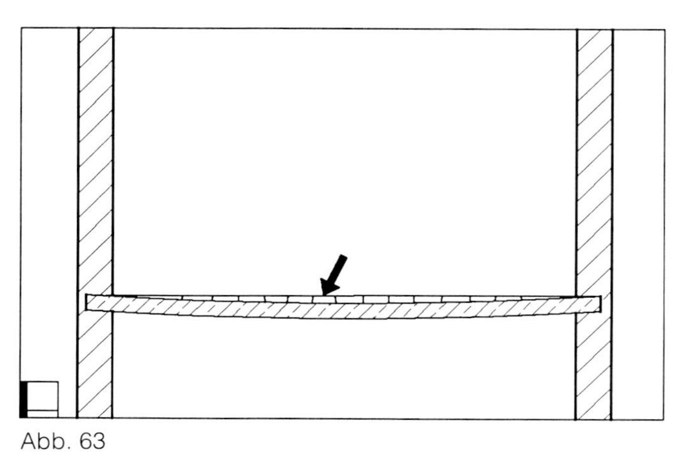

Abb. 63

Ausgebildetes Rißbild in einer nicht zugfesten Leichtwand auf einer nachträglich stark durchgebogenen Decke [35].

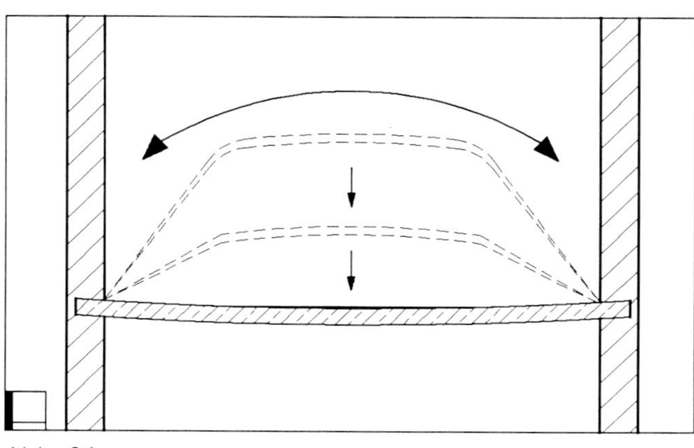

Abb. 64

Rißbildungen bei Temperaturdifferenzen in Decken (→ Abb. 65 ... 67)

Bei Temperaturdifferenzen zwischen Ober- und Unterseite wölbt sich eine Platte immer der Wärme zu.

Außer den Temperaturdifferenzen zwischen oben und unten erleidet eine Dachplatte auch laufend Änderungen der Mitteltemperatur. Diese betragen bei beheizten Räumen im Winter etwa 10 °C, im Sommer mehr als 30 °C. Bei schlechter oder unwirksam gewordener Wärmedämmung werden diese Werte extremer.

Die Wärmedehnung einer Stahlbetonplatte beträgt nach Erwärmung um 10 °C bei 5,00 m Länge: 0,5 mm [35].

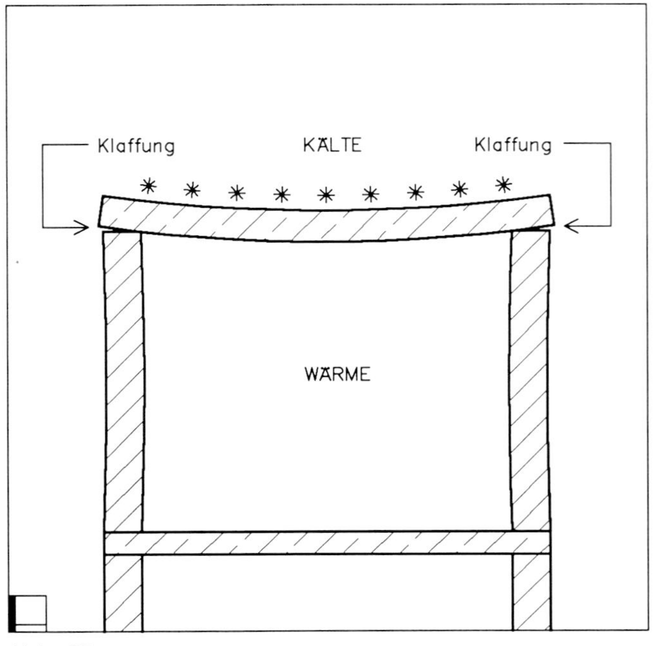

Abb. 65

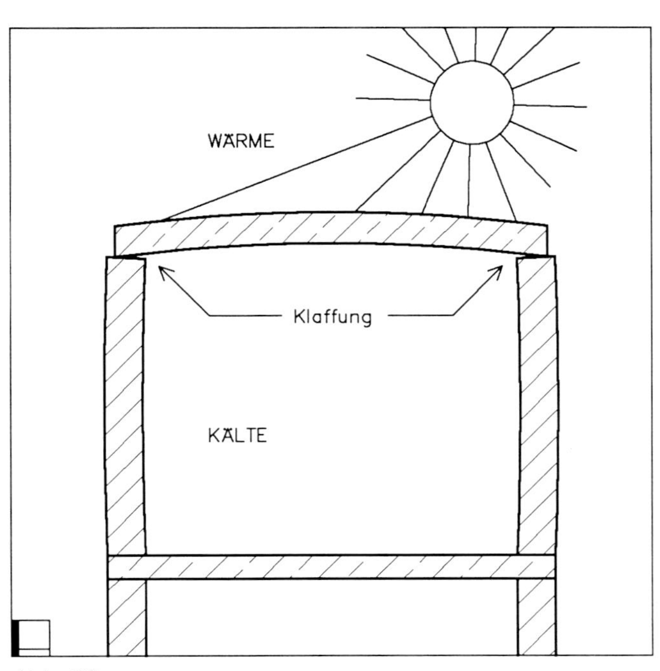

Abb. 66

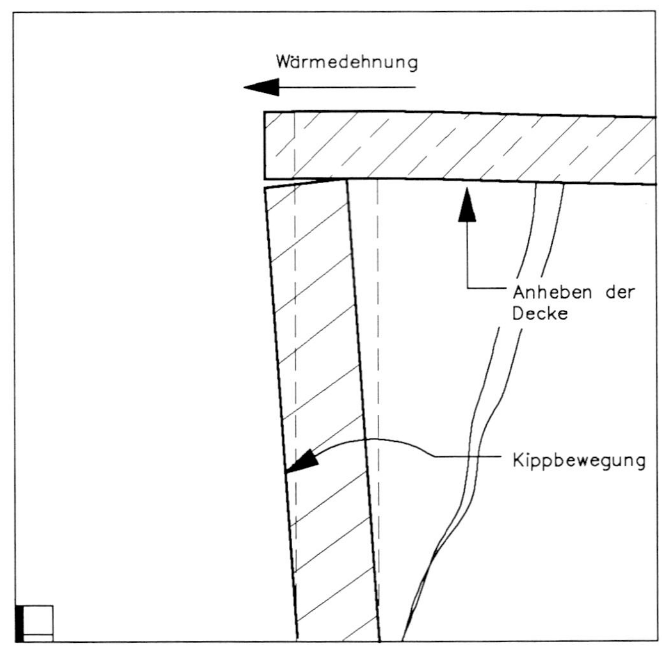

Abb. 67

Wenn eine Außenwand durch die Temperaturbewegungen der aufliegenden Decke hinausgeschoben wird, reißt die Querwand in einem typischen Riß ab [35].

Rißbildungen bei Verformung des Baugrundes (→ Abb. 58+69).

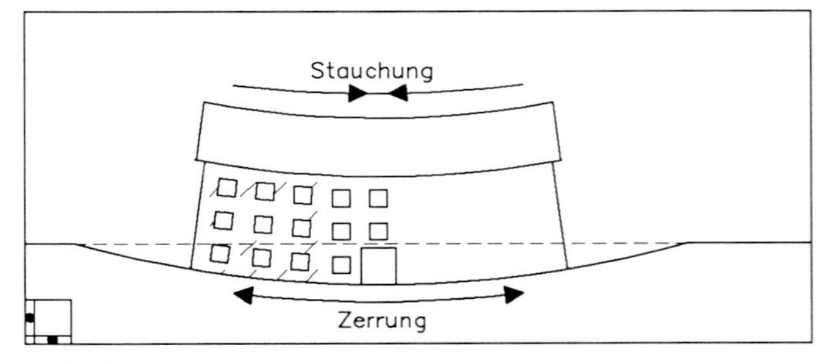

Abb. 68

Setzungsmulde und Zerrungsrisse in einem langen Bauwerk auf weichem Baugrund [35].

Setzungsrisse bei ungleichem Baugrund (Tonlinse durch zu großen Abstand bei Bodenaufschlüssen nicht erkannt) [35].

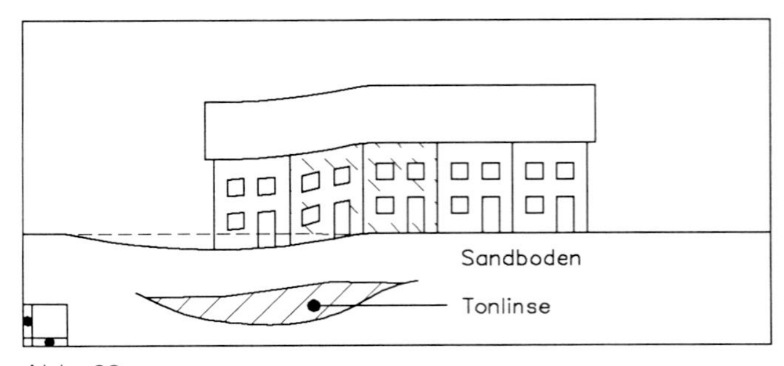

Abb. 69

Der Drehwinkel am Endauflager von Decken kann ein Abheben der Decken-Außenkante vom Mauerwerk bewirken (→ Abb. 61 + 62; 65 + 66), wenn nicht genügend Auflast aus darüber befindlichen Geschossen vorhanden ist. Dies gilt z. B. für weitgespannte Dachdecken. In diesem Fall ist Schäden infolge von Rissen in Mauerwerk und Putz durch konstruktive Maßnahmen (z. B. Fugenausbildung, Zentrierleisten, Kantennut, entsprechende Ausbildung der Außenhaut) (→ Abb. 70 + 71) entgegenzuwirken.

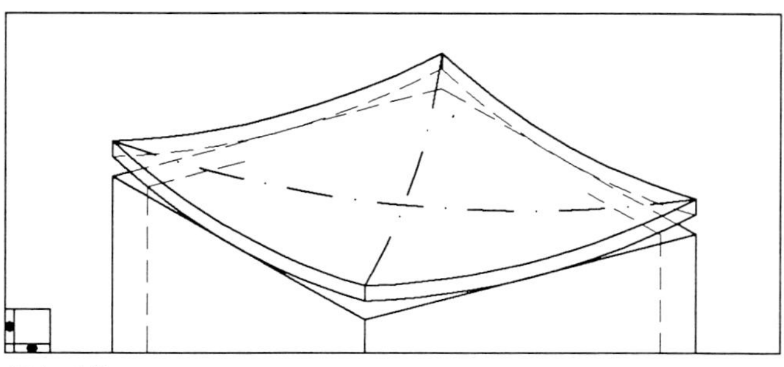

Abb. 70

Das »Aufschnabeln« von drillsteifen Deckenplatten ist an den Gebäudeaußenecken zu beobachten. Es wird hierbei von einer Decke ausgegangen, die eine gleichmäßig verteilte Belastung hat.

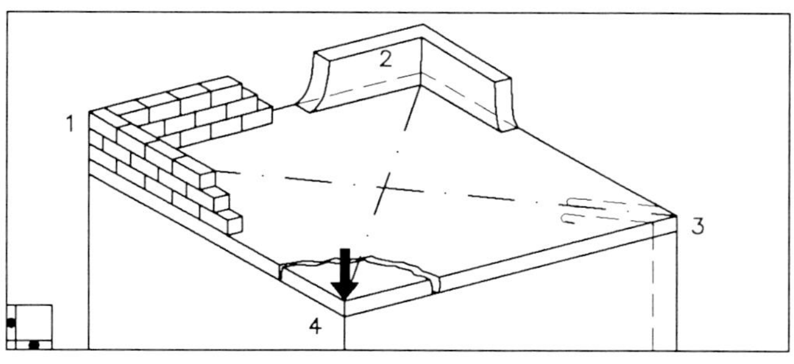

Abb. 71

Abb. 71 gibt Hinweise [36], wie eine Plattendecke »festgelegt« werden kann:

1. Auflast durch Mauerwerk
2. Biegesteifer Rand**über**zug oder Rand**unter**zug
3. Verankerung in die darunterliegende Geschoßdecke
4. Bei fehlender Drillbewehrung reißt der Stahlbeton an der Oberseite

Über die Mechanik und damit die Zwänge eines Dachdeckenauflagers berichten die folgenden Ausführungen [36]. Sie erklären durch die beschriebenen Schäden (→ Abb. 72 ... 74), warum für diesen Bereich erhöhte konstruktive Aufwendungen sinnvoll sind. Vergleiche in diesem Zusammenhang die Anmerkungen zu Abb. 212 ... 217.

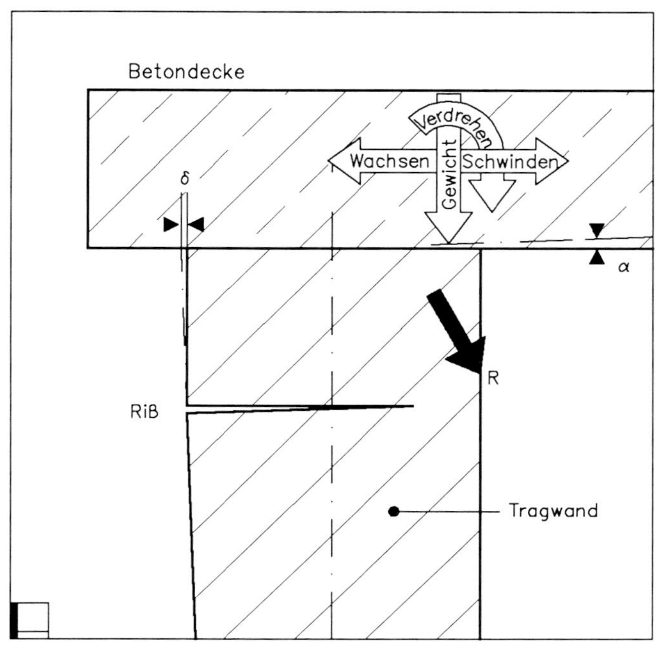

Abb. 72

Auflagerkonstruktion ohne Trennung. Feste Verbindung zwischen Decke und Wand. Exzentrische Wandbelastung, Kantenpressung: Rißgefahr für Decke und Wand.

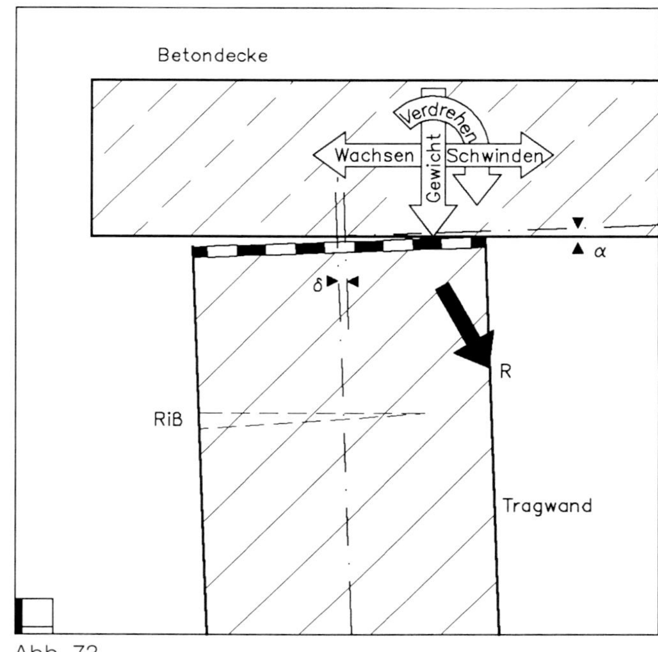

Abb. 73

Auflagerkonstruktion mit vollflächigen Trennschichten (Folien, Dachbahnen usw. als Gleitlager). Empfindlich gegen feinste Unebenheiten, Reibung unkontrollierbar, exzentrische Wandbelastung und Kantenpressung: Rißgefahr für Wand und Decke.

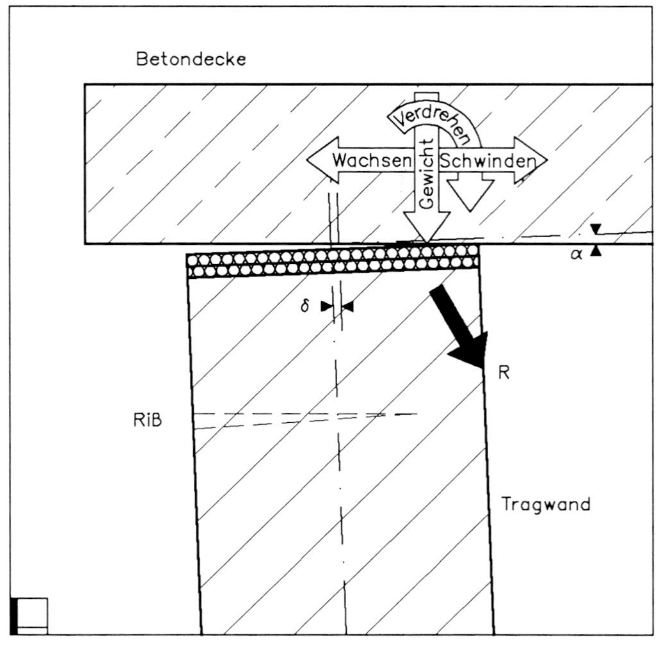

Abb. 74

Auflagerkonstruktion mit vollflächigen, weichen Platten (Kork- oder Faserplatten usw.). Sehr hoher Reibungs- und Verformungswiderstand, exzentrische Wandbelastung und Kantenpressung etwas reduziert: Rißgefahr für Wand und Decke bleibt.

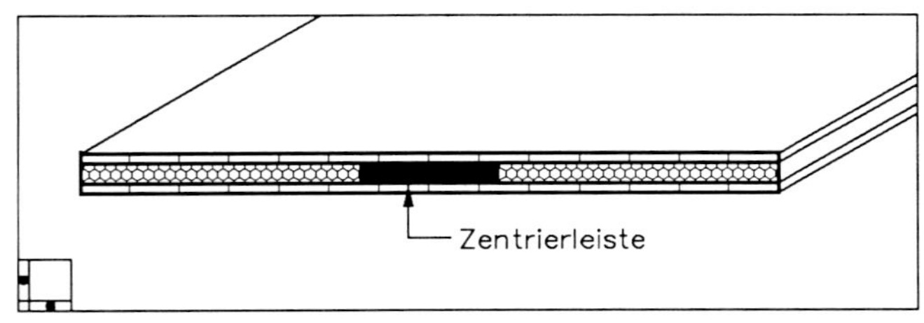

Abb. 75

Ein Verformungslager mit planmäßiger Gleitfähigkeit wird in den meisten Fällen die bekannten Schäden verhindern. Ein solches Linienlager (Zentrierleiste) besteht meist aus einem hochwertigen Elastomer mit seitlichen Polsterstreifen aus Styropor. Eine wasserdichte Deckfolie hält das Lager zusammen (→ Abb. 75).

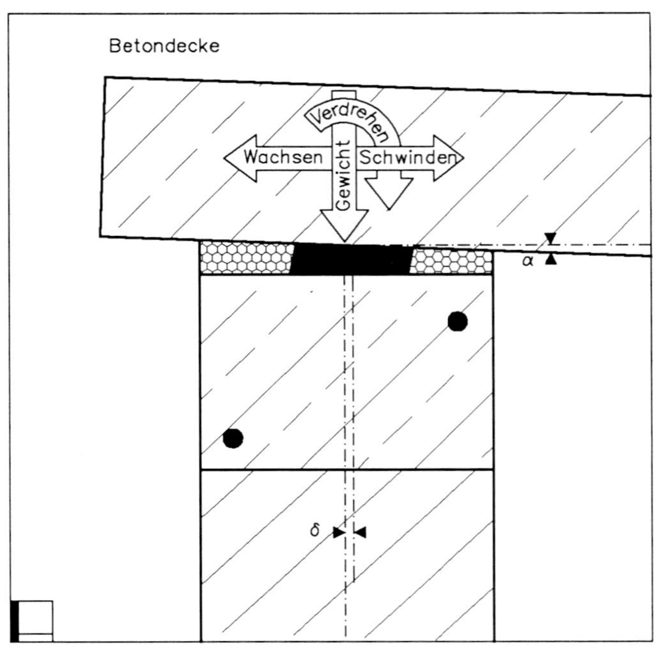

Abb. 76

Die »Arbeitsweise« eines solchen Lagers ist auf Abb. 76 dargestellt. Der elastische Lagerkern, der im mittleren Mauerdrittel (Wandachse) liegt, ermöglicht der Betondecke durch die seitlichen Polsterstreifen, sich frei zu verdrehen, ohne die Mauerkante zu berühren. Die Kantenpressung wird so vermieden.

Die so entstandene »Raumfuge« ist auf der Außenseite regensicher zu überdecken (→ Abb. 216).

Die offene Wand-Deckenfuge im Rauminnern ist nach Abb. 215 auszubilden oder durch eine Profilleiste abzudecken.

6.6 Grundlagen für die Berechnung der Formänderung

Als Rechenwerte für die Verformungseigenschaften der Mauerwerksarten aus künstlichen Steinen dürfen die in der Tabelle 2 angegebenen Werte angenommen werden.

Die Verformungseigenschaften der Mauerwerksarten können stark streuen. Der Streubereich ist in Tabelle 2 als Wertebereich angegeben; er kann in Ausnahmefällen noch größer sein. Sofern in den Steinnormen der Nachweis anderer Grenzwerte des Wertebereichs gefordert wird, gelten diese. Müssen Verformungen berücksichtigt werden, so sind die der Berechnung zugrunde liegende Art und Festigkeitsklasse der Steine, die Mörtelart und die Mörtelgruppe anzugeben.

Für die Berechnung der Randdehnung ε_R nach Bild 3 sowie der Knotenmomente nach 7.2.2 und zum Nachweis der Knicksicherheit nach 7.9.2 dürfen vereinfachend die dort angegebenen Verformungswerte angenommen werden.

Tabelle 2: Verformungskennwerte für Kriechen, Schwinden, Temperaturänderung sowie Elastizitätsmoduln

Mauersteinart	Endwert der Feuchtedehnung (Schwinden, chemisches Quellen)[1]		Endkriechzahl		Wärmedehnungskoeffizient		Elastizitätsmodul	
	$\varepsilon_{f\infty}$[1]		φ_∞[2]		α_T		E[3]	
	Rechenwert	Wertebereich	Rechenwert	Wertebereich	Rechenwert	Wertebereich	Rechenwert	Wertebereich
	mm/m				10^{-6}/K		MN/m²	
1	2	3	4	5	6	7	8	9
Mauerziegel	0	+ 0,3 bis – 0,2	1,0	0,5 bis 1,5	6	5 bis 7	3500 · σ_0	3000 bis 4000 · σ_0
Kalksandsteine[4]	– 0,2	– 0,1 bis – 0,3	1,5	1,0 bis 2,0	8	7 bis 9	3000 · σ_0	2500 bis 4000 · σ_0
Leichtbetonsteine	– 0,4	– 0,2 bis – 0,5	2,0	1,5 bis 2,5	10, 8[5]	8 bis 12	5000 · σ_0	4000 bis 5500 · σ_0
Betonsteine	– 0,2	– 0,1 bis – 0,3	1,0	–	10	8 bis 12	7500 · σ_0	6500 bis 8500 · σ_0
Porenbetonsteine	– 0,2	+ 0,1 bis – 0,3	1,5	1,0 bis 2,5	8	7 bis 9	2500 · σ_0	2000 bis 3000 · σ_0

[1]) Verkürzung (Schwinden): Vorzeichen minus; Verlängerung (chemisches Quellen): Vorzeichen plus
[2]) $\sigma_\infty = \varepsilon_{k\infty}/\varepsilon_{el}$; $\varepsilon_{k\infty}$ Endkriechdehnung; $\varepsilon_{el} = \sigma/E$
[3]) E Sekantenmodul aus Gesamtdehnung bei etwa 1/3 der Mauerwerksdruckfestigkeit; σ_0 Grundwert nach Tabellen 4a, 4b und 4c.
[4]) Gilt auch für Hüttensteine
[5]) Für Leichtbeton mit überwiegend Blähton als Zuschlag

6.7 Aussteifung und Knicklänge von Wänden

6.7.1 Allgemeine Annahmen für aussteifende Wände

Je nach Anzahl der rechtwinklig zur Wandebene unverschieblich gehaltenen Ränder werden zwei- (→ Abb. 77 + 78), drei- (→ Abb. 79 + 80) und vierseitig (→ Abb. 81 + 82) gehaltene sowie frei stehende Wände (→ Abb. 4) unterschieden.

Zweiseitig gehaltene Wand

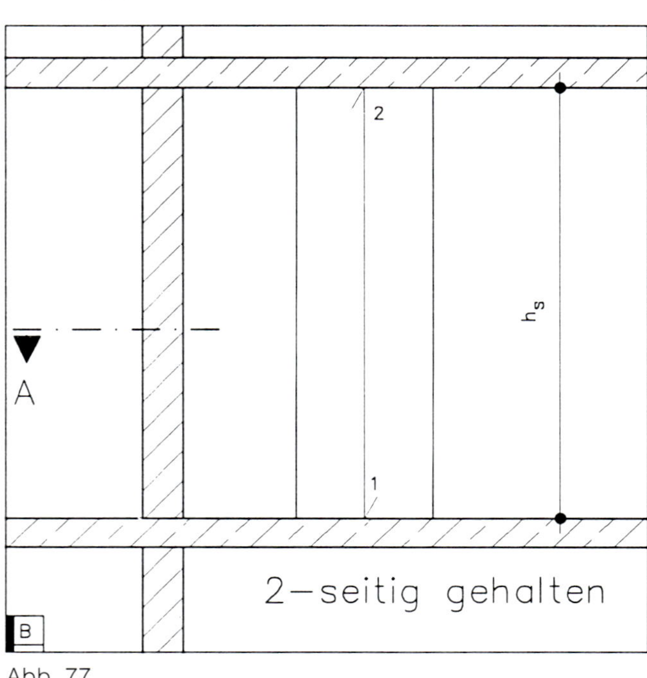

Abb. 77

Dreiseitig gehaltene Wand

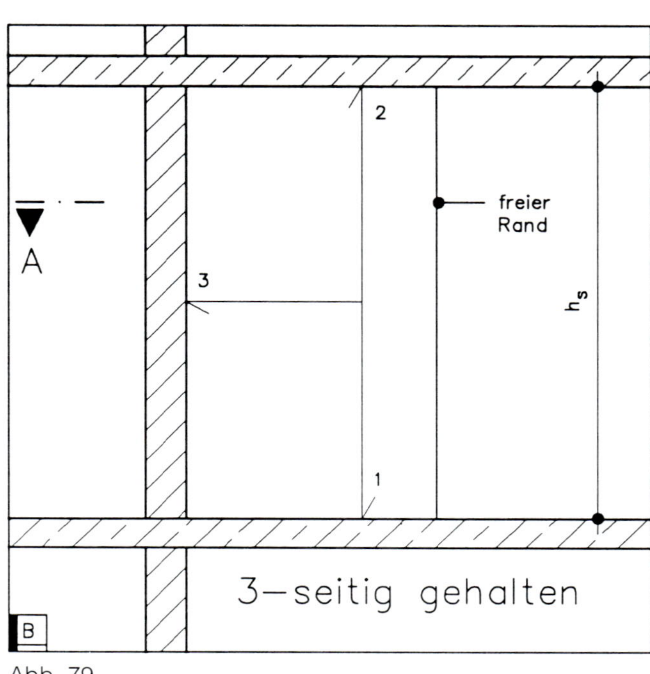

Abb. 79

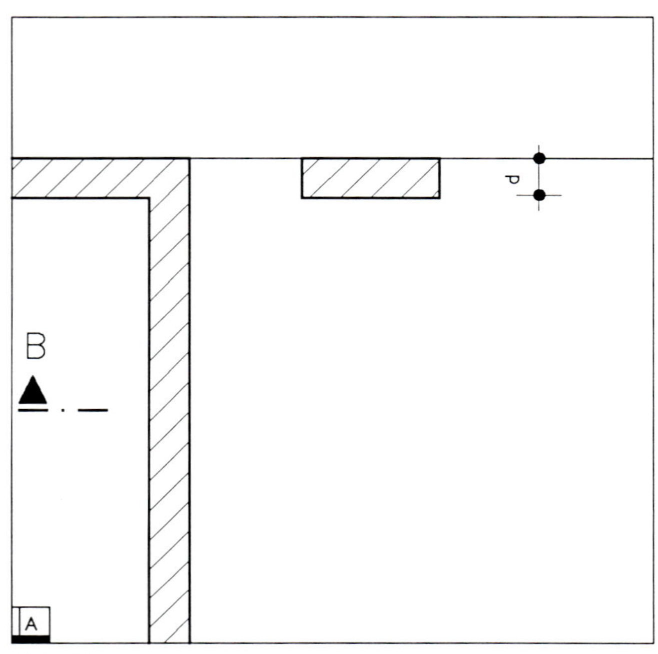

Abb. 78

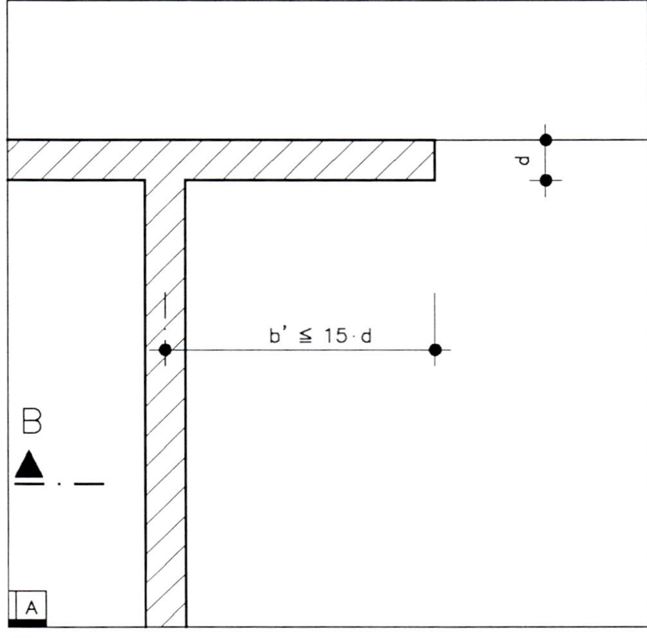

Abb. 80

Als unverschiebliche Halterung (→ Abb. 83) dürfen horizontal gehaltene Deckenscheiben und aussteifende Querwände oder andere ausreichend steife Bauteile angesehen werden. Unabhängig davon ist das Bauwerk als Ganzes nach Abschnitt 6.4 auszusteifen.

Vierseitig gehaltene Wand

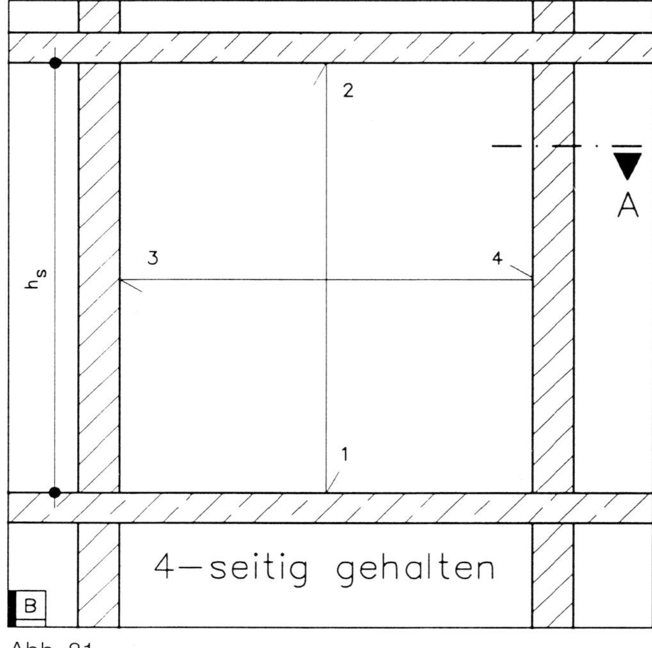

Abb. 81

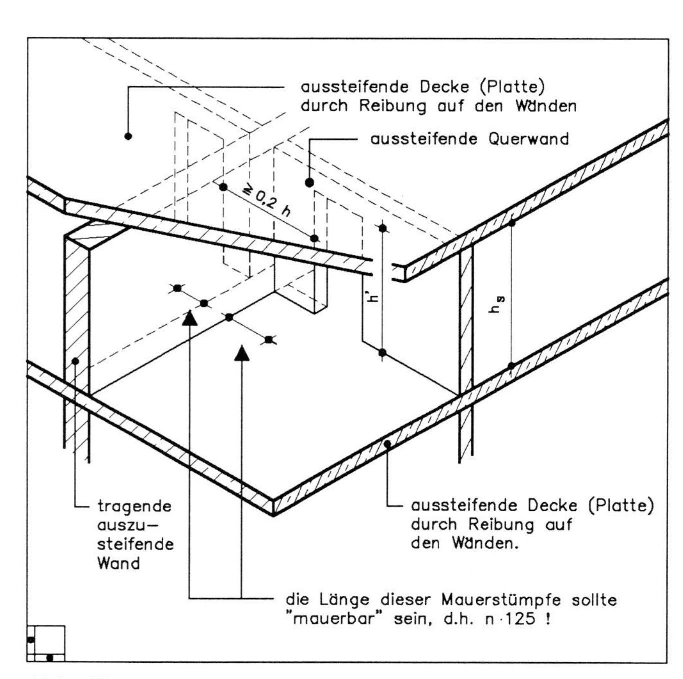

Abb. 83

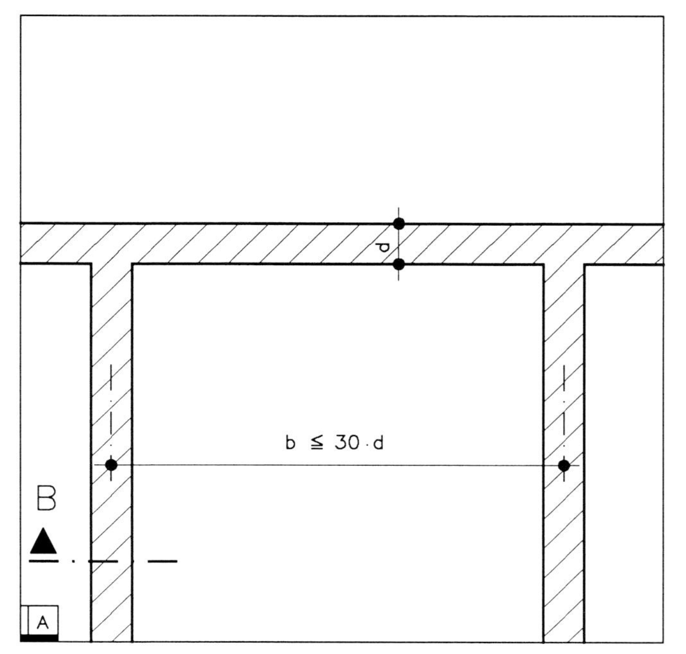

Abb. 82

Bei einseitig angeordneten Querwänden darf unverschiebliche Halterung der auszusteifenden Wand nur angenommen werden, wenn Wand und Querwand aus Baustoffen annähernd gleichen Verformungsverhaltens (d. h. entweder nur gebundene oder nur gebrannte Steine) gleichzeitig im Verband (→ Abb. 84) hochgeführt werden und wenn ein Abreißen der Wände infolge stark unterschiedlicher Verformung nicht zu erwarten ist oder wenn die zug- (→ Abb. 89) und druckfeste Verbindung durch andere Maßnahmen gesichert ist.

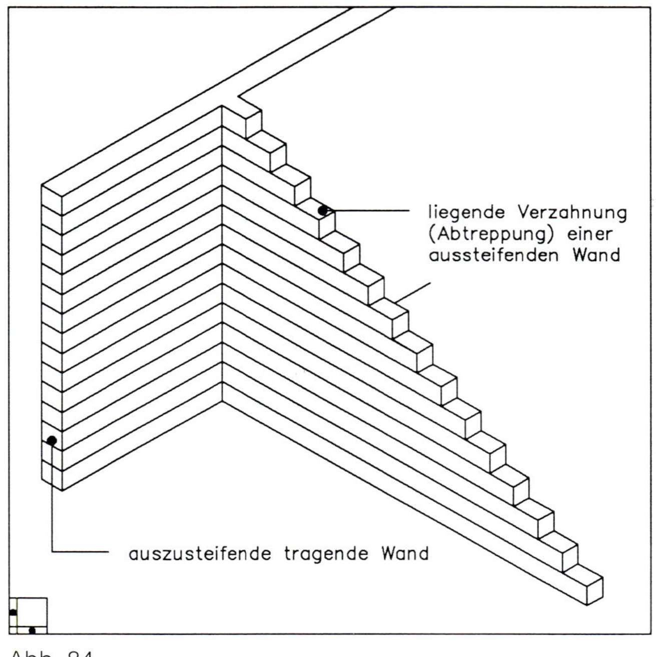

Abb. 84

Die aussteifenden Wände sollen mit den auszusteifenden tragenden Wänden gleichzeitig hochgeführt und mit ihnen im Verband gemauert werden. Liegende Verzahnung (Abtreppung) gilt als gleichzeitiges Hochführen (→ Abb. 84).

Liegende Verzahnung, dazu u. U. doppelseitig in den Raum vorstehend, versperrt auf der Baustelle die Bewegungsmöglichkeiten von Schaltischen u.a. Man hat letztlich nur noch eine V-förmige Durchgangsöffnung, so daß das gleichzeitige und damit kostensparende Hochführen der aussteifenden Querwände sinnvoller ist.

Ist das gleichzeitige Hochführen der tragenden und der aussteifenden Wände besonders schwierig, so sind statisch gleichwertige Maßnahmen zu treffen.

Eine »gleichwertige« Maßnahme kann bei der Konstruktion nach Abb. 85 gesehen werden, wo eine schon während der Bauzeit wirksame Aussteifung durch eine eingebundene »Vorlage« herbeigeführt wird.

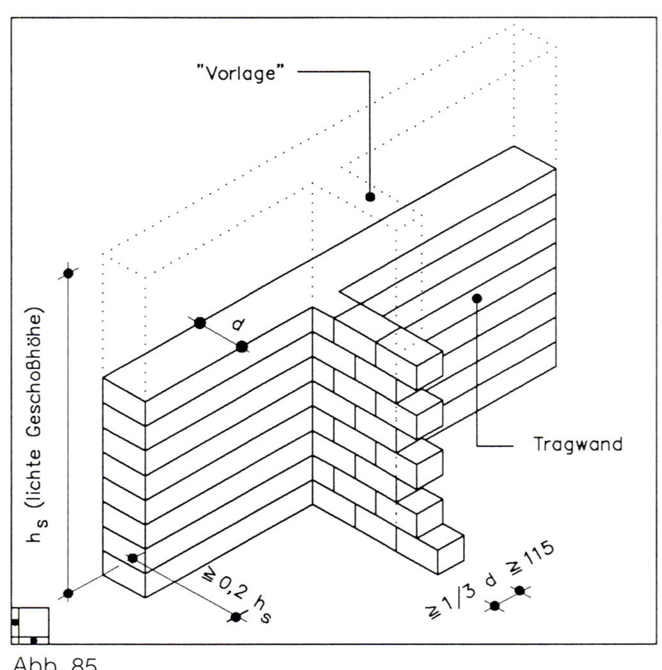

Abb. 85

Um den Verband beim gleichzeitigen Hochmauern zu ersetzen, sind folgende »Einbinde«möglichkeiten (Verzahnungen) zulässig (Abb. 86 ... 89).

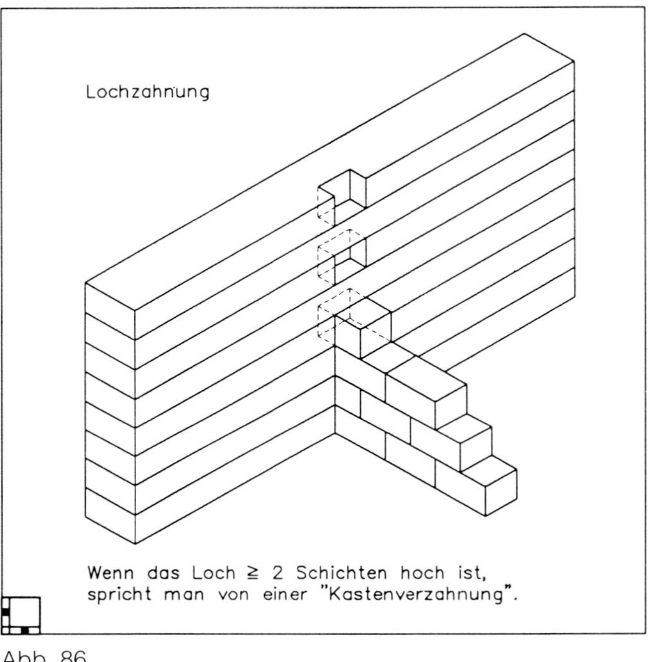

Abb. 86

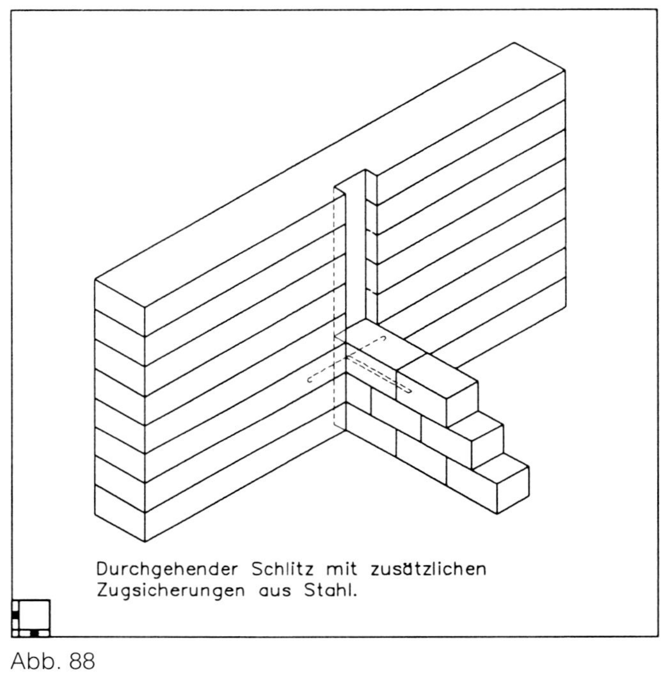

Abb. 88

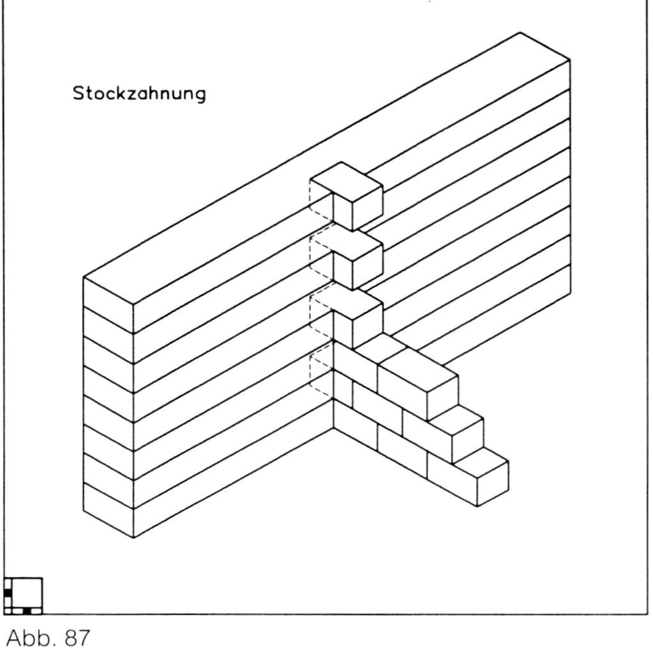

Abb. 87

Stumpfer Stoß mit Drahtanker

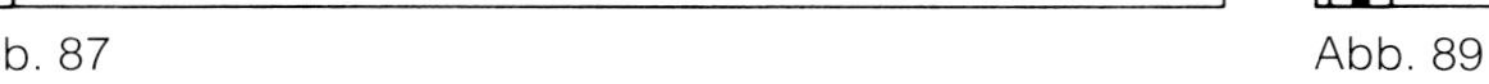

Abb. 89

Beidseitig angeordnete Querwände, deren Mittelebenen gegeneinander um mehr als die dreifache Dicke der auszusteifenden Wand versetzt sind, sind wie einseitig angeordnete Querwände zu behandeln (→ Abb. 90 + 91).

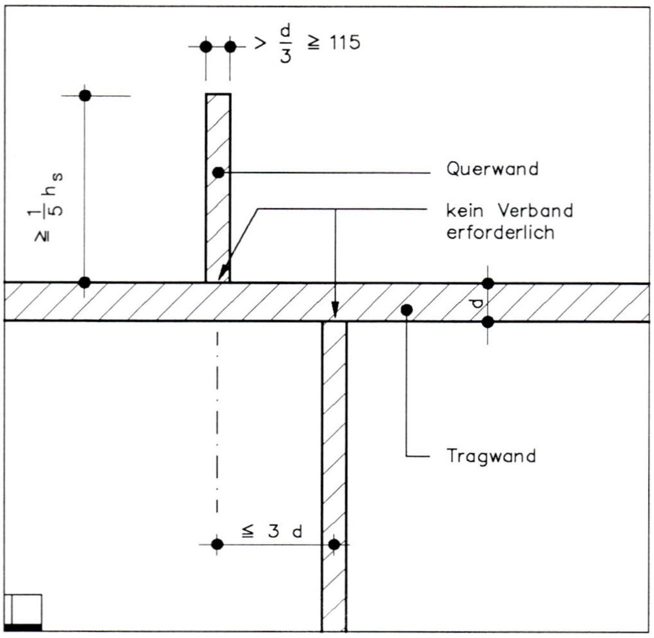

Abb. 90

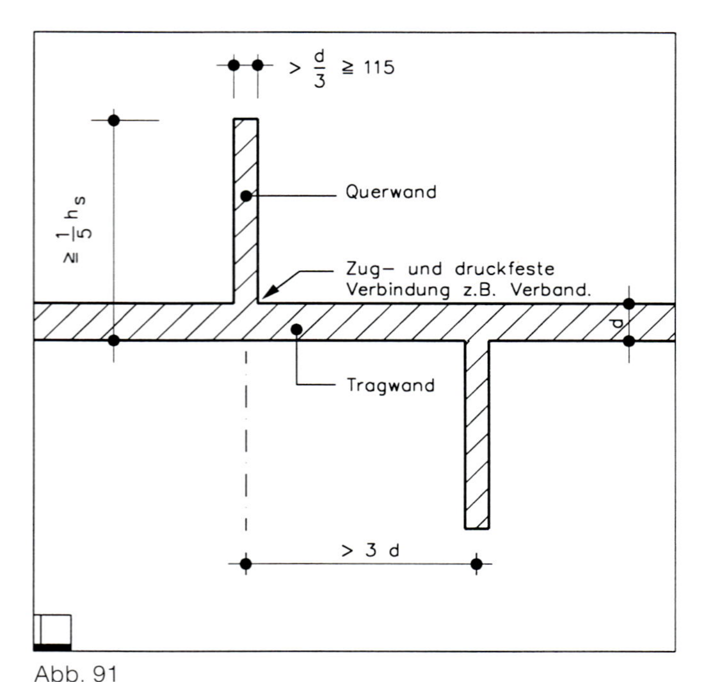

Abb. 91

Aussteifende Wände müssen mindestens eine wirksame Länge von 1/5 der lichten Geschoßhöhe h_S und eine Dicke von 1/3 der Dicke der auszusteifenden Wand, jedoch mindestens 115 mm haben (→ Abb. 85).

Ist die aussteifende Wand durch Öffnungen unterbrochen, muß die Länge der Wand zwischen den Öffnungen mindestens so groß wie nach Bild 1 sein. Bei Fenstern gilt die lichte Fensterhöhe als h_1 bzw. h_2.

Bei beidseitig angeordneten, nicht versetzten Querwänden darf auf das gleichzeitige Hochführen der beiden Wände im Verband verzichtet werden, wenn jede der beiden Querwände den vorstehend genannten Bedingungen für aussteifende Wände genügt. Auf Konsequenzen aus unterschiedlichen Verformungen und aus bauphysikalischen Anforderungen ist in diesem Fall besonders zu achten.

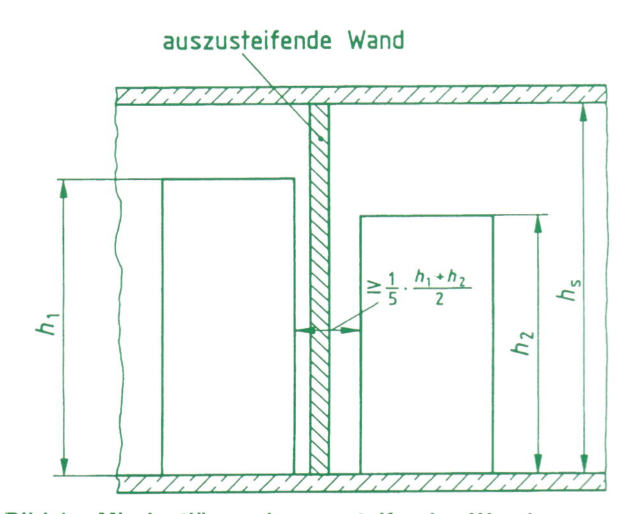

Bild 1: Mindestlänge der aussteifenden Wand

Die Abb. 92 und 93 sowie die Abb. 94 und 95 zeigen Möglichkeiten für Öffnungen in aussteifenden Querwänden, die nahe an der auszusteifenden Tragwand liegen [33].

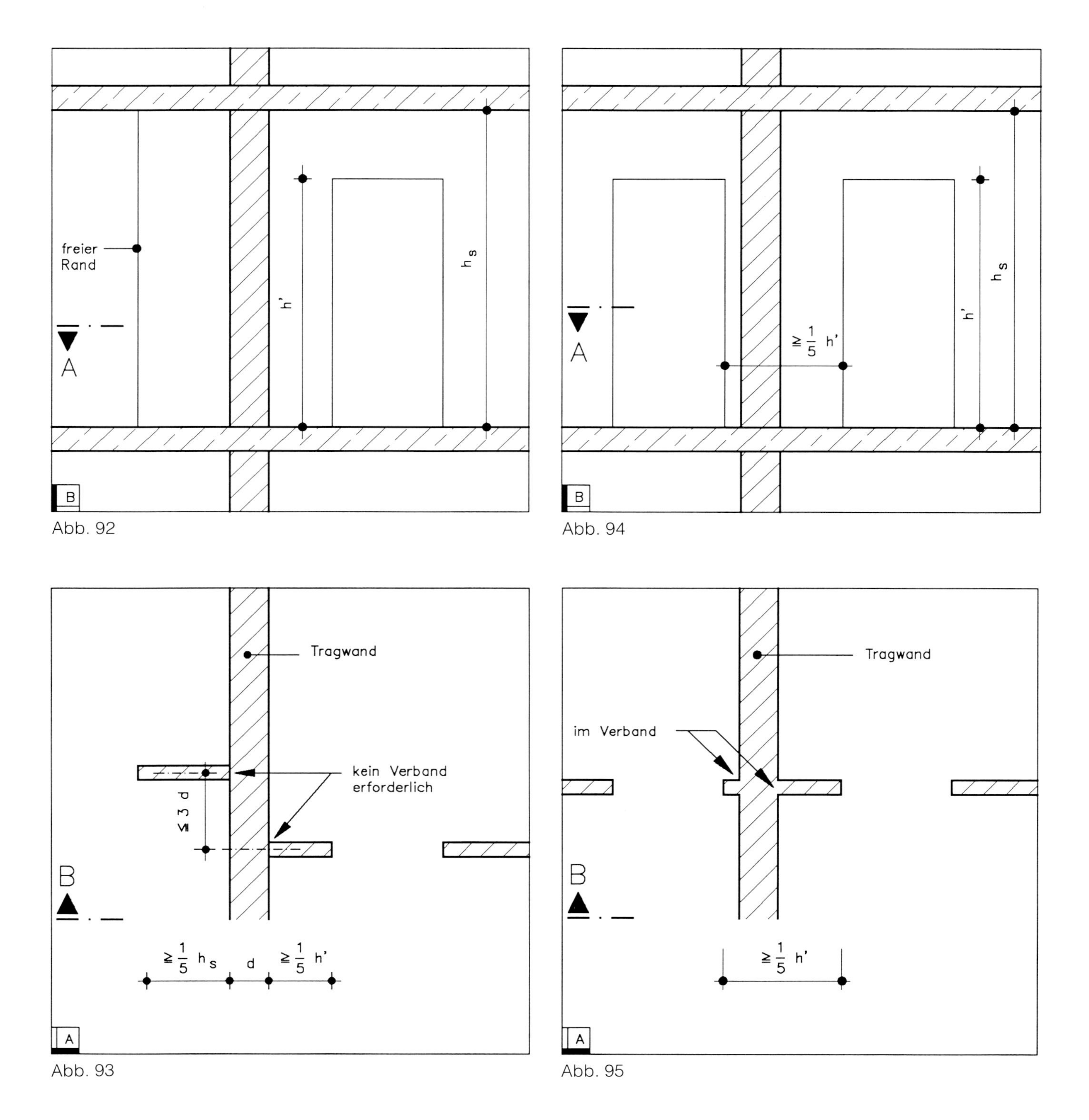

Abb. 92

Abb. 94

Abb. 93

Abb. 95

6.7.2 Knicklängen

Die Knicklänge h_K von Wänden ist in Abhängigkeit von der lichten Geschoßhöhe h_S wie folgt in Rechnung zu stellen:

a) Zweiseitig gehaltene Wände:

Im allgemeinen gilt

$h_K = h_S$ (→ Abb. 96)

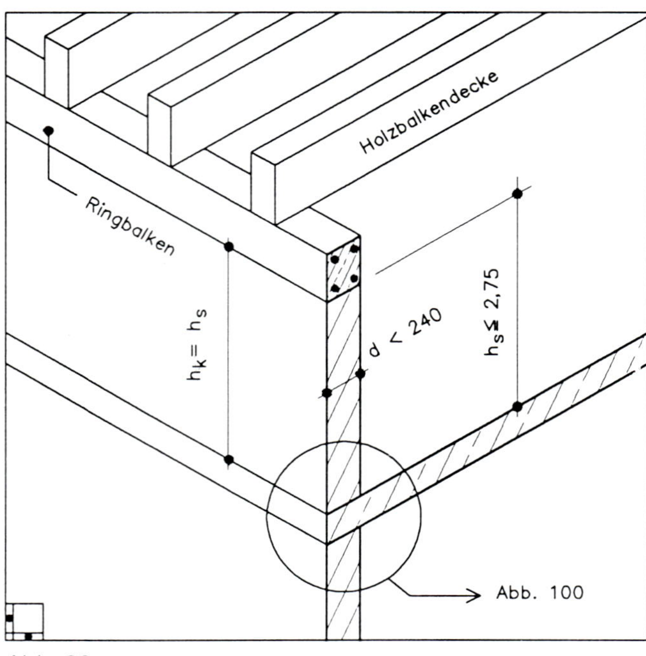

Abb. 96

Die zweiseitig gehaltene Wand wurde bei Abb. 77 und 78 vorgestellt.

Im vorliegenden Falle (→ Abb. 96 + 97) ist die Wand oben nicht wie auf Abb. 98 durch ein Deckenauflager gehalten, sondern durch einen Ringbalken. Die Wanddicke d bestimmt nach Tabelle 1 (→ S. 26) das Maß h_S (= lichte Raumhöhe des Rohbaus).

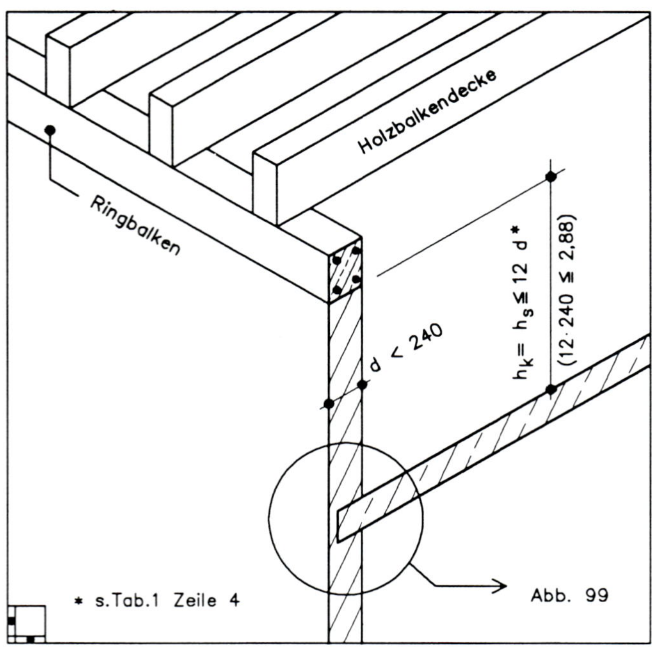

Abb. 97

Bei Plattendecken und anderen flächig aufgelagerten Massivdecken darf die Einspannung der Wand in den Decken durch Abminderung der Knicklänge auf

$h_K = \beta \cdot h_S$

berücksichtigt werden (→ Abb. 98).

Sofern kein genauerer Nachweis für β nach 7.7.2 erfolgt, gilt vereinfacht:

$\beta = 0{,}75$ für Wanddicke $d \leq 175$ mm
$\beta = 0{,}90$ für Wanddicke 175 mm $< d \leq 250$ mm
$\beta = 1{,}00$ für Wanddicke $d > 250$ mm.

Als flächig aufgelagerte Massivdecken in diesem Sinn gelten auch Stahlbetonbalken- und -rippendecken nach DIN 1045 mit Zwischenbauteilen, bei denen die Auflagerung durch Randbalken erfolgt.

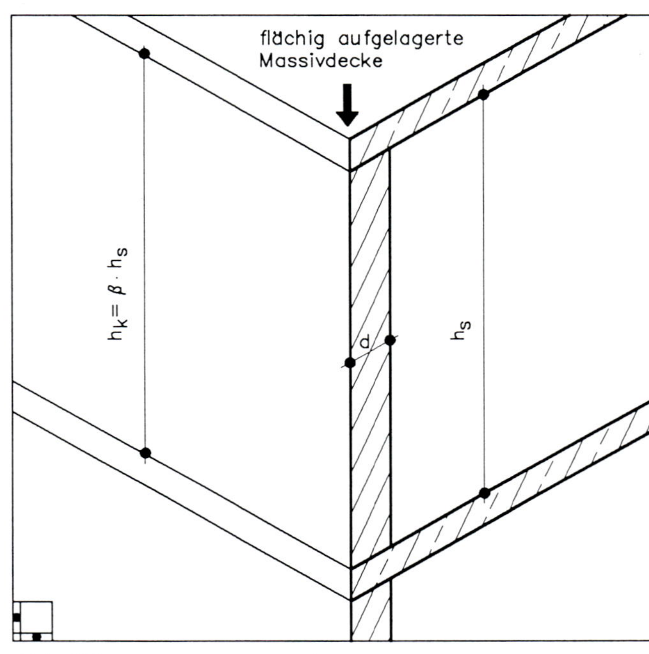

Abb. 98

Bei der zweiseitig gehaltenen Wand werden für die einzelnen Wanddicken die Abminderungsbeiwerte β zur Ermittlung der Knicklänge im folgenden angegeben:

Wanddicke d (mm)	Abminderungs-beiwert β
115	0,75
175	0,75
240	0,90
300	1,00
365	1,00

Die so vereinfacht ermittelte Abminderung der Knicklänge ist jedoch nur zulässig, wenn keine größeren horizontalen Lasten als die planmäßigen Windlasten rechtwinklig auf die Wände wirken und folgende Mindestauflagertiefen *a* auf den Wänden der Dicke *d* gegeben sind:

$d \geq 240$ mm $a \geq 175$ mm (→ Abb. 99)
$d < 240$ mm $a = d$ (→ Abb. 100)

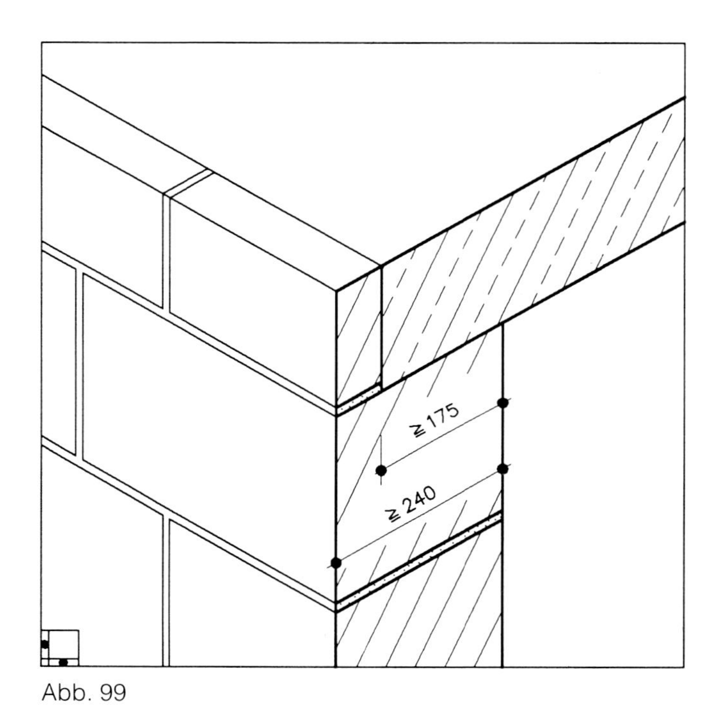

Abb. 99

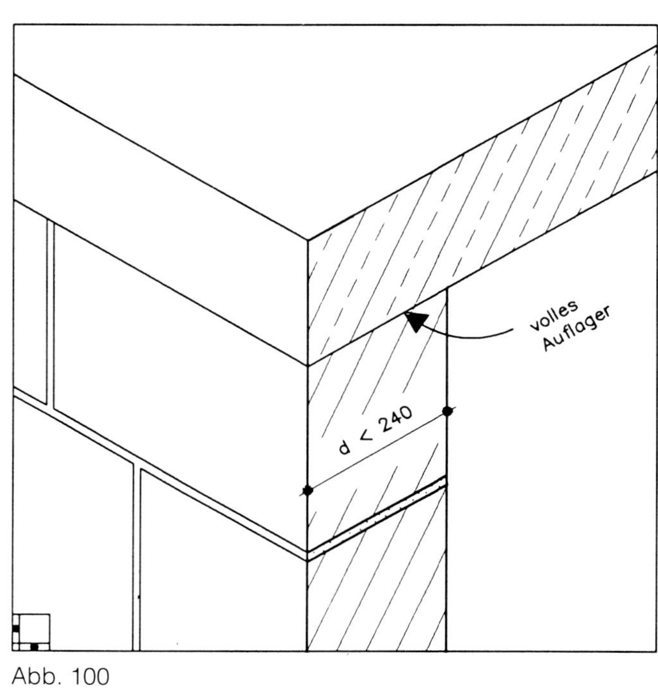

Abb. 100

Die Mindestauflagertiefen hängen von der Wanddicke der Tragwand ab. Bei Wanddicken unter 240 mm wird der ganze Wandquerschnitt als Auflager benötigt.

b) Drei- und vierseitig gehaltene Wände

Für die Knicklänge gilt $h_K = \beta \cdot h_S$. Bei Wänden der Dicke *d* mit lichter Geschoßhöhe $h_S \leq 3{,}50$ m darf β in Abhängigkeit von *b* und *b'* nach Tabelle 3 angenommen werden, falls kein genauerer Nachweis für β nach 7.7.2 erfolgt. Ein Faktor β ungünstiger als bei einer zweiseitig gehaltenen Wand braucht nicht angesetzt zu werden. Die Größe *b* bedeutet bei vierseitiger Halterung den Mittenabstand der aussteifenden Wände, *b'* bei dreiseitiger Halterung den Abstand zwischen der Mitte der aussteifenden Wand und dem freien Rand (siehe Bild 2). Ist $b > 30 \cdot d$ bei vierseitiger (→ Abb. 102) Halterung bzw. $b' > 15 \cdot d$ bei dreiseitiger (→ Abb. 101) Halterung, so sind die Wände wie zweiseitig gehaltene zu behandeln. Ist die Wand in der Höhe des mittleren Drittels durch vertikale Schlitze oder Nischen geschwächt (→ Abb. 103), so ist für *d* die Restwanddicke einzusetzen oder ein freier Rand anzunehmen. Unabhängig von der Lage eines vertikalen Schlitzes oder einer Nische ist an ihrer Stelle eine Öffnung anzunehmen, wenn die Restwanddicke kleiner als die halbe Wanddicke oder kleiner als 115 mm ist.

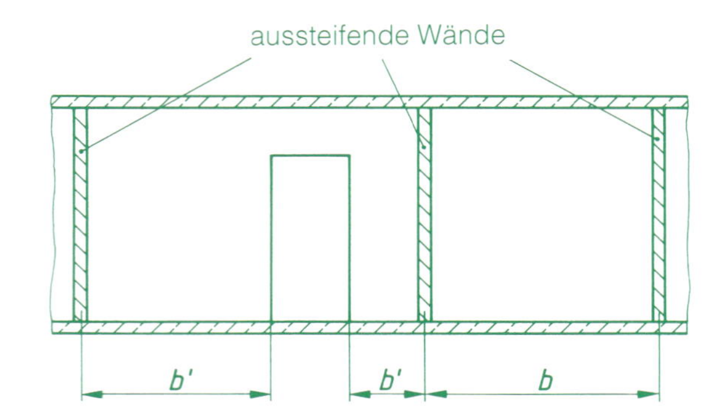

Bild 2: Darstellung der Größen *b* und *b'*

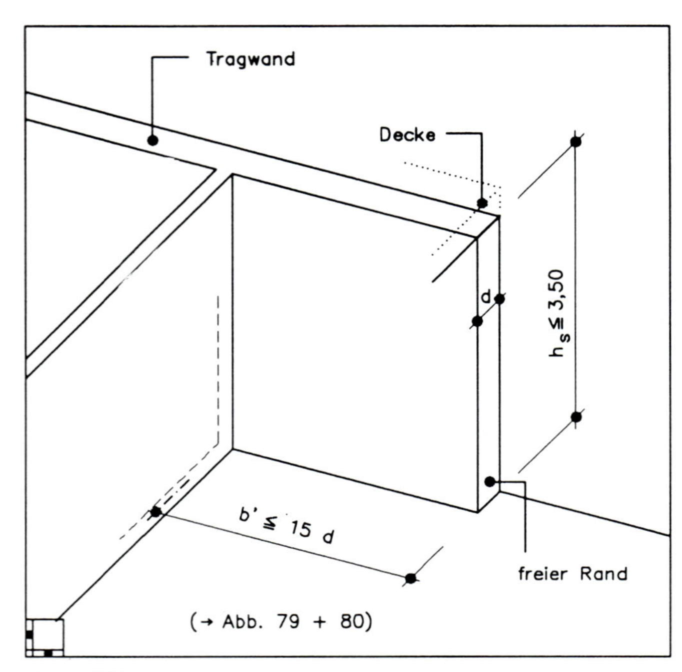

Abb. 101

Tabelle 3: Faktor β zur Bestimmung der Knicklänge $h_K = \beta \cdot h_S$ von drei- und vierseitig gehaltenen Wänden in Abhängigkeit vom Abstand *b* der aussteifenden Wände bzw. vom Randabstand *b'* und der Dicke *d* der auszusteifenden Wand

Dreiseitig gehaltene Wand						Vierseitig gehaltene Wand			
Wanddicke in mm			*b'*	β	*b*	Wanddicke in mm			
240	175	115	m		m	115	175	240	300
			0,65	0,35	2,00				
			0,75	0,40	2,25				
			0,85	0,45	2,50				
			0,95	0,50	2,80				
			1,05	0,55	3,10				
			1,15	0,60	3,40	*b* ≤ 3,45 m			
			1,25	0,65	3,80				
			1,40	0,70	4,30				
		b' ≤ 1,75 m	1,60	0,75	4,80				
			1,85	0,80	5,60		*b* ≤ 5,25 m		
	b' ≤ 2,60 m		2,20	0,85	6,60			*b* ≤ 7,20 m	
b' ≤ 3,60 m			2,80	0,90	8,40				*b* ≤ 9,00 m

Nach den Angaben aus Tabelle 3 sind für eine dreiseitig gehaltene Wand (→ Abb. 101) unter Berücksichtigung des Abminderungsbeiwerts β folgende Maximalzahlen *b'* gegeben [22]:

Wanddicke *d* (mm)	*b'* ≤ 15d (m)
115	1,725
175	2,625
240	3,600
300	4,500
365	5,475

Für eine vierseitig gehaltene Wand (→ Abb. 102) ergeben sich unter Berücksichtigung des Abminderungsbeiwerts *β* nach Tabelle 2 folgende Maximalbreiten *b* [22]:

Wanddicke *d* (mm)	$b \leq 30d$ (m)
115	3,450
175	5,250
240	7,200
300	9,000
365	10,950

Vertikale Schlitze (→ Abb. 103, hier bei einer vierseitig gehaltenen Wand) und Nischen im mittleren Drittel der Tragwand beeinträchtigen die Tragfähigkeit. Bei der Berechnung der Knicklänge einer Nische wird die verbleibende Restwanddicke zugrunde gelegt, oder es wird bei einem Schlitz ein lotrechter freier Rand angenommen (→ Abb. 79 + 80).

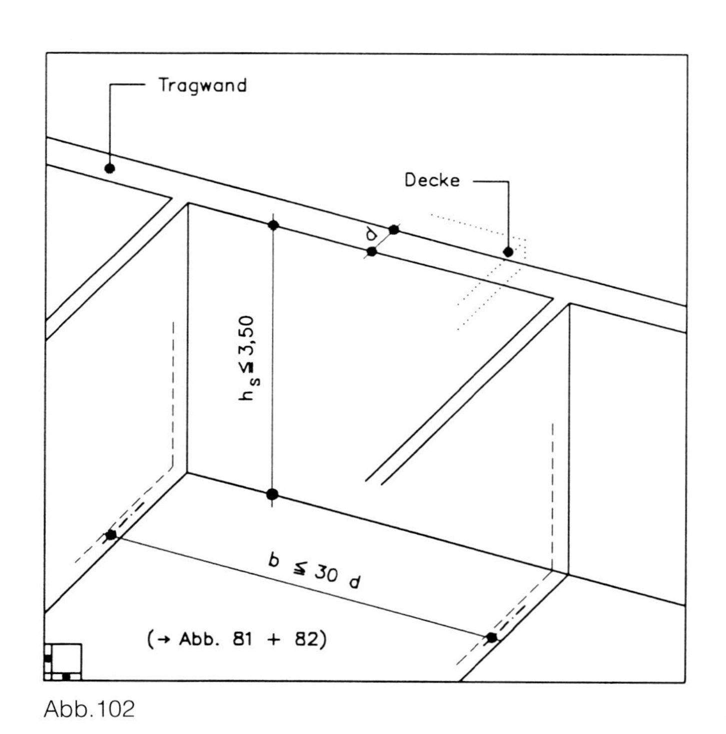

Abb.102

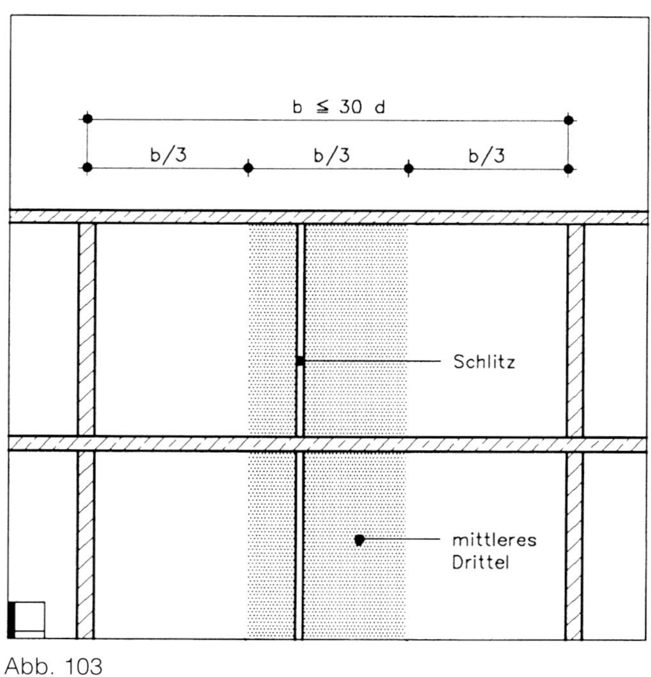

Abb. 103

6.7.3 Öffnungen in Wänden

Haben Wände Öffnungen, deren lichte Höhe größer als 1/4 der Geschoßhöhe oder deren lichte Breite größer als 1/4 der Wandbreite oder deren Gesamtfläche größer als 1/10 der Wandfläche ist, so sind die Wandteile zwischen Wandöffnung und aussteifender Wand als dreiseitig gehalten, die Wandteile zwischen Wandöffnungen als zweiseitig gehalten anzusehen.

Bei Wandöffnungen in Tragwänden, die gewisse Grenzwerte überschreiten, muß der Einfluß auf die Wandhalterung untersucht werden. Diese Nachprüfung ist erforderlich bei:

- Fensterhöhen > 1/4 h_S (→ Abb. 104)
- Öffnungsbreiten > 1/4 b (→ Abb. 105)
- Öffnungsflächen > 1/10 $b \cdot h_S$ (→ Abb. 106)

Diese »Grenzwerte« werden in der Praxis leicht erreicht. Dies belegen die folgenden Beispiele. Hierbei wird von einer lichten Geschoßhöhe von 2,75 m (Wohnungsbau) ausgegangen.

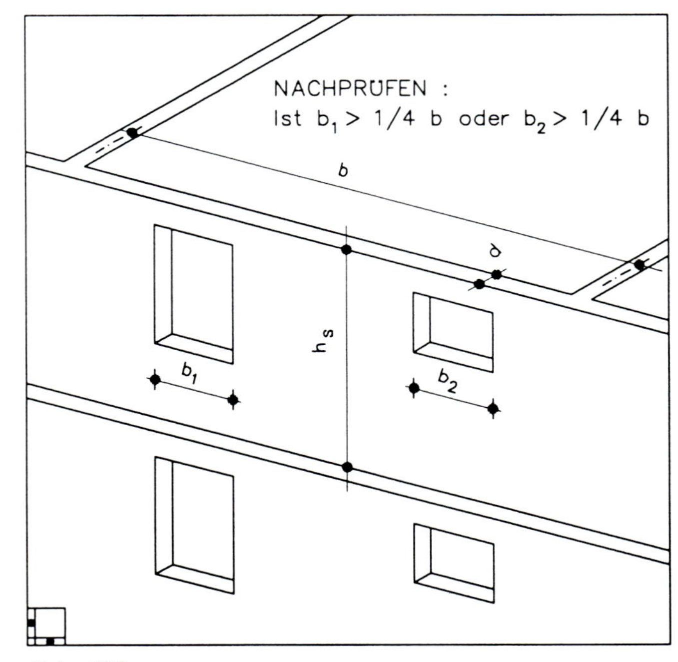

Abb. 105

Für eine Fensterhöhe (→ Abb. 104) ergibt sich dabei:

2,75 m : 4 = 0,69 m,

eine für Wohnräume nicht ausreichende Höhe!

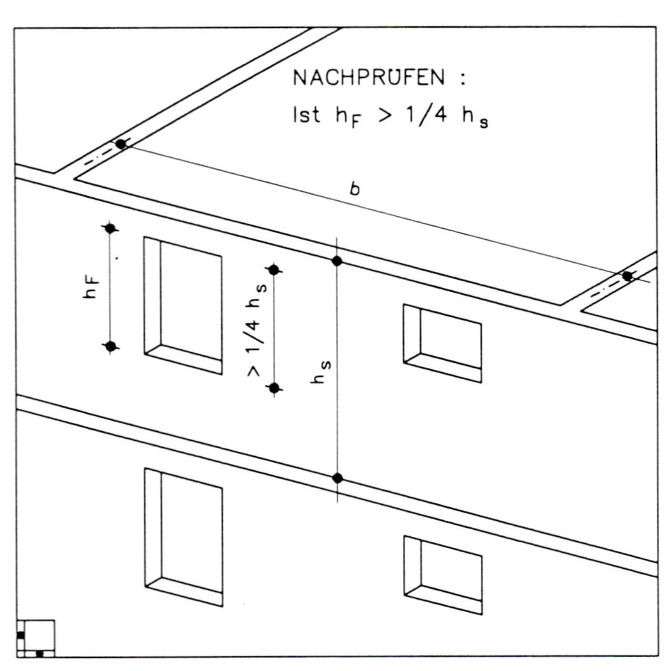

Abb. 104

Für Öffnungsbreiten wird z. B. eine Wand von 240 mm Dicke angenommen. Nach der Tabelle bei Abb. 102 ergibt sich dafür bei einer vierseitig gehaltenen Wand eine Wandbreite von $b \leq 7{,}20$ m. Die Gesamtlänge der Öffnungen ist nach Abb. 105 > 1/4 b, daraus folgt:

7,20 m : 4 = 1,80 m.

Zur Anordnung von zwei Fenstern genügt das kaum.

Betrachtet man die Begrenzung der Summe der Öffnungsflächen (→ Abb. 106) bezogen auf die Wandfläche ($b \cdot h_S$), so ergeben sich bei einer 240 mm dicken Tragwand folgende Werte:

$A_{Wand} = 7{,}20 \cdot 2{,}75 = 19{,}80\ m^2$;

1/10 davon sind 1,98 m². Bei einer im Wohnungsbau gebräuchlichen Fensterhöhe von 1,385 m ist die ohne Nachweis erlaubte maximale Öffnungsbreite 1,43 m. Zur Belichtung eines Raumes von etwa 7,00 m Außenwandlänge dürfte das kaum ausreichen.

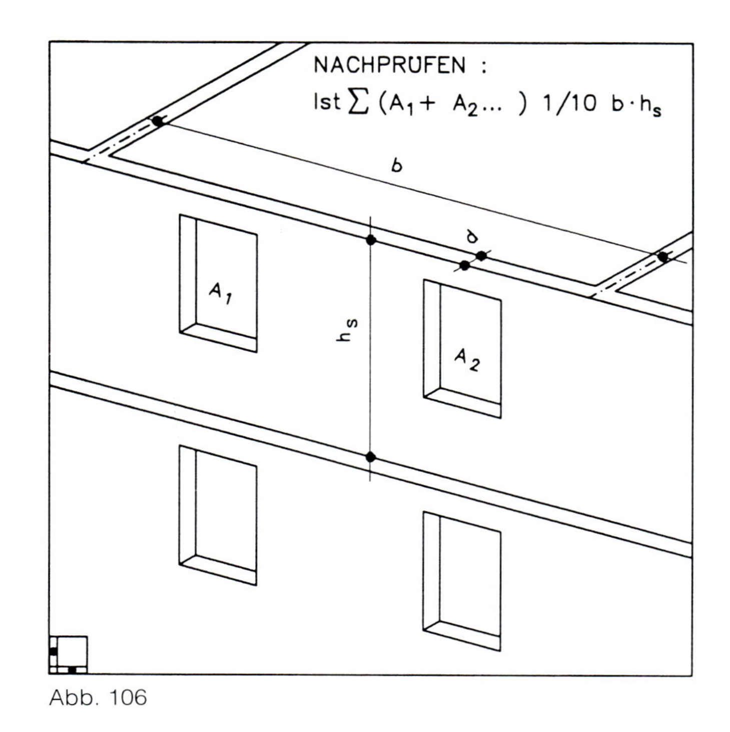

Abb. 106

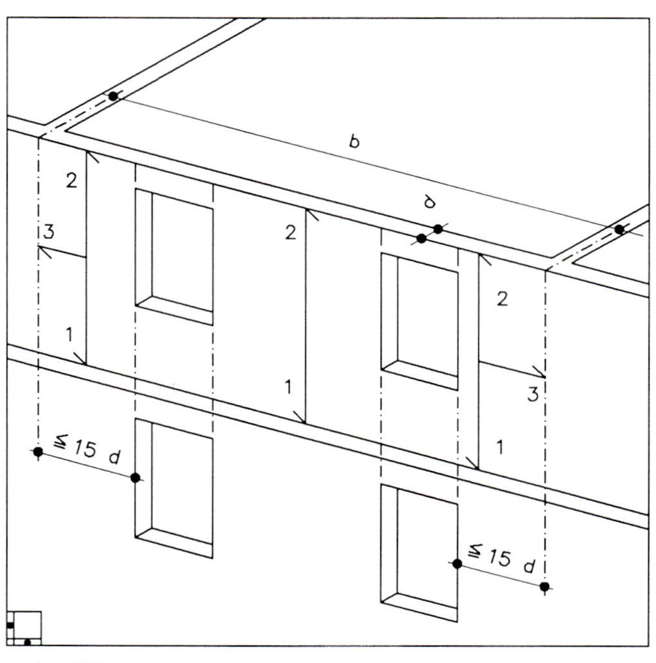

Abb. 107

Aus diesen Beispielen ist zu erkennen, daß bei den meisten Bauaufgaben ein Nachweis der Wandhalterung zu führen sein wird. Dazu sind die einzelnen Wandabschnitte nach Abb. 107 zu untersuchen.

Der Wandbereich zwischen Öffnung und aussteifender Wand kann als dreiseitig gehalten und die Wandfläche zwischen den Öffnungen als zweiseitig gehalten untersucht werden (→ vgl. die Abb. 77 ... 80).

6.8 Mitwirkende Breite von zusammengesetzten Querschnitten

Als zusammengesetzt gelten nur Querschnitte, deren Teile aus Steinen gleicher Art, Höhe und Festigkeitsklasse bestehen, die gleichzeitig im Verband mit gleichem Mörtel gemauert werden und bei denen ein Abreißen von Querschnittsteilen infolge stark unterschiedlicher Verformung nicht zu erwarten ist. Querschnittsschwächungen durch Schlitze sind zu berücksichtigen. Brüstungs- und Sturzmauerwerk dürfen nicht in die mitwirkende Breite einbezogen werden. Die mitwirkende Breite darf nach der Elastizitätstheorie ermittelt werden. Falls kein genauer Nachweis geführt wird, darf die mitwirkende Breite beidseits zu je 1/4 der über dem betrachteten Schnitt liegenden Höhe des zusammengesetzten Querschnitts, jedoch nicht mehr als die vorhandene Querschnittsbreite, angenommen werden.

Die Schubtragfähigkeit des zusammengesetzten Querschnitts ist nach 7.9.5 nachzuweisen.

6.9 Bemessung mit dem vereinfachten Verfahren

6.9.1 Spannungsnachweis bei zentrischer und exzentrischer Druckbeanspruchung

Für den Gebrauchszustand ist auf der Grundlage einer linearen Spannungsverteilung unter Ausschluß von Zugspannungen nachzuweisen, daß die zulässigen Druckspannungen

$$\text{zul } \sigma_D = k \cdot \sigma_0 \qquad (3)$$

nicht überschritten werden.

Hierin bedeuten:

σ_0 Grundwerte nach Tabellen 4a, 4b oder 4c.

k Abminderungsfaktor:

- Wände als Zwischenauflager: $k = k_1 \cdot k_2$
- Wände als einseitige Endauflager: $k = k_1 \cdot k_2$ oder $k = k_1 \cdot k_3$, der kleinere Wert ist maßgebend.

k_1 Faktor zur Berücksichtigung unterschiedlicher Sicherheitsbeiwerte bei Wänden und »kurzen Wänden«

k_1 = 1,0 für Wände

k_1 = 1,0 für »kurze Wände« (Pfeiler) nach 2.3, die aus einem oder mehreren ungetrennten Steinen oder aus getrennten Steinen mit einem Lochanteil von weniger als 35% bestehen und nicht durch Schlitze oder Aussparungen geschwächt sind.

k_1 = 0,8 für alle anderen »kurzen Wände«. Gemauerte Querschnitte (→ Abb. 108 + 109), deren Flächen kleiner als 400 cm² sind, sind als tragende Teile unzulässig. Schlitze und Aussparungen sind hierbei zu berücksichtigen.

k_2 Faktor zur Berücksichtigung der Traglastminderung bei Knickgefahr nach 6.9.2.

$k_2 = 1{,}0$ für $h_K / d \leq 10$

$k_2 = \frac{25 - h_K / d}{15}$ für $10 \leq h_K / d \leq 25$

mit h_K als Knicklänge nach 6.7.2. Schlankheiten $h_K / d > 25$ sind unzulässig.

k_3 Faktor zur Berücksichtigung der Traglastminderung durch den Deckendrehwinkel bei Endauflagerung auf Innen- oder Außenwänden.

Bei Decken zwischen Geschossen:

$k_3 = 1$ für $l \leq 4{,}20$ m
$k_3 = 1{,}7 - l / 6$ für $4{,}20 \text{ m} < l \leq 6{,}00$ m

mit l als Deckenstützweite in m nach 6.1. Bei Decken über dem obersten Geschoß, insbesondere bei Dachdecken:

$k_3 = 0{,}5$ für alle Werte von l. Hierbei sind rechnerisch klaffende Lagerfugen vorausgesetzt.

Wird die Traglastminderung infolge Deckendrehwinkel durch konstruktive Maßnahmen, z.B. Zentrierleisten (→ Abb. 75 + 76) vermieden, so gilt unabhängig von der Deckenstützweite $k_3 = 1$.

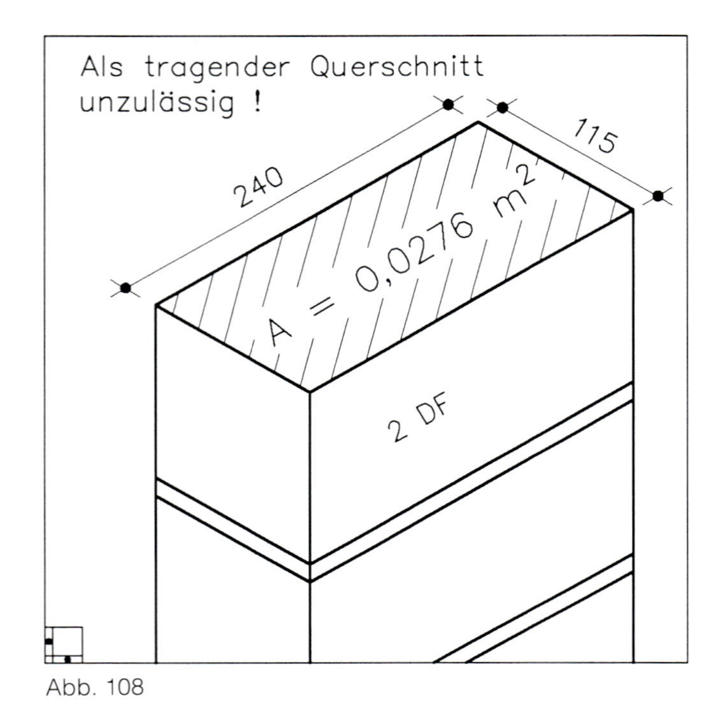

Abb. 108

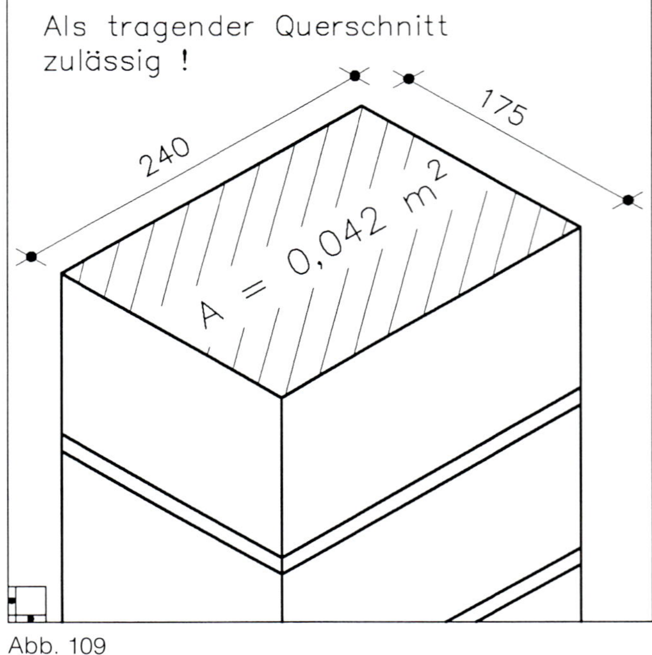

Abb. 109

Falls ein Nachweis für ausmittige Last zu führen ist, dürfen sich die Fugen sowohl bei Ausmitte in Richtung der Wandebene (Scheibenbeanspruchung) als auch rechtwinklig dazu (Plattenbeanspruchung) rechnerisch höchstens bis zum Schwerpunkt des Querschnitts öffnen. Sind Wände als Windscheiben rechnerisch nachzuweisen, so ist bei Querschnitten mit klaffender Fuge infolge Scheibenbeanspruchung zusätzlich nachzuweisen, daß die rechnerische Randdehnung aus der Scheibenbeanspruchung auf der Seite der Klaffung den Wert $\varepsilon_R = 10^{-4}$ nicht überschreitet (siehe Bild 3). Der Elastizitätsmodul für Mauerwerk darf hierfür zu $E = 3000 \cdot \sigma_0$ angenommen werden.

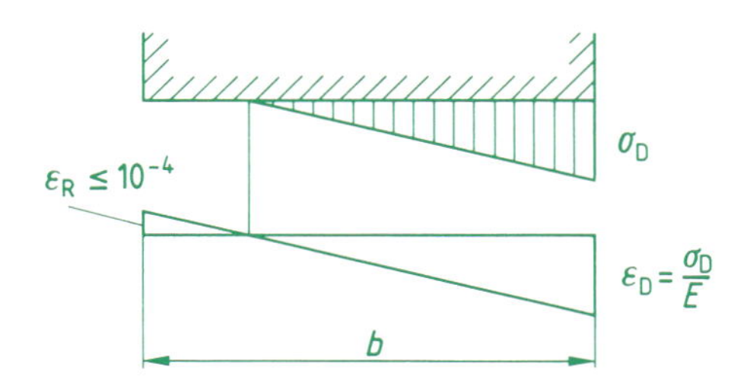

b Länge der Windscheibe
σ_D Kantenpressung
ε_D rechnerische Randstauchung im maßgebenden Gebrauchs-Lastfall

Bild 3: Zulässige rechnerische Randdehnungen bei Scheiben

Bei zweiseitig gehaltenen Wänden
mit d < 175 mm und mit Schlankheiten $\frac{h_K}{d} > 12$
und Wandbreiten < 2,0 m

ist der Einfluß einer ungewollten, horizontalen Einzellast H = 0,5 kN, die in halber Geschoßhöhe angreift und die über die Wandbreite gleichmäßig verteilt werden darf, nachzuweisen. Für diesen Lastfall dürfen die zulässigen Spannungen um den Faktor 1,33 vergrößert werden. Dieser Nachweis darf entfallen, wenn Gleichung (12) eingehalten ist.

Tabelle 4a: Grundwerte σ_0 der zulässigen Druckspannungen für Mauerwerk mit Normalmörtel

Steinfestigkeitsklasse	Grundwerte σ_0 für Normalmörtel Mörtelgruppe				
	I MN/m²	II MN/m²	IIa MN/m²	III MN/m²	IIIa MN/m²
2	0,3	0,5	0,5[1])	–	–
4	0,4	0,7	0,8	0,9	–
6	0,5	0,9	1,0	1,2	–
8	0,6	1,0	1,2	1,4	–
12	0,8	1,2	1,6	1,8	1,9
20	1,0	1,6	1,9	2,4	3,0
28	–	1,8	2,3	3,0	3,5
36	–	–	–	3,5	4,0
48	–	–	–	4,0	4,5
60	–	–	–	4,5	5,0

[1]) σ_0 = 0,6 MN/m² bei Außenwänden mit Dicken ≥ 300 mm. Diese Erhöhung gilt jedoch nicht für den Nachweis der Auflagerpressung nach 6.9.3.

6.9.2 Nachweis der Knicksicherheit

Der Faktor k_2 nach 6.9.1 berücksichtigt im vereinfachten Verfahren die ungewollte Ausmitte und die Verformung nach Theorie II. Ordnung. Dabei ist vorausgesetzt, daß in halber Geschoßhöhe nur Biegemomente aus Knotenmomenten nach Abschnitt 6.2.2 und aus Windlasten auftreten. Greifen größere horizontale Lasten an oder werden vertikale Lasten mit größerer planmäßiger Exzentrizität eingeleitet, so ist der Knicksicherheitsnachweis nach 7.9.2 zu führen. Ein Versatz der Wandachsen infolge einer Änderung der Wanddicken gilt dann nicht als größere Exzentrizität, wenn der Querschnitt der dickeren tragenden Wand den Querschnitt der dünneren tragenden Wand umschreibt.

Tabelle 4b: Grundwerte σ_0 der zulässigen Druckspannungen für Mauerwerk mit Dünnbett- und Leichtmörtel

Steinfestigkeitsklasse	Grundwerte σ_0 für		
	Dünnbettmörtel[1])	Leichtmörtel	
		LM 21	LM 36
	MN/m²	MN/m²	MN/m²
2	0,6	0,5[2])	0,5[2]),[3])
4	1,1	0,7[4])	0,8[5])
6	1,5	0,7	0,9
8	2,0	0,8	1,0
12	2,2	0,9	1,1
20	3,2	0,9	1,1
28	3,7	0,9	1,1

[1]) Anwendung nur bei Porenbeton-Plansteinen nach DIN 4165 und bei Kalksand-Plansteinen. Die Werte gelten für Vollsteine. Für Kalksand-Lochsteine und Kalksand-Hohlblocksteine nach DIN 106-1 gelten die entsprechenden Werte der Tabelle 4a bei Mörtelgruppe III bis Steinfestigkeitsklasse 20.

[2]) Für Mauerwerk mit Mauerziegeln nach DIN 105-1 bis DIN 105-4 gilt σ_0 = 0,4 MN/m².

[3]) σ_0 = 0,6 MN/m² bei Außenwänden mit Dicken ≥ 300 mm. Diese Erhöhung gilt jedoch nicht für den Fall der Fußnote[2]) und nicht für den Nachweis der Auflagerpressung nach 6.9.3.

[4]) Für Kalksandsteine nach DIN 106-1 der Rohdichteklasse ≥ 0,9 und für Mauerziegel nach DIN 105-1 bis DIN 105-4 gilt σ_0 = 0,5 MN/m².

[5]) Für Mauerwerk mit den in Fußnote[4]) genannten Mauersteinen gilt σ_0 = 0,7 MN/m².

Tabelle 4c: Grundwerte σ_0 der zulässigen Druckspannungen für Mauerwerk nach Eignungsprüfung (EM)

Nennfestigkeit β_M[1]) in N/mm²	1,0 bis 9,0	11,0 und 13,0	16,0 bis 25,0
σ_0 in MN/m²[2])	0,35 β_M	0,32 β_M	0,30 β_M

[1]) β_M nach DIN 1053-2

[2]) σ_0 ist auf 0,01 MN/m² abzurunden.

6.9.3 Auflagerpressung

Werden Wände von Einzellasten belastet, so muß die Aufnahme der Spaltzugkräfte sichergestellt sein. (Eine Spaltzugkraft ist die horizontale Komponente einer schräg gerichteten Kraft, die entsteht, wenn eine in ein Bauteil konzentriert eingeleitete Kraft sich auf die Gesamtbreite des Bauteils verteilt.) Dies kann bei sorgfältig ausgeführtem Mauerwerksverband (→ Abb. 387 + 388) als gegeben angenommen werden. Die Druckverteilung unter Einzellasten darf dann innerhalb des Mauerwerks unter 60° angesetzt werden. Der höher beanspruchte Wandbereich darf in höherer Mauerwerksfestigkeit ausgeführt werden. Es ist 6.5 zu beachten (→ Abb. 110 ... 112).

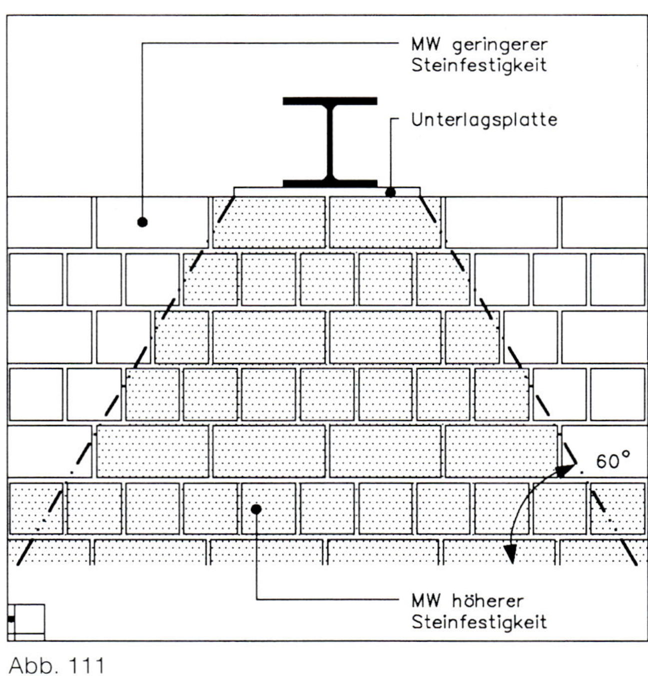

Abb. 111

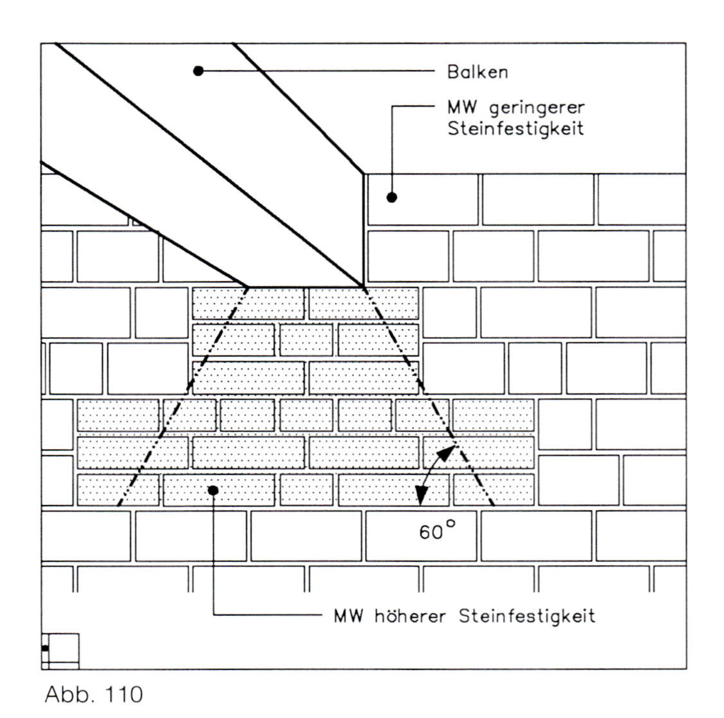

Abb. 110

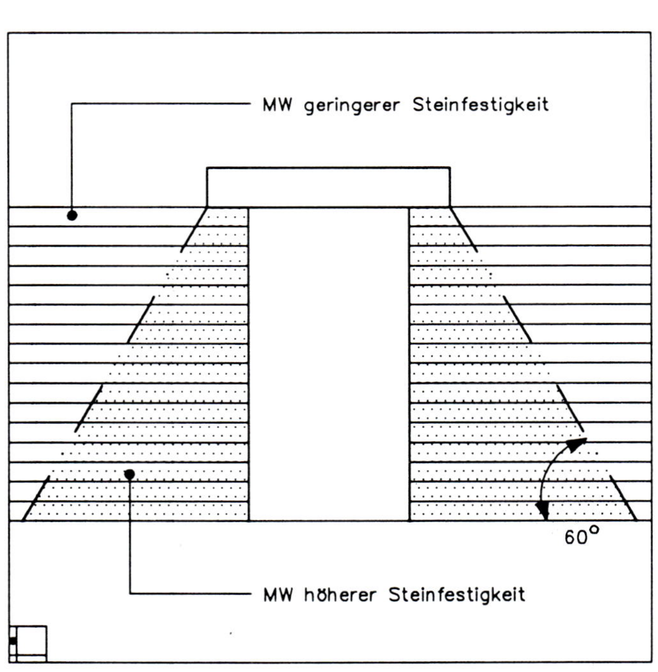

Abb. 112

Unter Einzellasten, z.B. unter Balken (→ Abb. 110), Unterzügen, Stützen (→ Abb. 113 + 114) usw., darf eine gleichmäßig verteilte Auflagerpressung von 1,3 · σ_0 mit σ_0 nach Tabelle 4a, 4b oder 4c angenommen werden, wenn zusätzlich nachgewiesen wird, daß die Mauerwerksspannung in halber Wandhöhe den Wert zul σ_D nach Gleichung (3) nicht überschreitet.

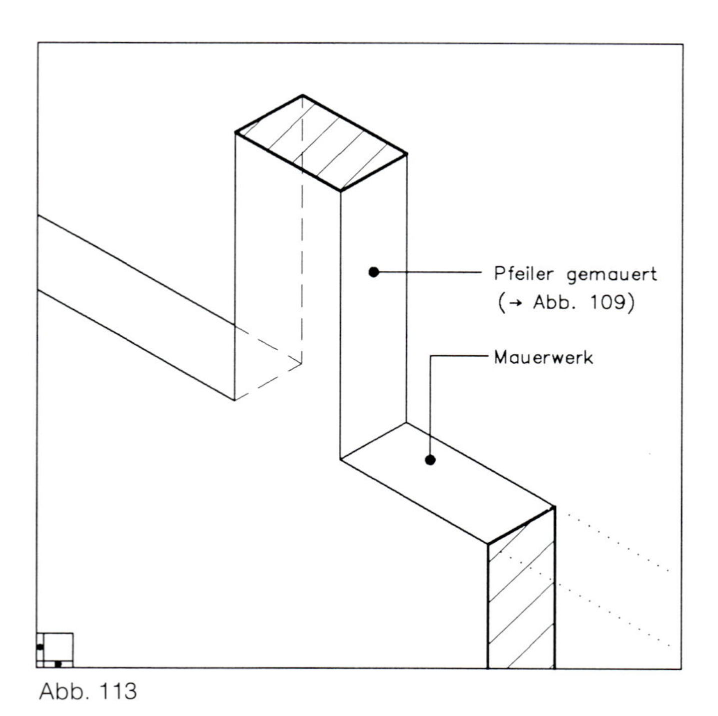

Abb. 113

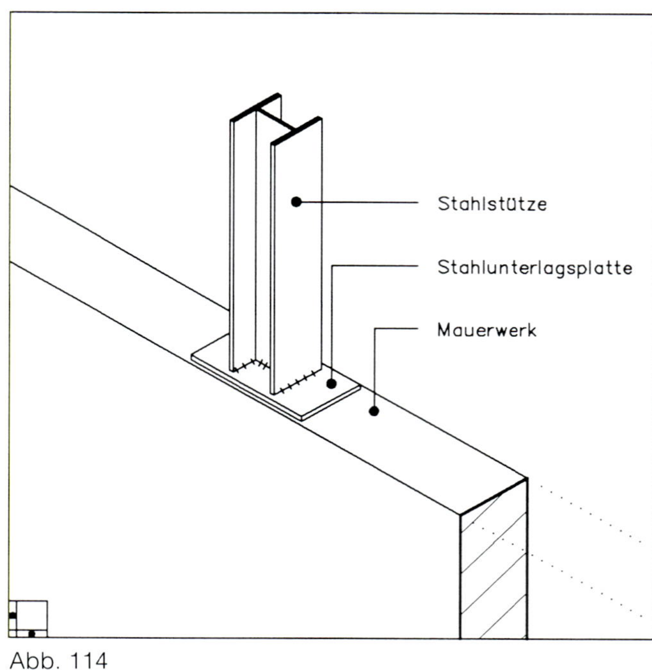

Abb. 114

Teilflächenpressungen rechtwinklig zur Wandebene (→ Abb. 115) dürfen den Wert 1,3 · σ_0 nach Tabelle 4a, 4b oder 4c nicht überschreiten. Bei Einzellasten F ≥ 3 kN ist zusätzlich die Schubspannung in den Lagerfugen der belasteten Steine nach 6.9.5, Gleichung (6), nachzuweisen. Bei Loch- und Kammersteinen ist z.B. durch Unterlagsplatten (→ Abb. 111 + 114) sicherzustellen, daß die Druckkraft auf mindestens zwei Stege übertragen wird.

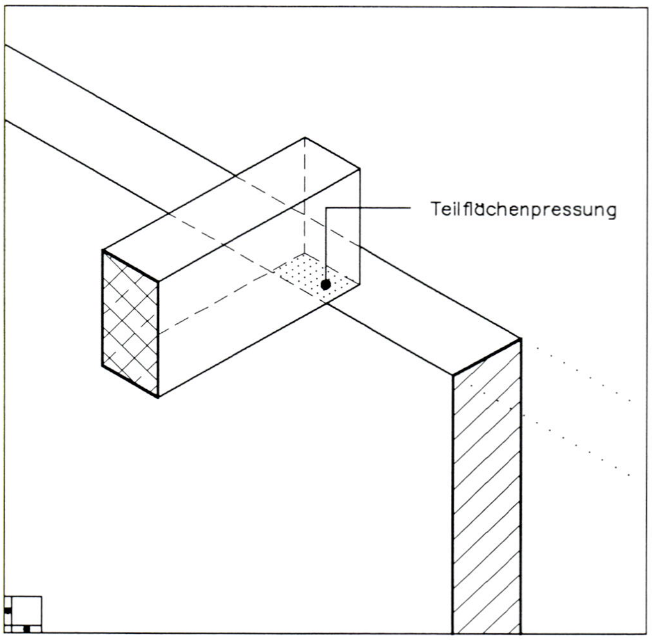

Abb. 115

6.9.4 Zug- und Biegezugspannungen

Zug- und Biegezugspannungen rechtwinklig zur Lagerfuge dürfen in tragenden Wänden nicht in Rechnung gestellt werden.

Zug- und Biegezugspannungen σ_z parallel zur Lagerfuge in Wandrichtung dürfen bis zu folgenden Höchstwerten in Rechnung gestellt werden:

$$\text{zul } \sigma_z = 0{,}4 \cdot \sigma_{0HS} + 0{,}12 \cdot \sigma_D \leq \max \sigma_z \quad (4)$$

Hierin bedeuten:

- zul σ_z zulässige Zug- und Biegezugspannungen parallel zur Lagerfuge;
- σ_D zugehörige Druckspannung rechtwinklig zur Lagerfuge;
- σ_{0HS} zulässige abgeminderte Haftscherfestigkeit nach Tabelle 5;
- max σ_z Maximalwert der zulässigen Zug- und Biegezugspannung nach Tabelle 6.

Tabelle 5: Zulässige abgeminderte Haftscherfestigkeit σ_{0HS} in MN/m²

Mörtelart, Mörtelgruppe	NM I	NM II	NM IIa LM 21 LM 36	NM III DM	NM IIIa
σ_{0HS} [1])	0,01	0,04	0,09	0,11	0,13

[1]) Für Mauerwerk mit unvermörtelten Stoßfugen sind die Werte σ_{0HS} zu halbieren. Als vermörtelt in diesem Sinn gilt eine Stoßfuge, bei der etwa die halbe Wanddicke oder mehr vermörtelt ist.

Tabelle 6: Maximale Werte max σ_z der zulässigen Biegezugspannungen in MN/m²

Steinfestigkeitsklasse	2	4	6	8	12	20	≥ 28
max σ_Z	0,01	0,02	0,04	0,05	0,10	0,15	0,20

6.9.5 Schubnachweis

Ist ein Nachweis der räumlichen Steifigkeit nach 6.4 nicht erforderlich, darf im Regelfall auch der Schubnachweis für die aussteifenden Wände entfallen.

Ist ein Schubnachweis erforderlich, darf für Rechteckquerschnitte (keine zusammengesetzten Querschnitte) das folgende vereinfachte Verfahren angewendet werden:

$$\tau = \frac{c \cdot Q}{A} \geq \text{zul } \tau \quad (5)$$

Scheibenschub:

$$\text{zul } \tau = \sigma_{0HS} + 0{,}2 \cdot \sigma_{Dm} \leq \max \tau \quad (6a)$$

Plattenschub:

$$\text{zul } \tau = \sigma_{0HS} + 0{,}3\, \sigma_{Dm} \quad (6b)$$

Hierin bedeuten:

- Q Querkraft
- A überdrückte Querschnittsfläche
- c Faktor zur Berücksichtigung der Verteilung von τ über den Querschnitt. Für hohe Wände mit H/L ≥ 2 gilt c = 1,5; für Wände mit H/L ≤ 1,0 gilt c = 1,0; dazwischen darf linear interpoliert werden. H bedeutet die Gesamthöhe, L die Länge der Wand. Bei Plattenschub gilt c = 1,5.
- σ_{0HS} siehe Tabelle 5
- σ_{Dm} mittlere zugehörige Druckspannung rechtwinklig zur Lagerfuge im ungerissenen Querschnitt A
- max τ = 0,010 · β_{Nst} für Hohlblocksteine
  = 0,012 · β_{Nst} für Hochlochsteine und Steine mit Grifföffnungen oder -löchern
  = 0,014 · β_{Nst} für Vollsteine ohne Grifföffnungen oder -löcher
- β_{Nst} Nennwert der Steindruckfestigkeit (Steinfestigkeitsklasse).

7 Genaueres Berechnungsverfahren

7.1 Allgemeines

Das genauere Berechnungsverfahren darf auf einzelne Bauteile, einzelne Geschosse oder ganze Bauwerke angewendet werden.

7.2 Ermittlung der Schnittgrößen infolge von Lasten

7.2.1 Auflagerkräfte aus Decken

Es gilt 6.2.1.

7.2.2 Knotenmomente

Der Einfluß der Decken-Auflagerdrehwinkel auf die Ausmitte der Lasteintragung in die Wände ist zu berücksichtigen. Dies darf durch eine Berechnung des Wand-Decken-Knotens erfolgen, bei der vereinfachend ungerissene Querschnitte und elastisches Materialverhalten zugrunde gelegt werden können. Die so ermittelten Knotenmomente dürfen auf 2/3 ihres Wertes ermäßigt werden.

Die Berechnung des Wand-Decken-Knotens darf an einem Ersatzsystem unter Abschätzung der Momenten-Nullpunkte in den Wänden, im Regelfall in halber Geschoßhöhe, erfolgen. Hierbei darf die halbe Verkehrslast wie ständige Last angesetzt und der Elastizitätsmodul für Mauerwerk zu E = 3000 σ_0 angenommen werden.

7.2.3 Vereinfachte Berechnung der Knotenmomente

Die Berechnung des Wand-Decken-Knotens darf durch folgende Näherungsrechnung ersetzt werden, wenn die Verkehrslast nicht größer als 5 kN/m² ist:

Der Auflagerdrehwinkel der Decken bewirkt, daß die Deckenauflagerkraft A mit einer Ausmitte e angreift, wobei e zu 5 % der Differenz der benachbarten Deckenspannweiten, bei Außenwänden zu 5 % der angrenzenden Deckenspannweite angesetzt werden darf.

Bei Dachdecken ist das Moment $M_D = A_D \cdot e_D$ voll in den Wandkopf, bei Zwischendecken ist das Moment $M_Z = A_Z \cdot e_Z$ je zur Hälfte in den angrenzenden Wandkopf und Wandfuß einzuleiten. Längskräfte N_0 infolge Lasten aus darüber befindlichen Geschossen dürfen zentrisch angesetzt werden (siehe auch Bild 4).

Bei zweiachsig gespannten Decken mit Spannweitenverhältnissen bis 1 : 2 darf als Spannweite zur Ermittlung der Lastexzentrizität 2/3 der kürzeren Seite eingesetzt werden.

7.2.4 Begrenzung der Knotenmomente

Ist die rechnerische Exzentrizität der resultierenden Last aus Decken und darüber befindlichen Geschossen infolge der Knotenmomente am Kopf bzw. Fuß der Wand größer als 1/3 der Wanddicke d, so darf sie zu 1/3 d angenommen werden. In diesem Fall ist Schäden (→ Abb. 55 ... 75) infolge von Rissen in Mauerwerk und Putz durch konstruktive Maßnahmen z.B. Fugenausbildung, Zentrierleisten, Kantennut usw. mit entsprechender Ausbildung der Außenhaut entgegenzuwirken.

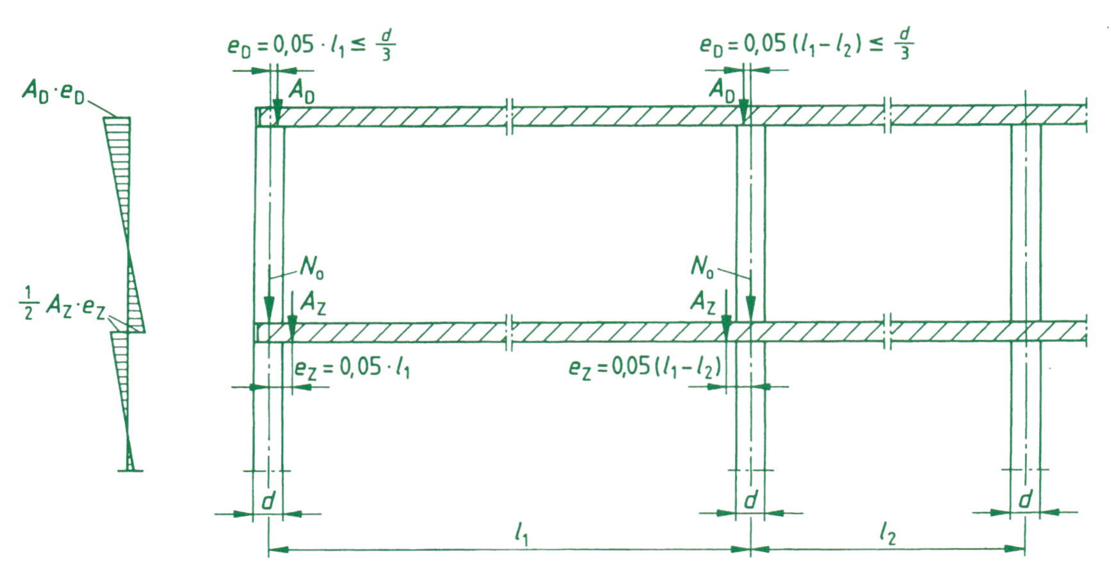

Bild 4: Vereinfachende Annahmen zur Berechnung von Knoten- und Wandmomenten

7.2.5 Wandmomente

Der Momentenverlauf über die Wandhöhe infolge Vertikallasten ergibt sich aus den anteiligen Wandmomenten der Knotenberechnung (siehe Bild 4). Momente infolge Horizontallasten, z. B. Wind oder Erddruck, dürfen unter Einhaltung des Gleichgewichts zwischen den Grenzfällen Volleinspannung und gelenkige Lagerung umgelagert werden; dabei ist die Begrenzung der klaffenden Fuge nach 7.9.1 zu beachten.

7.3 Wind

Momente aus Windlast rechtwinklig zur Wandebene dürfen im Regelfall bis zu einer Höhe von 20 m über Gelände vernachlässigt werden, wenn die Wanddicken $d \geq 240$ mm und die lichten Geschoßhöhen $h_S \leq 3{,}0$ m sind. In Wandebene sind die Windlasten jedoch zu berücksichtigen (siehe 7.4).

7.4 Räumliche Steifigkeit

Es gilt 6.4.

7.5 Zwängungen

Es gilt 6.5.

7.6 Grundlagen für die Berechnung der Formänderungen

Es gilt 6.6. Für die Berechnung der Knotenmomente darf vereinfachend der E-Modul $E = 3000 \cdot \sigma_0$ angenommen werden. Beim Nachweis der Knicksicherheit gilt der ideelle Sekantenmodul $E_i = 1100 \cdot \sigma_0$.

7.7 Aussteifung und Knicklänge von Wänden

7.7.1 Allgemeine Annahme für aussteifende Wände

Es gilt 6.7.1.

7.7.2 Knicklängen

Die Knicklänge h_K von Wänden ist in Abhängigkeit von der lichten Geschoßhöhe h_s wie folgt in Rechnung zu stellen:

a) Frei stehende Wände: (→ Abb. 4)

$$h_K = 2 \cdot h_s \sqrt{\frac{1+2\,N_o/N_u}{3}} \qquad (7)$$

Hierin bedeuten:

N_o Längskraft am Wandkopf,

N_u Längskraft am Wandfuß

b) Zweiseitig gehaltene Wände: (→ Abb. 77 + 78)

Im allgemeinen gilt

$$h_K = h_s \qquad (8a)$$

Bei flächig aufgelagerten Decken, z. B. Massivdecken, darf die Knicklänge wegen der Einspannung der Wände in den Decken nach Tabelle 7 reduziert werden, wenn die Bedingungen dieser Tabelle eingehalten sind. Hierbei darf der Wert β nach Gleichung (8b) angenommen werden, falls er nicht durch Rahmenrechnung nach Theorie II. Ordnung bestimmt wird:

$$\beta = 1 - 0{,}15 \cdot \frac{E_b I_b}{E_{mw} I_{mw}} \cdot h_s \cdot \left(\frac{1}{l_1} + \frac{1}{l_2}\right) \geq 0{,}75 \qquad (8b)$$

Hierin bedeuten:

E_{mw}, E_b E-Modul des Mauerwerks nach 6.6 bzw. des Betons nach DIN 1045

I_{mw}, I_b Flächenmoment 2. Grades der Mauerwerkswand bzw. der Betondecke

l_1, l_2 Angrenzende Deckenstützweiten; bei Außenwänden gilt

$$\frac{1}{l_2} = 0.$$

Bei Wanddicken ≤ 175 mm darf ohne Nachweis $\beta = 0{,}75$ gesetzt werden. Ist die rechnerische Exzentrizität der Last im Knotenanschnitt nach 7.2.4 größer als 1/3 der Wanddicke, so ist stets $\beta = 1$ zu setzen.

c) Dreiseitig gehaltene Wände (mit einem freien vertikalen Rand): (→ Abb. 79 + 80)

$$h_K = \frac{1}{1+\left(\frac{\beta \cdot h_s}{3\,b}\right)^2} \cdot \beta \cdot h_s \geq 0{,}3 \cdot h_s \qquad (9a)$$

Tabelle 7: Reduzierung der Knicklänge zweiseitig gehaltener Wände mit flächig aufgelagerten Massivdecken

Wanddicke d mm	Erforderliche Auflagertiefe a der Decke auf der Wand
< 240	d
≥ 240 ≤ 300	$\geq \frac{3}{4} d$
> 300	$\geq \frac{2}{3} d$
Planmäßige Ausmitte e[1]) der Last in halber Geschoßhöhe (für alle Wanddicken)	Reduzierte Knicklänge h_K[2])
$\leq \frac{d}{6}$	$\beta \cdot h_s$
$\frac{d}{3}$	1,00 h_s

[1]) Das heißt Ausmitte ohne Berücksichtigung von f_1 und f_2 nach 7.9.2, jedoch gegebenenfalls auch infolge Wind.

[2]) Zwischenwerte dürfen geradlinig eingeschaltet werden.

d) Vierseitig gehaltene Wände: (→ Abb. 81 + 82)

für $h_S \leq b$:

$$h_K = \frac{1}{1+\left(\frac{\beta \cdot h_s}{3\,b}\right)^2} \cdot \beta \cdot h_s \qquad (9b)$$

für $h_S > b$:

$$h_K = \frac{b}{2} \qquad (9c)$$

Hierin bedeuten:

b Abstand des freien Randes von der Mitte der aussteifenden Wand, bzw. Mittenabstand der aussteifenden Wände

β wie bei zweiseitig gehaltenen Wänden

Ist $b > 30d$ bei vierseitig gehaltenen Wänden, bzw. $b > 15d$ bei dreiseitig gehaltenen Wänden, so sind diese wie zweiseitig gehaltene zu behandeln. Hierin ist d die Dicke der gehaltenen Wand. Ist die Wand im Bereich des mittleren Drittels (→ Abb. 103) durch vertikale Schlitze oder Nischen geschwächt, so ist für d die Restwanddicke einzusetzen oder ein freier Rand anzunehmen. Unabhängig von der Lage eines vertikalen Schlitzes oder einer Nische ist an ihrer Stelle ein freier Rand anzunehmen, wenn die Restwanddicke kleiner als die halbe Wanddicke oder kleiner als 115 mm ist.

7.7.3 Öffnungen in Wänden

Es gilt 6.7.3.

7.8 Mittragende Breite von zusammengesetzten Querschnitten

Es gilt 6.8.

7.9 Bemessung mit dem genaueren Verfahren

7.9.1 Tragfähigkeit bei zentrischer und exzentrischer Druckbeanspruchung

Auf der Grundlage einer linearen Spannungsverteilung und ebenbleibender Querschnitte ist nachzuweisen, daß die γ-fache Gebrauchslast ohne Mitwirkung des Mauerwerks auf Zug im Bruchzustand aufgenommen werden kann. Hierbei ist β_R der Rechenwert der Druckfestigkeit des Mauerwerks mit der theoretischen Schlankheit Null. β_R ergibt sich aus

$$\beta_R = 2{,}67 \cdot \sigma_0 \qquad (10)$$

Hierin bedeutet:

σ_0 Grundwert der zulässigen Druckspannung nach Tabellen 4a, 4b oder 4c.

Der Sicherheitsbeiwert ist γ_w = 2,0 für Wände und für »kurze Wände« (Pfeiler) nach 2.3, die aus einem oder mehreren ungetrennten Steinen oder aus getrennten Steinen mit einem Lochanteil von weniger als 35 % bestehen und keine Aussparungen oder Schlitze enthalten.

Für alle anderen »kurzen Wände« gilt γ_p = 2,5. Gemauerte Querschnitte mit Flächen kleiner als 400 cm² sind als tragende Teile unzulässig.

Im Gebrauchszustand dürfen klaffende Fugen infolge der planmäßigen Exzentrizität e (ohne f_1 und f_2 nach 7.9.2) rechnerisch höchstens bis zum Schwerpunkt des Gesamtquerschnitts entstehen. Bei Querschnitten, die vom Rechteck abweichen, ist außerdem eine mindestens 1,5fache Kippsicherheit nachzuweisen. Bei Querschnitten mit Scheibenbeanspruchung und klaffender Fuge ist zusätzlich nachzuweisen, daß die rechnerische Randdehnung aus der Scheibenbeanspruchung auf der Seite der Klaffung unter Gebrauchslast den Wert $\varepsilon_R = 10^{-4}$ nicht überschreitet (siehe Bild 3). Bei exzentrischer Beanspruchung darf im Bruchzustand die Kantenpressung den Wert 1,33 β_R, die mittlere Spannung den Wert β_R nicht überschreiten.

7.9.2 Nachweis der Knicksicherheit

Bei der Ermittlung der Spannungen sind außer der planmäßigen Exzentrizität e die ungewollte Ausmitte f_1 und die Stabauslenkung f_2 nach Theorie II. Ordnung zu berücksichtigen. Die ungewollte Ausmitte darf bei zweiseitig gehaltenen Wänden sinusförmig über die Geschoßhöhe mit dem Maximalwert

$$f_1 = \frac{h_K}{300}$$

(h_K = Knicklänge nach 7.7.2) angenommen werden.

Die Spannungsdehnungsbeziehung ist durch einen ideellen Sekantenmodul E_i zu erfassen. Abweichend von Tabelle 2 gilt für alle Mauerwerksarten $E_i = 1100 \cdot \sigma_0$.

An Stelle einer genaueren Rechnung darf die Knicksicherheit durch Bemessung der Wand in halber Geschoßhöhe nachgewiesen werden, wobei außer der planmäßigen Exzentrizität e an dieser Stelle folgende zusätzliche Exzentrizität $f = f_1 + f_2$ anzusetzen ist:

$$f = \overline{\lambda} \cdot \frac{1 + m}{1800} \cdot h_K \qquad (11)$$

Hierin bedeuten:

$\overline{\lambda} \cdot \frac{h_K}{d}$ Schlankheit der Wand

h_K Knicklänge der Wand

$m = \frac{6 \cdot e}{d}$ bezogene planmäßige Exzentrizität in halber Geschoßhöhe

In Gleichung (11) ist der Einfluß des Kriechens in angenäherter Form erfaßt.

Wandmomente nach 7.2.5 sind mit ihren Werten in halber Geschoßhöhe als planmäßige Exzentrizitäten zu berücksichtigen.

Schlankheiten $\overline{\lambda} > 25$ sind nicht zulässig.

Bei zweiseitig gehaltenen Wänden nach 6.4 mit Schlankheiten $\overline{\lambda} > 12$ und Wandbreiten < 2,0 m ist zusätzlich nachzuweisen, daß unter dem Einfluß einer ungewollten, horizontalen Einzellast H = 0,5 kN die Sicherheit γ mindestens 1,5 beträgt. Die Horizontalkraft H ist in halber Wandhöhe anzusetzen und darf auf die vorhandene Wandbreite b gleichmäßig verteilt werden.

Dieser Nachweis darf entfallen, wenn

$$\overline{\lambda} \leq 20 - 1000 \cdot \frac{H}{A \cdot \beta_R} \qquad (12)$$

Hierin bedeutet:

A Wandquerschnitt $b \cdot d$.

7.9.3 Einzellasten, Lastausbreitung und Teilflächenpressung

Werden Wände von Einzellasten belastet, so ist die Aufnahme der Spaltzugkräfte konstruktiv sicherzustellen. Die Spaltzugkräfte können durch die Zugfestigkeit des Mauerwerksverbandes, durch Bewehrung oder durch Stahlbetonkonstruktionen aufgenommen werden.

Ist die Aufnahme der Spaltzugkräfte konstruktiv gesichert, so darf die Druckverteilung unter konzentrierten Lasten innerhalb des Mauerwerkes unter 60° angesetzt werden. Der höher beanspruchte Wandbereich darf in höherer Mauerwerksfestigkeit ausgeführt werden. 7.5 ist zu beachten.

Wird nur die Teilfläche A_1 (Übertragungsfläche) eines Mauerwerksquerschnittes durch eine Druckkraft mittig oder ausmittig belastet, dann darf A_1 mit folgender Teilflächenpressung σ_1 beansprucht werden, sofern die Teilfläche $A_1 \leq 2\, d^2$ und die Exzentrizität des Schwerpunktes der Teilfläche $e < \frac{d}{6}$ ist:

$$\sigma_1 = \frac{\beta_R}{\gamma}\left(1 + 0{,}1 \cdot \frac{a_1}{l_1}\right) \leq 1{,}5 \cdot \frac{\beta_R}{\gamma} \qquad (13)$$

Hierin bedeuten:

a_1 Abstand der Teilfläche vom nächsten Rand der Wand in Längsrichtung

l_1 Länge der Teilfläche in Längsrichtung

d Dicke der Wand

γ Sicherheitsbeiwert nach 7.9.1

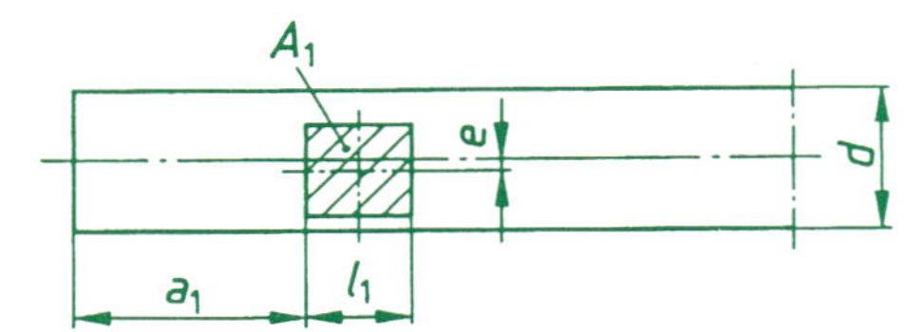

Bild 5: Teilflächenpressungen

Teilflächenpressungen rechtwinklig zur Wandebene dürfen den Wert 0,5 β_R nicht überschreiten. Bei Einzellasten $F \geq 3$ kN ist zusätzlich die Schubspannung in den Lagerfugen der belasteten Einzelsteine nach 7.9.5 nachzuweisen. Bei Loch- und Kammersteinen ist z. B. durch Unterlagsplatten sicherzustellen, daß die Druckkraft auf mindestens 2 Stege übertragen wird.

7.9.4 Zug- und Biegezugspannungen

Zug- und Biegezugspannungen rechtwinklig zur Lagerfuge dürfen in tragenden Wänden nicht in Rechnung gestellt werden.

Zug- und Biegezugspannungen σ_z parallel zur Lagerfuge in Wandrichtung dürfen bis zu folgenden Höchstwerten im Gebrauchszustand in Rechnung gestellt werden:

$$\text{zul } \sigma_Z \leq \frac{1}{\gamma}(\beta_{RHS} + \mu \cdot \sigma_D)\,\frac{ü}{h} \tag{14}$$

$$\text{zul } \sigma_Z \leq \frac{\beta_{RZ}}{2\gamma} \leq 0{,}3 \text{ MN/m}^2 \tag{15}$$

Der kleinere Wert ist maßgebend.

Hierin bedeuten:

zul σ_z zulässige Zug- und Biegezugspannung parallel zur Lagerfuge

σ_D Druckspannung rechtwinklig zur Lagerfuge

β_{RHS} Rechenwert der abgeminderten Haftscherfestigkeit nach 7.9.5

β_{RZ} Rechenwert der Steinzugfestigkeit nach 7.9.5

μ Reibungsbeiwert = 0,6

$ü$ Überbindemaß nach 9.3

h Steinhöhe

γ Sicherheitsbeiwert nach 7.9.1

7.9.5 Schubnachweis

Die Schubspannungen sind nach der technischen Biegelehre bzw. nach der Scheibentheorie für homogenes Material zu ermitteln, wobei Querschnittsbereiche, in denen die Fugen rechnerisch klaffen, nicht in Rechnung gestellt werden dürfen.

Die unter Gebrauchslast vorhandenen Schubspannungen τ und die zugehörige Normalspannung σ in der Lagerfuge müssen folgenden Bedingungen genügen:

Scheibenschub:

$$\gamma \cdot \tau \leq \beta_{RHS} + \bar{\mu} \cdot \sigma \tag{16a}$$

$$\leq 0{,}45 \cdot \beta_{RHS} \cdot \sqrt{1 + \sigma / \beta_{RZ}} \tag{16b}$$

Plattenschub:

$$\gamma \cdot \tau \leq \beta_{RHS} + \mu \cdot \sigma \tag{16c}$$

Hierin bedeuten:

β_{RHS} Rechenwert der abgeminderten Haftscherfestigkeit. Es gilt $\beta_{RHS} = 2\ \sigma_{0HS}$ mit σ_{0HS} nach Tabelle 5. Auf die erforderliche Vorbehandlung von Steinen und Arbeitsfugen entsprechend 9.1 wird besonders hingewiesen.

μ Rechenwert des Reibungsbeiwertes. Für alle Mörtelarten darf $\mu = 0{,}6$ angenommen werden.

$\bar{\mu}$ Rechenwert des abgeminderten Reibungsbeiwertes. Mit der Abminderung wird die Spannungsverteilung in der Lagerfuge längs eines Steins berücksichtigt. Für alle Mörtelgruppen darf $\bar{\mu} = 0{,}4$ gesetzt werden.

β_{RZ} Rechenwert der Steinzugfestigkeit.

Es gilt:

$\beta_{RZ} = 0{,}025 \cdot \beta_{Nst}$ für Hohlblocksteine

$= 0{,}033 \cdot \beta_{Nst}$ für Hochlochsteine und Steine mit Grifföffnungen oder Grifflöchern

$= 0{,}040 \cdot \beta_{Nst}$ für Vollsteine ohne Grifföffnungen oder Grifflöcher

β_{Nst} Nennwert der Steindruckfestigkeit (Steindruckfestigkeitsklasse)

γ Sicherheitsbeiwert nach 7.9.1

Bei Rechteckquerschnitten genügt es, den Schubnachweis für die Stelle der maximalen Schubspannung zu führen. Bei zusammengesetzten Querschnitten ist außerdem der Nachweis am Anschnitt der Teilquerschnitte zu führen.

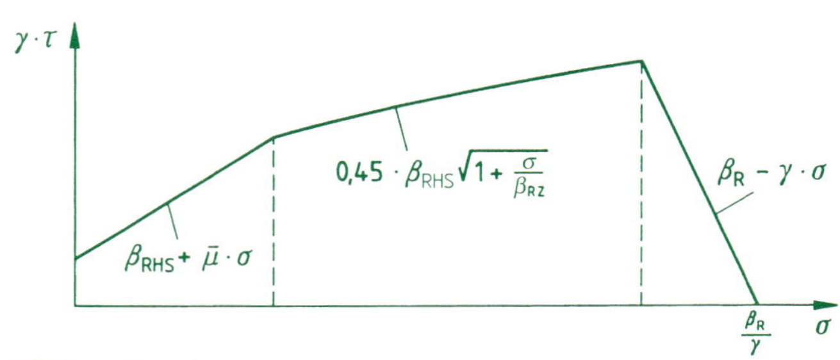

Bild 6: Bereich der Schubtragfähigkeit bei Scheibenschub

8 Bauteile und Konstruktionsdetails

8.1 Wandarten, Wanddicken

8.1.1 Allgemeines

Die statisch erforderliche Wanddicke ist nachzuweisen. Hierauf darf verzichtet werden, wenn die gewählte Wanddicke offensichtlich ausreicht. Die in den folgenden Abschnitten festgelegten Mindestwanddicken sind einzuhalten.

Innerhalb eines Geschosses soll zur Vereinfachung von Ausführung und Überwachung das Wechseln von Steinarten (z. B. von gebrannten mit gebundenen Steinen) und Mörtelgruppen möglichst eingeschränkt werden (siehe auch 5.2.3).

Steine, die unmittelbar der Witterung ausgesetzt bleiben, müssen frostwiderstandsfähig sein. Sieht die Stoffnorm hinsichtlich der Frostwiderstandsfähigkeit unterschiedliche Klassen vor, so sind bei Schornsteinköpfen, Kellereingangs-, Stütz- und Gartenmauern, stark strukturiertem Mauerwerk und ähnlichen Anwendungsbereichen Steine mit der höchsten Frostwiderstandsfähigkeit zu verwenden.

Unmittelbar der Witterung ausgesetzte, horizontale und leicht geneigte Sichtmauerwerksflächen, wie z. B. Mauerkronen (→ Abb. 116 + 117), Schornsteinköpfe (→ Abb. 118 + 119), Brüstungen (→ Abb. 120), sind durch geeignete Maßnahmen (z. B. Abdeckung) so auszubilden, daß Wasser nicht eindringen kann.

Die in die Fugenebene eingelegte Sperrbahn dient einmal als Gleitlager für die Abdeckung und schützt zum anderen den Mauerkörper vor Durchnässung. Beim Einbau sollte diese Sperrbahn auf der Mauerkrone beidseits so weit überstehen, daß ihre Begrenzung von der Tropfkante des Abdecksteines leicht nach unten gedrückt wird. So tropft eingedrungenes Sickerwasser frei vor der Wand ab, ohne Kalkablagerungen auf der Wandoberfläche zu hinterlassen. Die Stoßfugen der Abdeckung aus Werksteinplatten können offen bleiben.

116 Freistehende Mauer aus frostbeständigen Steinen
135 Wassernase
160 Mauerabdeckung aus Betonwerkstein bzw. Naturstein mit dichtem Gefüge
200 Mörtelbett, u. U. bewehrt
254 Bitumenpappe als Feuchtigkeitssicherung und Gleitschicht, u. U. auf Mörtelbett
267 Raumfuge = Bauteilfuge

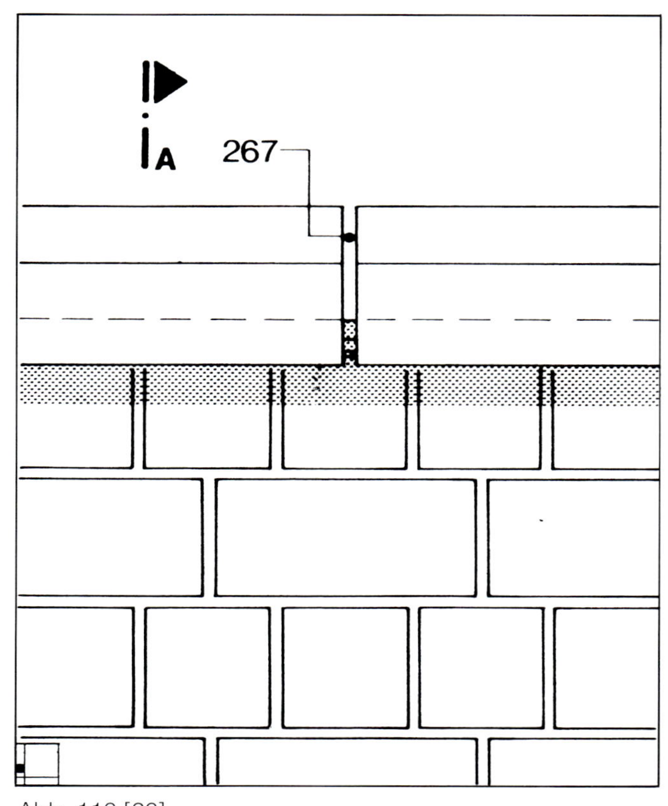

Abb. 116 [26]

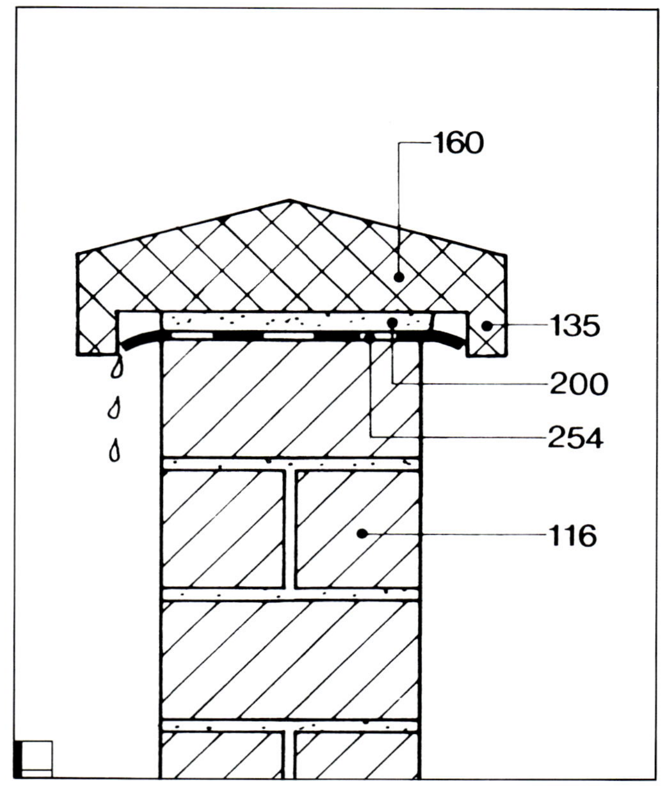

Abb. 117 [26]

Die Regensicherheit eines Sichtmauerwerks ist bei einer 1/2-Stein dicken Wand, wie sie bei Schornsteinköpfen meist anzutreffen ist, nicht gegeben. Beim Beispiel [26] auf den Abb. 118 und 119 wird der Schutz gegen durchschlagendes Wasser durch den Einbau einer nicht brennbaren wasserfesten Folie erreicht. Diese muß über die Blechverwahrung geführt werden und dort enden (→ Abb. 119).

Der Schornsteinkopf (→ Abb. 118) trägt eine Abdeckung aus nichtrostendem Stahlblech. Diese ist in Haften beweglich eingehängt. Sie hat eine ausgeprägte Tropfkante und einen hohen Wasserbord an der Rohrmündung.

105 Mauerwerk aus Steinen mit Rohdichte ≤ 0,8 kg/dm³
111 Verblendschale aus frostbeständigen Mauersteinen
119 Schornsteintrommel, einwandig
122 Reinigungsöffnung
123 Rauchrohr
204 Gießmörtelfuge
259 Sperrfolie, nichtbrennend, z. B. Alu-Riffelband 0,10 mm
263 Unterspannbahn
470 Feuerschutzplatte (wenn Abstand der Reinigungsöffnung von den Sparren ≤ 75 cm)
475 Wechsel
476 Sparren
478 Konterlatte
514 Halterung
522 Blechverwahrung, nichtrostend
523 Schornsteinabdeckung aus nichtrostendem Blech
548 Walzbleimanschette

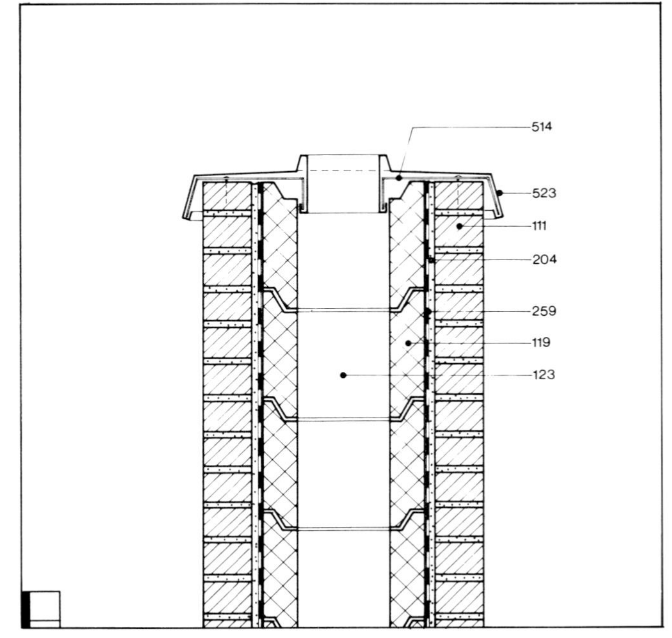

Abb. 118 [26]

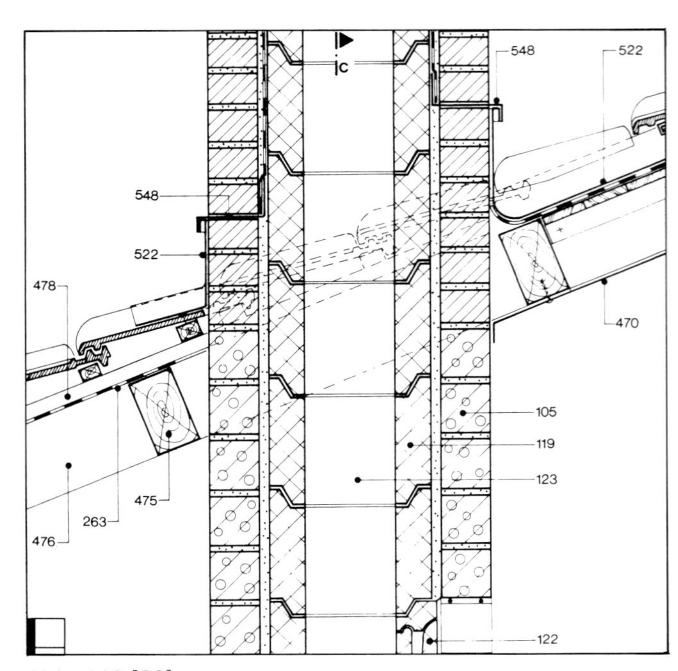

Abb. 119 [26]

Der Schornsteindurchgang (→ Abb. 119) durch eine Dachhaut beeinträchtigt die Regensicherheit der Dachdeckung. Dieser bewegliche Anschlußpunkt ist nur mit Blechverwahrung herstellbar. Wichtig ist aber der Übergang vom Sichtmauerwerk des Schornsteinkopfes zur Blechverwahrung.

Die konstruktive Aufgabe einer äußeren Fensterbank besteht darin, den unter ihr liegenden Wandteil gegen Witterungseinflüsse zu schützen. Sie ist daher ein Schutzdach mit einer mehr oder weniger geneigten wasserführenden Fläche. Bei fast waagerechter Oberfläche weist sie Flachdach-Eigenschaften auf. Das bedeutet, daß die Oberfläche ein dichtes, frostbeständiges Gefüge haben muß. Eine glatte und geneigte Oberfläche sorgt für den schnellen Abfluß von Wasser.

Gemauerte äußere Fensterbänke aus Formsteinen (→ Abb. 120) oder aus Rollschichten führen zu Durchnässungen des darunterliegenden Mauerwerks oft bis ins Gebäudeinnere, falls keine Sperrbahn (→ Abb. 120) eingebaut ist. Beregnete waagerechte oder nur schwach geneigte Fugen werden mit Mörtel auf volle Einbauhöhe verfüllt, sie sind meist wasserdurchlässig.

Eine Fensterbank aus Betonwerkstein hat eine andere Längenänderung durch Temperaturwechsel als Mauerwerk. Sie muß seitlich Bewegungsspielraum haben.

Die Isometrie (→ Abb. 121) zeigt, daß die Einbauflächen einer Werksteinfensterbank – wie bei umlaufenden Fenstergewänden – waagerecht sind.

106 Mauerwerk aus Steinen mit Rohdichte ≤ 0,8 kg/dm³, geklebt
111 Verblendschale aus frostbeständigen Mauersteinen
140 Sohlbankstein
200 Mörtelbett
207 Innenputz
257 Sperrpappe bzw. Sperrfolie (bei Wandeinbau mit Überstand auf beiden Seiten)
318 Wärmedämmschicht
324 Klebeschicht
409 Raum für Lippendichtung
505 Drahtanker, nichtrostend
538 Regenschutzschiene
604 Fensterbrett

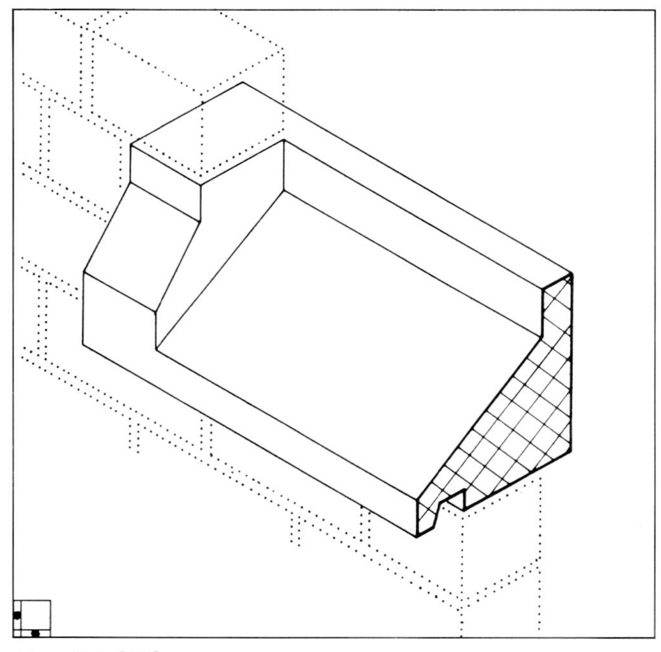

Abb. 121 [26]

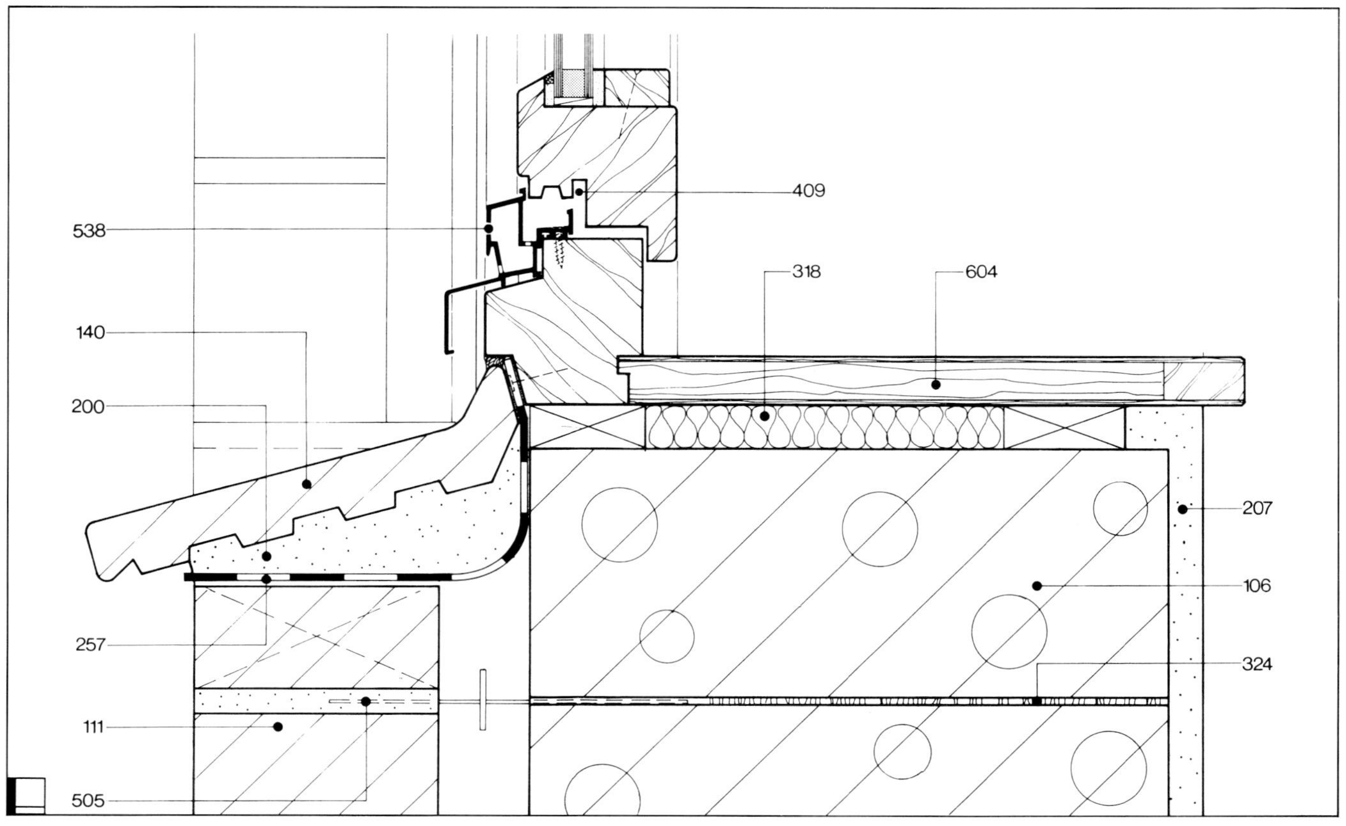

Abb. 120 [26]

8.1.2 Tragende Wände

8.1.2.1 Allgemeines

Wände, die mehr als ihre Eigenlast aus einem Geschoß zu tragen haben, sind stets als tragende Wände anzusehen. Wände, die der Aufnahme von horizontalen Kräften rechtwinklig zur Wandebene dienen, dürfen auch als nichttragende Wände nach 8.1.3 ausgebildet sein (→ Abb. 122).

Tragende Innen- und Außenwände sind mit einer Dicke von mindestens 115 mm auszuführen (→ Abb. 123), sofern aus Gründen der Standsicherheit, der Bauphysik oder des Brandschutzes nicht größere Dicken erforderlich sind.

Eine 115 mm dicke Außenwand ist für ein Wohngebäude unzureichend ohne zusätzliche Maßnahmen für den

- Wärmeschutz,
- Wetterschutz und den
- Schallschutz (→ Abb. 1).

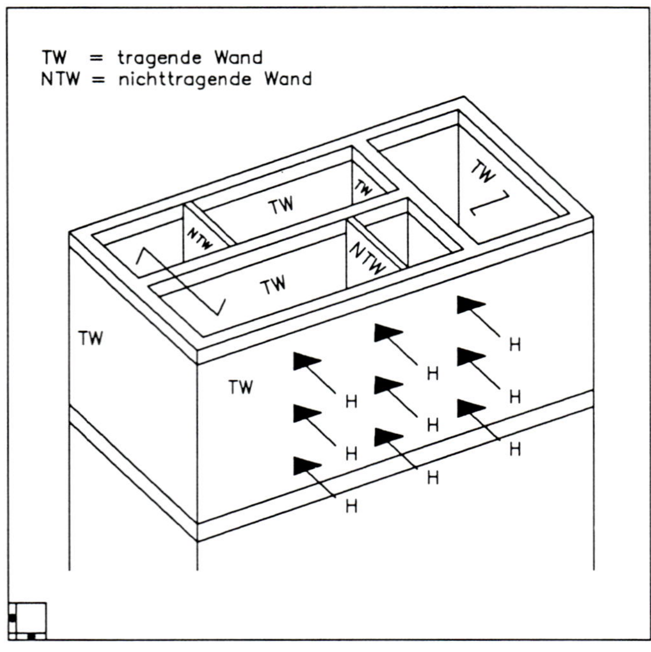

Abb. 122

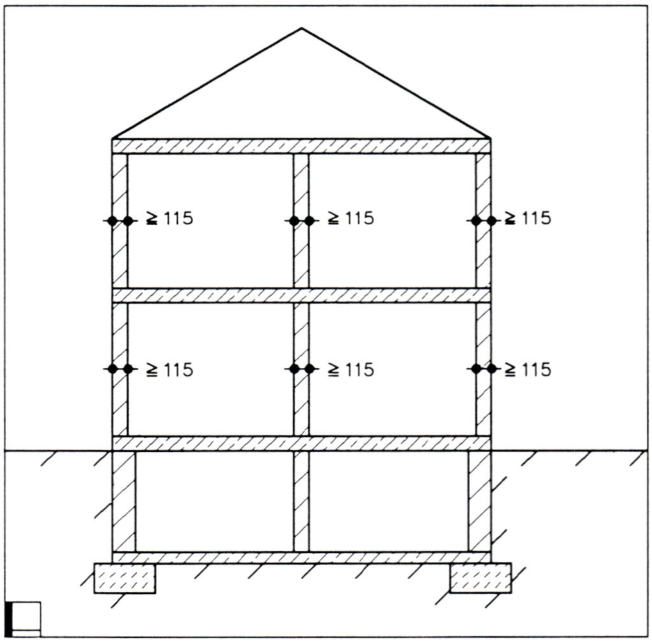

Abb. 123

Tragende Wände sind überwiegend auf Druck beanspruchte, scheibenartige Bauteile zur Aufnahme lotrechter Lasten, z. B. Deckenlasten, sowie waagerechter Lasten (Windlasten). Die Abtragung dieser Horizontallasten (H) wird durch die rechtwinklig zu ihnen stehenden Wände (tragend oder nicht) gewährleistet. Das Prinzip des Zusammenwirkens eines solchen Baugefüges ist in Abb. 122 dargestellt.

Die Mindestmaße tragender Pfeiler betragen 115 mm x 365 mm bzw. 175 mm x 240 mm (→ Abb. 124).

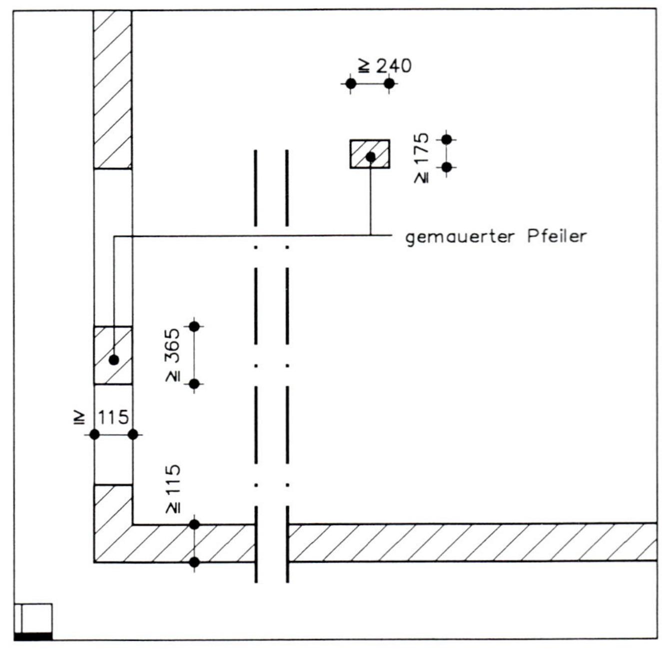

Abb. 124

Tragende Wände sollen unmittelbar auf Fundamente gegründet werden (→ Abb. 125 + 126). Ist dies in Sonderfällen nicht möglich, so ist auf ausreichende Steifigkeit der Abfangkonstruktion zu achten (→ Abb. 127).

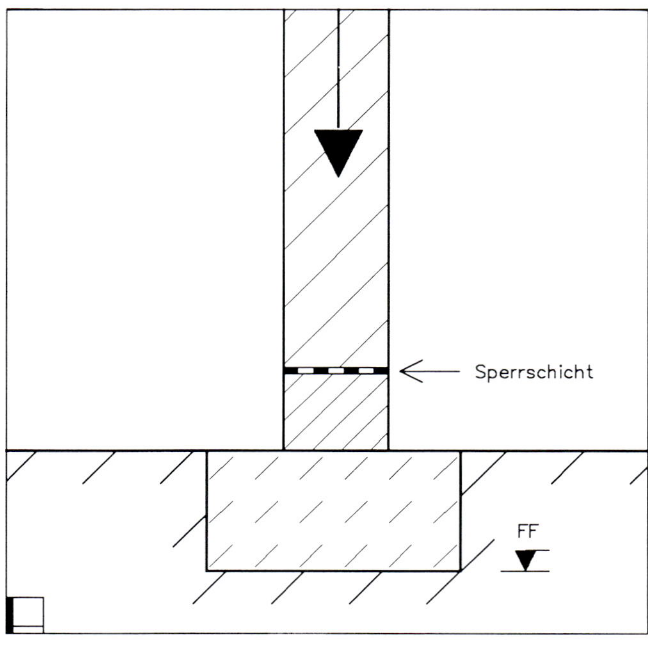

Abb. 125

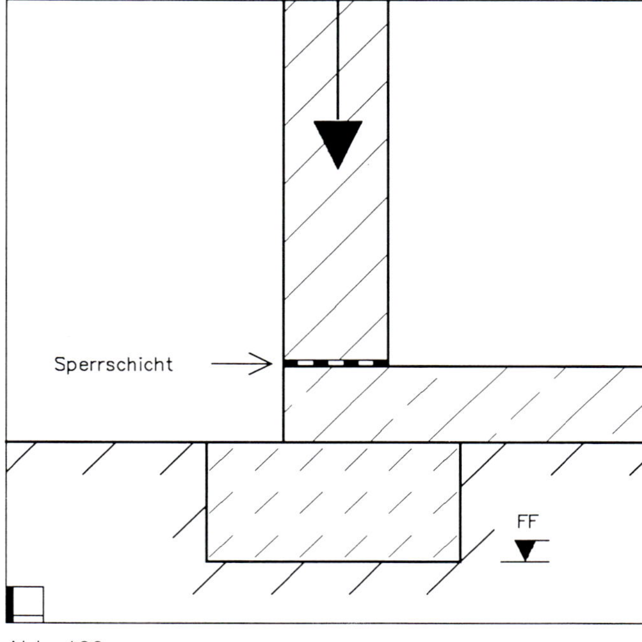

Abb. 126

Die tragende Wand (→ Abb. 125) steht hier unmittelbar auf dem Fundamentkörper aus Stampfbeton. In der Praxis werden heute die Tragwände meist auf die Bodenplatte gestellt, die über die Fundamentkörper gezogen ist (→ Abb. 126). Es ist darauf hinzuweisen, daß die Wandquerschnitte im unteren Bereich gegen aufsteigende Bodenfeuchtigkeit eine Sperrschicht nach DIN 18195-4 benötigen!

Abb. 127 zeigt einen Hausquerschnitt, bei dem die tragende Innenwand auf der Untergeschoßdecke »abgefangen« ist. Die Kräfte werden über die ausreichend steife Decke in die Außenwände des Untergeschosses geleitet.

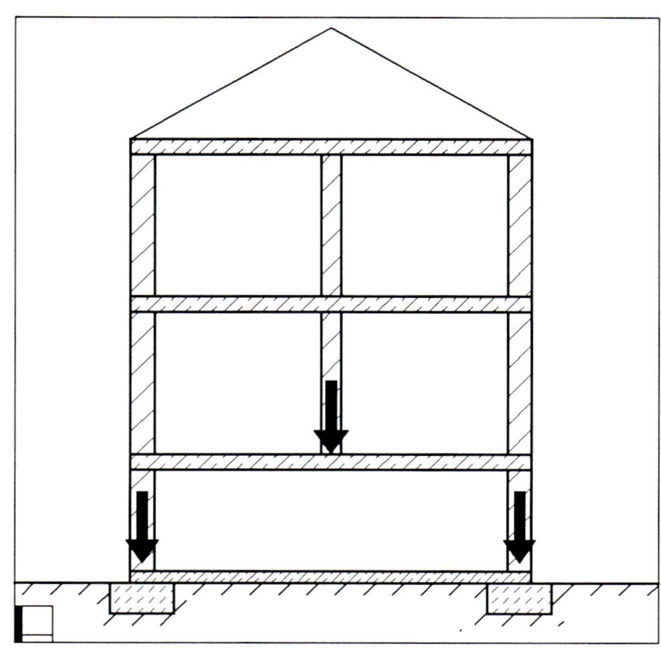
Abb. 127

8.1.2.2 Aussteifende Wände (→ Abb. 4 ... 11)

Es ist Abschnitt 8.1.2.1, zweiter (→ Abb. 122 + 123) und letzter Absatz (→ Abb. 125 ... 127), zu beachten.

Tragende Wände gelten als ausgesteift, wenn sie rechtwinklig zur Wandebene durch aussteifende Wände (tragend oder nichttragend) und Decken unverschieblich gehalten werden (→ Abb. 128).

Ist die aussteifende Wand oder sind die in einer Flucht liegenden Öffnungen unterbrochen, muß die Länge des im Bereich der auszusteifenden Wand verbleibenden Teiles mindestens 1/5 der lichten Höhe der Öffnungen betragen (vgl. 6.7.1 mit Bild 1).

8.1.2.3 Kellerwände

Bei Kellerwänden darf der Nachweis auf Erddruck entfallen, wenn die folgenden Bedingungen erfüllt sind (→ Bild 7 + Abb. 129):

a) Lichte Höhe der Kellerwand $h_S \leq 2{,}60$ m, Wanddicke $d \geq 240$ mm.

b) Die Kellerdecke wirkt als Scheibe und kann die aus dem Erddruck entstehenden Kräfte aufnehmen.

c) Im Einflußbereich des Erddrucks auf die Kellerwände beträgt die Verkehrslast auf der Geländeoberfläche nicht mehr als 5 kN/m², die Geländeoberfläche steigt nicht an, und die Anschütthöhe h_e ist nicht größer als die Wandhöhe h_S.

d) Die Wandlängskraft N_1, aus ständiger Last in halber Höhe der Anschüttung, liegt innerhalb folgender Grenzen:

$$\frac{d \cdot \beta_R}{3\gamma} \geq N_1 \geq \min N \text{ mit } \min N = \frac{\rho_e \cdot h_s \cdot h_e^2}{20\,d} \qquad (17)$$

Hierin und in Bild 7 bedeuten:

h_S lichte Höhe der Kellerwand

h_e Höhe der Anschüttung

d Wanddicke

ρ_e Rohdichte der Anschüttung

β_R, γ nach 7.9.1

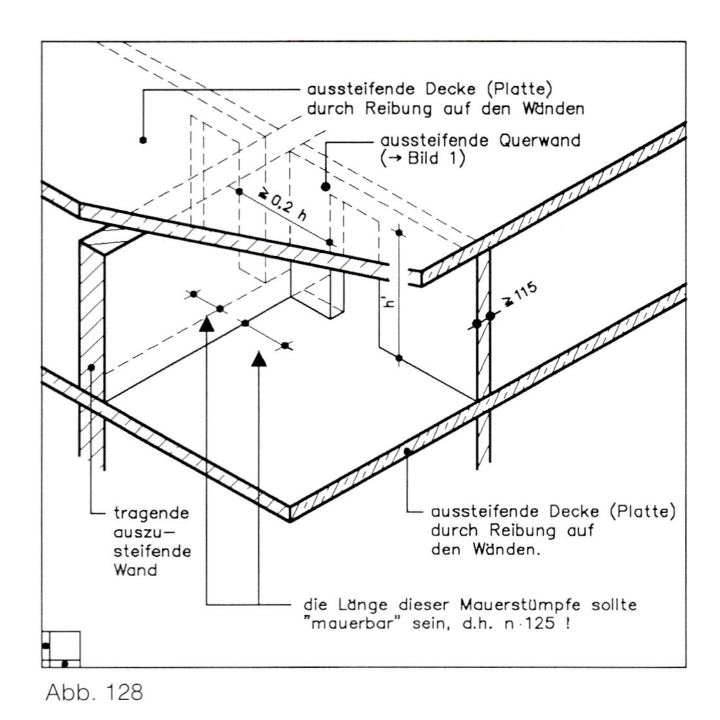

Abb. 128

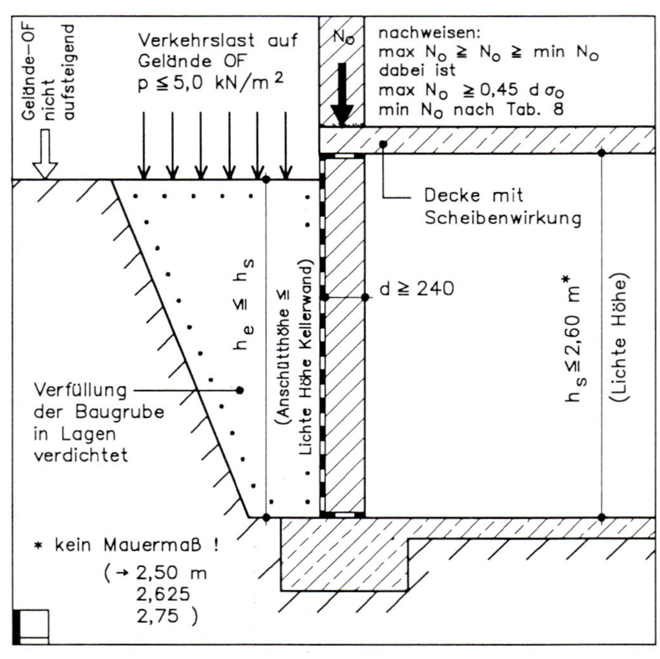

Abb. 129

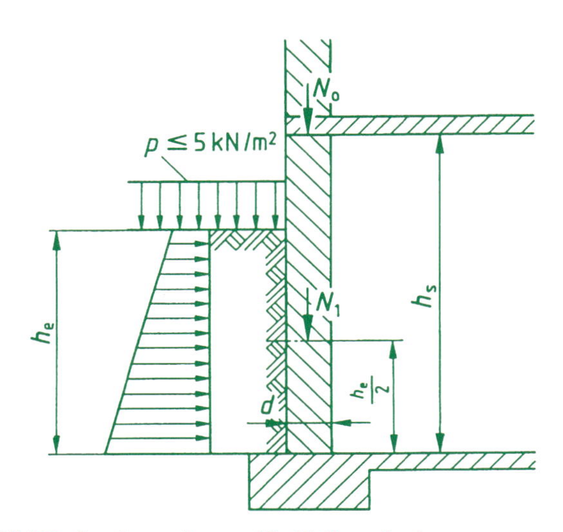

Bild 7: Lastannahmen für Kellerwände

Anstelle von Gleichung (17) darf nachgewiesen werden, daß die ständige Auflast N_0 der Kellerwand unterhalb der Kellerdecke innerhalb folgender Grenzen liegt:

$$\max N_0 \geq N_0 \geq \min N_0 \qquad (18)$$

mit

$\max N_0 = 0{,}45 \cdot d \cdot \sigma_0$
$\min N_0$ nach Tabelle 8
σ_0 siehe Tabellen 4a, 4b oder 4c

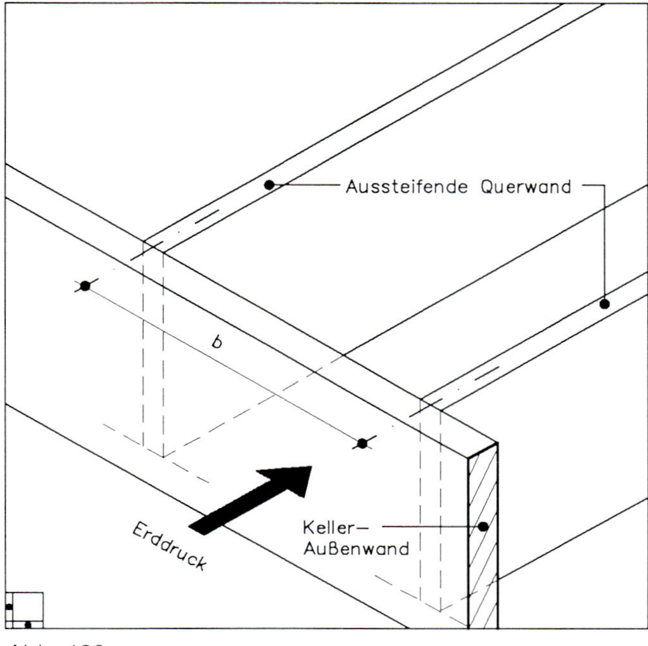

Abb. 130

Tabelle 8: Min N_0 für Kellerwände ohne rechnerischen Nachweis

Wanddicke d mm	min N_0 in kN/m bei einer Höhe der Anschüttung h_e von			
	1,0 m	1,5 m	2,0 m	2,5 m
240	6	20	45	75
300	3	15	30	50
365	0	10	25	40
490	0	5	15	30
Zwischenwerte sind geradlinig zu interpolieren.				

Ist die dem Erddruck ausgesetzte Kellerwand durch Querwände oder statisch nachgewiesene Bauteile im Abstand b ausgesteift (→ Abb. 130), so daß eine zweiachsige Lastabtragung in der Wand stattfinden kann, dürfen die unteren Grenzwerte N_0 und N_1 wie folgt abgemindert werden:

$$b \leq h_s: \quad N_1 \geq \frac{1}{2} \min N; \quad N_0 \geq \frac{1}{2} \min N_0 \qquad (19)$$

$$b \geq 2\,h_s: \quad N_1 \geq \min N; \quad N_0 \geq \min N_0 \qquad (20)$$

Zwischenwerte sind geradlinig zu interpolieren.

Die Gleichungen (17) bis (20) setzen rechnerisch klaffende Fugen voraus.

Bei allen Wänden, die Erddruck ausgesetzt sind, soll eine Sperrschicht (→ Abb. 125 + 126) gegen aufsteigende Feuchtigkeit aus besandeter Pappe oder aus Material mit entsprechendem Reibungsverhalten bestehen.

Ohne jeden rechnerischen Nachweis können Kellerwände erstellt werden, wenn sie den Anforderungen der Tabelle 8 entsprechen. Diese dort genannten Bedingungen müssen gemeinsam erfüllt werden.

Für die einzelnen Zeilen, die einer Wanddicke zugeordnet sind, ergeben sich je nach Auflast N_0 und Wanddicke d der Kelleraußenwand die folgenden konstruktiven Möglichkeiten für die Kellerwanddicken von:

240 mm (→ Abb. 131 ... 134),
300 mm (→ Abb. 135 ... 138),
365 mm (→ Abb. 139 ... 142) und
490 mm (→ Abb. 143 ... 146).

Kellerwände 240 mm dick

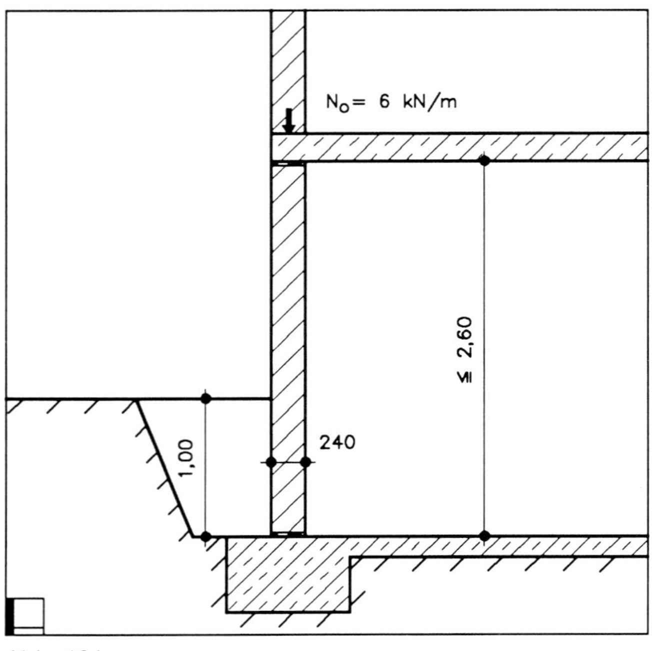

Abb. 131

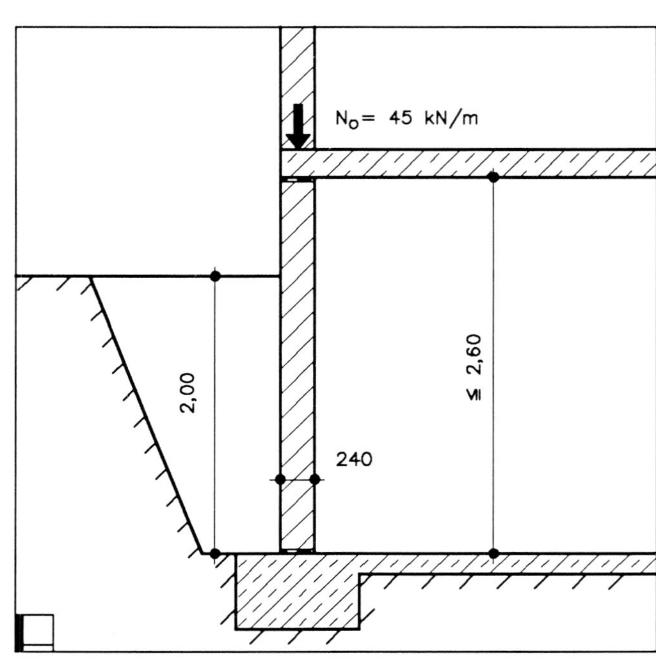

Abb. 133

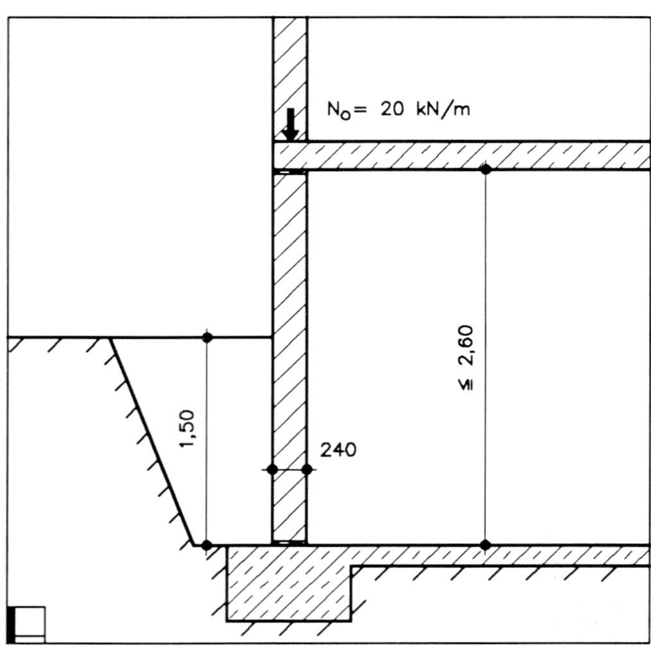

Abb. 132

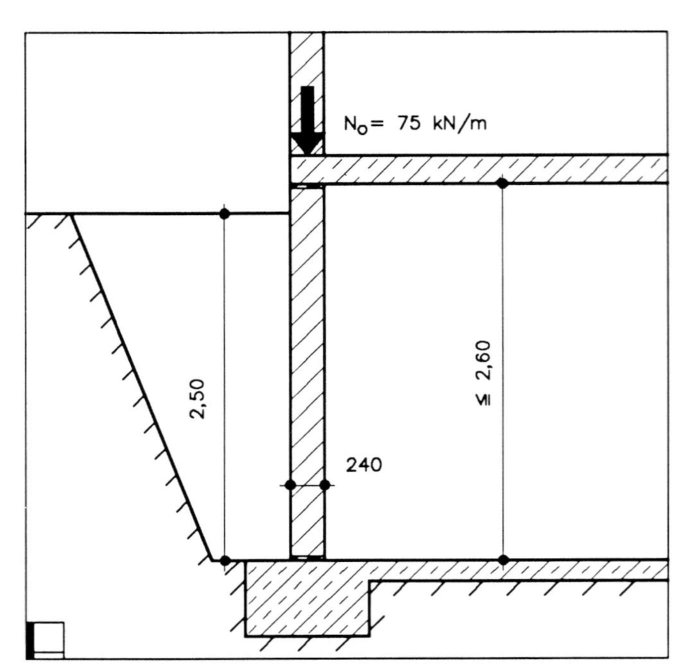

Abb. 134

Kellerwände 300 mm dick

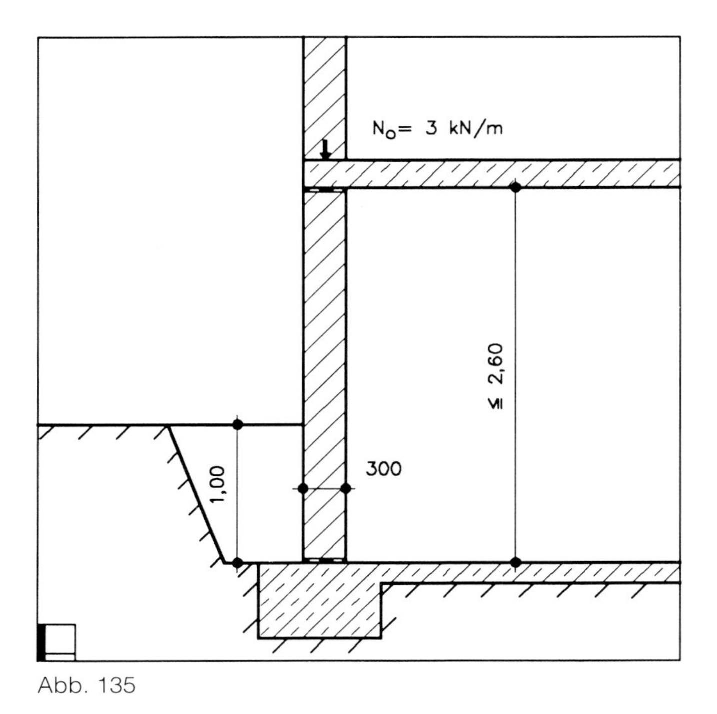

Abb. 135

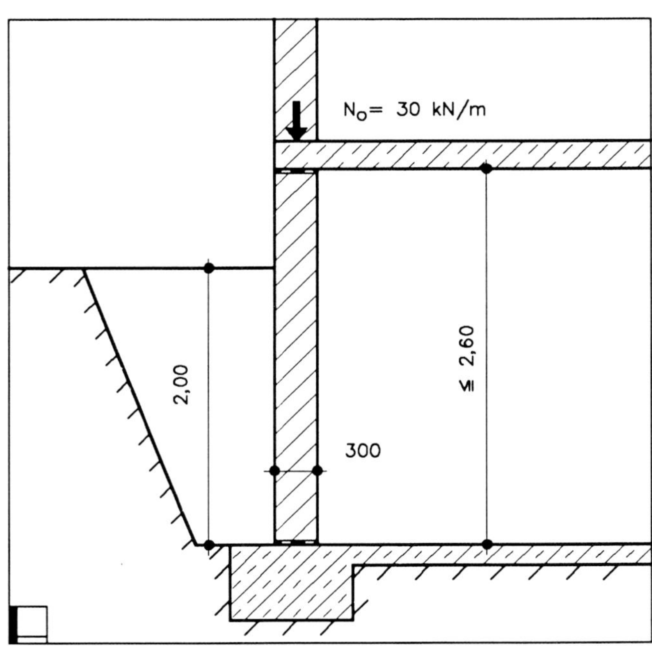

Abb. 137

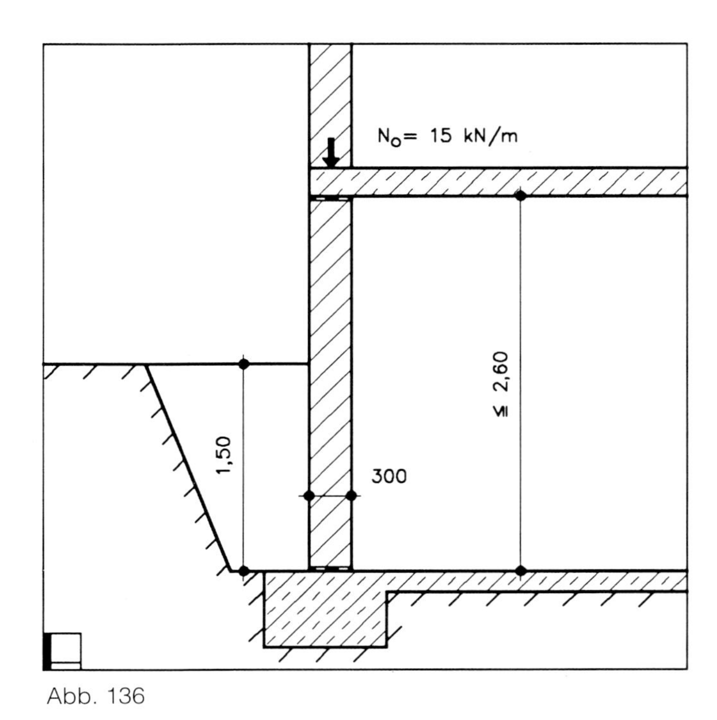

Abb. 136

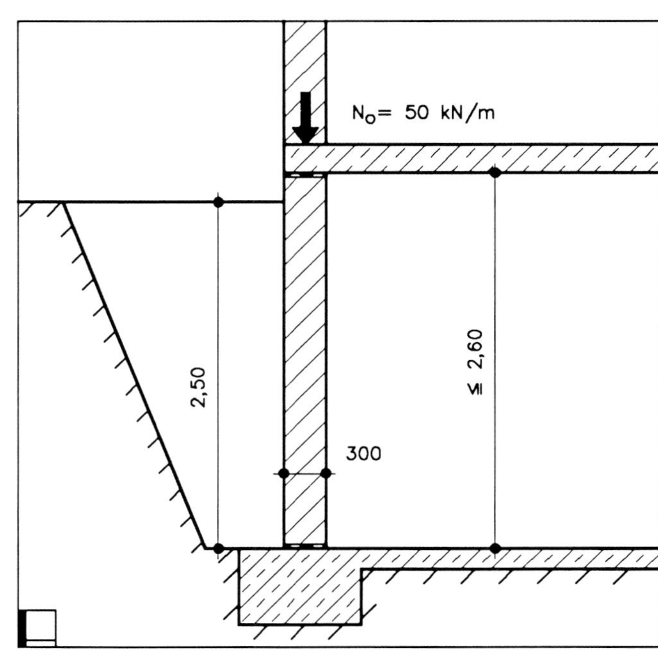

Abb. 138

Kellerwände 365 mm dick

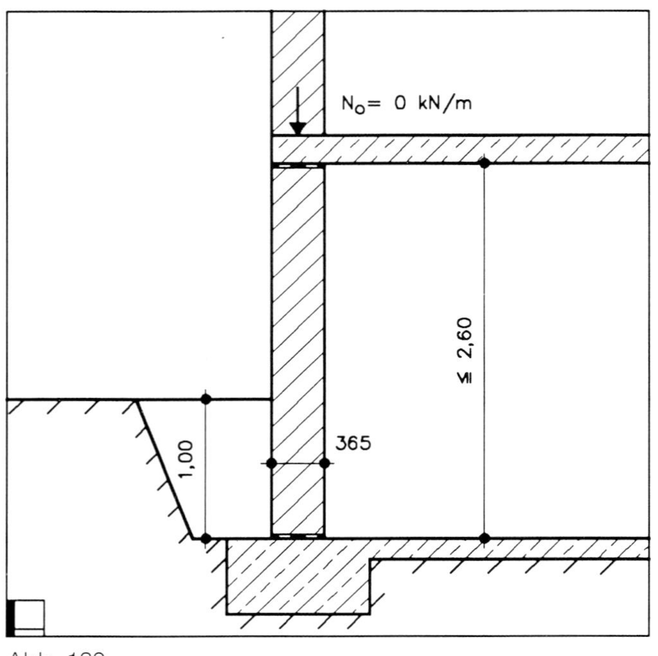

Abb. 139

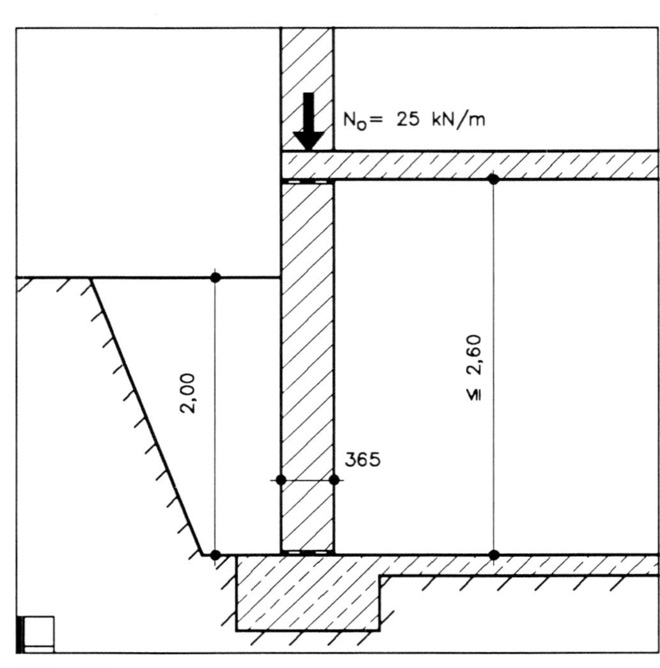

Abb. 141

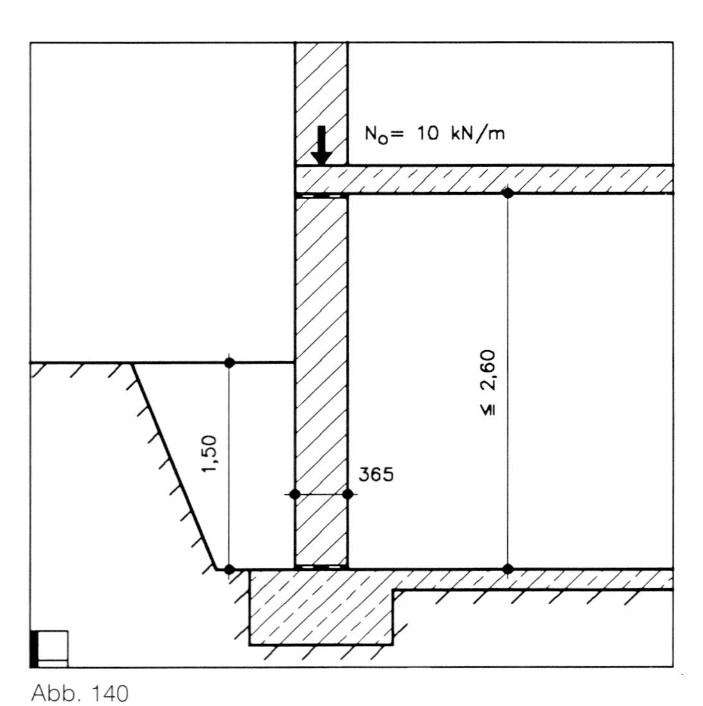

Abb. 140

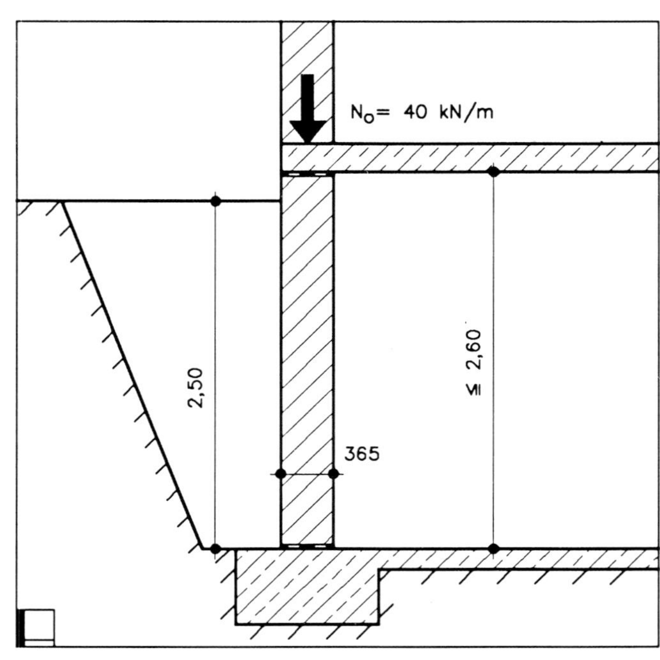

Abb.142

Kellerwände 490 mm dick

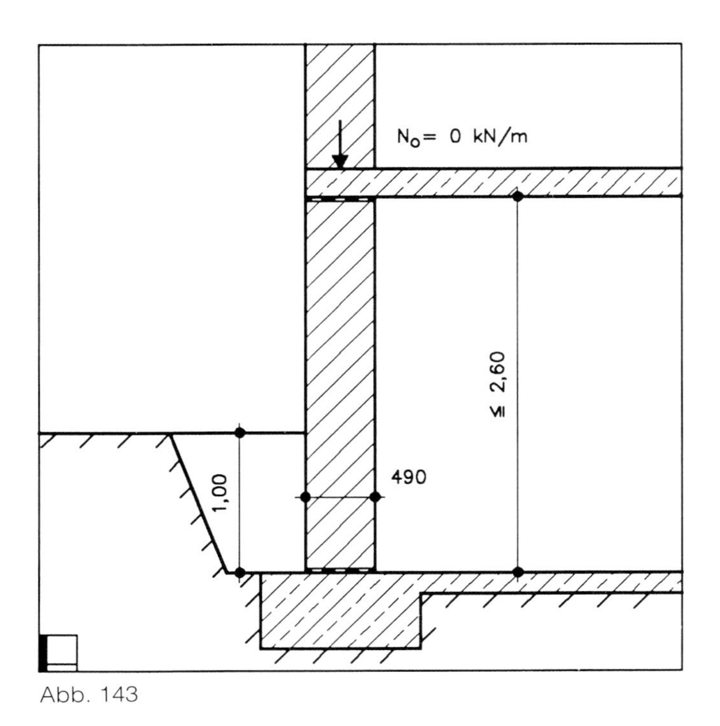

Abb. 143

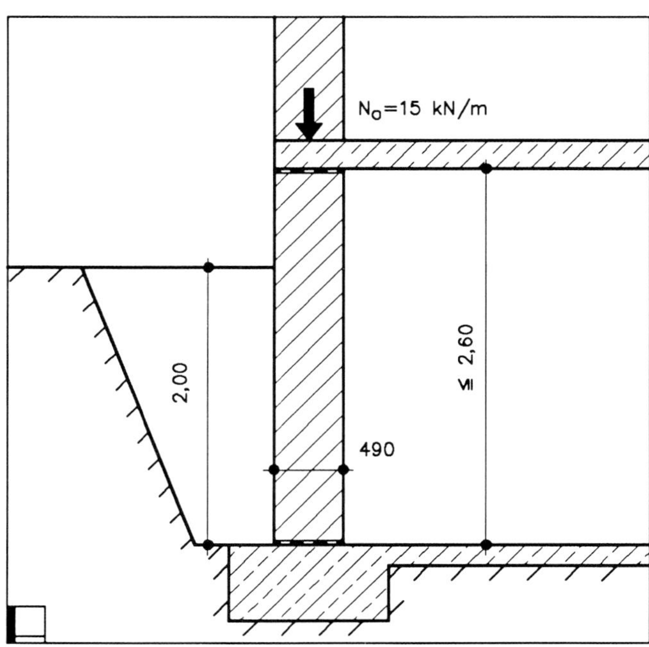

Abb. 145

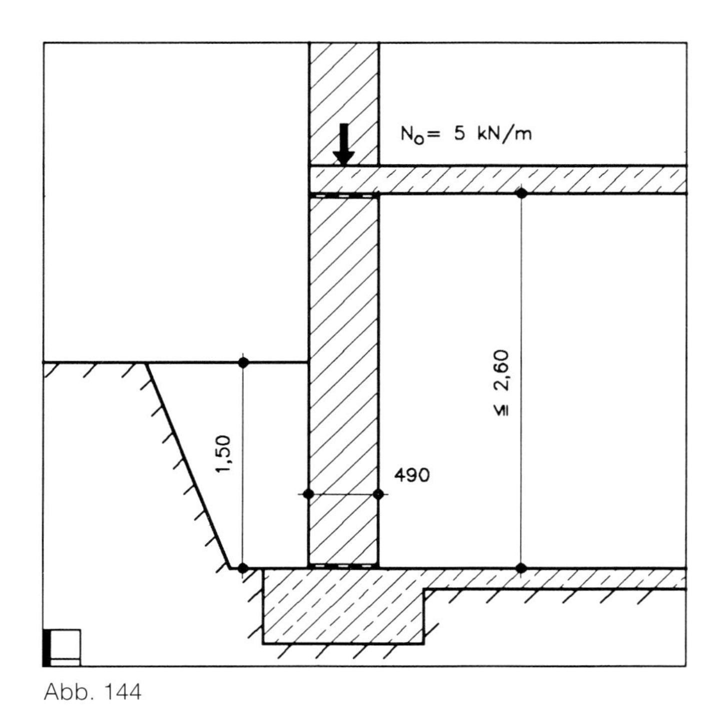

Abb. 144

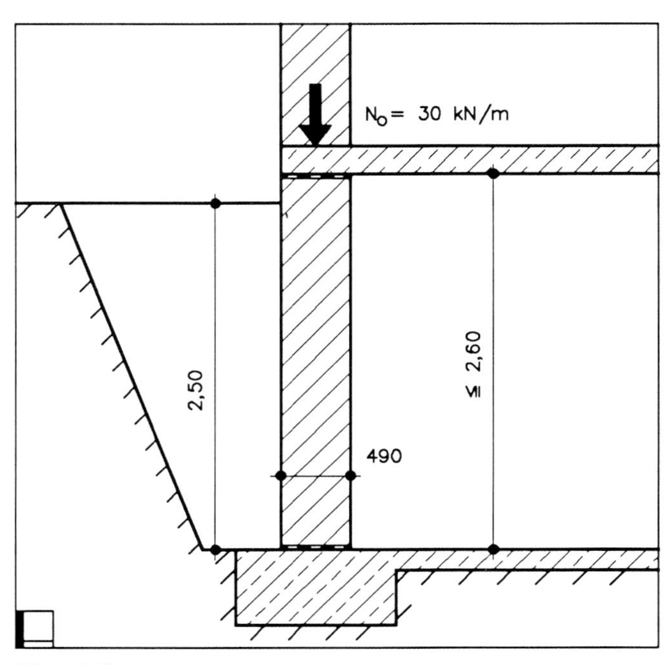

Abb. 146

8.1.3 Nichttragende Wände

8.1.3.1 Allgemeines

Nichttragende Wände müssen auf ihre Fläche wirkende Lasten auf tragende Bauteile, z. B. Wand- oder Deckenscheiben, abtragen (→ Abb. 147).

Nichttragende Wände sind scheibenartige Bauteile, die zunächst nur durch ihr Eigengewicht beansprucht werden. Sie dürfen rechnerisch nicht zur Knickaussteifung tragender Wände angesetzt werden. Sie müssen aber die auf ihre Fläche wirkenden horizontalen Lasten (z. B. Windlasten bei Außenwänden) auf die angrenzenden Wand- oder Deckenscheiben abtragen (→ Abb. 147).

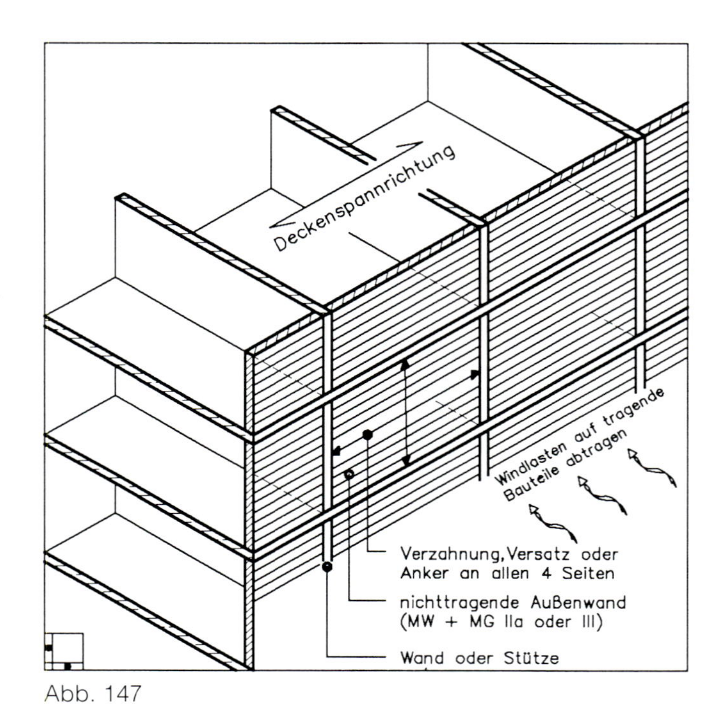

Abb. 147

8.1.3.2 Nichttragende Außenwände

Bei Ausfachungswänden von Fachwerk-, Skelett- und Schottensystemen darf auf einen statischen Nachweis verzichtet werden, wenn

a) die Wände vierseitig (→ Abb. 147) gehalten sind (z. B. durch Verzahnung, Versatz oder Anker) (→ Abb. 148...155),

b) die Bedingungen nach Tabelle 9 erfüllt sind und

c) Normalmörtel mindestens der Mörtelgruppe IIa oder Dünnbettmörtel oder Leichtmörtel LM 36 verwendet werden.

Der Werkstoff der Tragkonstruktion (Fachwerk-, Skelett- oder Schottensystem) bestimmt die Ausbildung der »Anschlußfuge«, in der die Einleitung der Horizontalkräfte aus der nichttragenden Wandfläche erfolgt.

Die folgenden Prinzipskizzen geben dazu einige Anregungen für den kraftschlüssigen Anschluß von gemauerten Ausfachungswänden bei:

- Mauerwerk (→ Abb. 148) und
- Stahlbeton (→ Abb. 149 ... 155).

Die gezeigten Beispiele (→ Abb. 148 ... 155) sind wegen der geringen Wanddicken für beheizte Gebäude nicht geeignet. Sie sollen nur das Prinzip einiger Verankerungsmöglichkeiten zeigen. Ebenso muß festgehalten werden, daß unverputzte Wände ≤ 240 mm nicht schlagregendicht sind.

Eine Ausführungsmöglichkeit mit lückenlos geführter Wärmedämmung findet sich auf Seite 136 (Text und Abb. 283).

Wandanschluß an Mauerwerk (→ Abb. 148)

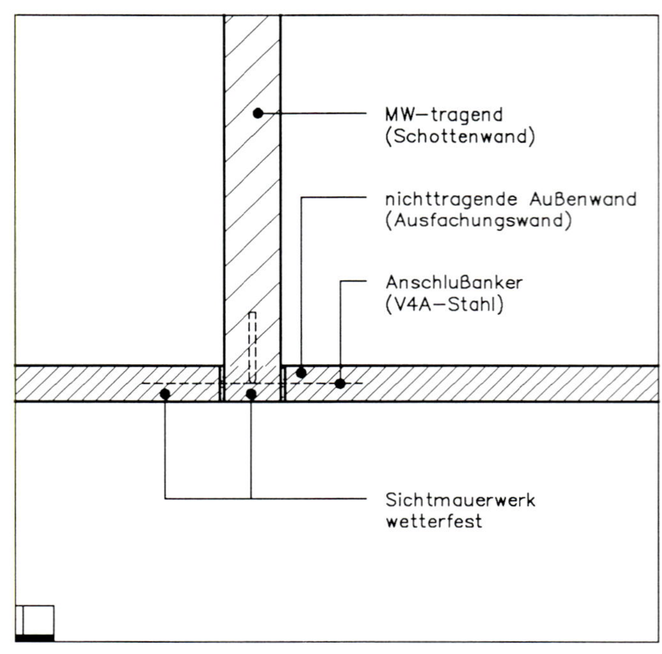

Abb. 148

Wandanschluß an Stahlbetonstützen (→ Abb. 149 ... 151 [26])

101 Mauerstein, frostbeständig Verblendstein
113 Ausfachungswand, nichttragend
170 Stahlbetonstütze
174 Stahlbetondecke
257 Sperrpappe bzw. Sperrfolie (bei Wandeinbau mit Überstand auf beiden Seiten)
268 Fuge mit dauerelastischem Dichtstoff
511 Ankerblech
512 Ankerschiene

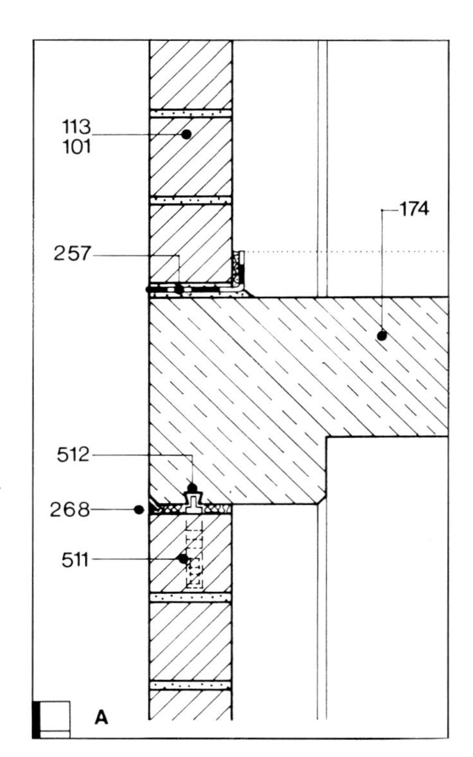

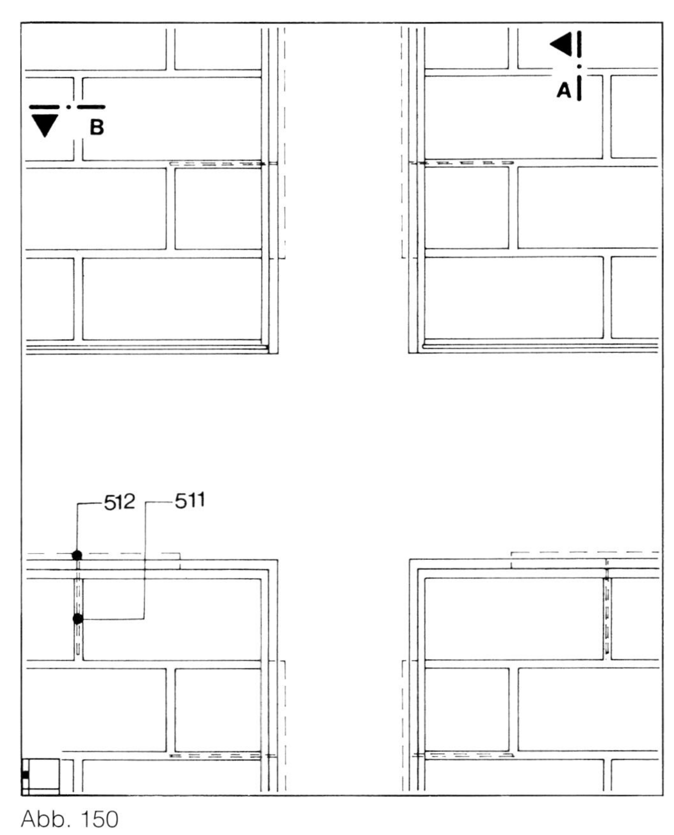

Abb. 150

Das Ausfachungsmauerwerk sollte bündig mit der Decke oder mit den Gesimsbändern ausgeführt werden, da Vorsprünge Durchnässungsschäden der Steine hervorrufen (→ Foto 1).
Bei verputzten Ausfachungsflächen bilden sich auf Gesimsen Moose u. a. (→ Foto 2, Pfeil), die den Putz von unten her zerstören. Solche Bereiche sind wie Fensterbänke abzudecken.
Die Ausfachung eines Stahlbetongerippes (→ Abb. 149 ... 151) erfolgt durch kraftschlüssige Vermörtelung in den Anschlußfugen. Die Verankerung der Ausfachungsschale wird bei großen Ausfachungsflächen mit Ankerblechen ausgeführt, die in einbetonierte Ankerschienen greifen.

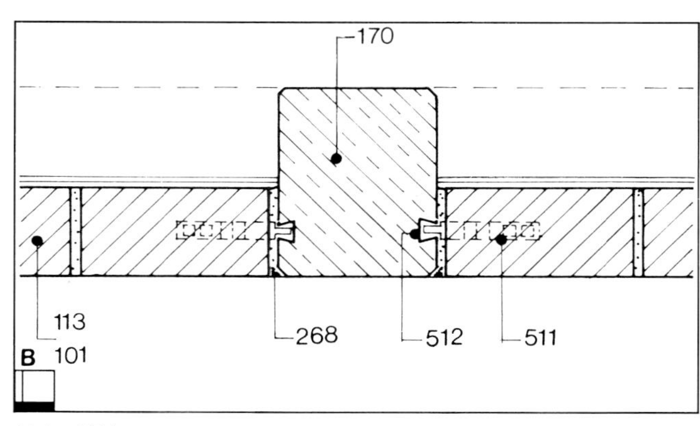

Abb. 151

Foto 1

Foto 2

Wandanschluß durch Stahlprofile (→ Abb. 152 ... 155 [26])

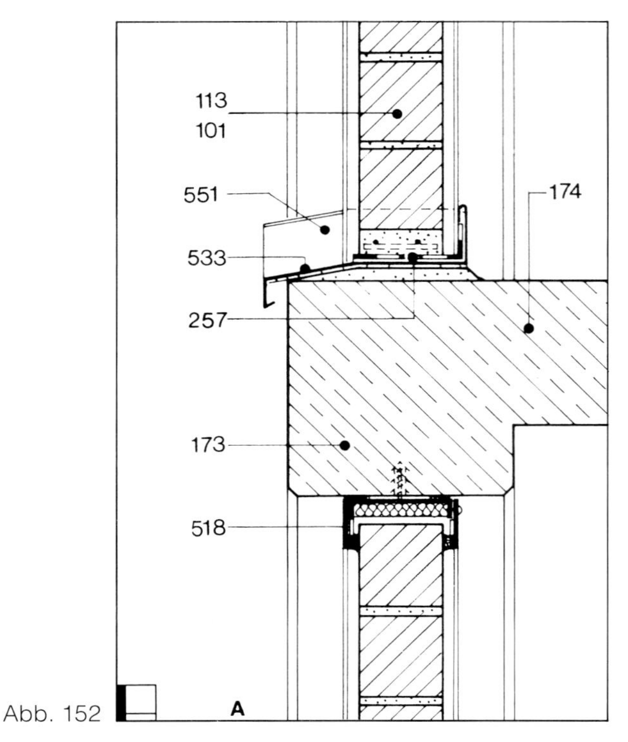

Abb. 152

Die Ausfachungswand ist in ein U-Profil eingebaut, das am Skelett verankert ist. Das U-Profil ist nicht an der Decke fortgesetzt, da man sonst dort keine Steine mehr einsetzen kann. Ein abnehmbarer Flachstahl ersetzt oben den inneren Schenkel des U-Profils. Die untere gefalzte Metallfensterbank bildet mit ihren seitlich sehr hoch gekanteten Seitenteilen einen guten Wasserbord vor der Wand. Für die Schlagregensicherheit ist ein zusätzlicher Außenputz oder eine innere Schale erforderlich. Eingedrungenes Wasser muß in der untersten Lagerfuge nach außen geführt werden.

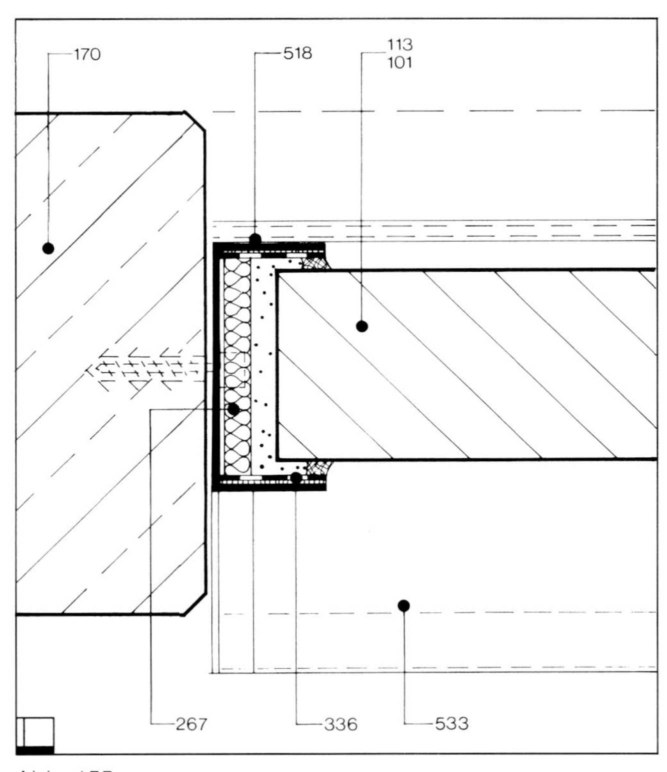

Abb. 155

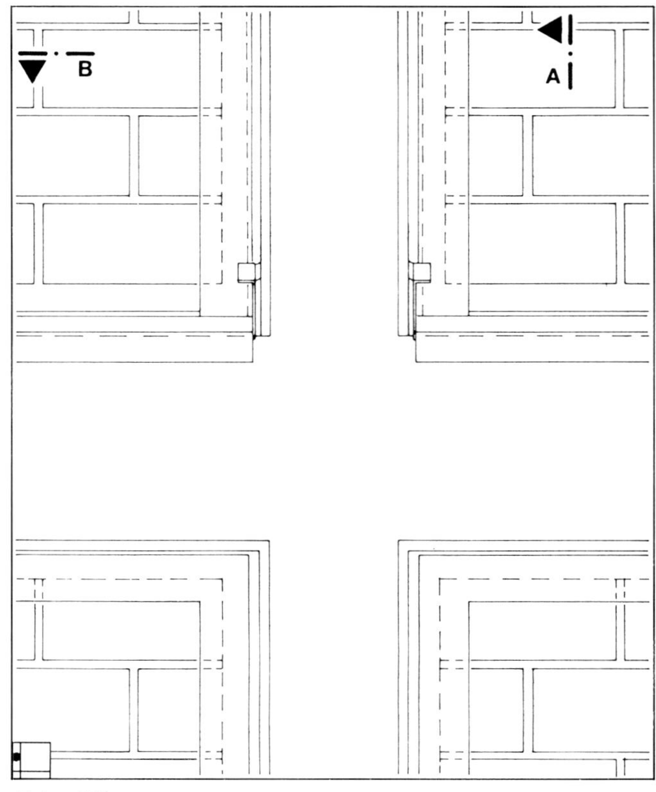

Abb. 153

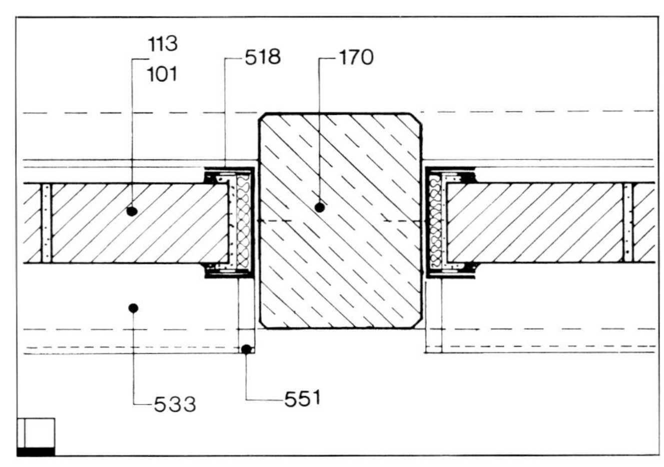

Abb. 154

101 Mauerstein, frostbeständig Verblendstein
113 Ausfachungswand, nichttragend
170 Stahlbetonstütze
173 Stahlbetonsturz
174 Stahlbetondecke
257 Sperrpappe bzw. Sperrfolie (bei Wandeinbau mit Überstand auf beiden Seiten)
267 Raumfuge = Bauteilfuge
336 Gleitlager (Gleitschicht)
518 Stahlwinkel aus nichtrostendem Stahl oder feuerverzinkt
533 Metall-Fensterbank mit seitlicher Aufkantung (Wasserkeil). Der Überstand der Abtropfkante wird mit 5 cm empfohlen
551 Stehbord

Abb. 155 zeigt den seitlichen Anschluß aus Abb. 154 in einem größeren Maßstab.

Die Horizontalkräfte aus der Ausfachungswand werden vom Stahlprofil aufgenommen. Thermisch bedingte Verformungen erfahren durch den Einbau von Gleitfolien keine Behinderung.

In Tabelle 9 ist ε das Verhältnis der größeren zur kleineren Seite der Ausfachungsfläche.

Bei Verwendung von Steinen der Festigkeitsklassen ≥ 20 (Mauersteine der Festigkeitsklassen ≥ 20 finden sich in unterschiedlichen Formaten [44] bei Ziegeln als Mz, VMz, KHLz und KMz; bei Kalksandsteinen als KS VbL, KS Vm, KS Vb und KS) und gleichzeitig bei einem Seitenverhältnis $\varepsilon = h/l \geq 2{,}0$ dürfen die Werte der Tabelle 9, Spalten 3, 5 und 7, verdoppelt werden (h, l Höhe bzw. Länge der Ausfachungsfläche).

Beispiel:

Seitenverhältnis $\varepsilon = \frac{4{,}50}{2{,}50} = 1{,}8$ (→Spalten 2 + 3)

Höhe über Gelände ≤ 8,00 m (→Spalten 2 + 3)

Ausfachungsfläche: 4,50 m · 2,50 m = 11,25 m^2

In Tabelle 9 liegt dieser Wert zwischen Spalte 2 und 3. Eine Interpolation ergibt eine erlaubte Ausfachungsfläche von 8,8 m^2 bei $\varepsilon = 1{,}8$.

Bei der Verwendung von Steinen der Festigkeitsklasse ≥ 12 (→ Fußnote [2]) in Tabelle 9), kann die Ausfachungsfläche um 1/3 vergrößert werden, d.f. 8,8 m^2 · 1,3 = 11,45 m^2 > 11,24 m^2.

Erlaubte Wanddicken der Abb. 156 + 157 somit 115 mm. Wärmedämmung und Wetterschutz von Sichtmauerwerk sind bei dieser Wanddicke ungenügend (→8.4 Außenwände).

Tabelle 9: Größte zulässige Werte der Ausfachungsfläche von nichttragenden Außenwänden ohne rechnerischen Nachweis

1	2	3	4	5	6	7
Wanddicke d mm	Größte zulässige Werte [1]) der Ausfachungsfläche in m^2 bei einer Höhe über Gelände von					
	0 bis 8 m		8 bis 20 m		20 bis 100 m	
	$\varepsilon = 1{,}0$	$\varepsilon \geq 2{,}0$	$\varepsilon = 1{,}0$	$\varepsilon \geq 2{,}0$	$\varepsilon = 1{,}0$	$\varepsilon \geq 2{,}0$
115[2])	12	8	8	5	6	4
175	20	14	13	9	9	6
240	36	25	23	16	16	12
≥ 300	50	33	35	23	25	17

[1]) Bei Seitenverhältnissen $1{,}0 < \varepsilon < 2{,}0$ dürfen die größten zulässigen Werte der Ausfachungsflächen geradlinig interpoliert werden.

[2]) Bei Verwendung von Steinen der Festigkeitsklassen ≥12 dürfen die Werte dieser Zeile um 1/3 vergrößert werden.

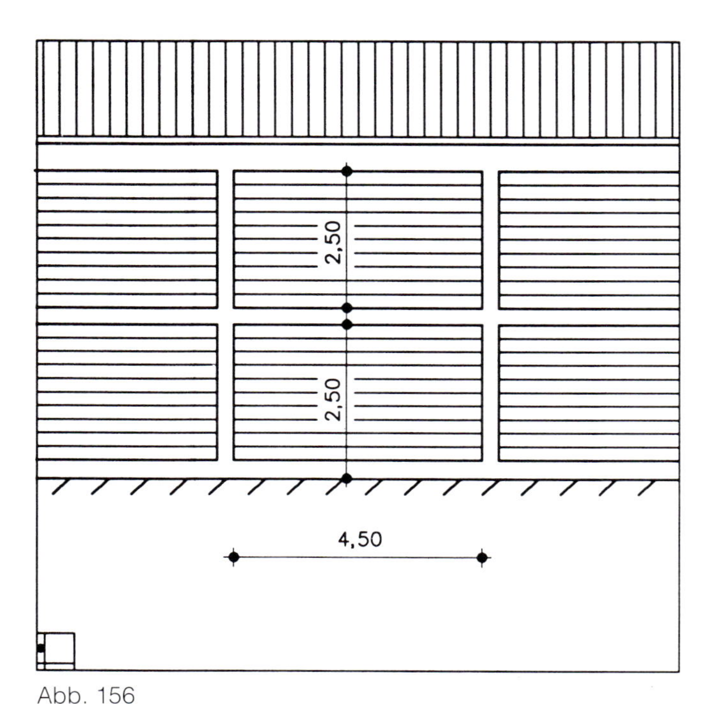

Abb. 156

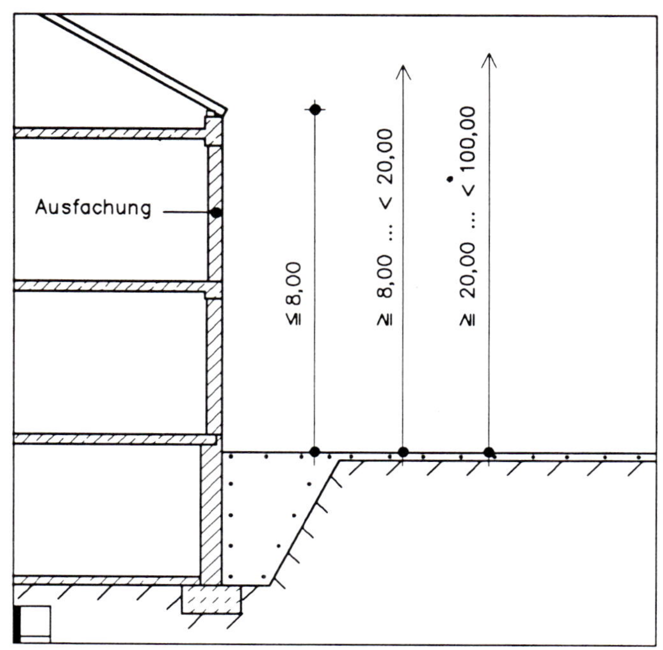

Abb. 157

8.1.3.3 Nichttragende innere Trennwände

Für nichttragende innere Trennwände, die nicht durch auf ihre Fläche wirkende Windlasten beansprucht werden, siehe DIN 4103-1.

In DIN 4103-1 ist u. a. zu lesen:

»2 Begriff

Nichttragende, innere Trennwände sind Bauteile im Inneren einer baulichen Anlage, die nur der Raumtrennung dienen und nicht zur Gebäudeaussteifung herangezogen werden.

Ihre Standsicherheit erhalten Trennwände erst durch Verbindung mit den an sie angrenzenden Bauteilen.

Trennwände können fest eingebaut oder umsetzbar ausgebildet sein. Sie können ein- oder mehrschalig ausgeführt werden und bei entsprechender Ausbildung auch Aufgaben des Brand-, Wärme-, Feuchtigkeits- und Schallschutzes übernehmen.

3 Einbaubereiche

Für die in Abschnitt 4 beschriebenen Anforderungen werden zwei Einbaubereiche unterschieden:

Einbaubereich 1:

Bereiche mit geringer Menschenansammlung, wie sie z. B. in Wohnungen, Hotel-, Büro- und Krankenräumen und ähnlich genutzten Räumen einschließlich der Flure vorausgesetzt werden müssen.

Einbaubereich 2:

Bereiche mit großer Menschenansammlung, wie sie z. B. in größeren Versammlungsräumen, Schulräumen, Hörsälen, Ausstellungs- und Verkaufsräumen und ähnlich genutzten Räumen vorausgesetzt werden müssen.

Hierzu zählen auch stets Trennwände zwischen Räumen mit einem Höhenunterschied der Fußböden ≥ 1,00 m.

4 Anforderungen

4.1 Allgemeine Anforderungen an Trennwände

4.1.1 Allgemeines

Trennwände und ihre Anschlüsse an angrenzende Bauteile müssen so ausgebildet sein, daß sie statischen (vorwiegend ruhenden) und stoßartigen Belastungen widerstehen, wie sie im Gebrauchsfall entstehen können.

Trennwände müssen, außer ihrer Eigenlast einschließlich etwaigem Putz oder möglichen anderen Bekleidungen, auf ihre Fläche wirkende Lasten aufnehmen und auf andere tragende Bauteile, wie Wände und Decken, abtragen können ...«

Nichttragende innere Trennwände, die Windlasten erhalten können (z. B. in Hallenbauten mit großen, häufig offenstehenden Toren), müssen wie nichttragende Außenwände nach Abschnitt 8.1.3.2 behandelt werden (d.h., sie müssen »kraftschlüssig« mit dem Tragwerk verankert sein, wie das die Abb. 148 ... 155 zeigen).

Je nach Herstellungsart bzw. Werkstoff werden nichttragende Innenwände folgendermaßen unterschieden:

1 *Auf der Baustelle gefertigte Wände*

1.1 Wände im Fugenverband, d = 52 ... 115 mm, aus:

Mz, HLz, LLz ... DIN 105 (LHLz ...)
KSV, KSL ... DIN 106
Hütten-, Voll- und Lochsteine DIN 398
Porenbeton-Steine DIN 4165
LB-Lochsteine DIN 18149
LB-Vollsteine DIN 18152
Keramische Trenn- oder Zellenwandsteine DIN 18167.
Die Wände können unbewehrt oder bewehrt sein.

1.2 Plattenwände, d = 50 ... 200 mm, im Fugenverband aus:

Tonhohlplatten DIN 278
Holzwolleleichtbauplatten DIN 1101
Porenbeton-Bauplatten DIN 4166
Wandbauplatten aus LB DIN 18162
Wandbauplatten aus Gips DIN 18163
Leichtziegelplatten DIN 18505
LB-Hohlwandplatten DIN 18148
Die Wände können unbewehrt oder bewehrt sein.

1.3 Glasbausteine d = 80 ... 100 mm

1.4 Monolithische Wände aus Beton B ≥ 5 oder LB ≥ 50 (Betonwände) oder aus Mörtel (Putze) der MG I bis III d ≥ 50 mm (Mörtelwände = Anwurfwände, Putzträgerwände).

2 *Vorgefertigte bzw. teilvorgefertigte Wände (Montagewände)*

2.1 Fachwerkwände, zimmermannsmäßig abgebunden mit Ausfachung aus:

Steinen, Platten, Mehrschichtplatten, Mehrschalenelementen. Bei Ausfachung mit Dämmstoffen sind Beplankungen vorzusehen (→ 2.2).

2.2 Leichtskelettwände (Ständer, Riegel aus Holz, Metall oder Gipskarton-Streifenbündeln).

Gefache u. U. mit Dämmstoffen verfüllt,
Beplankungen aus:
Holzwolle-Leichtbauplatten DIN 1101
Mehrschicht-Leichtbauplatten DIN 1101
Gipskartonplatten DIN 18180
Sperrholzplatten DIN 68705
Holzfaserplatten DIN 68750

Spanplatten DIN 68763 und DIN 68764
Holzbretter DIN 68365 oder 68360
Faserzementplatten, plan oder gewellt
Stahlblechtafeln DIN 1623.

2.3 Elementwände bestehen aus mehreren vorgefertigten raumhohen bzw. raumbreiten Einzel-Wandelementen. Es werden Mehrschicht-(Sandwich-) bzw. Mehrschalenbauarten von Einschalenbauarten unterschieden. Je nach Baustoff kommen für Einschalenwände folgende Arten zur Herstellung:

Ziegel-Vergußtafeln und Ziegel-Mauertafeln
LB-Hohldielen DIN 4028
Stahl-LB-Tafeln DIN 1045
Porenbeton-Wandtafeln DIN 4223
Glasbaustein-Wandelemente DIN 4242
Flachpreß-Spanplatten DIN 68763 und DIN 68764.

Zur Ausführung und Befestigung von »nichttragenden inneren Trennwänden« ist noch folgendes zu beachten [39]:

»... *Die nichttragenden Innenwände sollten erst nach Fertigstellung des Rohbaus eingebaut werden, da zu diesem Zeitpunkt bereits ein großer Teil der Verformungen der tragenden Konstruktion erfolgt ist.*

Innere Trennwände erhalten ihre Standsicherheit erst durch geeignete Verbindungen mit den angrenzenden Bauteilen (→ Abb. 84ff., S. 44ff.). *Die Verbindungen müssen den Einfluß, den die Formänderungen angrenzender Bauteile auf die inneren Trennwände haben können, berücksichtigen. Neben einer Begrenzung der Schlankheit zur Verringerung der Formänderungen sind gleitende Anschlüsse* (→ Abb. 155 + 167) *zu empfehlen.*

Werden innere Trennwände nicht bis unter die Decke geführt – z. B. bei durchlaufenden Fensterbänken –, so können sie als ausreichend gehalten angesehen werden, wenn die Wandkronen durch durchlaufende Aussteifungsriegel, z. B. aus Stahlbeton oder Stahlprofilen (→ Abb. 162), *gehalten werden. Raumhohe Zargen und Stiele gelten bei entsprechender Ausbildung als seitliche Halterungen.*

Starre Anschlüsse

Starre Anschlüsse werden durch Verzahnung (→ Abb. 84 ... 89) *oder durch Ausfüllen mit Mörtel oder durch gleichwertige Maßnahmen – Anker, Dübel oder einbindende Stahleinlagen – hergestellt. Sie können für Wände verwendet werden, bei denen keine oder nur geringe Zwängungskräfte aus den angrenzenden Bauteilen auf die Wand zu erwarten sind. Starre seitliche Anschlüsse bleiben im Regelfall auf den Wohnungsbau (Wandlängen $l \leq 5{,}00$ m) beschränkt.«*

Starre Anschlüsse sollen je nach Einbaubereich (→ 8.1.3.3 bei »3 Einbaubereiche«) horizontale Kräfte übertragen, im

Einbaubereich 1
am Fußpunkt 0,50 kN/m
Kopfpunkt 0,25 kN/m

Einbaubereich 2
am Fußpunkt 1,00 kN/m
Kopfpunkt 0,50 kN/m

Als starrer Anschluß am Boden gilt das Aufsetzen der Wand auf einer Mörtelfuge direkt auf der Rohdecke (Abb. 158) bzw. auf einem Verbundestrich (Abb. 159).

Schwimmender Estrich darf nicht belastet werden.

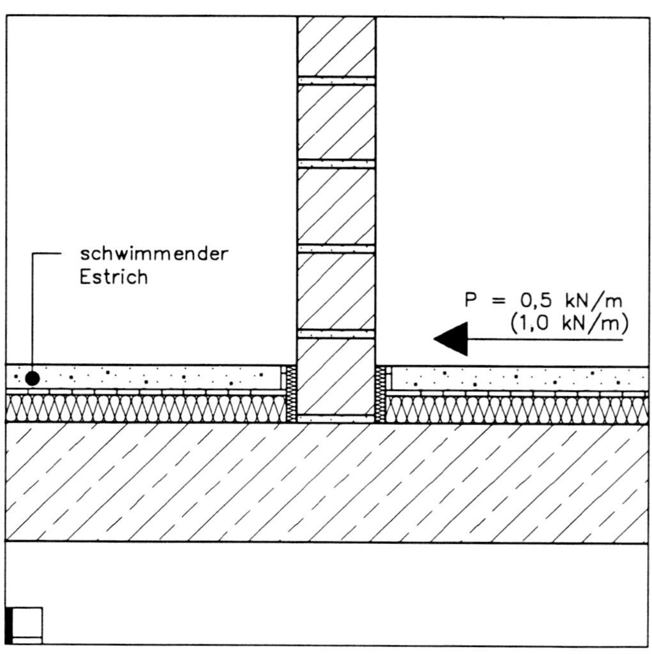

Abb. 158

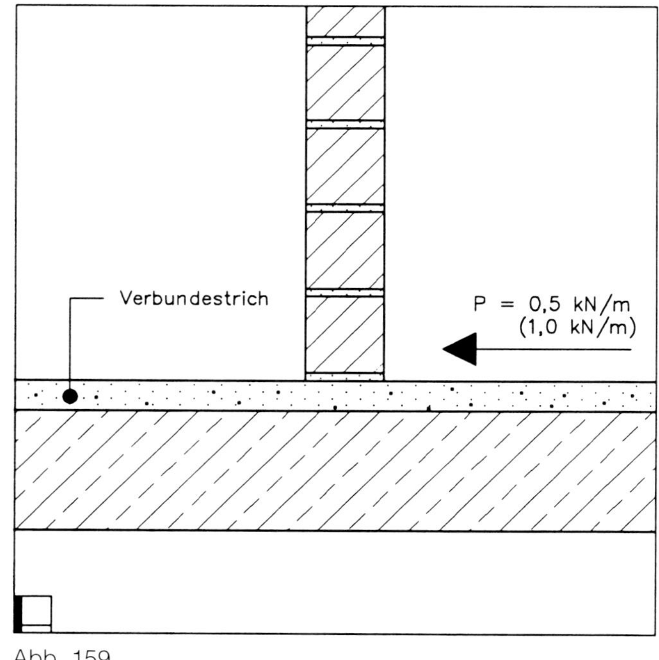

Abb. 159

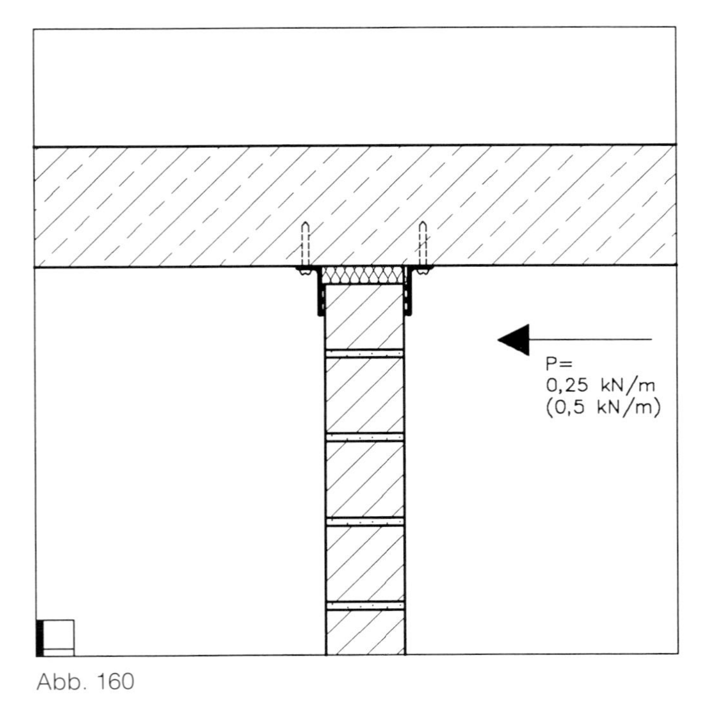

Abb. 160

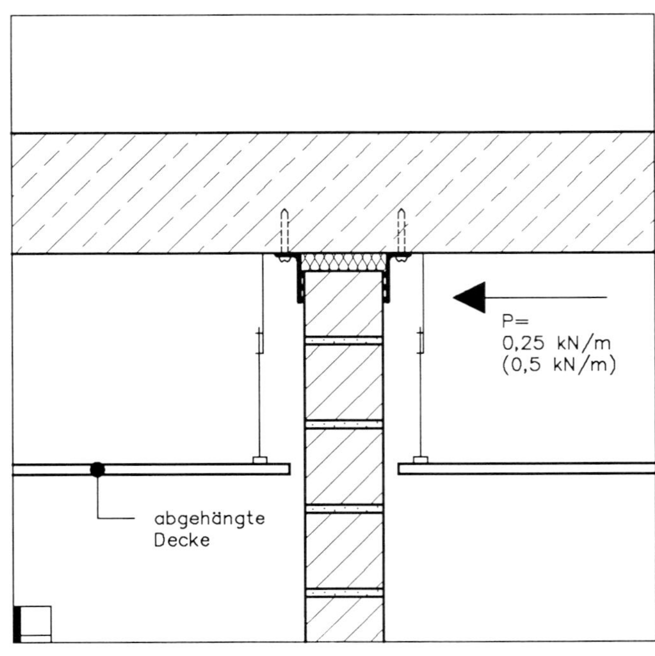

Abb. 161

An der Decke läuft die Wand z. B. in ein rostgeschütztes Stahlprofil (→ Abb. 160).

Abgehängte Decken schließen aus schalltechnischen Gründen an die nichttragende Trennwand an (→ Abb. 161).

Wände, die nicht bis an die Decke hochgeführt werden (z. B. bei abgehängten Deckenbekleidungen), sind in ein Aussteifungsprofil zu führen (→ Abb. 162). Dem Schallschutz ist in solchen Fällen besondere Aufmerksamkeit zu schenken (z. B. durch Abschottungen).

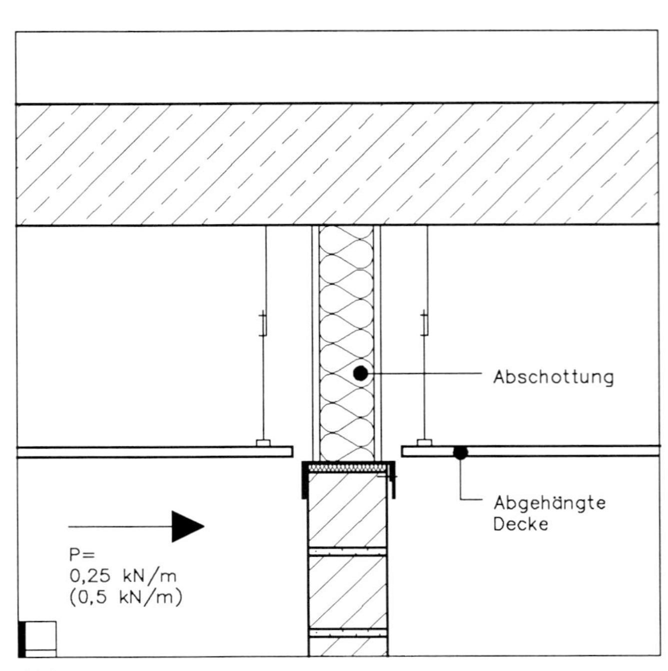

Abb. 162

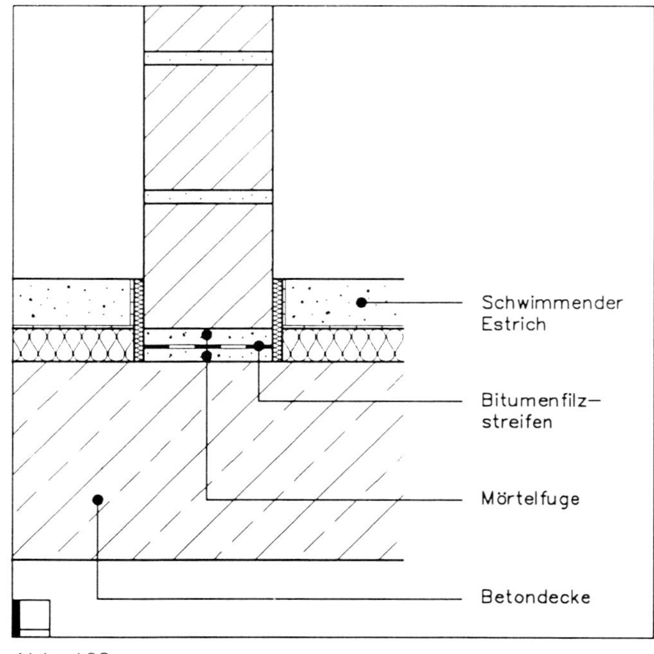

Abb. 163

Stehen nichttragende Innenwände auf Decken mit größeren Spannweite, dann drohen Rißbildungen in der starren Leichtwand (→ Abb. 63 + 64). Durch Einbringen einer Trennlage (Bitumenfilzstreifen) (→ Abb. 163 + 164) wird ein Abriß der unteren Steinlage verhindert. Die Aufnahme von Horizontalkräften muß gewährleistet bleiben.

Gleitende Anschlüsse [39]

Gleitende Anschlüsse sind insbesondere dann anzuwenden, wenn unplanmäßige Krafteinleitungen in die nichttragenden inneren Trennwände infolge Verformungen der angrenzenden Bauteile verhindert werden sollen. Gleitende Anschlüsse werden durch Anordnung von Profilen und Nuten, eventuell beim gleichzeitigen Einlegen einer Gleitfolie hergestellt. Die Fuge sollte zusätzlich zur Verbesserung des Schall- und Brandschutzes mit Mineralwolle ausgefüllt werden. Die Profiltiefe muß so gewählt werden, daß auch bei einer Verformung der angrenzenden Bauteile eine seitliche Halterung sichergestellt ist.

Auf den Abb. 165 + 166 sind gleitende Wandanschlüsse dargestellt. Ein gleitender Deckenanschluß ist auf Abb. 167 zu sehen.

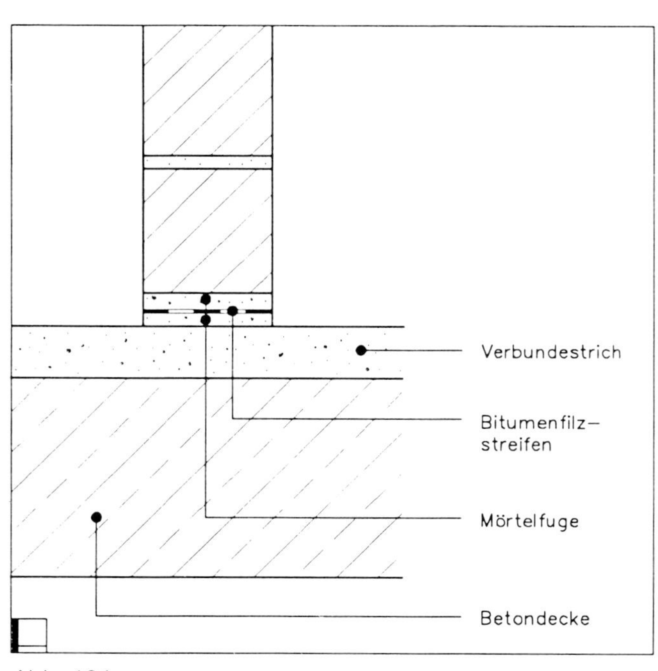

Abb. 164

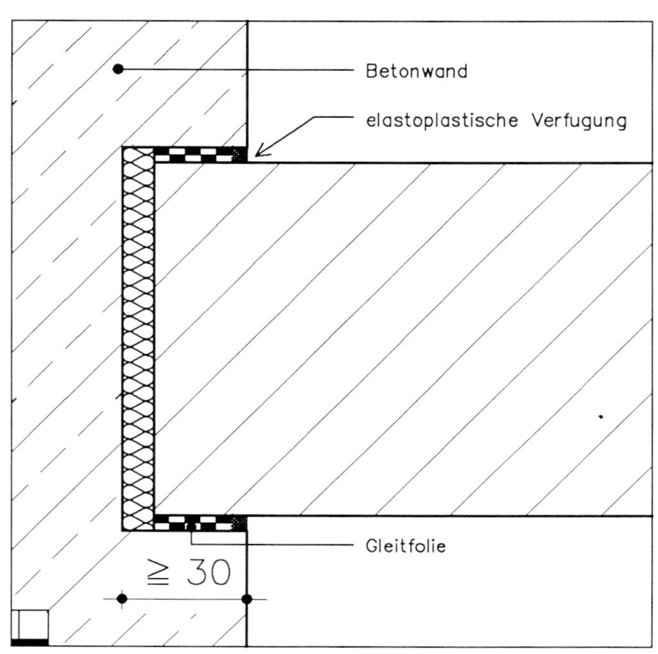

Abb. 165

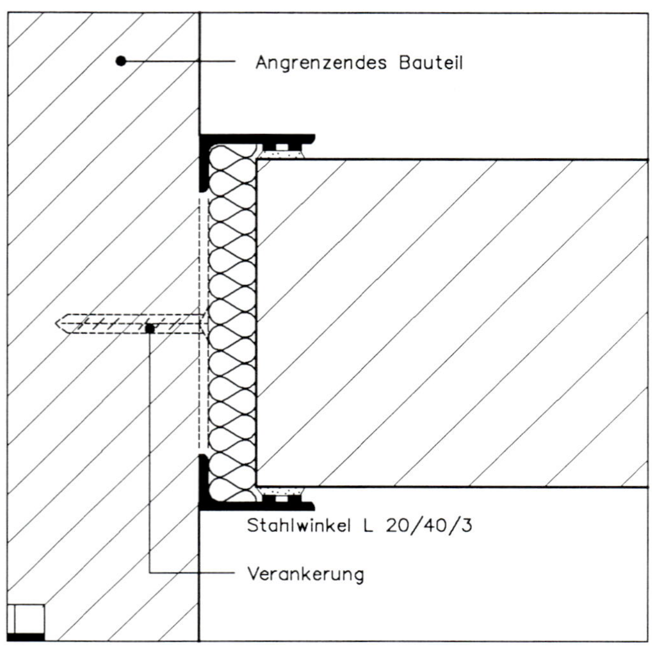

Abb. 166

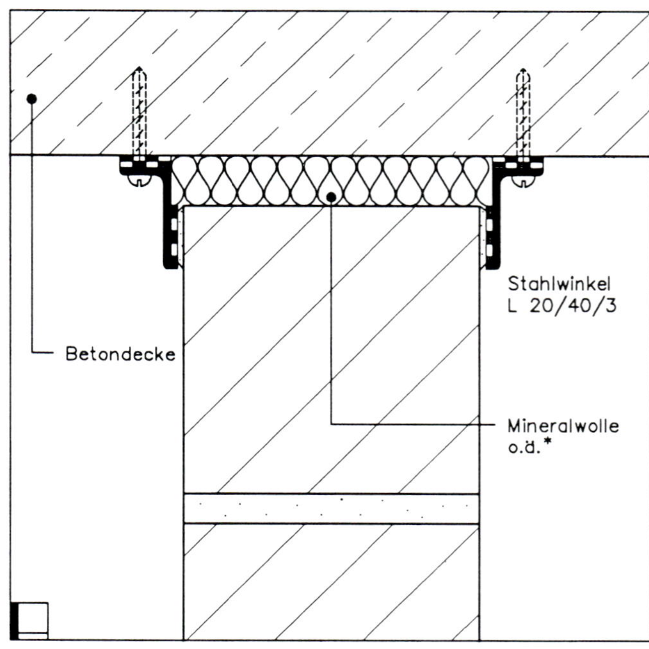

Abb. 167

8.1.4 Anschluß der Wände an die Decken und den Dachstuhl

8.1.4.1 Allgemeines

Umfassungswände müssen an die Decken entweder durch Zuganker oder durch Reibung angeschlossen werden (→ Abb. 168).

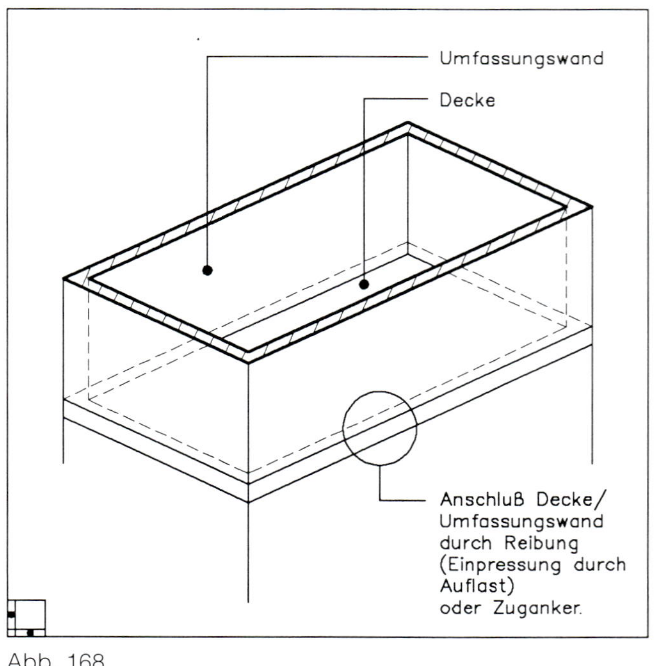

Abb. 168

8.1.4.2 Anschluß durch Zuganker

Zuganker (bei Holzbalkendecken Anker mit Splinten) (→ Abb. 169) sind in belasteten Wandbereichen, nicht in Brüstungsbereichen, anzuordnen. Bei fehlender Auflast sind erforderlichenfalls Ringanker vorzusehen. Der Abstand der Zuganker soll im allgemeinen 2 m, darf jedoch in Ausnahmefällen 4 m nicht überschreiten.

Bei Holzbalkendecken werden je nach Einbaumöglichkeit Kopfanker und Giebelanker unterschieden (→ Abb. 169).

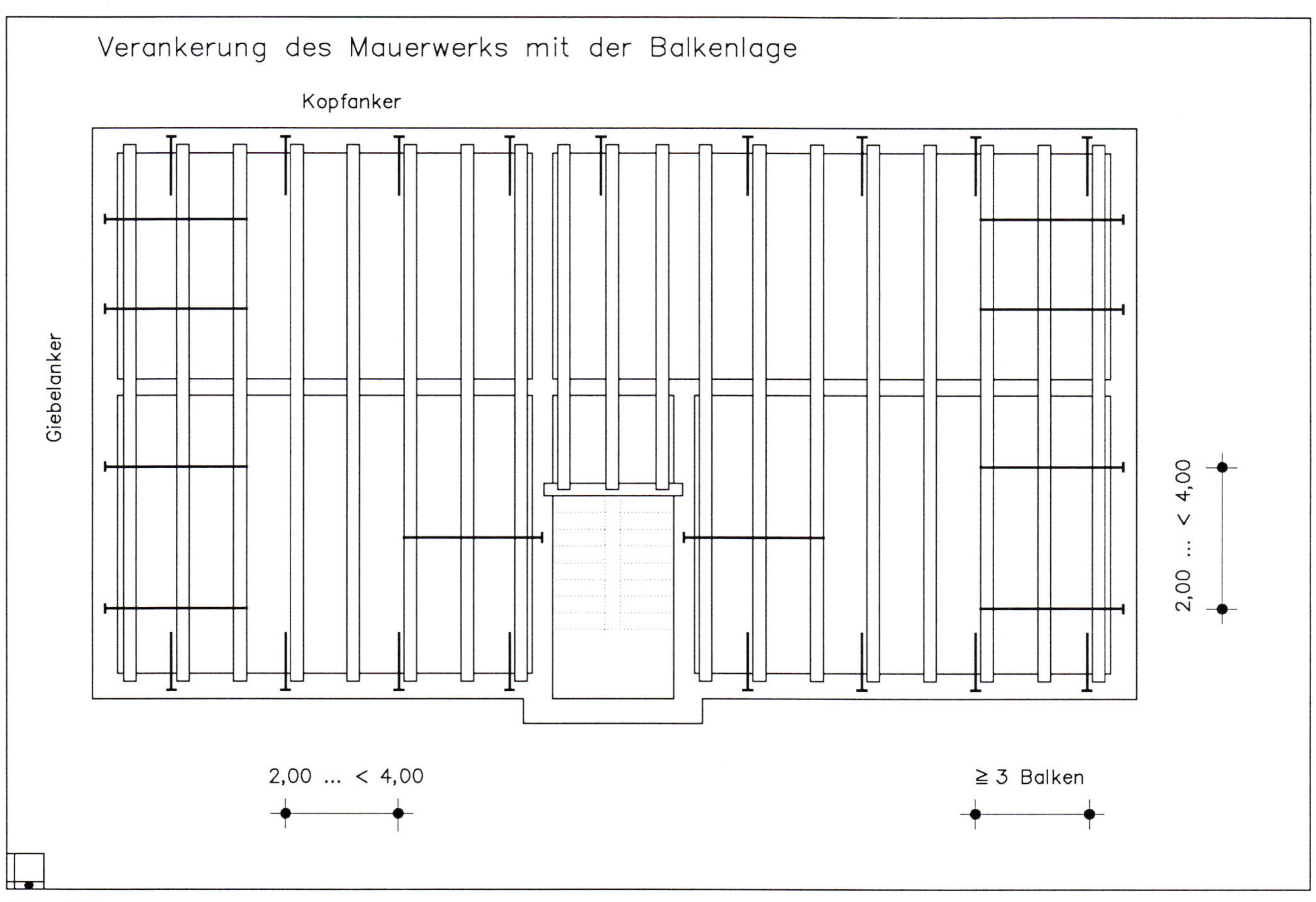

Abb. 169

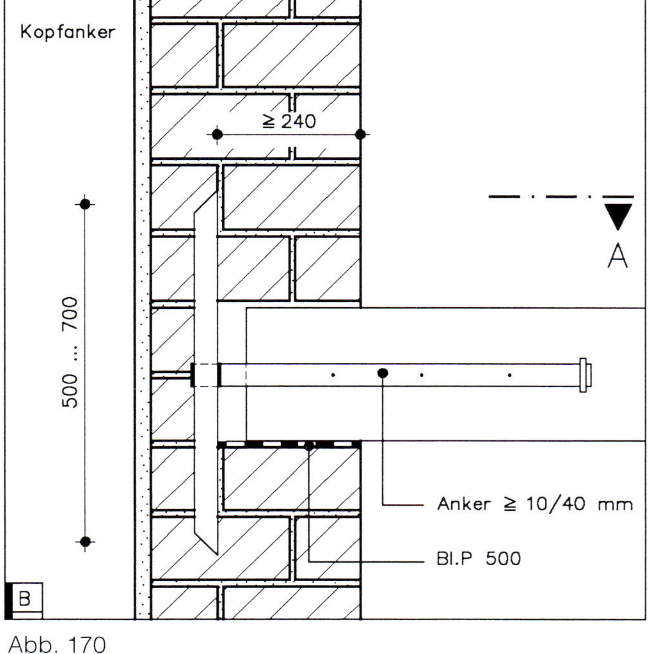

Abb. 170

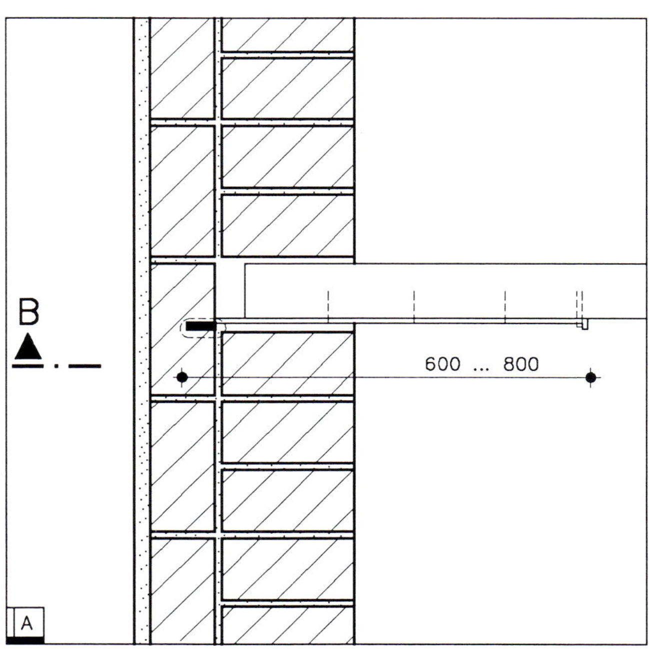

Abb. 171

Die Abmessungen der Anker mit Splinten und ihr Einbau sind für Kopfanker auf den Abb. 170 und 171 und für Giebelanker auf den Abb. 172 und 173 angegeben.

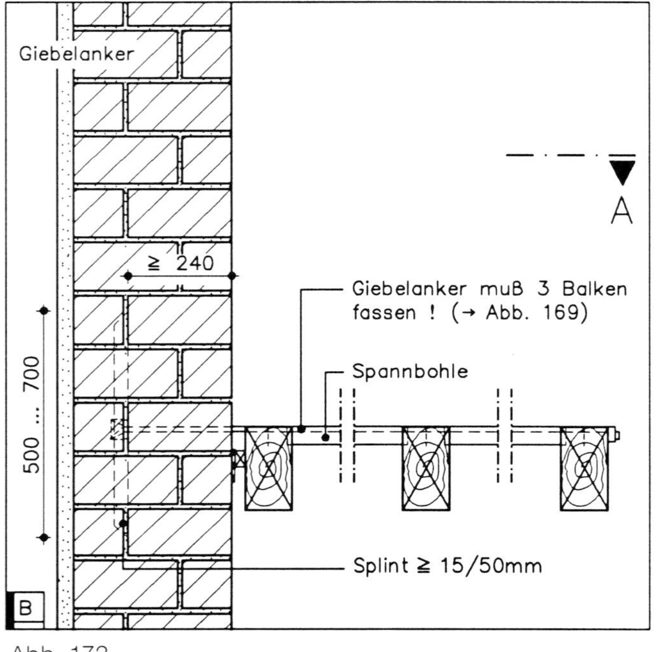

Abb. 172

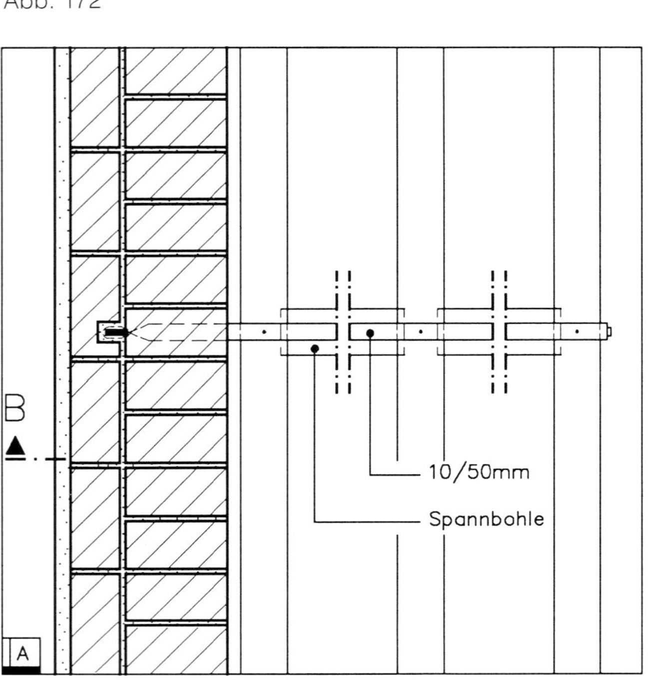

Abb. 173

Bei Wänden, die parallel zur Deckenspannrichtung verlaufen, müssen die Maueranker mindestens einen 1 m breiten Deckenstreifen (→ Abb. 174 + 175) und mindestens zwei Deckenrippen oder zwei Balken (→ Abb. 176 + 177), bei Holzbalkendecken drei Balken (→ Abb. 178 + 179), erfassen oder in Querrippen (→ Abb. 177) eingreifen.

Normalerweise wird die Deckenplatte bei einem Bauwerk auf der Tragwand, auch wenn diese zur Deckenspannrichtung parallel verläuft, möglichst voll aufliegen. Es entfällt dann natürlich eine Verankerung nach Abb. 174 + 175. Eine solche Konstruktion ist nur bei nachträglichem Deckeneinbau und zur Verhinderung von Winkelverdrehungen am Deckenauflager (Vermeidung horizontaler Giebelrisse) denkbar.

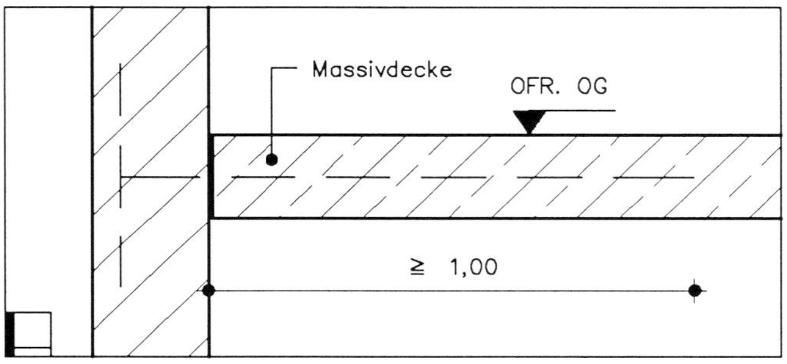

Massivdecke
OFR. OG
≧ 1,00

Abb. 174

2,00 ... < 4,00
Deckenspannrichtung
II zur Tragwand
Anker nur unter Fensterpfeilern oder in vollen Wänden (gilt für alle Beispiele)
≧ 1,00

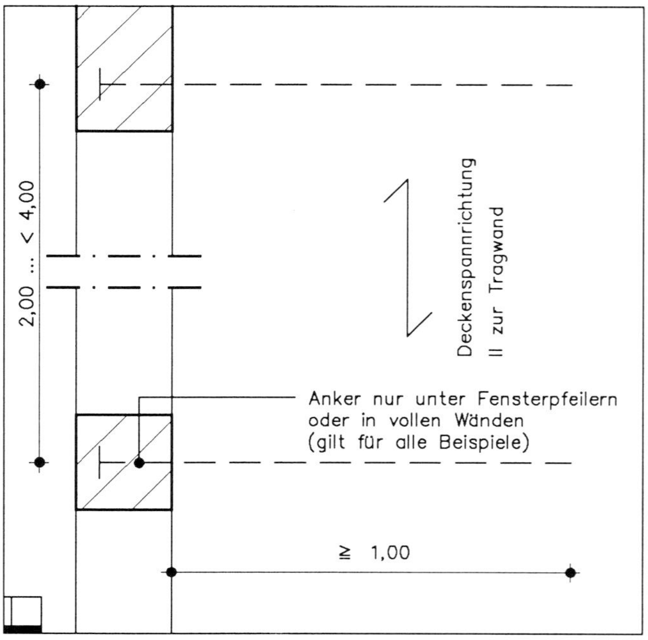

Abb. 175

Stahlbetonrippendecken, die parallel zur Tragwand laufen, sind über zwei Deckenrippen tief zu verankern. Die Anker dürfen nicht in Brüstungsbereichen angeordnet werden, da dort die nötige Auflast fehlt.

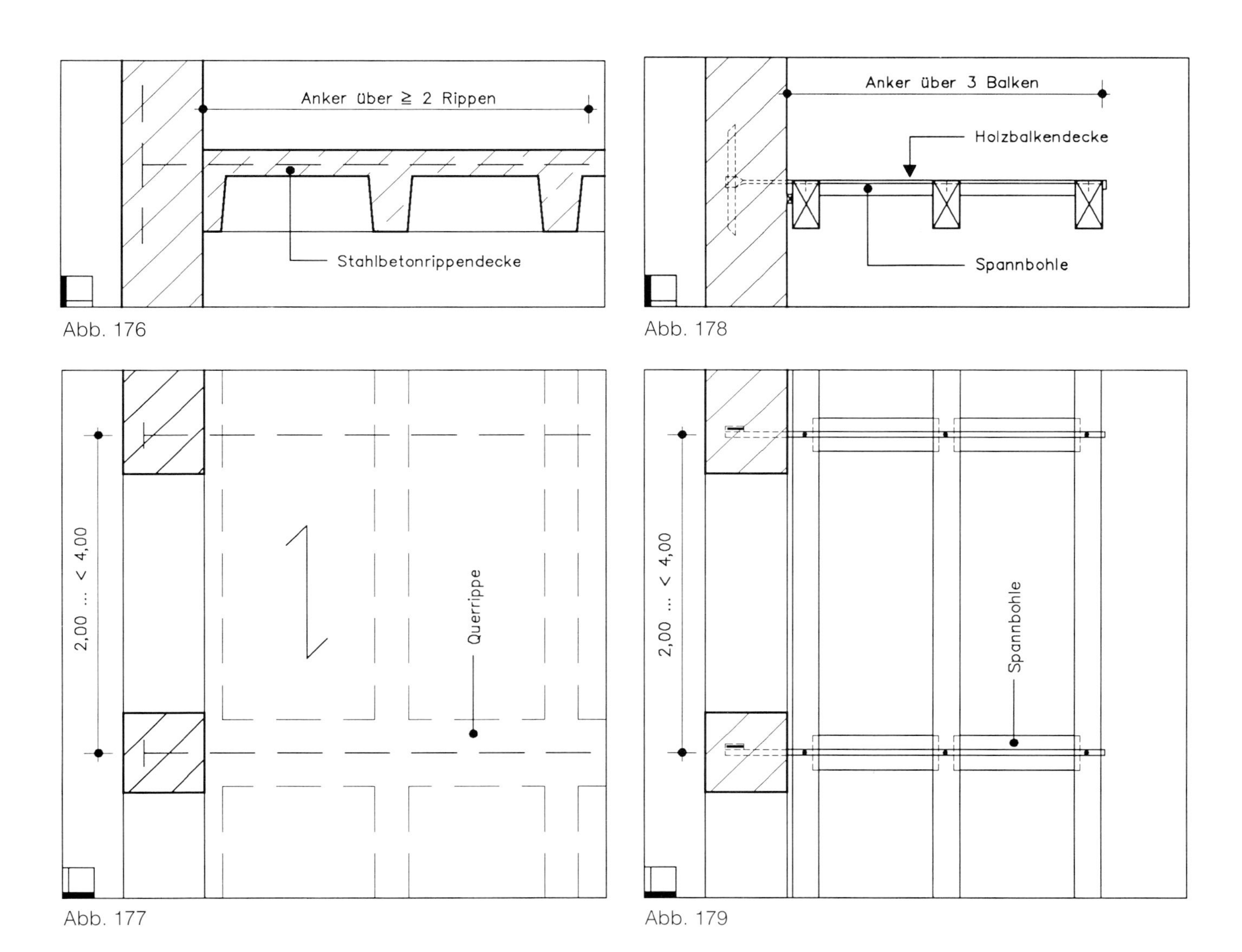

Abb. 176

Abb. 178

Abb. 177

Abb. 179

Werden mit den Umfassungswänden verankerte Balken über einer Innenwand gestoßen, so sind sie hier zugfest miteinander zu verbinden (→ Abb. 180).

Die zugfesten Balkenverbindungen können als »stumpfer Stoß« (→ Abb. 181) mit ein- oder beidseitig angebrachten Laschen aus Stahl (z. B. 10/40/500 mm) oder als »Schrägstoß« mit beidseitigen Brettlaschen (geschraubt oder genagelt) ausgeführt werden (→ Abb. 182).

Je nach Vorgaben sind als Auflager Ringbalken erforderlich.

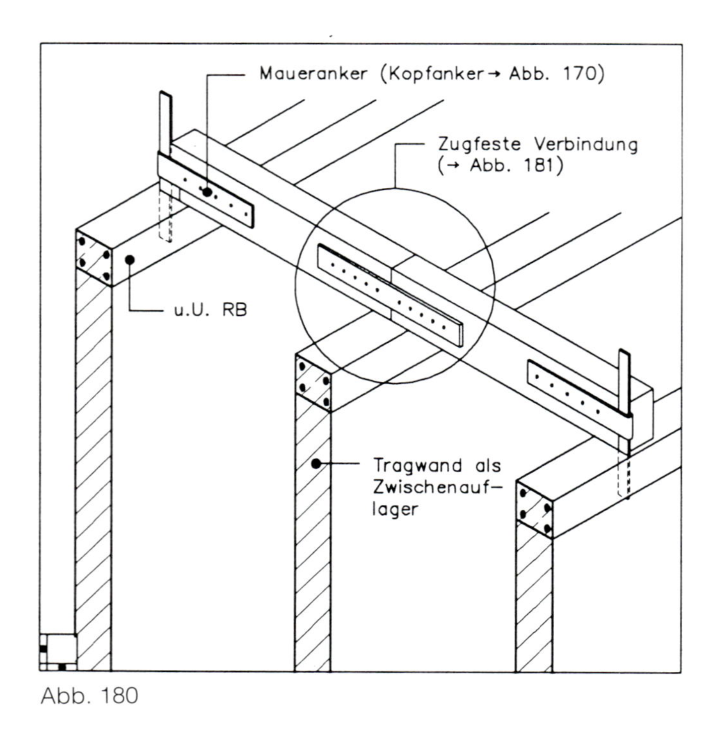

Abb. 180

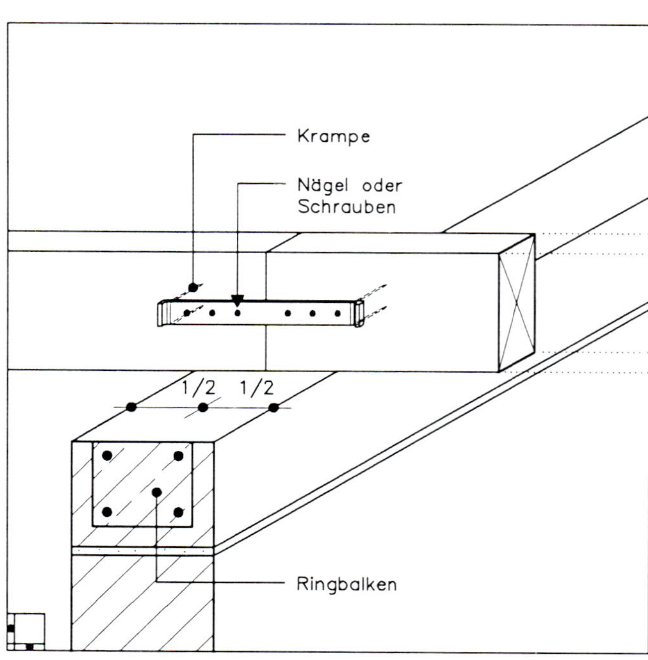

Abb. 181

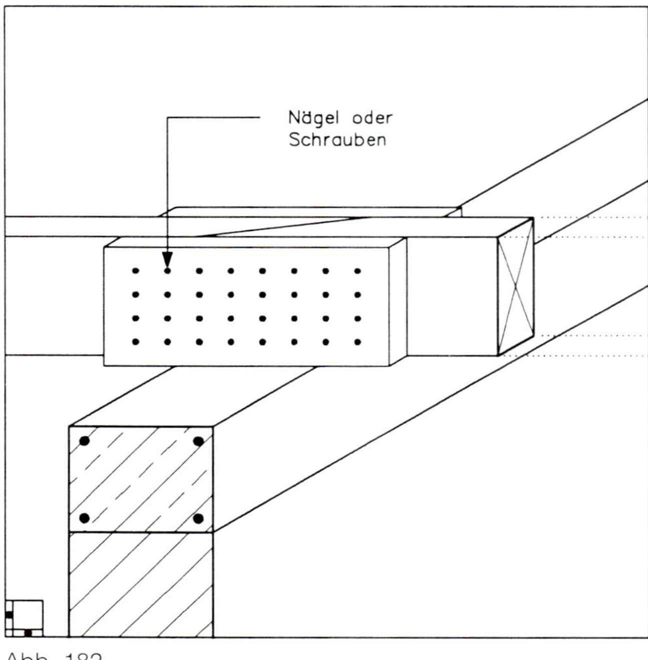

Abb. 182

Giebelwände sind durch Querwände oder Pfeilervorlagen ausreichend auszusteifen, falls sie nicht kraftschlüssig mit dem Dachstuhl verbunden werden.

Die nicht ausgesteifte Giebelwand kann mit Kopfankern an den ausgesteiften Dachstuhl angebunden werden (→ Abb. 183).

Keine Verankerung mit dem Dachstuhl ist erforderlich, wenn die Giebelwand durch konstruktive Maßnahmen so standfest ist, daß sie die anfallenden waagerechten Kräfte ableiten kann (→ Abb. 184 ... 187).

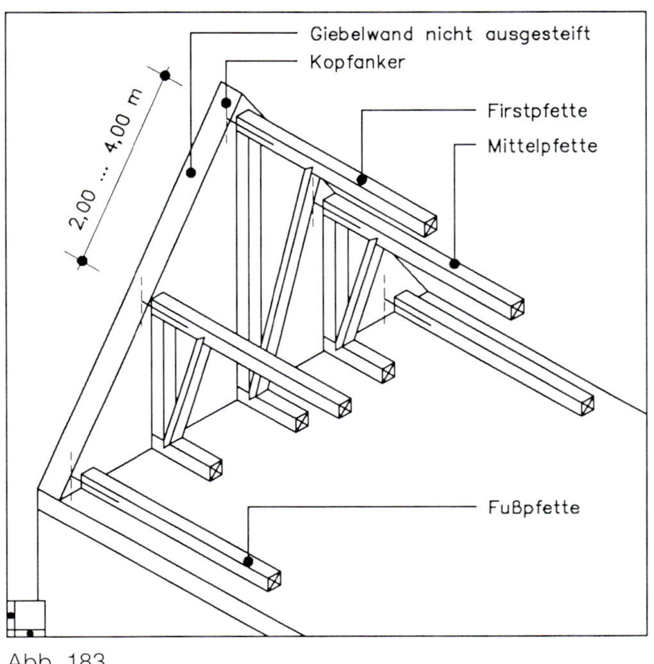

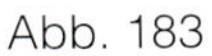
Abb. 183

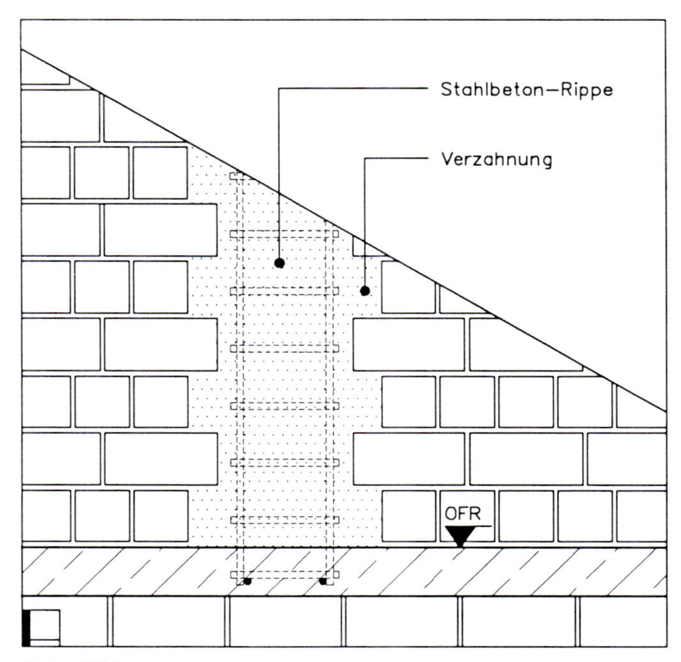

Abb. 184

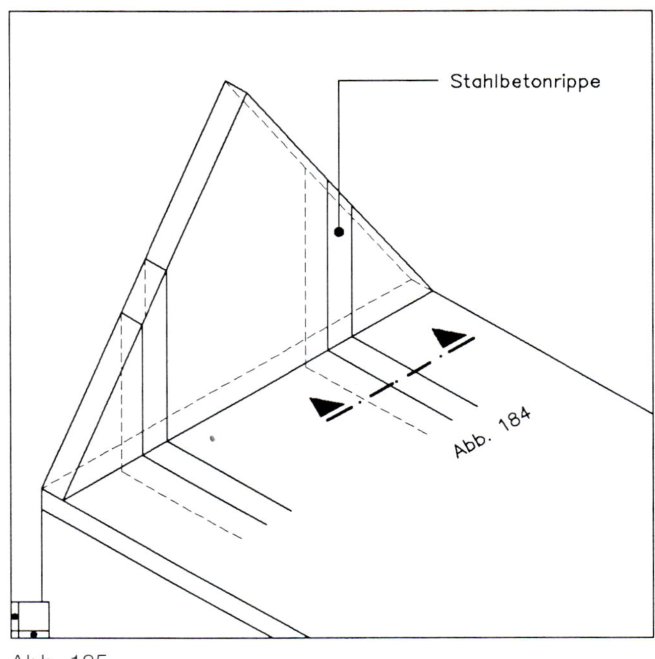

Abb. 185

8.1.4.3 Anschluß durch Haftung und Reibung

Bei Massivdecken sind keine besonderen Zuganker erforderlich, wenn die Auflagertiefe der Decke mindestens 100 mm beträgt (→ Abb. 188).

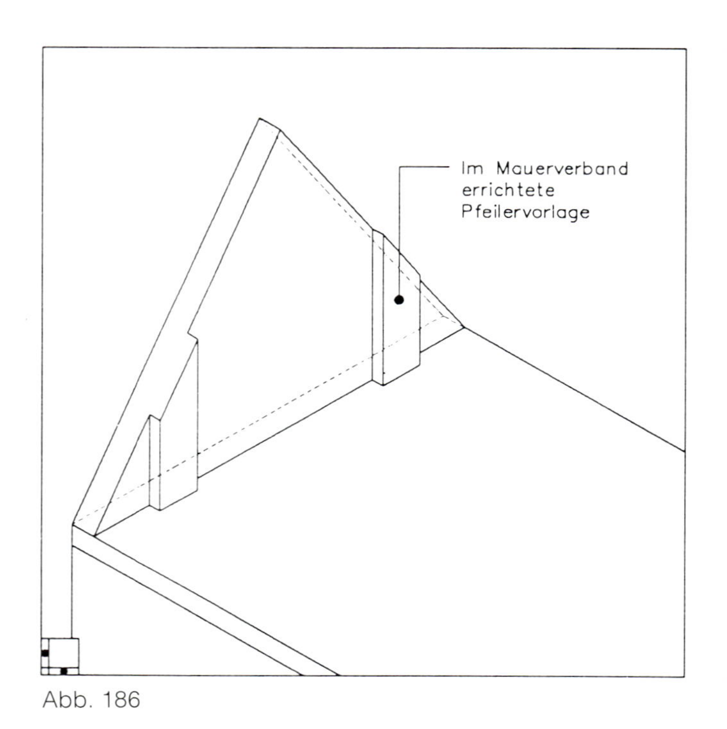

Abb. 186

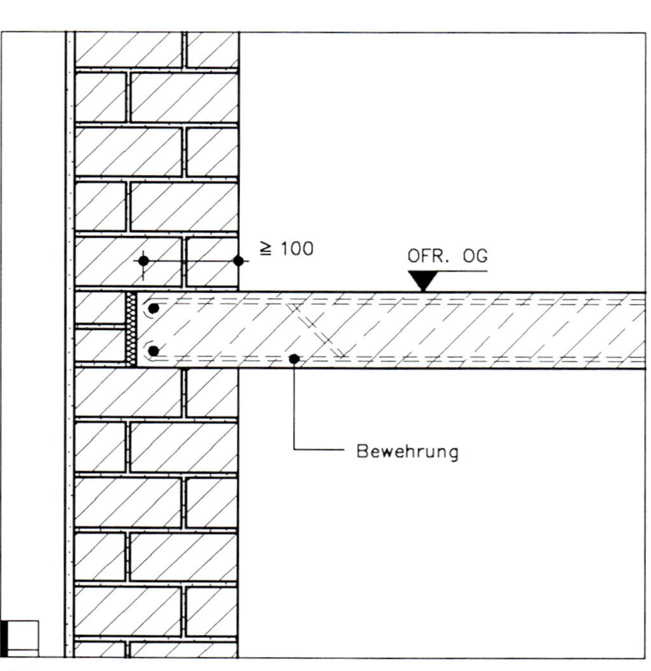

Abb. 188

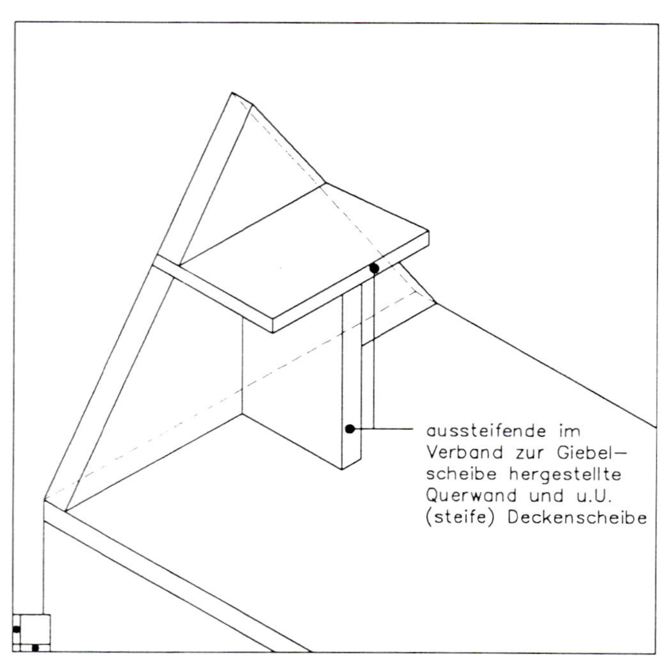

Abb. 187

8.2 Ringanker und Ringbalken

8.2.1 Ringanker

In alle Außenwände und in die Querwände (→ Abb. 189), die als vertikale Scheiben der Abtragung horizontaler Lasten (z. B. Wind) dienen, sind Ringanker zu legen, wenn mindestens eines der folgenden Kriterien zutrifft:

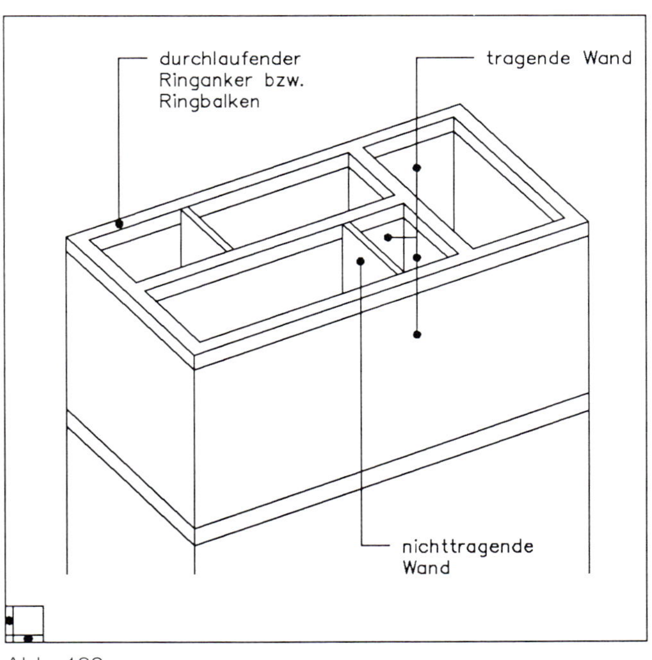

Abb. 189

a) bei Bauten, die mehr als zwei Vollgeschosse (→ Abb. 190) haben oder länger als 18 m sind (→ Abb. 191),

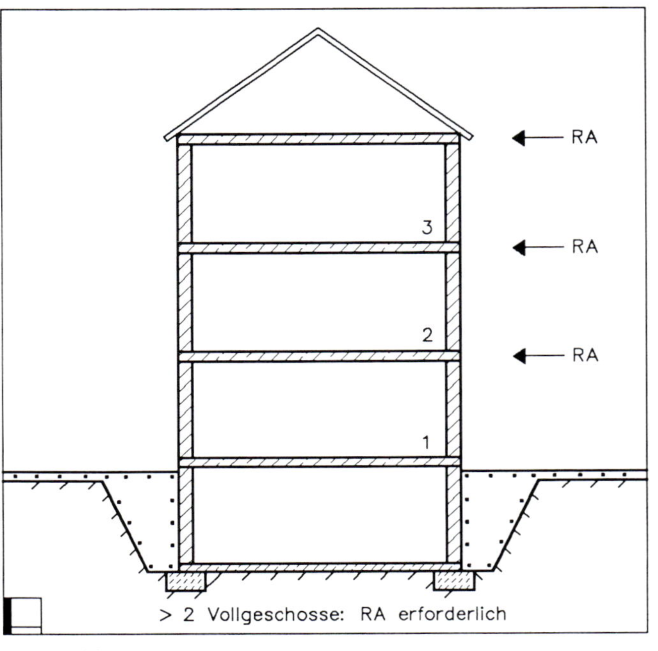

Abb. 190

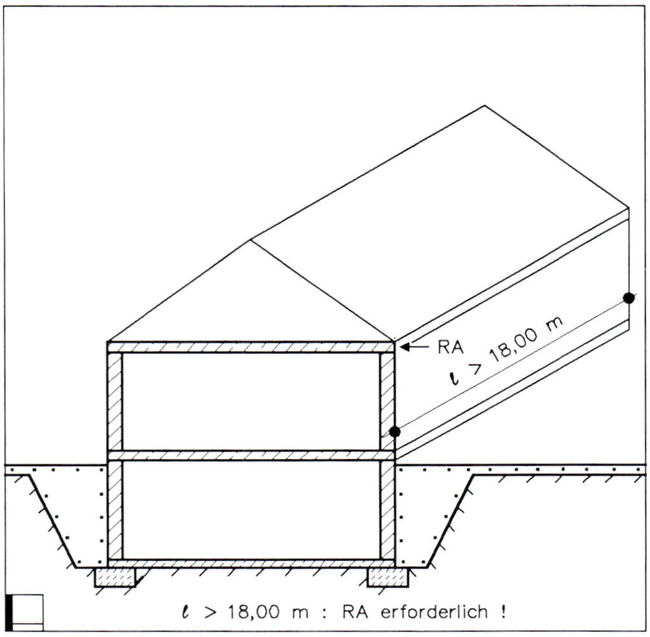

Abb. 191

b) bei Wänden mit vielen oder besonders großen Öffnungen, besonders dann, wenn die Summe der Öffnungsbreiten 60 % der Wandlänge (→ Abb. 192) oder bei Fensterbreiten von mehr als 2/3 der Geschoßhöhe 40 % der Wandlänge (→ Abb. 193) übersteigt,

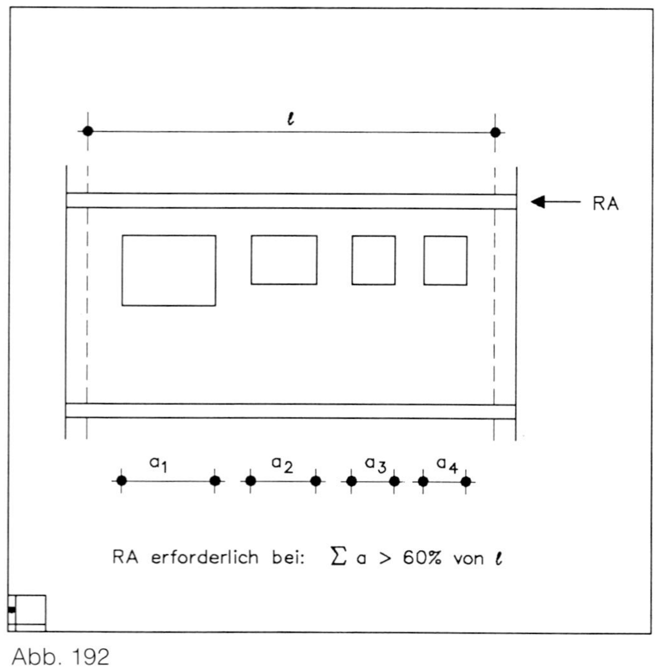

Abb. 192

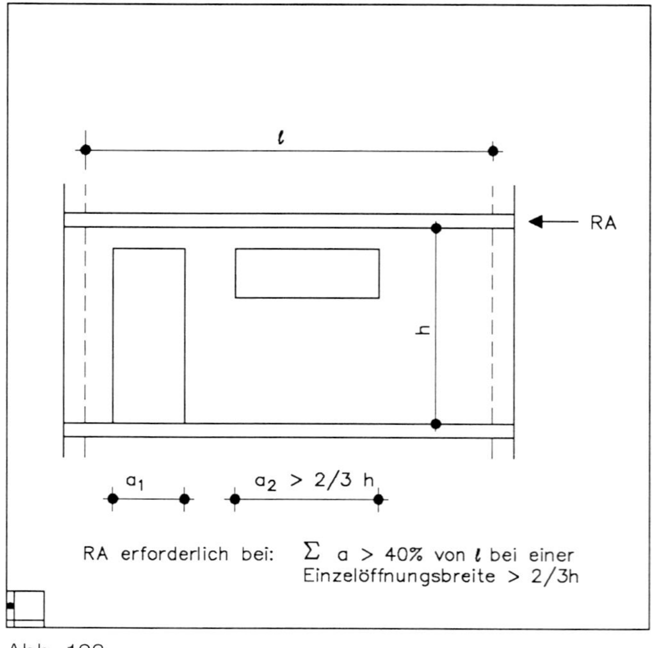

Abb. 193

c) wenn die Baugrundverhältnisse es erfordern (→ Abb. 194).

Bei zu erwartenden größeren oder unterschiedlichen Setzungen ist eine massive Bodenplatte empfehlenswert.

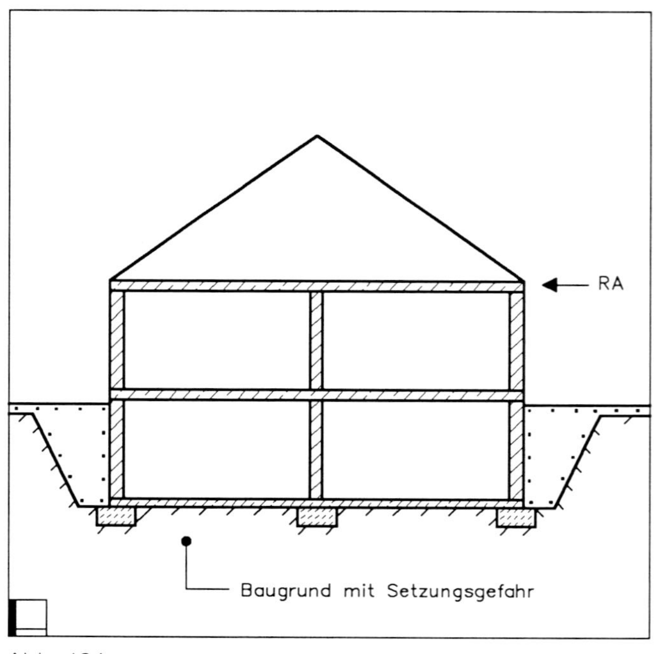

Abb. 194

Die Ringanker sind in jeder Deckenlage oder unmittelbar darunter anzubringen (→ Abb. 195 ... 197).

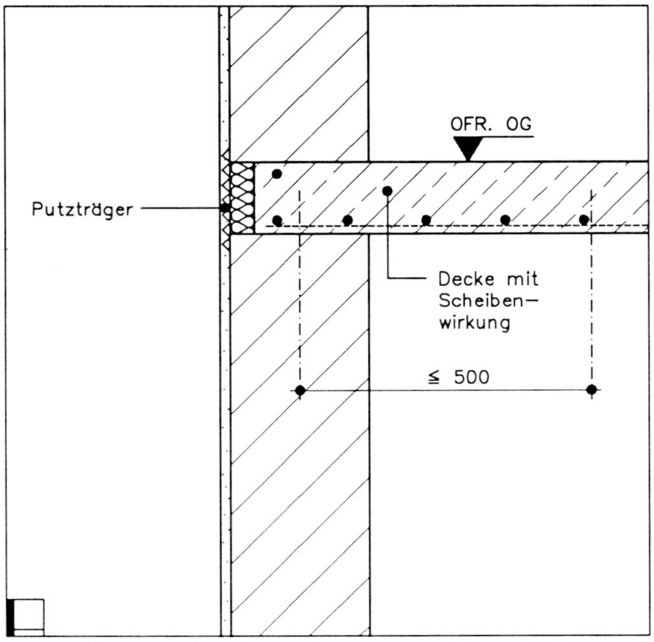

Abb. 195

Ringanker können in der Deckenplatte untergebracht werden; dabei ist die Deckenbewehrung, die in dem auf Abb. 195 angegebenen 500 mm breiten Bereich liegt, auf die Ringankerbewehrung anrechenbar.

Um Wärmebrücken an den Auflagern von Decken und Ringankern zu vermeiden, sind die Hinweise in DIN 4108, Beiblatt 2, zu beachten.

Auch können Ringanker mit Unterzügen aus Stahlbeton vereinigt werden (→ Abb. 196).

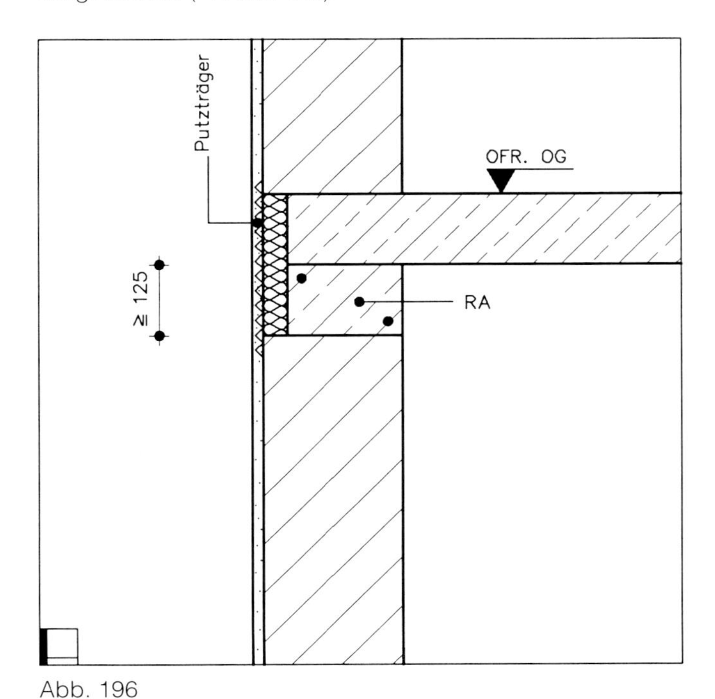

Abb. 196

Ringanker in Fenstersturzhöhe sollen den auf Abb. 197 angegebenen Abstand von der Decke nicht überschreiten.

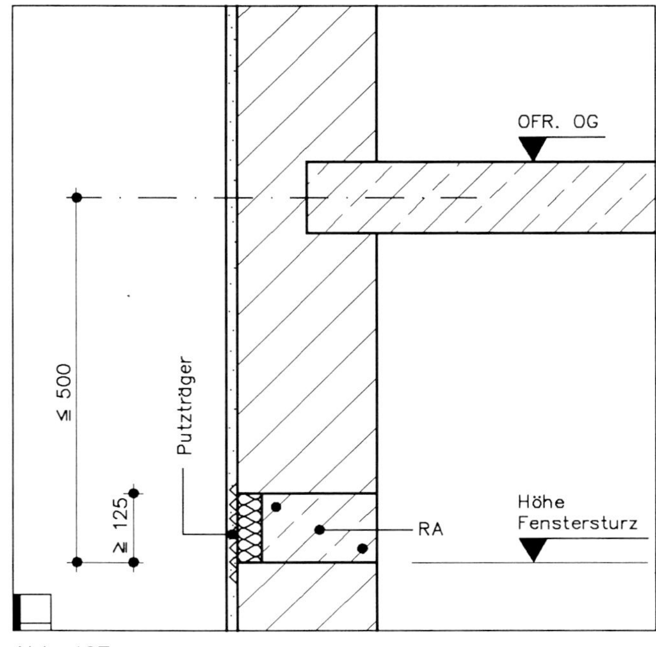

Abb. 197

Sie dürfen aus Stahlbeton (→ Abb. 196 + 197), bewehrtem Mauerwerk (→ Abb. 198 + 199), Stahl oder Holz (→ Abb. 200 ... 203) ausgebildet werden und müssen unter Gebrauchslast eine Zugkraft von 30 kN aufnehmen können.

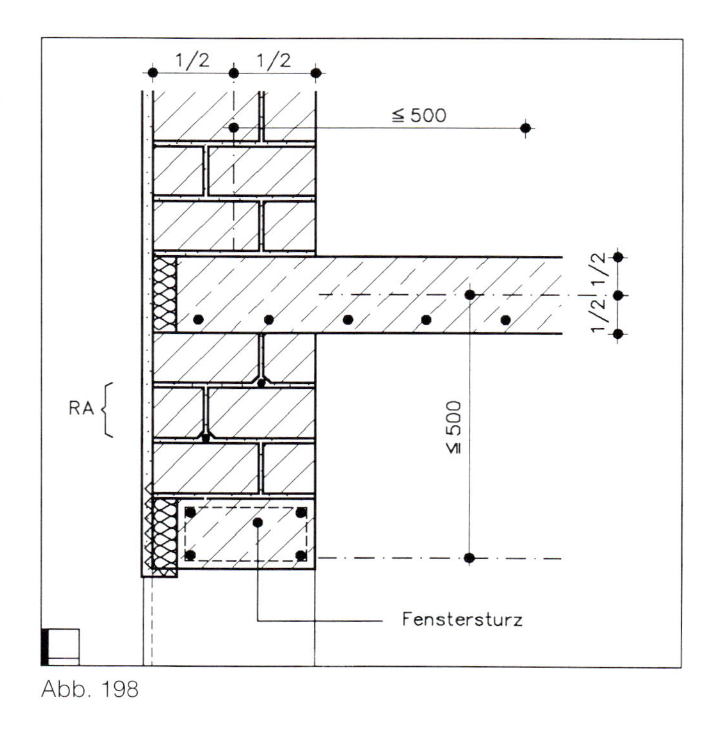

Abb. 198

Bewehrtes Mauerwerk ist nach DIN 1053-3 auszuführen.

Mit Bewehrungselementen [37] kann die Einzelverlegung von Stahlstäben vermieden werden. Diese werden in den Lagerfugenmörtel eingebettet (→ Foto 3).

Foto 3

Die nach Abb. 199 in den beiden obersten Lagerfugen eingelegten Bewehrungselemente [37] entsprechen in ihrer Funktion einem Ringbalken.

Der Wetterschutz der waagerechten Gleitfuge ist durch ausreichende Überdeckung sicherzustellen!

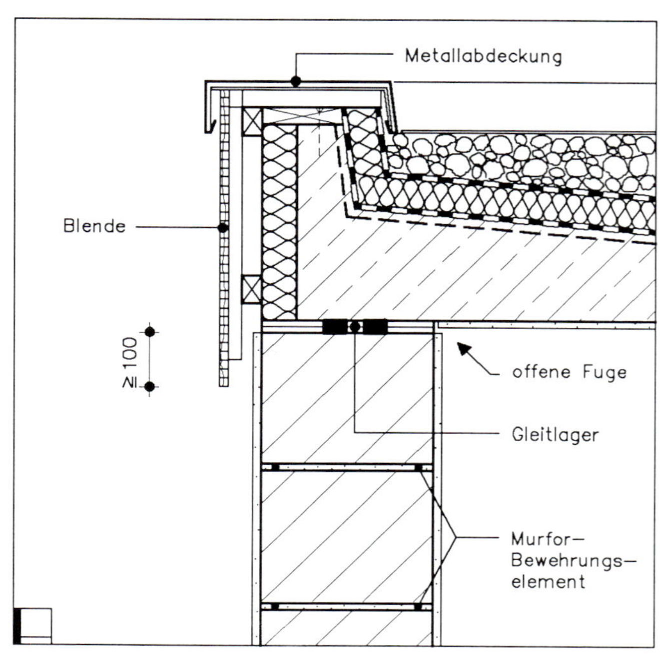

Abb. 199

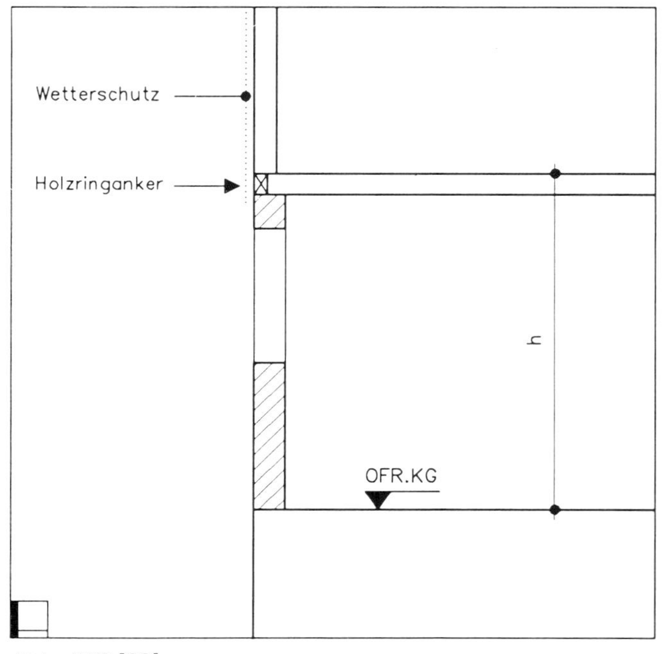

Abb. 200 [38]

Ringanker aus Holz sind im Mauerwerk Fremdkörper. Eine sichere Verankerung mit dem Mauerkörper ist unabdingbar. Grundsätzliche Überlegungen zur Aufgabe eines Ringankers sind bei [37] zu lesen:

»*Der Ringanker* (→ Abb. 200) *soll als umlaufender Ring* (→ Abb. 189) *die Wände des Bauwerks zusammenhalten und erhält bei unbeabsichtigten Längenänderungen des Gebäudes, z. B. infolge Temperaturänderungen oder Schwinden, aus Baugrundverformungen, aus Erdbeben usw. Zugkräfte (eventuell auftretende Druckkräfte können vom Mauerwerk selbst schadlos aufgenommen werden). Der Ringanker wirkt also im Gegensatz zum Ringbalken nicht als biegebeanspruchtes Bauteil, sondern als Zugglied und kann dementsprechend beliebig schlank ausgeführt werden. Der Ringanker dient neben dem Gesagten gleichzeitig als obere Zugbewehrung der vertikalen Mauerwerksscheiben und gegebenenfalls als Randgurt der horizontalen Deckenscheiben. Im letzteren Falle wird der Ringanker in der Regel zug- und druckfest ausgeführt.*«

Auf Abb. 200 ist ein Ringanker aus Holz **in Höhe** der Balkenlage angeordnet. Die konstruktive Ausbildung hierzu wird auf Abb. 201 gezeigt. Die aussteifende Deckenscheibe besteht aus großformatigen Spanplatten.

Ein Ringanker aus Holz kann auch unmittelbar **unter** der Balkenlage liegen, wie das auf Abb. 202 dargestellt ist.

Dies gilt auch für Abb. 203, wo die Verankerung des Ringankers im darunterliegenden Fenstersturz des Mauerkörpers zu sehen ist.

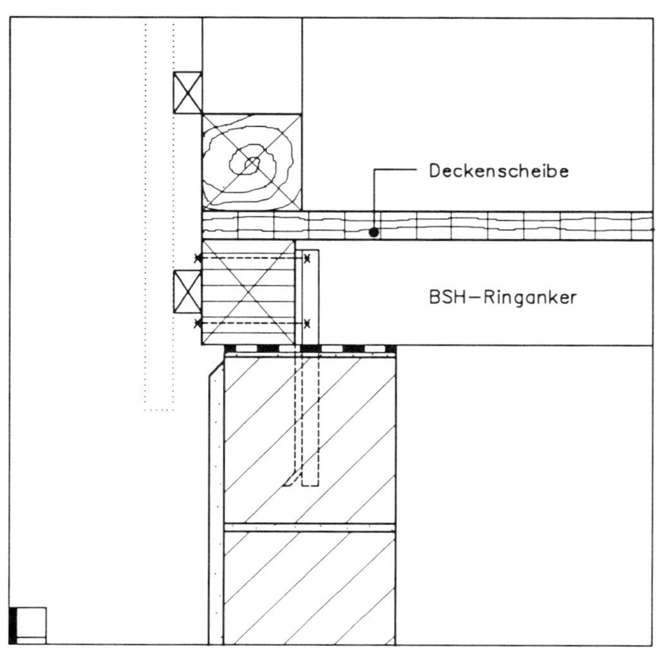

Abb. 201 [38]

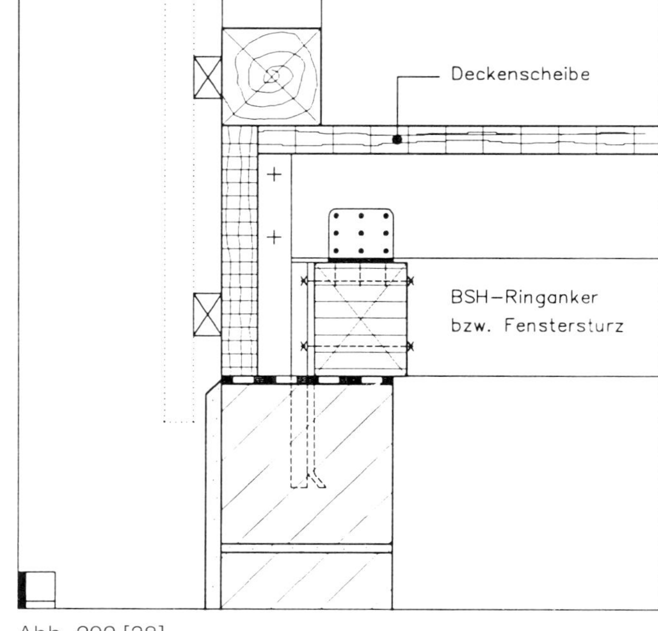

Abb. 202 [38]

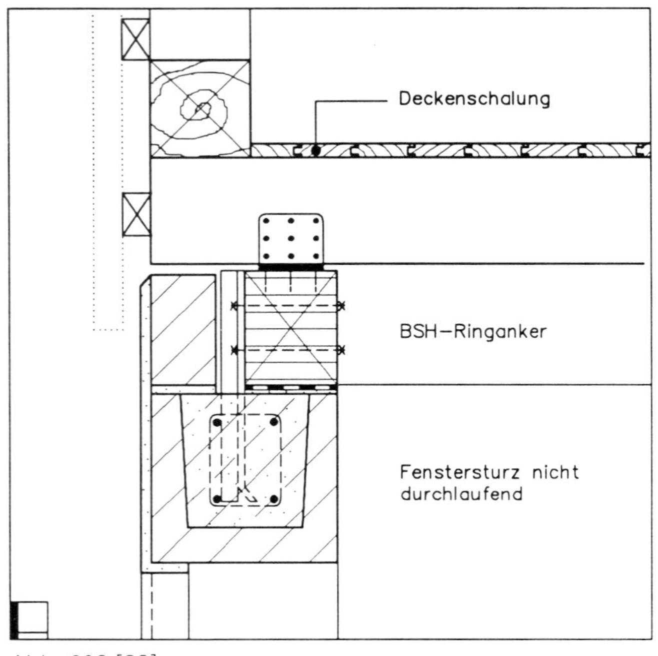

Abb. 203 [38]

In Abb. 204 liegt der Ringanker aus Stahlbeton in der Fenstersturzebene. Ein »Ringanker aus Holz« wird dabei vermieden.

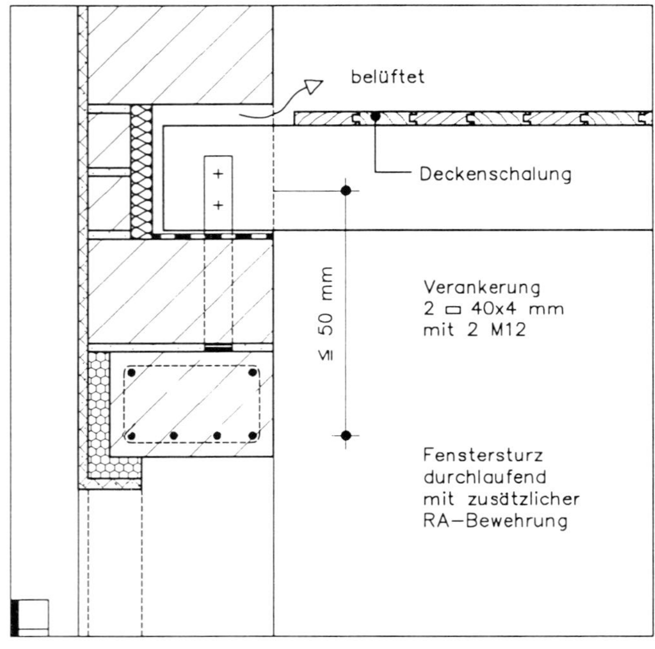

Abb. 204 [38]

In Gebäuden, in denen der Ringanker nicht durchgehend ausgebildet werden kann, ist die Ringankerwirkung auf andere Weise sicherzustellen.

Im Bereich eines Treppenhauses ist in Abb. 205 der in Geschoßdeckenhöhe verlaufende Ringanker durch Treppenhausfenster unterbrochen. Er ist über die Treppenhauswände weiterzuführen.

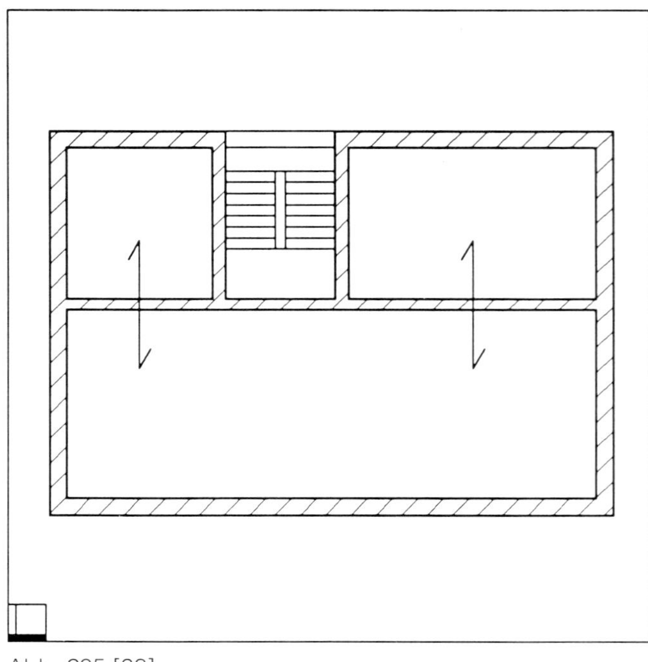

Abb. 205 [38]

Ringanker aus Stahlbeton sind mit mindestens zwei durchlaufenden Rundstäben zu bewehren (z. B. zwei Stäben mit mindestens 10 mm Durchmesser) (→ Abb. 206). Stöße sind nach DIN 1045 auszubilden (→ Abb. 207) und möglichst gegeneinander zu versetzen. Ringanker aus bewehrtem Mauerwerk sind gleichwertig zu bewehren. Auf diese Ringanker dürfen dazu parallel liegende durchlaufende Bewehrungen mit vollem Querschnitt angerechnet werden, wenn sie in Decken oder Fensterstürzen im Abstand von höchstens 0,5 m von der Mittelebene der Wand bzw. der Decke liegen (→ Abb. 197 + 198).

Für den Einbau von Ringbalken bzw. Ringanker **aus Stahl** (auch sie sind »Fremdkörper« im Mauerwerk) sind wegen der Verankerung mit dem Mauerkörper sinngemäße Überlegungen anzustellen, wie diese beim Einbau von Ringankern **aus Holz** erfolgten.

8.2.2 Ringbalken

Werden Decken ohne Scheibenwirkungen (z. B. Holzbalkendecken) verwendet oder werden aus Gründen der Formänderung*) der Dachdecke Gleitschichten unter den Deckenauflagern angeordnet, so ist die horizontale Aussteifung der Wände durch Ringbalken oder statisch gleichwertige Maßnahmen sicherzustellen (→ Abb. 208). Die Ringbalken und ihre Anschlüsse an die aussteifenden Wände sind für eine horizontale Last von 1/100 der vertikalen Last der Wände und gegebenenfalls aus Wind zu bemessen. Bei der Bemessung von Ringbalken unter Gleitschienen sind außerdem Zugkräfte zu berücksichtigen, die den verbleibenden Reibungskräften entsprechen.

*) Formänderungen der Dachdecke (→ Abb. 65 ... 73) durch Temperatureinflüsse, Schwinden, Kriechen und Belastung können zu Schäden in den Wänden des obersten Geschosses führen, sofern die Deckenplatte nicht auf Gleitschichten lagert.

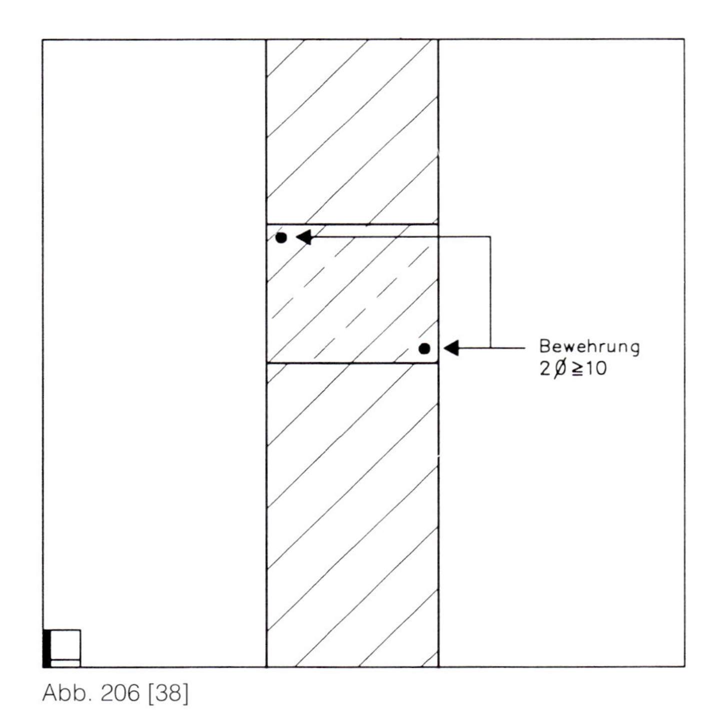

Abb. 206 [38]

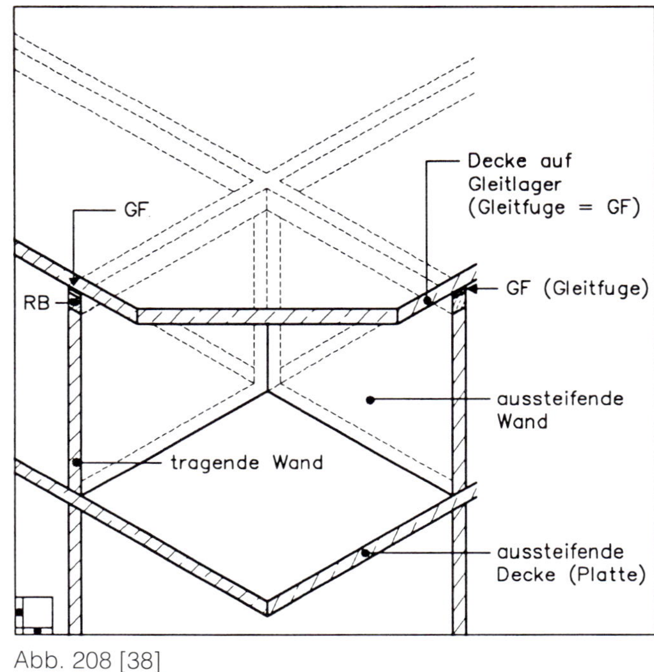

Abb. 208 [38]

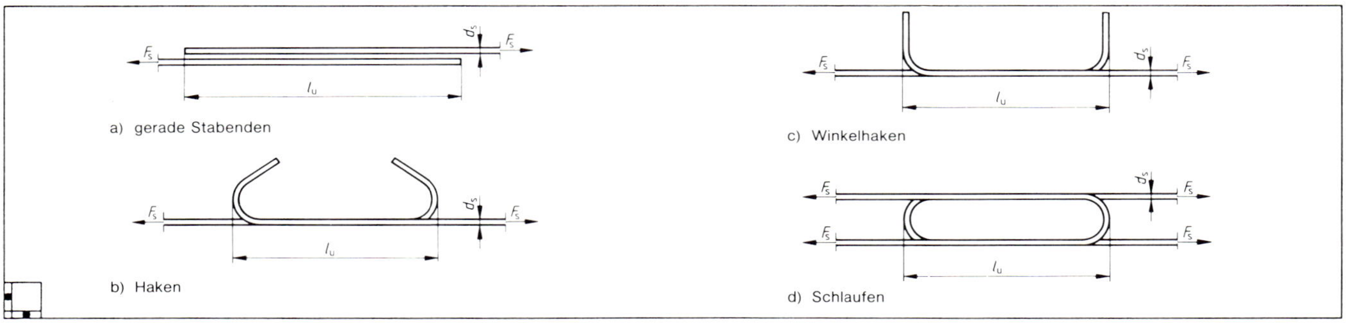

a) gerade Stabenden

b) Haken

c) Winkelhaken

d) Schlaufen

Abb. 207 [DIN 1045 (18.6 Stöße)]

Ringbalken aus Holz sind, wie das schon bei den »Ringankern aus Holz« gesagt wurde, Fremdkörper im Mauerwerk. Sie können nur durch besonders ausgeführte Verankerungen die horizontale Aussteifung tragender Wände übernehmen.

Die folgenden Ausführungen [37] widmen sich ausführlich diesem Kapitel:

»Bei Decken ohne Scheibenwirkung (Holzbalkendecken) oder z. B. bei Deckenaussparungen im Bereich tragender Wände ist die horizontale Aussteifung der Wände durch »Ringbalken« = biegesteife Randbalken oder statisch gleichwertige Maßnahmen sicherzustellen (z. B. durch horizontale Aussteifungsverbände in Deckenebene). Die Ringbalken und ihre Anschlüsse an die aussteifenden Wände sind für eine horizontale Belastung von 1/100 der senkrechten Belastung der Wände und gegebenenfalls aus Wind (und weitere eventuell vorhandene Horizontallasten) zu bemessen.

*Ein Ring**balken** muß aber **nicht** »ringförmig« um das Gebäude angeordnet werden, er braucht grundsätzlich nur bis zu seinen Auflagerpunkten, d.h. nur bis zu den Bauteilen geführt werden, in die die horizontalen Lasten weitergeleitet werden sollen (vergleiche dagegen »Ring**anker**«).*

Die vom Ringbalken aufzunehmenden Kräfte sind im Gebäude – erforderlichenfalls bis zur Gründung – weiterzuverfolgen.

Ringbalken sind möglichst steif auszubilden, damit die Formänderungen gering bleiben und im horizontal aussteifenden Mauerwerk keine Schäden entstehen. Sie sollen in Abständen von etwa 1,50 bis 2,00 m konstruktiv mit den Mauerwerkswänden verbunden werden. In Anlehnung an DIN 1053-1 wird als größte rechnerische Durchbiegung 1/1000 der horizontalen Ringbalkenstützweite, höchstens jedoch 1/300 der Mauerwerks-Geschoßhöhe als zulässig angesehen.«

Für das Beispiel auf Abb. 209 [38] werden in den Abb. 210 und 211 Lösungsvorschläge zum Einbau und zur Verankerung eines Ringbalkens aus Brettschichtholz gemacht.

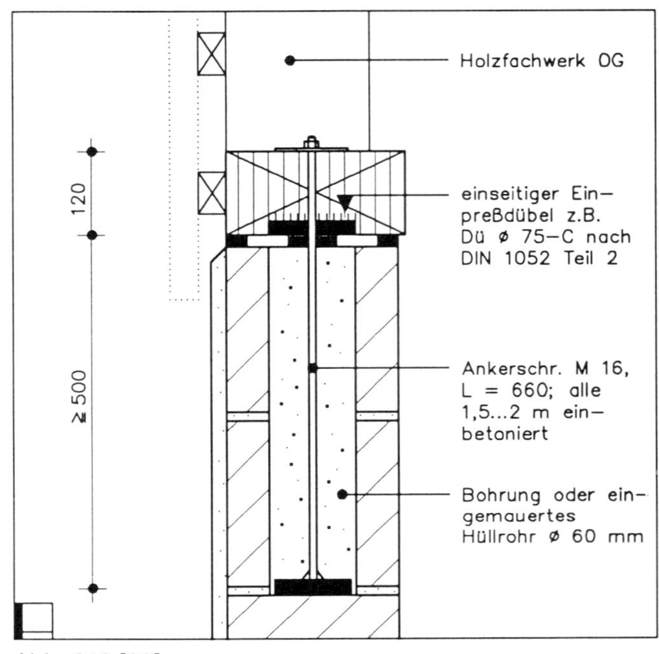

Abb. 210 [38]

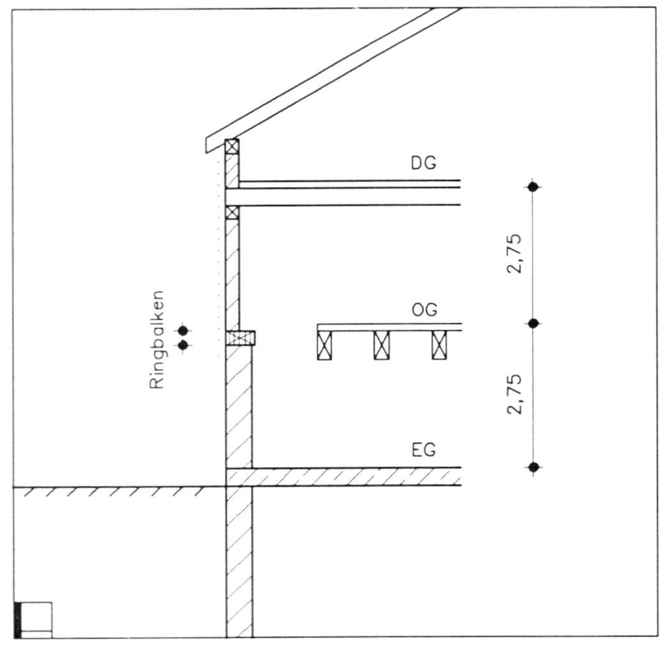

Abb. 209 [38]

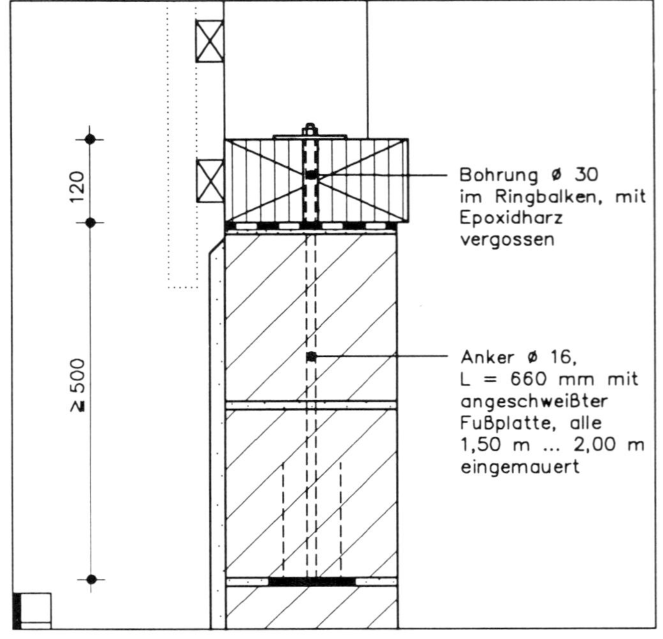

Abb. 211 [38]

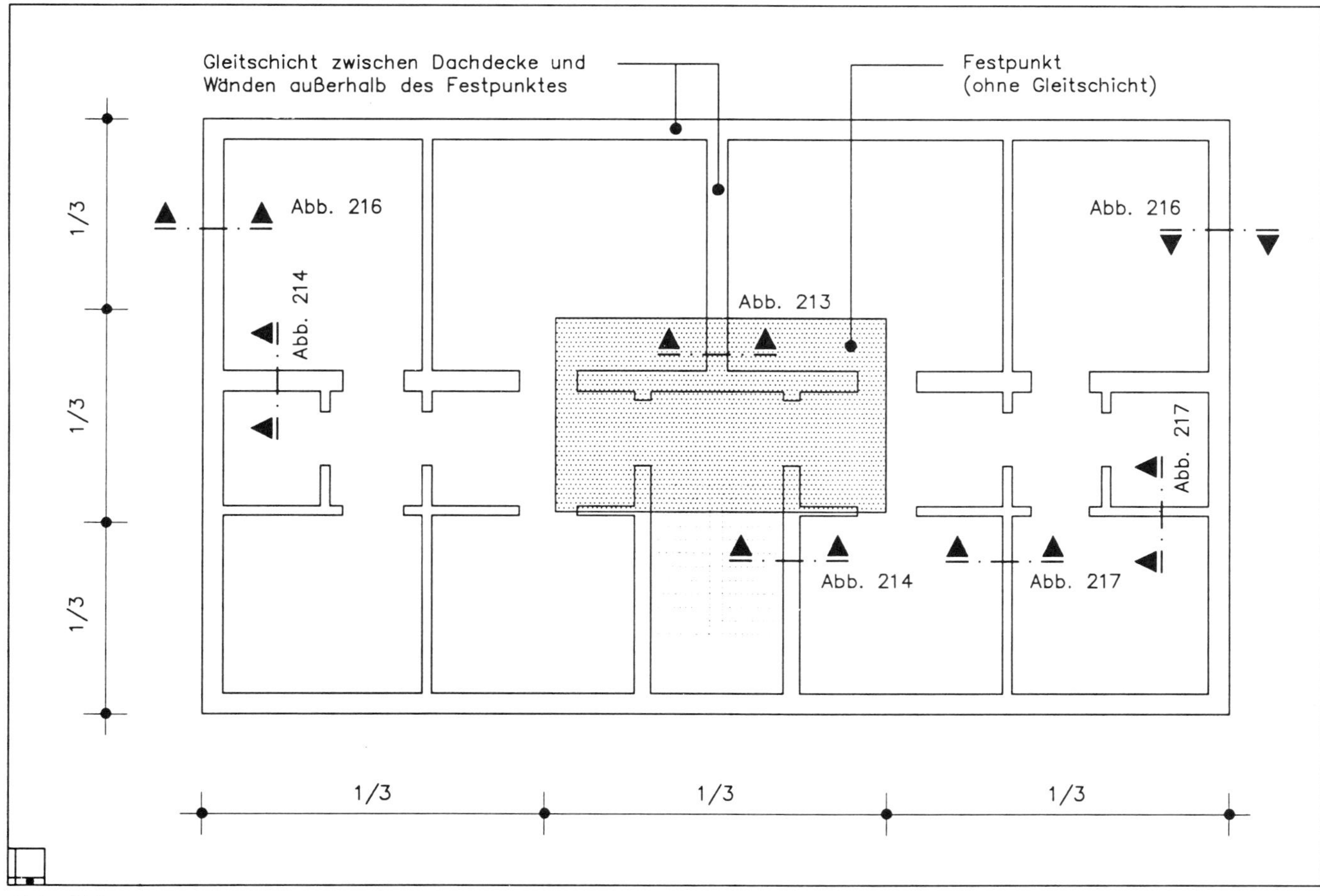

Abb. 212

Bei Dachflächen (Dachdecken) mit größeren Abmessungen [1] müssen Gleitfugen (GF) über allen tragenden Wänden vorhanden sein, ausgenommen den Bereich des Festpunktes (Verformungsruhepunkt). Meist wird man den Kernbereich eines Gebäudes als Festpunkt wählen. In diesem Bereich ist die Decke schubfest mit den Wänden zu verbinden (→ Abb. 213), um eine Verschiebung der gesamten Decke durch waagerechte Kräfte zu vermeiden. Üblicherweise liegt der Kernbereich etwa in Gebäudemitte (→ Abb. 212).

Nach DIN 18530, Abschnitt 4.2 ist bei mehrgeschossigen Gebäuden mit einer maßgeblichen Verschiebungslänge der Dachdecke > 6,00 m und bei eingeschossigen Gebäuden entweder eine verschiebbare Lagerung (Gleitschichten)

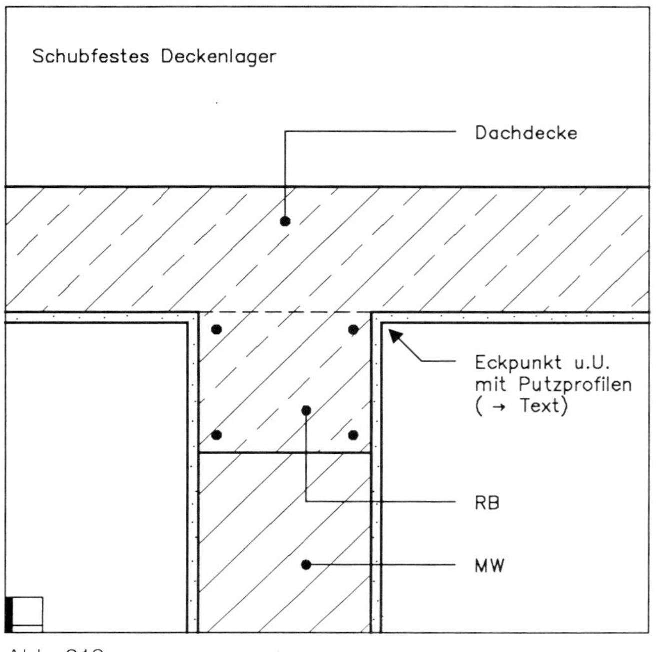

Abb. 213

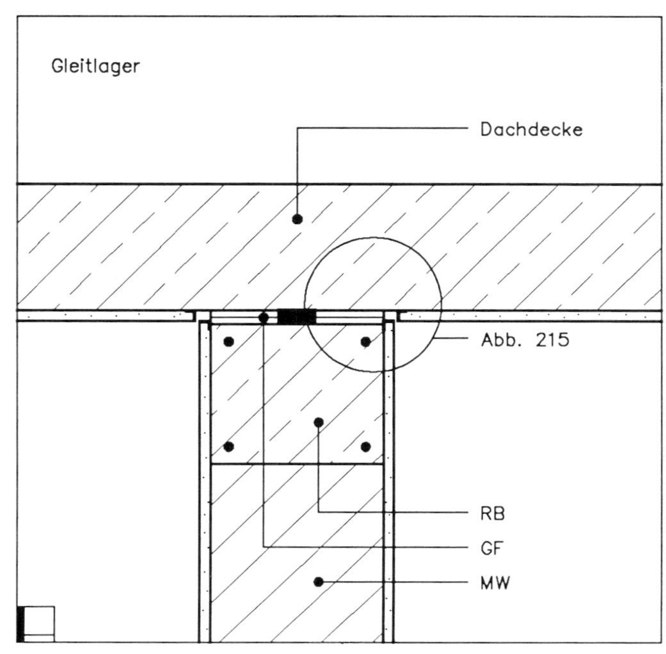

Abb. 214

anzuordnen, oder es ist ein Nachweis der Unschädlichkeit der Verformungen zu führen.

Die Dachdeckenfläche ist möglichst reibungsfrei auf den Wänden zu lagern, damit nur geringe Schubkräfte auf diese übertragen werden (→Abb. 214). Eine solche Funktion kann eine Gleitfuge (GF) übernehmen, bei der zwei Bauteile durch eine Gleitschicht voneinander getrennt sind, die gegenseitige Verschiebungen ohne große Reibung ermöglicht. Mit zwei Lagen Bitumenbahn als Gleitschicht wird jedoch die gewünschte Gleitwirkung nicht erzielt, weil die Reibungskräfte kaum vermindert werden. Kunststoff-Folien dagegen erreichen bei Beachtung der Einbauvorschriften kleine Reibungsbeiwerte. Die Kontaktfuge zwischen Mauerwerk und Beton ist kaum ebenflächig herzustellen, so daß durch Unebenheiten die Wirksamkeit der Gleitfolien beeinträchtigt wird. Abhilfe bringen hier kaschierte Gleitfolien, die (z. B. mit Filz, Gummi oder Dämmstreifen beschichtet) solche Unebenheiten überbrücken können.

Die Eckausbildung der Innenputzarbeiten muß sorgfältig ausgeführt werden, da die Formänderungen der Deckenplatte beim Überputzen der Gleitfuge (GF) zu Putzrissen führen. Das »Einschneiden« des Putzes ist meist mangelhaft, da es nur die Putzoberfläche ankratzt. Einwandfreie Lösungen bieten Putzprofile (→Abb. 215). Aus formalen Gründen ist auch bei Abb. 213 der Eckpunkt mit Putzprofilen zu versehen, wenn das Gleitlager (→Abb. 214) und das schubfeste Lager (→Abb. 213) in einem Raum zu sehen sind.

Bei der Ausbildung des Gleitlagers an der Außenseite eines Bauwerks ist dem Schutz der Fuge gegen Witterungseinflüsse besondere Aufmerksamkeit zu widmen. Es gibt Sonderprofile, die sowohl in Putzflächen als auch in Sichtmauerwerk oder Sichtbeton Verwendung gefunden haben. Hierbei ist zu bedenken, daß die Längsstöße, Innen- und Außenecken und die besondere Ausbildung bei lotrechten Dehnfugen des Gebäudes zusätzliche Gefahrenpunkte in sich bergen. Auf Abb. 216 und 312 wird dabei dem Prinzip der Gleitfugenüberdeckung mit einer Blende der Vorzug gegeben, da bei genügender Überdeckung der Gleitfuge keine Wetterbelastung erfolgen kann; Innenecke wieder wie bei Abb. 215.

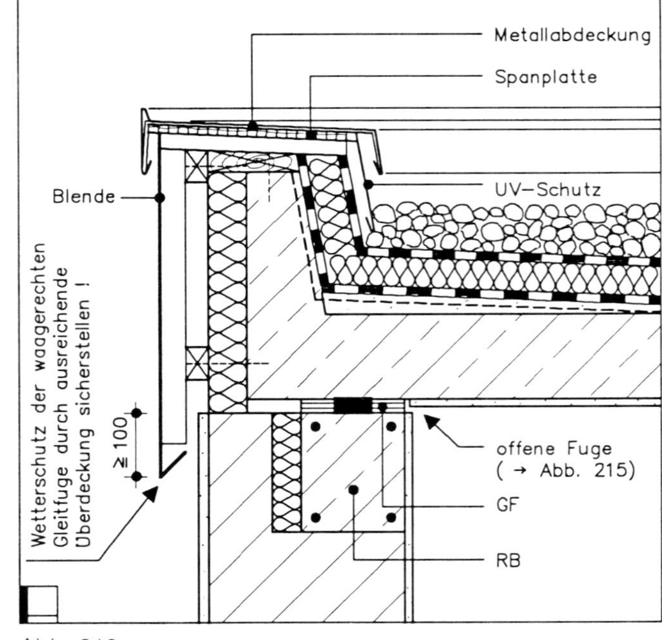

Abb. 216

Es ist darauf zu achten, daß nichttragende Innenwände (aussteifende Querwände) auch nach Jahren, wenn die Durchbiegung der Stahlbetondecke infolge Kriechens abgeschlossen ist, keinen Kontakt mit der Dachdecke erhalten; sie sind daher mit einer oberen Raumfuge einzubauen (→Abb. 217).

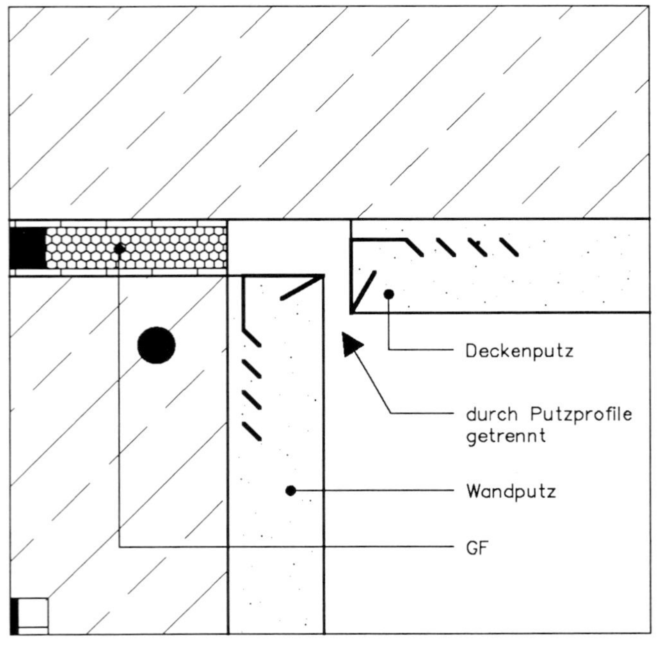

Abb. 215

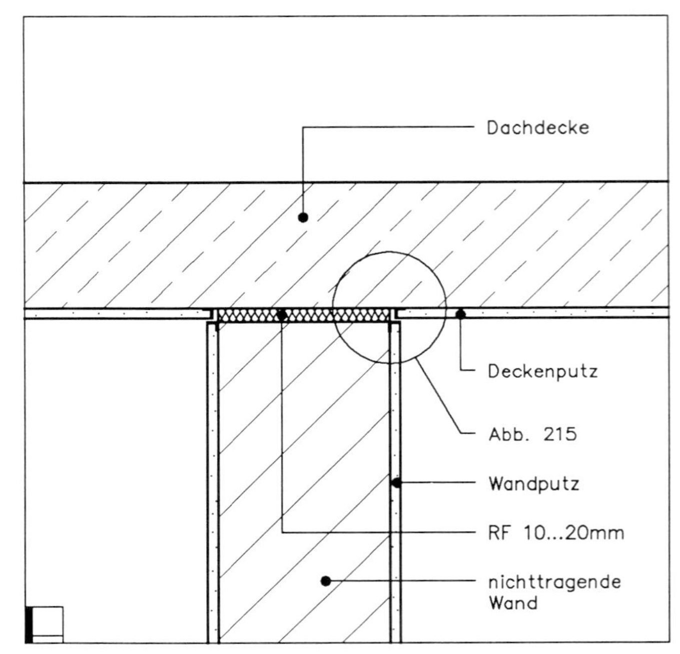

Abb. 217

8.3 Schlitze und Aussparungen

Schlitze und Aussparungen, bei denen die Grenzwerte nach Tabelle 10 eingehalten werden, dürfen ohne Berücksichtigung bei der Bemessung des Mauerwerks ausgeführt werden.

Schlitze und Aussparungen in tragenden und aussteifenden Wänden sind nur zulässig, wenn dadurch die Standfestigkeit des Baugefüges nicht beeinträchtigt wird.

Die Bestimmungen über Schlitze und Aussparungen [46] in bisherigen Normen sind in einer Reihe von Punkten wesentlich geändert oder neu gefaßt worden.

Das generelle Stemmverbot ist in der Norm nicht mehr enthalten. Dies ergab sich einmal daraus, daß es nicht eingehalten wurde, zum anderen aber auch, daß Werkzeuge entwickelt worden sind, mit denen ein das Mauerwerk schonendes Stemmen möglich ist. Die Verwendung derartiger Werkzeuge wird nach Fußnote 3 (→ Tabelle 10) dadurch »honoriert«, daß dann größere Schlitztiefen und auch bei Wänden von ≥ 240 mm in den Wänden beidseitig sich gegenüberliegende Schlitze (→ Abb. 228) ausgeführt werden dürfen. Im übrigen wird aber davon ausgegangen, daß beim Stemmen von Hand nur Schlitz- oder Aussparungsabmessungen entstehen, die innerhalb der in Tabelle 10 festgelegten Grenzen liegen. Das leider häufig beobachtete »wilde Stemmen« muß auf jeden Fall unterbleiben.

Werden Schlitze und Aussparungen nicht im gemauerten Verband, sondern nachträglich hergestellt, so sollten sie daher nur gefräst werden.

Foto 4

Foto 5

Foto 6

Es sind nur Werkzeuge mit »Anschlag«, d.h. mit einer Tiefenlehre zu verwenden, um die zu fräsende Tiefe gleichmäßig einhalten zu können.

Die folgenden Fotos zeigen die Herstellung eines lotrechten (→ Foto 4) bzw. waagerechten (→ Foto 5) Schlitzes in Mauerwerk. Elektrodosen werden mit entsprechendem Werkzeug gebohrt (→ Foto 6) [1].

Bei der möglichen geringen Dicke von tragenden Wänden, deren Querschnitt ja nicht geschwächt werden darf, wird vorgeschlagen, daß in Badezimmern und Küchen für die Sanitär-Installation die »Auf-Wand-Montage« durchgeführt wird, die dann eine Verblendschale erhält.

Für die elektrische Hausinstallation sind ähnliche Überlegungen anzustellen. Auf Abb. 218 sind die bevorzugten Installationszonen in einem Wohnraum außer Küche u.ä. nach DIN 18015-5 [45] zusammengestellt. Wenn in den markierten Bereichen der Wände Schlitze für elektrische Leitungen angebracht werden, so ist das nach der folgenden Tabelle 10 in dieser Häufigkeit unzulässig (→ Abb. 219 ... 239).

Es sollte daher erwogen werden, ob man nicht wieder STEG-Leitungen den Vorzug geben sollte, um Fräsarbeiten überhaupt zu vermeiden. Foto 7 zeigt eine solche Leitung, die in den Stegen aufgenagelt oder mit Klebemörtel fixiert wird und dann hohlraumfrei überputzt werden muß.

Das »**Wilde Stemmen**« von Schlitzen und Aussparungen ist »**unzulässig**«! Ebenso unzulässig sind Schlitze und Aussparungen in Rauchrohrwangen (→ Abb. 218 a).

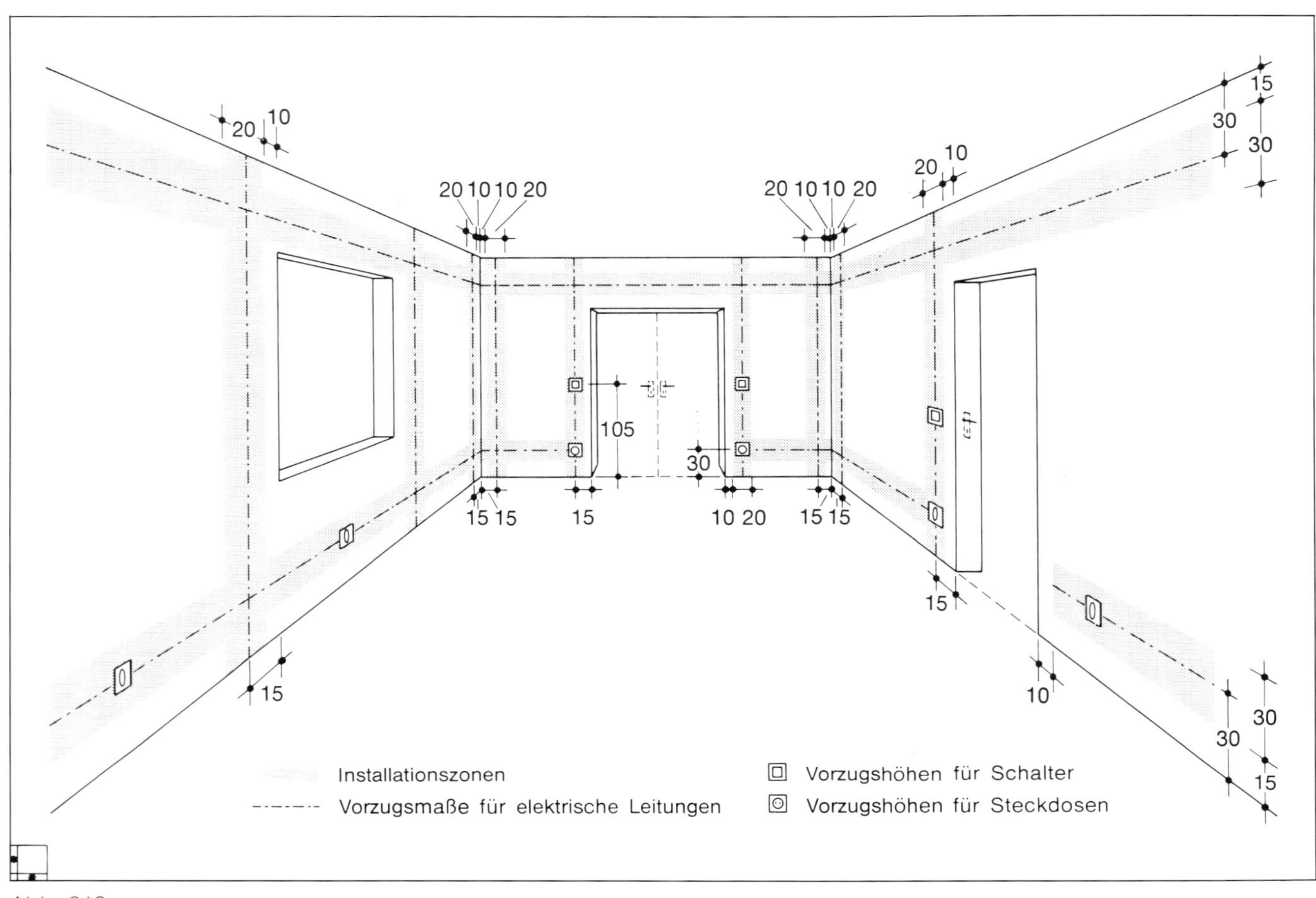

Abb. 218

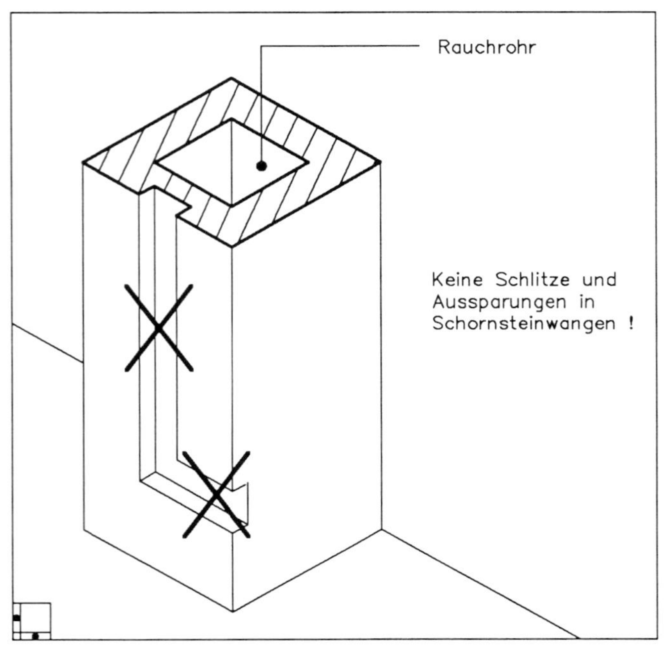

Abb. 218 a

Foto 7

Tabelle 10: Ohne Nachweis zulässige Schlitze und Aussparungen in tragenden Wänden Maße in mm

Zeile	1	2	3	4	5	6	7	8	9	10
	Wanddicke	Horizontale und schräge Schlitze[1]) nachträglich hergestellt		Vertikale Schlitze und Aussparungen, nachträglich hergestellt			Vertikale Schlitze und Aussparungen in gemauertem Verband			
		Schlitzlänge		Schlitztiefe[4])	Einzelschlitzbreite[5])	Abstand der Schlitze und Aussparungen von Öffnungen	Schlitzbreite[5])	Restwanddicke	Mindestabstand der Schlitze und Aussparungen	
		unbeschränkt	≤ 1,25 m[2])						von Öffnungen	untereinander
		Schlitztiefe[3])	Schlitztiefe							
1	≥ 115	–	–	≤ 10	≤ 100		–	–		
2	≥ 175	0	≤ 25	≤ 30	≤ 100		≤ 260	≥ 115		
3	≥ 240	≤ 15	≤ 25	≤ 30	≤ 150	≥ 115	≤ 385	≥ 115	≥ 2fache Schlitzbreite bzw. ≥ 240	≥ Schlitzbreite
4	≥ 300	≤ 20	≤ 30	≤ 30	≤ 200		≤ 385	≥ 175		
5	≥ 365	≤ 20	≤ 30	≤ 30	≤ 200		≤ 385	≥ 240		

1) Horizontale und schräge Schlitze sind nur zulässig in einem Bereich ≤ 0,4 m ober- oder unterhalb der Rohdecke sowie jeweils an einer Wandseite. Sie sind nicht zulässig bei Langlochziegeln.

2) Mindestabstand in Längsrichtung von Öffnungen ≥ 490 mm, vom nächsten Horizontalschlitz zweifache Schlitzlänge.

3) Die Tiefe darf um 10 mm erhöht werden, wenn Werkzeuge verwendet werden, mit denen die Tiefe genau eingehalten werden kann. Bei Verwendung solcher Werkzeuge dürfen auch in Wänden ≥ 240 mm gegenüberliegende Schlitze mit jeweils 10 mm Tiefe ausgeführt werden.

4) Schlitze, die bis maximal 1 m über den Fußboden reichen, dürfen bei Wanddicken ≥ 240 mm bis 80 mm Tiefe und 120 mm Breite ausgeführt werden.

5) Die Gesamtbreite von Schlitzen nach Spalte 5 und Spalte 7 darf je 2 m Wandlänge die Maße in Spalte 7 nicht überschreiten. Bei geringeren Wandlängen als 2 m sind die Werte in Spalte 7 proportional zur Wandlänge zu verringern.

In Tabelle 10 sind Grenzwerte für nachträglich hergestellte (gefräste) Schlitze und im Verband hergestellte (gemauerte) Schlitze bzw. Aussparungen angegeben, die nicht bei der Bemessung des Mauerwerks berücksichtigt zu werden brauchen.

Nach der Lage der Schlitze werden unterschieden (→ Tabelle 10):

A
Nachträglich hergestellt: Waagerechte und schräge Schlitze, Spalten 2 und 3 (→ Abb. 220 ... 288)

B
Nachträglich hergestellt: Lotrechte Schlitze, Spalten 4 bis 6 (→ Abb. 229 ... 234)

C
Gemauert: Lotrechte Schlitze und Aussparungen im Verband, Spalten 7 bis 10 (→ Abb. 235 ... 238)

Zunächst ist für gefräste (also nachträglich herzustellende) waagerechte oder schräg verlaufende Schlitze festzuhalten, daß sie nur in einem 400 mm hohen Wandbereich oberhalb und unterhalb der Rohdecke geführt werden dürfen (→ Abb. 219). Dies gilt für alle Wanddicken der Spalte 1 in Tabelle 10.

Auch gilt, daß solche Schlitze auf **nur einer** Wandseite angeordnet werden dürfen.

Bei Langlochziegeln ist das Einarbeiten von Schlitzen wegen der Steinstruktur (große Hohlräume) unzulässig.

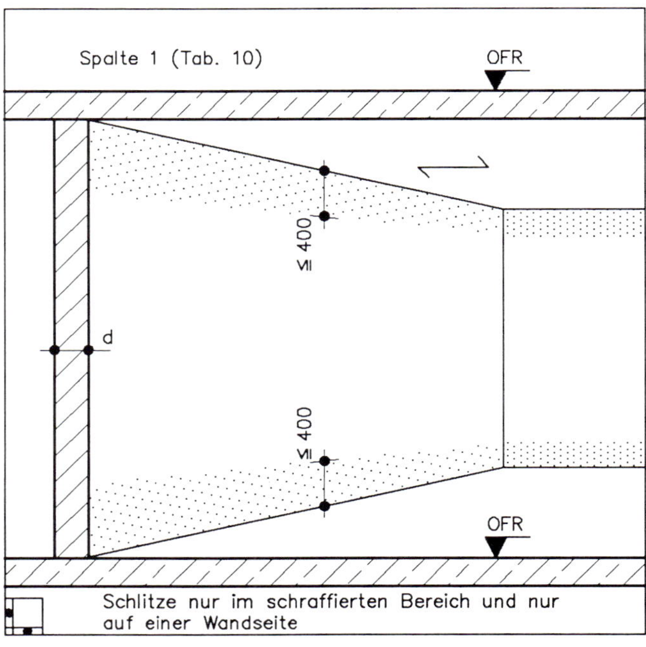

Abb. 219

•Zu A•

Waagerechte und schräge Schlitze, **nachträglich hergestellt:**

Für die verschiedenen Wanddicken gibt Tabelle 10 folgende Einzelhinweise:

Spalten 2 und 3

- Zeile 1: Wanddicke ≥ 115 mm
  Keine Schlitze zulässig (→ Abb. 220),
- Zeile 2: Wanddicke ≥ 175 mm (→ Abb. 221),
- Zeile 3: Wanddicke ≥ 240 mm (→ Abb. 222 + 223).

Bei Verwendung von Fräsen mit Tiefenlehre (Anschlag) darf die Schlitztiefe ≤ 25 mm betragen (beachte Hinweis auf Abb. 228).

Über maximale Schlitzbreiten horizontaler Schlitze enthält Tabelle 10 keine Angaben.

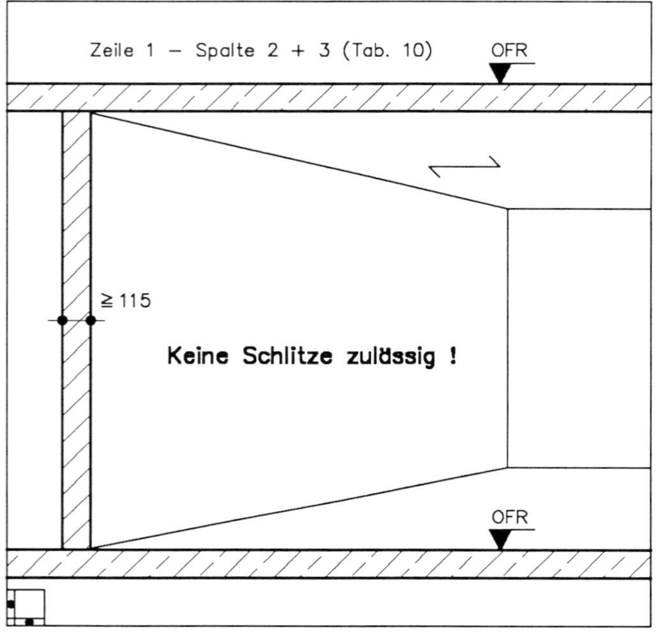

Abb. 220

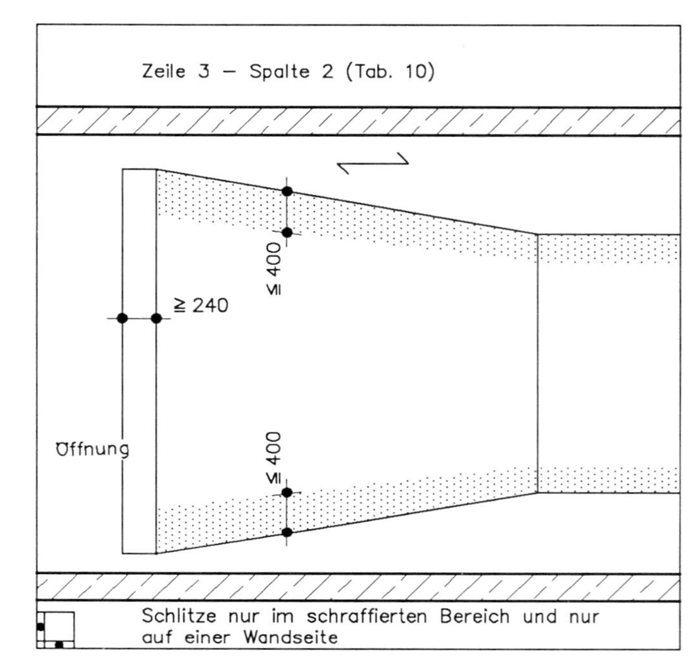

Abb. 222

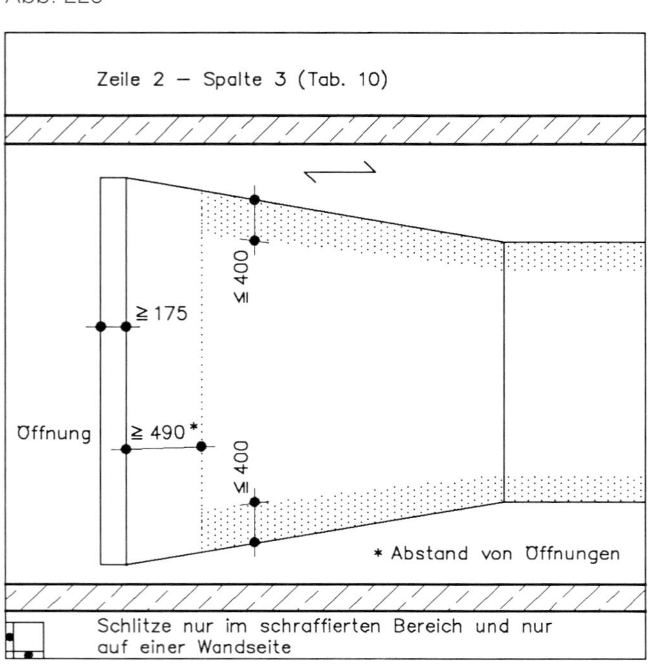

Abb. 221

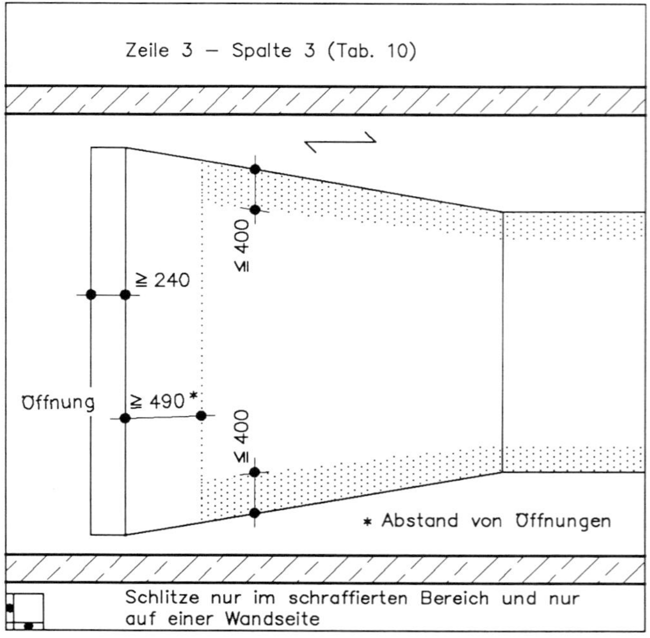

Abb. 223

– Zeile 4: Wanddicke ≥ 300 mm (→ Abb. 224 + 225)

Bei Verwendung von Fräsen mit Tiefenlehre (Anschlag) darf die Schlitztiefe ≤ 30 mm betragen (beachte Hinweis auf Abb. 228).

– Zeile 5: Wanddicke ≥ 365 mm (→ Abb. 226 + 227)

Bei Verwendung von Fräsen mit Tiefenlehre (Anschlag) darf die Schlitztiefe ≤ 30 mm betragen (beachte Hinweis auf Abb. 228).

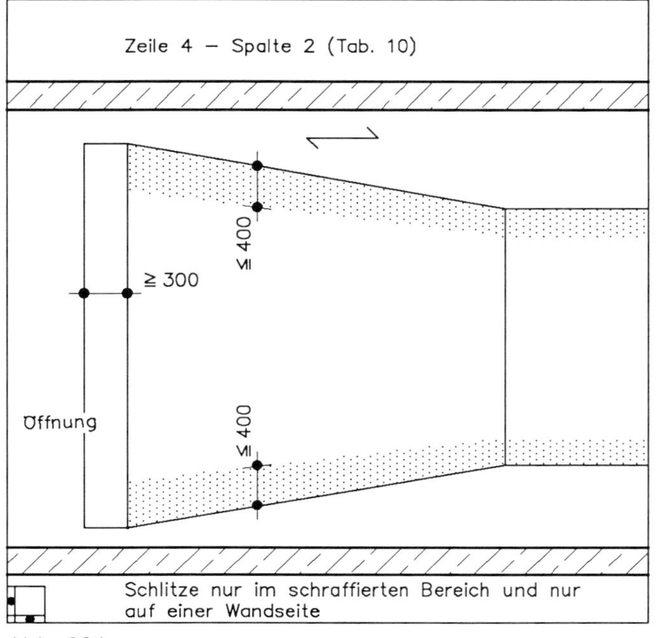

Abb. 224

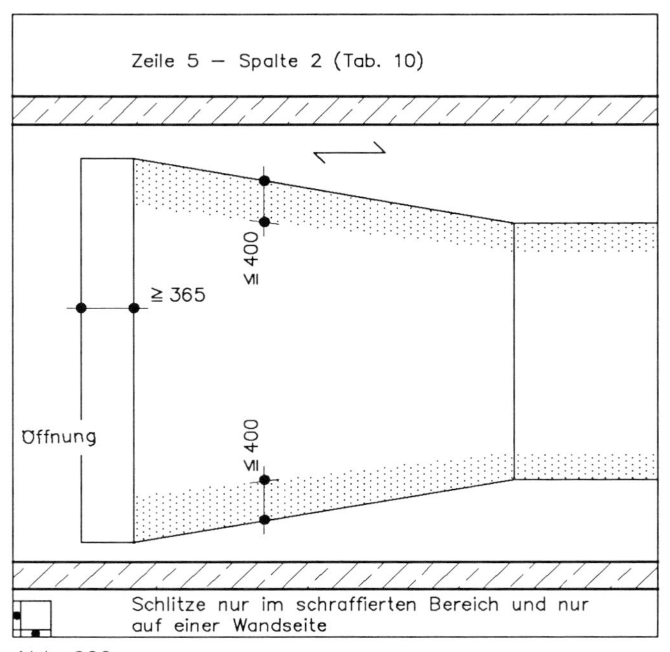

Abb. 226

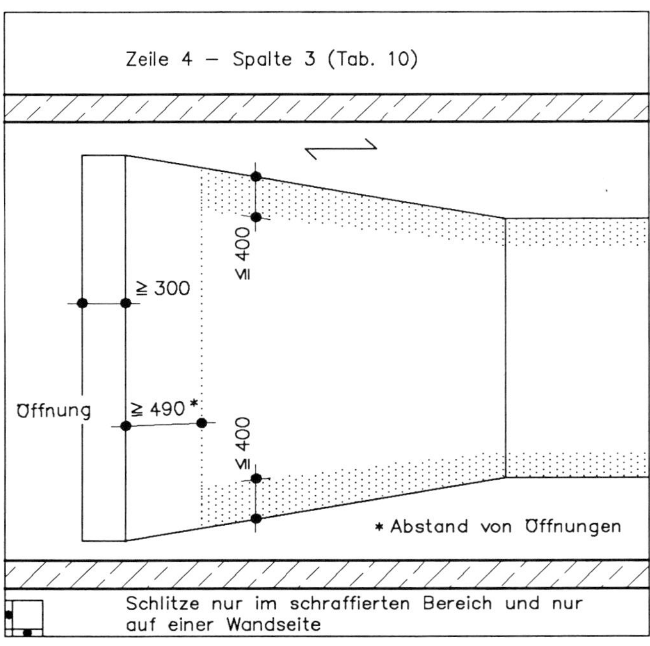

Abb. 225

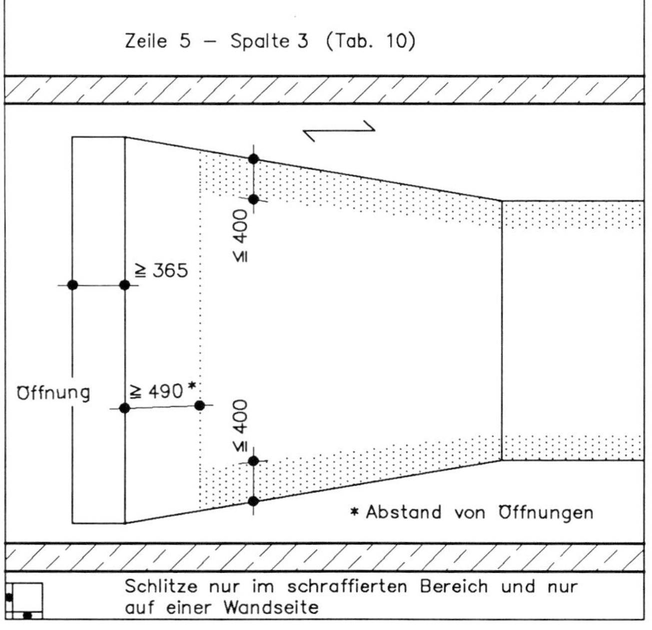

Abb. 227

Bei Wanddicken ≥ 240 mm (→ Tab. 10, Fußnote 3) dürfen bei Verwendung von Fräsen mit sicherem Tiefenanschlag auch gegenüberliegende Schlitze von jeweils 10 mm Tiefe ausgeführt werden (→ Abb. 228).

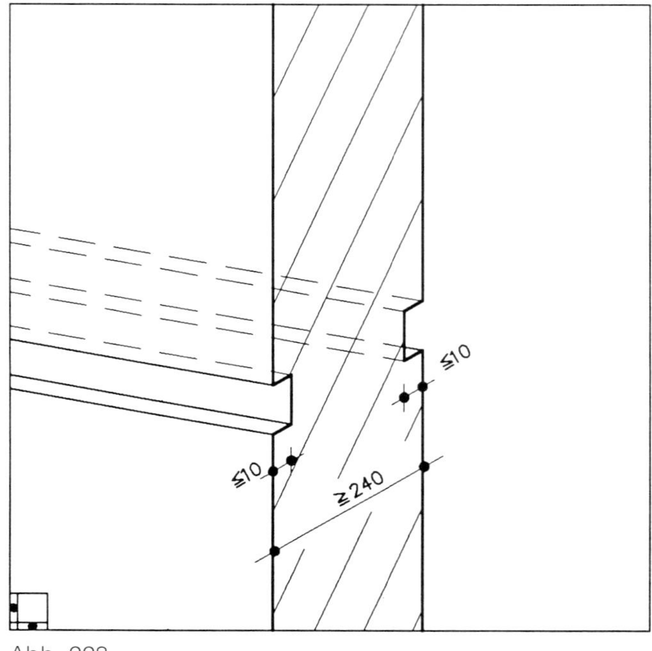

Abb. 228

Lotrechte Schlitze und Aussparungen können die Aussteifung tragender Wände wesentlich beeinträchtigen. Bei der Bemessung der Wände sind deshalb lotrechte Aussparungen entweder wie durchgehende Wandöffnungen zu berücksichtigen, oder die Dicken und Abstände sind mit den Restwanddicken der auszusteifenden Wand festzulegen.

Ein in einer Vorgänger-Norm einzuhaltender Mindestabstand von Schlitzen in Raumecken (bei Mauereinbindungen) wird nicht mehr gefordert.

Für lotrechte Schlitze und Aussparungen, die den Spalten 4 bis 10 der Tabelle 10 entsprechen, ist ein rechnerischer Nachweis nicht erforderlich.

•Zu B•
Lotrechte Schlitze und Aussparungen **nachträglich hergestellt.**

Hierzu finden sich in den Spalten 4 bis 6 folgende Einzelhinweise:

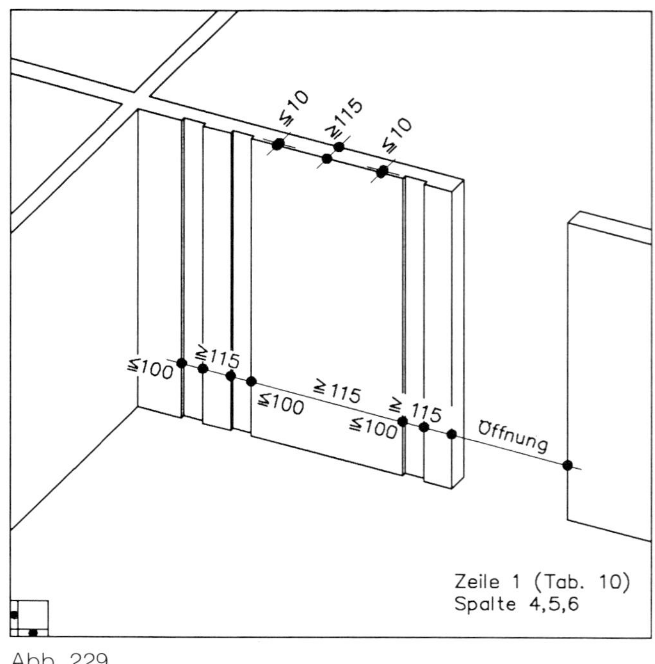

Abb. 229

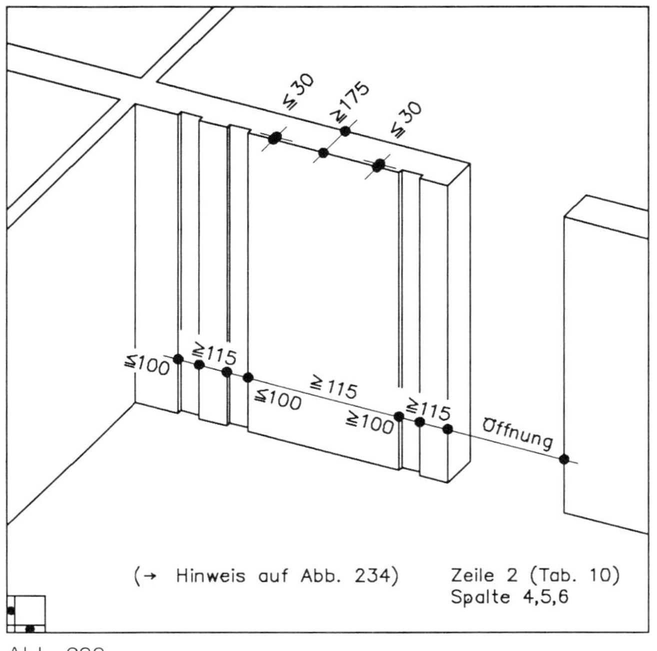

Abb. 230

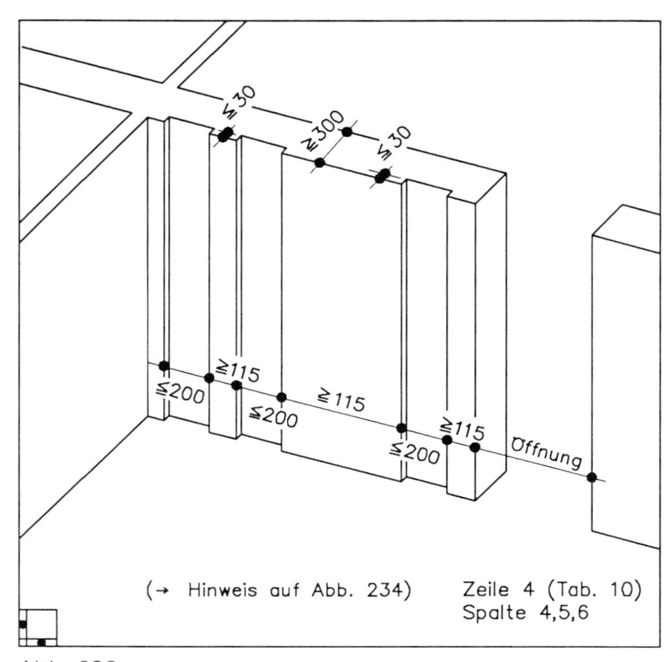

Abb. 232

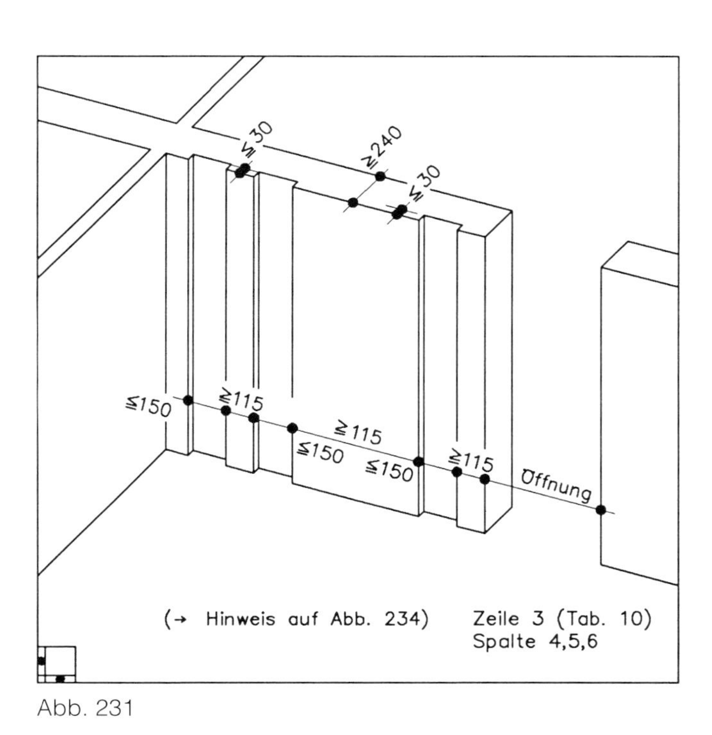

Abb. 231

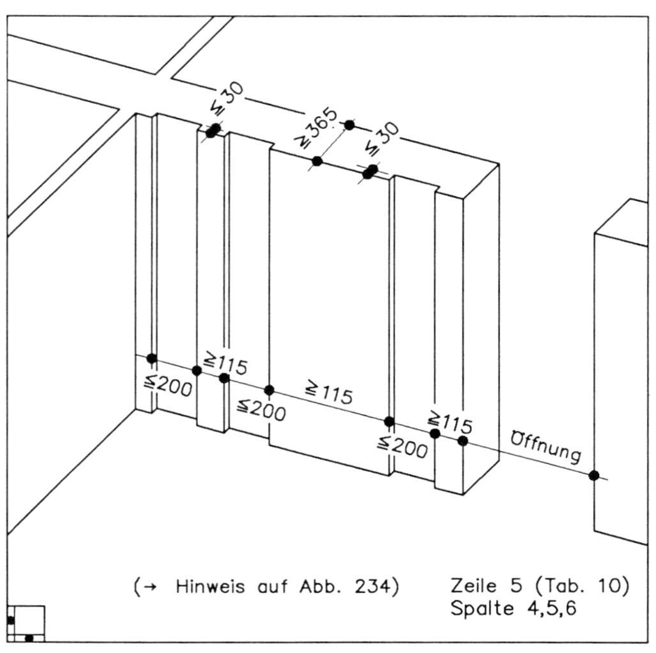

Abb. 233

Bei Wanddicken ≥ 240 mm dürfen lotrechte Schlitze auch tiefer als 30 mm gefräst werden. Sie müssen dann die Grenzwerte auf Abb. 234 einhalten (→ Fußnote 4 der Tabelle 10).

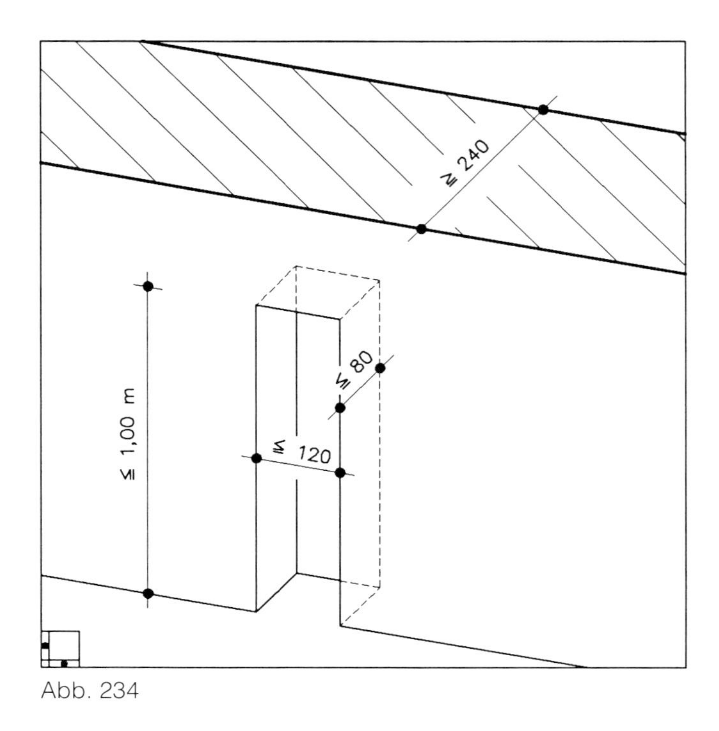

Abb. 234

•Zu C•

Lotrechte Schlitze und Aussparungen **gemauert.**

Im Gegensatz zu den bisherigen Angaben über erlaubte Schlitztiefen sind hier bei den gemauerten Schlitzen die für den Mauerverband wichtigen Restwanddicken einzuhalten. Aus diesem Grund sind gemauerte Schlitze erst ab Wanddicken von 175 mm machbar (→ Abb. 235 ... 238).

Hierzu finden sich in den Spalten 7 bis 10 folgende Einzelhinweise:

Die Wandbreite von Öffnungen bis zum nächsten lotrechten Schlitz darf bei geringeren Schlitzbreiten, z. B. 125 mm, das Maß 365 mm nicht unterschreiten (Tabelle 10, Spalte 9), auch wenn rechnerisch mit 2 x 125 mm Schlitzbreite sich ein geringeres Maß ergibt.

Ebenso darf die Gesamtbreite von Schlitzen (→ b_1 + b_2 + ...) auf einer Wandlänge von 2,00 m das zur Wanddicke gehörende Maß in Spalte 7 insgesamt nicht überschreiten (→ Fußnote 5, Tabelle 10).

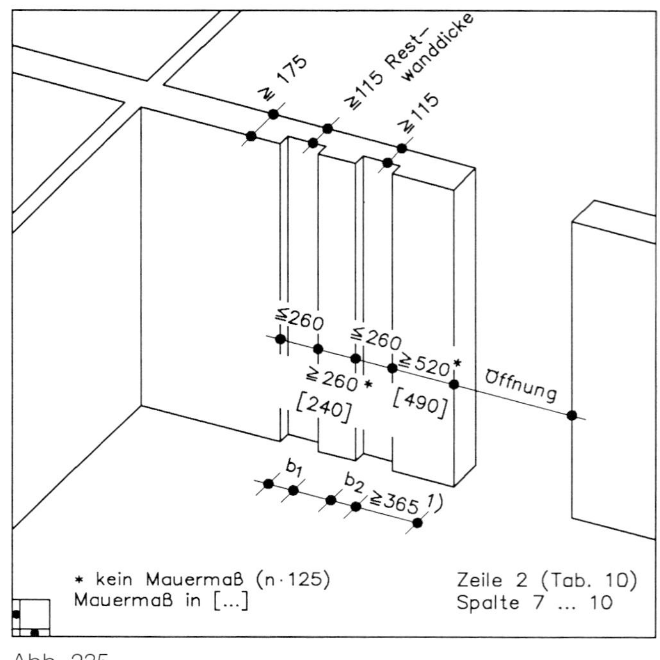

Abb. 235

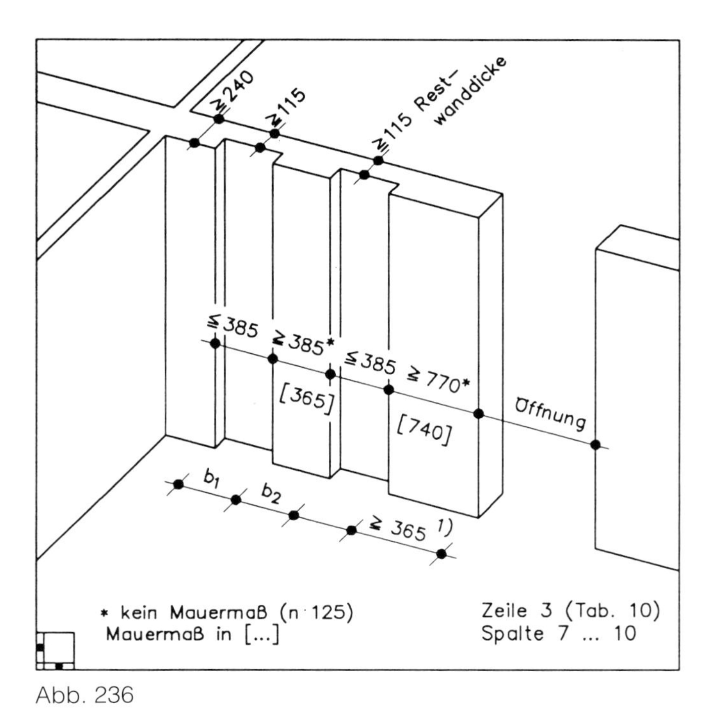

Abb. 236

Bei voller Ausnutzung der möglichen Größe der gemauerten Aussparung sind zur Gewährleistung eines brauchbaren Schallschutzes die Anforderungen an die flächenbezogene (Wand-)Masse (Mindestgewicht 220 kg/m^2 der Restwanddicke) zu berücksichtigen.

Wandrohdichten einschaliger Wände können aus Beiblatt 1 zur DIN 4109 entnommen werden.

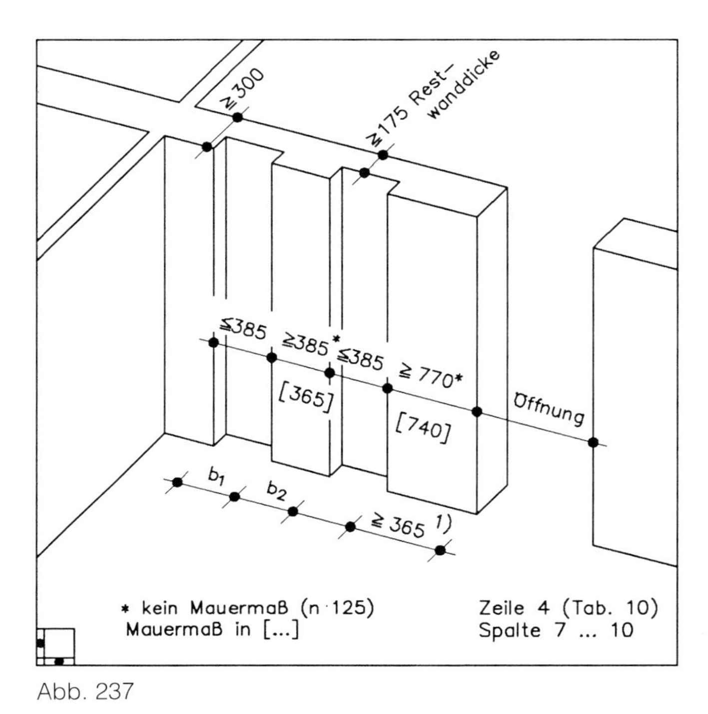

Abb. 237

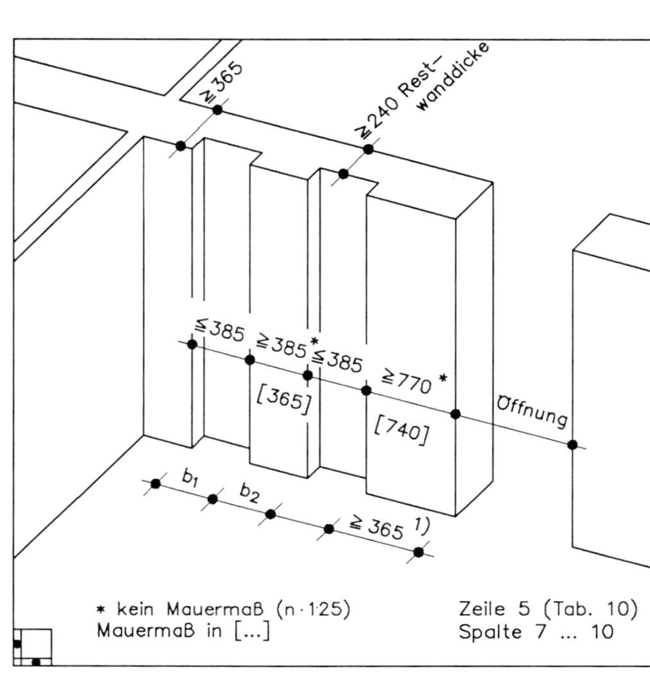

Abb. 238

Vertikale Schlitze und Aussparungen sind auch dann ohne Nachweis zulässig, wenn die Querschnittsschwächung, bezogen auf 1 m Wandlänge, nicht mehr als 6 % beträgt (→ Abb. 239) und die Wand nicht drei- oder vierseitig gehalten (→ Abb. 77 ... 82) gerechnet ist. Hierbei müssen eine Restwanddicke nach Tabelle 10, Spalte 8 und ein Mindestabstand nach Spalte 9 eingehalten werden.

Alle übrigen Schlitze und Aussparungen sind bei der Bemessung des Mauerwerks zu berücksichtigen.

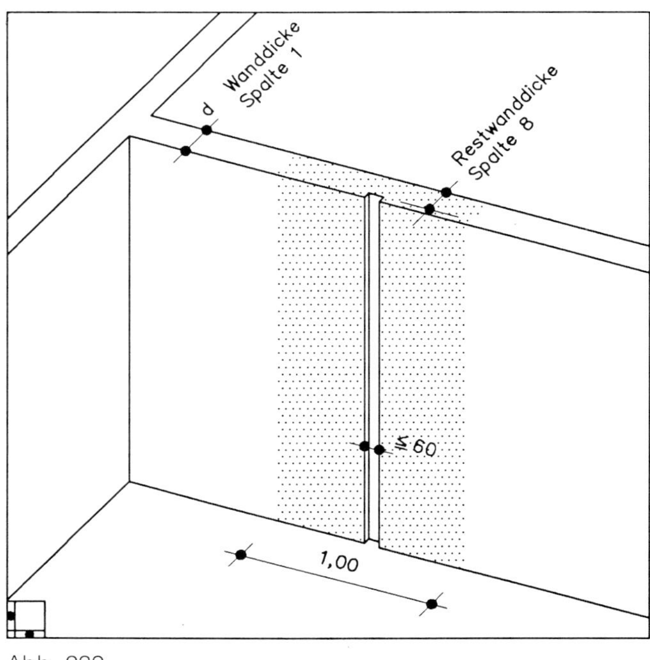

Abb. 239

8.4 Außenwände

8.4.1 Allgemeines

Außenwände sollen so beschaffen sein, daß sie Schlagregenbeanspruchungen standhalten. DIN 4108-3 gibt dafür Hinweise.

Außenwände für Gebäude, in denen Menschen wohnen und arbeiten, müssen nicht nur Schlagregenbeanspruchungen standhalten, es sind auch die Funktionen der Wände hinsichtlich des Wärme-, Schall- und Brandschutzes zu beachten und deren Forderungen zu erfüllen. Auf Abb. 240 sind die Außenwandeigenschaften noch einmal zusammengestellt, die dem Menschen bei richtigem Wohnverhalten ein zuträgliches Raumklima garantieren.

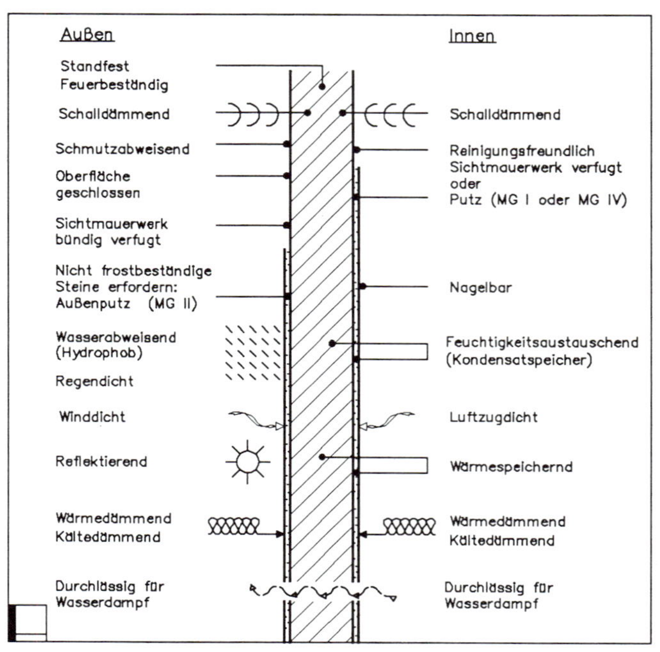

Abb. 240

8.4.2 Einschalige Außenwände

8.4.2.1 Verputzte einschalige Außenwände

Bei Außenwänden aus nicht frostwiderstandsfähigen Steinen (→ Sichtmauerwerk) ist ein Außenputz, der die Anforderungen nach DIN 18550-1 erfüllt, anzubringen oder ein anderer Witterungsschutz (→ Abb. 242 ... 245) vorzusehen.

Erfolgt der Witterungsschutz nur durch Putz (→ Abb. 241), so soll die Wanddicke für Räume, die dem dauernden Aufenthalt von Menschen dienen, mindestens 240 mm sein.

Die Wärmedämmung einer solchen Wand ist im Wohnungsbau unzureichend. Es sind zusätzliche Wärmedämm-Maßnahmen erforderlich.

Das verputzte einschalige Mauerwerk ist in seiner ganzen Dicke tragfähig und wird im Verband (→ unter 12.2) hergestellt. Auch für den Wärme- und Schallschutz ist der volle Mauerquerschnitt wirksam, wie das auf Abb. 240 zusammengestellt ist.

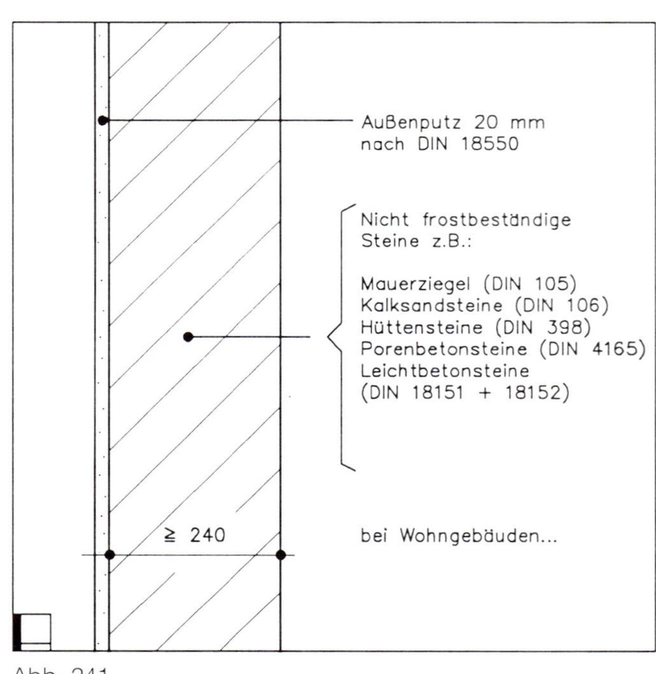

Abb. 241

Der Regenschutz wird vom Außenputz übernommen. Er hemmt den Eintritt des Regenwassers, ohne den Feuchtigkeitsaustausch durch Wasserdampfdiffusion zu unterbinden. Die Mörtelart für die einzelnen Lagen des Außenputzes richtet sich nach Standort und Klima. Wichtig ist, daß der Putz rissefrei bleibt.

Die DIN 18550 »Putz« gibt die einzuhaltenden Hinweise für die Herstellung und die Ausführung. Die Mörtel werden hier in Mörtelgruppen von P I bis P V eingeteilt (→Tabelle 1 der DIN 18550-1). Die drei ersten Gruppen stimmen noch weitgehend mit den Mörtelgruppen der DIN 1053 überein. Die in der Tabelle 3 der DIN 18550-2 angegebenen Mischungsverhältnisse sind Richtwerte, die erfahrungsgemäß gute Putze ergeben.

Tabelle 1: Putzmörtelgruppen aus DIN 18550-1

Putzmörtelgruppe[1])	Art der Bindemittel
P I	Luftkalke[2]), Wasserkalke, Hydraulische Kalke
P II	Hochhydraulische Kalke, Putz- und Mauerbinder, Kalk-Zement-Gemische
P III	Zemente
P VI	Baugipse ohne und mit Anteilen an Baukalk
P V	Anhydritbinder ohne und mit Anteilen an Baukalk

[1]) Weitergehende Aufgliederung der Putzmörtelgruppen siehe DIN 18550 Teil 2, Ausgabe Januar 1985, Tabelle 3.

[2]) Ein begrenzter Zementzusatz ist zulässig.

Die für einen Außenputz wichtigen Hinweise der DIN 18550-1 sollen hier im Auszug folgen:

»3.3 Ausgangsstoffe

3.3.1 Bindemittel

3.3.1.1 Mineralische Bindemittel

Mineralische Bindemittel im Sinne dieser Norm sind Baukalke nach DIN 1060 Teil 1, Putz- und Mauerbinder nach DIN 4211, Zemente nach DIN 1164 Teil 1, Baugipse ohne werkseitig beigegebene Zusätze nach DIN 1168 Teil 1, Anhydritbinder nach DIN 4208 oder andere bauaufsichtlich zugelassene Bindemittel.

...

3.3.2 Zuschläge

Zuschläge werden bei der Herstellung von Beschichtungsstoffen nach DIN 18558 auch als Füllstoffe bezeichnet.

3.3.2.1 Mineralischer Zuschlag

Mineralischer Zuschlag ist ein Gemenge (Haufwerk) aus ungebrochenen und/oder gebrochenen Körnern von natürlichen und/oder künstlichen mineralischen Stoffen, die

- *ein dichtes Gefüge besitzen, z. B. Natursand, Brechsand, Granulat (Zuschlag mit dichtem Gefüge),*
- *ein poriges Gefüge besitzen, z. B. Perlit, Blähton, geblähte Schmelzflüsse (Zuschlag mit porigem Gefüge).*

...

3.4 Putzarten

Nach den zu erfüllenden Anforderungen (siehe Abschnitt 4.2) werden unterschieden:

3.4.1 Putze, die allgemeinen Anforderungen genügen

3.4.2 Putze, die zusätzlichen Anforderungen genügen:

- *Wasserhemmender Putz*
- *Wasserabweisender Putz*
- *Außenputz mit erhöhter Festigkeit*
- *Innenwandputz mit erhöhter Abriebfestigkeit*
- *Innenwand- und Innendeckenputz für Feuchträume.*

3.4.3 Putze für Sonderzwecke

- *Wärmedämmputz*
- *Putz als Brandschutzbekleidung*
- *Putz mit erhöhter Strahlungsabsorption.*

3.5 Putzgrund, Vorbereitung des Putzgrundes, Putzlagen, Putzträger, Putzbewehrung

3.5.1 Putzgrund

Putzgrund ist der Bauteil, der geputzt wird.

3.5.2 Vorbereitung des Putzgrundes

Zur Vorbereitung des Putzgrundes gehören alle Maßnahmen, die einen festen und dauerhaften Verbund zwischen Putz und Putzgrund fördern, z. B. durch Verhinderung eines zu schnellen, unterschiedlichen oder zu schwachen Wasserentzugs durch den Putzgrund.

...

3.6 Putzsysteme

Die Lagen eines Putzes, die in ihrer Gesamtheit und in Wechselwirkung mit dem Putzgrund die Anforderungen an den Putz erfüllen, werden als Putzsystem bezeichnet. In bestimmten Fällen kann auch ein einlagiger Putz als Putzsystem bezeichnet werden.

...

3.7.1 Außenputz

Außenputz ist auf Außenflächen aufgebrachter Putz. Es werden unterschieden:

a) Außenwandputz auf über dem Sockel liegenden Flächen,

b) Kellerwand-Außenputz im Bereich der Erdanschüttung,

c) Außensockelputz im Bereich oberhalb der Anschüttung oder ähnlich,

d) Außendeckenputz auf Deckenuntersichten, die der Witterung ausgesetzt sind.

...

3.8 Putzweisen

Die Putzweise kennzeichnet den Putz nach der Ausführung, insbesondere der Oberflächenbearbeitung, z. B. geriebener Putz, gefilzter Putz, geglätteter Putz, Kellenputz, Kratzputz, Spritzputz, Rollputz ...

...

4.2.1 Allgemeine Anforderungen an Innen- und Außenputz

Putze müssen gleichmäßig am Putzgrund, die einzelnen Lagen gut aneinander haften. Innerhalb der einzelnen Lagen soll der Mörtel ein gleichmäßiges Gefüge besitzen. Festigkeit bzw. Widerstand gegen Abrieb und Oberflächenbeschaffenheit sind dem jeweiligen Putzgrund bzw. der Putzanwendung anzupassen. Dabei sind die Gegebenheiten der Putzweise, z. B. bei Kratzputz, zu berücksichtigen.

Die Wasserdampfdurchlässigkeit der Putze (Innen- und Außenputz) muß auf den Wandaufbau abgestimmt sein, so daß keine unzulässige Feuchtigkeitserhöhung in der Wand durch innere Kondensation auftritt (siehe DIN 4108 Teil 3).

...

4.2.2 Außenputz

4.2.2.1 Witterungsbeständigkeit

Über die allgemeinen Anforderungen nach Abschnitt 4.2.1 hinaus, muß das Putzsystem witterungsbeständig sein, d. h. insbesondere der Einwirkung von Feuchtigkeit und wechselnden Temperaturen widerstehen.

Das Putzsystem gilt als witterungsbeständig, wenn es entsprechend Tabelle 3 und Tabelle 4 aufgebaut ist (siehe jedoch Tabelle 4, Fußnote 2) oder die Witterungsbeständigkeit nachgewiesen ist.

4.2.2.2 Regenschutz

Hinsichtlich des Regenschutzes wird entsprechend den Beanspruchungsgruppen nach DIN 4108 Teil 3 zwischen wasserhemmenden und wasserabweisenden Putzsystemen unterschieden.

4.2.2.2.1 Wasserhemmende Putzsysteme

Putzsysteme gelten als wasserhemmend, wenn sie nach Tabelle 3 Zeile 9 bis 16 aufgebaut sind, gegebenenfalls unter Verwendung geeigneter Zusatzmittel bei Beachtung der zusätzlichen Bedingungen.

4.2.2.2.2 Wasserabweisende Putzsysteme

Putzsysteme gelten als wasserabweisend, wenn sie nach Tabelle 3 Zeile 17 bis 24 aufgebaut sind – gegebenenfalls unter Verwendung geeigneter Zusatzmittel bei Beachtung der zusätzlichen Bedingungen – oder die wasserabweisenden Eigenschaften nachgewiesen werden ...

...

4.2.2.3 Außenputz mit erhöhter Festigkeit

Außenputze mit mineralischen Bindemitteln, die als Träger von Beschichtungen auf organischer Basis dienen sollen oder die mechanisch stärker beansprucht sind, müssen eine erhöhte Festigkeit aufweisen; dafür reichen im allgemeinen Mörtel aus, die bei der Prüfung nach DIN 18555 Teil 3 eine Druckfestigkeit von mindestens 2,5 N/mm² erreichen. Auf den Nachweis der Festigkeit kann verzichtet werden, wenn Putzsysteme nach Tabelle 3, Zeile 25 bis 29, gewählt werden.

... «

Tabelle 3: Putzsysteme für Außenputze (aus DIN 18550-1)

Zeile	Anforderung bzw. Putzanwendung	Mörtelgruppe bzw. Beschichtungsstoff-Typ für Unterputz	Oberputz[1]	Zusatzmittel[2]
1	ohne besondere Anforderung	–	P I	
2		P I	P I	
3		–	P II	
4		P II	P I	
5		P II	P II	
6		P II	P Org 1	
7		–	P Org 1[3]	
8		–	P III	
9	wasserhemmend	P I	P I	erforderlich
10		–	P I c	erforderlich
11		–	P II	
12		P II	P I	
13		P II	P II	
14		P II	P Org 1	
15		–	P Org 1[3]	
16		–	P III[3]	
17	wasserabweisend[5]	P I c	P I	erforderlich
18		P II	P I	erforderlich
19		–	P I c[4]	erforderlich[2]
20		–	P II[4]	
21		P II	P II	erforderlich
22		P II	P Org 1	
23		–	P Org 1[3]	
24		–	P III[3]	
25	erhöhte Festigkeit	–	P II	
26		P II	P II	
27		P II	P Org 1	
28		–	P Org 1[3]	
29		–	P III	
30	Kellerwand-Außenputz	–	P III	
31	Außensockelputz	–	P III	
32		P III	P III	
33		P III	P Org 1	
34		–	P Org 1[3]	

[1]) Oberputze können mit abschließender Oberflächengestaltung oder ohne diese ausgeführt werden (z. B. bei zu beschichtenden Flächen).

[2]) Eignungsnachweis erforderlich (siehe DIN 18550 Teil 2, Ausgabe Januar 1985, Abschnitt 3.4).

[3]) Nur bei Beton mit geschlossenem Gefüge als Putzgrund.

[4]) Nur mit Eignungsnachweis am Putzsystem zulässig.

[5]) Oberputze mit geriebener Struktur können besondere Maßnahmen erforderlich machen.

Erläuterungen in DIN 18550-1

»Allgemeines

In neuerer Zeit haben sich auf dem Gebiet der Putztechnik Entwicklungen vollzogen, denen die bisherige Putznorm nicht mehr gerecht wurde. So hat sich z. B. gezeigt, daß die Festlegung von Mischungsverhältnissen in Form der Mörtelgruppen nicht ausreicht, um der heutigen Herstellungs- und Anwendungstechnik für Putzmörtel Rechnung zu tragen. Darüber hinaus sind mit den Kunstharzputzen Systeme eingeführt worden, die sich in ihrem Aufbau und ihren Eigenschaften von den herkömmlichen Putzen grundlegend unterscheiden. Das bedeutet, daß althergebrachte Putzregeln nicht mehr eine Gültigkeit für alle Putzarten beanspruchen können.

...

Die heute als Putzgrund verwendeten Baustoffe sind in ihren Eigenschaften so unterschiedlich, daß allgemeingültige Putzregeln dafür nicht aufgestellt werden können. Das Anwendungsgebiet dieser Norm kann sich daher nur auf Wände und Decken aus solchen Baustoffen beziehen, die den genannten Normen entsprechen. Putze auf anderen Untergründen wie z. B. geschäumten Kunststoffen, sind nicht Gegenstand dieser Norm.

...

Die früheren Ausgaben der DIN 18550 sahen ausschließlich Putzmörtel mit bestimmten Mischungsverhältnissen vor, die den durch Richtwerte gekennzeichneten Mörtelgruppen zugeordnet werden konnten. Aufgrund langer Erfahrung konnte man davon ausgehen, daß so zusammengesetzte Mörtel nach ihrer Erhärtung bestimmte Eigenschaften aufwiesen und aus derartigen Mörteln hergestellte Putze bei fachgerechter Verarbeitung entsprechende Anforderungen erfüllten. So genügt z. B. ein Mörtel der Gruppe III erfahrungsgemäß den Anforderungen, die an einen Kellerwandaußenputz zu stellen sind.

Diese »bewährten Putzmörtel« und damit die Mörtelgruppen sind in die Neufassung der Norm übernommen worden. Nachdem sich Putzmörtel und Mauermörtel zunehmend auseinanderentwickeln (z. B. Einführung der Mörtelgruppe IIa für Mauermörtel) werden Putzmörtelgruppen zusätzlich durch den Buchstaben P gekennzeichnet (z. B. Putzmörtel P II).

...

Während die »bewährten Putzmörtel« (Mörtelgruppen) in Zukunft in erster Linie für die Herstellung auf der Baustelle in Betracht kommen (Baustellenmörtel), wird es sich bei den anderen Mörteln im Regelfall um Werkmörtel handeln, für deren Eignung der Hersteller Nachweise zu erbringen hat (siehe DIN 18557 Werkmörtel; Herstellung, Überwachung und Lieferung). Wird z. B. ein Werkmörtel geliefert, der »der Mörtelgruppe P II entspricht«, so kann er ohne weiteren Nachweis wie ein Mörtel der Gruppe P II verwendet werden.

...«

Während in DIN 18550-1 die Begriffe für Putze erläutert werden, sind in 18550-2 die bewährten (überkommenen) Mörtelzusammensetzungen und Ausführungshinweise zusammengestellt. Hierbei gibt die folgende Tabelle 3 die Mischungsverhältnisse in Raumteilen an.

Tabelle 3: Mischungsverhältnisse in Raumteilen (aus DIN 18550-2)

Zeile	Mörtelgruppe		Mörtelart	Baukalke DIN 1060 Teil 1: Luftkalk Wasserkalk Kalkteig	Kalkhydrat	hydraulischer Kalk	Hochhydraulischer Kalk	Putz- und Mauerbinder DIN 4211	Zement DIN 1164 Teil 1	Baugipse ohne werkseitig beigegebene Zusätze DIN 1168 Teil 1: Stuckgips	Putzgips	Anhydritbinder DIN 4208	Sand[1])
1	P I	a	Luftkalkmörtel	1,0[2])									3,5 bis 4,5
2					1,0[2])								3,0 bis 4,0
3		b	Wasserkalkmörtel	1,0									3,5 bis 4,5
4					1,0								3,0 bis 4,0
5		c	Mörtel mit hydraulischem Kalk			1,0							3,0 bis 4,0
6	P II	a	Mörtel mit hochhydraulischem Kalk oder Mörtel mit Putz- und Mauerbinder				1,0 oder 1,0						3,0 bis 4,0
7		b	Kalkzementmörtel	1,5 oder 2,0				1,0					9,0 bis 11,0
8	P III	a	Zementmörtel mit Zusatz von Kalkhydrat		≤ 0,5				2,0				6,0 bis 8,0
9		b	Zementmörtel						1,0				3,0 bis 4,0
10	P IV	a	Gipsmörtel							1,0[3])			–
11		b	Gipssandmörtel							1,0[3]) oder 1,0[3])			1,0 bis 3,0
12		c	Gipskalkmörtel	1,0 oder 1,0						0,5 bis 1,0 oder 1,0 bis 2,0			3,0 bis 4,0
13		d	Kalkgipsmörtel	1,0 oder 1,0						0,1 bis 0,2 oder 0,2 bis 0,5			3,0 bis 4,0
14	P V	a	Anhydritmörtel									1,0	≤ 2,5
15		b	Anhydritkalkmörtel	1,0 oder 1,5								3,0	12,0

[1]) Die Werte dieser Tabelle gelten nur für mineralische Zuschläge mit dichtem Gefüge.

[2]) Ein begrenzter Zementzusatz ist zulässig.

[3]) Um die Geschmeidigkeit zu verbessern, kann Weißkalk in geringen Mengen, zur Regelung der Versteifungszeiten können Verzögerer zugesetzt werden.

Auszug aus DIN 18550-2:

»4 Putzaufbau

Der Aufbau eines Putzes richtet sich nach den Anforderungen an den Putz und nach der Beschaffenheit des Putzgrundes.

In DIN 18550 Teil 1, Ausgabe Januar 1985, Tabellen 3 bis 6, sind bewährte Putzsysteme angegeben, bei denen die Anforderungen an die jeweiligen Putzarten für die verschiedenen Putzanwendungen als erfüllt angesehen werden.

Bei Verwendung anderer Putzsysteme ist ein Nachweis der Eignung erforderlich (siehe DIN 18550 Teil 1, Ausgabe Januar 1985, Abschnitt 5.3). Bei Verwendung unterschiedlicher Mörtel für die einzelnen Lagen ist deren gegenseitige Beeinflussung zu berücksichtigen.

Bei der Wahl der Mörtelgruppen ist darüber hinaus zu berücksichtigen, ob der Putz später mit anderen Stoffen beschichtet werden soll (siehe DIN 18550 Teil 1, Ausgabe Januar 1985, Abschnitte 4.2.2.3 und 4.2.3.1).

Die in DIN 18550 Teil 1, Ausgabe Januar 1985, Abschnitt 5.1, gestellte Anforderung der Aufnahme der in den einzelnen Putzlagen auftretenden Spannungen kann bei Putzen mit mineralischen Bindemitteln im allgemeinen dann als erfüllt angesehen werden, wenn die Festigkeit des Oberputzes geringer als die Festigkeit des Unterputzes ist oder beide Putzlagen gleich fest sind. Bei den Putzsystemen nach DIN 18550 Teil 1, Ausgabe Januar 1985, Tabellen 3 bis 6, ist dies bereits berücksichtigt. Bei der Festigkeitsabstufung zwischen dem Putzgrund und dem Unterputz ist diese Regel sinngemäß anzuwenden. Ausnahmen bilden Kellerwandaußenputz oder Sockelputz.

...

5 Putzdicke

Die mittlere Dicke von Putzen, die allgemeinen Anforderungen genügen, muß außen 20 mm (zulässige Mindestdicke 15 mm) und innen 15 mm betragen (zulässige Mindestdicke 10 mm), bei einlagigen Innenputzen aus Werk-Trockenmörtel sind 10 mm ausreichend (zulässige Mindestdicke 5 mm). Die jeweils zulässigen Mindestdicken müssen sich auf einzelne Stellen beschränken. Die Dicke von Putzen, die zusätzlichen Anforderungen genügen sollen, ist so zu wählen, daß diese Anforderungen sicher erfüllt werden. Einlagige wasserabweisende Putze aus Werkmörtel sollen an Außenflächen eine mittlere Dicke von 15 mm (erforderliche Mindestdicke 10 mm) haben. Bei Putzen mit erhöhter Wärmedämmung und erhöhter Strahlungsabsorption richtet sich die Dicke nach dem angestrebten physikalischen Effekt. Die Mindestdicke von Wärmedämmputzen muß 20 mm betragen.

Bei Bauteilen, an die besondere schall- oder brandschutztechnische Anforderungen gestellt werden, kann eine bestimmte Putzdicke zur Erfüllung der Aufgaben erforderlich sein.

...

6 Putzausführung

6.1 Allgemeine Regeln

6.1.1 Berücksichtigung der Wettereinflüsse

Außen darf nicht geputzt werden, wenn Nachtfrost zu erwarten ist. Bei Frost dürfen Außenputzarbeiten nur ausgeführt werden, wenn die Arbeitsstelle gegenüber dem Einfluß der Außentemperatur vollständig abgeschlossen ist und der so entstehende Arbeitsraum bis zum ausreichenden Erhärten des Putzes beheizt wird.

Mit Innenputzarbeiten in Gebäuden darf erst begonnen werden, wenn sichergestellt ist, daß die Temperatur der Innenräume nicht unter etwa +5 °C liegt bzw. während der Putzarbeiten nicht darunter absinkt.

Um einen zu schnellen Wasserentzug aus dem frischen Putz durch starken Sonnenschein, Wind oder dauernde Zugluft zu verhindern, sind – vorzugsweise für Außenputze – besondere Schutzmaßnahmen erforderlich. Nach Fertigstellung von Innenputzen sind die Räume häufig kurzfristig zu lüften.

...

6.2 Putzgrund – Anforderungen und Vorbereitung

Für eine gute Haftung des Putzes ist die Beschaffenheit des Putzgrundes von wesentlichem Einfluß. Die Prüfung auf Putzfähigkeit des Putzgrundes ist deshalb mit größter Sorgfalt durchzuführen, besonders bei Betonflächen oder Mischmauerwerk oder ähnlichem. Rückstände von Entschalungsmitteln können eine die Putzhaftung beeinträchtigende Verunreinigung darstellen (siehe DIN 1045, Ausgabe Dezember 1978, Abschnitt 12.2).

Der Putzgrund soll so maßgerecht sein, daß der Putz in gleichmäßiger Dicke aufgetragen werden kann. Falls ein Abgleichen erforderlich ist, sind die Regeln für den Putzaufbau zu beachten.

Die Notwendigkeit einer Putzgrundvorbereitung z. B. eines Spritzbewurfes (siehe DIN 18550 Teil 1, Ausgabe Januar 1985, Abschnitt 3.5.2) richtet sich nach Art und Beschaffenheit des Putzgrundes und nach den Eigenschaften des Putzmörtels.

Der Putzgrund muß staubfrei und sauber sein. Sichtbare putzschädigende Ausscheidungen sind zu beseitigen oder unschädlich zu machen. Stark saugender Putzgrund ist ausreichend vorzunässen, oder es sind sonstige Maßnahmen zu treffen, die einen zu schnellen Wasserentzug aus dem Frischmörtel verhindern. Der Putzgrund muß frostfrei sein und soll eine Temperatur von etwa +5 °C nicht unterschreiten. Beton als Putzgrund muß im Oberflächenbereich trocken und saugfähig sein.

Bei stark saugendem Putzgrund ist im Regelfall ein volldeckender Spritzbewurf oder eine entsprechende Vorbehandlung erforderlich. Die Vorbehandlung darf jedoch die

Haftung des darauf folgenden Putzes nicht verschlechtern. Spritzbewurf der genannten Art entsteht durch Anwurf eines Mörtels mit möglichst grobkörnigem Zuschlag in einer Menge, die den Putzgrund völlig deckt, wobei die Oberfläche des Spritzbewurfes nicht bearbeitet wird.

Bei schwach saugendem Putzgrund wird die Haftung des Putzes durch einen nicht voll deckenden (warzenförmigen) Spritzbewurf verbessert. Er entsteht durch Anwurf eines Mörtels mit möglichst grobkörnigem Zuschlag in einer Menge, die den Putzgrund noch durchscheinen läßt. Die Oberfläche des Spritzbewurfes wird nicht bearbeitet.

Falls der Putzgrund aus unterschiedlichen Baustoffen besteht (z. B. Mischmauerwerk, Mauerwerk mit stark unterschiedlichem Saugverhalten von Mauersteinen und Fugenmörtel), ist volldeckender Spritzbewurf vorzusehen, soweit nicht zusätzlich Putzträger erforderlich sind.

...

6.7 Nachbehandlung

Putze aus Mörteln der Gruppe P I, P II und P III und diesen entsprechenden Mörteln sind vor zu schneller Austrocknung zu schützen und nötigenfalls durch Benetzen mit Wasser feucht zu halten, damit sie nicht zu schnell austrocknen.«

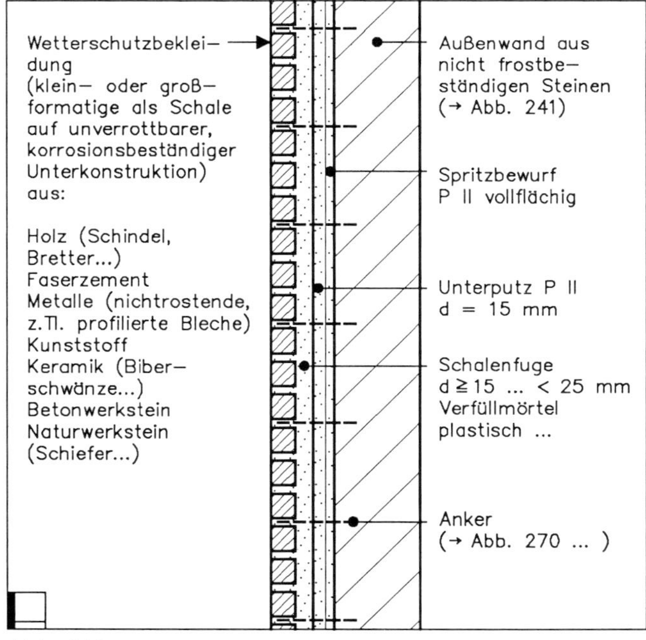

Abb. 243

Beispiel einer angemauerten Bekleidung aus Riemchen oder Sparverblender

Wie schon bei Abb. 241 ausgeführt, müssen Außenwände aus nichtfrostbeständigen Steinen, falls sie nicht verputzt werden, eine wetterfeste Fassadenbekleidung (→ Abb. 242) oder eine Verblendung (→ Abb. 243) erhalten.

Es gibt zur regensicheren Verblendung von nicht frostbeständigem Mauerwerk eine Vielzahl spezieller Element-Systeme, die in Zusammenhang mit Keramik-Herstellern [40] entwickelt wurden. Abb. 244 zeigt ein solches Beispiel.

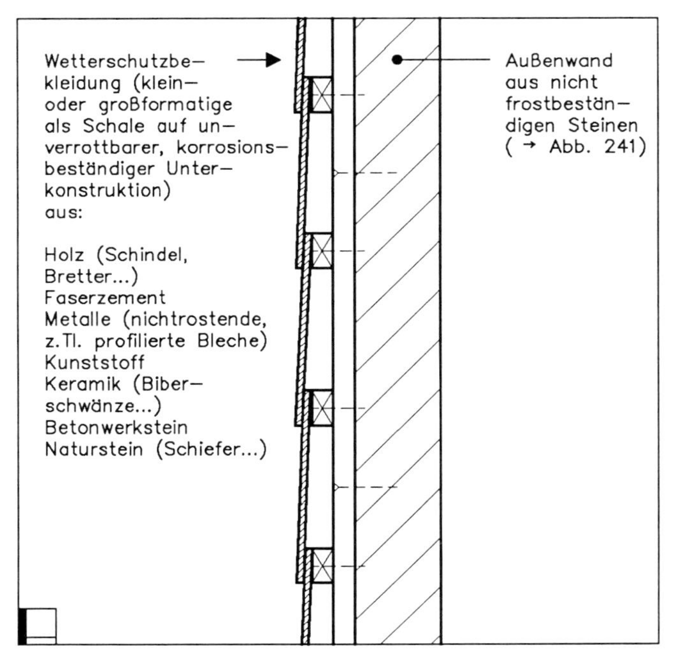

Abb. 242

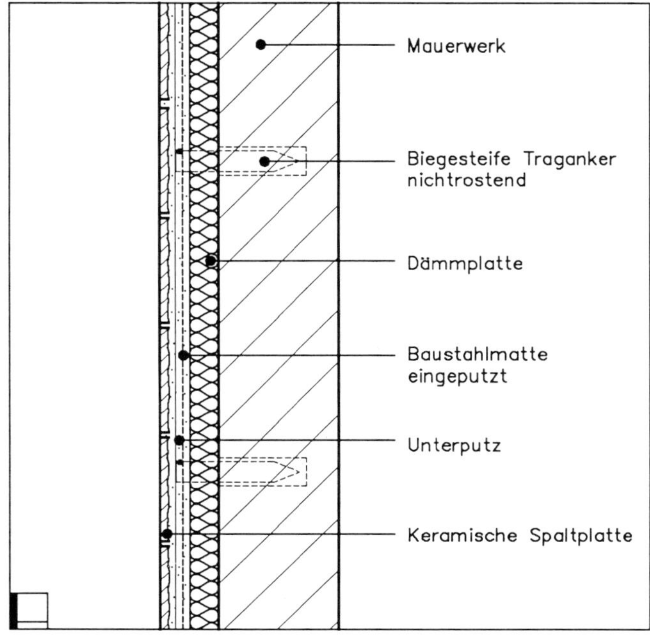

Abb. 244

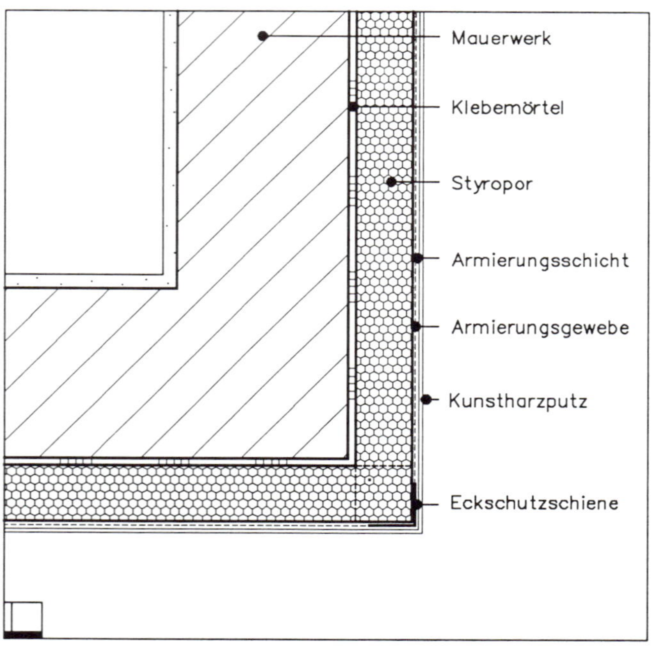

Abb. 245

Ebenso bieten Wärmedämm-Verbundsysteme (WDVS), die man landläufig »Thermohaut« nennt – gerade bei »dünnen« Außenwänden – den gewünschten Regen- und dabei Wärmeschutz (→ Abb. 245).

8.4.2.2 Unverputzte einschalige Außenwände
(einschaliges Verblendmauerwerk)

Bleibt bei einschaligen Außenwänden das Mauerwerk an der Außenseite sichtbar (herkömmliche Bezeichnung: Sichtmauerwerk), so muß jede Mauerschicht mindestens zwei Steinreihen gleicher Höhe aufweisen, zwischen denen eine durchgehende schichtweise versetzte, hohlraumfrei (→ Fotos 8 ... 13 + Text) vermörtelte, 20 mm dicke Längsfuge verläuft (siehe Bild 8).

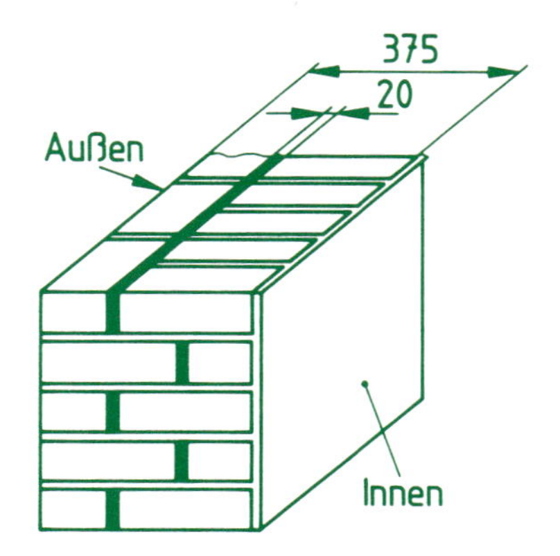

Bild 8: Schnitt durch 375 mm dickes einschaliges Verblendmauerwerk (Prinzipskizze)

Einschaliges Verblendmauerwerk, das mit der Hintermauerung im Verband (→ Abb. 246 ... 248) ausgeführt wird, bezeichnet man als Sichtmauerwerk. Die dem Wetter ausgesetzten Steine der Außenseite müssen wetterbeständig, d.h. frostbeständig sein. Die dafür geeigneten Steine sind bei Ziegelmauerwerk: VMz, VHLz, KMz und KHLz; bei Kalksandsteinen: KS Vm; KS Vb; KSL Vm und KSL Vb; bei Natursteinen → 12.2.8. Die Betonstein-Industrie bietet Verblendsteine in verschiedenen Formaten an.

Für die Planung und Ausführung von einschaligem Außenwand-Sichtmauerwerk, bei dem die Verblendung zum tragenden Querschnitt gehört, und von zweischaligem Verblendmauerwerk mit Luftschicht (→ 8.4.3.2) und ohne Luftschicht (→ 8.4.2.2) haben die Hersteller von Mauersteinen Grundsätze zusammengestellt, die im folgenden zusammengefaßt wiedergegeben werden. Sie gelten sinngemäß sowohl für Ziegelverblender [7] wie auch für bindemittelgebundene Verblendsteine [8] wie auch für Verblender aus Naturwerksteinen.

Planungsgrundsätze

Bei der Planung von Gebäuden, deren Außenwände in Sichtmauerwerk und Verblendmauerwerk erstellt und schlagregensicher ausgebildet werden sollen, müssen im Hinblick auf die Wahl der zweckmäßigen Wandkonstruktion die Umweltfaktoren berücksichtigt werden:

1. Lage des Baugebietes,
2. Topografische Lage des Gebäudes,
3. Klimatische Bedingungen,
4. Beanspruchung der Außenwände.

Bei dem Schlagregen ausgesetzten Außenwänden wird häufig die Feuchtebelastung unterschätzt, und es kommt zu Wanddurchfeuchtungen, die auf falschen Wandaufbau, auf konstruktive Fehler, Mängel in der handwerklichen Ausführung oder falsche Baustoffwahl zurückzuführen sind. Sichtmauerwerk und Verblendmauerwerk kann jeder Wetterbeanspruchung angepaßt und schlagregenwiderstandsfähig ausgebildet werden.

Ausführungsgrundsätze

Sichtmauerwerk und Verblendmauerwerk ist zweckmäßig nur von freistehenden Gerüsten aus zu mauern, um Hebellöcher im Mauerwerk, deren nachträgliche fachgerechte Schließung problematisch ist, zu vermeiden.

Bei längeren Arbeitsunterbrechungen und bei Regen ist die oberste Mauerwerksschicht durch Abdeckung zu schützen. Gerüstbretter sind abzulegen und mindestens 20 cm von der Fassade zurückzulegen oder hochzustellen. Bei Frost darf nicht gemauert werden.

Lagerung des Verblendmaterials

Vormauersteine werden üblicherweise auf Paletten, in Paketen, in Behältern o. ä. angeliefert. Die gestapelten Steine müssen gegen Witterungseinflüsse, Verschmutzungen und Beschädigungen geschützt werden.

Vorbehandlung der Verblender

Eine wichtige Voraussetzung zu einer beanstandungslosen Ausführung des Mauerwerks bildet die materialgerechte Verarbeitung der Verblendsteine. Die Verarbeitungsweise muß auf die unterschiedliche Porosität der verschiedenen Materialien eingestellt sein.

Saugende Steine müssen vor ihrer Verarbeitung angenäßt werden, damit sie dem Mauermörtel nicht zuviel Anmachwasser entziehen. Der Grenzwert liegt bei 15 g/dm² in 1 min. Bei Wasseraufnahme von ≥ 15 g/dm²/min muß vorgenäßt werden; Vornässen ist nicht erforderlich bei Wasseransaugvermögen ≤ 15 g/dm²/min. Andernfalls können sich Absetzrisse zwischen Stein und Mörtel (Schrumpfrisse) oder verdurstete Haftzonen im Mörtel bilden, die bei Schlagregenangriff den raschen Ein- oder Durchtritt von Wasser im Mauerwerk begünstigen würden.

Wenig saugende Klinker können dagegen nur im trockenen Zustand vermauert werden. Da sie wegen ihres geringen Saugvermögens bei Verarbeitung von plastischen Mörteln zum Schwimmen neigen, ist die Plastizität des Mauermörtels herabzusetzen.

Aus Gründen der Schlagregensicherheit muß insbesondere für Gebäude, die für den dauernden Aufenthalt von Menschen bestimmt sind, bei Sichtmauerwerk jede Mauerschicht mindestens zwei Steinreihen (→ Abb. 246) aufweisen, zwischen denen eine durchgehende, schichtweise versetzte, hohlraumfreie (→ Fotos 8 ... 13 + Text) vermörtelte, 20 mm dicke Längsfuge verläuft, wodurch sich die Mauerwerksdicke um 10 mm erhöht (z. B. 375 mm statt 365 mm dickes Mauerwerk im Kreuz- oder Blockverband (→ Abb. 248).

Die hohlraumfreie Vermörtelung (= Regenbremse) soll die Regensicherheit der Wand sicherstellen. Mit »Mörtel in gießfähiger Konsistenz« wird das auf der Baustelle ausgeführt. Die Gießfähigkeit ist hierbei durch Zusatzmittel (→ S. 228) und nicht durch Verdünnung mit Wasser zu erreichen.

Die Mindestwanddicke beträgt 310 mm (→ Abb. 247). Alle Fugen müssen vollfugig und haftschlüssig vermörtelt werden.

Da eine regensichere Sichtmauerwerk-Wand zwei Steinreihen aufweisen muß, ist die Mindestdicke einer solchen Wand 310 mm (→ Abb. 247). 240 mm dicke SI.MW-Wände sind aus diesen Gründen nicht zulässig, es sei denn, für eine einhäuptige Gartenmauer.

24er Wände für Wohngebäude sind daher zu verputzen (→ Abb. 241) oder mit einer Wetterschutzbekleidung zu versehen (→ Abb. 242 ... 245).

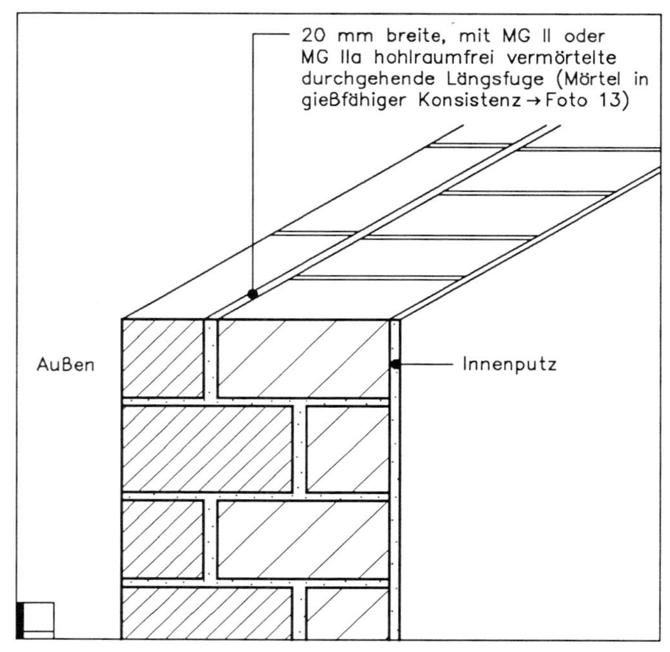

Abb. 246

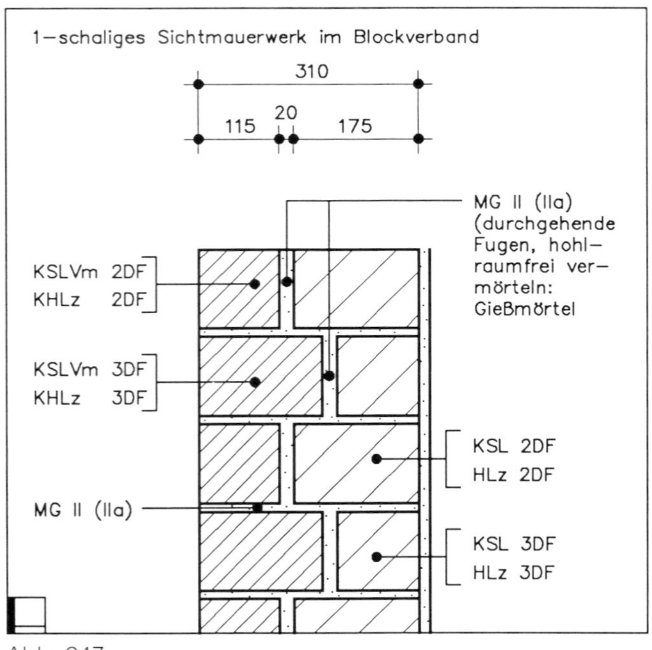

Abb. 247

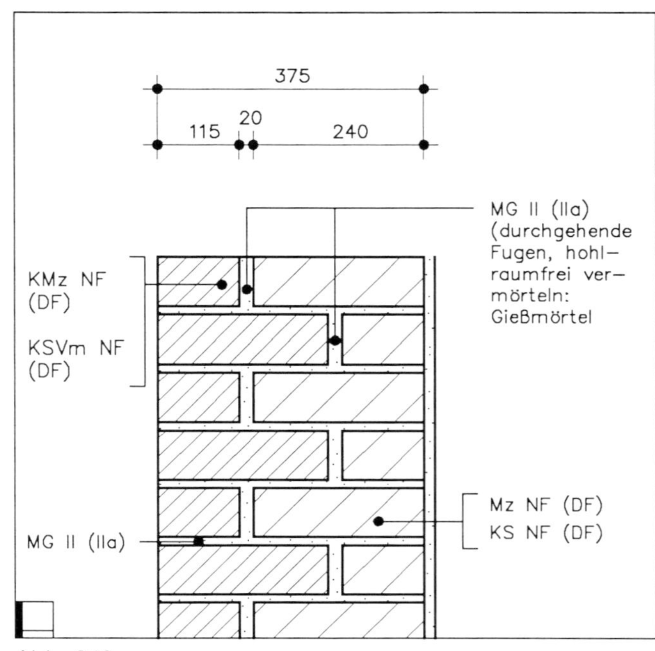

Abb. 248

Die Forderung, die Fugen des Mauerwerks »vollfugig« und »hohlraumfrei« herzustellen, ist bautechnisch nur sehr schwer zu erreichen. Dies zeigen die folgenden Fotos. Es wurde hier von einem erfahrenen Maurer nach den üblichen Gepflogenheiten (allerdings in der Werkstatt) ein einschaliges Sichtmauerwerk im Kreuzverband erstellt, aus dem man nach kurzer Zeit die Steine wieder herausnahm, um zu sehen, wie die Fugen beschaffen waren.

Foto 8 und 9:
Beim Mauern wurde der Mittelraum der Stoßfuge sowie die gesamte Längsfuge zunächst hohl belassen und dann später nachverfüllt. Bei der dann vielfach üblichen Nachfüllmethode wird eine größere Mörtelmenge auf die Mauerschicht gegeben und dort verteilt. Der in die Fugenschlitze einsinkende Mörtel bleibt infolge Wasserentzugs im oberen Fugenbereich hängen.

Foto 8

Foto 9

Foto 10

Foto 11

Foto 10:
Von der Arbeitsmethode des Zustandes auf den Fotos 8 und 9 ausgehend, wurde hier noch mit der Kelle der Fugenmörtel nachge»stochert« und nachgefüllt, um Vollfugigkeit zu erreichen.

Foto 11 und 12:
Die Steinflanken wurden volldeckend mit Mörtel angegeben. Der damit behaftete Stein wurde dann (unter Ausquetschen von Überschußmörtel) an den Nachbarziegel angeschoben. Die Längsfuge blieb zunächst frei. Man verfüllte sie mit Gießmörtel, der zur Vermeidung von Lufteinschlüssen noch eingestochert wurde.

Foto 12

Foto 13

Zusammenfassend ist festzustellen, daß nur die Ausführung nach Foto 11 und 12 den Anforderungen genügt. Dabei ist aber darauf hinzuweisen, daß die gezeigten Fotos aus einer Versuchsreihe stammen, die im Labor durchgeführt wurde. Die Aufnahmen 8 bis 10 zeigen dagegen Ergebnisse, wie sie üblicherweise auf der Baustelle anzutreffen sind. Das Hantieren mit kellengerechtem Mörtel und Vergußmörtel (→ Foto 13) wird meist als lästig empfunden und daher oft nicht ausgeführt.

Es muß auch erwähnt werden, daß auf der Baustelle der Zeitdruck das Ergebnis noch verschlechtern wird. Durch die dann zwangsweise entstehenden Fehlstellen im Fugenmörtel ist ein solches Mauerwerk nicht schlagregensicher.

Bei einschaligem Verblendmauerwerk gehört die Verblendung zum tragenden Querschnitt (→ Abb. 246). Für die zulässige Beanspruchung ist die im Querschnitt verwendete niedrigste Steinfestigkeitsklasse maßgebend.

Soweit kein Fugenglattstrich (→ Abb. 249 ... 251) ausgeführt wird, sollen die Fugen der Sichtflächen mindestens 15 mm tief flankensauber ausgekratzt und anschließend handwerksgerecht ausgefugt (→ Abb. 258) werden.

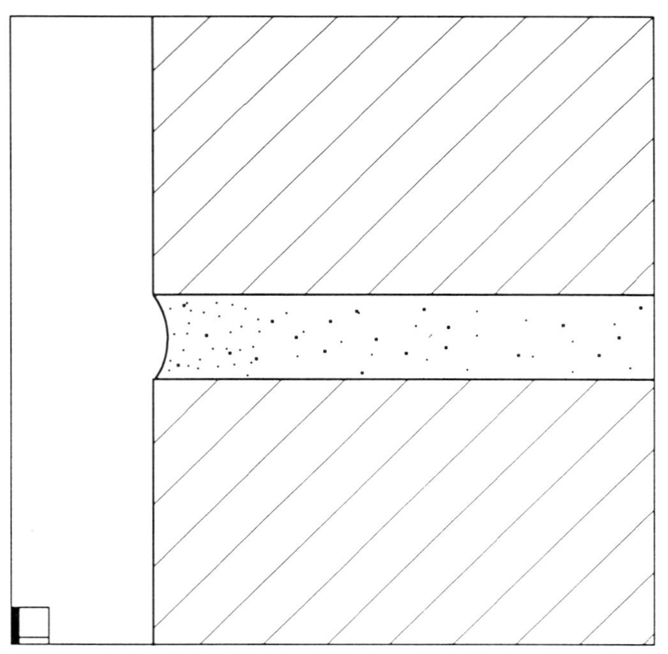

Abb. 249

Beim Fugenglattstrich wird der Mauermörtel so aufgetragen, daß er beim Versetzen der Steine aus der Fuge hervorquillt. Der Mörtel wird beim Mauern mit der Kelle abgeschnitten (→ Abb. 250). Damit er nicht an der Steinoberfläche »abläuft«, muß er ein gutes Zusammenhang- und Wasserrückhaltevermögen besitzen [22]. Werksgemischte Vormauermörtel und Mörtelzusätze, z. B. Traß, erfüllen bei gleichzeitig guter Kornzusammensetzung des Sandes weitgehend diese Forderung.

Wenn der Mörtel genügend »angesteift« ist, wird die Fugenoberfläche mit einem Holzspan oder einem farblosen Schlauchstück glattgestrichen (→ Abb. 251). Er verdichtet sich hierbei.

Das Verfugen

Das Verfugen der Sichtflächen hat eine doppelte Aufgabe. Einmal dient es der Wetterdichtigkeit der Außenwand und zum anderen dem Aussehen. Der Charakter, der Gesamtfarbton eines Bauwerks, wird durch das Aussehen der Fugen entscheidend mitbestimmt; der Fugenfarbton (hell bis dunkel) überzieht als engmaschiges Netz, bedingt durch die Fugenabstände der verschiedenen Steingrößen, die Wandfläche, die ihren Grundfarbton durch die Eigenfarben der möglichen Mauersteine hat. Die Farbskala reicht durch die weißen oder gefärbten Kalksandsteine über die reiche Farbpalette der Ziegelsteine von weiß bis fast schwarz. Hinzu kommt noch das Licht- und Schattenspiel in den Steinoberflächen, ob bruchrauh, besandet oder unbesandet, mit genarbter oder gefalteter Oberfläche oder einfach ganz glatt, ja sogar glänzend.

Grundlegende technische Hinweise für das Verfugen von Sichtmauerwerksflächen sind im folgenden zusammengestellt [7].

Bei schlagregenbeanspruchtem Sicht- und Verblendmauerwerk ist die Zusammensetzung des Fugenmörtels sowie die Tiefe, Gleichmäßigkeit und Lage der Fugenoberflächen und die Art des Einbringens von entscheidender Bedeutung für die Wetterdichtigkeit der Außenwand. Die Verfugung soll möglichst bündig mit der Sichtfläche liegen und wasserabweisend sein. Von dieser Grundregel sollte nur dann abgewichen werden, wenn das Mauerwerk genügend wasserspeicherfähig ist oder wenn zwischen Verblendung und Hintermauerung eine voll wirksame Feuchtigkeitssperre angeordnet wird.

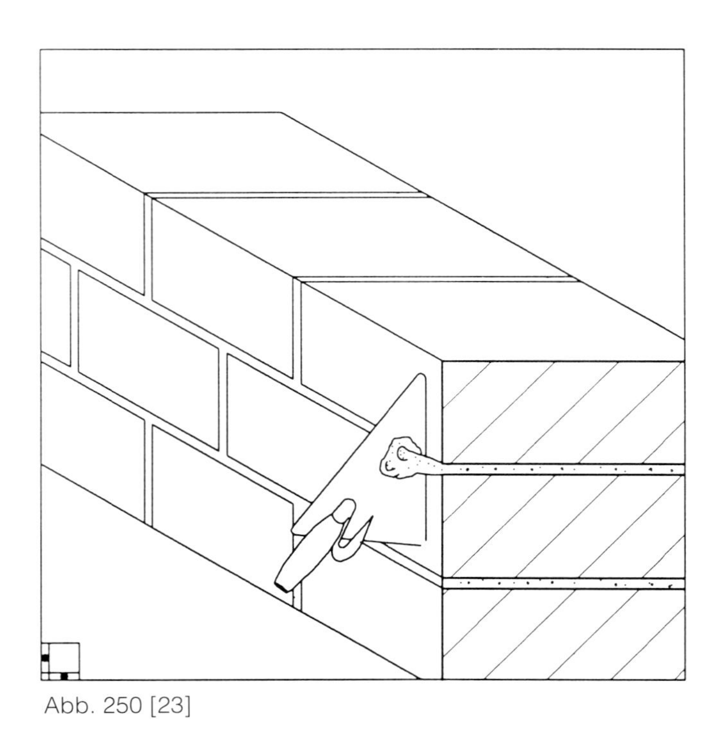

Abb. 250 [23]

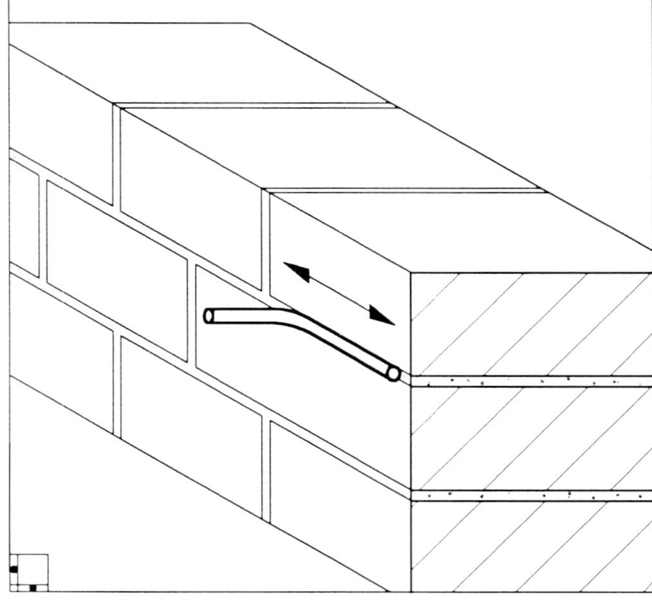

Abb. 251 [23]

Die Technik der Verfugung kennt zwei Möglichkeiten:

1. Fugenglattstrich (→ Abb. 249)
2. Nachträgliche Verfugung (→ Abb. 258)

Beim Fugenglattstrich (→ Abb. 249 ... 251) sind die Sichtfugen des Mauerwerks beim Mauern vollfugig auszuführen – keine Hohlfugen, also satte Mörtelaufgabe! Der herausquellende Mörtel wird glattgestrichen und nach dem Anziehen mit einem Holzspan, Wasserschlauch oder Fugeisen bis etwa 2 mm hinter die Steinkante zurückgetrieben und dadurch mechanisch verdichtet.

Bei nachträglicher Verfugung sind vor Einbringung des Fugenmörtels einige wichtige Vorarbeiten durchzuführen. Die Fugen der Vormauersteine sind 15...20 mm tief auszukratzen. Hierzu verwendet man eine schwach konische Hartholzleiste, denn metallische Werkzeuge wie Nägel, Fugeisen oder Kelle führen leicht zu Beschädigungen der Steinoberflächen und -kanten.

Die Fassadenflächen sind abzubürsten, auch die Fugen müssen von allen losen Mörtelteilen gesäubert werden. Die Fassade ist bis zur Wassersättigung von unten nach oben vorzunässen. Das Reinigen der Fassade erfolgt mit Wasser und Bürste und kann je nach Steinart und Steinoberfläche u.U. durch Zusatz von Reinigungsmitteln durchgeführt werden; die Empfehlungen der Steinhersteller hierzu sind zu beachten.

Der maschinell gemischte, schwach plastische und verdichtungsfähige Fugenmörtel ist in zwei Arbeitsgängen in die Fugen einzudrücken, gut zu verdichten und glattzubügeln:

1. Arbeitsgang: erst Stoßfuge, dann Lagerfuge,
2. Arbeitsgang: erst Lagerfuge, dann Stoßfuge.

Vor dem Verfugen ist das Mauerwerk ausreichend vorzunässen. Die frische Verfugung ist vor frühzeitiger Austrocknung durch Zugluft, Sonnenbestrahlung u.a. mit geeigneten Maßnahmen, z.B. durch Besprühung mit Leitungswasser (Nebeldüsen) zu schützen.

Der maschinell gemischte Fugenmörtel soll in seiner Zusammensetzung weitgehend dem Mauermörtel entsprechen. Er muß geschmeidig und gut verarbeitbar sein. Zu trocken eingebrachter Fugenmörtel fördert den Wasserdurchtritt und damit die Durchfeuchtung des Mauerwerks (Flächenkapillare durch feine Risse zwischen Stein und Mörtel).

Für eine nachträgliche Verfugung können Mörtel der Gruppen II, IIa der unten genannten Mörtelrezepturen für Ziegelmauerwerk genommen werden, ferner Zementmörtel der MG III aus 1 RT Zement und 4 RT Sand [7]:

Die Mörtelzusammensetzungen nach Tabelle A.2 der DIN 1053-1 (→ S. 230), sind vornehmlich auf die Festigkeit der genannten Mörtelgruppen abgestimmt [7]. Ebenso wichtig sind aber die Wasserdichtigkeit und die Dampfdurchlässigkeit. Mit Rücksicht auf den notwendigen haftschlüssigen Mörtelverbund und außerdem auch wegen der wünschenswerten Elastizität des Fugensystems sollten für die Errichtung von schlagregenbeanspruchtem unverputzt bleibendem Mauerwerk nachstehend aufgeführte Mörtelmischungen bevorzugt werden:

Kalkzementmörtel (MG II)
1 RT Portlandzement
2 RT Kalkhydrat
8 RT Sand 0 ... 4 mm ∅

Traßkalkmörtel (MG II)
1 RT hochhydraulischer Traßkalk LP (fabrikfertig)
2,5 RT Sand 0 ... 4 mm ∅

Kalkzementmörtel (MG IIa)
1 RT Portlandzement
1 RT Kalkhydrat
6 RT Sand 0 ... 4 mm ∅

Traßkalk-Zementmörtel (MG IIa)
1 RT Portlandzement
2 RT hochhydraulischer Traßkalk LP
8 RT Sand 0 ... 4 mm ∅

Die KS-Industrie empfiehlt für die nachträgliche Verfugung ihrer Vormauersteine folgende Mischungen:

Mischverhältnisse in Raumteilen

Mörtel gruppe	Portland-Zement	Kalkhydrat	Traß[1])	Traß-Kalk LP	gemischt körniger Sand
Fugmörtel (nachträgliche Verfugung)					Sand 0 ... 2 mm
II	1	1	1		7
				1	2
III	1		1		5
				1	2

[1]) Reines Traßmehl – kein Traß-Zement oder Traß-Kalk

Die Fugenausbildung mit ihren oft kranken Abarten ist auf den Abb. 252...257 dargestellt. Hierbei gilt die »richtige« Ausführung sowohl für den »Fugenglattstrich« (→ Abb. 249) als auch für die »nachträgliche Verfugung« (→ Abb. 258).

Farbige Fugenmörtel werden verarbeitet, um eine optische Wirkung der Sichtmauerfläche zu erreichen. Für Mauermörtel werden selten Farbzusätze verwendet. Dagegen werden Fugenmörtel manchmal gefärbt, um kontrastreiche Wirkungen zu erzielen. Der Farbzusatz sollte aber so gering wie möglich gehalten werden. Ein hoher Farbzusatz wirkt sich nachteilig aus auf die Dichtigkeit und Festigkeit des Mörtels. Außerdem neigt ein gefärbter Mörtel leichter zu Schwindrißbildungen.

Voraussetzung für die Verwendung von Farbzusätzen ist, daß sie mit Kalk und Zement verträglich sind. Ferner dürfen sie keine Ausblühungen verursachen. Die meisten »zement- und kalkechten« Farbstoffe sind künstlich hergestellte Mineralstoffe.

»Zementechte Farben« sind z. B.:

Farbe	Farbstoffe
Weiß	Titandioxid, Titanweiß
Gelb	Eisenoxidgelb
Rot	Eisenoxidrot, Spanisch-Eisenoxid
Blau	Kobaltblau
Grün	Chromoxidgrün, Chromoxidhydratgrün, Permanentgrün
Braun	Eisenoxidbraun
Schwarz	Eisenoxidschwarz, Manganschwarz

Die optimale Farbwirkung kann im allgemeinen bei einem Pigmentzusatz von 3,5 % zum Bindemittelgewicht erwartet werden. Eingefärbte Fertigmörtel werden auf dem Baumarkt angeboten.

Falsche und richtige Verfugung

Zusatzmittel werden pulverförmig oder in flüssiger Form geliefert. Sie verändern bestimmte Mörteleigenschaften durch chemische oder physikalische Wirkung. Voraussetzung für den erfolgreichen Einsatz von Zusatzmitteln ist ein sachgemäß zusammengesetzter und hergestellter Mörtel.

Die Gebrauchsanweisung der Hersteller sind genau zu beachten. Eine Verbesserung der Verarbeitbarkeit läßt sich bei Zugabe von verflüssigenden, luftporenbildenden Zusatzmitteln erwarten (→ A.2.4, S. 228). Bei Verwendung von Traßkalk LP ist ein Zusatz von LP-Mitteln nicht erforderlich und im allgemeinen nicht wünschenswert. Wasserabweisende Zusatzmittel, auch Dichtungsmittel genannt, sollen den Wassereintritt in das Mauerwerk hemmen.

Dichtungsmittel machen den Mörtel kapillar inaktiv, ohne die Dampfdurchlässigkeit zu beeinträchtigen.

Frostschutzmittel dürfen dem Mauermörtel nur in Ausnahmefällen zugegeben werden. Auftausalze sind nicht zulässig.

Falsche und richtige Verfugung

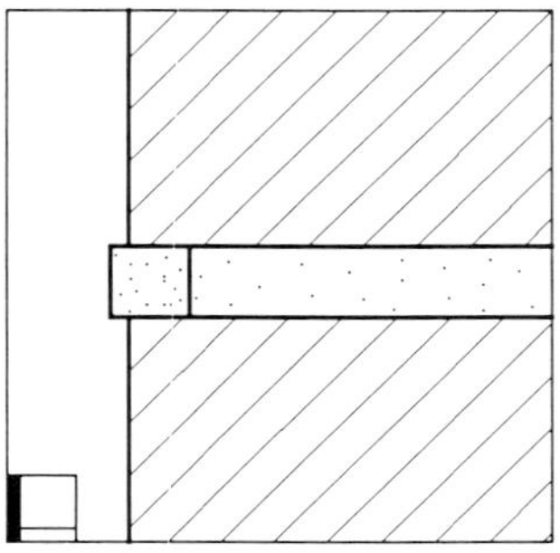

Abb. 252 falsch

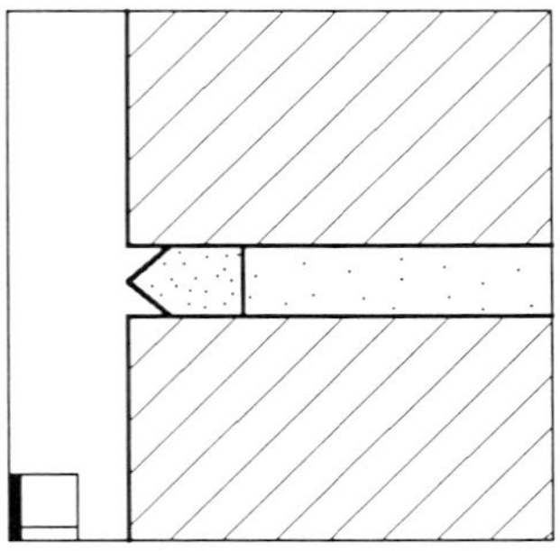

Abb. 253 falsch

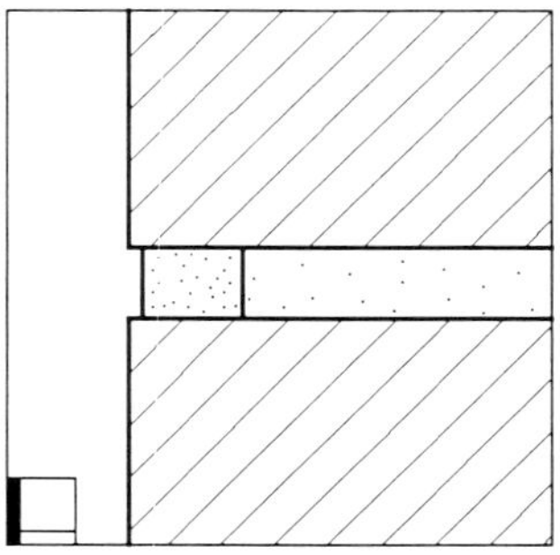

Abb. 254 falsch

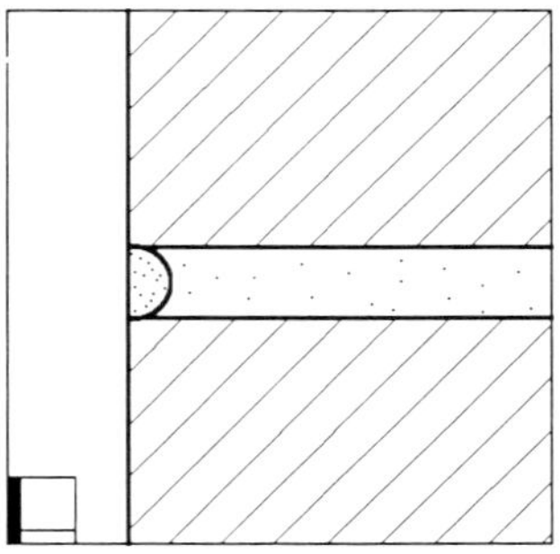

Abb. 255 falsch

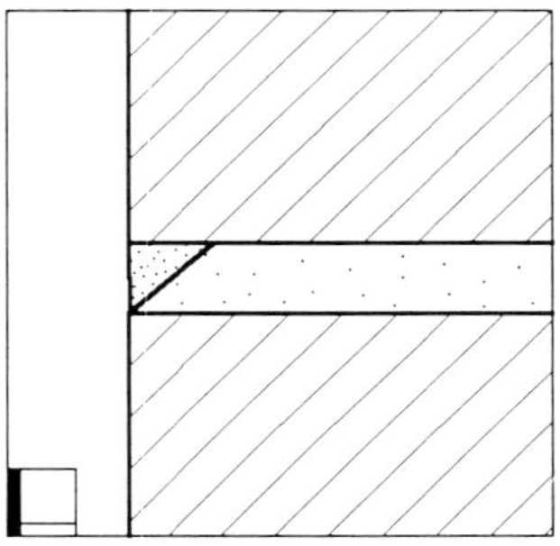

Abb. 256 falsch

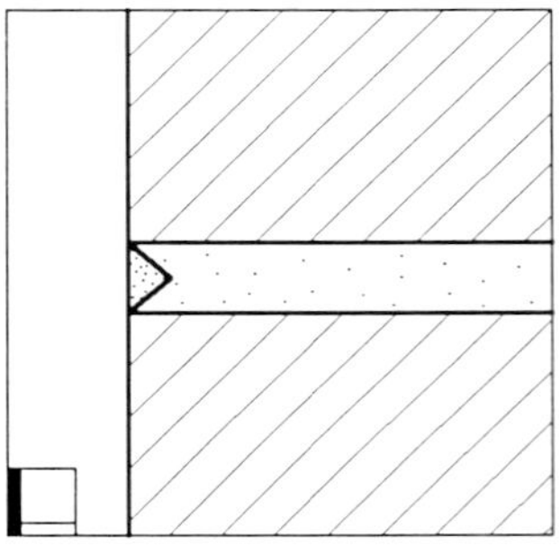

Abb. 257 falsch

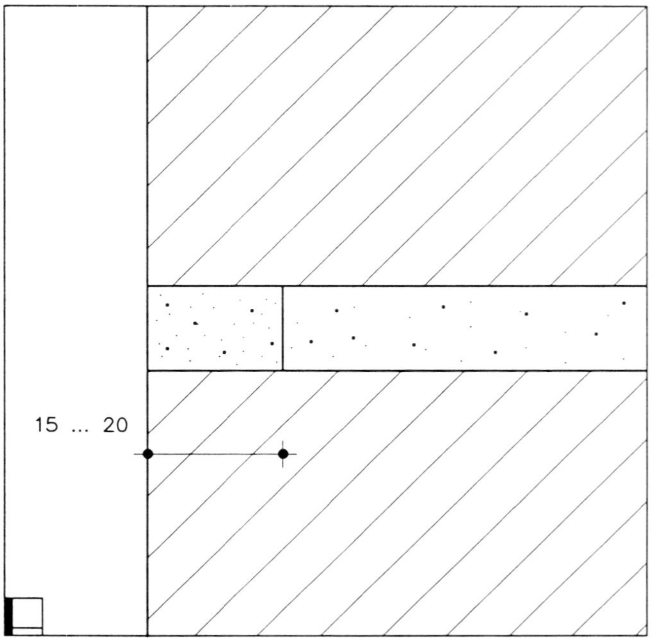

15 ... 20

Abb. 258 richtig

8.4.3 Zweischalige Außenwände

8.4.3.1 Konstruktionsarten und allgemeine Bestimmungen für die Ausführung

Nach dem Wandaufbau wird unterschieden nach zweischaligen Außenwänden

- mit Luftschicht (→ Abb. 259)
- mit Luftschicht und Wärmedämmung (→ Abb. 260)
- mit Kerndämmung (→ Abb. 261)
- mit Putzschicht (→ Abb. 262)

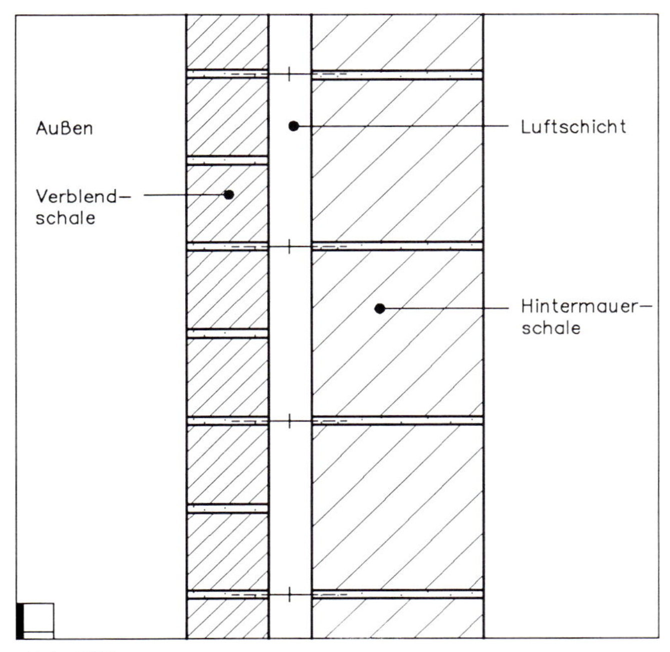

Abb. 259

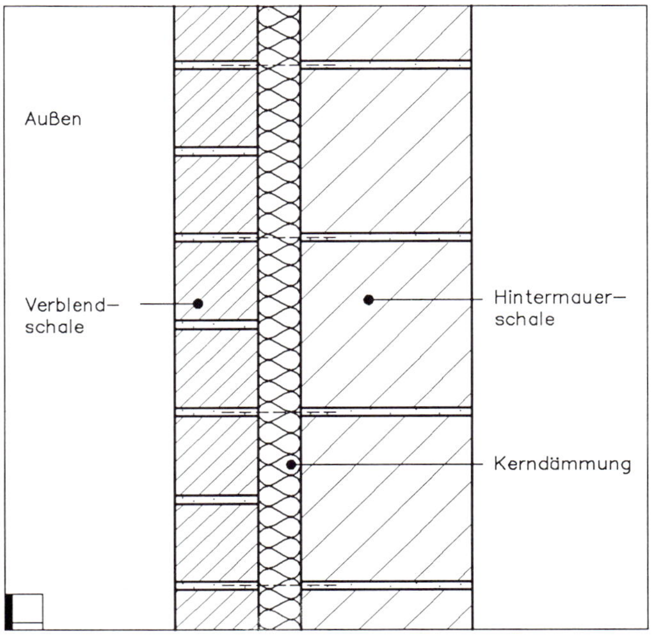

Abb. 261

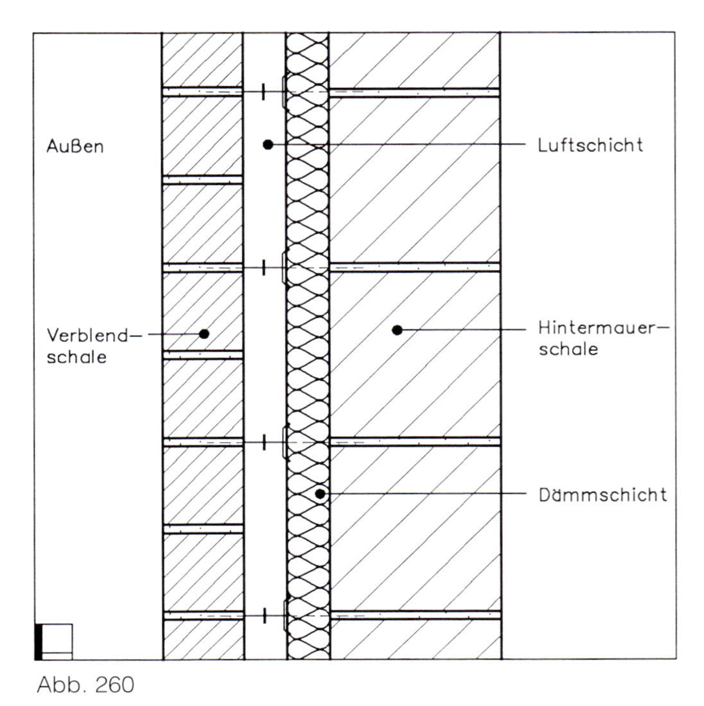

Abb. 260

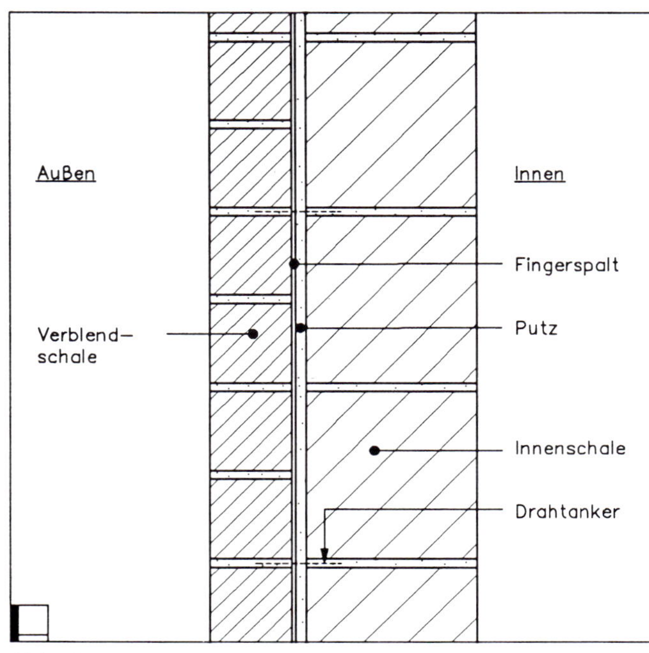

Abb. 262

Bei Anordnung einer nichttragenden Außenschale (Verblendschale oder geputzte Vormauerschale) vor einer tragenden Innenschale (Hintermauerschale) ist folgendes zu beachten:

a) Bei der Bemessung ist als Wanddicke nur die Dicke der tragenden Innenschale (→ Abb. 263) anzunehmen. Wegen der Mindestdicke der Innenschale siehe Abschnitt 8.1.2.1. Bei Anwendung des vereinfachten Verfahrens ist Abschnitt 6.1 zu beachten.

b) Die Mindestdicke der Außenschale beträgt 90 mm (→ Abb. 263). Dünnere Außenschalen sind Bekleidungen, deren Ausführung in DIN 18515 geregelt ist. Die Mindestlänge von gemauerten Pfeilern in der Außenschale, die nur Lasten aus der Außenschale zu tragen haben, beträgt 240 mm.

   Die Außenschale soll über ihre ganze Länge und vollflächig aufgelagert sein. Bei unterbrochener Auflagerung (z. B. auf Konsolen) (→ Abb. 264) müssen in der Abfangebene alle Steine beidseitig aufgelagert sein.

Der »Aufstand« der nichttragenden Verblendschale (→ Pfeil auf Abb. 263) sollte vollflächig sein. Ausnahmen sind bei c) + d) (→ Abb. 265 ... 267) beschrieben.

Steht die Außenschale nicht auf einer Tragwand, so sind die dann notwendigen (aus nichtrostendem Stahl gefertigten) Konsolen so zu wählen und anzuordnen, daß ein Verblendstein jeweils beidseitig auf der Konsole aufliegt (→ Abb. 264 [24]).

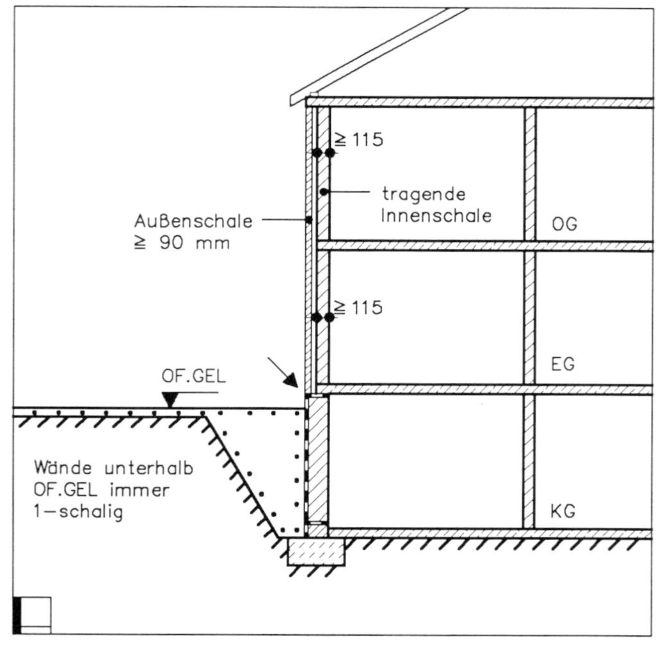

Abb. 263

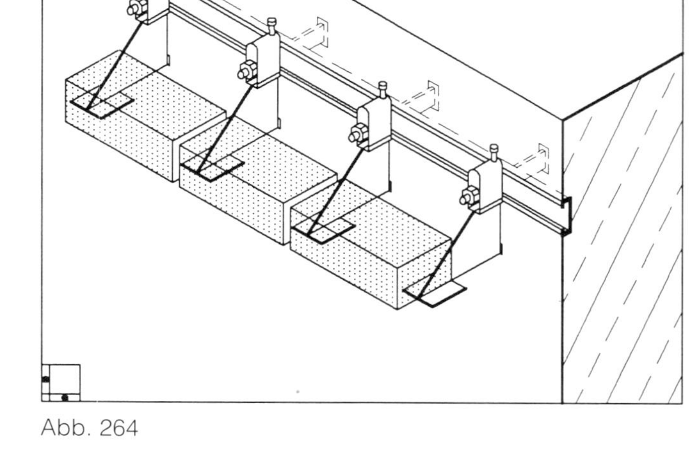

Abb. 264

c) Außenschalen von 115 mm Dicke sollen in Höhenabständen von etwa 12 m abgefangen werden (→ Abb. 265). Sie dürfen bis zu 25 mm über ihr Auflager vorstehen (→ Abb. 266: Maß »Ü«)

Ist die 115 mm dicke Außenschale nicht höher als zwei Geschosse oder wird sie alle zwei Geschosse abgefangen, dann darf sie bis zu einem Drittel ihrer Dicke über ihr Auflager vorstehen (→ Abb. 266; d.f. Ü ≤ 38 mm). Diese Überstände sind beim Nachweis der Auflagerpressung zu berücksichtigen. Für die Ausführung der Fugen der Sichtfläche von Verblendschalen siehe 8.4.2.2.

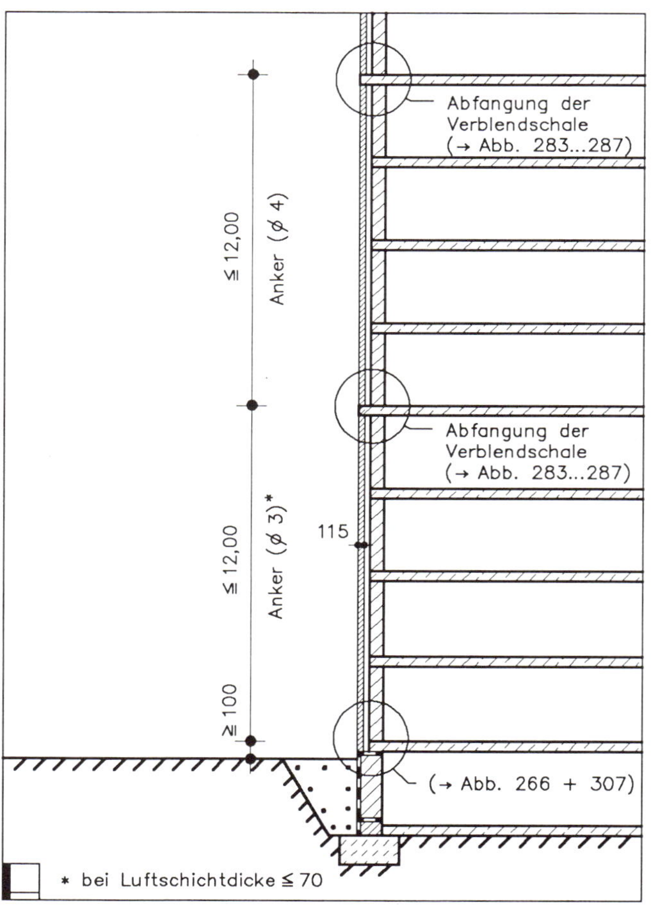

Abb. 265

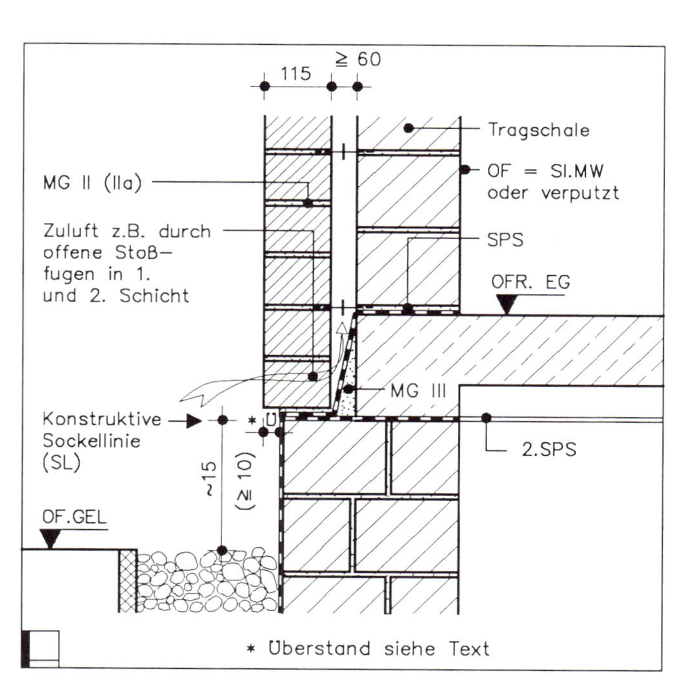

Abb. 266

Durch die Verblendschale tretendes Wasser ist mittels Sperrbahnen nach außen zu leiten! Dies gilt besonders am Sockel: Hier endet die nach außen führende Sperrbahn mindestens 10 cm über Oberfläche Gelände (OF.GEL). Der Überstand fällt so mit der »konstruktiven Sockellinie (SL)« [3] zusammen, die folgendermaßen definiert ist: »Die Sockellinie (SL) eines Gebäudes ist die sichtbare Lage der waagerechten Sperrschicht (SPS) oberhalb der Erdgleiche.«

Die Wirksamkeit dieser Entwässerungsmaßnahmen zeigt Foto 14. Es ist dabei darauf hinzuweisen, daß im Bereich der Stoßfuge kein Mörtel vorhanden sein soll, damit Wasser auslaufen kann. Dahinter aufgestautes Wasser (→ Abb. 290, S. 139) kann an den Stößen der Sperrbahnen ins Gebäudeinnere sickern und dort Schäden verursachen (→ Foto 18, S. 139).

Ein nachträgliches Schließen der untersten Lagerfuge mit Fugenmörtel ist zu vermeiden. Er verhindert den Wasseraustritt. Zudem platzt der Mörtel ab (→ Foto 15).

Foto 14

Foto 15

d) Außenschalen von weniger als 115 mm Dicke dürfen nicht höher als 20 m über Gelände geführt werden und sind in Höhenabständen von etwa 6 m abzufangen (→ Abb. 267)

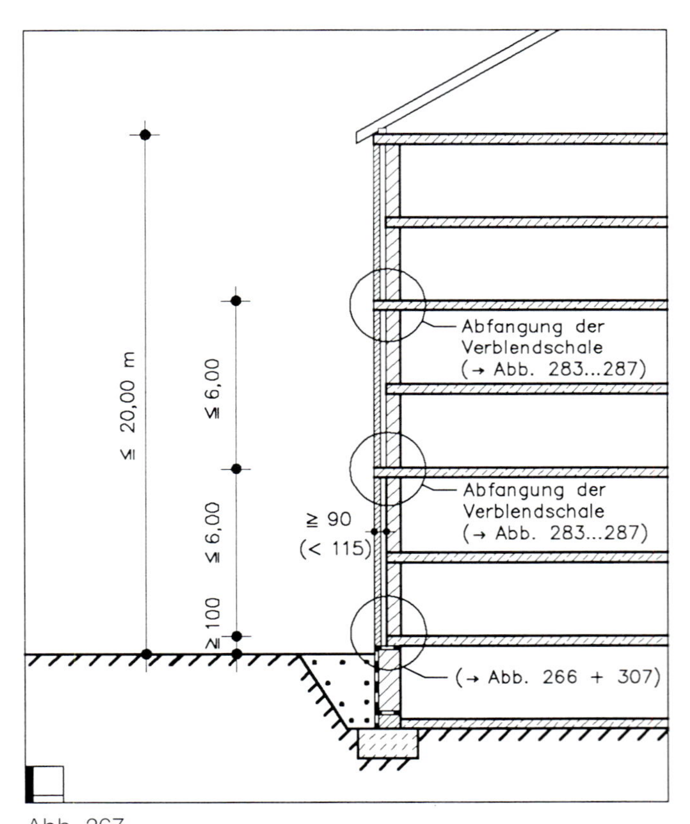

Abb. 267

Bei Gebäuden bis zwei Vollgeschossen darf ein Giebeldreieck bis 4 m Höhe ohne zusätzliche Abfangung ausgeführt werden (→ Abb. 268) Diese Außenschalen dürfen maximal 15 mm über ihr Auflager vorstehen. (Der auf Abb. 266 gezeigte Verblendschalenüberstand »Ü« darf für geringere Verblendschalendicken von 90 ... < 115 mm nur noch 15 mm betragen.) Die Fugen der Sichtflächen von diesen Verblendschalen sollen in Glattstrich (→ Abb. 249 ... 251) ausgeführt werden.

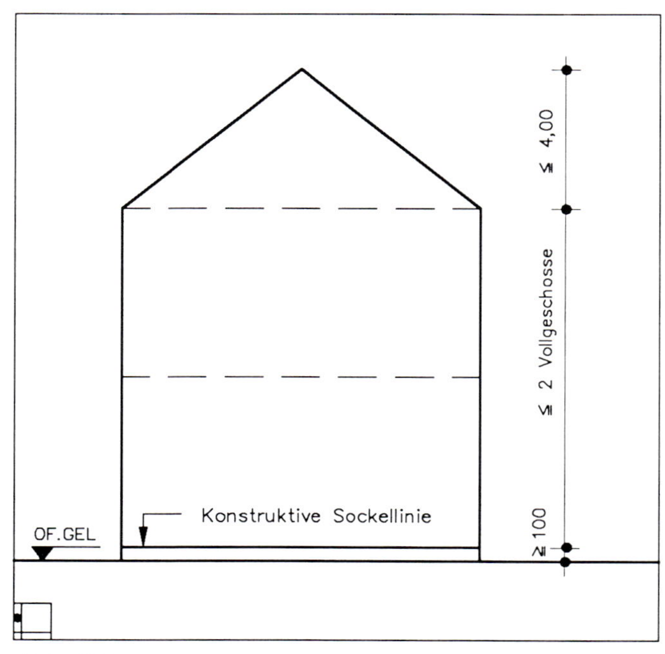

Abb. 268

e) Die Mauerwerksschalen sind durch Drahtanker aus nichtrostendem Stahl mit den Werkstoffnummern 1.4401 oder 1.4571 nach DIN 17440 zu verbinden (siehe Tabelle 11). Die Drahtanker müssen in Form und Maßen Bild 9 entsprechen.

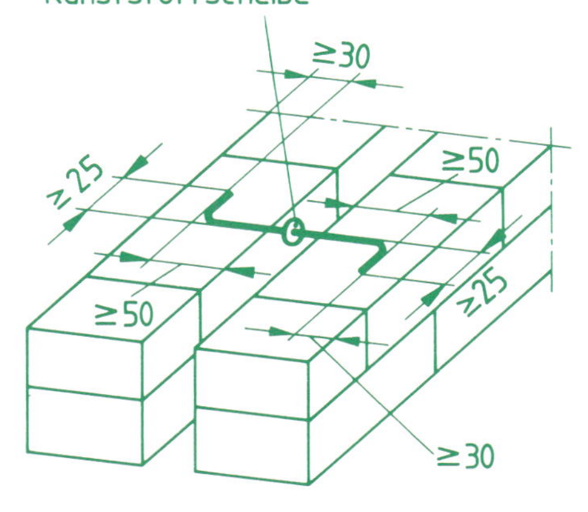

Bild 9: Drahtanker für zweischaliges Mauerwerk für Außenwände

Es gibt Luftschichtanker (Drahtanker), die gleich beim Hochmauern in genügender Anzahl und entsprechenden Abständen in die Lagerfugen der Tragwand eingelegt werden (→ Abb. 269).

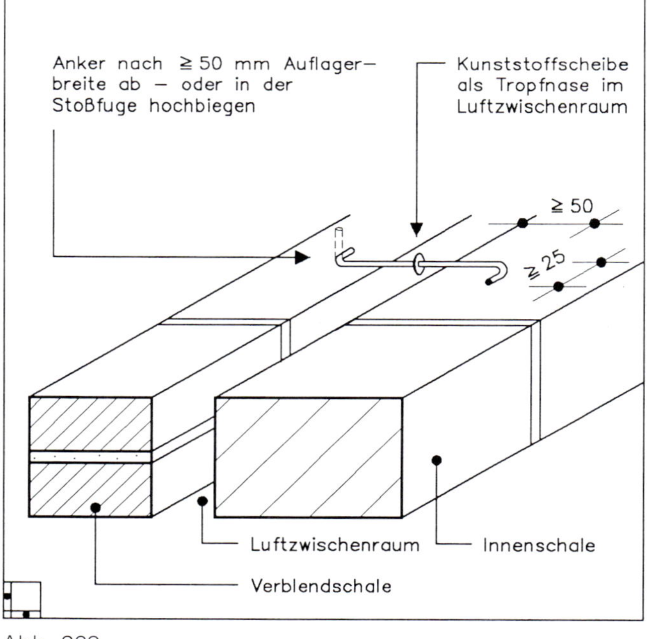

Abb. 269

Wenn die Verbände der Tragwand und der Verblendschale aufeinander abgestimmt sind, werden Drahtanker in Z-Form verwendet (→ Abb. 270), andernfalls arbeitet man zweckmäßiger mit der L-Form (→ Abb. 271), die dann entsprechend abgebogen wird.

Falls die Lagerfugen nicht in einer Ebene liegen oder man sich für eine Verblendung erst später entschließt oder die Anker vergessen wurden, dann werden Luftschichtanker zum nachträglichen Eindübeln (→ Abb. 272 + 273) in das tragende Innenschalenmauerwerk verwendet. Die Hersteller halten für verschieden große Luftschichtweiten die entsprechenden Ankerlängen bereit.

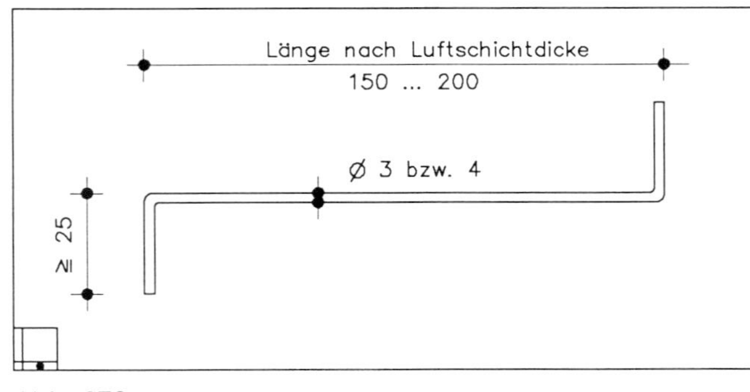

Abb. 270

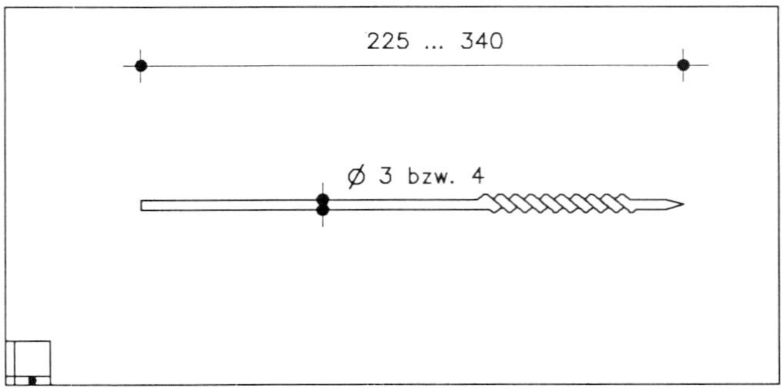

225 ... 340

Ø 3 bzw. 4

Abb. 272

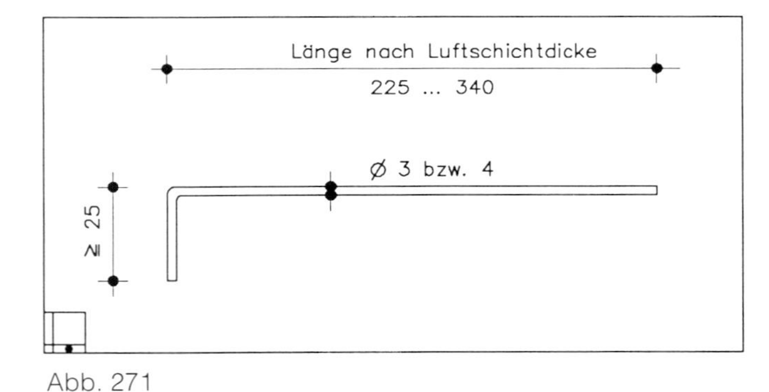

Abb. 271

Mit einem Einschlagrohr, das auch zum Abbiegen der Drahtanker dient, werden diese in den (in die Tragwand eingebohrten) Dübel eingetrieben. Daher nennt man diese Anker auch Einschlaganker.

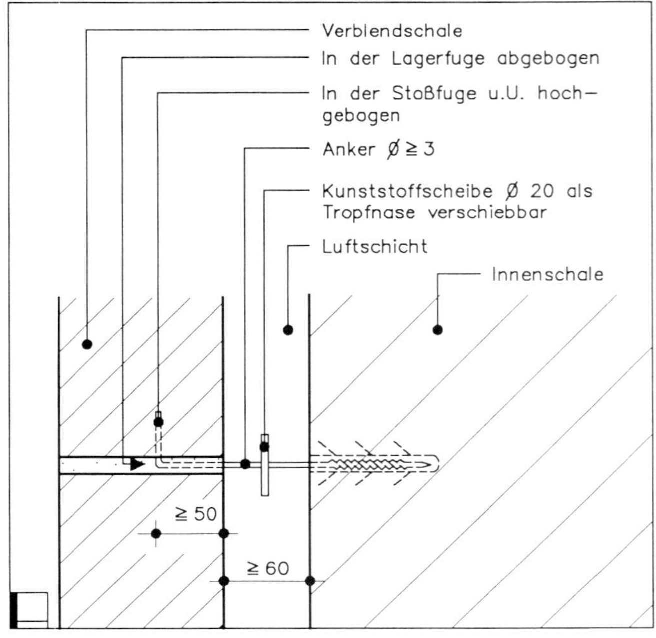

Abb. 273

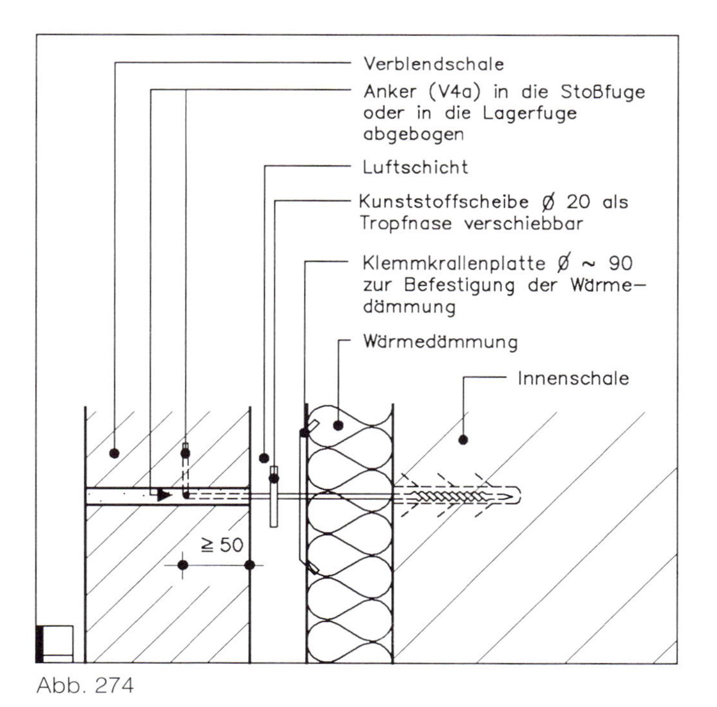

Abb. 274

Beim Einbau einer zusätzlichen Wärmedämmschale (→ Abb. 336) ist ohnehin die Verwendung von Dübelankern (Einschlaganker) zu empfehlen, um die Wärmedämmschicht lückenlos zunächst auf die Innenschale aufzubringen. Sie wird mit Klemmkrallenplatten (Ø ≈ 9 cm) aus Kunststoff oder Chromstahlblech an der Tragwand gehalten (→ Abb. 274 + 337).

Bei Verblendung von Betonwänden oder Wänden aus großformatigen Mauersteinen oder -elementen können Einschlagdübel (→ Abb. 272) Verwendung finden. Sehr oft werden aber auch Halfen-Dübelschienen [24] mit Anschlußankern (→ Abb. 275 + 276) zum Einbau kommen. Diese Befestigungsart findet auch für die »Verankerung« nichttragender Außenwände (→ 8.1.3.2) Verwendung, worauf die Abb. 149 hinweist.

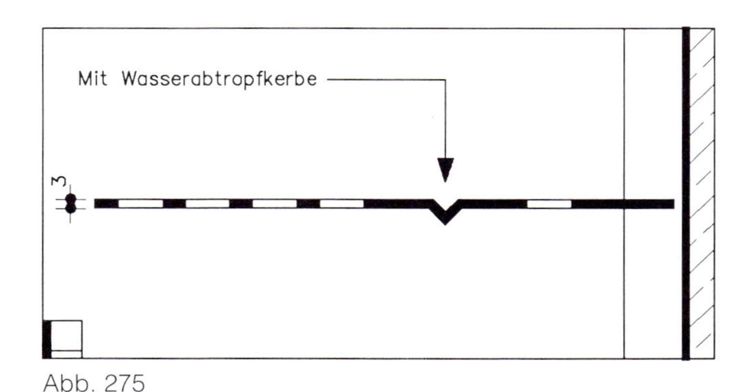

Abb. 275

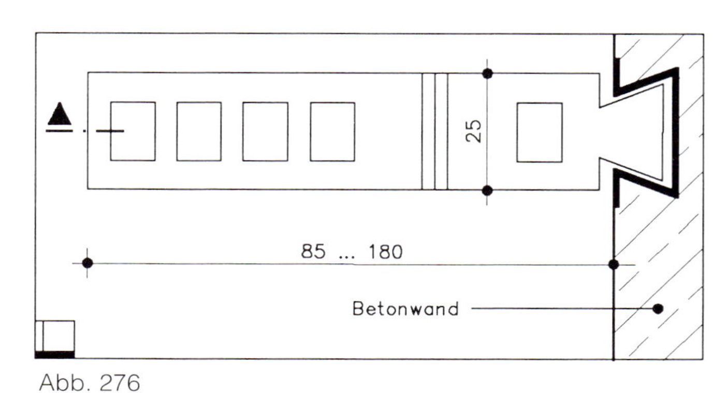

Abb. 276

Tabelle 11: Mindestanzahl und Durchmesser von Drahtankern je m² Wandfläche

		Drahtanker	
		Mindestanzahl	Durchmesser
1	mindestens, sofern nicht Zeilen 2 und 3 maßgebend	5	3
2	Wandbereich höher als 12 m über Gelände oder Abstand der Mauerwerksschalen über 70 bis 120 mm	5	4
3	Abstand der Mauerwerksschalen über 120 bis 150 mm	7 oder 5	4 5

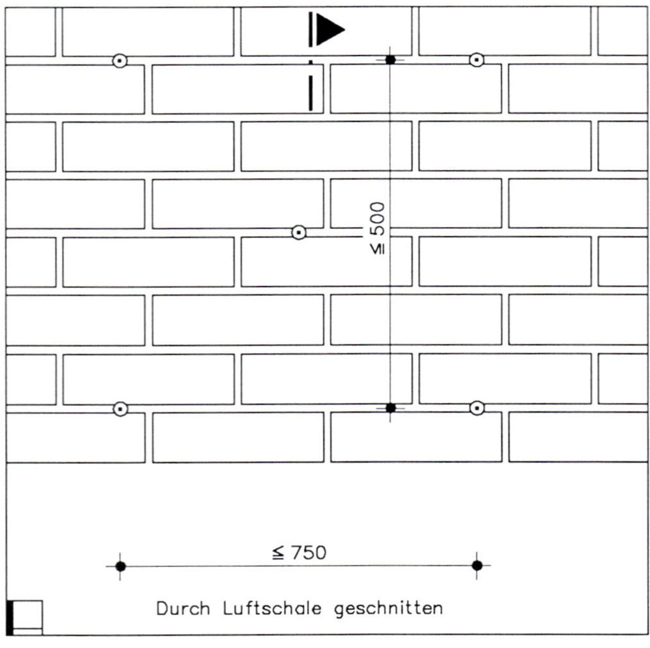

Abb. 277

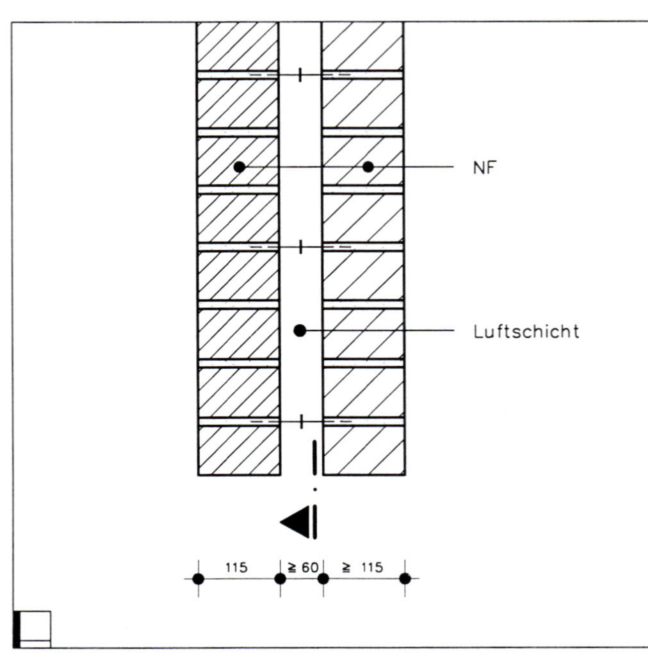

Abb. 278

Der vertikale Abstand der Drahtanker soll höchstens 500 mm, der horizontale Abstand höchstens 750 mm betragen (→ Abb. 277 + 278).

An allen freien Rändern (von Öffnungen, an Gebäudeecken, entlang von Dehnungsfugen und an den oberen Enden der Außenschalen) sind zusätzlich zu Tabelle 11 drei Drahtanker je m Randlänge anzuordnen (→ Abb. 279).

Werden die Drahtanker nach Bild 9 in Leichtmörtel eingebettet, so ist dafür LM 36 erforderlich. Drahtanker in Leichtmörtel LM 21 bedürfen einer anderen Verankerungsart.

Andere Verankerungsarten (→ Abb. 275 + 276) der Drahtanker sind zulässig, wenn durch Prüfzeugnis nachgewiesen wird, daß diese Verankerungsart eine Zug- und Druckkraft von mindestens 1 kN bei 1,0 mm Schlupf je Drahtanker aufnehmen kann. Wird einer dieser Werte nicht erreicht, so ist die Anzahl der Drahtanker entsprechend zu erhöhen.

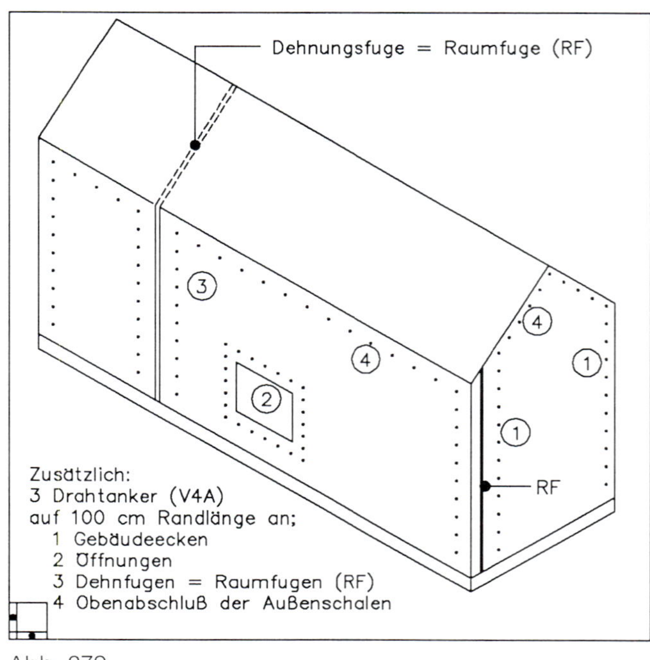

Abb. 279

Die Drahtanker sind unter Beachtung ihrer statischen Wirksamkeit so auszuführen, daß sie keine Feuchte von der Außen- zur Innenschale leiten können (z.B. Aufschieben einer Kunststoffscheibe, siehe Bild 9) (→ Abb. 280 + 281)

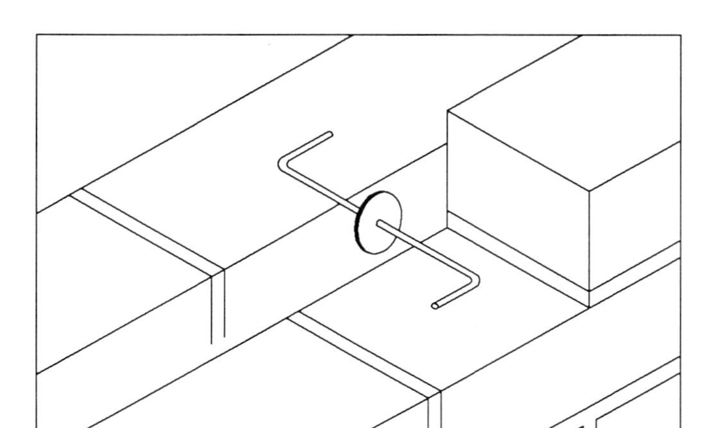

Abb. 280

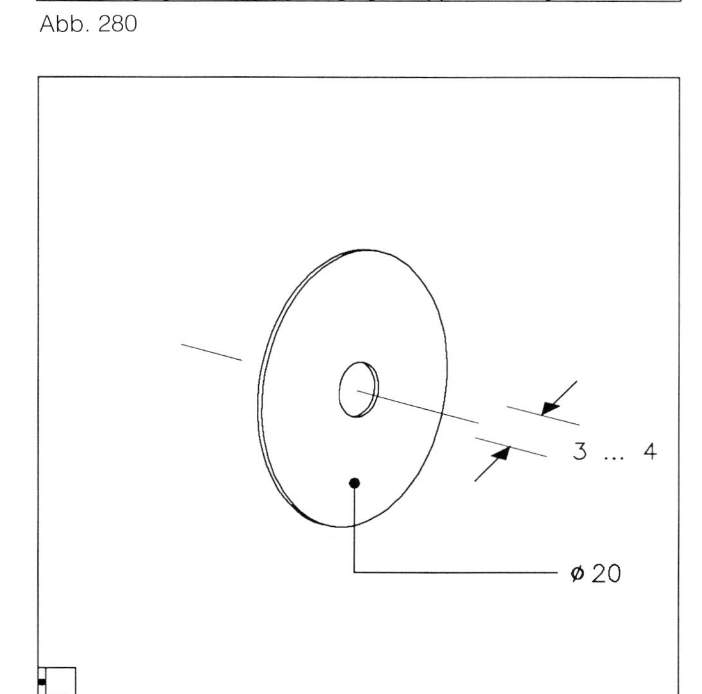

Abb. 281

Die Abb. 280 stellt den gezeichneten Idealfall dar. Die Wassertropfscheibe (→ Abb. 281) ist mittig im Luftraum eingebaut.

Zur Unterbindung eines Wassertransportes längs der Drahtanker ist es unabdingbar, daß diese waagerecht verlaufen und vor allem keine Neigung zur Innenschale hin haben, wie das oft auf Baustellen angetroffen wird (Foto 16). Wenn dann noch wie in diesem Fall die Wassertropfscheibe fehlt, ist eine Durchfeuchtung der Wärmedämmung und der Innenschale zu erwarten.

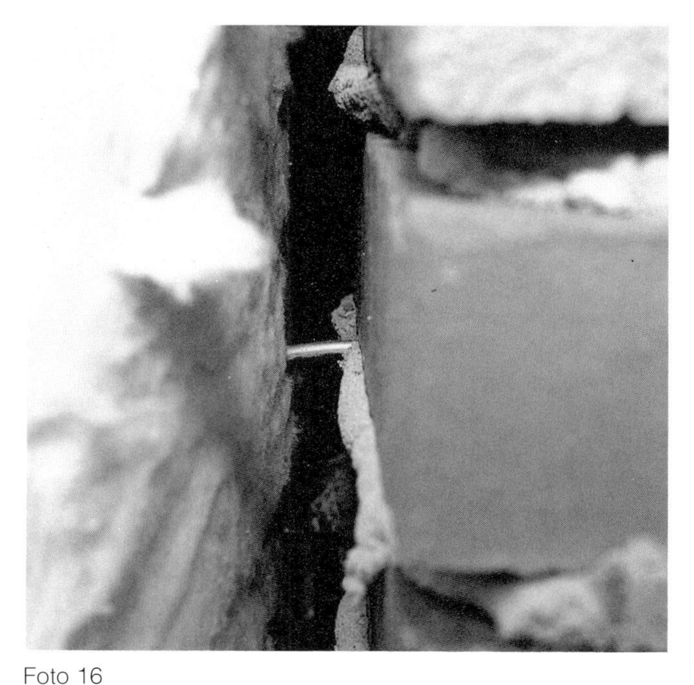

Foto 16

Andere Ankerformen (z.B. Flachstahlanker) (→Abb. 275 + 276) und Dübel im Mauerwerk sind zulässig, wenn deren Brauchbarkeit nach den bauaufsichtlichen Vorschriften nachgewiesen ist, z. B. durch eine allgemeine bauaufsichtliche Zulassung.

Bei nichtflächiger Verankerung der Außenschale, z. B. linienförmig oder nur in Höhe der Decken, ist ihre Standsicherheit nachzuweisen.

Eine nichtflächige Verankerung der Außenschale liegt vor, wenn nicht mit einer gewissen Anzahl von Drahtankern (→ Tabelle 11 und Abb. 277 + 278) je m² Wandfläche die Vormauerschale stabilisiert wurde.

Eine »linienförmige« Verankerung ist mit durchlaufenden Winkelkonsolankern [24] gegeben, wie dies Abb. 282 zeigt. Die Befestigung dieser Konsolanker erfolgt in den Stahlbetonteilen (u. U. der Deckenplatte) der Tragkonstruktion.

Eine linienförmige Verankerung ist auch gegeben, wenn die Geschoßdecken durchlaufen und die Vormauerschale dort aufsteht (→ Abb. 149).

Wie bereits bei den Abb. 265 und 267 vermerkt, sind bei einer Verblendmauerdicke von 115 mm spätestens nach 12 m Höhe und bei einer Verblendmauerdicke von 90 ... 115 mm nach spätestens 6 m Höhe Abfangkonstruktionen erforderlich, die das Gewicht der Außenschale aufnehmen. Auf den Abb. 282 ... 287 sind Möglichkeiten gezeigt, wie solche »Abfangungen« ausgebildet werden können.

Die naheliegende Konstruktion hierfür ist das Auskragen der Geschoßdecken. Aus wärmetechnischen Gründen verbietet es sich aber heute, die massive Stahlbetondecke ungedämmt nach außen durchlaufen zu lassen. Mit Sonderbauteilen [25] kann die so entstehende Wärmebrücke wirksam unterbrochen werden (→ Abb. 283). Im Bereich der Decken-Dämmschicht laufen nichtrostende Stähle, die der Bewehrung in der Betonkonsole ihre konstruktive Verbindung geben. Dies kann im Verlauf des Betongesimsbandes nur »punktweise« geschehen, d.h. zwischen den Konsolbewehrungen (→ Abb. 283) spannen sich dann ohne Verbindung zum tragenden Mauerwerk die Gesimsbalken, auf denen die Verblendung aufliegt.

Die vorgestellte Abfangkonstruktion schließt die Luftschale geschoßweise oben ab, so daß die Ablüftung aus den Zwischenräumen über offene Stoßfugen oder besondere Lüftungssteine erfolgt.

Die Innenschalen und die Geschoßdecken sind an den Fußpunkten gegen Feuchtigkeit zu schützen. Die an der Tragwand hochgeführten Sperrbahnen werden gegen Abrutschen (mechanisch) gesichert. Die Sperrschicht ist im Be-

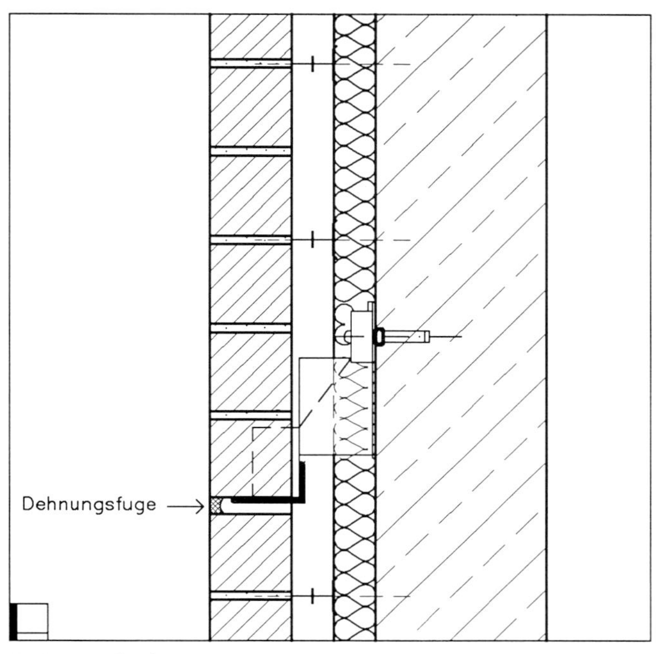

Abb. 282 [24]

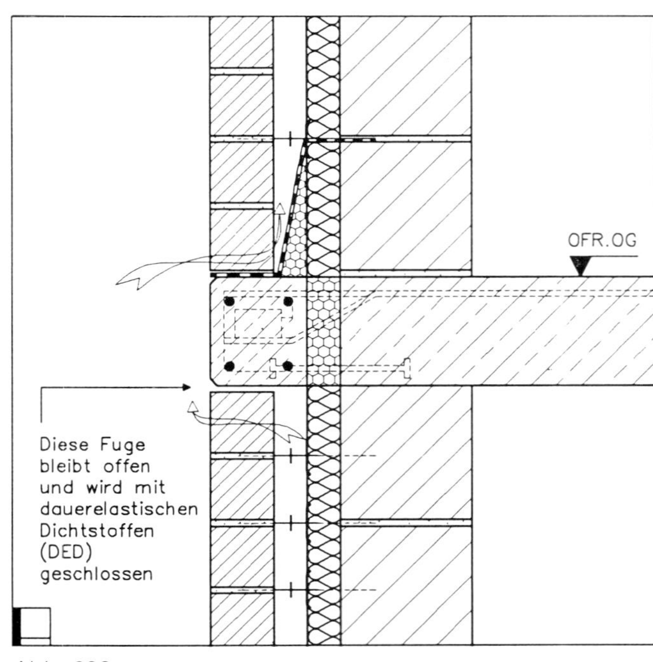

Abb. 283

reich der Luftschicht im Gefälle nach außen zu verlegen. Der Auflagerbereich muß waagerecht bleiben.

Wenn die Abfangkonstruktionen geschoßweise aus nichtrostenden Winkelstahlkonstruktionen (V4A-Stahl) bestehen, die in die Geschoßdecken einbetoniert sind, dann ist eine durchgehende Belüftung der Verblendschale möglich (→ Abb. 284 + 285). Außerdem wird die Verblendschale optisch nicht unterbrochen, wie das bei dem Beispiel auf der Abb. 283 durch waagerechte Betonbänder der Fall ist.

Auf Abb. 286 + 287 ist eine Stahlkonsole aus V4A-Stahl gezeigt [9], die es je nach Abstand der Wandschalen in verschiedenen Längen gibt. Der waagerechte Abstand der Konsolen beträgt ca. 25 cm, der Höhenabstand ≤ 6,00 m.

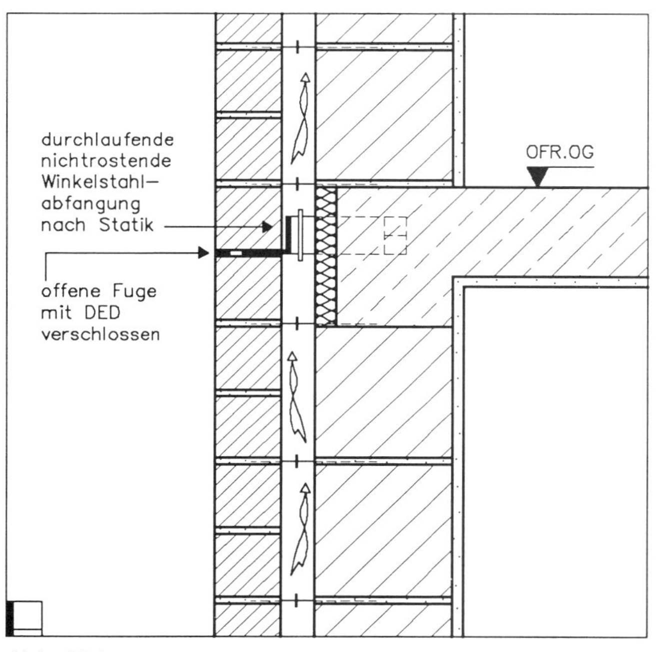

Abb. 284

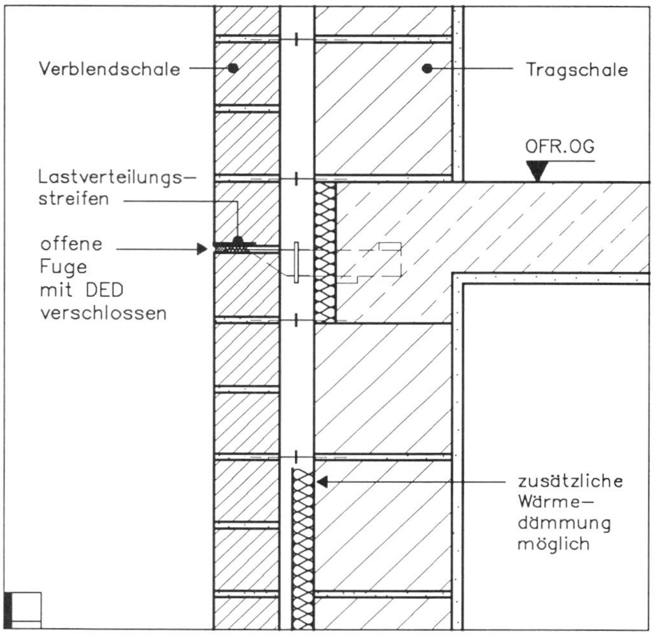

Abb. 286

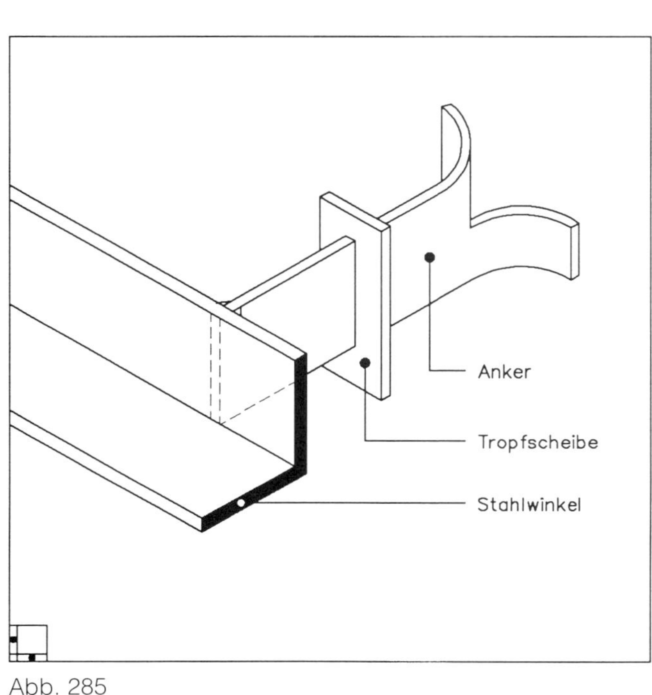

Abb. 285

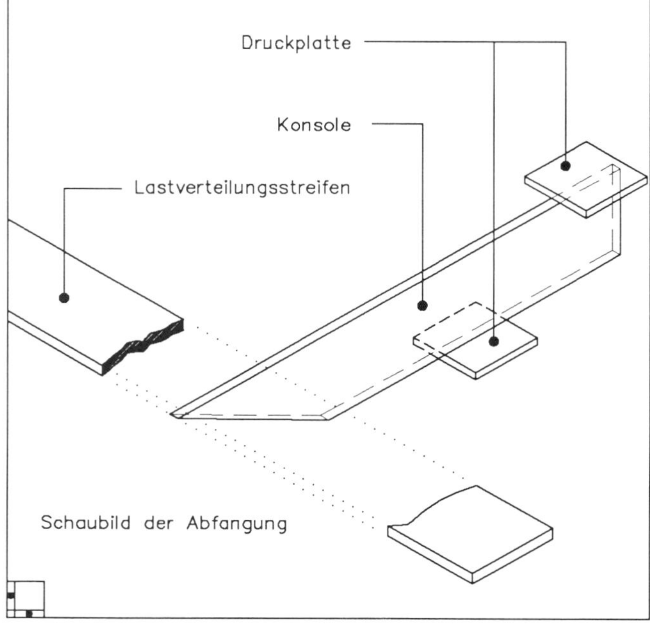

Abb. 287

Foto 17

Der Einbau solcher Konsolen bedarf äußerster Genauigkeit. Foto 17 zeigt den Aufwand hierzu recht deutlich. Ein Nachjustieren der einzelnen Anker ist kaum noch möglich (→ Abb. 286 + 287). Diese Möglichkeit geben nur verstellbare Konsolanker, die in einbetonierten Ankerschienen sitzen (→ Abb. 288).

Bei gekrümmten Mauerwerksschalen sind Art, Anordnung und Anzahl der Anker unter Berücksichtigung der Verformung festzulegen.

In diesem Zusammenhang ist auf Tabelle 11 (→ S. 133) und Abb. 277 + 278 (→ S. 134) hinzuweisen; dort sind die Mindestzahl von Drahtankern pro m² und ihre Abstände angegeben.

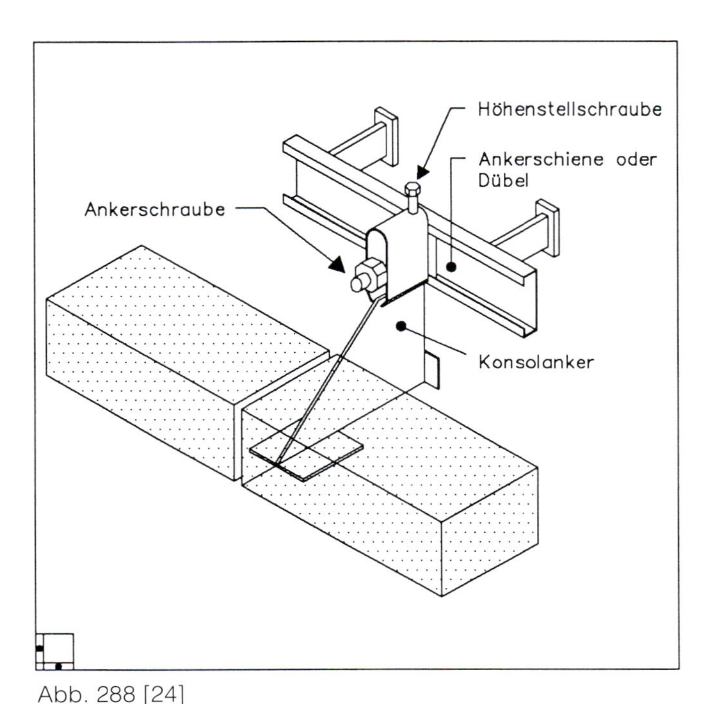

Abb. 288 [24]

f) Die Innenschalen und die Geschoßdecken sind an den Fußpunkten der Zwischenräume der Wandschalen gegen Feuchtigkeit zu schützen (siehe Bild 10 und → Abb. 266). Die Abdichtung ist im Bereich des Zwischenraumes im Gefälle nach außen, im Bereich der Außenschale horizontal zu verlegen. Dieses gilt auch bei Fenster- und Türstürzen (→ Abb. 298 + 300) sowie im Bereich von (gemauerten) Sohlbänken.

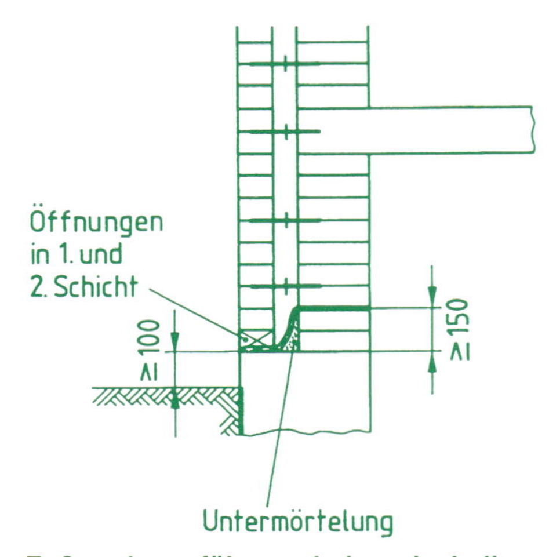

Bild 10: Fußpunktausführung bei zweischaligem Verblendmauerwerk (Prinzipskizze)

Die Aufstandsfläche muß so beschaffen sein, daß ein Abrutschen der Außenschale auf ihr nicht eintritt. Die erste Ankerlage ist so tief wie möglich anzuordnen.

Die »Prinzipskizze« Bild 10 berücksichtigt nicht den Einbau der geforderten Feuchtigkeitssperren in bezug zur meist in Geländenähe liegenden Kellerdecke. Zum anderen ist auch kein Hinweis vorhanden über den Einbau der erforderlichen waagerechten Sperrschicht des Mauerwerks (nach DIN 18195) gegen aufsteigende Kapillarfeuchte. Diese konstruktiven Erfordernisse sind in Abb. 289 [26] dargestellt.

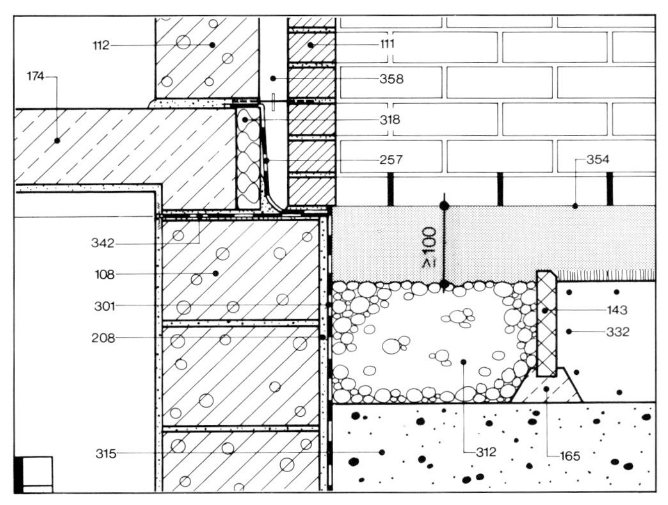

Abb. 289

108 Kelleraußenmauer nach Statik
111 Verblendschale aus frostbeständigen Mauersteinen
112 Hintermauerschale
143 Rasenstein
165 Versetzbeton
174 Stahlbetondecke
208 Putz aus Mörtelgruppe P II
257 Sperrpappe bzw. Sperrfolie (bei Wandeinbau mit Überstand auf beiden Seiten)
301 Sperrschicht, lotrecht für Lastfall 2: geklebt
312 Grobkies, Grobkiesbett
315 Filterkies (Kies der Sieblinie B 32 nach DIN 1045)
318 Wärmedämmschicht
332 Vegetationsschicht, Mutterboden
342 Zweite Sperrschicht
waagerecht = zweite Sperrebene
354 Konstruktive Sockellinie
358 Luftschicht

Wenn die Sperrschicht (sie hat in ihrem Fußpunktverlauf zwei Knickstellen) nicht sorgfältig im Gefälle nach außen verlegt ist, so kann sich dort Wasser sammeln (stauen) (→ Abb. 290), das bei den Überlappungsstellen der Sperrbahnen ins Untergeschoß auslaufen kann. Foto 18 zeigt zwei solcher Schadensstellen unter der Kellerdecke:

- Wasseraustritt an der Ecke, weil dort die Eckausbildung der Sperrbahnen »eingeschnitten« worden war (vgl. hierzu als Gegensatz Abb. 292),
- Wasserdurchtritt bei geradem Sperrbahnenstoß (Pfeil).

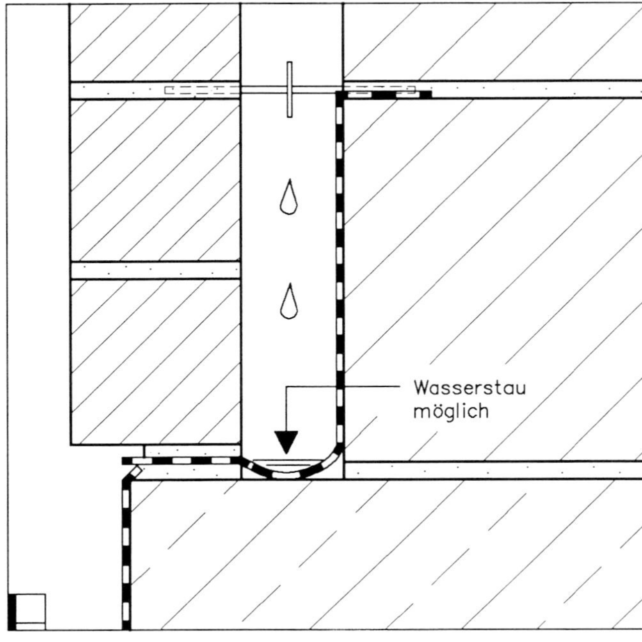

Abb. 290

Foto 18

Sicherer werden Innen- und Außenecken mit Formteilen (→ Abb. 291 + 292) ausgebildet, wie diese im Ausland gebräuchlich sind [41]. Auf Abb. 293 ist eine Außenecke mit einem solchen Formstück dargestellt.

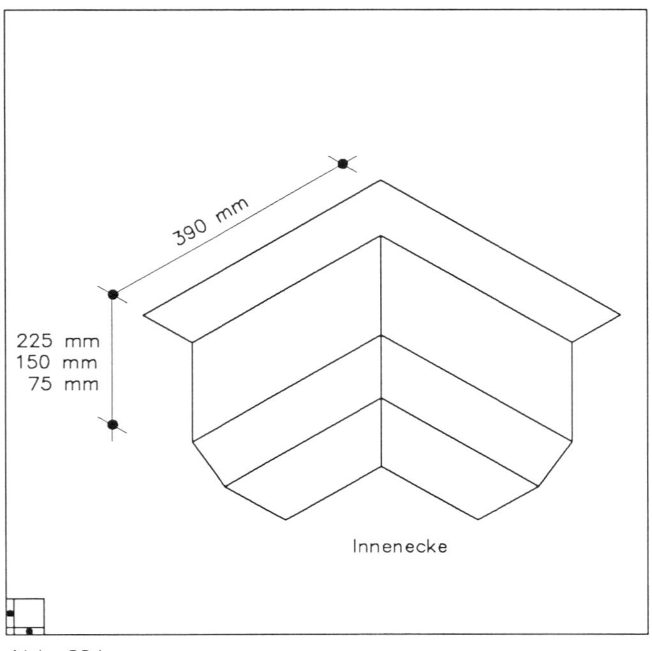

Abb. 291

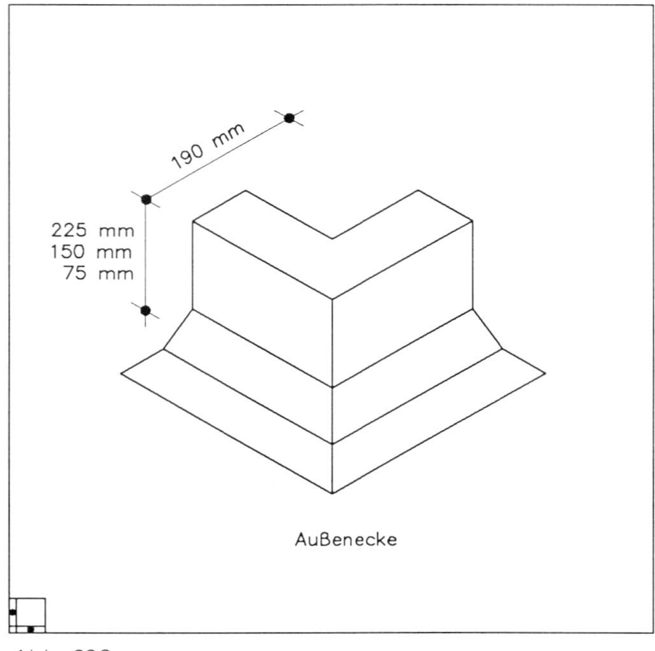

Abb. 292

Abb. 293

Ein erschwerendes Problem für den Einbau einer Sperrfolie im Sockelbereich ist eine Abtreppung (→ Foto 19 + 20). Die Abtreppung entspricht der »konstruktiven Sockellinie«, wie sie in Abb. 266 gezeigt und bei [3] definiert ist.

Der Einbau der Sperrschicht muß lückenlos auch über die lotrechten Flächen geführt werden; Foto 21 zeigt ein mangelhaftes Beispiel, bei dem die Schwierigkeiten der Ausführung deutlich werden.

Foto 19

Foto 21

Foto 20

Auch für solche schwierigen Stellen werden – leider nur im Ausland – Lösungen durch vorgefertigte Formstücke angeboten (→ Abb. 294 + 295 [41]).

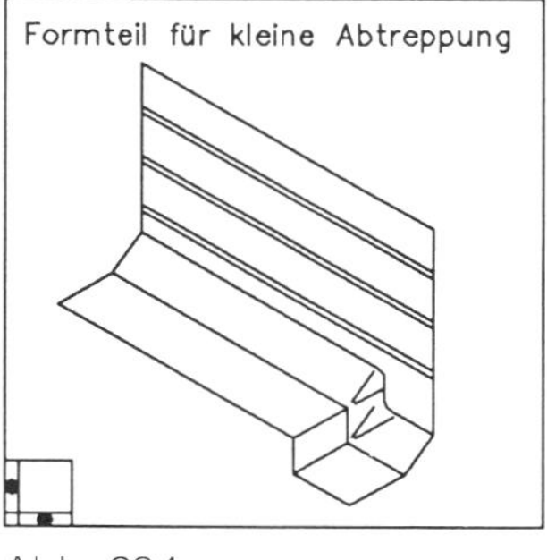

Abb. 294

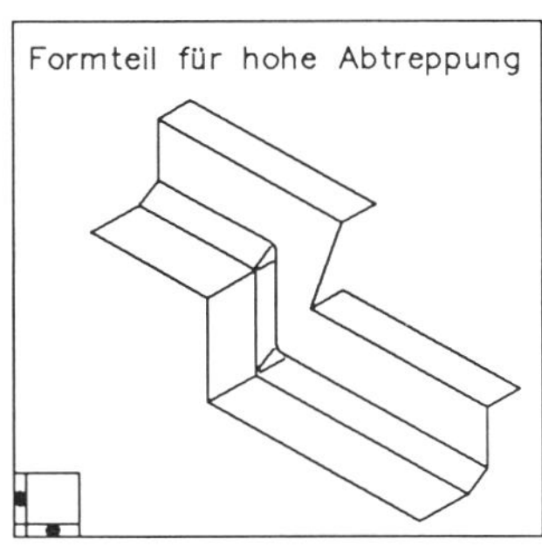

Abb. 295

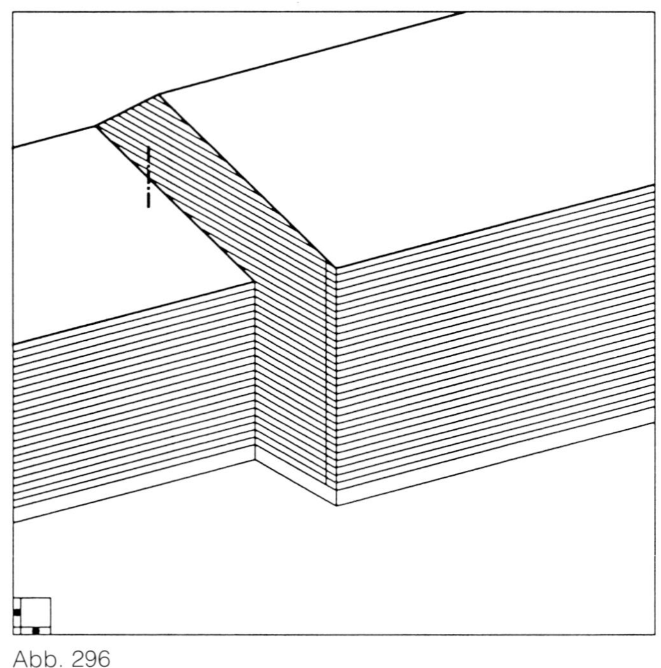

Abb. 296

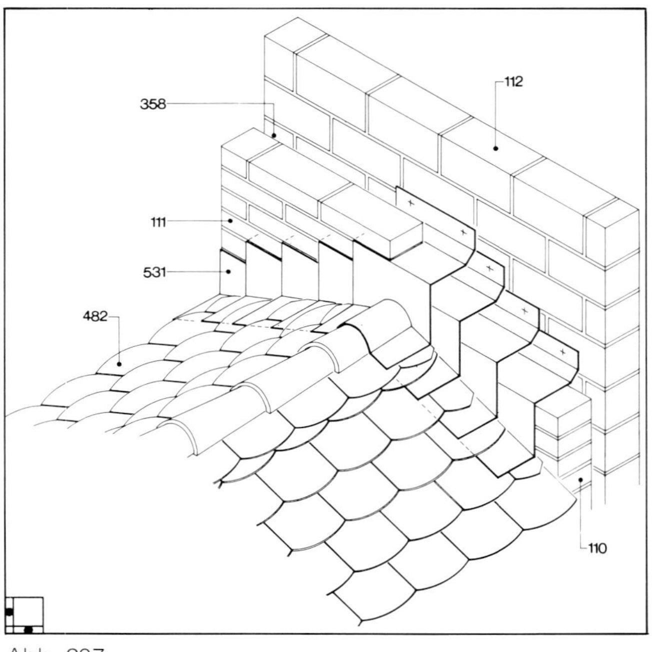

Abb. 297

Abgetreppte Sperrschicht-Verlegungen finden sich bei zweischaligem Mauerwerk auch bei zusammengesetzten Baukörpern (→ Abb. 296). Der Ausbildung des Wandanschlusses zur Dachdeckung kommt hierbei besondere Bedeutung zu. Es kann u. U. ein sehr großer konstruktiver Aufwand nötig werden, wie das an mehreren Beispielen im »Mauerwerk-Atlas« [26] (6.9.1 ff.) ausführlich dargestellt ist. Hierbei können Sperrfolien durch nichtrostende Scharbleche ersetzt werden (→ Abb. 297).

110 Untermauerung der Verblendschale
111 Verblendschale aus frostbeständigen Mauersteinen
112 Hintermauerschale
358 Luftschicht
482 Dachdeckung
531 Scharblech, an der Hintermauerschale befestigt

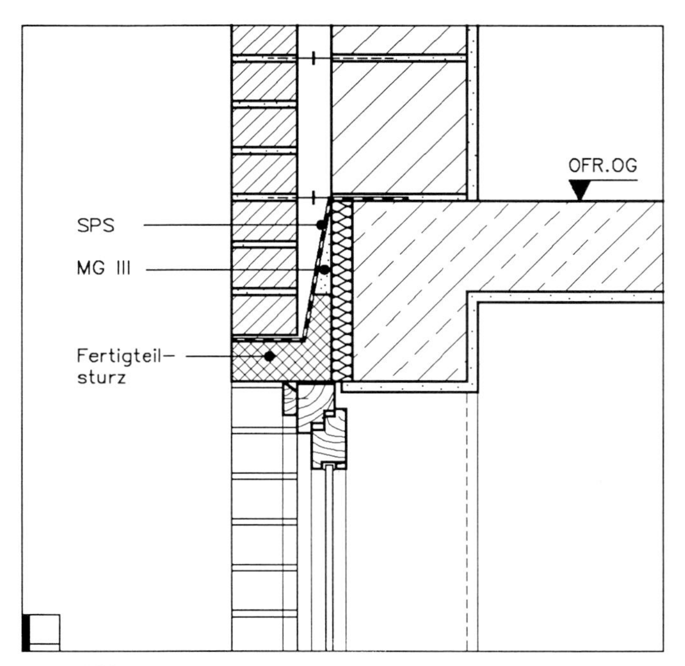

Abb. 298

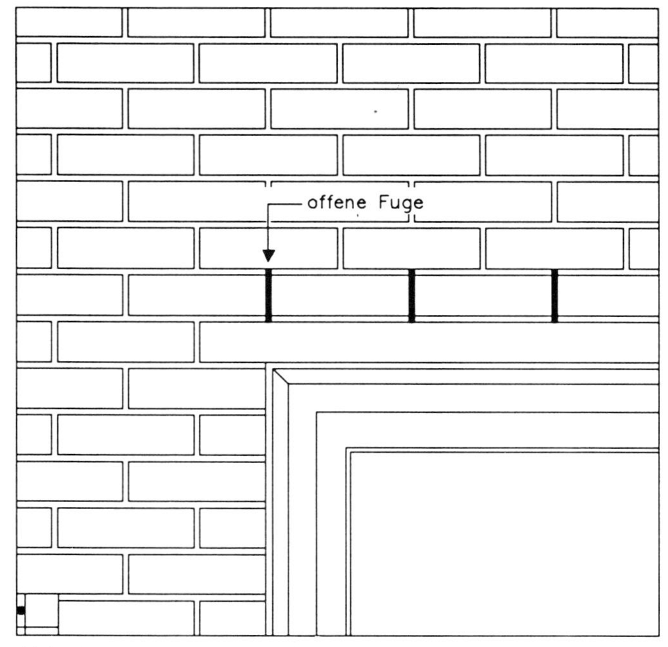

Abb. 299

Auch über Fenster- und Türstürzen ist eine im Gefälle nach außen verlegte Sperrschicht (SPS) anzubringen (→ Abb. 298 ... 301).

Für die Sturzausbildung beim zweischaligen Verblendmauerwerk mit Luftschicht gibt es viele Möglichkeiten, die vor allem durch formale Überlegungen nötig werden. Auf Abb. 298 wurde ein Stahlbeton-Fertigteilsturz verwendet, der in seinen Abmessungen der Maßordnung im Hochbau entspricht. Die Länge beträgt n · 12,5 – 1 [cm]; die Höhen sind je nach Spannweite und Steinformat verschieden.

Der »Scheitrechte Bogen« hat, wenn er tragen soll, eine mittige Überhöhung, den sog. »Stich« (→ Abb. 365), damit sich der Sturz unter Last verspannt. Für größere Spannweiten (> 1,50 m) ist er ohnehin nicht geeignet. Das formale Wünschen sieht aber am liebsten einen geraden waagerechten Sturz, so daß fast immer eine »aufgehängte Rollschicht« herauskommt oder eine »schwebende Läuferschicht«. Beide sprechen jedoch gegen jedes statische Gefühl (→ Foto 22 ... 24).

Auf Abb. 300 + 301 ist die Sturzverblendung auf einem nichtrostenden Stahlwinkel verlegt, der seitlich auf der Verblendschale aufliegt. Die Absperrung gegen eindringende Feuchtigkeit ist sowohl hinter und unter dem Fenstersturz als auch über dieser Konstruktion nötig, damit Feuchtigkeit aus der Luftschale noch über der Rollschicht nach außen geleitet wird.

Zwei Sperrbahnen sind beim Beispiel (→ Abb. 332) nötig. Dort ist durch Ankerstäbe (V4A-Stahl), die aus der Decke kommen, die Sturzverblendung aufgehängt. Im Gegensatz zu diesen doppelten Sperrbahn-Sicherungen kommt man bei Verlegung eines auch formal besseren »Balkens« mit nur einer Sperrbahn aus (→ Abb. 298 + 299).

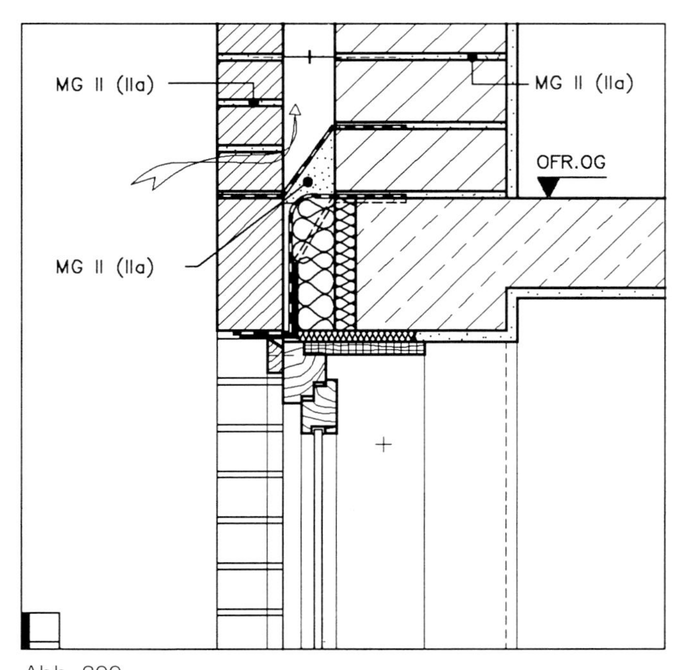

Abb. 300

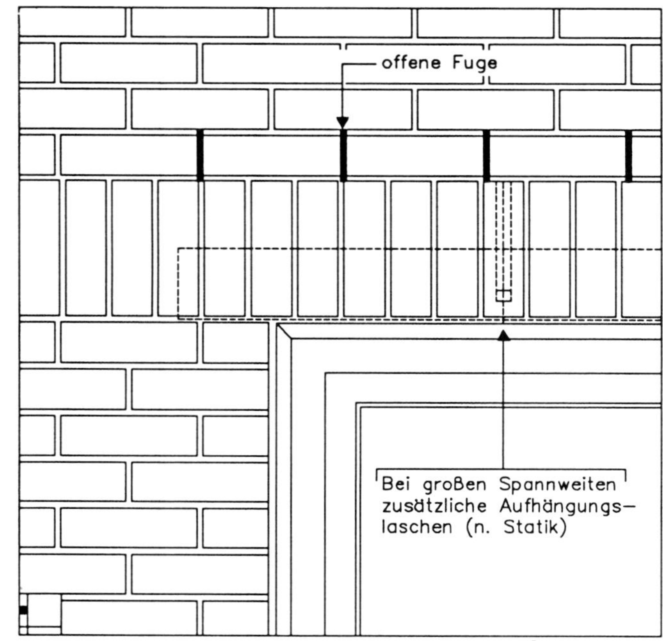

Abb. 301

Foto 22:
zeigt einen Sturz in einem noch nicht verfugten Gebäude. Gegen jedes handwerkliche Wissen stehen 1/4 Steine als »Endköpfe« der Binderschichten (wohl der Graphik wegen) in der Öffnung (= Mauerende). Die Sturzausbildung mit »durchlaufenden« Köpfen ist recht kühn, doch aber noch weit besser als das auf Foto 24 + 25 Gezeigte.

Foto 23:
bringt einen weit gespannten Sturz bei Verblendmauerwerk, dem man allein durch das Verbandsbild kein Tragvermögen zutraut. Man erwartet fast ein Durchhängen mit sich nach unten öffnenden Stoßfugen, zumal die darüber liegende Terrasse Zusatzbelastungen signalisiert.

Foto 24:
beschert uns ein »Design-Mauerwerk«, das vollendete Reißbrettgraphik bietet mit einem bei tragendem Mauerwerk unzulässigen Gestaltungselement: Kreuzfugen, dazu im Fliesenleger-Look.

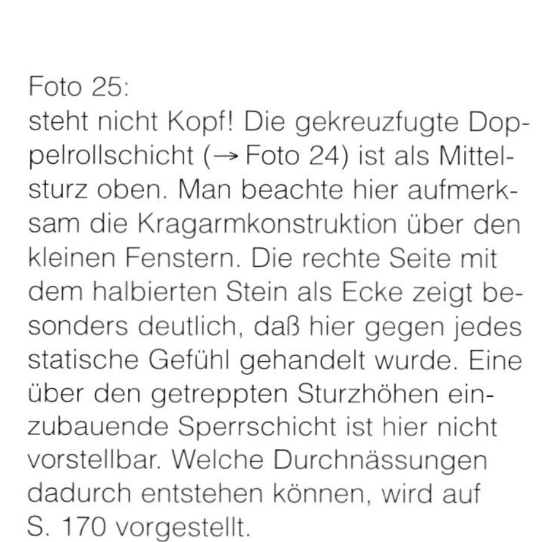

Foto 25:
steht nicht Kopf! Die gekreuzfugte Doppelrollschicht (→ Foto 24) ist als Mittelsturz oben. Man beachte hier aufmerksam die Kragarmkonstruktion über den kleinen Fenstern. Die rechte Seite mit dem halbierten Stein als Ecke zeigt besonders deutlich, daß hier gegen jedes statische Gefühl gehandelt wurde. Eine über den getreppten Sturzhöhen einzubauende Sperrschicht ist hier nicht vorstellbar. Welche Durchnässungen dadurch entstehen können, wird auf S. 170 vorgestellt.

Der Rolladeneinbau beim Sichtmauerwerk bedarf eingehender Planungsüberlegungen, damit einmal der Rolladenmechanismus untergebracht und das hinter die Verblendschale eingedrungene Wasser abgeführt werden kann. Dazu muß der lückenlose Verlauf zusätzlicher Wärmedämmplatten garantiert sein. Dieses komplexe Gebiet wird durch einen Abdruck aus dem »Mauerwerk-Atlas« [26] mit den Zeichnungen 6.7.92 bis 6.7.99 vorgestellt (→ Abb. 302 + 303).

Hier sind gleichzeitig Aussagen zu finden, wie im Horizontalschnitt durch eine Fensteröffnung (6.7.95) auf Abb. 302 die seitlich angrenzende Luftschicht geschlossen werden kann. Auf der Abb. 303 sind hierzu mögliche Varianten aufgezeigt. Die für den Fenstereinbau wichtige Sperrbahn (257) dient nicht nur als Feuchteschutz, sondern auch als Windsperre.

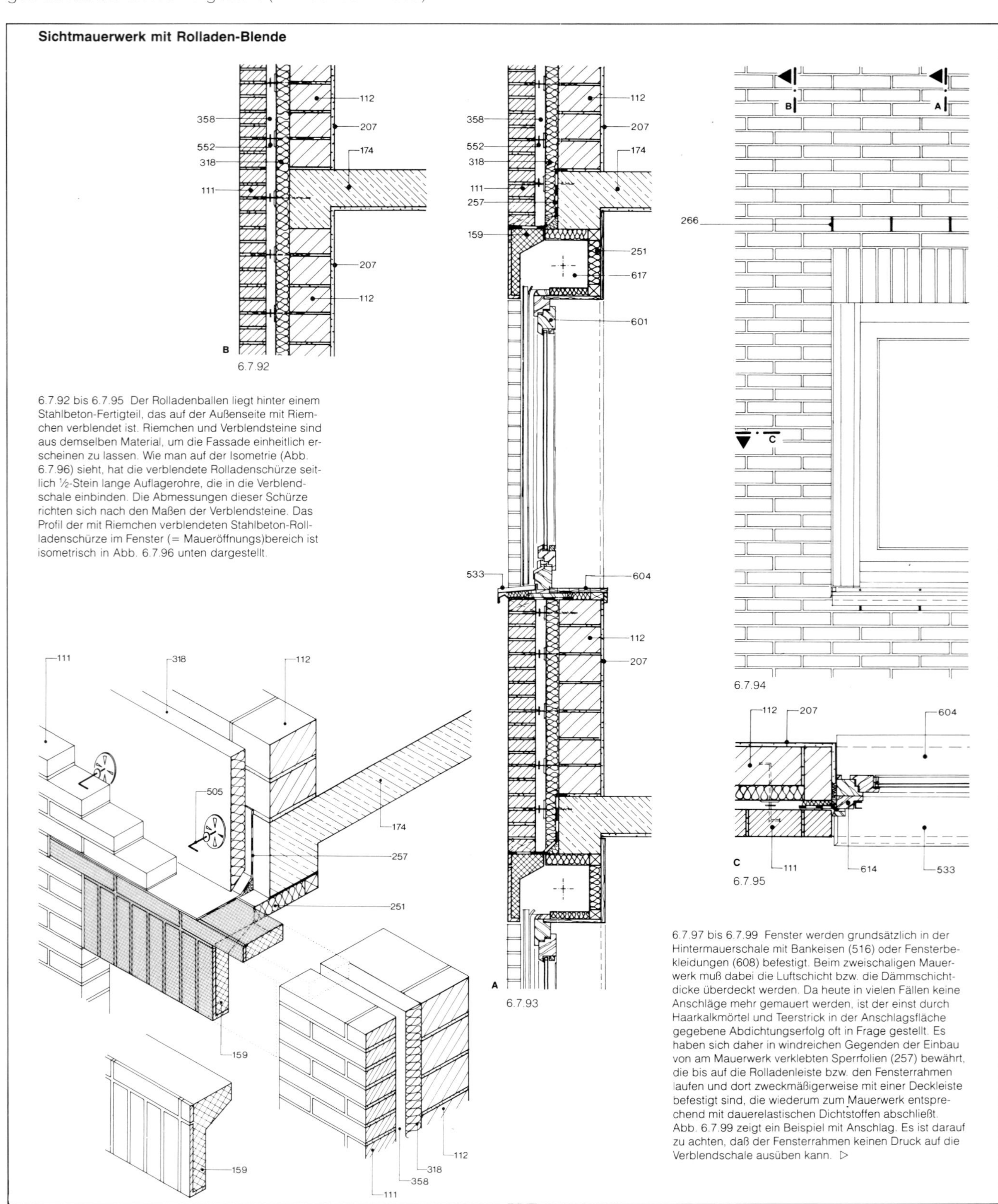

Abb. 302 [26] Legenden auf Abb. 303

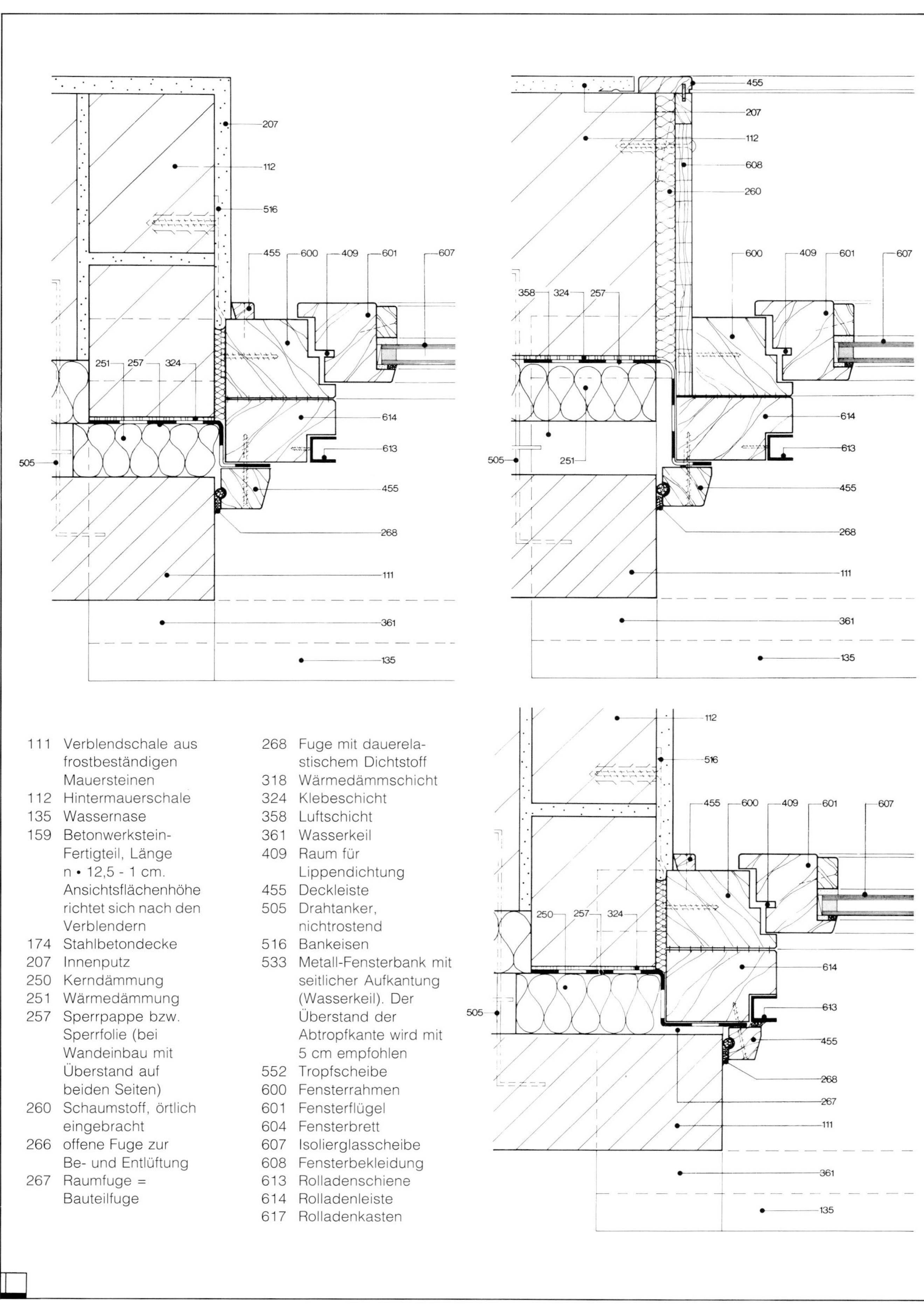

111 Verblendschale aus frostbeständigen Mauersteinen
112 Hintermauerschale
135 Wassernase
159 Betonwerkstein-Fertigteil, Länge n • 12,5 - 1 cm. Ansichtsflächenhöhe richtet sich nach den Verblendern
174 Stahlbetondecke
207 Innenputz
250 Kerndämmung
251 Wärmedämmung
257 Sperrpappe bzw. Sperrfolie (bei Wandeinbau mit Überstand auf beiden Seiten)
260 Schaumstoff, örtlich eingebracht
266 offene Fuge zur Be- und Entlüftung
267 Raumfuge = Bauteilfuge
268 Fuge mit dauerelastischem Dichtstoff
318 Wärmedämmschicht
324 Klebeschicht
358 Luftschicht
361 Wasserkeil
409 Raum für Lippendichtung
455 Deckleiste
505 Drahtanker, nichtrostend
516 Bankeisen
533 Metall-Fensterbank mit seitlicher Aufkantung (Wasserkeil). Der Überstand der Abtropfkante wird mit 5 cm empfohlen
552 Tropfscheibe
600 Fensterrahmen
601 Fensterflügel
604 Fensterbrett
607 Isolierglasscheibe
608 Fensterbekleidung
613 Rolladenschiene
614 Rolladenleiste
617 Rolladenkasten

Abb. 303 [26]

Die Dichtungsbahn für die untere Sperrschicht muß DIN 18195-4 entsprechen. Sie ist bis zur Vorderkante der Außenschale zu verlegen, an der Innenschale hochzuführen und zu befestigen.

Das sind nach DIN 18195-4 folgende Sperrbahnen:

Bitumendachbahn	R 500	–	DIN 51128
Dichtungsbahn	J 300D	–	DIN 18190-2
Dichtungsbahn	G 220D	–	DIN 18190-3
Dichtungsbahn	Cu 0,1 D	–	DIN 18190-4
Dichtungsbahn	PETP 0,03 D	–	DIN 18190-5
Dachdichtungsbahn	G 200 DD	–	DIN 52130
PIB-Bahn		–	DIN 16935
PVC-weich, bitumenbeständig		–	DIN 16937
ECB-Bahn		–	DIN 16729

DIN 18195-4 führt dazu weiter aus:

»Kunststoff-Dichtungsbahnen nach DIN 16938 dürfen verwendet werden, wenn anschließende Abdichtungen nicht aus Bitumenwerkstoffen bestehen.

Die Abdichtungen müssen aus mindestens einer Lage bestehen. Die Auflagerflächen für die Bahnen sind mit Mörtel der Mörtelgruppen II oder III nach DIN 1053 Teil 1 so dick abzugleichen, daß eine waagerechte Oberfläche ohne Unebenheiten entsteht, die die Bahnen durchstoßen könnten.

Die Bahnen dürfen nicht aufgeklebt werden. Sie müssen sich an den Stößen um mindestens 20 cm überdecken. Die Stöße dürfen verklebt werden. Wenn es aus konstruktiven Gründen notwendig ist, sind die Abdichtungen in den Wänden stufenförmig (Abb. 294 + 295) auszuführen, damit waagerechte Kräfte übertragen werden können. Die Abdichtungen dürfen hierbei nicht unterbrochen werden.«

Vorgefertigte Abtreppungs-Formstücke aus PE-Folien [41] sind in verschiedenen Abtreppungs»höhen« lieferbar und werden im Zuge der Errichtung der Verblendschale eingebaut (→ Abb. 304). Vergleiche hierzu Abb. 297, dort wird mit nichtrostenden Scharblechen gearbeitet, die u. U. durch temperaturbedingte Eigenbewegungen mißliche Verwerfungen haben, die den Lagerfugenmörtel einreißen lassen.

Abb. 304

g) Abfangekonstruktionen, die nach dem Einbau nicht mehr kontrollierbar sind, sollen dauerhaft gegen Korrosion geschützt sein (→ Abb. 282 ... 288).

h) In der Außenschale sollen vertikale Dehnungsfugen (= Raumfugen = RF) angeordnet werden (→ Abb. 305). Ihre Abstände (»e«) richten sich nach der klimatischen Beanspruchung (Temperatur, Feuchte usw.), der Art der Baustoffe und der Farbe der äußeren Wandfläche. Darüber hinaus muß die freie Beweglichkeit der Außenschale auch in vertikaler Richtung sichergestellt sein (→ Abb. 282 ... 284 und 307).

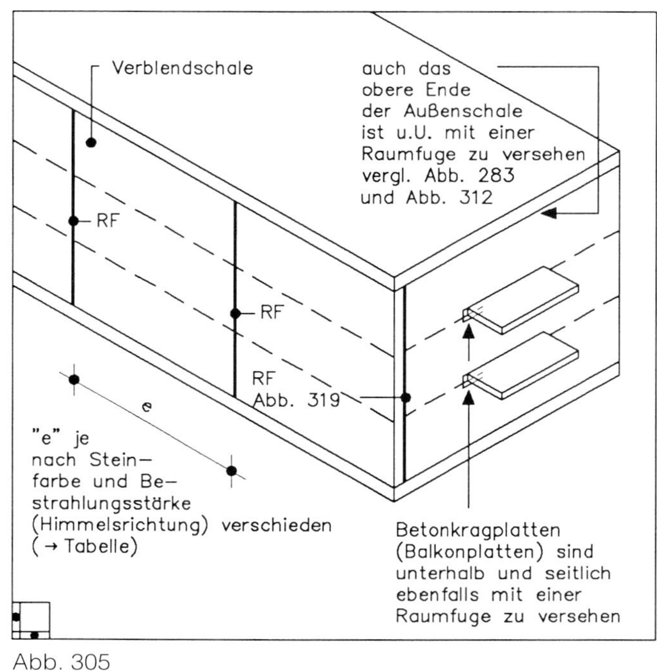

Abb. 305

Bei größeren Gebäudeabmessungen sind Raumfugen in der Verblendschale einer zweischaligen Außenwand anzuordnen (→ Abb. 305). Ihre Abstände richten sich nach dem Verblendstein. Im folgenden sind dafür Richtmaße gegeben:

Wandaufbau	Raumfugenabstand [m] bei:	
	KS-Mauerwerk	Ziegelmauerwerk
1 Zweischaliges Verblendmauerwerk mit Luftschicht (→ Abb. 331)	6,00 ... 8,00	10,00 ... 12,00
2 Zweischaliges Verblendmauerwerk mit Luftschicht und Wärmedämmung (→ Abb. 336)	6,00 ... 8,00	10,00 ... 12,00
3 Zweischaliges Verblendmauerwerk mit Wärmedämmschüttung als Kerndämmung (z. B. hydrophobiertes Perlit). Anwendung über Bauaufsichtliche Zulassung des Instituts für Bautechnik (→ Abb. 338)	5,00 ... 6,00	5,00 ... 6,00

Die Nichtbeachtung der konstruktiv notwendigen Dehnfugenanordnungen in der Verblendschale führt bekanntermaßen zu mißlichen Bauschäden. In Abb. 306 [27] ist einer der häufigsten dargestellt.

Abb. 306

Folgendes [27] ist daher zu bedenken:

»– Die unbelastete Vormauerschale wird durch Trocknungsvorgänge (Schwinden) und Temperaturschwankungen zu Längenänderungen veranlaßt. Da auf die Bauteile im Gebäudeinneren andere Belastungsgrößen einwirken und zudem dort häufig vom Material der Vormauerung abweichende Baustoffe mit unterschiedlichem Verformungsverhalten Verwendung finden, werden die Verformungen der Vormauerschale in der Regel – zumindest im Bereich der Auflagerflächen und an sonstigen Stellen mit kraftschlüssigem Kontakt zwischen Vor- und Hintermauerung – behindert. Diese Behinderung führt zu Spannungen und gegebenenfalls Rissen.

- *Bei 11,5 cm dicken Vormauerschalen ist ein vollflächiger kraftschlüssiger Verbund mit dem Untergrund statisch nicht nötig. Bei Schalen ohne einen solchen Verbund werden Längenänderungen durch den Untergrund nicht kontinuierlich behindert, sondern addieren sich mit zunehmender Bauteillänge und können zu erheblichen Spannungen und Rissen führen.*
- *Zwischen Vor- und Hintermauerung ergeben sich in vertikaler Richtung Längenänderungsdifferenzen, da das tragende Mauerwerk sich unter Last verformt (Kriechen). Zeigt die Hintermauerung zudem noch ein im Vergleich zur Vormauerung größeres Schwindmaß, wie es z. B. zwischen Mauerziegel als Vormauerung und Kalksandstein oder Leichbetonsteinen als Hintermauerung der Fall ist, so ergeben sich Differenzen in den Längenänderungen, die bei Behinderung zu Spannungen und gegebenenfalls zu Rissen führen.*
- *Die Fläche zusammenhängender Vormauerschalen muß aus diesen Gründen sowohl in der Höhe als auch in der Länge beschränkt werden und an den Rändern durch Dehnungsfugen abgesetzt werden.«*

Der obere Abschluß einer Verblendschale muß regensicher sein. Durch offene Stoßfugen oder auch durch eine weite offene Zwischenfuge kann die Luft aus dem Abstandsraum austreten. Die Abb. 307 bringt dafür ein Beispiel (vgl. hierzu auch Abb. 216).

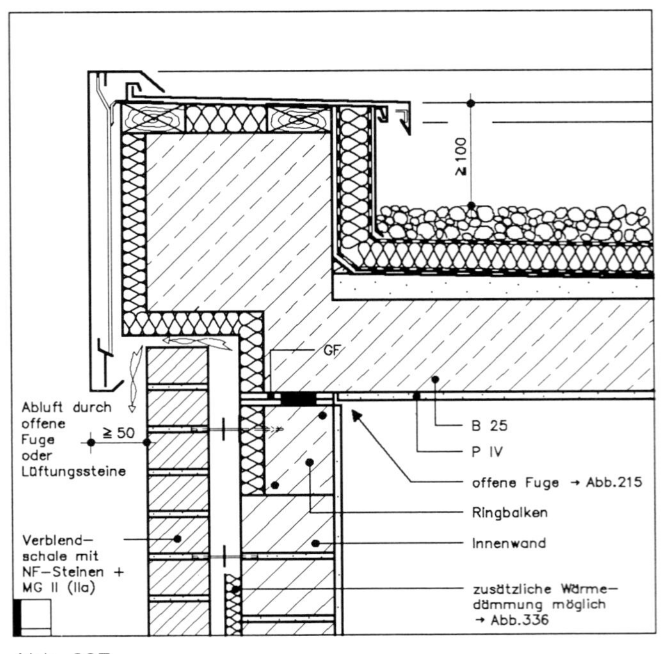

Abb. 307

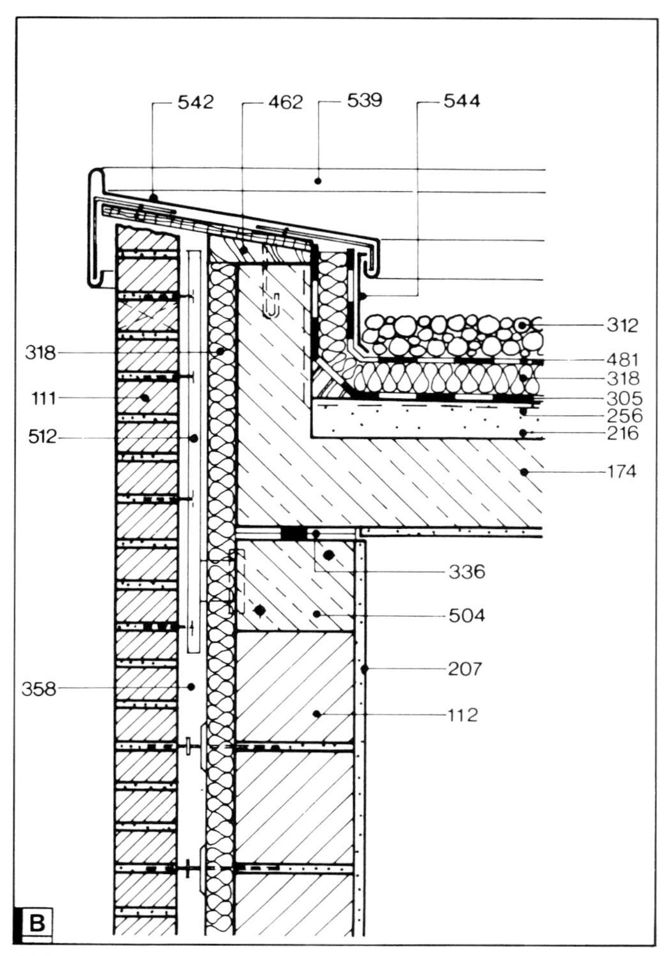

Abb. 308

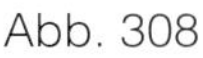

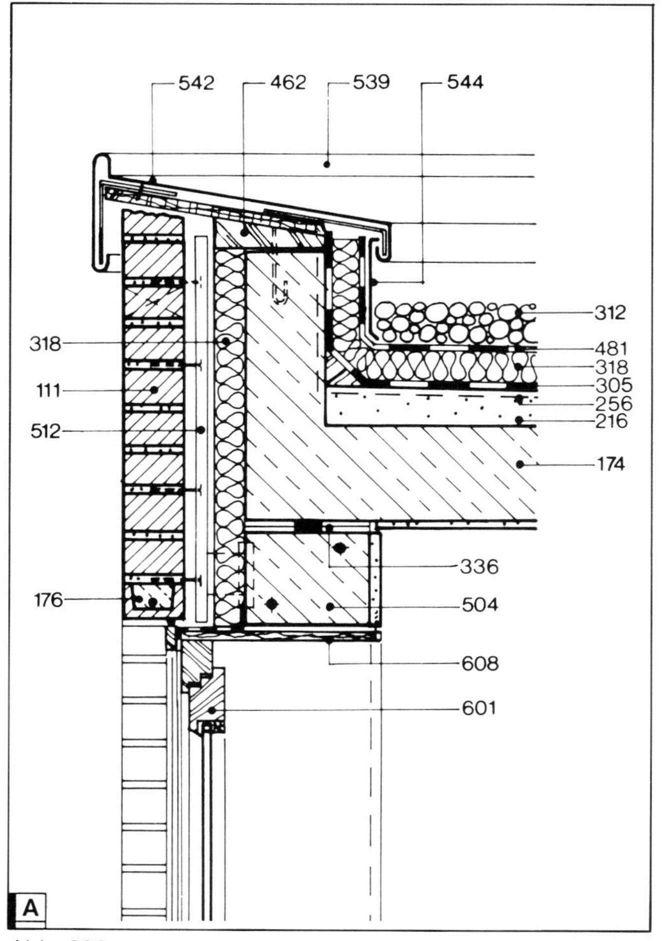

Abb. 309

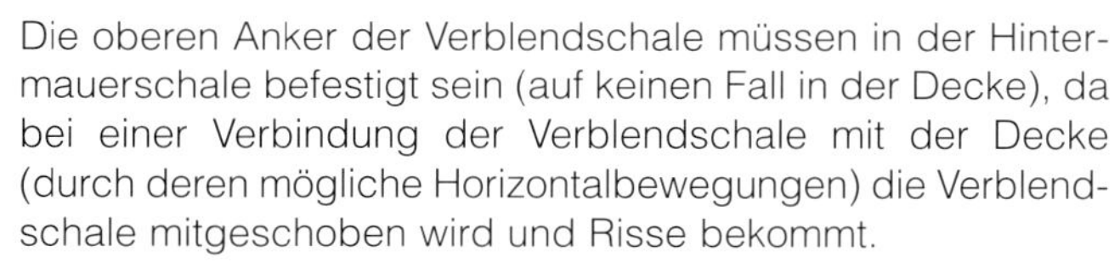

Die oberen Anker der Verblendschale müssen in der Hintermauerschale befestigt sein (auf keinen Fall in der Decke), da bei einer Verbindung der Verblendschale mit der Decke (durch deren mögliche Horizontalbewegungen) die Verblendschale mitgeschoben wird und Risse bekommt.

Dieses Problem ist von besonderer Bedeutung, wenn eine hohe Attika den Gebäudeabschluß bildet. Eine solche Situation ist im folgenden in den Abb. 308 ... 312 vorgestellt (aus: »Mauerwerks-Atlas« [26] Abb. 6.8.7 bis 6.8.11). Die Verblendschale ist dabei nur an der Hintermauerschale zu befestigen, sie steht frei vor der Deckenplatte mitsamt ihrer Aufkantung. Damit dieses obere Teil der Verblendschale sicher gehalten werden kann, bietet die Bauzubehörindustrie [24] für diese Fälle Konstruktionen aus Ankerschienen an, wie sie hier in den lotrechten Schnitten (→ Abb. 308 + 309) und der isometrischen Darstellung (→ Abb. 310) gezeigt sind.

Lotrechte Raumfugen (RF) sind vor allem an den Gebäudeecken anzuordnen. Hierbei ist darauf zu achten, daß sich die verschiedenen Flächen durch die unterschiedlichen Temperaturbelastungen (Besonnungsdauer je nach Himmelsrichtung) ungehindert ausdehnen können. Die Wandflächen sollen sich wie folgt **vor**einander bewegen (→ Abb. 313):

1. Westwand vor Süd- und Nordwand,
2. Südwand vor Ostwand,
3. Ostwand vor Nordwand.

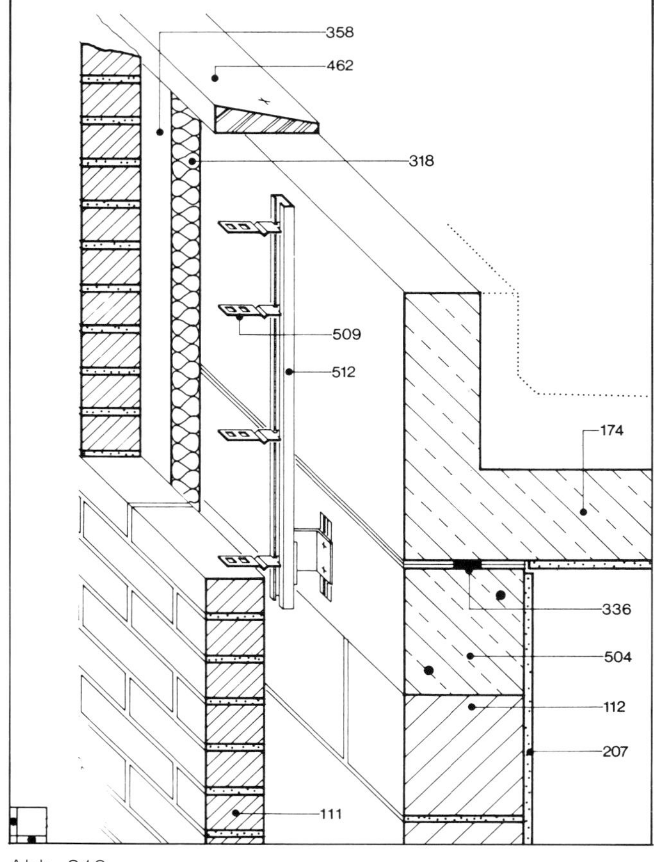

Abb. 310

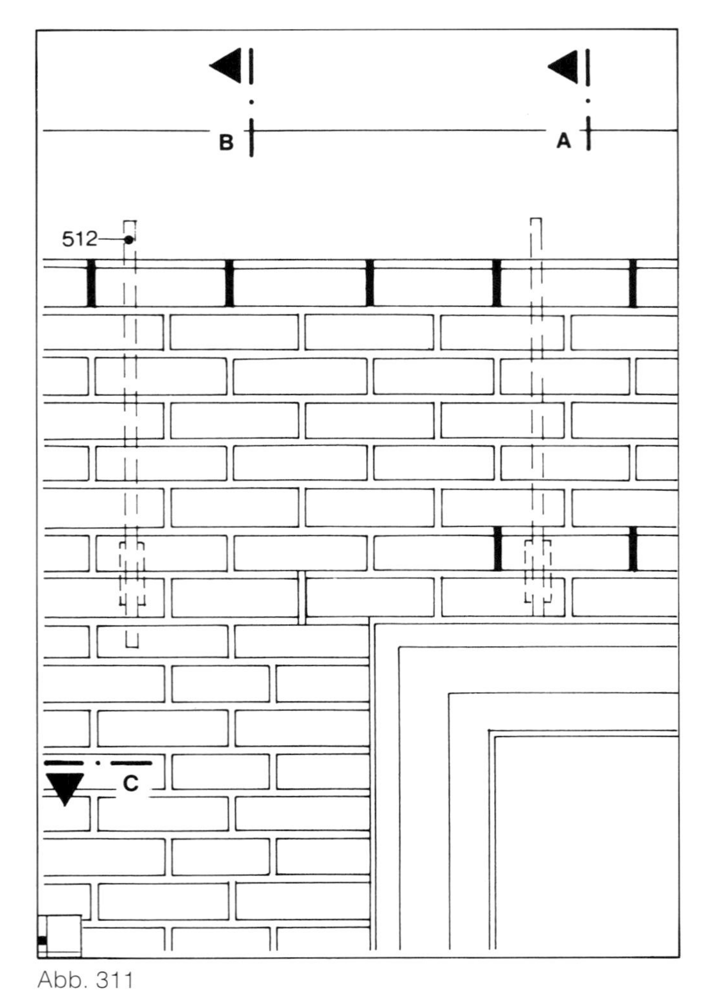

Abb. 311

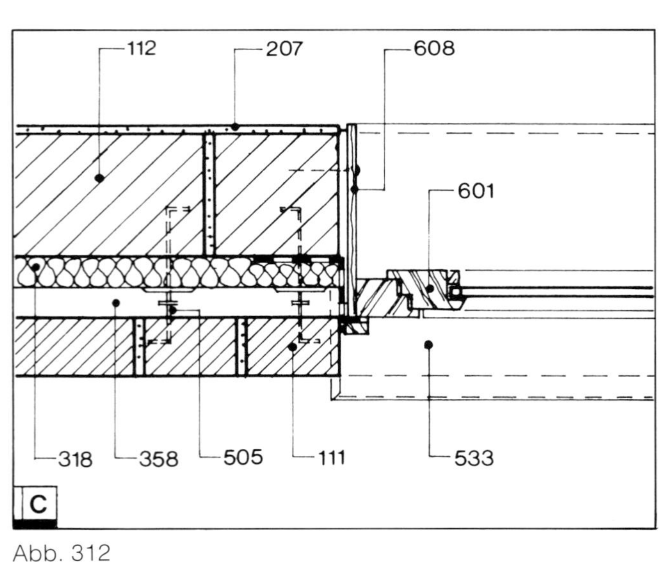

Abb. 312

111 Verblendschale aus frostbeständigen Mauersteinen
112 Hintermauerschale
174 Stahlbetondecke
176 U-Schalen-Fertigsturz
207 Innenputz
216 Gefällekeil, Gefällestrich aus MG III
256 Bituminöser Voranstrich
305 Dampfsperrenschicht mit Ausgleichsschicht
312 Grobkies, Grobkiesbett
318 Wärmedämmschicht
336 Gleitlager (Gleitschicht)
358 Luftschicht
462 Bohle
481 Dachhaut
504 Ringanker
505 Drahtanker, nichtrostend
509 Maueranschlußanker
512 Ankerschiene
533 Metall-Fensterbank mit seitlicher Aufkantung (Wasserkeil). Der Überstand der Abtropfkante wird mit 5 cm empfohlen
539 Wasserbord (= Wasserbremse)
542 Gesimsabdeckblech
544 UV-Schutz u. U. als Metallblende
601 Fensterflügel
608 Fensterbekleidung

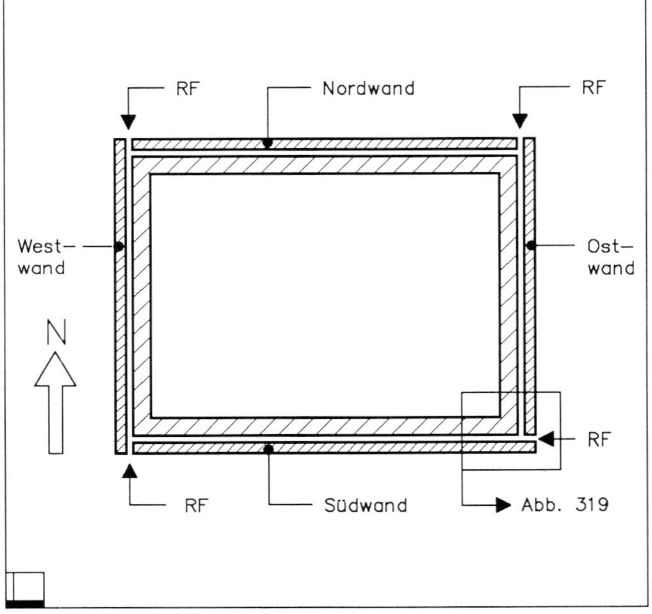

Abb. 313

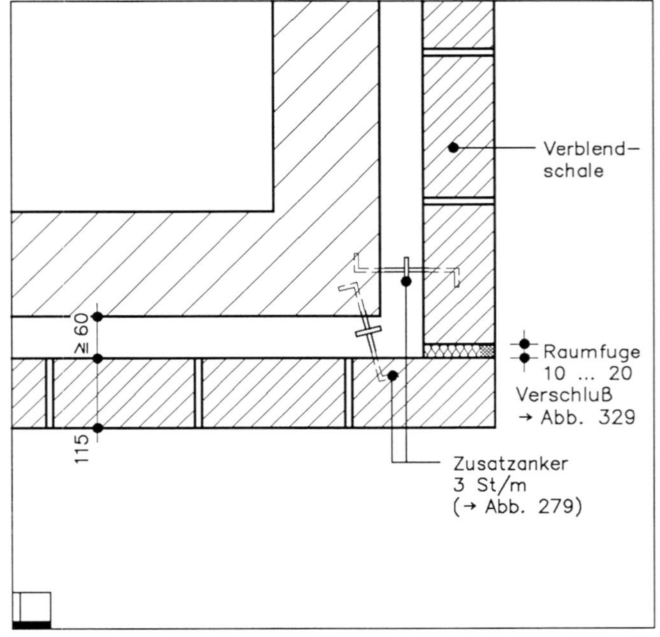

Abb. 314

Für den Eckpunkt ist eine offene Fuge (RF) vorzusehen (→ Abb. 314), die beim Aufmauern durch Einlegen einer entsprechend dicken Styroporplatte von Mörtelbrücken freizuhalten ist. Sie wird verschlossen, entweder durch dauerelastische Dichtungsmassen (DED) (→ Abb. 324) oder durch Einbau eines geeigneten Fugenverschlußprofils (→ Abb. 325 ... 330).

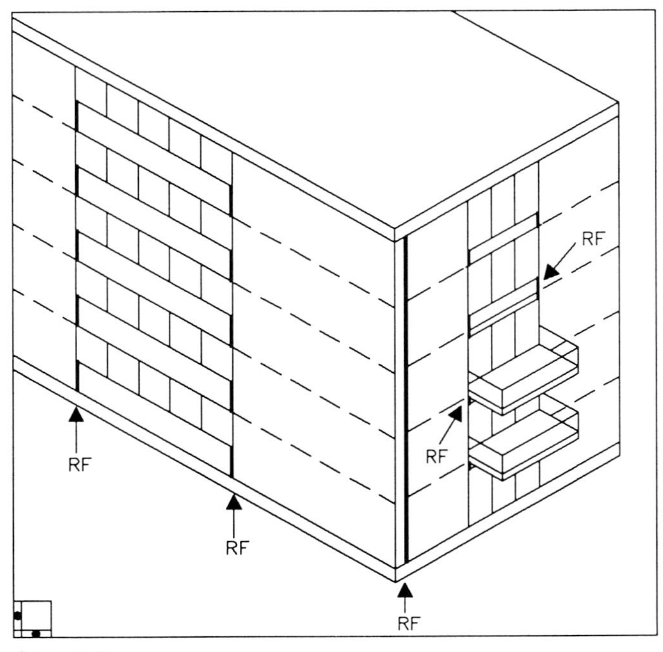

Abb. 315

Die unterschiedlichen Verformungen der Außen- und Innenschale sind insbesondere bei Gebäuden mit über mehrere Geschosse durchgehender Außenschale auch bei der Ausführung der Türen und Fenster zu beachten.

Die in Abb. 313 empfohlenen Anordnungen von Bewegungsfugen sind je nach Fassadengestaltung zu ergänzen, um Verblendschalenfelder zu erhalten, die in sich geometrisch einfache Flächen (Rechtecke) bilden. Fenster- oder Türeinschnitte können solche Flächen ungünstig unterbrechen. In Abb. 315 ist daher gezeigt, daß zweckmäßigerweise Raumfugen in der Verblendschale mit Öffnungsbegrenzungen zusammenzulegen sind.

Für die Ausbildung von Bewegungsfugen bei in der Fassade geschoßweise durchlaufenden horizontalen Betonbändern soll Abb. 316 eine Anregung geben [28].

Die Pfeile bezeichnen den Fugenverlauf: Es sind dies einmal die horizontalen Raumfugen unter der Fensterbank und dem Horizontalgurt, und dann die lotrechten Raumfugen seitlich im Fensterbrüstungs- und Fenstersturzbereich.

Auf die Anordnungen der notwendigen Lüftungsöffnungen (offene Stoßfugen) in der Verblendschale wird hingewiesen.

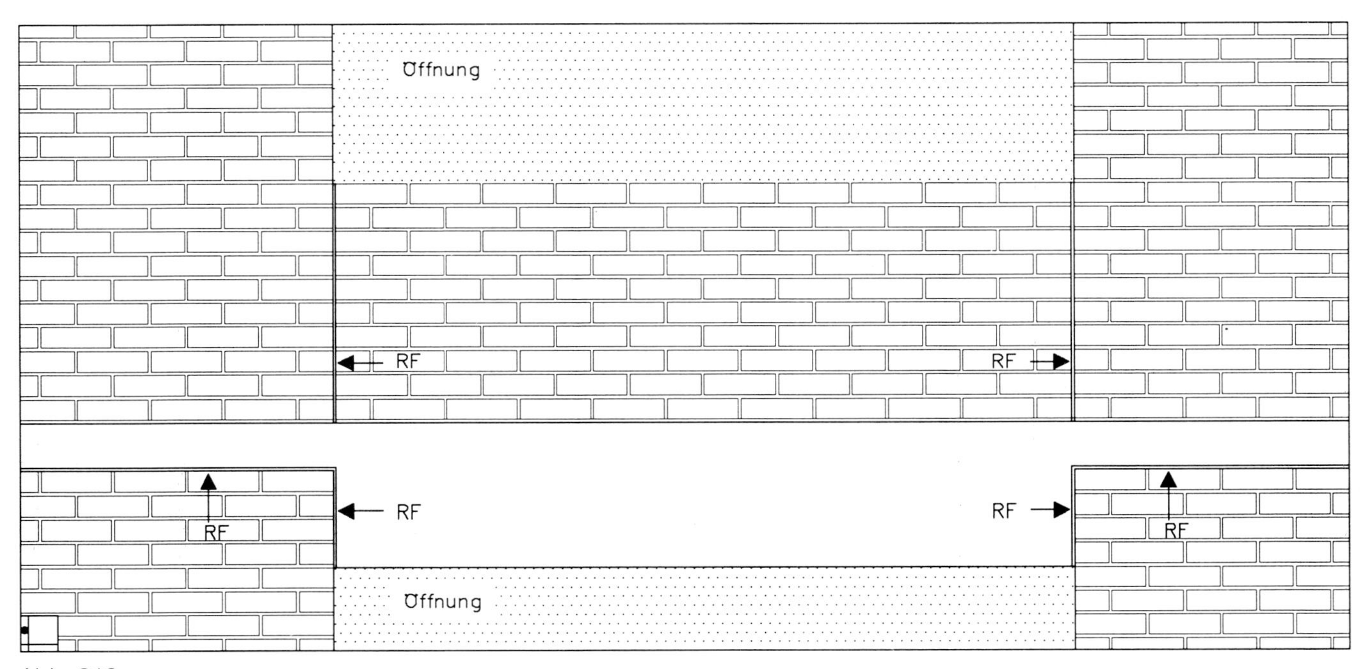

Abb. 316

Die Mauerwerksschalen sind an ihren Berührungspunkten (z.B. Fenster und Türanschlägen) durch eine wasserundurchlässige Sperrschicht zu trennen (→ Abb. 317 ... 323 + Abb. 303).

Der elastische Anschluß eines Fensters gegen Anschlag ist unter Verwendung einer Werksteinbank als unterem Abschluß auf den Abb. 317 ... 320 gezeigt. Der Fensterrahmen wird an der inneren tragenden Schale befestigt. Eine Sperrbahn, die auch die Anschlagfläche mit überdeckt, gibt den geforderten Schutz gegen durchschlagende Feuchtigkeit aus der Verblendschale. Die Fuge zwischen Fensterrahmen und Verblendschale wird mit einem dauerelastischen Dichtstoff (DED) ausgepreßt. Die Abdeckung der Fuge mit einer Deckleiste ist zu empfehlen (→ Abb. 320).

Eine Fensterbank aus Beton-Werkstein erfährt große thermisch-bedingte Längenänderungen. Durch Raum- und Gleitfugen (RF + GF) an den Einbindestellen ist die Rißbildung zu vermeiden (→ Abb. 318).

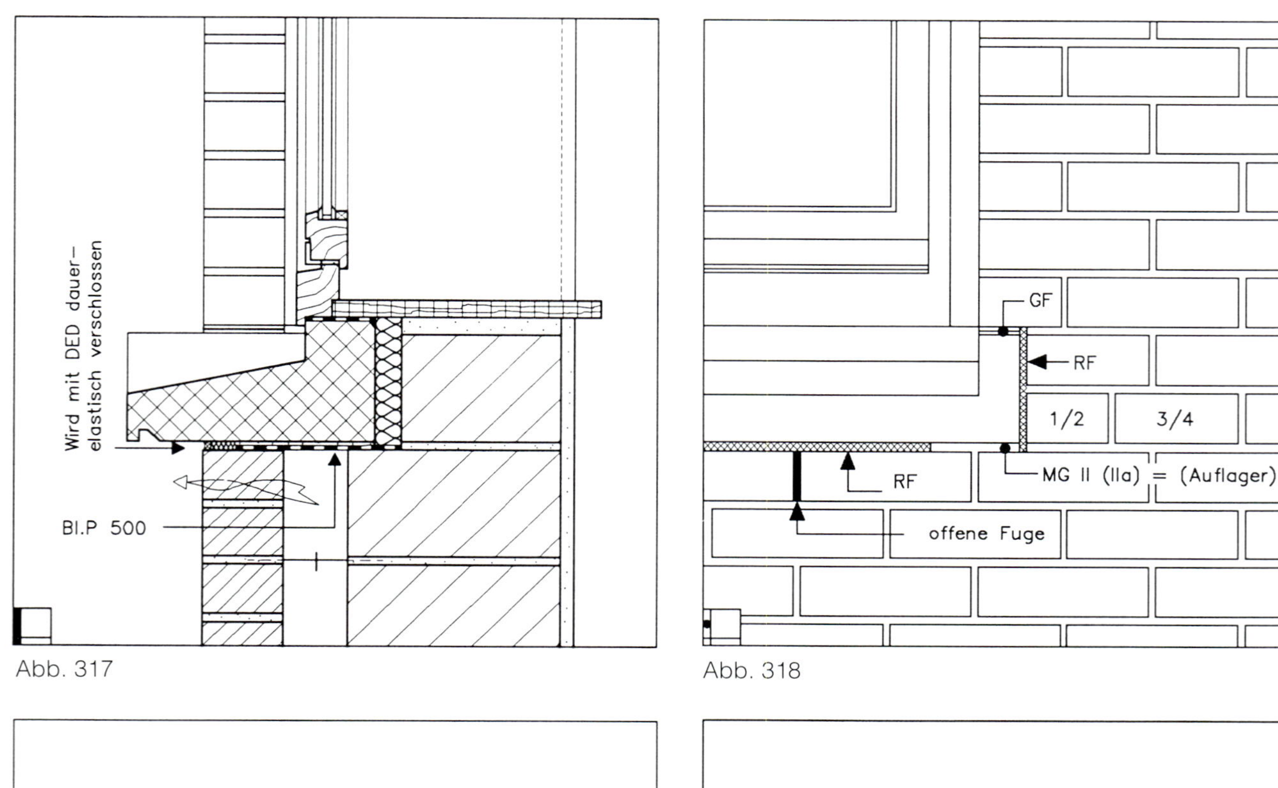

Abb. 317

Abb. 318

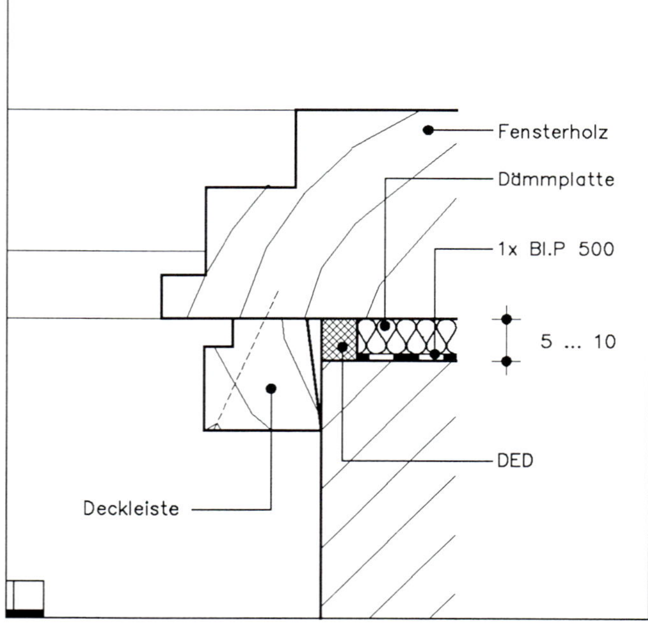

Abb. 319

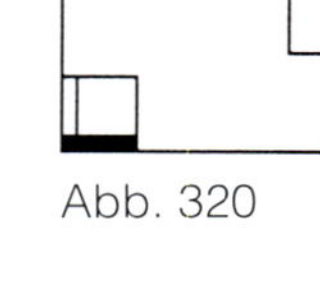

Abb. 320

Beim Fenstereinbau ohne Anschlag (stumpfe Leibung) ist es zweckmäßig, die Schalenfuge mit dem Fensterrahmen zu überdecken. Hierbei wird dann als unterer Abschluß eine Metall-Fensterbank zu wählen sein (→ Abb. 321 ... 323).

Die Abdichtung des Fensterrahmens und der Aufkantung der Fensterbank erfolgt in bewährter Weise mit dauerelastischen Dichtstoffen (DED).

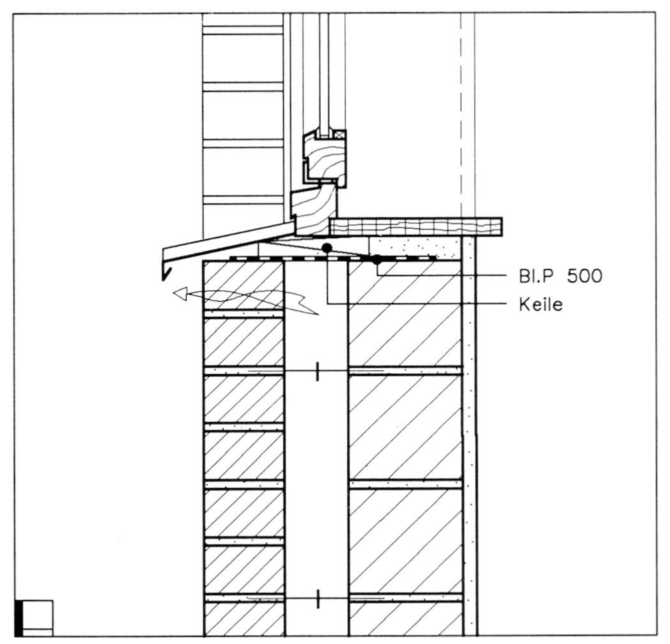

Abb. 321

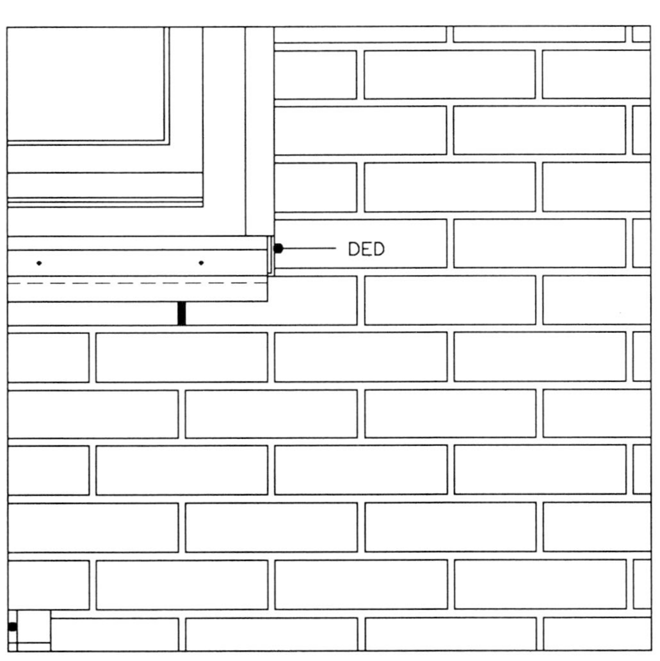

Abb. 322

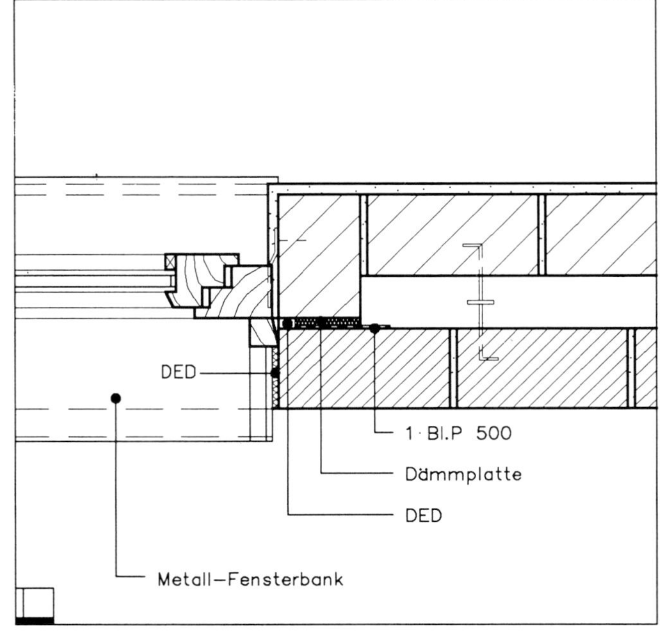

Abb. 323

Die Dehnungsfugen sind mit einem geeigneten Material dauerhaft und dicht zu schließen (→ Abb. 324 ... 330).

Die Verfüllung und Verschließung der Raumfuge ist mit größter Sorgfalt vorzunehmen, da es leicht zu Flankenabrissen (Haftung an den Verblendern) kommen kann, wenn der Steinuntergrund nicht nach Dichtmassen-Herstellervorschrift vorbehandelt ist. Kalkhydratunterwanderungen an den Kontaktflächen (Mauerwerk/Dichtmasse) bei starker Wasserbelastung der Verblendschale führt meist zur Ablösung der Fugenflanke. Eine Fachberatung für die Auswahl der richtigen dauerelastischen Dichtstoffe (DED) ist bei der Unzahl der angebotenen Produkte zu empfehlen.

Einen allgemeinen Überblick über die gebräuchlichsten elastoplastischen Dichtungsmassen geben die folgenden Ausführungen [28]:

»Für die Abdichtung von Dehnungsfugen und für Anschlußfugen, z. B. Fenster an Mauerwerk, sind Dichtungsmassen geeignet, deren Lebenserwartung bei 15 bis 20 Jahren liegt:

- *Polysulfide*

Ein- und Zweikomponenten-Massen, Dauerbelastungsgrenze bis 25 % der Fugenbreite

- *Siliconkautschuk*

Einkomponenten-Massen, Dauerbelastungsgrenze bis 25 % der Fugenbreite, nur alkalische oder neutrale Härtesysteme geeignet.

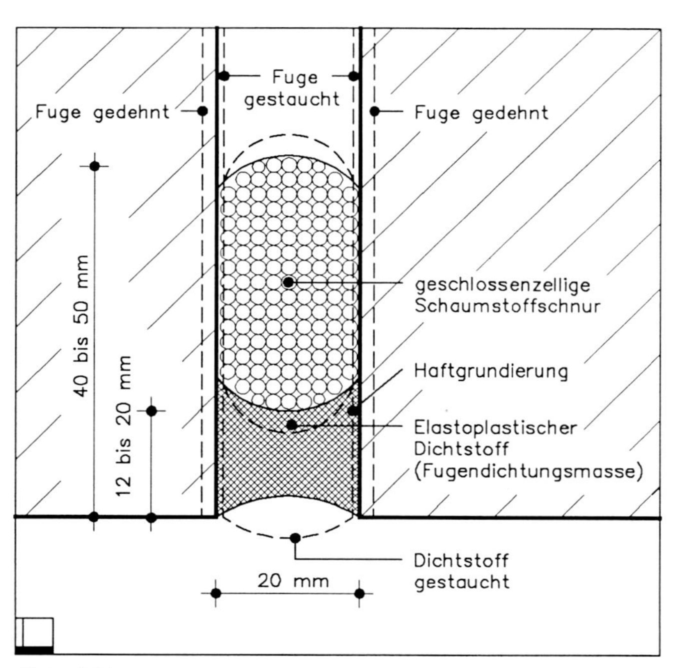

Abb. 324

- *Polyurethane*

Ein- und Zweikomponenten-Massen, Dauerbelastungsgrenze bis 20 % der Fugenbreite

- *Acryldispersionen*

Einkomponenten-Massen, Dauerbelastungsgrenze bis 15 % der Fugenbreite, auf feuchtem Untergrund einsetzbar.

Der E-Modul dieser Dichtungsmasse liegt unter 0,5 N/mm², die Shore-A-Härte zwischen 10° und 25°. Sie sind durch Rezeptur einerseits rückstellfähig (dauerelastisch), verformen sich jedoch andererseits unter langzeitiger Belastung plastisch und bauen damit Spannungen innerhalb der Fugen ab (elastoplastisch). Sie sind in verschiedenen Farbtönen von weiß bis dunkel erhältlich.

Fugenausbildung

Für die Dehnungsfugenbreite ›b‹ ist die Dauerbelastungsgrenze in % der Fugenbreite der Dichtungsmassen ausschlaggebend. Die erforderliche Fugenbreite beträgt etwa 20 mm. Als Hinterfüllungen sind runde, geschlossenporige, weichelastische Schaumstoffe geeignet (∅ 1,5 · Fugenbreite). Sie werden in der Fuge zu einem Oval verformt (→ Abb. 324). Die Fugen sind über die ganze Länge gleich breit und planeben auszuführen und an ihrem oberen Ende dauerhaft abzudecken.

Verarbeitung

Alle Dichtungsmassen sollten bei Temperaturen über + 5 °C und bei trockener Witterung verarbeitet werden. Die Fugenflanken sind von Staub und Mörtelresten zu reinigen und müssen frei von Ölen und Fetten sein. Damit eine gute Haftung zwischen Dichtungsmassen und Mauerwerk erreicht wird, sind bei einigen Systemen die Fugenflächen vorzubehandeln, da es sonst zu Abrissen kommen kann.

Die Verarbeitung der Dichtungsmassen erfolgt mit Hand- oder Druckluftpistole. Die Masse ist unter Druck mit vollem gleichmäßigen Strang ohne Luftblasen einzupressen. Auf guten Kontakt zu den seitlichen Haftflächen sollte besonders geachtet werden.

Die Fugen werden im allgemeinen nachträglich leicht konkav ausgebildet, z. B. mit einem in Seifenwasser angefeuchteten Fugholz, Fugeisen oder mit dem Finger; Acrylmassen sind trocken zu bearbeiten.

Dichtungsmassen sollten nicht überstrichen werden. Die Anweisungen und Verarbeitungsrichtlinien der Hersteller sind genau einzuhalten und nur ›geschlossene‹ Systeme eines Hersteller zu verarbeiten.«

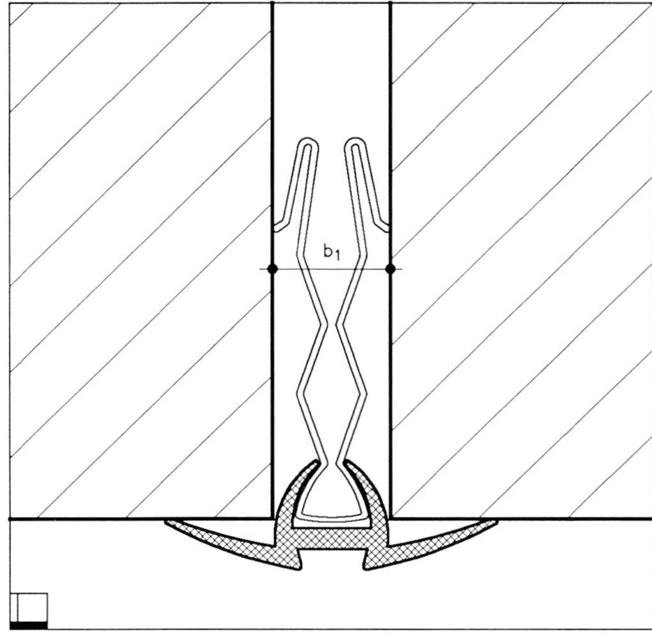

Abb. 325

Häufig wird auch die Raumfuge (RF) mit geeigneten Klemmprofilen und Pilzkopfprofilen (→ Abb. 325 ... 330) verschlossen.

Bei Abb. 325 und 326 verankert sich das Profil [16] durch nichtrostende Spezial-Stahlklammern in der Raumfuge. Für verschiedene Raumfugenweiten (z.B. b_1 oder b_2) sind die entsprechenden Klammern und Profile zu erhalten; dies gilt auch für die anderen im Handel befindlichen Profile.

Die Klemmprofile [17] sind allgemein bekannt und weit verbreitet. Dazu gehören die eigentlichen Profile mit und ohne Pilzkopf wie auch die Strangprofile aus Vollmaterial, Schläuche und Schaumprofile. Die Abb. 327 ... 330 zeigen schematisch diese Möglichkeiten.

Sofern diese unter sich sehr unterschiedlich geformten Profile nicht eingeklebt werden, muß die vorgegebene Pressung ausreichen, um ein Herausfallen bei Ausdehnung (Öffnung) der Fuge in der Kälte zu vermeiden. Da die Bauteile sich in der Kälte zusammenziehen und die Fuge sich vergrößert, zudem auch das PVC in der Kälte zunehmend an Plastizität und Elastizität verliert, darf man solchen Profilen keine hohe Beanspruchung zumuten.

Werden die Profile eingeklebt, so ist die Haftfestigkeit des Klebers auf dem Untergrund sowie auf dem Profil entscheidend. Der Voranstrich auf den Fugenrändern muß sehr sorgfältig erfolgen, damit nicht der Kleber auf der Fassade Streifen oder Flecken hinterläßt, die mit der Zeit den Schmutz binden würden. Oft ist es notwendig, insbesondere bei saugenden Fugenrändern, diese vor dem Aufbringen des Klebers zu versiegeln, damit nicht aufgesaugtes Wasser die Kleberschicht unterläuft und ablöst. Die Versiegelung führt man am sichersten mit Epoxidharzlösung durch.

Die Abb. 325 ... 330 zeigen verschiedene Klemmprofiltypen mit und ohne Pilzkopf, wie sie in der Praxis Verwendung finden. Diese wenigen Beispiele sollen stellvertretend für eine große Anzahl verschiedener Profile dieser Gruppe gezeigt werden, wie sie auf dem Markt angeboten werden.

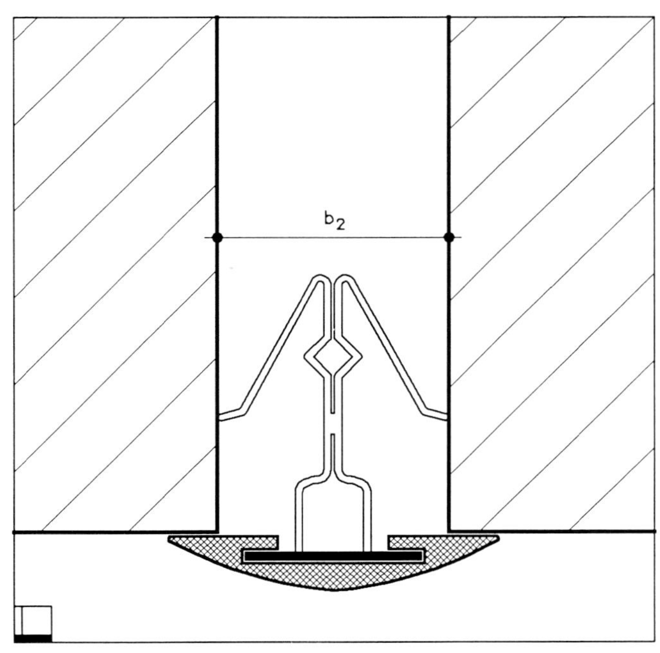

Abb. 326

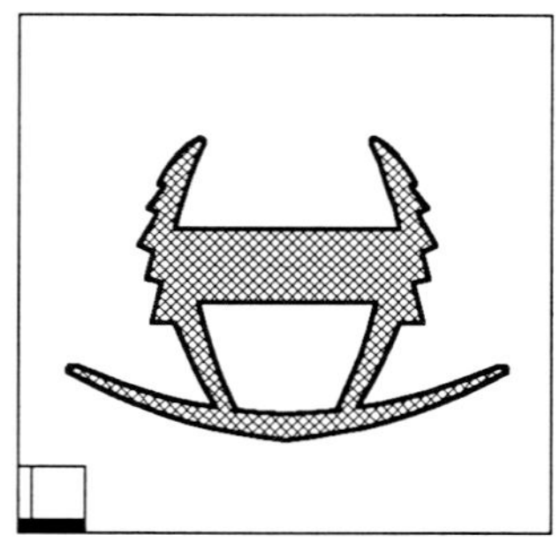
Abb. 327

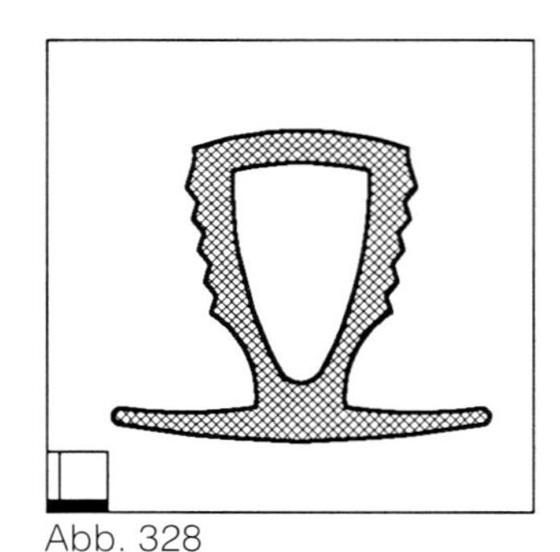
Abb. 328

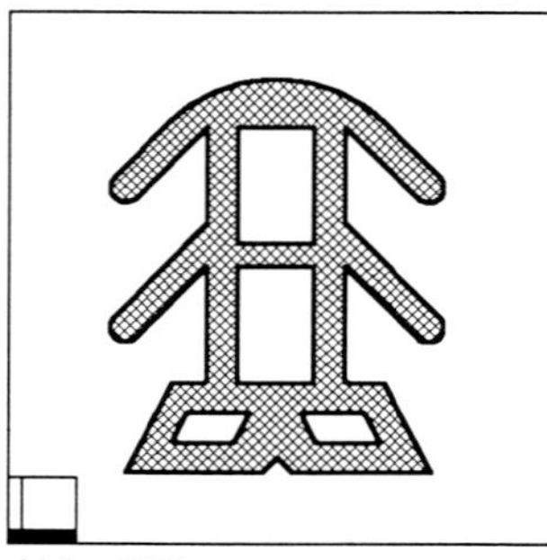
Abb. 329

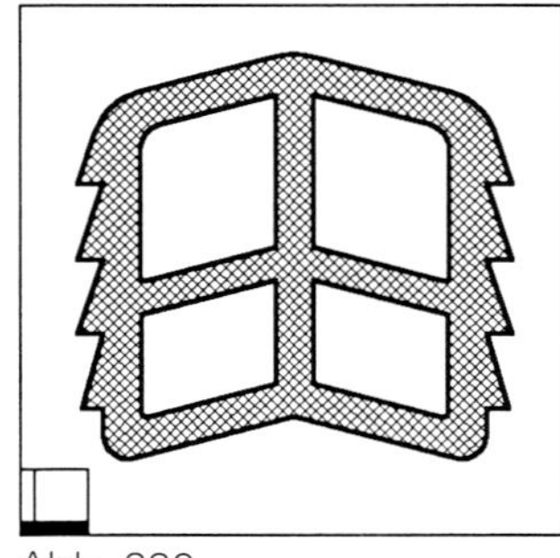
Abb. 330

Abschließend sei noch festgehalten, daß Klemmprofile eine optisch sehr ansprechende Fugenabdichtung ergeben, die auch technisch in der Lage ist, kleine und mittlere Bewegungen bis zu maximal 5 % der Fugenbreite bei nicht eingeklebten Profilen, und etwa 8 % bei eingeklebten Profilen aufzunehmen. Die Funktionstüchtigkeit und die Haltbarkeit solcher Verfugungen hängen außer von dem Material sehr wesentlich von dem Verhältnis der Fugenbreite und der vorgegebenen Spannung zu den möglichen und zu erwartenden Bewegungen sowie von der sauberen Ausführung der Dehnfuge ab.

Eine weitere Möglichkeit, Raumfugen abzuschließen, liegt in der Verwendung von Dichtungsbändern [19]. Das sind Profile aus offenporigem Kunstschaum, der homogen mit Spezial-Bitumen bzw. Polyacrylat imprägniert ist. Die Bänder bleiben nach Werkangabe dauerelastisch, ermüden nicht, werden nicht rissig und spröde, sie sind beständig gegen UV-Strahlen und Laugen, weitgehend auch gegen Säuren.

Die Profile werden zusammengedrückt (es gibt sie auch werkseitig vorkomprimiert) und in die Fugen eingebracht. Auf ein Drittel komprimiert ist nach Werkangabe das Band und somit die Fuge staub- und luftdicht; auf ein Fünftel komprimiert: wasserdicht.

Das komprimierte Band wird in die Fuge eingelegt und gleich ausgerichtet. Da es bestrebt ist, seine ursprüngliche Dimension wieder zu erlangen, ist sofort eine ausreichende Haftung an den Fugenflanken vorhanden. Mit großer Rückstellkraft preßt es sich dann langsam an die Fugenwände, wobei es sich jeder Unebenheit der Fugenflanken anpaßt.

8.4.3.2 Zweischalige Außenwände mit Luftschicht

Bei zweischaligen Außenwänden mit Luftschicht ist folgendes zu beachten:

a) Die Luftschicht soll mindestens 60 mm und darf bei Verwendung von Drahtankern nach Tabelle 11 höchstens 150 mm dick sein (→ Abb. 331). Die Dicke der Luftschicht darf bis auf 40 mm vermindert werden, wenn der Fugenmörtel mindestens an einer Hohlraumseite abgestrichen wird. Die Luftschicht darf nicht durch Mörtelbrücken unterbrochen werden. Sie ist beim Hochmauern durch Abdecken oder andere geeignete Maßnahmen gegen herabfallenden Mörtel zu schützen.

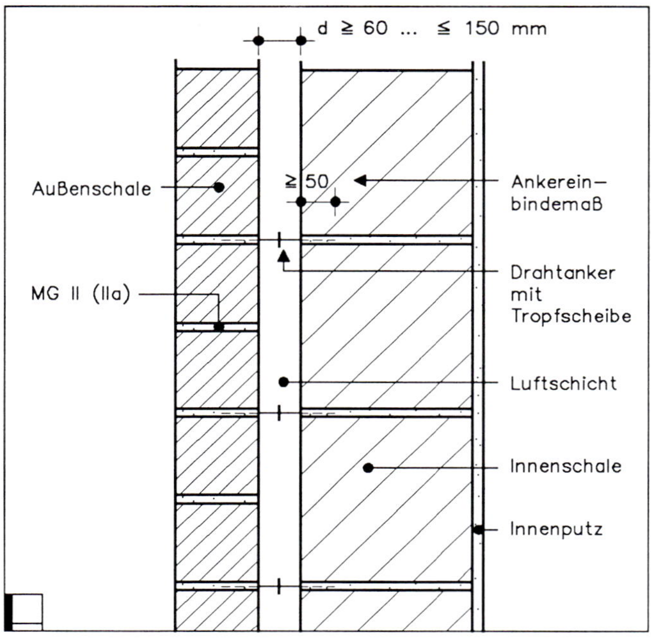

Abb. 331

Die Steine der Außenschale müssen wetterbeständig sein. Die dafür geeigneten Steine sind bei

- Ziegelmauerwerk: VMz; VHLz; KMz und KHLz;
- Kalksandsteinen: KS Vm, KS Vb, KSL Vm und KSL Vb;
- Natursteinen → 12.2.8

Die Betonstein-Industrie bietet Verblendsteine in verschiedenen Formaten an.

b) Die Außenschalen sollen unten und oben mit Lüftungsöffnungen (z. B. offene Stoßfugen) versehen werden (→ Abb. 332 ... 335), wobei die unteren Öffnungen auch zur Entwässerung dienen (→ Foto 14). Das gilt auch für die Brüstungsbereiche der Außenschale (→ Abb. 332 ... 335). Die Lüftungsöffnungen sollen auf 20 m² Wandfläche (Fenster und Türen eingerechnet) eine Fläche von jeweils etwa 7500 mm² haben.

c) Die Luftschicht darf erst 100 mm über Erdgleiche beginnen (→ Bild 10, Seite 138) und muß von dort bzw. von Oberkante Abfangkonstruktion (siehe Abschnitt 8.4.3.1, Aufzählung c) bis zum Dach bzw. bis Unterkante Abfangkonstruktion (→ Abb. 265 + 283) ohne Unterbrechung hochgeführt werden.

In den Abb. 331 ... 335 ist ein Beispiel zum Text b) und c) gebracht. Im Schnitt »A« (→ Abb. 333) wurde der obere Abschluß der Luftschicht in zwei Varianten dargestellt. Bei der oberen Bearbeitung blieb die Luftschicht oben offen. Sie mündet in den Dachraum. In der darunter befindlichen Variante ist der Luftraum durch die auskragende Decke abgeschlossen. Hier werden Lüftungssteine nötig, bzw. es bleiben Stoßfugen der obersten Läuferschicht offen.

Die aus formalen Gründen gewählte unterste aufrecht stehende Schicht, sie heißt Grenadier-Schicht, muß zu den folgenden liegenden Läuferschichten ein besonders sorgfältig gearbeitetes Verbandbild haben. Dies ist aus der Ansicht (→ Abb. 335) gut zu ersehen.

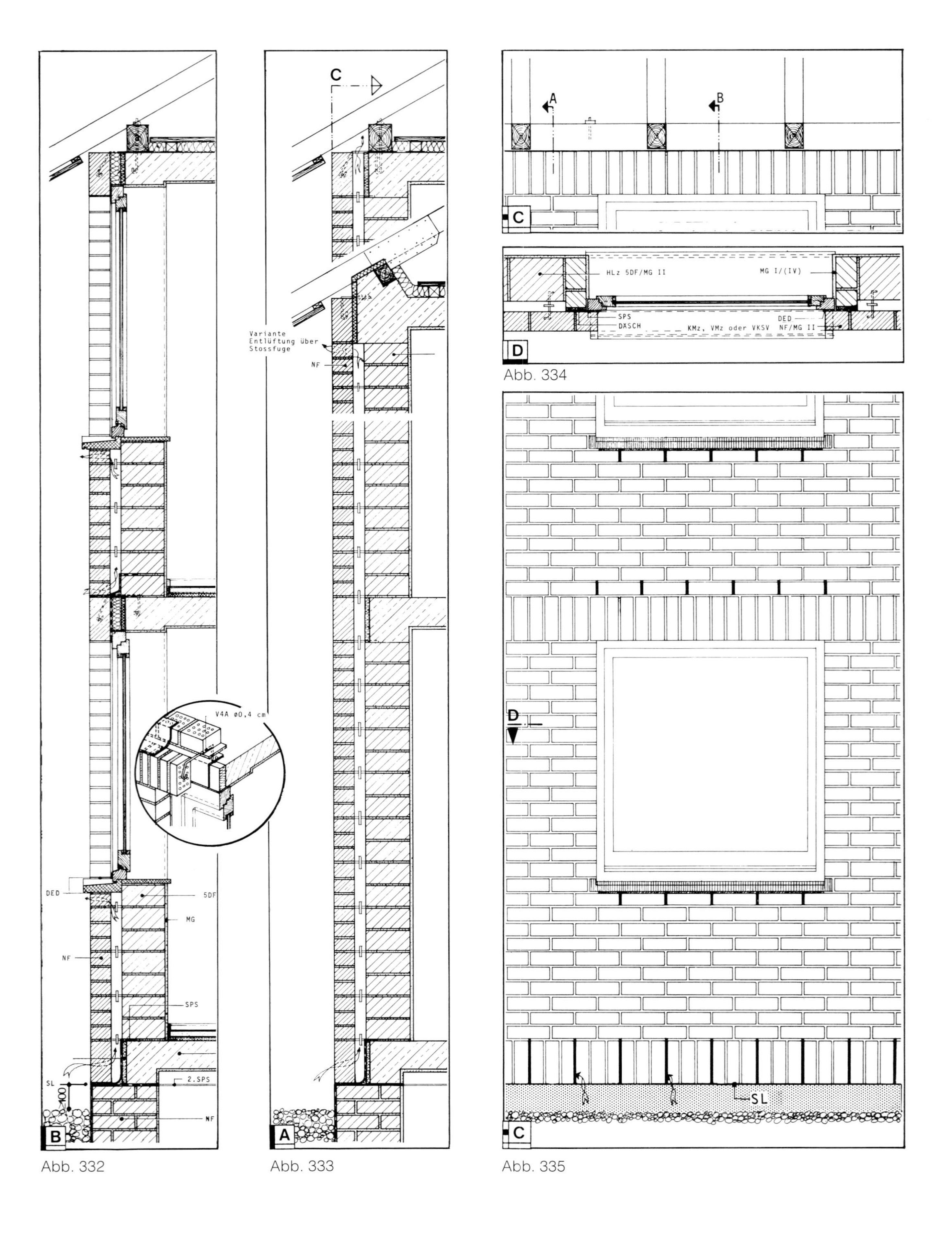

Abb. 332

Abb. 333

Abb. 334

Abb. 335

8.4.3.3 Zweischalige Außenwände mit Luftschicht und Wärmedämmung

Bei Anordnung einer zusätzlichen matten- oder plattenförmigen Wärmedämmschicht auf der Außenseite der Innenschale ist zusätzlich zu 8.4.3.2 zu beachten:

a) Bei Verwendung von Drahtankern nach Tabelle 11 darf der lichte Abstand der Mauerwerksschalen 150 mm nicht überschreiten (→ Abb. 336). Bei größerem Abstand ist die Verankerung durch andere Verankerungsarten gemäß 8.4.3.1, Aufzählung e), 4. Absatz, nachzuweisen.

b) Die Luftschichtdicke von mindestens 40 mm (→ Abb. 336) darf nicht durch Unebenheit der Wärmedämmschicht eingeengt werden. Wird diese Luftschichtdicke unterschritten, gilt Abschnitt 8.4.3.4 (Zweischalige Wände mit Kerndämmung).

Die Luftschichtdicke muß einen ungestörten freien Querschnitt von mindestens 40 mm aufweisen. Dieser wird oft eingeengt durch Mörtelwülste, die aus den Lagerfugen gedrückt wurden. Foto 26 zeigt eine schlechte, daher ungenügende Ausführung, wie sie leider oft anzutreffen ist (begünstigt durch Akkordarbeit). Es finden sich sogar Mörtel»brücken«, die die Dämmschicht berühren und Wasser **in** diese direkt einleiten können!

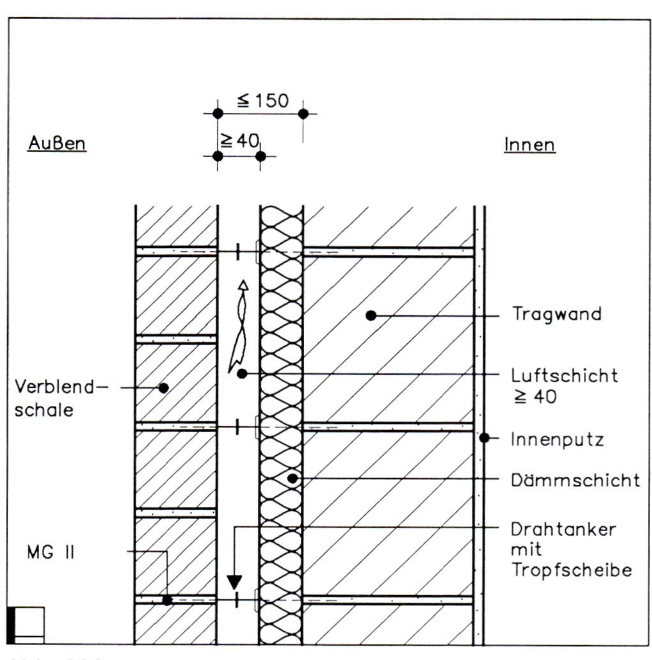

Abb. 336

Foto 26

c) Hinsichtlich der Eigenschaften und Ausführung der Wärmedämmschicht ist Abschnitt 8.4.3.4, Aufzählung a) sinngemäß zu beachten.

Es heißt dort:

»a) Platten- und mattenförmige Mineralfaserdämmstoffe sowie Platten aus Schaumkunststoffen und Schaumglas sind an der Innenseite so zu befestigen, daß eine gleichmäßige Schichtdicke sichergestellt ist.«

Dies wird meist durch eine mechanische Befestigung erreicht. Dabei werden auf die ohnehin eingebauten Drahtanker (vor dem Aufschieben der Tropfscheiben) nichtrostende Klemm-Krallenplatten (→ Abb. 337 [9]) oder entsprechende Kunststoffscheiben aufgeschoben, die die Dämmplatten an die Tragwand drücken (vgl. Abb. 274 und Fotos 27 + 28).

Foto 27

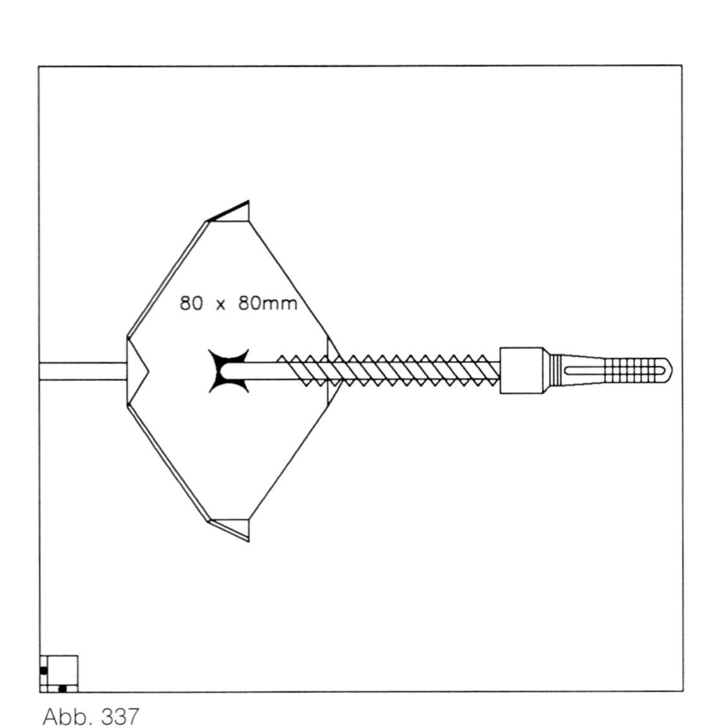

Abb. 337

Foto 28

8.4.3.4 Zweischalige Außenwände mit Kerndämmung (→ Abb. 338)

Zusätzlich zu 8.4.3.2 gilt:

Der lichte Abstand der Mauerwerksschalen darf 150 mm nicht überschreiten. Der Hohlraum zwischen den Mauerwerksschalen darf ohne verbleibende Luftschicht verfüllt werden, wenn Wärmedämmstoffe verwendet werden, die für diesen Anwendungsbereich genormt sind oder deren Brauchbarkeit nach den bauaufsichtlichen Vorschriften nachgewiesen ist, z. B. durch eine allgemeine bauaufsichtliche Zulassung.

In Außenschalen dürfen glasierte Steine oder Steine mit Oberflächenbeschichtungen nur verwendet werden, wenn deren Frostwiderstandsfähigkeit unter erhöhter Beanspruchung geprüft wurde.[1])

Beim zweischaligen (Sicht)-Mauerwerk mit Kerndämmung wird der ganze Hohlraum (Luftraum) mit Wärmedämmstoff ausgefüllt. Dieser berührt die Außenschale, die selbst nicht schlagregensicher ist. Damit eventuell eindringendes Regenwasser keinen Schaden am Dämmstoff anrichtet, muß dieser wasserunempfindlich und wasserabweisend (hydrophob) sein.

Zulassungen liegen vor für:

- Mineralfaserplatten,
- Schaumkunststoffplatten,
- lose Dämmstoffe,
- Ortschäume.

[1]) Mauerziegel nach DIN 52252-1, Kalksandsteine nach DIN 106-2

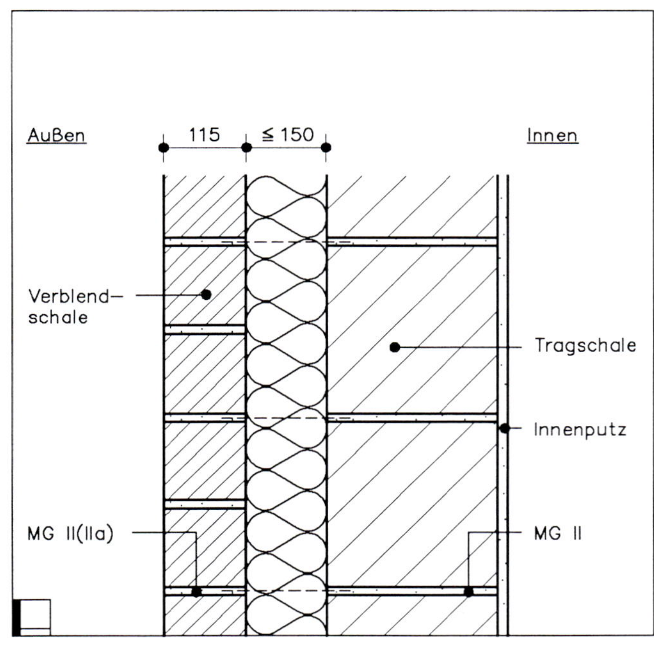

Abb. 338

Die losen Dämmstoffe und Ortschäume können noch später bei bereits bestehenden Wänden in den Hohlraum eingefüllt werden (→ Fotos 45 ... 47, S. 173 f.).

Auf die vollfugige Vermauerung der Verblendschale und die sachgemäße Verfugung der Sichtflächen ist besonders zu achten (→ Abb. 249).

Entwässerungsöffnungen in der Außenschale (→ Foto 14 +15) sollen auf 20 m² Wandfläche (Fenster und Türen eingerechnet) eine Fläche von mindestens 5000 mm² im Fußpunktbereich haben.

Als Baustoff für die Wärmedämmung dürfen z. B. Platten, Matten, Granulate und Schüttungen aus Dämmstoffen, die dauerhaft wasserabweisend sind, sowie Ortschäume verwendet werden.

Bei der Ausführung gilt insbesondere:

a) Platten- und mattenförmige Mineralfaserdämmstoffe sowie Platten aus Schaumkunststoffen und Schaumglas als Kerndämmung sind an der Innenschale so zu befestigen, daß eine gleichmäßige Schichtdicke sichergestellt ist (→ Foto 28).

   Platten- und mattenförmige Mineralfaserdämmstoffe sind so dicht zu stoßen, Platten aus Schaumkunststoffen so auszubilden und zu verlegen (Stufenfalz, Nut und Feder oder versetzte Lagen), daß ein Wasserdurchtritt an den Stoßstellen dauerhaft verhindert wird.

   Materialausbruchstellen bei Hartschaumplatten (z. B. beim Durchstoßen der Drahtanker) sind mit einer lösungsmittelfreien Dichtungsmasse zu schließen.

Da dies auf der Baustelle nur in den seltensten Fälle gemacht werden dürfte (Uhrmacherarbeit), empfiehlt sich der Einsatz von Einschlagdübeln (→ Abb. 272 ... 274).

Die mit Zulassungsbescheid gebräuchlichsten Kerndämmplatten sind nach der Aufstellung eines Drahtankerherstellers [9] folgende:

- Basalan BPI-KD
  Rheinhold und Mahla GmbH
- Isover-Kerndämmplatte KD1 und KD2
  Grünzweig + Hartmann AG
- Thermil 210 H und 240 H
  Manville Deutschland GmbH
- Rockwool RP-KD
  Deutsche Rockwool GmbH
- Glasuld Kerndämmplatte MT1 und MT3
  Superfos Glasuld A/S
- Roofmate SL, Roofmate SP-SL und Styrofoam SM-TG
  DOW Chemical H&V Ges. mbH
- Styrodur (PS) Hartschaumplatten
  Industrieverband Hartschaum e.V.
- Styropor 3000S und 3000N
  BASF AG

Alle diese Kerndämmplatten sind an jedem Drahtankerdurchgang mit einer Abdeckscheibe ∅ ≥ 50 mm zu versehen, um zu verhindern, daß Wasser über die Drahtanker bis zur Innenschale (und weiter) gelangen kann. Eine so montierte Wand zeigt Foto 29 [29].

Foto 29

Es ist nicht ausgeschlossen, daß Berührungsflächen zwischen der unter Umständen sehr nassen Verblendschale (bekanntlich läuft bei starker Regenbeanspruchung auf der Rückseite dieser Wetterschutzwand Wasser ab) und der Kerndämmschicht entstehen. Durch diese innigen Kontaktstellen wird der Kerndämmplatte Wasser zugeführt. Die Platten müssen zum Schutz dagegen aus geschlossenzelligen Dämmstoffen bestehen, bzw. sie müssen bei faserigen Dämmstoffen gegen Wasseraufnahme »ausgerüstet« sein, letztere werden dann als »hochgradig feuchtigkeitsabweisend« deklariert [30].

Die Außenschale soll so dicht wie es das Vermauern erlaubt (Fingerspalt) vor der Wärmedämmschicht errichtet werden.

Die Baustellenpaxis hat ihre eigenen Gesetze, die man in Regelwerken nicht außer acht lassen sollte. Auf Foto 30 ist zu sehen, daß der Lagerfugenmörtel der Verblendschale sich in den Luftraum mehr oder weniger ausquetscht (vgl. auch Foto 26, S. 161). Stellt man sich den Schalenabstand, wie das bei der »Kerndämmung« beschrieben ist, ... »so dicht wie es das Vermauern erlaubt (Fingerspalt)« mit der Wärmedämmschicht ausgefüllt vor, dann ist es verständlich, daß über die in die Dämmschicht eingewölbten Mörtelwulste das durch die Verblendschale eingedrungene Wasser, frei (der Schwerkraft folgend: also lotrecht) in das Fasergefüge abtropft. Es gelangt somit hinter die Abdeckscheibe (→ Foto 29), die das Wassereindringen längs den Drahtankern unterbinden sollen (→ Abb. 339).

Beim freien Absickern wird dann, wie die Praxis zeigt, ein nach der Innenschale zu geneigter Drahtanker (→ Foto 16, S. 135) der »Einfluß«punkt für Wasser. Daß diese oft aufgebogenen Drahtanker kaum mehr waagerecht gerichtet werden können, zeigt der auf Foto 30 (mit großem Pfeil markiert) steil aufgerichtete Ankerdraht. Im übrigen sieht man auf diesem Foto auch, daß die Wärmedämmplatte auf einem solchen Anker »aufgespießt« wurde (kleiner Pfeil). Man hatte gar nicht erst versucht, ihn herunterzubiegen.

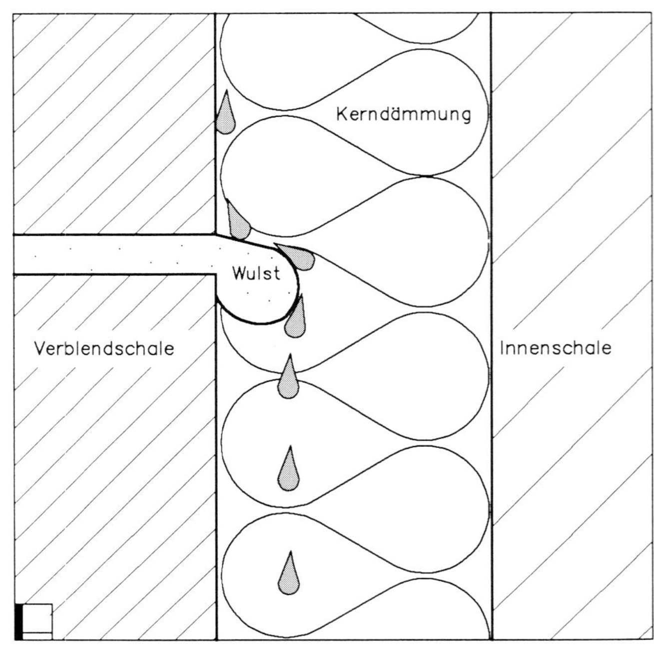

Abb. 339

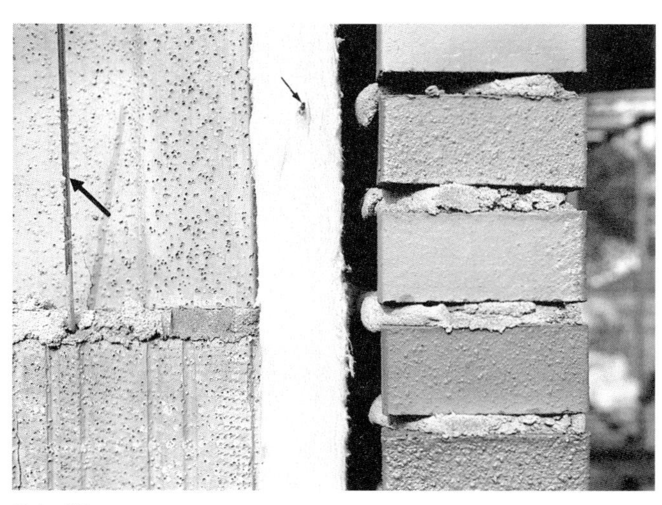

Foto 30

Foto 32:
Der mit dem Meißel zertrümmerte Stein ließ sich aus dem Mauerwerk herauslösen, ohne Mörtel mitzunehmen (fehlende Flankenhaftung).

Daß solche Wulstbildungen, die leicht zu Durchnässungsschäden führen können, keine Einzelfälle sind, soll noch einmal durch die folgende Fotoserie unterstrichen werden:

Foto 31:
Ein wahllos bestimmter Verblendstein wird entnommen.

Foto 33:
Der Lagerfugenmörtel bildete nach innen einen Wulst, der in die Kerndämmung hineinragte (Pfeil).

Foto 34:
Dieser über 3 cm hinaus frei auskragende Wulst war beim Ausstemmen abgebrochen und wurde entnommen.

Foto 35:
Zum Größenvergleich wurde er in die später vom Mörtel gesäuberte Öffnung hineingelegt. Der Wulst hatte nahezu 50 % der Kerndämmungsdicke eingenommen und war der Anlaß zur Querschnittsdurchnässung der Kerndämmplatten. Der durch die Darrmethode ermittelte Feuchtigkeitsgehalt betrug hier 30,31 Gew.-%!

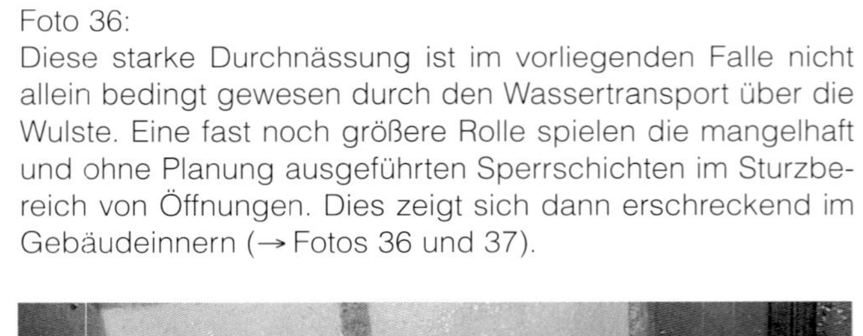

Foto 36:
Diese starke Durchnässung ist im vorliegenden Falle nicht allein bedingt gewesen durch den Wassertransport über die Wulste. Eine fast noch größere Rolle spielen die mangelhaft und ohne Planung ausgeführten Sperrschichten im Sturzbereich von Öffnungen. Dies zeigt sich dann erschreckend im Gebäudeinnern (→ Fotos 36 und 37).

Foto 35

Foto 37

Foto 38

Wie die Außenseite zu dieser Fensterreihe aussieht, zeigt Foto 38. Die Verblendschale war jeweils in Verlängerung der gemauerten Stützen durch eine Bewegungsfuge getrennt.

Die Konstruktion erläutert Abb. 340. Auf auskragenden Stahlbetonkonsolen liegen jeweils im Fensterbereich abgewinkelte Sperrbahnen. Die eingezeichneten Pfeile zeigen den Wasserweg in die darunterliegenden Bauteile. Auf Foto 36 sind deutlich diese Wasserlaufspuren zu erkennen. Das durchtropfende Wasser sammelt sich auf der inneren gemauerten Fensterbank (Foto 37).

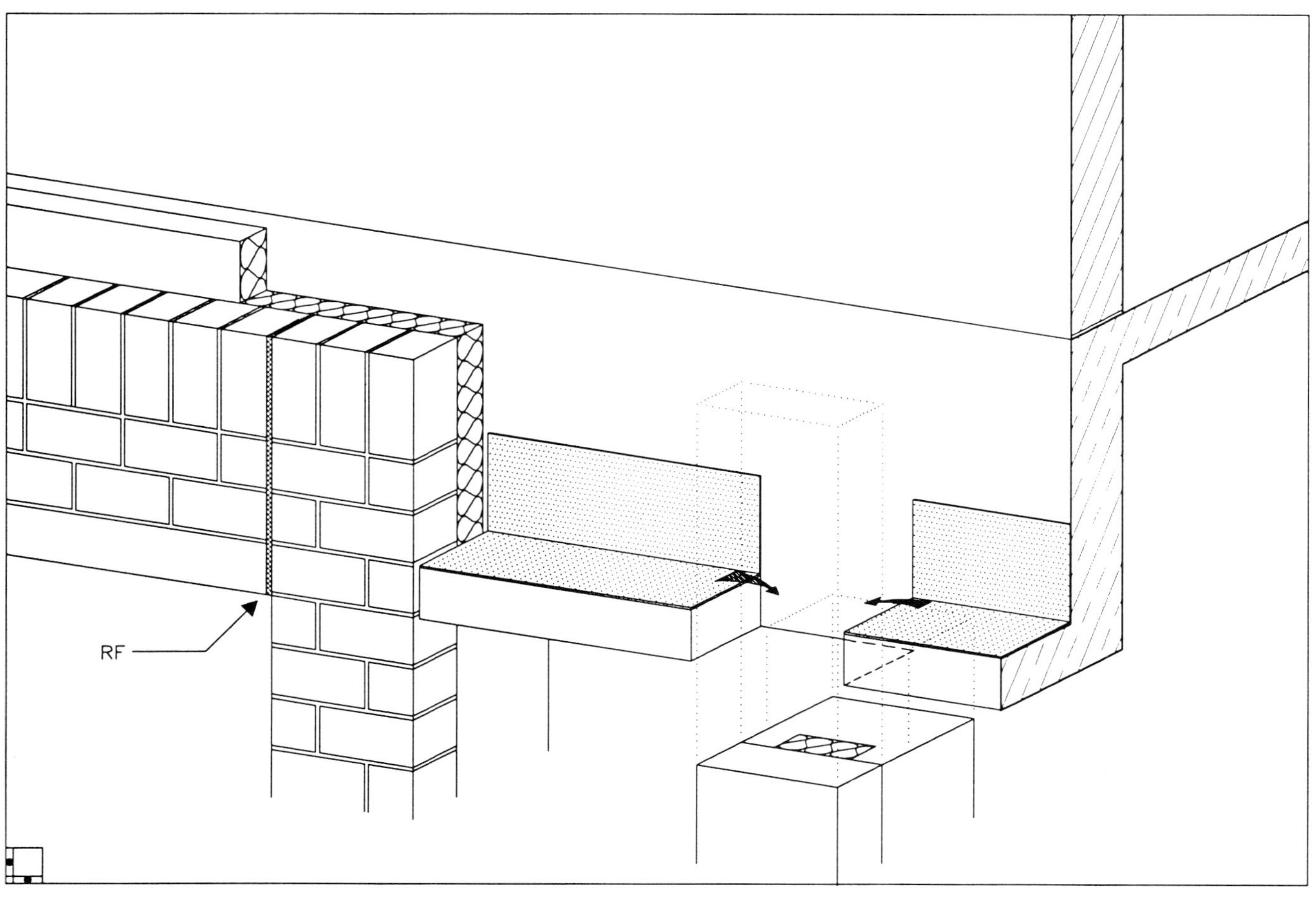

Abb. 340

Auch wenn die Sperrbahnen in den Bereich der Stützen eingebunden waren (Foto 39 zeigt eine solche zum Einbau bestimmte Sperrbahn), so ist durch die Einschnitte dem ungenügenden Ergebnis nicht abgeholfen, wie dies aus Abb. 341 hervorgeht.

Foto 39

Daß die eingebauten Sperrbahnen über den Stürzen kein Wasser nach außen brachten, zeigt Foto 40. Die dauerelastisch gedichtete Horizontalfuge über dem Betonsturz erschwert Wasseraustritte noch zusätzlich. Im Gegensatz zu Foto 14 S. 130 sind keine frischen oder abgetrockneten Wasserlaufspuren zu sehen.

Dagegen sind die nach Abb. 340 + 341 vorgestellten Wasserwege ursächlich für den Wassertransport ins Gebäudeinnere, wie das die Durchnässungszonen um die Fenstertür auf Foto 41 zeigen. Fast kranzförmig sind diese Einflüsse, erkennbar durch die dunkel »gefärbten« Fugen, um die Öffnung herum zu finden.

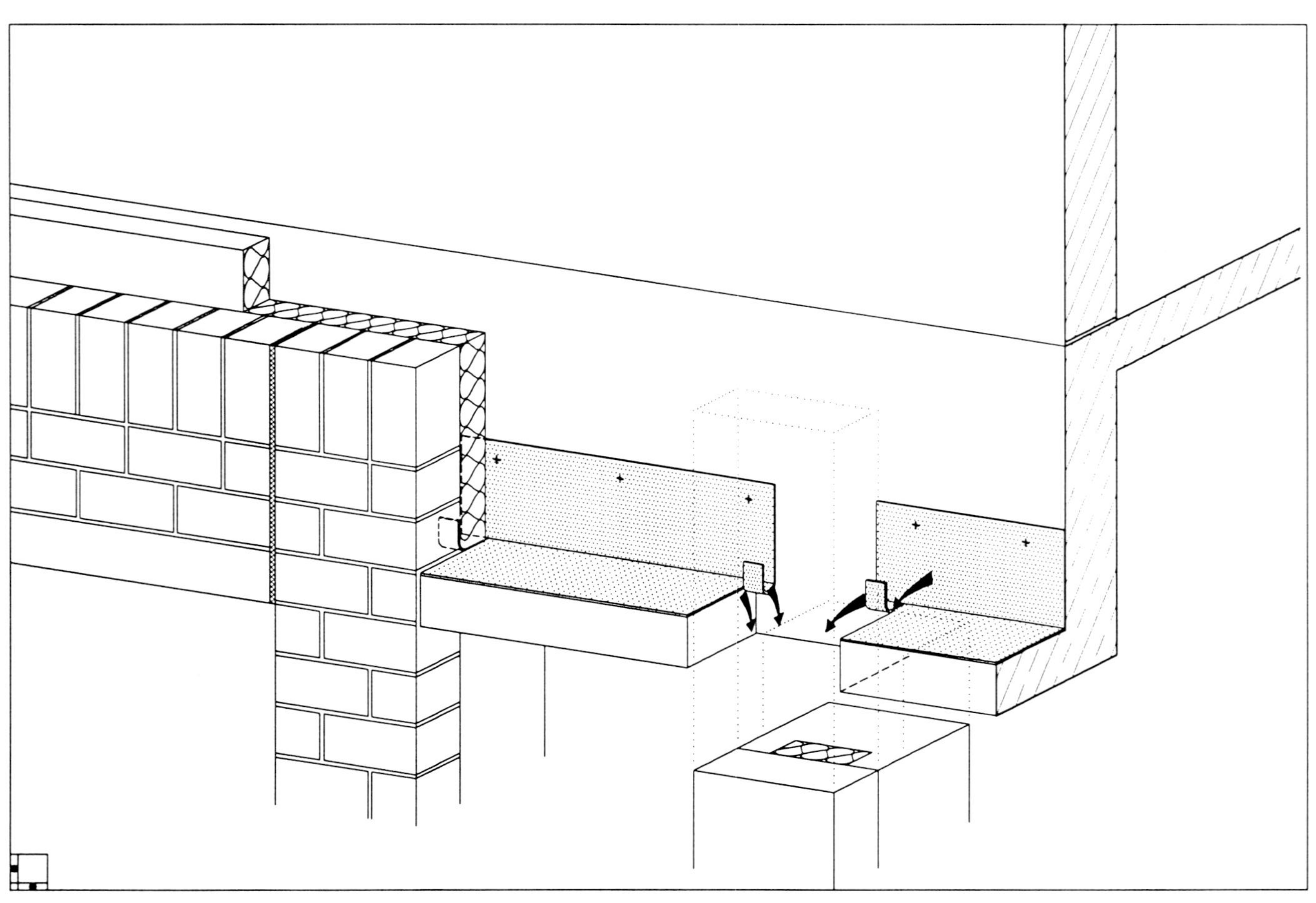

Abb. 341

Foto 40

Foto 41

Wenn aus meist formalen Gründen mit benachbarten Sturzhöhen »gesprungen« wird, (→ Abb. 342 und Foto 25 auf S. 145), ist die Beherrschung der Wasserführung im Sturzbereich äußerst schwierig.

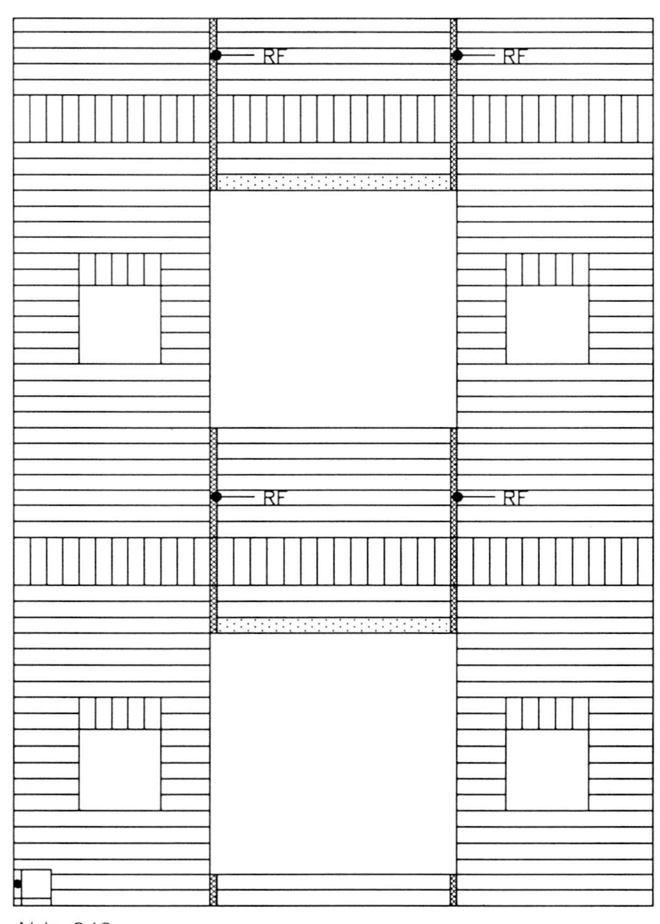

Abb. 342

Auf Abb. 343 sieht man die sich ergebende kaskadenartige Wasserführung bei Treppungen, die in diesem Falle im Gebäudeinnern Zustände ergaben, wie sie auf Foto 42 und Foto 43 festgehalten sind. Beim geplanten Einbau abgetreppter Sperrfolien (→ Abb. 295 [41]) wäre das zu vermeiden gewesen.

Foto 42

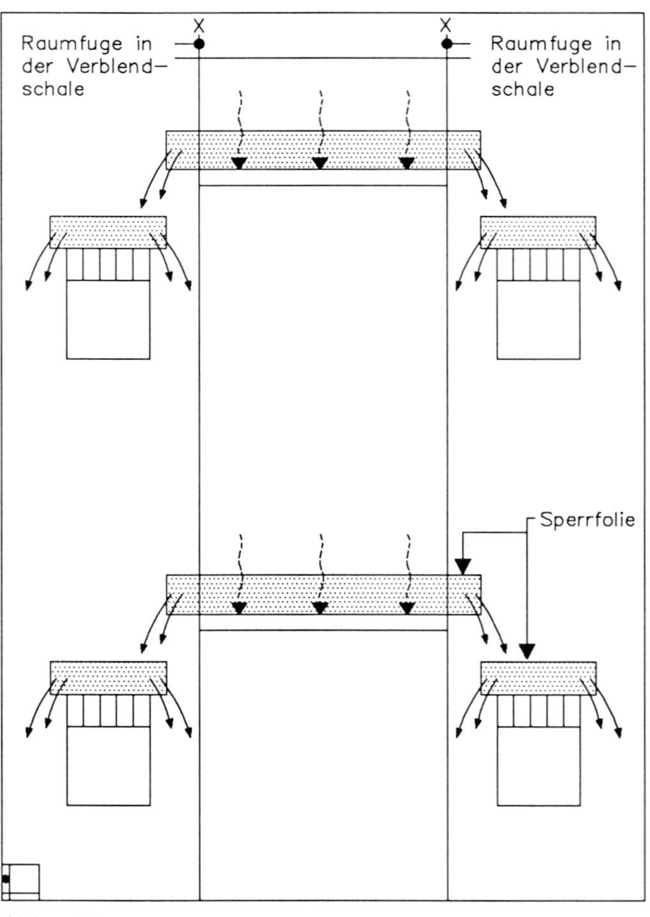

Abb. 343

Foto 43

Es kommt im Laufe der Zeit noch erschwerend hinzu, daß sich die teilweise auf einer weichen Dämmschicht aufliegende Sperrbahn dort durchhängen wird (→ Abb. 344 – Pfeil). Das ergibt dann eine besonders wirksame Auslauf»tülle«, die an ihrem Tiefpunkt (inmitten der Dämmschicht) ihre Wassertropfen lotrecht nach unten gibt! Für solche Fälle sollte man unter den Sperrbahnen Stützbleche anordnen, wie das im Mauerwerk-Atlas [26] (dort bei 6.7.117) erklärt ist.

Eine Planungs- und Ausführungshilfe, um dieses schadensträchtige Problem lösen zu helfen, sollen die folgenden Überlegungen sein:

Abb. 345 bringt eine Sturzausbildung, bei der die Öffnung durch einen Balken überdeckt ist (vgl. hierzu die Ausführungen zu Abb. 298 + 299). Eingedrungenes Wasser kann ungehindert seitlich abfließen und gelangt so in die Dämmschichtebene.

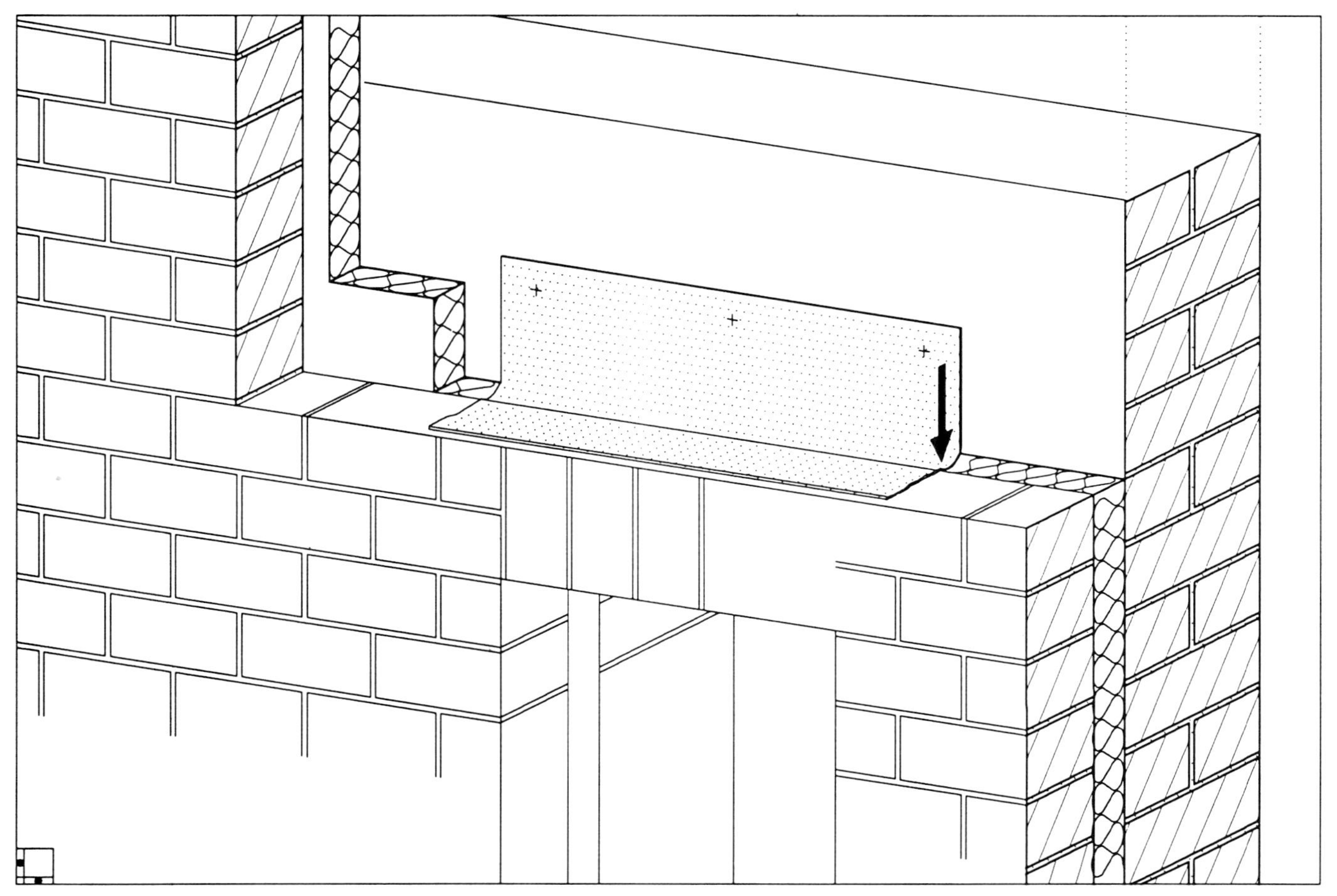

Abb. 344

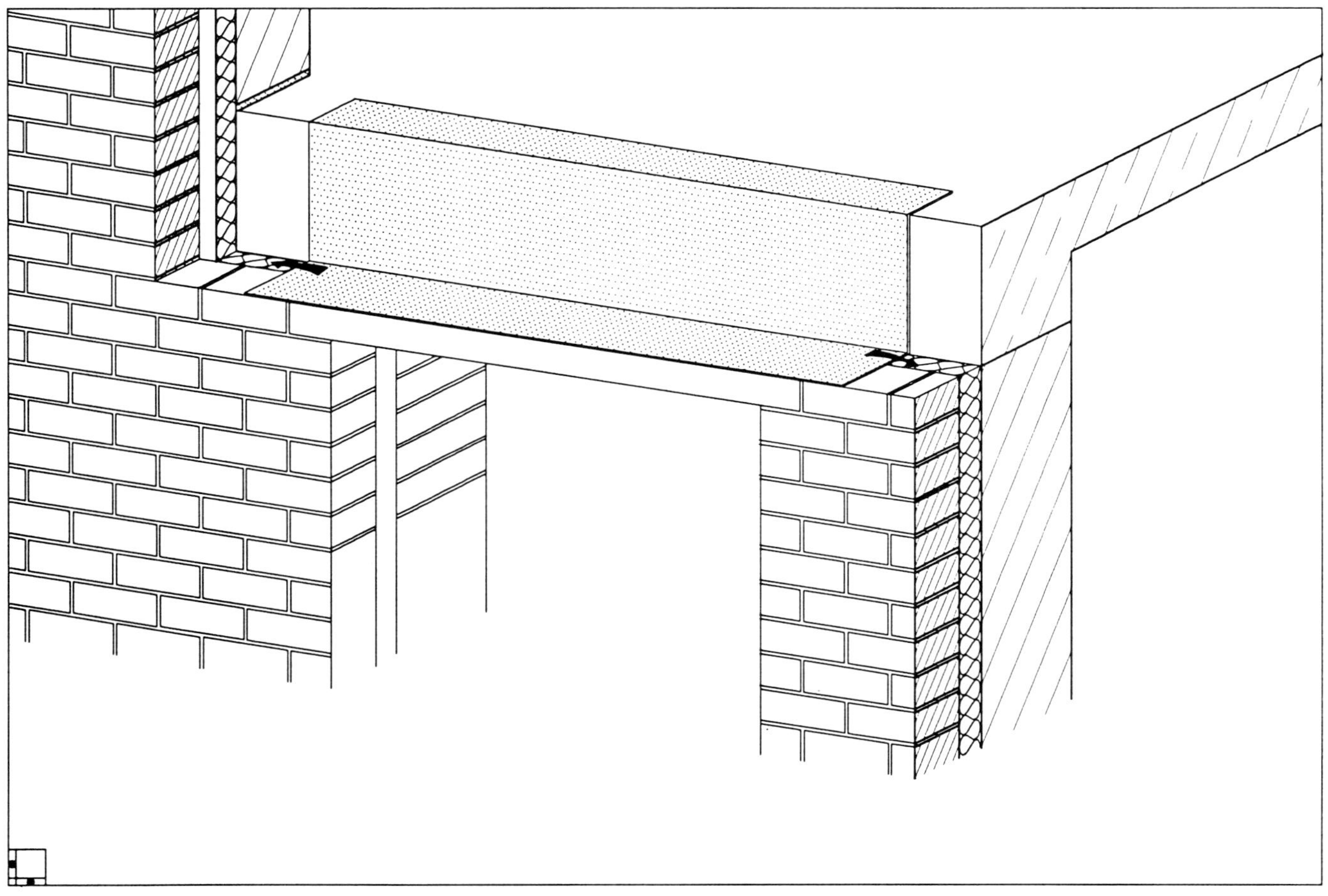

Abb. 345

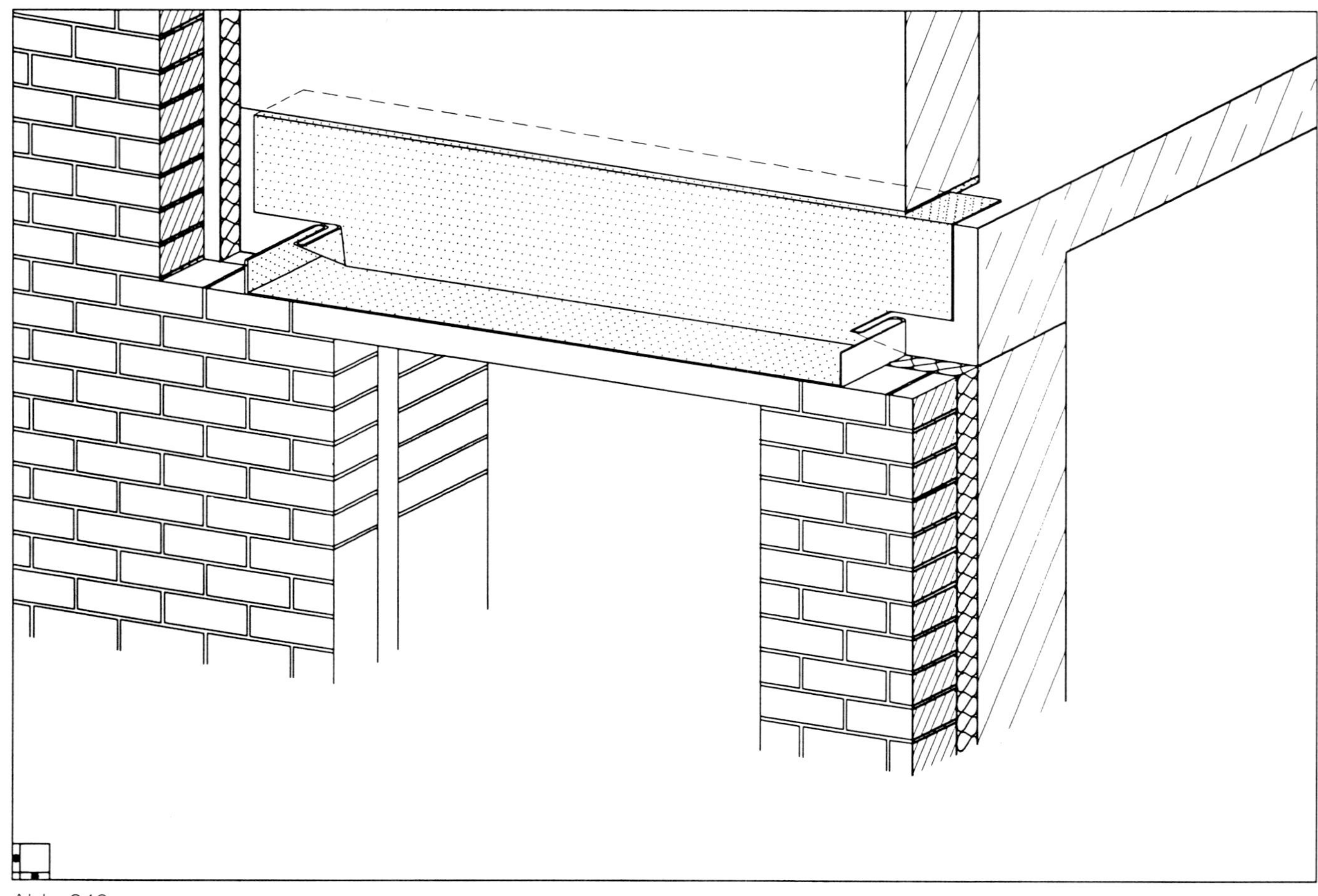

Abb. 346

Abhilfe dagegen bringen nur seitliche Aufbördelungen. Sie werden gefaltet und haben dadurch an den Eckstellen keine Löcher (→ Abb. 346). Nur mit Sperrfolien sind solche Konstruktionen gut machbar, Sperrbahnen sind für diese Verwendung zu steif.

Ohne einen sinnvoll geführten »Einschnitt« in die Sperrfolie kommt man dabei nicht aus. Abb. 347 zeigt den Faltvorgang und Abb. 348 den nach einem horizontal geführten Einschnitt in die Wandflucht abgebogenen oberen Sperrfolienteil. Er ist gegen Abrutschen mechanisch zu sichern. Die seitlichen mindestens 50 mm hohen Aufbördelungen münden in offenen Stoßfugen der Verblendung.

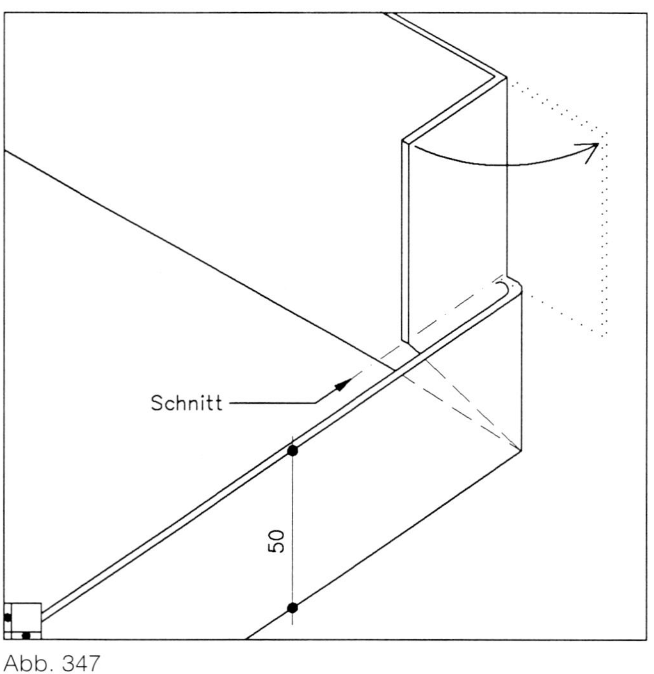

Abb. 347

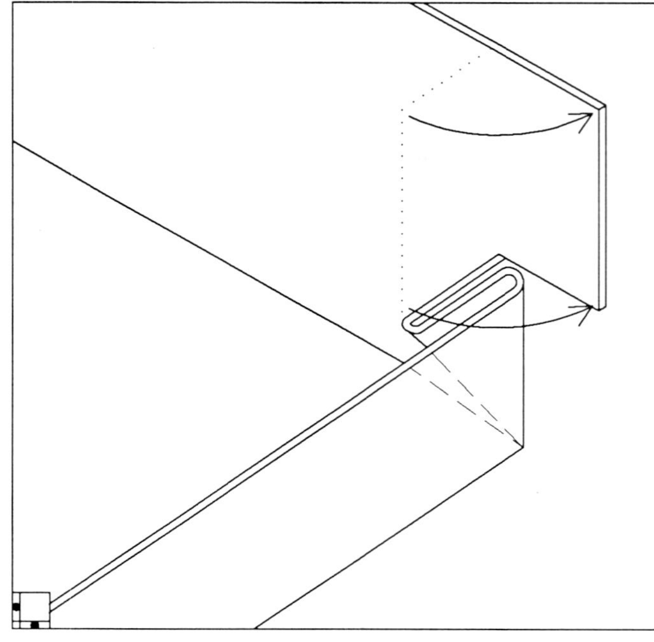

Abb. 348

Theorie und Praxis klaffen oft weit auseinander, wie das die letzten Beispiele gezeigt haben. So kann nur darauf hingewiesen werden, daß die zum Erkenntnis- und Bewährungsstand gehörende Außenwand »zweischalig mit Luftschicht« aus Gründen der Schlagregensicherheit auch heute noch das Optimum darstellt. Das »menschliche Versagen« beim Mauerwerk ist nicht auszuschließen. Das zeigt sich schon inmitten einer »ungestörten« Wandfläche (→ Foto 31 auf S. 165) und erst recht bei Anschlußstellen zu Öffnung, Dachgesims, Sockel ... Die heute durch »Design«-Mauerwerk geforderten, und dadurch komplizierten Teilpunkte sind handwerklich meist nicht so ausführbar, daß sie nicht den kommenden Bauschaden schon in sich tragen. Nicht umsonst bietet die Industrie [9] für »Sichtmauerwerk mit Kerndämmung« gleich »Luftschichtplatten« an (→ Foto 44), um den Nässe-Kontakt (Verblendschale/Wärmedämmung) zu unterbinden und das Einfallen des Mörtels zu verhindern.

b) Bei lose eingebrachten Wärmedämmstoffen (→ Foto 45) (z. B. Mineralfasergranulat, Polystyrolschaumstoff-Partikeln, Blähperlit) ist darauf zu achten, daß der Dämmstoff den Hohlraum zwischen Außen- und Innenschale vollständig ausfüllt. Die Entwässerungsöffnungen am Fußpunkt der Wand müssen funktionsfähig bleiben. Das Ausrieseln des Dämmstoffes ist in geeigneter Weise zu verhindern (z. B. durch nichtrostende Lochgitter).

Lose Wärmedämmstoffe können beim Hochmauern der Außenschale schichtweise und dadurch kontrollierbar eingebracht werden (→ Foto 45 [42]). Fehlstellen lassen sich so vermeiden.

Foto 44 [9]

Foto 45

Wärmedämmstoff-Granulate werden (auch) nach Erstellen der Verblendschale durch entsprechende Öffnungen in den Hohlraum eingeblasen (→ Foto 46 + 47 [31]).

Foto 46

c) Ortschaum als Kerndämmung muß beim Ausschäumen den Hohlraum zwischen Außen- und Innenschale vollständig ausfüllen. Die Ausschäumung muß auf Dauer in ihrer Wirkung erhalten bleiben.

Für die Entwässerungsöffnungen gilt Aufzählung b) sinngemäß.

Die Ausschäum-Methode wird zur nachträglichen Verfüllung der Luftschicht bei zweischaligem Mauerwerk eingesetzt. Es werden in die Verblendschale Löcher gebohrt (→ Foto 48), durch die dann unter Druck der Schaum eingebracht wird [32]. Diese »Maschinen-Dämmung« ist nach Produktangabe dampfdurchlässig und wasserabstoßend. Über die Anschlüsse an Öffnungen, Dachgesimsen, Sockeln ... gibt es von der Herstellerseite aus keine Angaben.

Foto 47

Foto 48

8.4.3.5 Zweischalige Außenwände mit Putzschicht

Auf der Außenseite der Innenschale ist eine zusammenhängende Putzschicht aufzubringen. Davor ist die Außenschale (Verblendschale) so dicht, wie es das Vermauern erlaubt (Fingerspalt), vollfugig zu errichten (→ Abb. 349)

Diese Außenwandkonstruktion ist an die Stelle des in früheren Normen enthaltenen zweischaligen Mauerwerks ohne Luftschicht (zweischaliges Verblendmauerwerk) getreten [46].

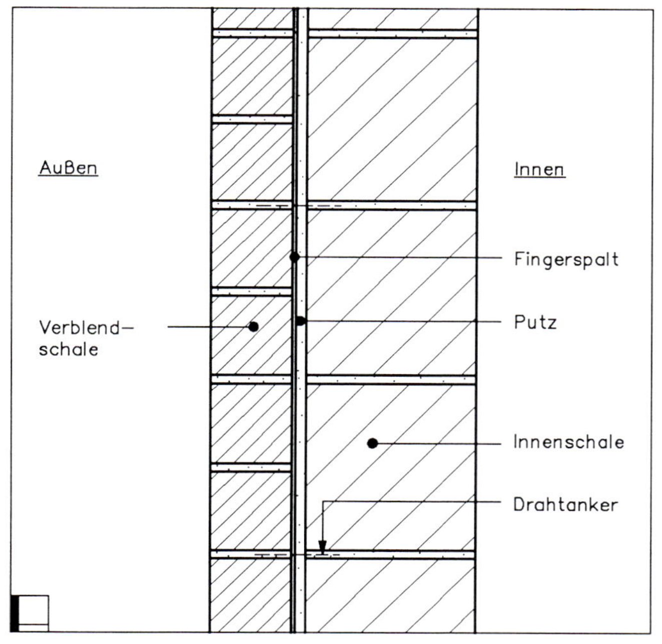

Abb. 349

Diese Außenwandart mit »verborgener Putzschicht« ist auf Abb. 349 dargestellt. Es ist eine ungebräuchliche Bauart, die erstmals im letzten Regelwerk vorgestellt wurde.

Es soll wohl durch die innenliegende auf der Tragwand aufgebrachte Putzschicht die Schlagregensicherheit erreicht werden.

Das dürfte bei der Baustellenwirklichkeit ein Wunschtraum bleiben, ist doch zu bedenken, daß die aus der Tragwand stehenden Anker einzeln und sorgfältig zu »umputzen« sind. Eine solche Arbeit wird schwerlich nach Leistungslohn abgerechnet werden.

Die nach vielen Richtungen stehenden Drahtanker werden beim Zurückbiegen (trichterförmige) Ausbrechungen oder Risse im Putz auslösen.

Zuletzt beachte man noch die Mauerarbeit mit zwangsweise ausgequetschtem Fugenmörtel (→ Fotos und Text auf S. 161 + 165 ff.), um nicht schwerlich zu begreifen, daß eine solcherart gebaute Wand die größten Bedenken für Regensicherheit aufkommen läßt.

Abgesehen davon muß bei diesem schichtweisen Wandaufbau die Anordnung der noch u.U. erforderlichen Wärmedämmung auf der Tragwandinnenseite eine kritische Bewertung erfahren.

Empfehlungen über kritische Teilpunkte wie Sockel, Stürze ... bei solch einem neuen Wandaufbau werden leider nicht gegeben.

Wird statt der Verblendschale eine geputzte Außenschale angeordnet, darf auf die Putzschicht auf der Außenseite der Innenschale verzichtet werden (→ Abb. 350)

Für die Drahtanker nach Abschnitt 8.4.3.1, Aufzählung e) genügt eine Dicke von 3 mm.

Bezüglich der Entwässerungsöffnungen gilt der Abschnitt 8.4.3.2, Aufzählung b) sinngemäß. Auf obere Entlüftungsöffnungen darf verzichtet werden.

Bezüglich der Dehnungsfugen gilt Abschnitt 8.4.3.2.1, Aufzählung h).

Wenn eine zweischalige Wand einen Außenputz nach DIN 18550 erhält, werden keine frostbeständigen Verblendsteine mehr benötigt. In diesen Fällen spricht man von einer »geputzten Vormauerschale« (→ Abb. 350).

Die Drahtanker können ohne Tropfscheibe eingebaut werden, da durch die geputzte Außenschale kein Schlagregen dringen kann.

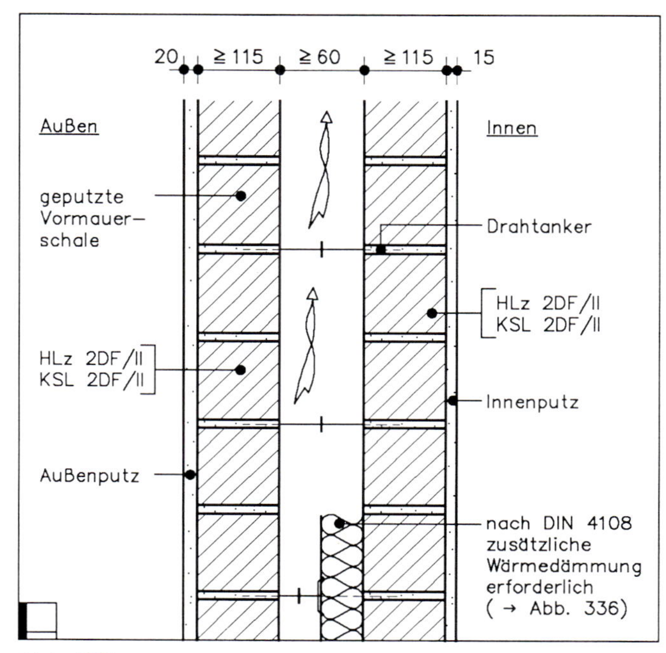

Abb. 350

8.5 Gewölbe, Bogen und Gewölbewirkung

8.5.1 Gewölbe und Bogen

Gewölbe und Bogen sollen nach der Stützlinie für ständige Last geformt werden. Der Gewölbeschub ist durch geeignete Maßnahmen (meist Widerlager) aufzunehmen. Gewölbe und Bogen größerer Stützweite und stark wechselnder Last sind nach der Elastizitätstheorie zu berechnen. Gewölbe und Bogen mit günstigem Stichverhältnis, voller Hintermauerung oder reichlicher Überschüttungshöhe und mit überwiegender ständiger Last dürfen nach dem Stützlinienverfahren untersucht werden, ebenso andere Gewölbe und Bogen mit kleineren Stützweiten.

8.5.2 Gewölbte Kappen zwischen Trägern

Bei vorwiegend ruhender Verkehrslast nach DIN 1055-3 ist für Kappen (Abb. 353), deren Dicke erfahrungsgemäß ausreicht (Trägerabstand) bis etwa 2,50 m (→ Abb. 354), ein statischer Nachweis nicht erforderlich.

Die Mindestdicke der Kappen beträgt 115 mm (→ Abb. 354).

Es muß im Verband gemauert werden (Kuff oder Schwalbenschwanz) (→ Abb. 355 + 356).

Die Stichhöhe muß mindestens 1/10 der Kappenstützweite sein (→ Abb. 354).

Die Kappe ist der obere Teil eines Gewölbes (→ Abb. 353).

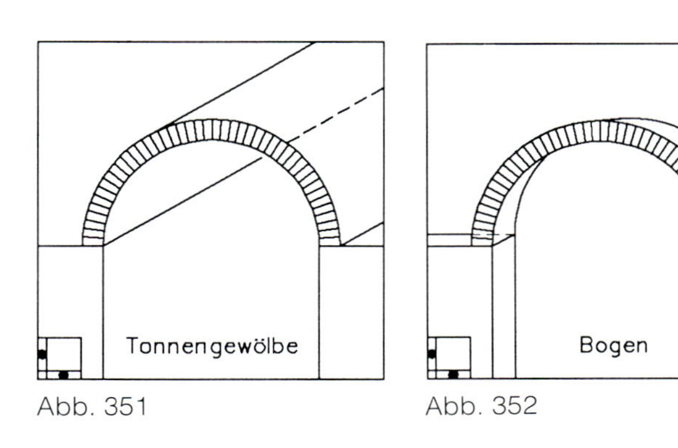

Abb. 351 Abb. 352

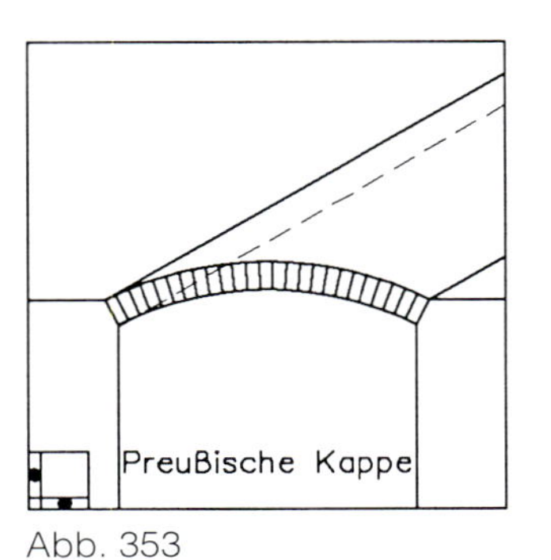

Abb. 353

Während das Gewölbe (auf Abb. 351: Tonnengewölbe) einen Raum überdeckt, ist der Bogen auf eine Wandöffnung (= Mauerdicke) »reduziert« (→ Abb. 352).

Die am Auflager auftretenden Schubkräfte (Horizontalkräfte) werden beim Gewölbe und Bogen durch Widerlager aufgenommen.

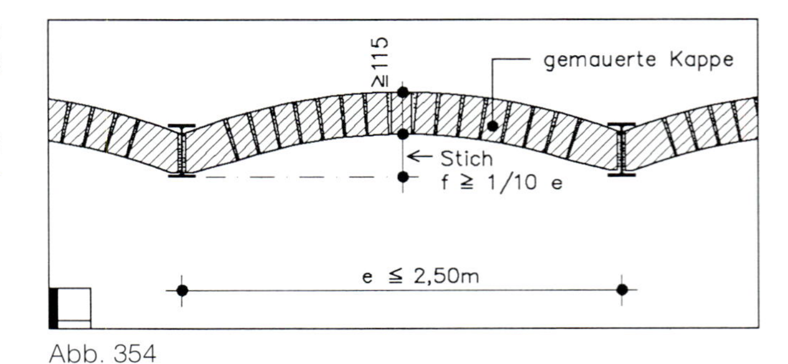

Abb. 354

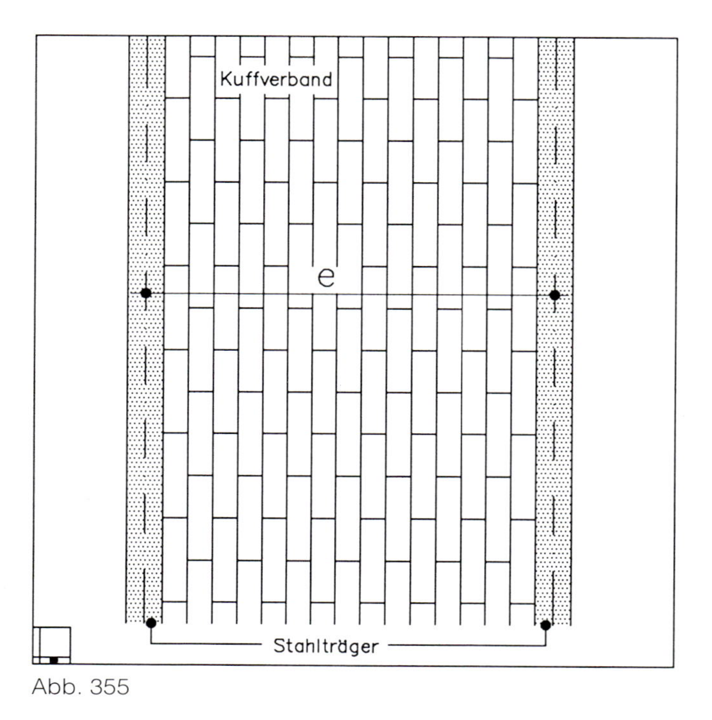

Abb. 355

Die Endfelder benachbarter Kappengewölbe müssen Zuganker erhalten, deren Abstände (a) höchstens gleich dem Trägerabstand (e) des Endfeldes sind. Sie sind mindestens in den Drittelpunkten und an den Trägerenden anzuordnen (→ Abb. 357 + 358)

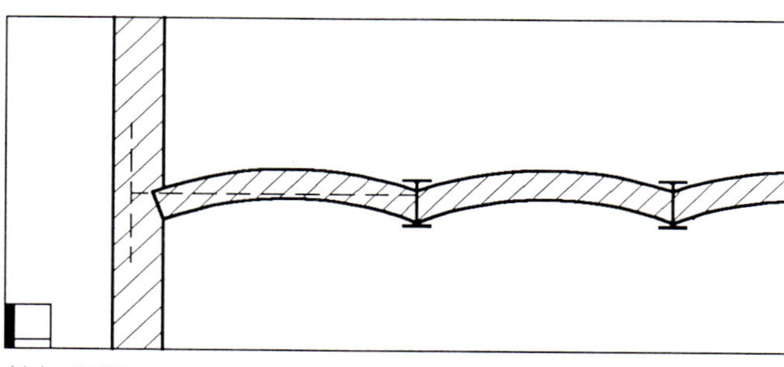
Abb. 357

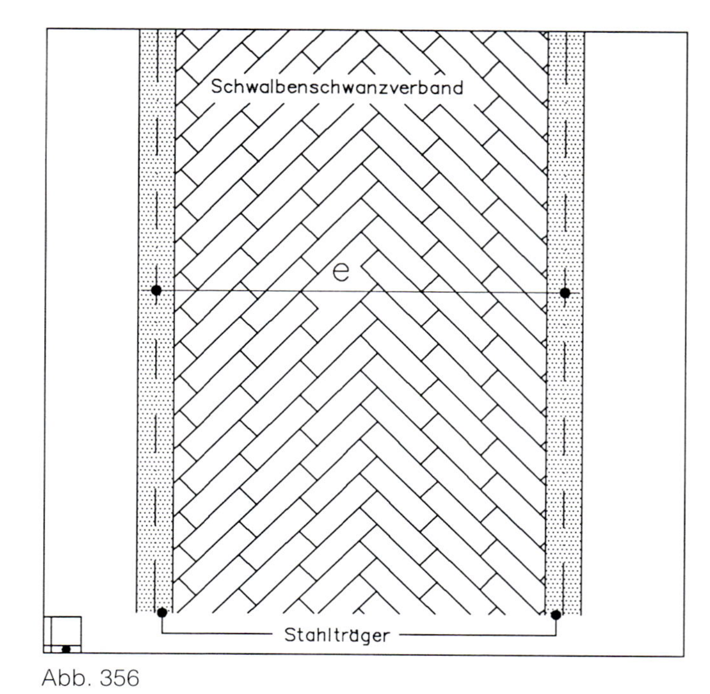

Abb. 356

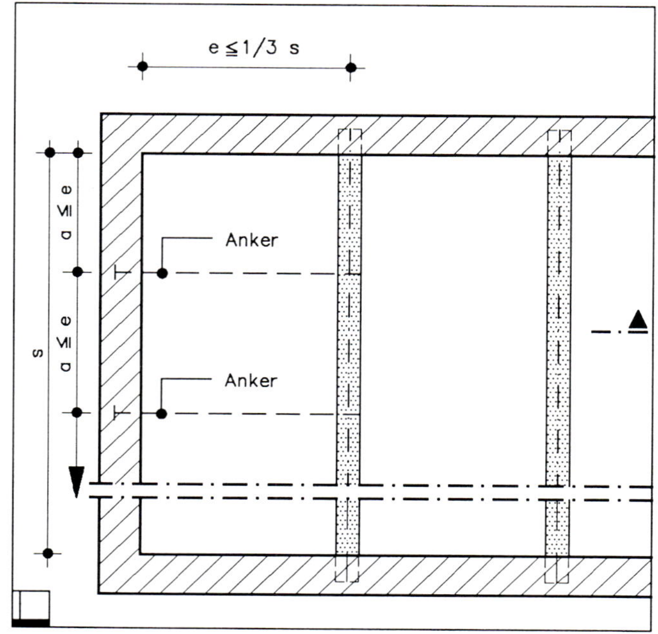

Abb. 358

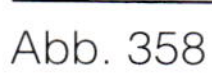

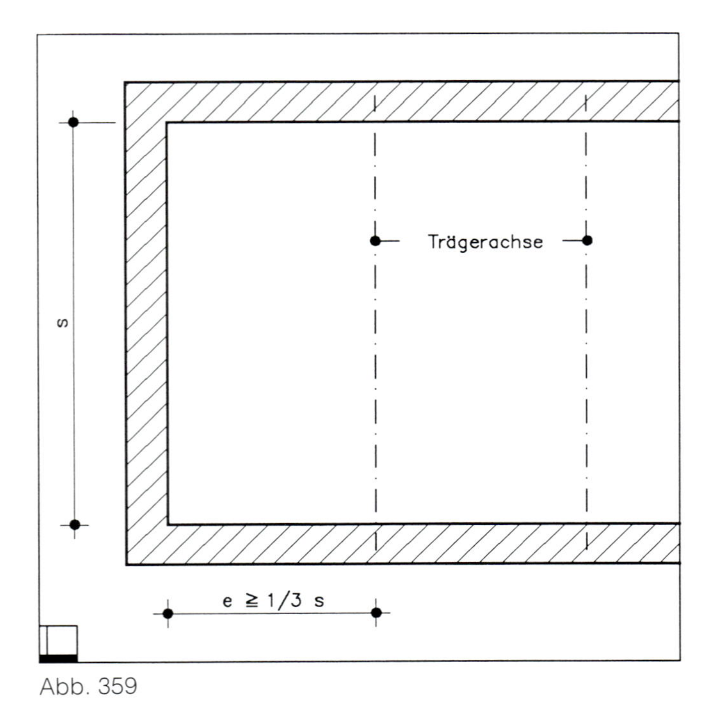

Abb. 359

Das Endfeld darf nur dann als ausreichendes Widerlager (starre Scheibe) für die Aufnahme des Horizontalschubes der Mittelfelder angesehen werden, wenn seine Breite (e) mindestens ein Drittel seiner Länge (s) ist (→ Abb. 359)

Bei schlankeren Endfeldern sind die Anker über mindestens zwei Felder zu führen. Die Endfelder als Ganzes müssen seitliche Auflager erhalten, die in der Lage sind, den Horizontalschub der Mittelfelder auch dann aufzunehmen, wenn die Endfelder unbelastet sind. Die Auflager dürfen durch Vormauerung ①, dauernde Auflast ②, Verankerung ③ oder andere geeignete Maßnahmen gesichert werden (→ Abb. 360 + 361)

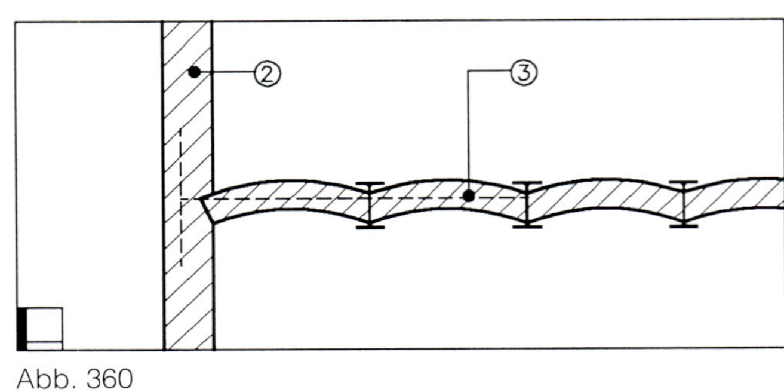

Abb. 360

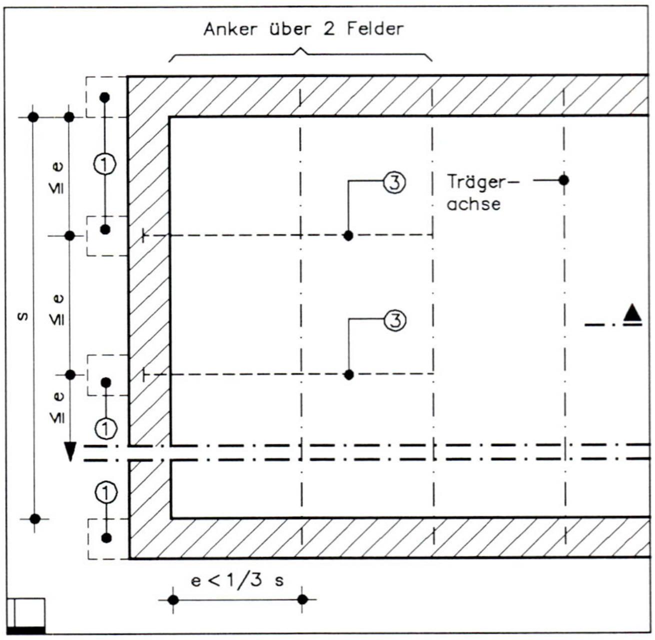

Anker über 2 Felder

Trägerachse

e < 1/3 s

Abb. 361

Über den Kellern von Gebäuden mit vorwiegend ruhender Verkehrslast von maximal 2 kN/m² darf ohne statischen Nachweis davon ausgegangen werden, daß der Horizontalschub von Kappen bis 1,3 m Stützweite durch mindestens 2 m lange, 240 mm dicke und höchstens 6 m voneinander entfernte Querwände aufgenommen wird, wobei diese gleichzeitig mit den Auflagerwänden der Endfelder (in der Regel Außenwände) im Verband (→ Abb. 403) zu mauern sind oder, wenn Loch- (→ Abb. 86) bzw. stehende (→ Abb. 87) Verzahnung angewendet wird, durch statisch gleichwertige Maßnahmen (→ Abb. 88 + 89) zu verbinden sind (→ Abb. 362 + 363)

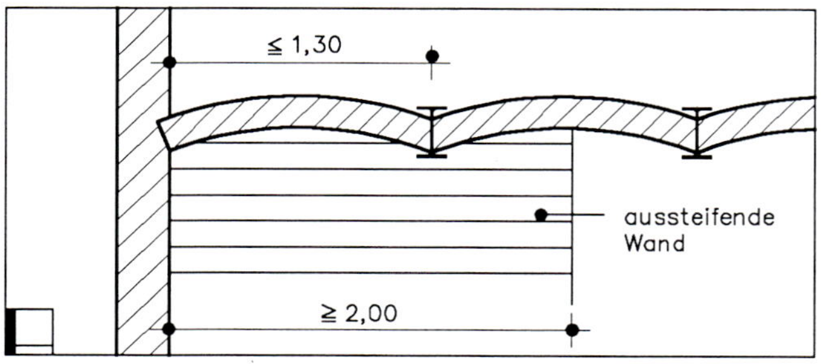

Abb. 362

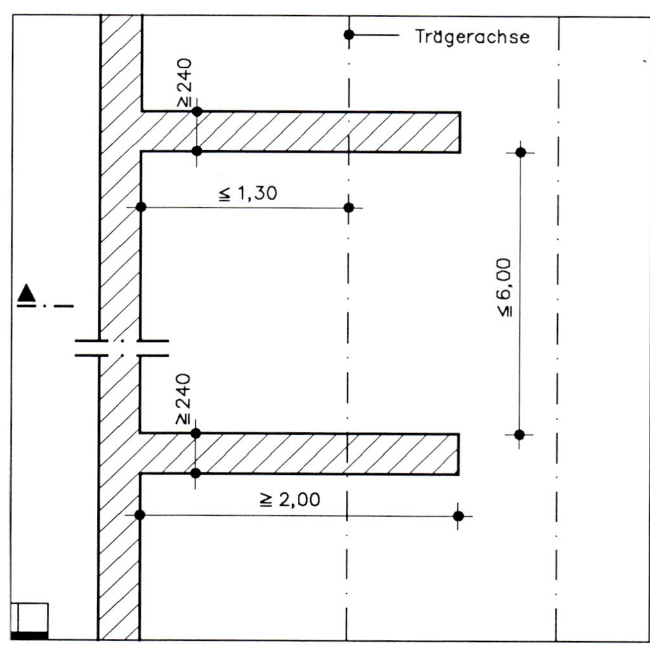

Abb. 363

8.5.3 Gewölbewirkung über Wandöffnungen

Voraussetzung für die Anwendung dieses Abschnittes ist, daß sich neben und oberhalb des Trägers und der Lastflächen eine Gewölbewirkung ausbilden kann, dort also keine störenden Öffnungen liegen und der Gewölbeschub aufgenommen werden kann (→ Abb. 364).

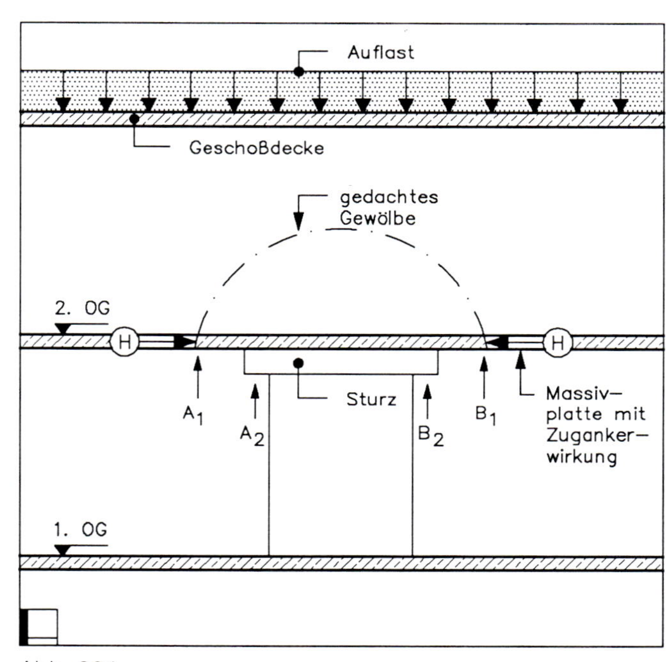

Abb. 364

Der »Sturz« trägt die Last unterhalb des gedachten »Gewölbes« (→ Abb. 364) ab.

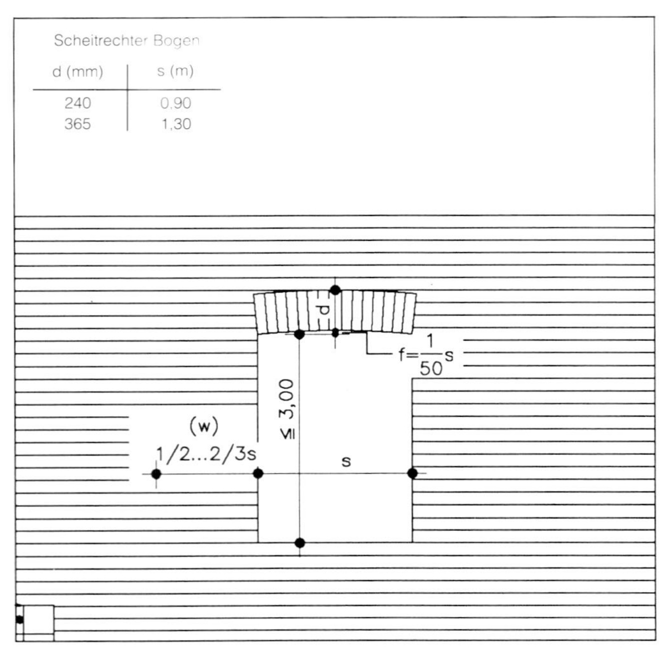

Abb. 365

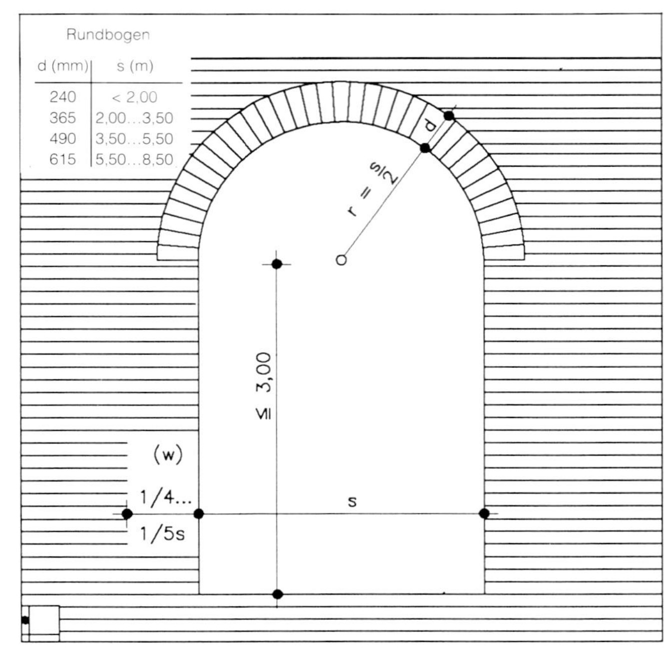

Abb. 367

Gemauerte »Stürze« sind Bogenkonstruktionen. Sie können verschiedene Ausbildungen erfahren:

1. Scheitrechter Bogen (→ Abb. 365)
2. Segmentbogen (→ Abb. 366)
3. Rund- bzw. Spitzbogen (Abb. 367 + 368)
4. Biegesteifer Träger (Stahlbetonbalken, Betonfertigteilsturz u. U. mit Formsteinen, Stahlträger (→ Abb. 375 + 377).

Für die gebräuchlichsten Bogenkonstruktionen sollen in diesem Zusammenhang die wichtigsten Überlegungen und Erfahrungswerte zusammengestellt werden: Voraussetzung ist vollfugiges Mauerwerk. Der Kämpferbereich muß unverschieblich sein, d. h. waagerechte Kräfte aufnehmen können. Es muß genügend Widerlagerbreite (W) oder Auflast (P) vorhanden sein.

Die Widerlagerbreite (w) ist abhängig von der Stützweite (s). Ebenso ist die mögliche Stützweite (s) abhängig von der Bogenform und der Bogendicke (d). Die Abb. 365 ... 368 zeigen diese Verhältnisse, wobei die Widerlagerbreiten (w) hier ohne wesentliche Auflast zählen.

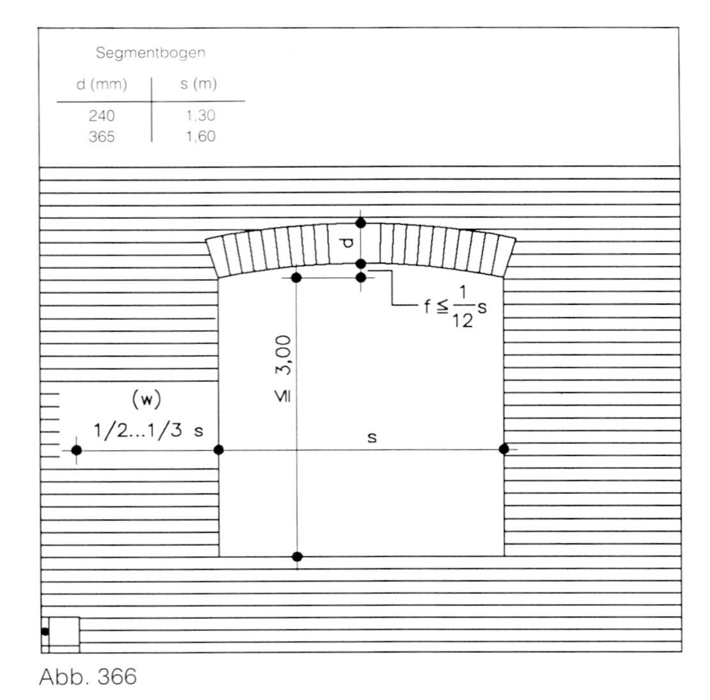

Abb. 366

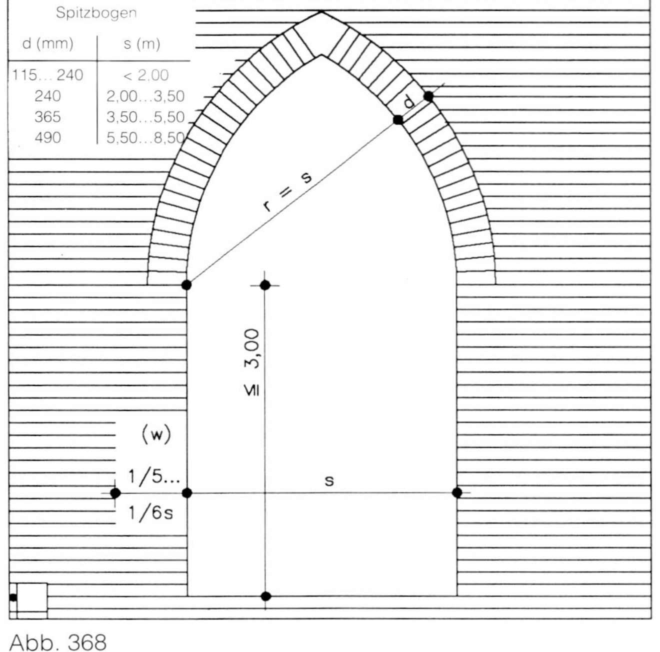

Abb. 368

Das Bogenmauerwerk ist grundsätzlich nach den Verbandregeln für Pfeilermauerwerk auszuführen. Die Bögen mit ebener Leibung weisen den Verband der viereckigen Pfeiler auf [4] (→ Abb. 369 + 370 + 371 und Abb. 372 + 373 + 374).

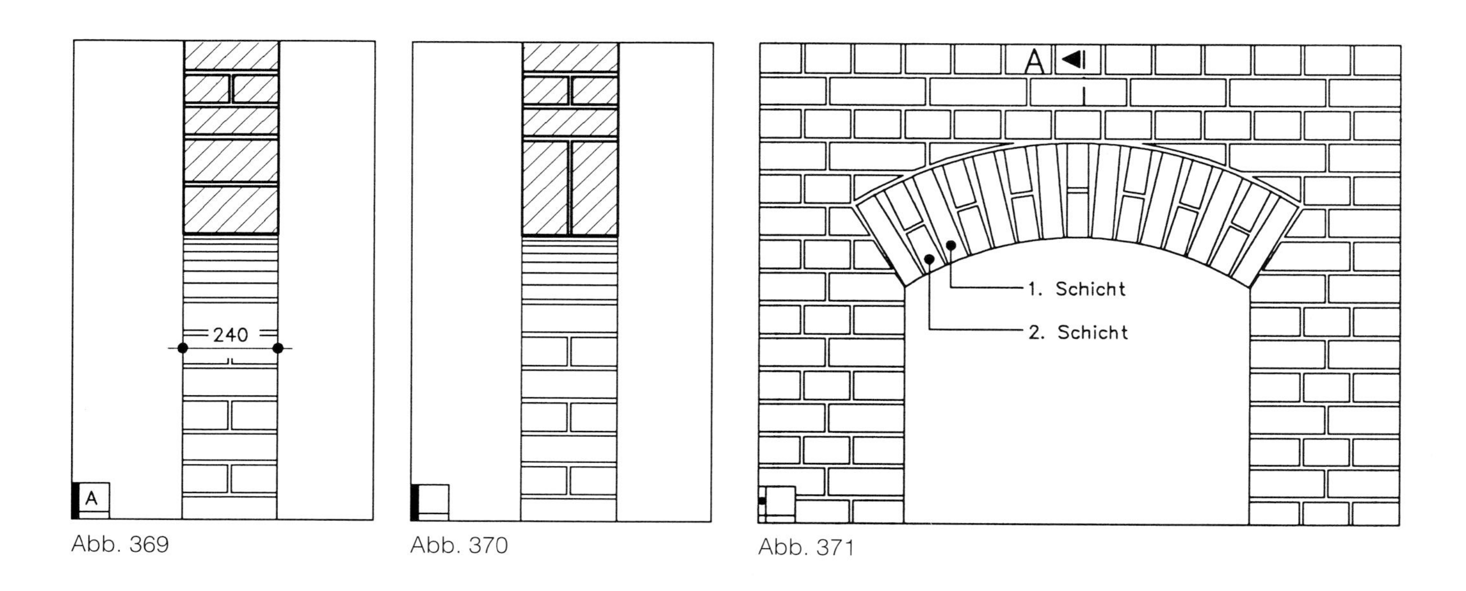

Abb. 369 Abb. 370 Abb. 371

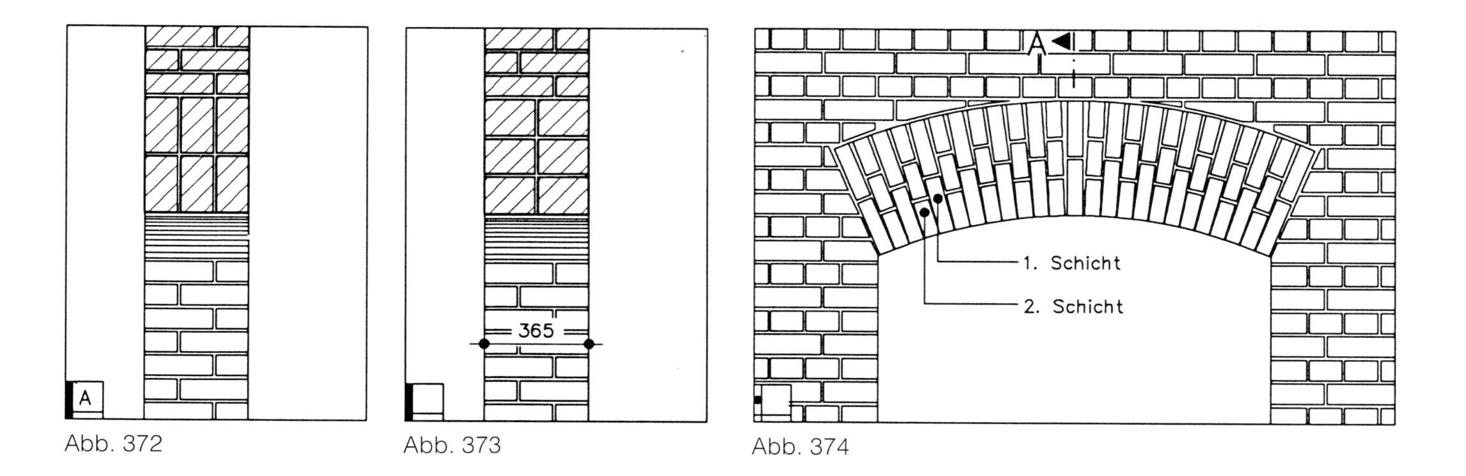

Abb. 372 Abb. 373 Abb. 374

Kann die Last nicht durch Bogen abgefangen werden, so ist die gesamte Belastung oberhalb einer Öffnung durch einen biegesteifen Träger abzutragen (→ Abb. 375).

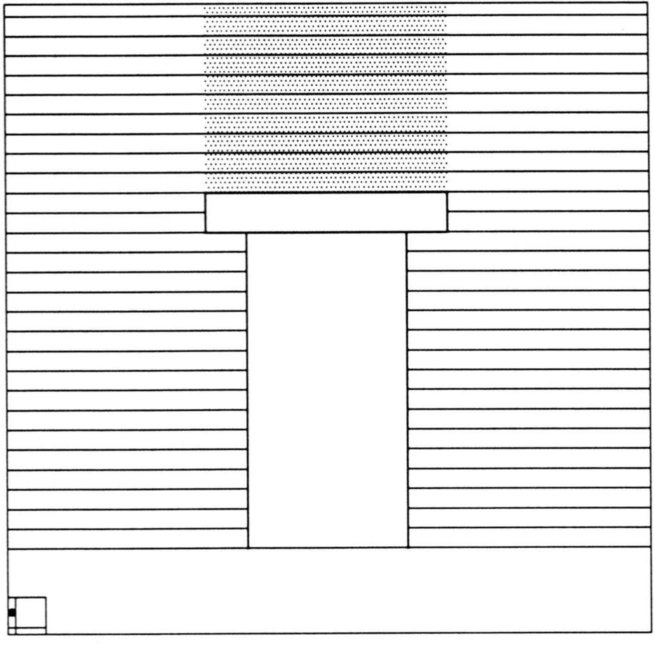

Abb. 375

Sind aber die Voraussetzungen einer Gewölbewirkung gegeben (→ Abb. 376 [1] für Stürze ≤ 3,00 m), dann sind die Lastannahmen nach den Abb. 377, 378 und 379 anzusetzen.

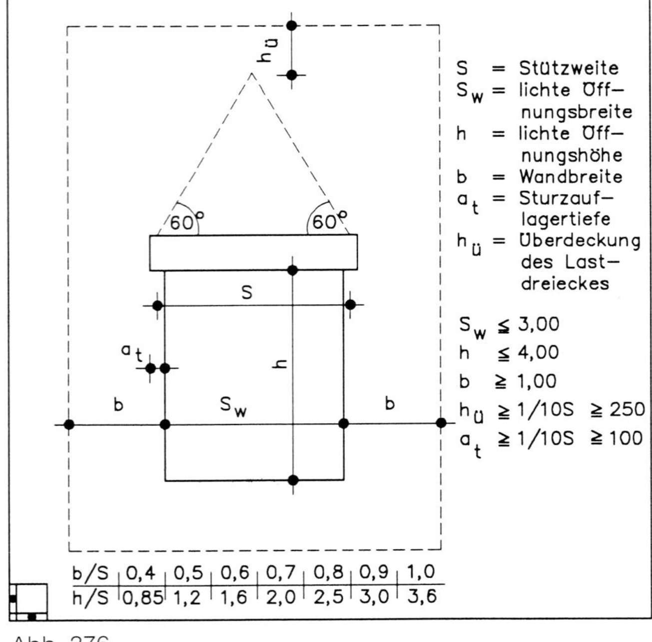

Abb. 376

Bei Sturz- oder Abfangträgern unter Wänden braucht als Last nur die Eigenlast des Teils der Wände eingesetzt zu werden, der durch ein gleichseitiges Dreieck über dem Träger umschlossen wird (→ Abb. 377).

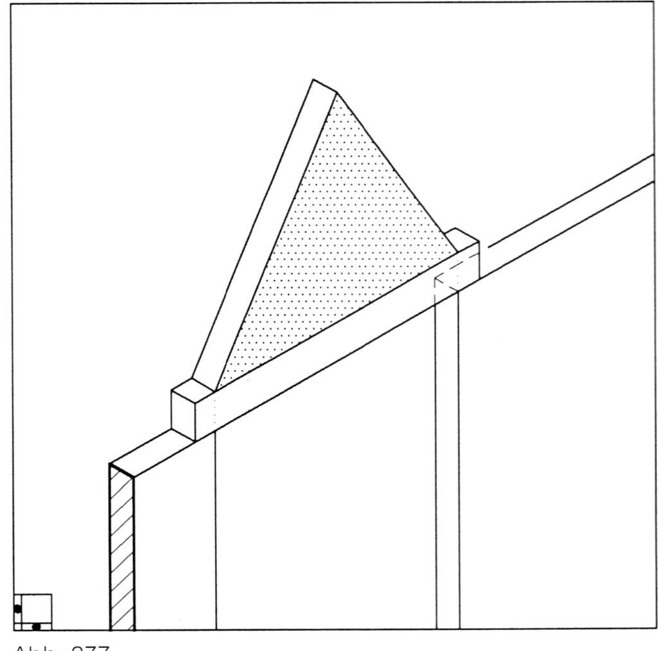

Abb. 377

Gleichmäßig verteilte Deckenlasten oberhalb des Belastungsdreiecks bleiben bei der Bemessung der Träger unberücksichtigt. Deckenlasten, die innerhalb des Belastungsdreiecks (→ Abb. 378) als gleichmäßig verteilte Last auf das Mauerwerk wirken (z. B. bei Deckenplatten und Balkendecken mit Balkenabständen ≤ 1,25 m), sind nur auf der Strecke, in der sie innerhalb des Dreiecks liegen, einzusetzen (siehe Bild 11a).

Für Einzellasten, z. B. von Unterzügen, die innerhalb oder in der Nähe des Lastdreiecks liegen, darf eine Lastverteilung von 60° angenommen werden (→ Abb. 379). Liegen Einzellasten außerhalb des Lastdreiecks, so brauchen sie nur berücksichtigt zu werden, wenn sie noch innerhalb der Stützweite des Trägers und unterhalb einer Horizontalen angreifen, die 250 mm über der Dreieckspitze liegt.

Solchen Einzellasten ist die Eigenlast des in Bild 11b horizontal schraffierten Mauerwerks zuzuschlagen.

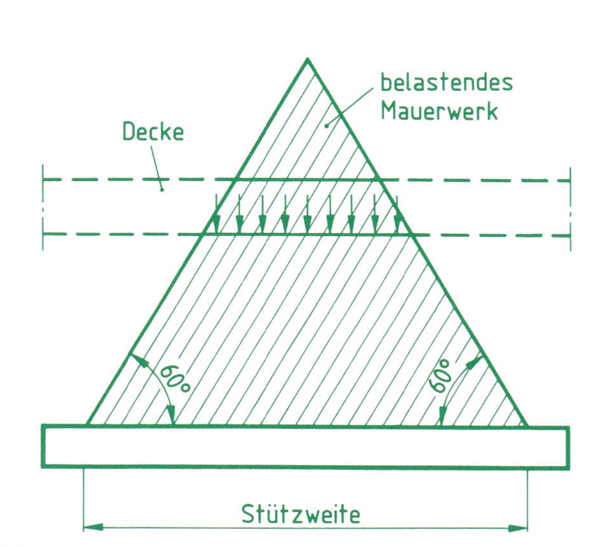

Abb. 11a: Deckenlast über Wandöffnungen bei Gewölbewirkung

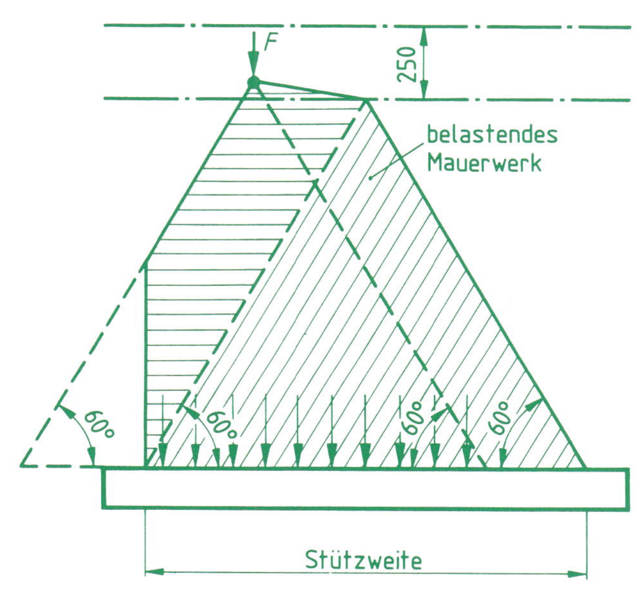

Abb. 11b: Einzellast über Wandöffnungen bei Gewölbewirkung

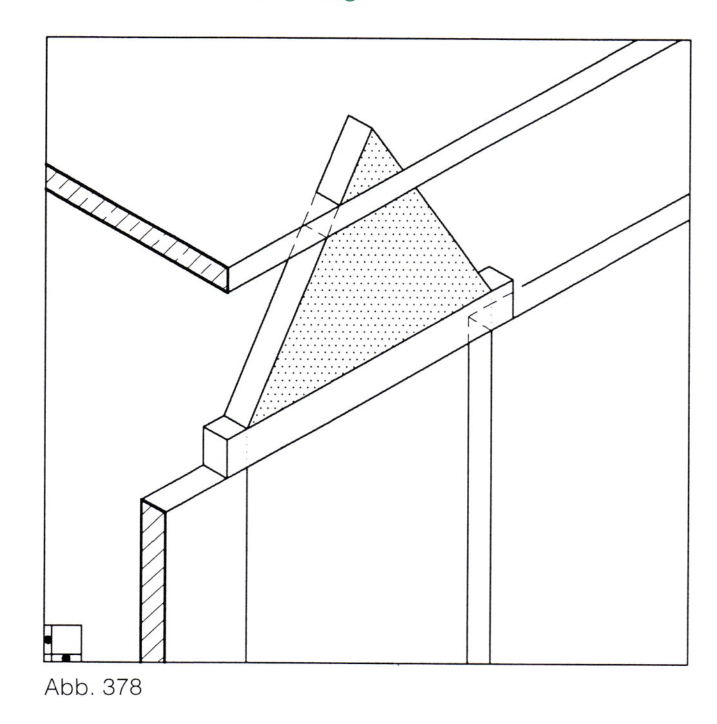

Abb. 378

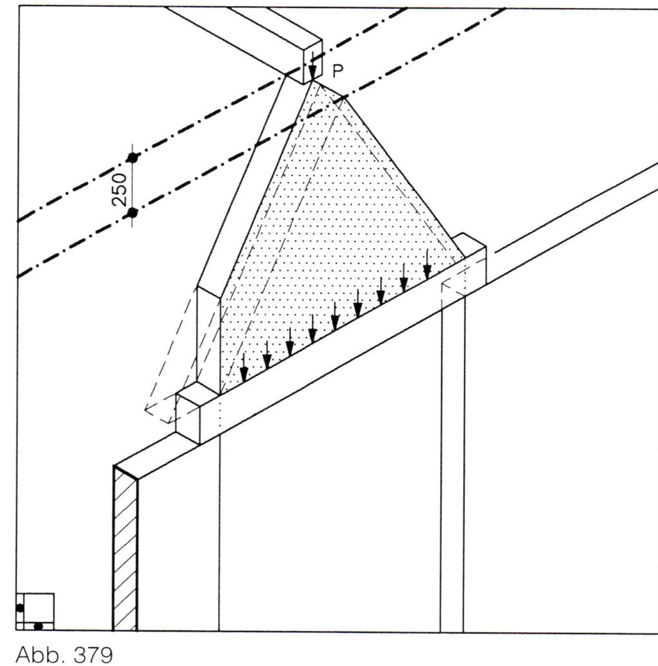

Abb. 379

9 Ausführung

9.1 Allgemeines

Bei stark saugfähigen Steinen und/oder ungünstigen Umgebungsbedingungen ist ein vorzeitiger und zu hoher Wasserentzug aus dem Mörtel durch Vornässen der Steine oder andere geeignete Maßnahmen (z. B. Silikatisieren [18]) einzuschränken, wie z. B.

a) durch Verwendung von Mörtel mit verbessertem Wasserrückhaltevermögen (→ Zusatzmittel A 2.4)

b) durch Nachbehandlung des Mauerwerks.

Der Verarbeitungszustand (Feuchtegehalt) des Steins hat beim Mauern zusammen mit der Konsistenz des Mörtels großen Einfluß auf die Güte des Mauerwerks.

Die Steine dürfen
- nicht zu trocken,
- nicht zu naß und
- nicht gefroren sein.

Daher sind sie bei Dauerregen mit Folien und Planen abzudecken, falls sie nicht auf folienverpackten Paletten ohnehin geschützt sind.

Bei kurzzeitigem Frost sollten die Stapel durch eine Wärmedämm-Matte mit aufliegender Folie abgedeckt werden (vgl. auch Abb. 429).

Diese Maßnahmen gelten auch als »Nachbehandlung« des Mauerwerks, wobei in der Sommerzeit bei Bedarf das Mauerwerk noch mit Wasser besprüht und dann mit Folie gegen das schnelle Verdunsten abgedeckt wird. Auch starker Wind entzieht dem Mauerwerk sehr schnell das zum Abbinden notwendige Wasser; Abdecken hilft auch hier dagegen.

Verminderungen der Standsicherheit von dünnen Wänden aus stark saugenden Steinen:

1. Durch Wasserverlust bei Berührung mit stark saugenden Steinen verliert der Mörtel an Volumen (Spaltbildung, Spaltkapillare).
2. Gleichzeitig verliert er an Plastizität, daher wird bei den Wackelbewegungen des Aufmauerns die Mörtelfuge abgewälzt (→ Abb. 380 [4]).

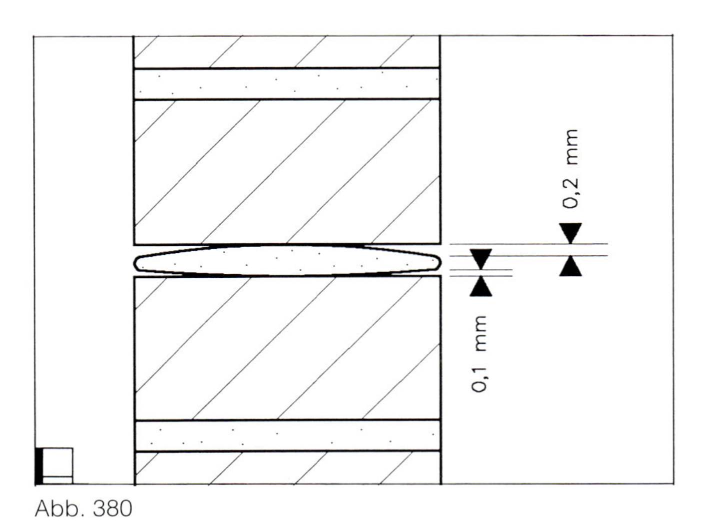

Abb. 380

9.2 Lager-, Stoß- und Längsfugen

Die Fugen, die Mauersteine und ihre einzelnen Flächen werden je nach ihrer Lage im Mauerkörper benannt (→ Abb. 383 [26]). Ebenso kennt man Bezeichnungen nach Steingröße bzw. der geteilten Steingröße (→ Abb. 381 + 382 [26]). Hierbei sind landsmannschaftlich bedingte unterschiedliche Benennungen bekannt.

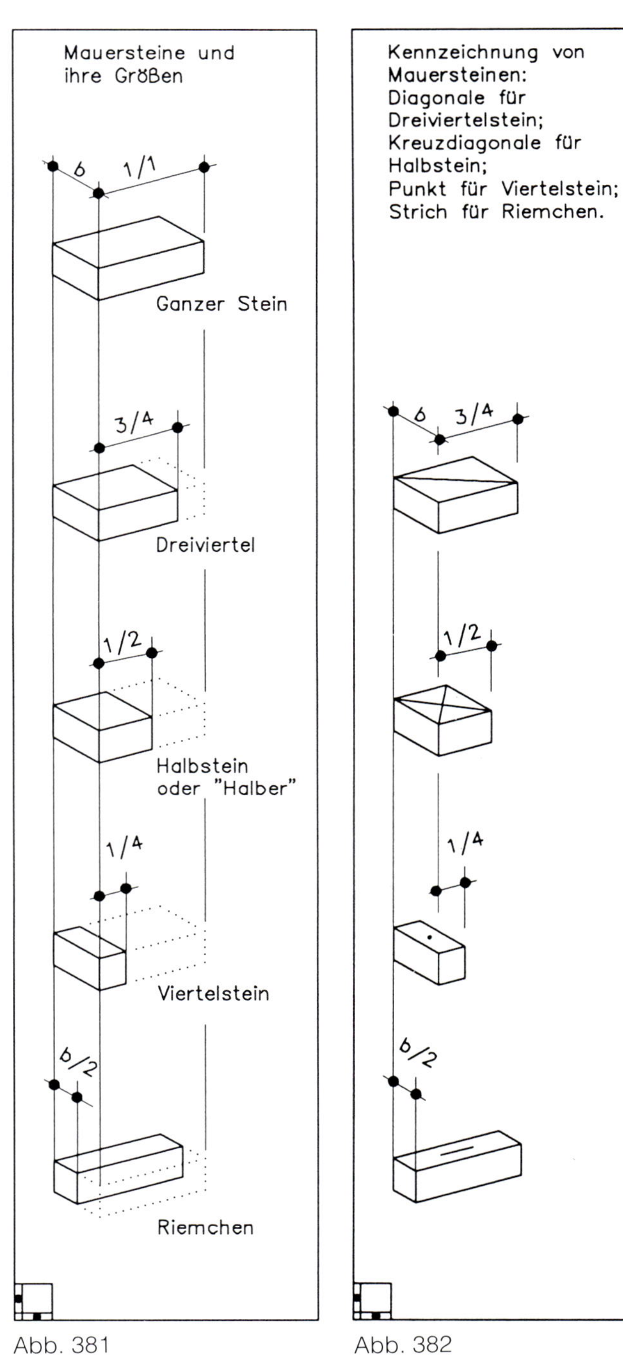

Abb. 381

Abb. 382

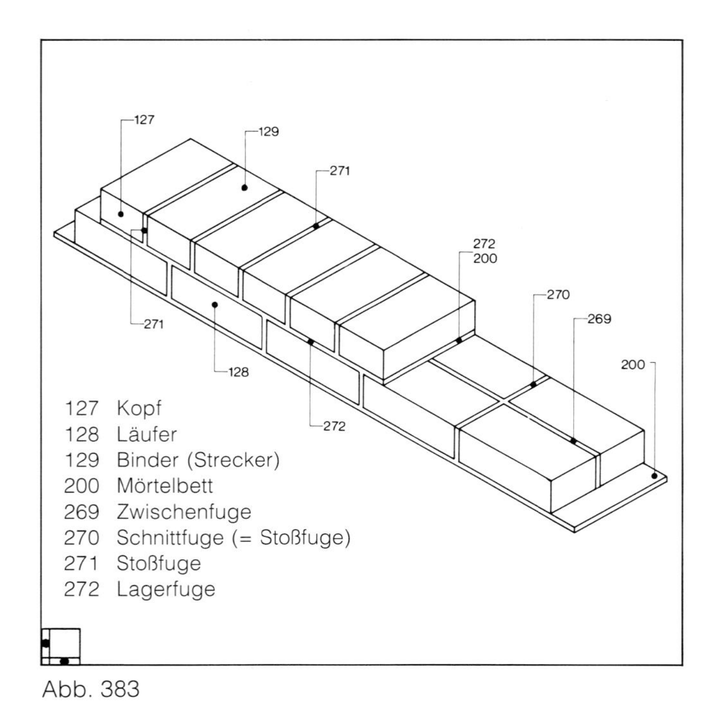

Abb. 383

In Bauzeichnungen, z.B. bei der Ausarbeitung von Schichtenplänen, werden diese unterschiedlich großen Mauersteine durch »Zusatz«-Striche kenntlich gemacht (→ Abb. 382). So werden der Dreiviertelstein durch eine Diagonale, der Halbe durch eine Kreuzdiagonale, der Viertelstein durch einen Punkt und das Riemchen durch einen Strich zusätzlich bezeichnet.

Die in einer Ebene liegenden Steine nennt man »Schichten«. Es werden Flachschichten und Zierschichten (→ Abb. 384) unterschieden. Das tragende Mauerwerk wird aus Flachschichten zusammengesetzt.

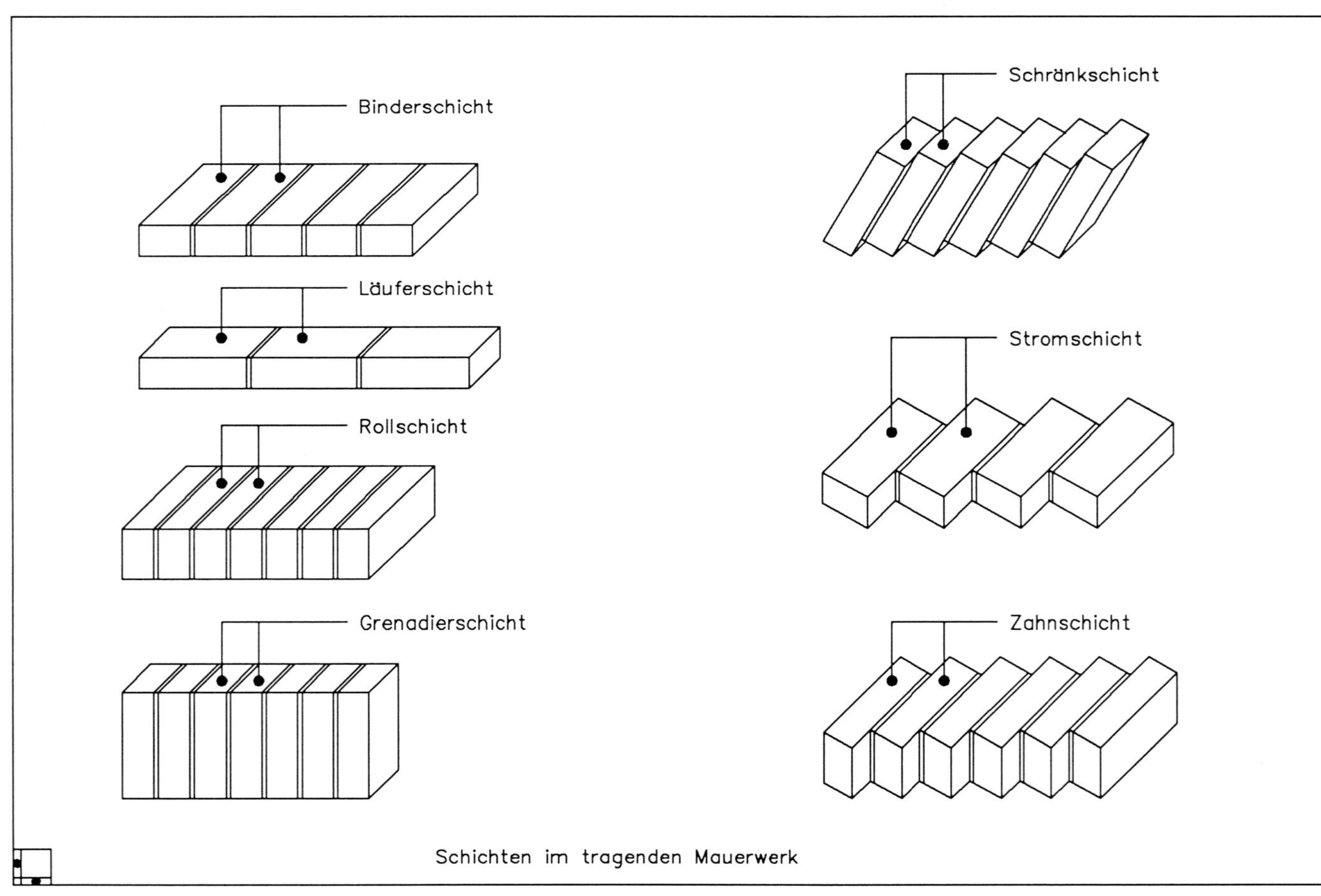

Abb. 384

9.2.1 Vermauerung mit Stoßfugenvermörtelung

Bei der Vermauerung sind die Lagerfugen stets vollflächig zu vermauern und die Längsfugen satt zu verfüllen (→ S. 122) bzw. bei Dünnbettmörtel der Mörtel vollflächig aufzutragen.

Diese Forderungen werden, was die Lagerfugen anbelangt, leichter erreicht durch den Einsatz eines Mörtelschlittens (→ Foto 49 [23]). Mörtelschlitten gewährleisten einen gleichmäßig dicken Mörtelauftrag bei Normalfuge und Dünnbettfuge. Sie vermeiden Mörtelverluste, verbessern die Mauerwerksqualität und ersparen ferner körperliche Anstrengung und Arbeitszeit.

Foto 49

Stoßfugen sind in Abhängigkeit von der Steinform und vom Steinformat so zu verfüllen bzw. bei Dünnbettmörtel der Mörtel vollflächig aufzutragen, daß die Anforderungen an die Wand hinsichtlich des Schlagregenschutzes (→ S. 121), Wärmeschutzes, Schallschutzes sowie des Brandschutzes erfüllt werden können. Beispiele für Vermauerungsarten und Fugenausbildung sind in den Bildern 12a bis 12c angegeben.

Bei Mauerwerk nach Bild 12a sind die Steine zunächst ohne Mörtel in den Stoßfugen also »knirsch« (das heißt so dicht aneinander wie möglich) verlegt, dann wird die mittlere »Tasche« mit Mörtel verfüllt. Die Steinlängen sind hierbei nicht dem z. B. Oktametermaß entsprechend lang: n · 12,5 – 1 (cm), sondern n · 12,5 – 0,2 (cm). Das bedeutet für einen Mauerstein im Format 16 DF: Länge bei Knirsch-Stößen = 498 mm und bei vermörtelten Stoßfugen nach Bild 12b Steinlänge = 490 mm.

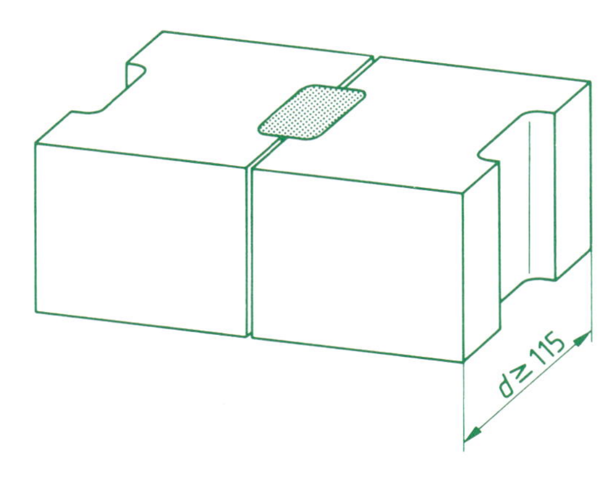

Bild 12a: Vermauerung von Steinen mit Mörteltaschen bei Knirschverlegung (Prinzipskizze)

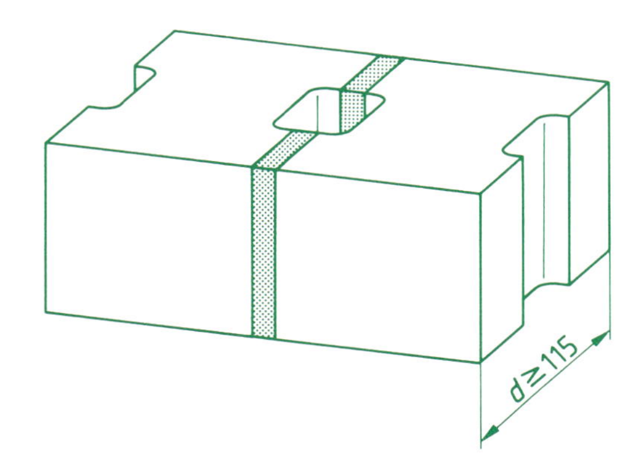

Bild 12b: Vermauerung von Steinen mit Mörteltaschen durch Auftragen von Mörtel auf die Steinflanken (Prinzipskizze)

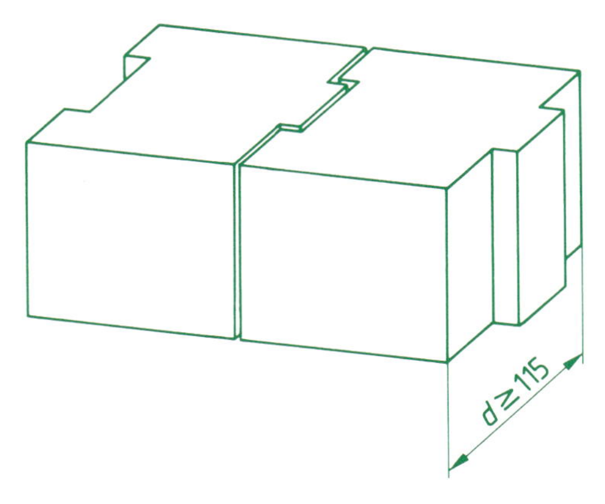

Bild 12c: Vermauerung von Steinen ohne Stoßfugenvermörtelung (Prinzipskizze)

Auch bei der Stoßfugenausbildung nach Bild 12c sind die »längeren« Mauersteine zu verwenden, wenn man einen Verband im Oktametersystem errichten will. Die Steinindustrie bietet für den Knirsch-Stoßbereich die Steine mit Nut und Feder und anderen Verzahnungen an.

Die Dicke der Fugen soll so gewählt werden, daß das Maß von Stein und Fuge dem Baurichtmaß bzw. dem Koordinierungsmaß entspricht. In der Regel sollen die Stoßfugen 10 mm und die Lagerfugen 12 mm dick sein (→ Abb. 385). Bei Vermauerung der Steine mit Dünnbettmörtel muß die Dicke der Stoß- und Lagerfuge 1 bis 3 mm betragen.

Wenn Steine mit Mörteltaschen vermauert werden, sollen die Steine entweder knirsch verlegt und die Mörteltaschen verfüllt werden (siehe Bild 12a) oder durch Auftragen von Mörtel auf die Steinflanken vermauert werden (siehe Bild 12b). Steine gelten dann als knirsch verlegt, wenn sie ohne Mörtel so dicht aneinander verlegt werden, wie dies wegen der herstellungsbedingten Unebenheiten der Stoßfugenflächen möglich ist. Der Abstand der Steine soll im allgemeinen nicht größer als 5 mm sein. Bei Stoßfugenbreiten > 5 mm müssen die Fugen beim Mauern beidseitig an der Wandoberfläche mit Mörtel verschlossen werden.

9.2.2 Vermauerung ohne Stußfugenvermörtelung

Soll bei Verwendung von Normal-, Leicht- oder Dünnbettmörtel auf die Vermörtelung der Stoßfugen verzichtet werden, müssen hierzu die Steine hinsichtlich ihrer Form und Maße geeignet sein. Die Steine sind stumpf oder mit Verzahnung durch ein Nut- und Federsystem ohne Stoßfugenvermörtelung knirsch zu verlegen bzw. ineinander verzahnt zu versetzen (siehe Bild 12c). Bei Stoßfugenbreiten > 5 mm müssen die Fugen beim Mauern beidseitig an der Wandoberfläche mit Mörtel verschlossen werden. Die erforderlichen Maßnahmen zur Erfüllung der Anforderungen an die Bauteile hinsichtlich des Schlagregenschutzes (Außenputz, Bekleidung ...), Wärmeschutzes (ausreichende Wanddicke oder zusätzliche Wärmedämmschichten), Schallschutzes (Flächengewicht durch schwere Steine) sowie des Brandschutzes (F 30-A meist zu erreichen mit Vollsteinen, d ≥ 115 mm) sind bei dieser Vermauerungsart besonders zu beachten.

9.2.3 Fugen in Gewölben

Bei Gewölben sind die Fugen so dünn wie möglich zu halten. Am Gewölberücken dürfen sie nicht dicker als 20 mm werden (→ Abb. 386)

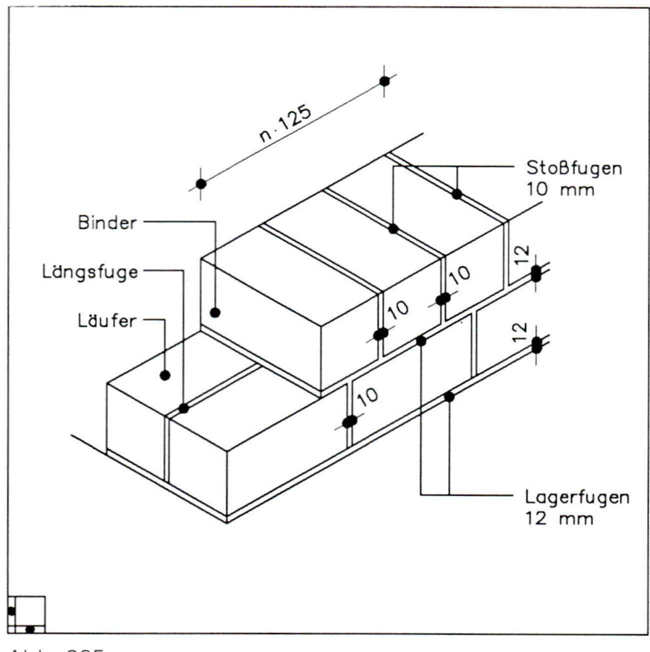

Abb. 385

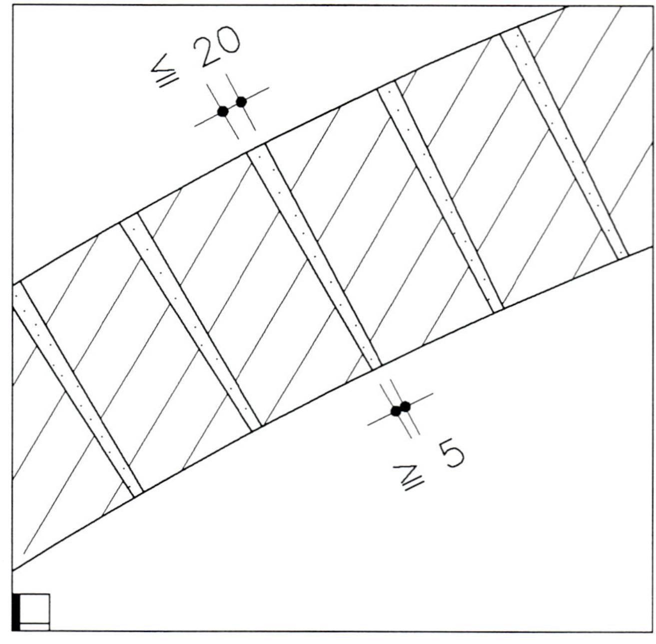

Abb. 386

9.3 Verband

Unter Verband versteht man das regelgebundene, waagerechte, fluchtrechte Aneinanderreihen und Lotrechtschichten von Steinen zu Mauerwerk. Hierbei müssen Stoßfugen und Lagerfugen (→ Abb. 385) zweier Schichten um das Überbindemaß »ü« überdeckt sein (→ Bild 13). Der Zweck des Mauerverbandes im Baugefüge ist es, Lasten und Kräfte gleichmäßig im Mauerkörper zu verteilen. Die »Überbinde-Regel«, die für die Stabilität eines Mauerkörpers nötig ist, wird in den überkommenen Verbänden (Schulverbänden) erfüllt (→ Abb. 392 ... 413).

Es muß im Verband gemauert werden, d.h. die Stoß- und Längsfugen übereinanderliegender Schichten müssen versetzt sein (→ Abb. 385).

Das Überbindemaß *ü* (siehe Bild 13) muß ≥ 0,4 *h* bzw. ≥ 45 mm sein, wobei *h* die Steinhöhe (Sollmaß) ist. Der größere Wert ist maßgebend.

Bei den in Bild 13 gegebenen Skizzen handelt es sich bei

a) um eine Ansicht,
b) um einen Vertikalschnitt und bei
c) um eine Seitenansicht.

Dies verdeutlichen die Abb. 387 (zu a), die Abb. 388 (zu b) und Abb. 389 (zu c).

Das geforderte Überbindemaß »ü« ist jeweils dasselbe, nämlich ≥ 0,4 · h ≥ 45 mm.

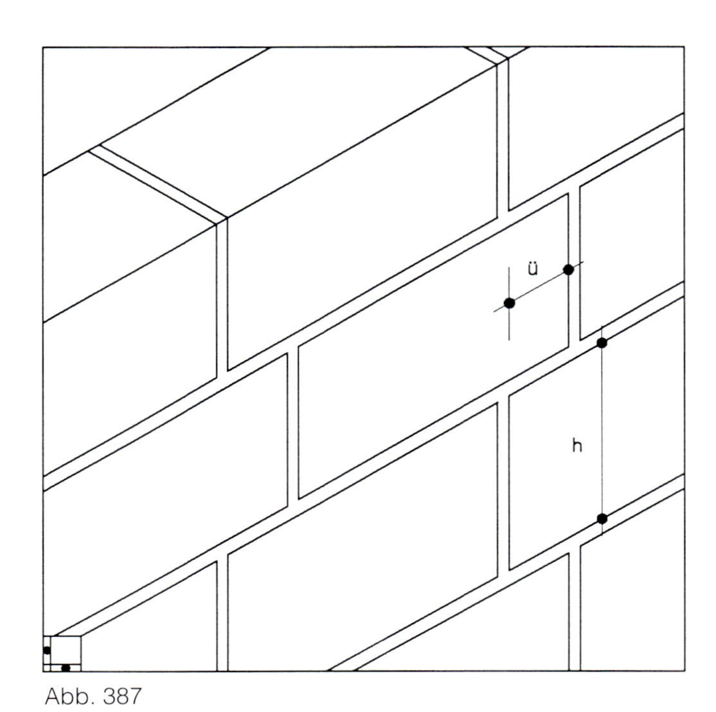

Abb. 387

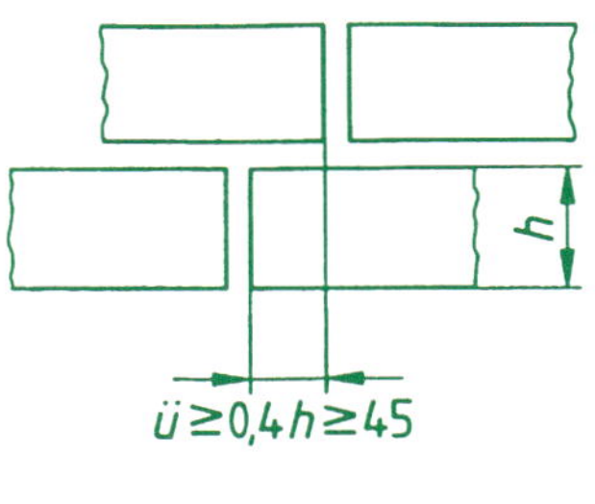

a) Stoßfugen (Wandansicht)

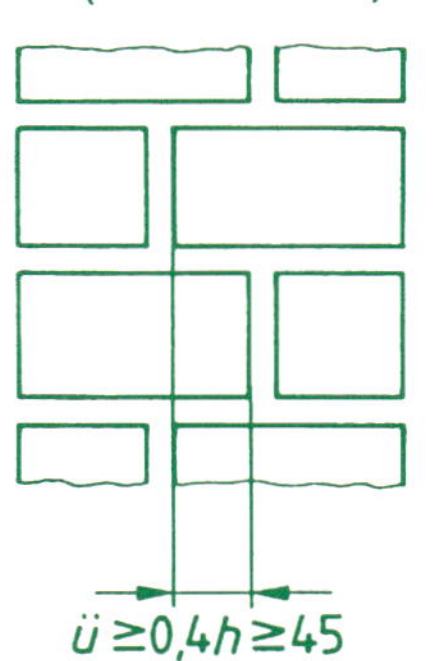

b) Längsfugen (Wandquerschnitt)

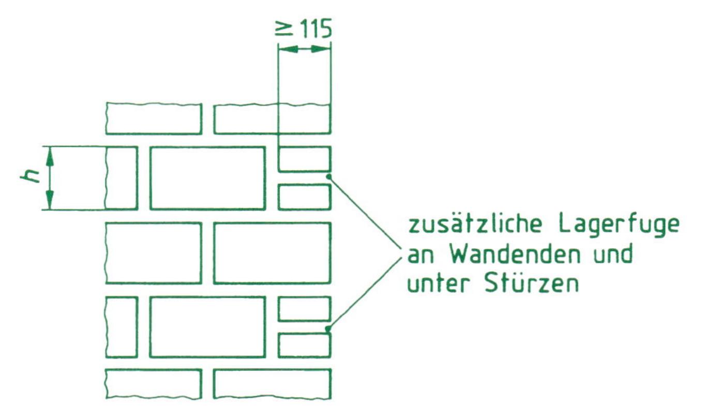

c) Höhenausgleich an Wandenden und Stürzen

Bild 13: Überbindemaß und zusätzliche Lagerfugen

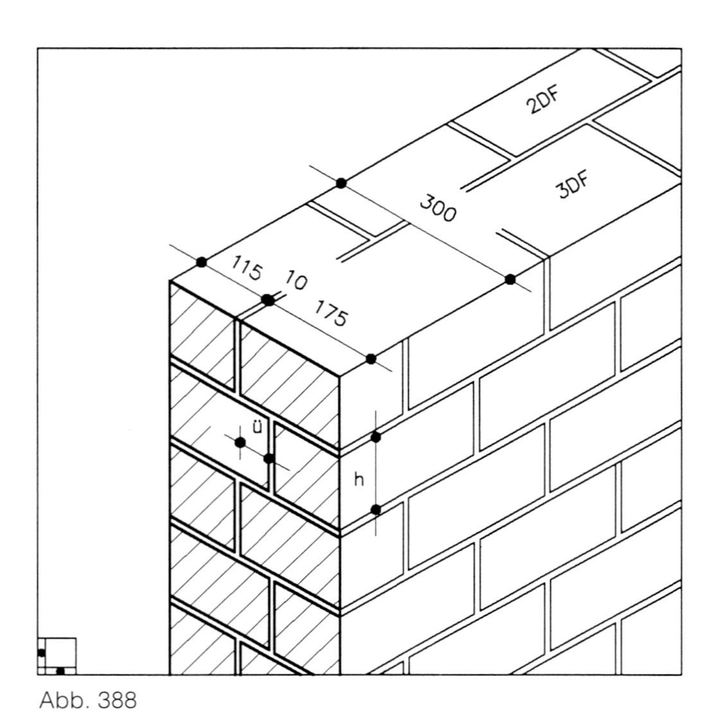

Abb. 388

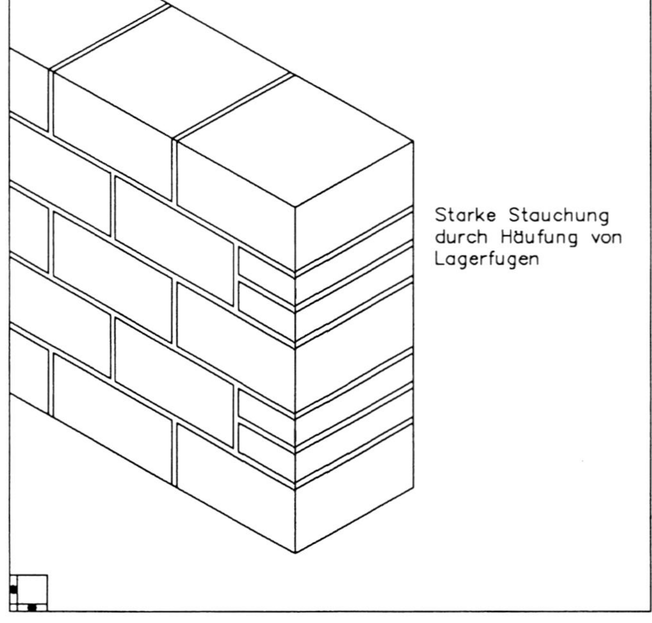

Abb. 389

Auf Abb. 388 ist eine 300 mm dicke Wand im Querschnitt dargestellt. Das Überbindemaß »*ü*« im Wandinnern ist rechnerisch 45,2 mm (→ nebenstehende Tabelle). Bei der Verwendung von 2DF- und 3DF-Steinen für eine solche Wand wird das nur erreicht, wenn die Längsfuge die Breite von 15 mm nicht überschreitet.

Dieses ≥ 0,4 · *h*-Überbindemaß gibt die Mindestforderung an. Größtmögliche, d.h. mittige Überbindung ist anzustreben. Sie wird durch die Schulverbände meist erreicht. Die folgende Tabelle [23] ist deshalb sehr aufschlußreich, zeigt sie doch, daß die bei »mittigem Verband« sich ergebenden Werte (letzte Spalte) die Forderung nach Bild 13 übertreffen.

Steinhöhe (mm)	Schichthöhe (mm)	Rechnung nach Überbinderegel ü ≥ 0,4 h ≥ 45 mm	ü (mm) genau	ü (mm) aufgerundet	Überbindemaß beim mittigen Verband (mm)
52	62,5	0,4 · 52 = 20,8 < 45	ungenügend		52
71	83,3	0,4 · 71 = 28,4 < 45	(–)		
113	125	0,4 · 113 = 45,2 < 45	45,2	50	
175	187	0,4 · 175 = 70,0 > 45	70,0	70	115
238	250	0,4 · 238 = 95,2 > 45	95,2	100	
498	500	0,4 · 498 = 199,2 > 45	199,2	200	250

Die Steine einer Schicht sollen gleiche Höhe haben. An Wandenden und unter Stürzen ist eine zusätzliche Lagerfuge in jeder zweiten Schicht zum Längen- und Höhenausgleich gemäß Bild 13c zulässig, sofern die Aufstandsfläche der Steine mindestens 115 mm lang ist und Steine und Mörtel mindestens gleiche Festigkeit wie im übrigen Mauerwerk haben. In Schichten mit Längsfugen (→ Abb. 390) darf die Steinhöhe nicht größer als die Steinbreite sein. Abweichend davon muß die Aufstandsbreite von Steinen der Höhe 175 und 240 mm mindestens 115 mm betragen. Für das Überbindemaß gilt Absatz 2. Die Absätze 1 und 3 gelten sinngemäß auch für Pfeiler und kurze Wände.

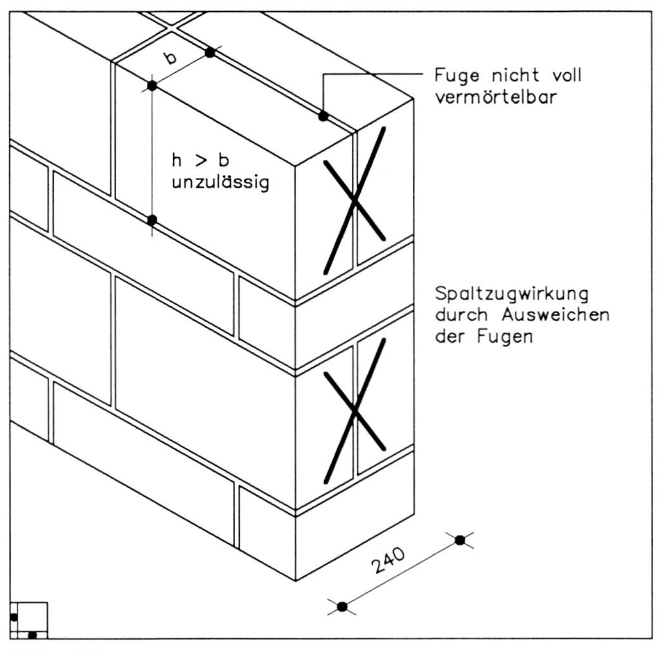

Abb. 390

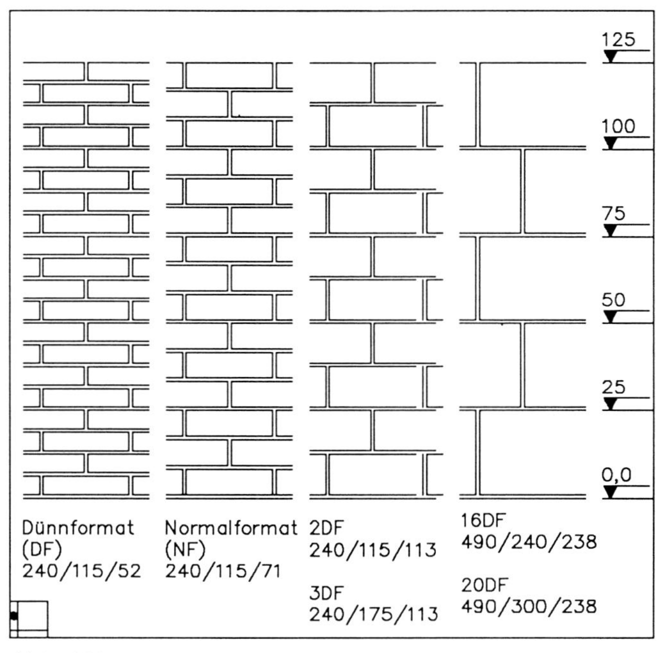

Abb. 391

Bei gleichzeitiger Verarbeitung verschieden hoher Steine in durchgehender und aussteifender Wand sind die Schichthöhen genau einzuhalten, um das Einbinden zu ermöglichen (→ Abb. 84 ... 89).

Ein »Abgleichen« der Steinschichten in der Höhe ist alle 25 cm bestimmt möglich. Die Abb. 391 zeigt das Zusammenwirken der verschiedenen Steinhöhen, bezogen auf jeweils 25 cm Höhe (Oktametersystem).

Der Sinn des Mauerverbandes im Baugefüge ist es, Lasten und Kräfte gleichmäßig im Mauerkörper zu verteilen. Das Aussehen einer nach der Überbinde-Regel gemauerten Wand ist allerdings unbefriedigend im Gegensatz zu Mauerwerkskörpern, die in Schulverbänden erstellt werden. Ergänzend gelten für diese folgende Grundregeln:

1. Jede Schicht muß waagerecht durch das ganze Mauerwerk hindurchgehen.
2. Einschalige Außenwände aus Sichtmauerwerk müssen mindestens zwei Steinreihen aufweisen (→ Abb. 246 + 247; S. 121).
3. Binderschichten zeigen in ihrer Ansichtsfläche nur Köpfe; an Mauerenden beginnt jede Läuferschicht mit soviel 3/4-Steinen, wie die Mauerdicke Köpfe zählt (bei Großblocksteinen Ergänzungsformate verwenden).
4. An Mauerecken, -kreuzungen und -stößen laufen die Läuferschichten stets durch, während die Binderschichten anschließen.
5. Es sind möglichst viele ganze Steine zu verwenden.
6. Gleichlaufende (parallele) Mauern sollen in gleicher Schichtenfolge angelegt werden.

Die »Überbinde-Regel«, wie sie für die Stabilität eines Mauerkörpers nötig ist, wird in bekannten und praktizierten Verbänden voll erfüllt. Diese sogenannten »Schulverbände«, die auch für Sichtmauerwerk ästhetische Forderungen eines gewünschten Fugenbildes erfüllen, werden auf den Abb. 392 bis 395 gezeigt.

Die folgenden Beispiele zeigen Verbandausführungen aus der »Mitte« einer gemauerten Wand. Es sind »Mauermittenverbände«.

Abb. 392
Läuferverband oder Schornsteinverband

Hier bestehen alle Schichten aus Läufern, die von Schicht zu Schicht um 1/2 (= mittiger Verband) oder um 1/4 (= schleppender Verband) Stein versetzt sind.

Anwendung bei dünnen Innenwänden oder als Verblendschale bei zweischaligem Mauerwerk; auch für Mauerwerk aus Blocksteinen.

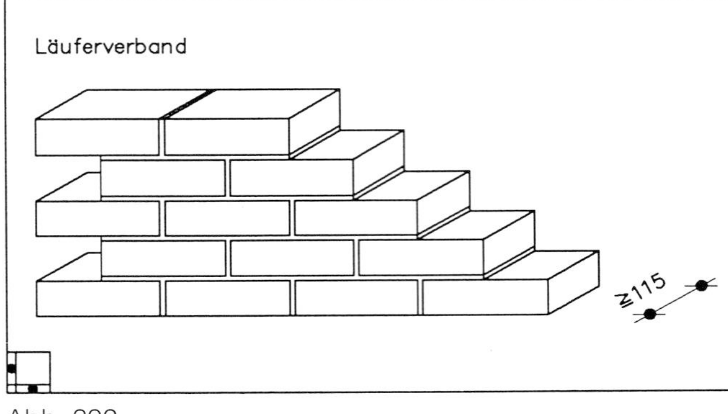

Abb. 392

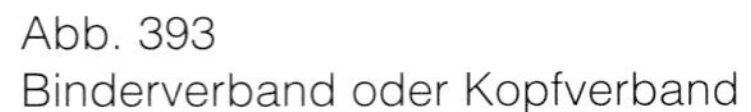
Abb. 393
Binderverband oder Kopfverband

Alle Schichten bestehen aus Bindern, die von Schicht zu Schicht um 1/2 Kopfbreite versetzt sind.

Anwendung nur für 1 Stein dicke Wände, besonders geeignet für Rundmauern mit engem Radius: auch für Mauerwerk aus Blocksteinen. (Bei hochbelasteten Mauern sollte dieser Verband vermieden werden.)

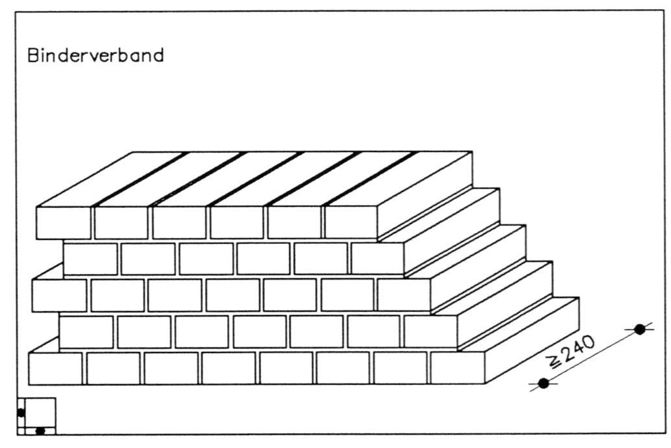

Abb. 393

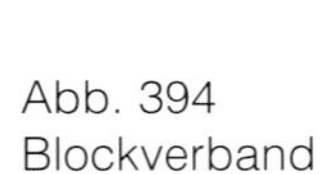
Abb. 394
Blockverband

Hier wechseln Läufer- und Binderschichten regelmäßig ab. Die Stoßfugen der jeweiligen Schichten liegen lotrecht übereinander.

Anwendung für Wanddicken ≥ 240 mm.

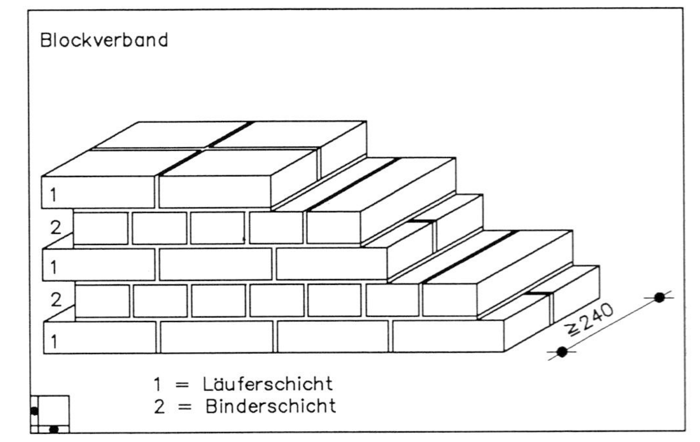

Abb. 394

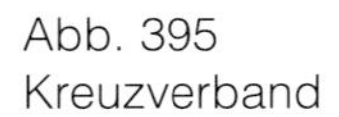
Abb. 395
Kreuzverband

Binder- und Läuferschichten wechseln regelmäßig. Die Stoßfugen jeder zweiten Läuferschicht sind aber durch Einschalten eines halben Läufers an den Mauerenden – üblicherweise unmittelbar hinter dem Eck-Dreiviertel-Läufer – um 1/2 Steinlänge versetzt. Hieraus ergibt sich das charakteristische Flächenbild des Kreuzverbandes.

Anwendung für Wanddicken ≥ 365 mm.

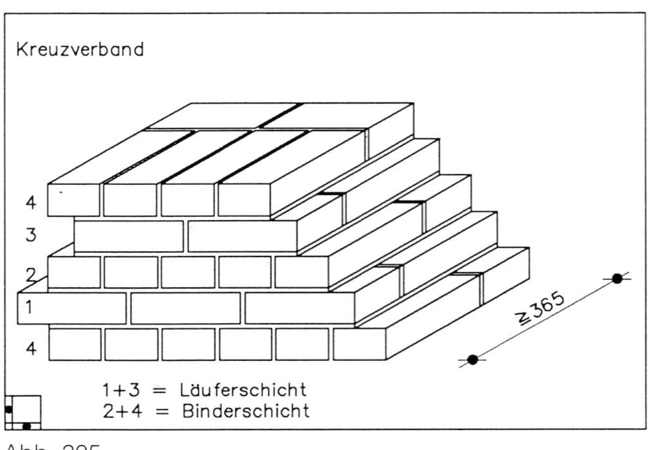

Abb. 395

Die gezeigten »Schulverbände« (Abb. 392 ... 395) werden jeweils mit einem Steinformat ausgeführt, das meist dem »Kleinformat« (DF und NF) zugerechnet wird. Aber auch das Steinformat 2DF (Mittelformat) wird für diese Verbände genommen.

Für diese Verbände gibt es bewährte Regeln für die Ausbildung der

- Endverbände (Abb. 396 ... 398)
- Eckverbände (Abb. 399 ... 401)
- Stoßverbände (Abb. 402 ... 404)
- Kreuzungsverbände (Abb. 405 ... 407)
- Mauervorlagen (Abb. 408 ... 410)
- Mauernischen (Abb. 411 ... 413)

Für die Wanddicken von 115 mm, 240 mm und 365 mm werden sie im folgenden gezeigt [26], und zwar für den

- Läuferverband und
- Blockverband.

Endverbände

Steinformate: DF, NF, 2DF

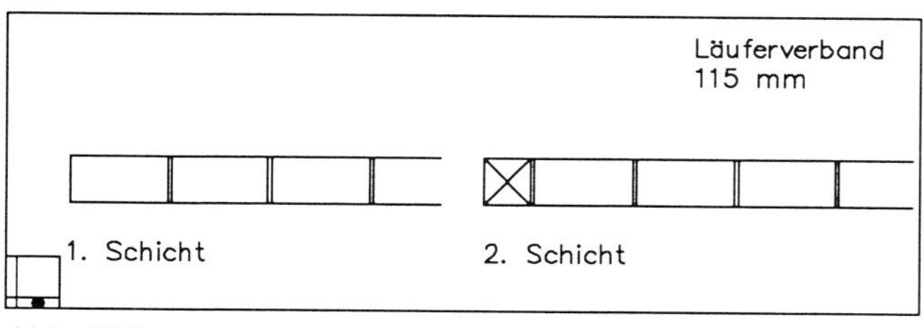

Abb. 396

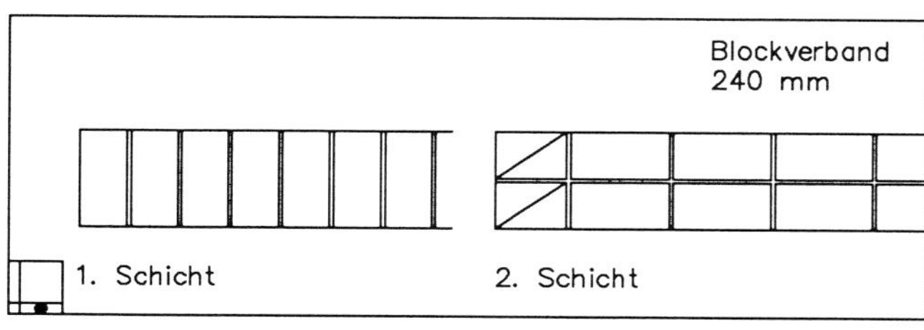

Abb. 397

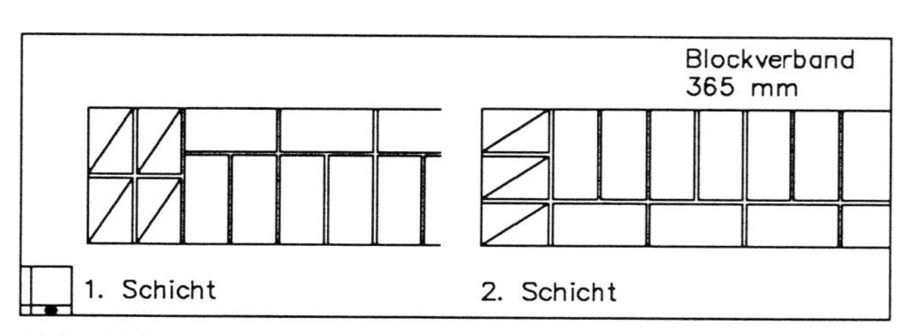

Abb. 398

Eckverbände

Steinformate: DF, NF, 2DF

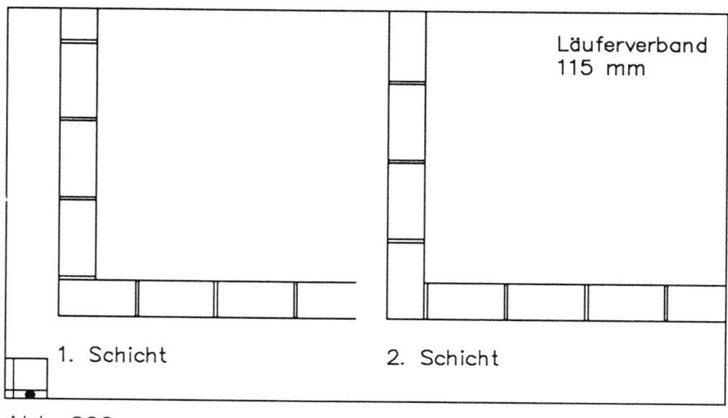

Abb. 399

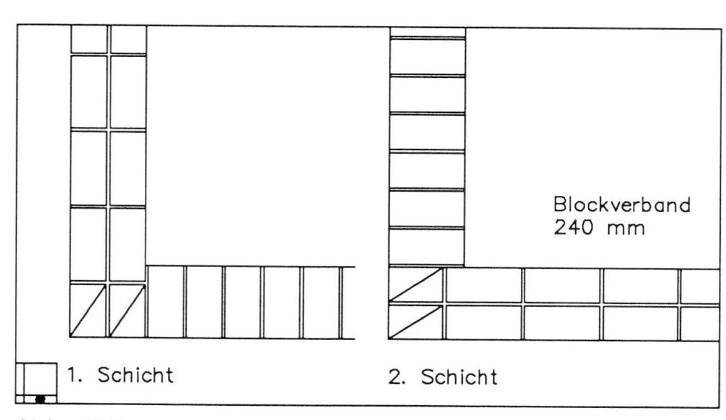

Abb. 400

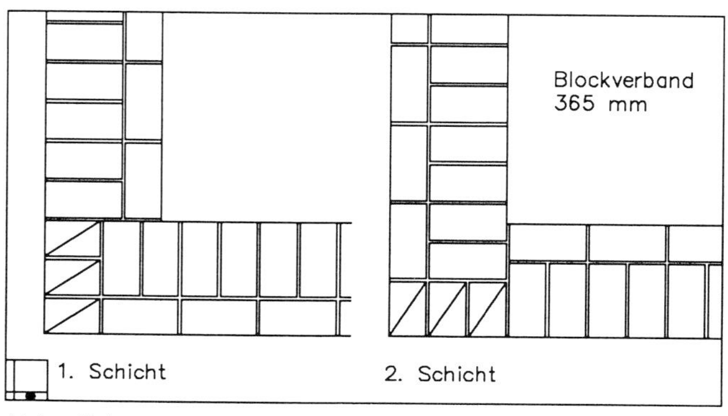

Abb. 401

Stoßverbände

Steinformate: DF, NF, 2DF

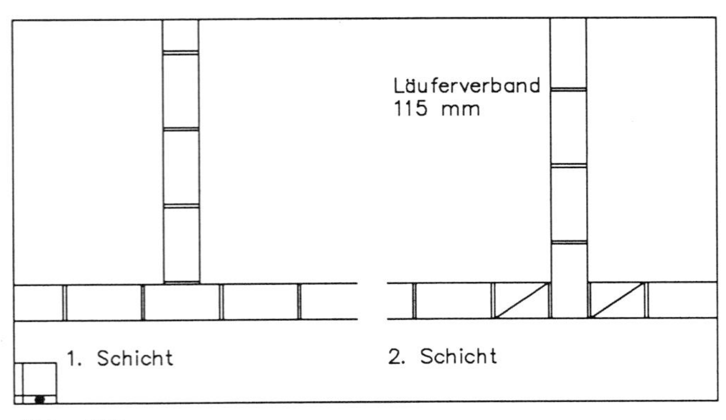

Abb. 402

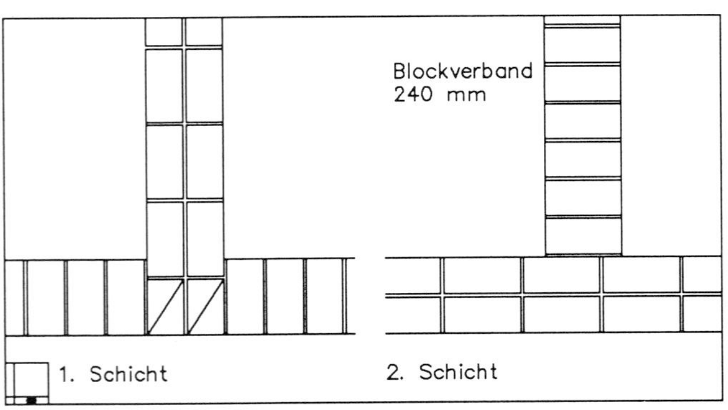

Abb. 403

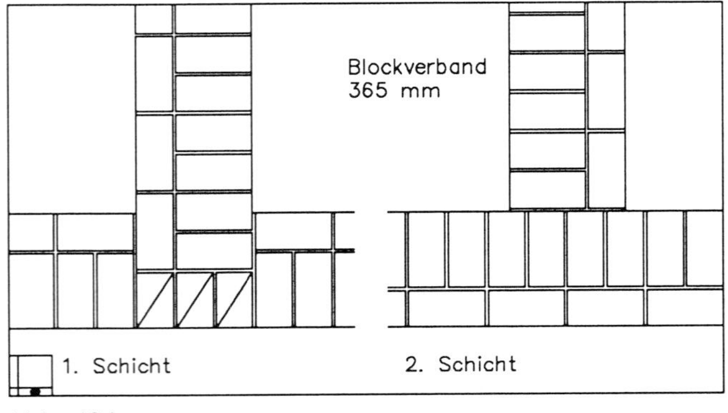

Abb. 404

Kreuzungsverbände

Steinformate: DF, NF, 2DF

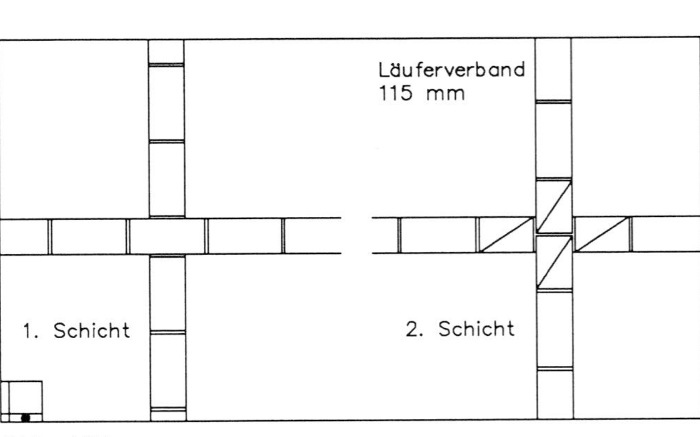

Abb. 405

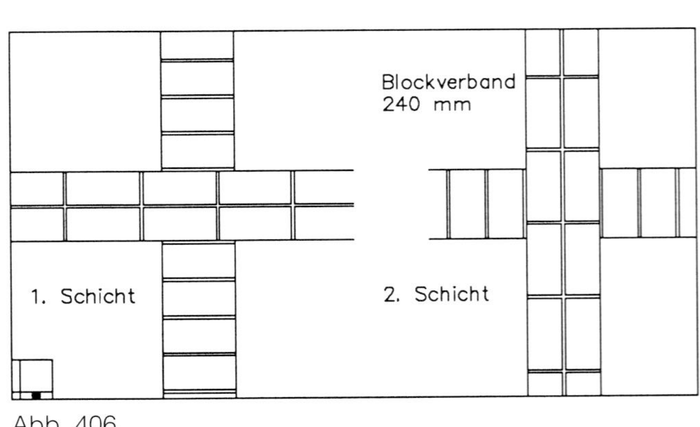

Abb. 406

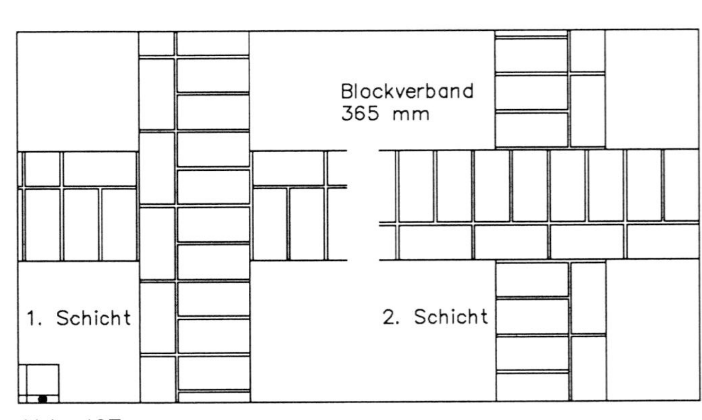

Abb. 407

Mauervorlagen

sind Aussteifungsrippen im Mauerverband. Hierbei kragen die Binder aus, während die Läufer stumpf vor der Wand liegen. Für Klein- und Mittelformate werden im folgenden die Verbände beim Blockverband dargestellt.

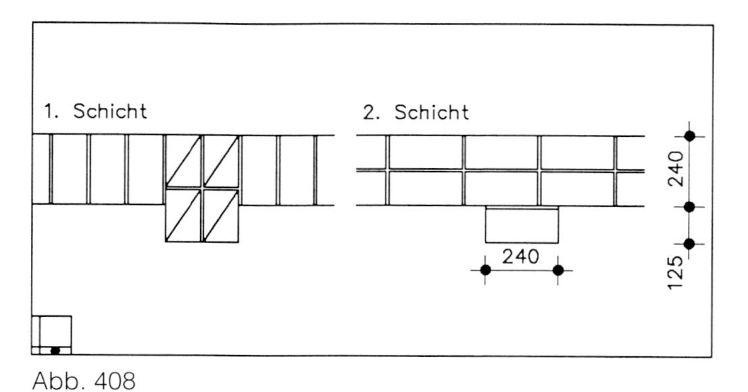

Abb. 408

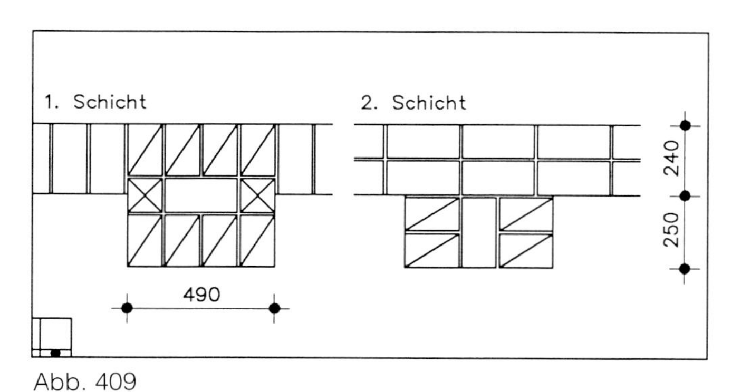

Abb. 409

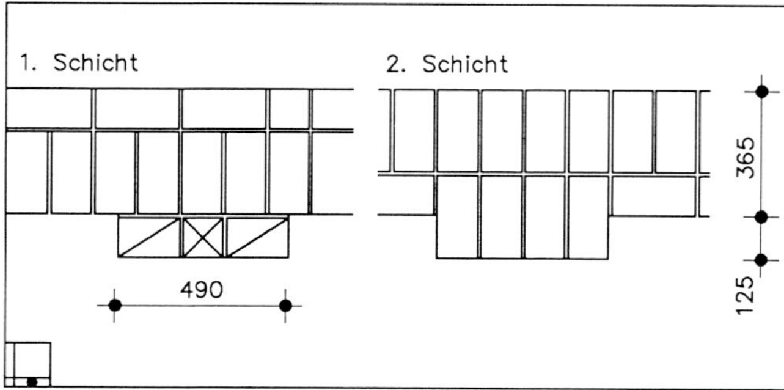

Abb. 410

Mauernischen

schwächen die Wanddicke. Bei tragenden Wänden sind sie daher bei deren Bemessung von vornherein zu berücksichtigen. Nischen dürfen daher nicht aus einer Tragwand herausgebrochen werden. Bei kleineren Abmessungen ist Fräsen erlaubt (→ Tab. 10, S. 105). Ansonsten sind Aussparungen verbandsgerecht zu mauern. Beispiele hierfür werden beim Blockverband für Klein- und Mittelformate im folgenden gezeigt.

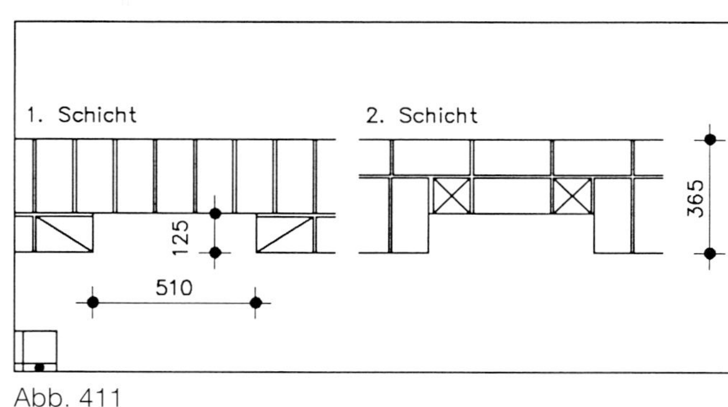

Abb. 411

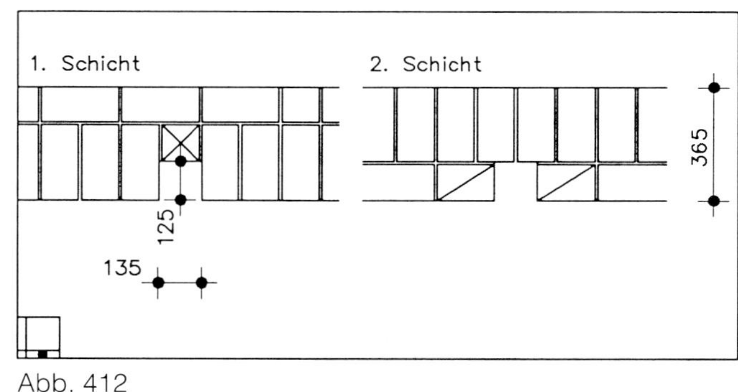

Abb. 412

Nischen in der Außenwand, z. B. für Heizkörper (→ Abb. 413), sind wegen der zu geringen Wärmedämmungsmöglichkeiten der Restwanddicke (Schildmauer) abzulehnen.

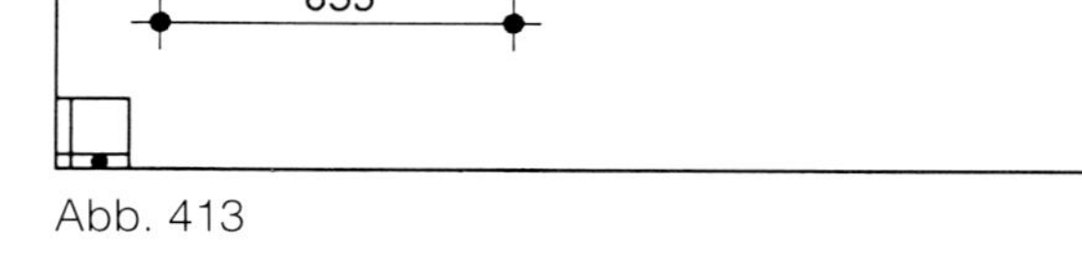

Abb. 413

Ein nicht durch die Schulverbände abgedecktes bedeutendes Anwendungsgebiet ist der Mauerverband für 300 mm dickes einschaliges Mauerwerk. Es wird vorwiegend mit den »Mittelformat«-Steinen 2DF und 3DF ausgeführt. Für sie und auch für die Großformate (3,2DF ... 20DF) werden jeweils die Mauerverbände gewählt, wie sie im folgenden vorgestellt werden.

300 mm dicke Außenwände werden überwiegend aus Mittelformaten (2DF und 3DF) gemauert. Der hierzu am meisten verwendete Verband, bei dem es aus wärmetechnischen Gründen keine durchgehenden Stoßfugen (Schnittfugen) geben soll, ist auf Abb. 414 dargestellt. Es ist ein Läuferverband mit versetzten Stoßfugen.

300 mm dickes Mauerwerk aus großformatigen Steinen (2,3NF oder 5DF) wird im Läuferverband gemauert (→ Abb. 392). Das Überbindemaß bezogen auf die Steinhöhe beträgt ≥ 0,4 *h* (→ Bild 13). Auf Abb. 415 ist ein Verbandsbild für eine 30er Mauer dargestellt. Das Überbindemaß beträgt 50 mm. Dies ist für eine Steinhöhe für 113 mm ausreichend. Anzustreben ist jedoch mittige Fugenüberdeckung. Hierzu sind Ergänzungsformate notwendig. Für Großblocksteine mit einer Steinhöhe von 238 mm (z. B. 10DF) sind Ergänzungsformate unerläßlich.

Eine geringe Fugendeckung – bis 1/2 Läuferlänge – kann zugelassen werden, sofern es sich um anerkannte Verbände handelt.

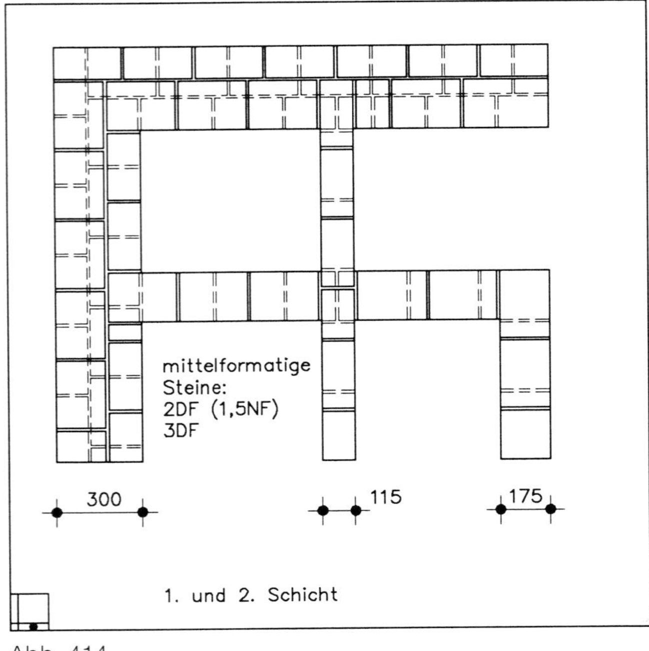

Abb. 414

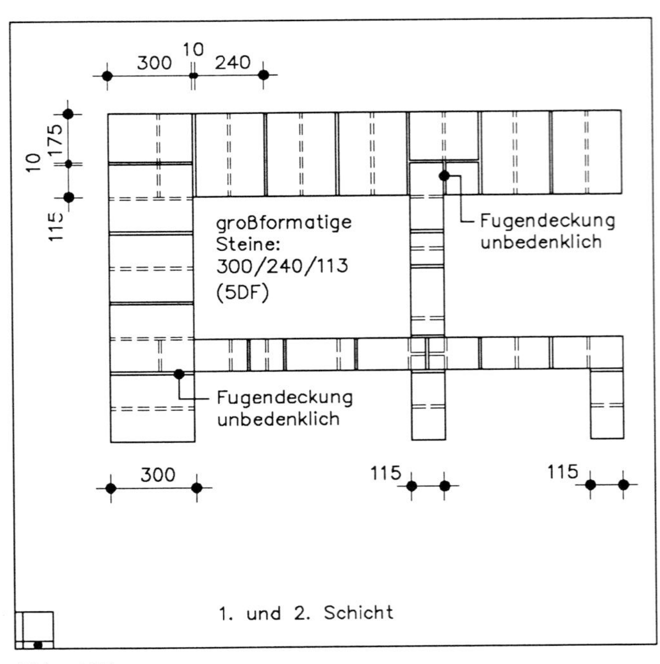

Abb. 415

Auf der Abb. 416 ist im Grundriß und auf Abb. 417 in der Isometrie der Verband für 24 cm dicke Wände aus Großblock-Formaten gezeigt. Ohne Sonderformate ist bei solchen Steinhöhen keine ausreichende Überdeckung möglich.

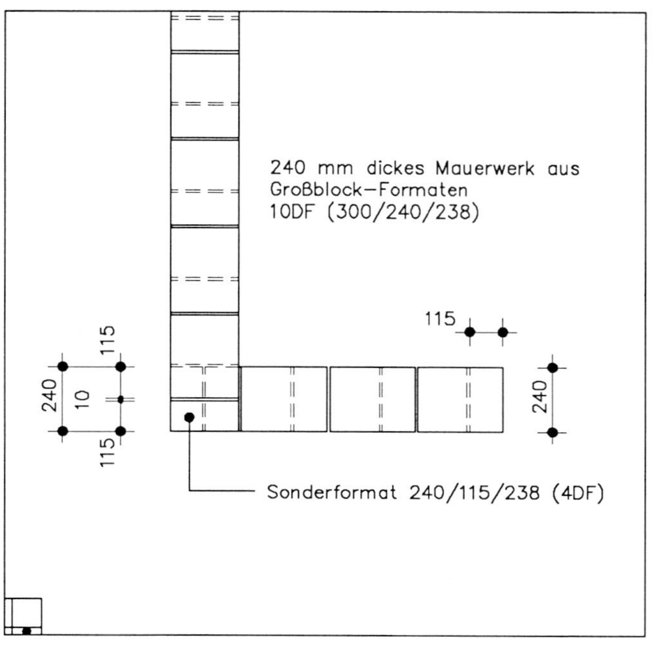

Abb. 416

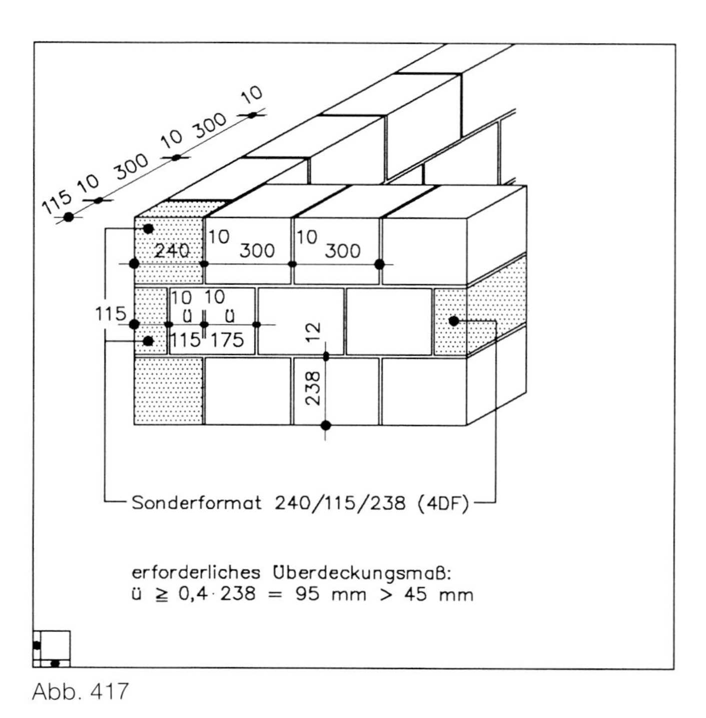

Abb. 417

Die Bemerkungen zum 24 cm dicken Mauerwerk aus Großblock-Formaten gelten sinngemäß auch für den 30 cm dicken Verband, wie er auf den Abb. 418 und 419 dargestellt ist. Die Notwendigkeit von Sonderformaten ist besonders deutlich bei einbindendem Anschlag zu erkennen.

240
115
300
10
175
115
65 (Anschlag-
breite)
240
115
300 mm dickes Mauerwerk aus
Großblock–Formaten
10DF (300/240/238)

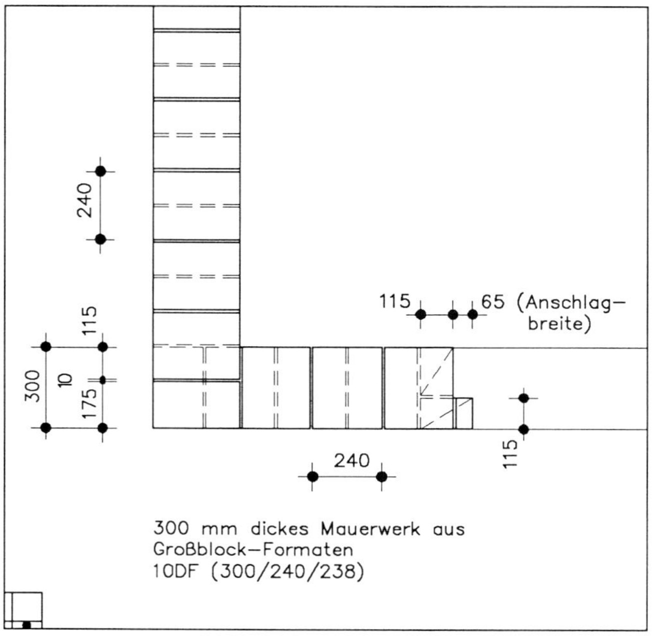

Abb. 418

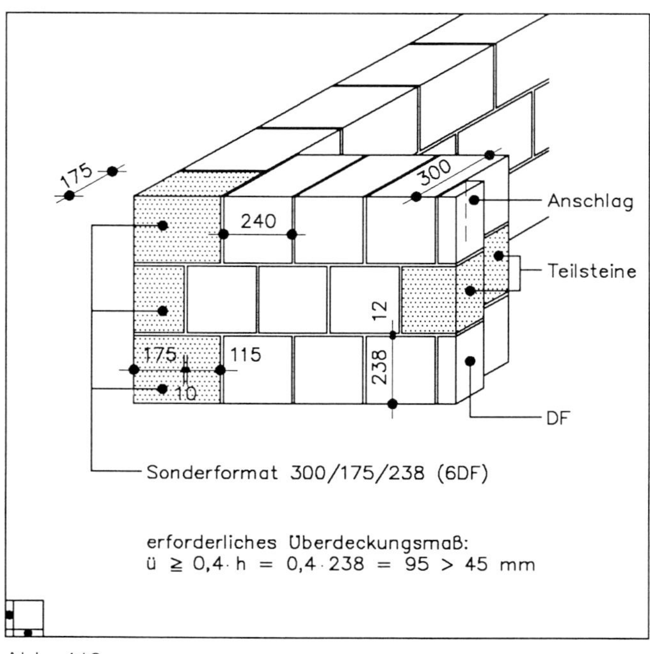

Abb. 419

Aus Gründen der Rationalisierung werden zu einem großen Teil bei verputzten Wänden Hohlblocksteine (Zweihandsteine mit und ohne Klammern) verwendet, z.B. Leichtbeton-Hbl, LHLz, Hüttenhohlblocksteine (HHbl), KSHbl, G 2 ... und GP 2 ... Die gebräuchlichsten Wanddicken betragen 240 mm (Steinformat 16DF = 490/240/238 mm) und 300 mm (20DF = 490/300/238 mm). Die Steinbreiten entsprechen den Wanddicken, daher werden diese Steine im Läuferverband (→ Abb. 392) vermauert. Anzustreben ist auch hier der mittige Verband (→ Abb. 420).

365 mm lange Steine werden im »schleppenden« Verband gemauert, sie werden um Drittelstein-Länge versetzt, um Überbindungen von 115 und 240 mm zu bekommen (→ Abb. 421).

Im übrigen wird hier noch einmal auf das Überbindemaß von ≥ 0,4 h ≥ 45 mm, bezogen auf die Steinhöhe, hingewiesen (→ Bild 13).

Wände ab 365 mm Dicke mauert man im Binderverband (→ Abb. 393).

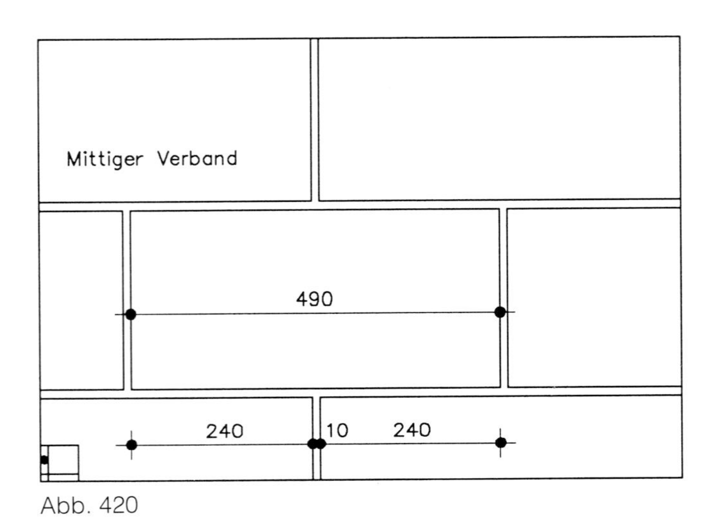

Abb. 420

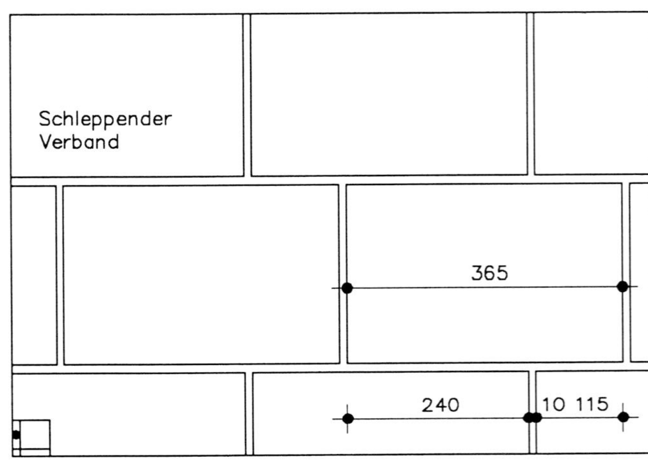

Abb. 421

Verschiedene Hersteller bieten zum Vermauern dieser großformatigen Steine spezielle Leichtmörtel mit wärmedämmenden Zuschlagstoffen an; sie müssen, sofern die Zuschläge nicht der DIN 1053-1, A.3.2 entsprechen, eine Zulassung vom Institut für Bautechnik, Berlin, haben. Die Kurzbezeichnung für solche Dämm-Mörtel (= Leichtmauermörtel) der MG II wird mit »LM« empfohlen. Zur Ausbildung von unterbrochenen Stoßfugen bei Hbl-Mauerwerk siehe Bild 12a, S. 187.

Bei Porenbeton-Mauerwerk gibt es das geklebte Planblockmauerwerk zu erwähnen, das nahezu »fugenlos« im herkömmlichen Sinne errichtet werden kann, da die GP 2-Blöcke sehr maßgenau sind. Das Mauerwerk wird mit »Klebemörteln«, die mit einer gezahnten Plankelle gleichmäßig dick aufgezogen werden, zusammengefügt; die Fugendicken liegen bei 1 ... 3 mm.

Weiterentwicklungen im Mauerwerksbau sind Elemente (z.B. Planelemente) mit Steinabmessungen bis zu 600/1200 mm und mit Steindicken bis zu 300 mm. Die Fugen werden auch hier mit Klebemörtel ausgeführt; die Fugendicken betragen ca. 3 mm. Die Stoßfugen sind dabei u.U. »knirsch« gestoßen (→ Bild 12a + c; S. 187), d.h. ohne Vermörtelung oder trocken in Verfälzungen geschoben.

Verblendverbände (Zierverbände)

(→ Abb. 422 ... 428 [11])

Während Läufer-, Binder-, Block- und Kreuzverband (Abb. 392 ... 395) so ausgebildet sind, daß ihr Mauergefüge Lasten und Kräfte über den gesamten Wandquerschnitt gleichmäßig verteilt, bilden Zierverbände (= Verblendverbände) vor einer tragenden Wand eine schmückende Schale; sie trägt sich nur selbst. Vor Außenwänden dient sie meist dem Wetterschutz. Es gibt historische Beispiele für solche Zierverbände (Abb. 422 ... 425), die mit dem tragenden Mauerwerk durch Binder verbunden sind. Diese Binder sind in der Ansicht ablesbar, es sind die »Köpfe«.

Man unterscheidet im allgemeinen vier historische Verbände:

1. Holländischer Verband (→ Abb. 422)
2. Märkischer Verband (→ Abb. 423)
3. Gotischer Verband (→ Abb. 424)
4. Schlesischer Verband (→ Abb. 425)

Auch die sogenannten wilden Verbände mit willkürlichem Wechsel von Bindern und Läufern (→ Abb. 426 ... 428) werden als Zierverbände bezeichnet.

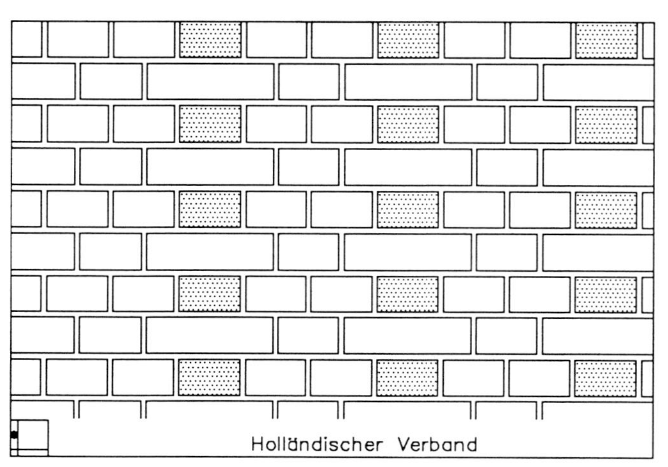

Abb. 422

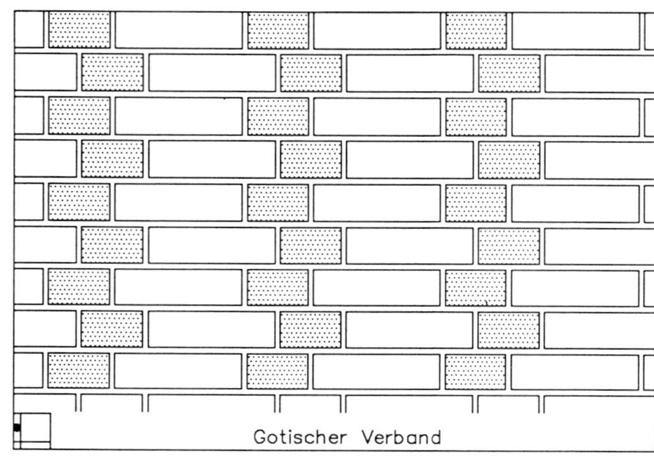

Abb. 424

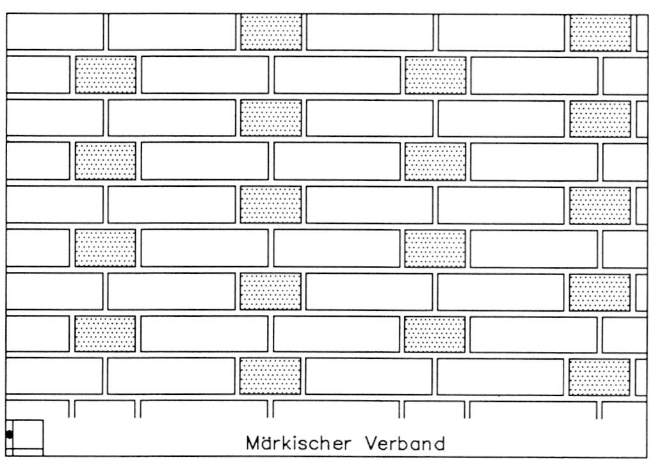

Abb. 423

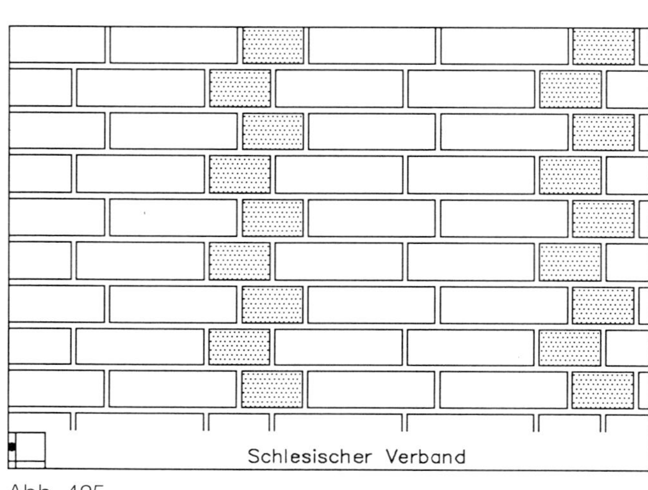

Abb. 425

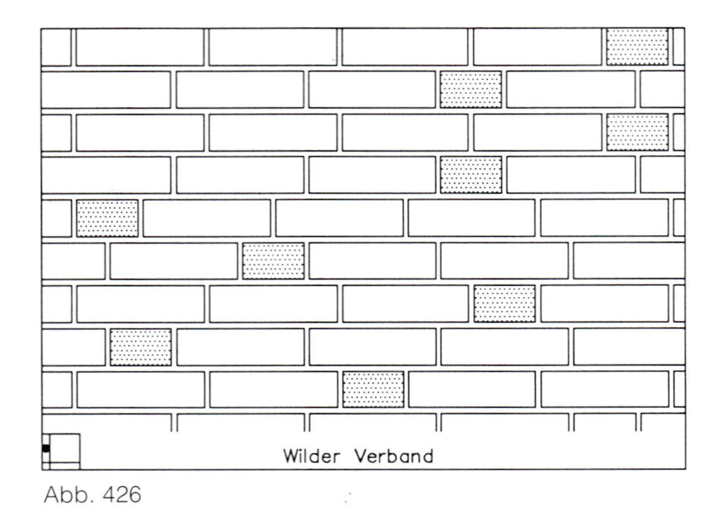

Abb. 426

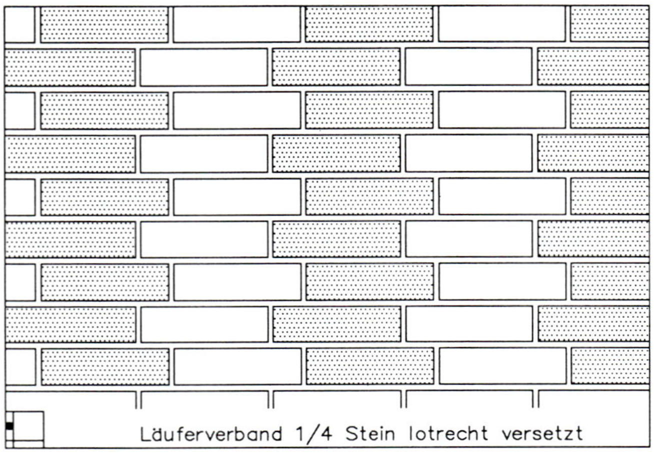

Läuferverband 1/4 Stein lotrecht versetzt

Abb. 427

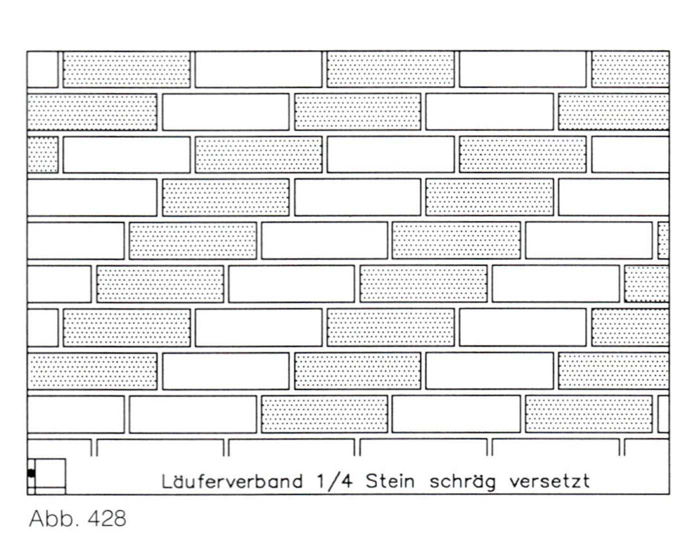

Abb. 428

Auf die notwendigen Maßnahmen für die Schlagregensicherheit bei Sichtmauerwerk wird hingewiesen (S. 121). Die früher üblichen Binder zum Verankern der historischen Verbände (Zierverblendung) sind danach unzulässig, weil sie eine Gefahr für die Schlagregensicherheit durch Feuchtebrücken zur Hintermauerung bilden. Will man dennoch der Verblendschale das Bild eines historischen Verbandes erhalten, sind diese Köpfe als Halbsteine zu vermauern.

Bei dem heute ausgeführten zweischaligen Mauerwerk mit sich selbst tragender Verblendung (→ 8.4.3) erfolgt die Verankerung der Verblendung mit nichtrostenden Drahtankern (→ Abb. 269 ff.). In diesem Falle ist der Läuferverband am konsequentesten und sollte bevorzugt werden.

Die Abb. 427 und 428 zeigen zwei »außermittige« Verbandmuster. Köpfe wie auf den Abb. 422 ... 426 sind durch Verwendung halbierter Steine in der Verblendschale ebenfalls möglich.

9.4 Mauern bei Frost

Bei Frost darf Mauerwerk nur unter besonderen Schutzmaßnahmen ausgeführt werden. Frostschutzmittel sind nicht zulässig, gefrorene Baustoffe dürfen nicht verwendet werden.

Frisches Mauerwerk ist vor Frost rechtzeitig zu schützen, z. B. durch Abdecken (→ Abb. 429). Auf gefrorenem Mauerwerk darf nicht weitergemauert werden. Der Einsatz von Salzen zum Auftauen ist nicht zulässig. Teile von Mauerwerk, die durch Frost oder andere Einflüsse beschädigt sind, sind vor dem Weiterbau abzutragen.

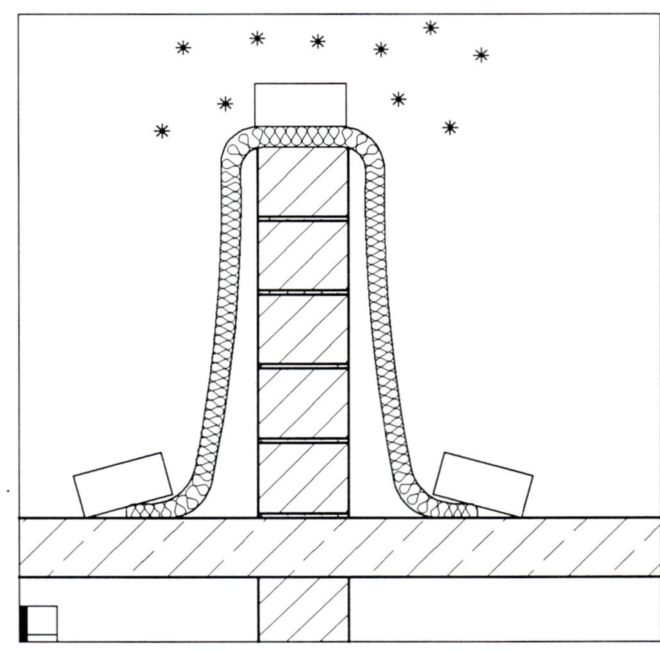

Abb. 429

10 Eignungsprüfungen

Eignungsprüfungen sind nur für Mörtel notwendig, wenn dies nach Anhang A, A.5, gefordert wird.

11 Kontrollen und Güteprüfungen auf der Baustelle

11.1 Rezeptmauerwerk (RM)

11.1.1 Mauersteine

Der bauausführende Unternehmer hat zu kontrollieren, ob die Angaben auf dem Lieferschein oder dem Beipackzettel (→ Abb. 430) mit den bautechnischen Unterlagen übereinstimmen. Im übrigen gilt DIN 18200 in Verbindung mit den entsprechenden Normen für die Steine.

Baustelle:

durch LKW: pol. Kennzeichen:

Lieferschein

	Werk-Nr.	Lieferschein-Nr.	Station-Nr.	Preis-zone	km	Abhol-Art	Spediteur-Nr.	Bau-vorh.			Preis-liste	

Dieser Lieferschein ist zugleich Beipackzettel gem. DIN 1053-1, Abschnitt 11.1.1

Sorte	Mengen-Einheit	Anzahl	Warenbezeichnung	Verpack-Art	Pakete/Paletten	Text	Preis pro Mengeneinheit			Waren-Gruppe

Einheiten Wartezeit	Preiskorrektur	Mehrfracht für Mindermenge/Zugteilung

Warte- und Abladezeit von: bis:
1 Einheit = 30 Min.

Unterschrift

Umseitige Verkaufs- und Lieferbedingungen werden anerkannt.
Obige Ware richtig erhalten. Gleichzeitig wird vom Kraftfahrzeugführer bescheinigt, daß diese Ladung den Straßenverkehrsgesetzen entspricht und daß keine Überladung vorliegt.

Unterschrift (Wartezeit)

Abladestelle: Obige Ware richtig erhalten

Unterschrift

Abb. 430

11.1.2 Mauermörtel

Bei Verwendung von Baustellenmörtel ist während der Bauausführung regelmäßig zu überprüfen, daß das Mischungsverhältnis nach Anhang A, Tabelle A.1 oder nach Eignungsprüfung eingehalten ist.

Bei Werkmörteln ist der Lieferschein oder der Verpackungsaufdruck daraufhin zu kontrollieren, ob die Angaben über Mörtelart und Mörtelgruppe mit den bautechnischen Unterlagen sowie die Sortennummer und das Lieferwerk mit der Bestellung übereinstimmen und das Übereinstimmungszeichen ausgewiesen ist.

Bei allen Mörteln der Gruppe IIIa ist an jeweils drei Prismen aus drei verschiedenen Mischungen je Geschoß, aber mindestens je 10 m³ Mörtel, die Mörteldruckfestigkeit nach DIN 18555-3 nachzuweisen; sie muß dabei die Anforderungen an die Druckfestigkeit nach Anhang A, Tabelle A.2, Spalte 3, erfüllen.

Bei Gebäuden mit mehr als sechs gemauerten Vollgeschossen ist die geschoßweise Prüfung, mindestens aber je 20 m³ Mörtel, auch bei Normalmörteln der Gruppen II, IIa und III sowie bei Leicht- und Dünnbettmörteln durchzuführen, wobei bei den obersten drei Geschossen darauf verzichtet werden darf (→ Abb. 431).

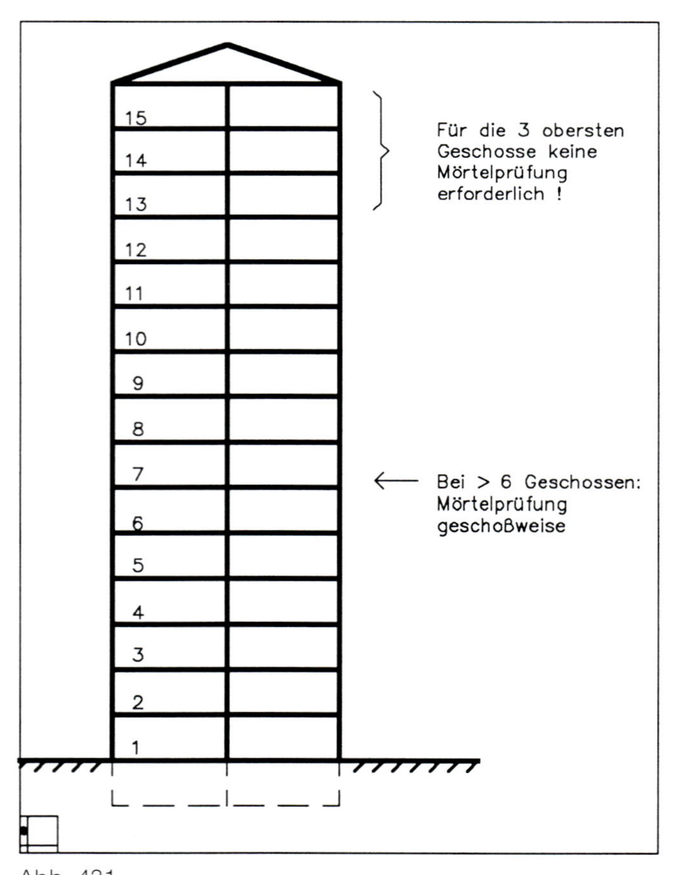

Abb. 431

11.2 Mauerwerk nach Eignungsprüfung (EM)

11.2.1 Einstufungsschein, Eignungsnachweis des Mörtels

Vor Beginn jeder Baumaßnahme muß der Baustelle der Einstufungsschein und gegebenenfalls der Eignungsnachweis des Mörtels (siehe DIN 1053-2, 6.4, letzter Absatz) zur Verfügung stehen.

11.2.2 Mauersteine

Jeder Mauersteinlieferung ist ein Beipackzettel (→ Abb. 430) beizufügen, aus dem neben der Norm-Bezeichnung des Steines einschließlich der EM-Kennzeichnung die Steindruckfestigkeit nach Einstufungsschein, die Mörtelart und -gruppe, die Mauerwerksfestigkeitsklasse, die Einstufungsschein-Nr. und die ausstellende Prüfstelle ersichtlich sind. Das bauausführende Unternehmen hat zu kontrollieren, ob die Angaben auf dem Lieferschein und dem Beipackzettel mit den bautechnischen Unterlagen übereinstimmen und den Angaben auf dem Einstufungsschein entsprechen.

Im übrigen gilt DIN 18200 in Verbindung mit den entsprechenden Normen für die Steine.

11.2.3 Mörtel

Bei Verwendung von Baustellenmörtel ist während der Bauausführung regelmäßig zu überprüfen, daß das Mischungsverhältnis nach dem Einstufungsschein eingehalten wird.

Bei Werkmörtel ist der Lieferschein daraufhin zu kontrollieren, ob die Angaben über die Mörtelart und -gruppe, das Herstellwerk und die Sorten-Nr. den Angaben im Einstufungsschein entsprechen.

Bei Verwendung von Austauschmörteln nach DIN 1053-2, 6.4, letzter Absatz, ist entsprechend zu verfahren.

Bei allen Mörteln ist an jeweils 3 Prismen aus 3 verschiedenen Mischungen die Mörteldruckfestigkeit nach DIN 18555-3 nachzuweisen. Sie muß dabei die Anforderungen an die Druckfestigkeit nach Tabellen A.2, A.3 und A.4 bei Güteprüfung erfüllen. Diese Kontrollen sind für jeweils 10 m³ verarbeiteten Mörtels, mindestens aber je Geschoß, vorzunehmen.

12 Natursteinmauerwerk

12.1 Allgemeines

Natursteine für Mauerwerk dürfen nur aus gesundem Gestein gewonnen werden. Ungeschützt dem Witterungswechsel ausgesetztes Mauerwerk muß ausreichend witterungswiderstandsfähig gegen diese Einflüsse sein.

Naturwerksteine sind wie auch Beton, Betonwerkstein, Mörtel und Mauerwerk den Witterungsunbilden ausgesetzt. Der Kohlendioxid (CO_2)- und Schwefeldioxid (SO_2)-Gehalt der Luft (Rauchgase) schlägt sich in Verbindung mit Niederschlagswasser als Luftkohlensäure und schwefelige Säure vorwiegend auf waagerechten und geneigten Flächen nieder. Besonders bei Kalksteinen und Kalksandsteinen kommt es mit der Zeit zur Auflösung der Oberfläche. Die Naturwerkstein-Fachbetriebe stellen für Fassadenbekleidungen bewährte und ausgesucht wetterbeständige Materialien zur Verfügung. Als solche werden angesehen: Granite, Syenite, Diorite, Diabase, Gabbros, alle kristallinen Marmore, Travertine, Basaltlaven, Dolomite, quarzitische Sandsteine, Muschelkalk-Kernsteine, Quarzite, Gneise, Phylitte, Schiefer, Nagelfluhe, Tuffe und ähnliche [13].

Geschichtete (lagerhafte) Steine sind im Bauwerk so zu verwenden, wie es ihrer natürlichen Schichtung entspricht (→ Abb. 432). Die Lagerfugen sollen rechtwinklig zum Kraftangriff liegen. Die Steinlängen sollen das Vier- bis Fünffache der Steinhöhen nicht über- und die Steinhöhe nicht unterschreiten (→ Abb. 434)

Lagerhafte Steine sind nur bei Schichtgesteinen (Sedimentgesteinen) zu finden. Die Schichtlagen, die unter großem Druck zur Steinbildung geführt haben, müssen in der Wand daher waagerecht liegen (→ Abb. 432). Bei Kraftangriffen senkrecht dazu können Abspaltungen und durch Wettereinflüsse Abblätterungen (Abschieferungen) auftreten (→ Abb. 433).

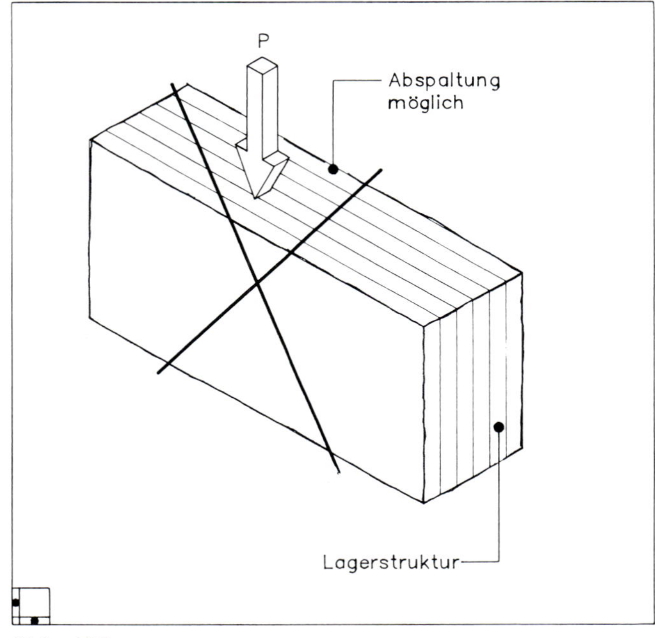

Abb. 433

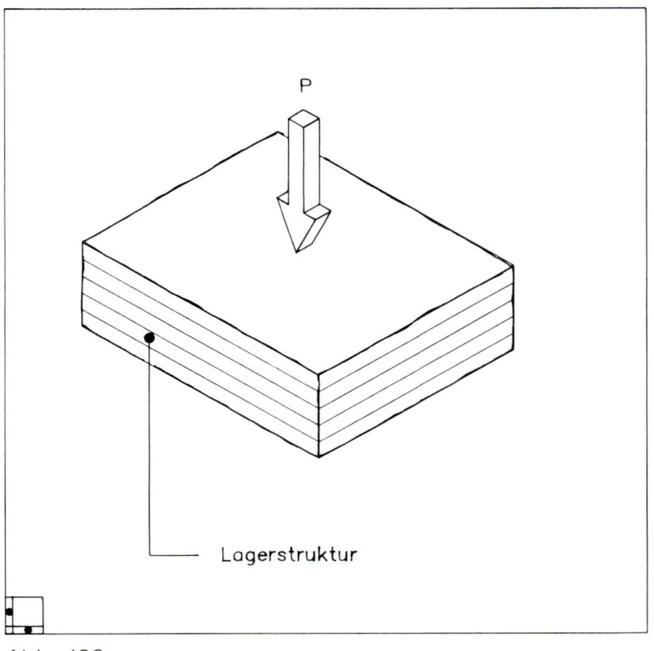

Abb. 432

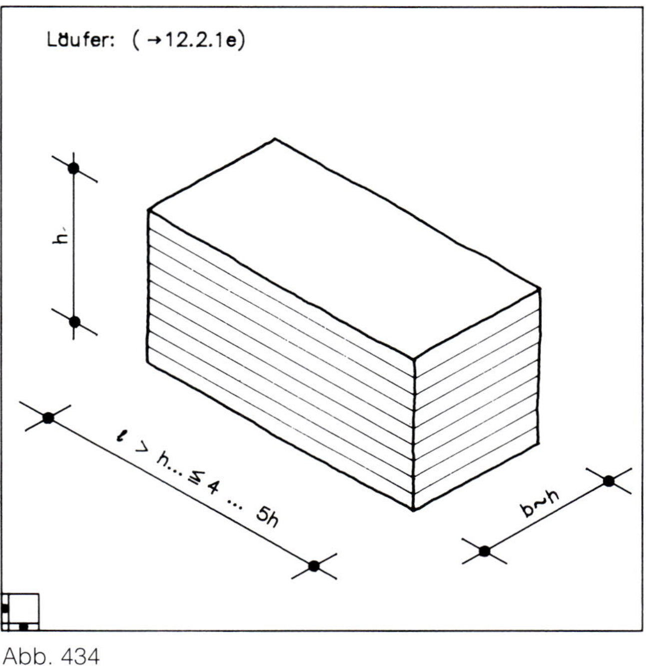

Abb. 434

Die *Abmessungen* (l : b : h) von Naturwerksteinen sind abhängig von der Mauerwerksart und der natürlichen Spaltbarkeit des Materials (→ Abb. 434 ... 436).

12.2 Verband

12.2.1 Allgemeines

Der Verband bei reinem Natursteinmauerwerk muß im ganzen Querschnitt handwerksgerecht sein (→ Abb. 444 + 445), d. h. daß

a) an der Vorder- und Rückfläche nirgends mehr als drei Fugen (→ Abb. 437) zusammenstoßen,

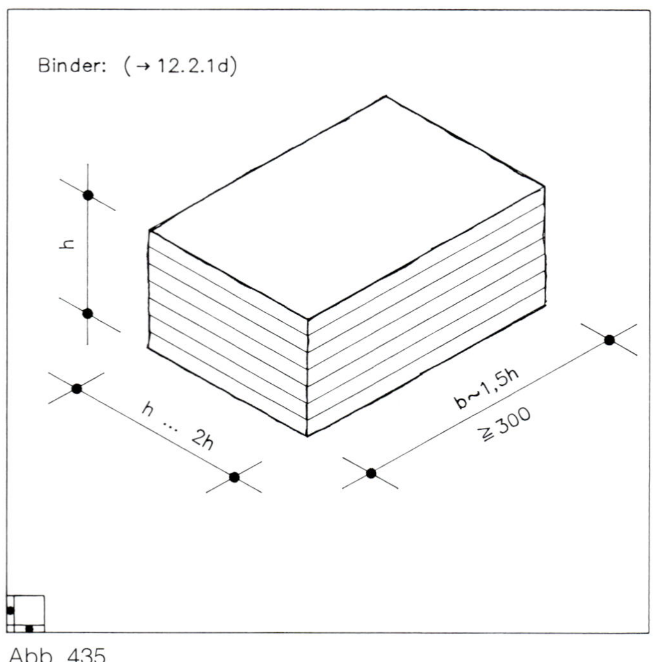

Abb. 435

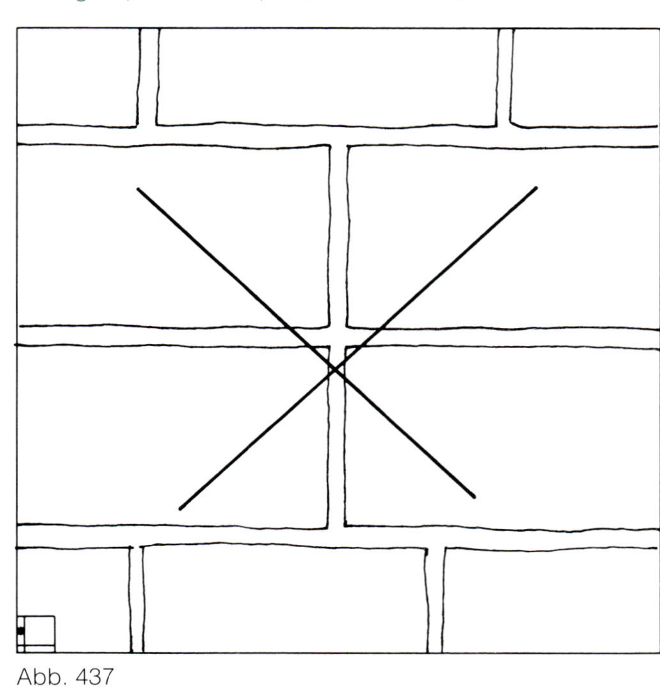

Abb. 437

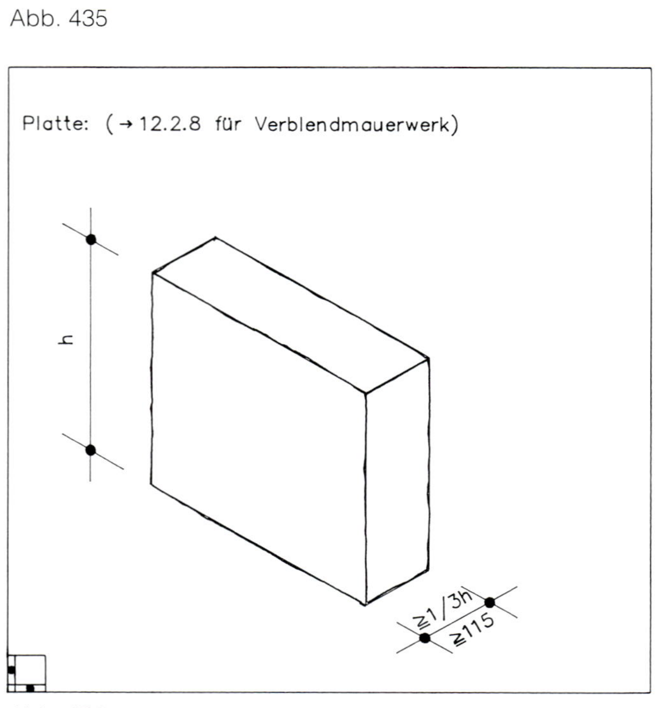

Abb. 436

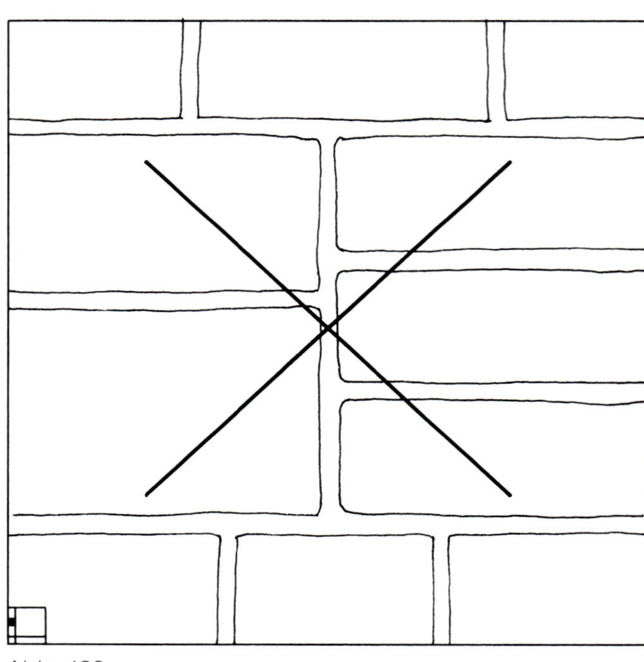

Abb. 438

b) keine Stoßfuge durch mehr als zwei Schichten durchgeht (→ Abb. 438),

c) auf zwei Läufer mindestens ein Binder kommt (→ Abb. 439) oder Binder- und Läuferschichten miteinander abwechseln (→ Abb. 440),

d) die Dicke (Tiefe) der Binder etwa das 1 1/2fache der Schichthöhe, mindestens aber 300 mm, beträgt (→ Abb. 435),

e) die Dicke (Tiefe) der Läufer etwa gleich der Schichthöhe ist (→ Abb. 434),

f) die Überdeckung der Stoßfugen bei Schichtenmauerwerk (→ Abb. 441) mindestens 100 mm und bei Quadermauerwerk (→ Abb. 442) mindestens 150 mm beträgt und

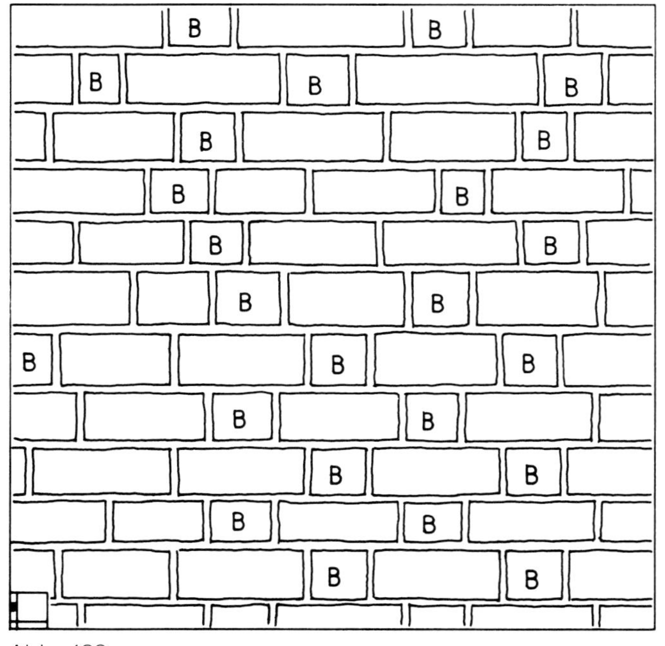
Abb. 439

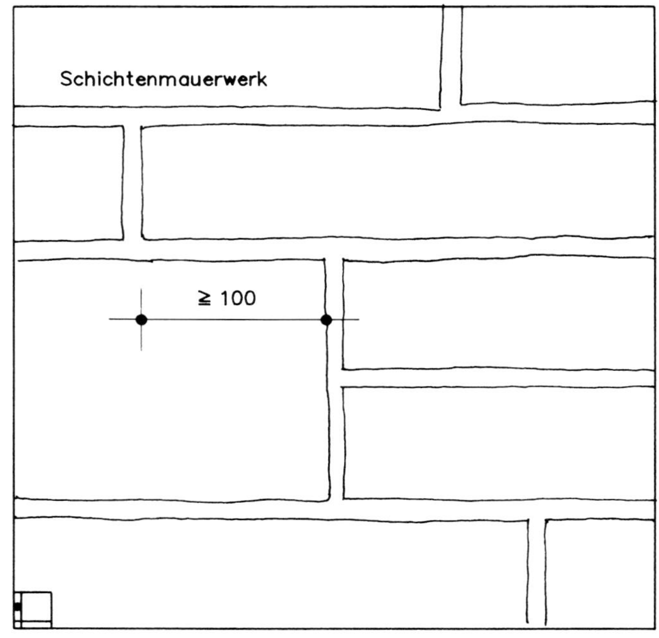

Abb. 441

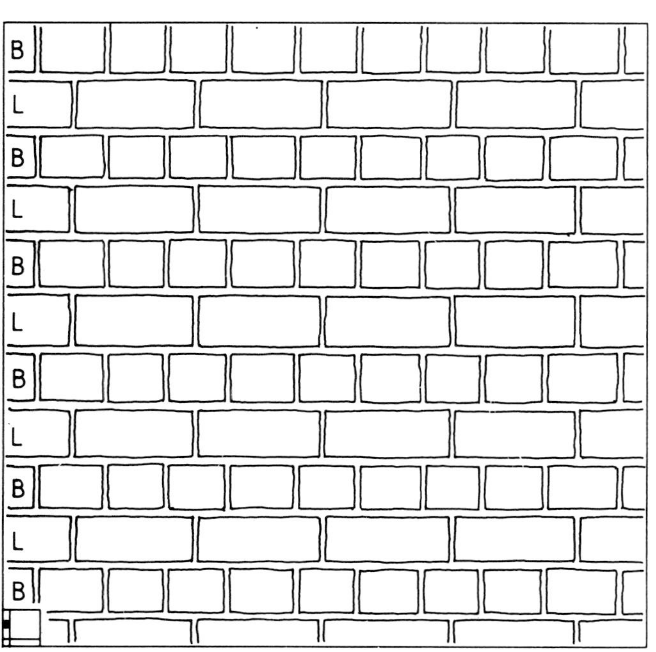
Abb. 440

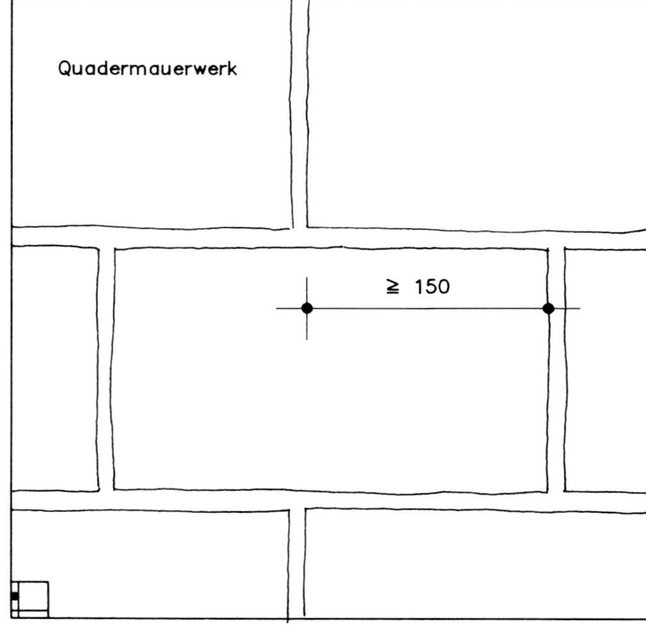

Abb. 442

g) an den Ecken die größten Steine (gegebenenfalls in Höhe von zwei Schichten) nach Bild 17 und 18 eingebaut werden (→ Abb. 443 + 455)

Lassen sich Zwischenräume im Innern des Mauerwerks nicht vermeiden, so sind sie mit geeigneten, allseits von Mörtel umhüllten Steinstücken (→ Abb. 444 + 445) so auszuzwickeln, daß keine unvermörtelten Hohlräume entstehen. In ähnlicher Weise sind auch weite Fugen auf der Vorder- und Rückseite von Zyklopenmauerwerk (→ Abb. 451), Bruchsteinmauerwerk (→ Abb. 452 + 453) und hammerrechtem Schichtenmauerwerk (→ Abb. 454 ... 457) zu behandeln.

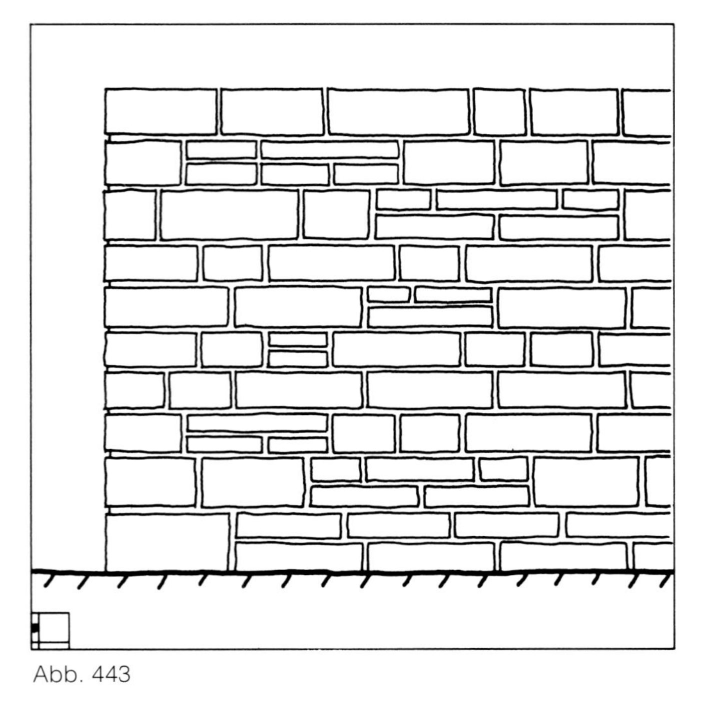

Abb. 443

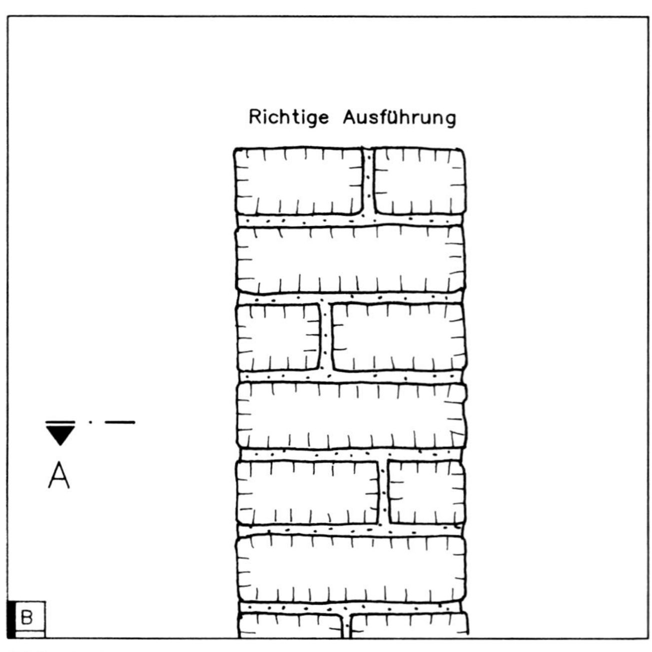

Abb. 444

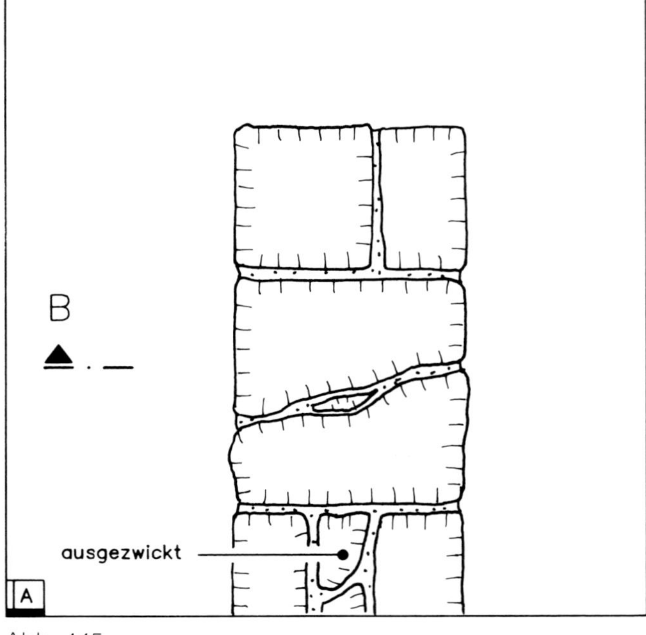

Abb. 445

Im Wandinnern sind »Füllungen« nicht statthaft. Die sonst zu erwartende Keilwirkung baucht die Wand aus, besonders wenn die notwendigen Binder fehlen (→ Abb. 446 + 447).

Sofern kein Fugenglattstrich ausgeführt wird, sind die Sichtflächen nachträglich zu verfugen. Sind die Flächen der Witterung ausgesetzt, so muß die Verfugung lückenlos sein und eine Tiefe mindestens gleich der Fugendicke haben (→ Abb. 448)

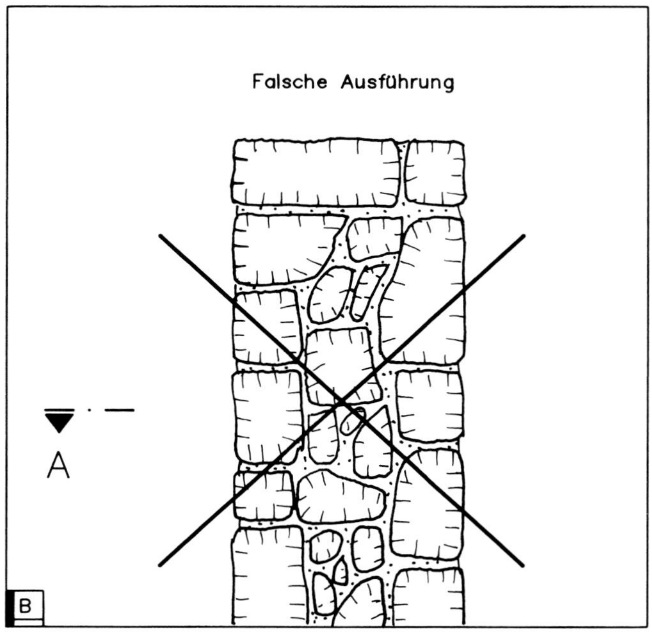

Abb. 446

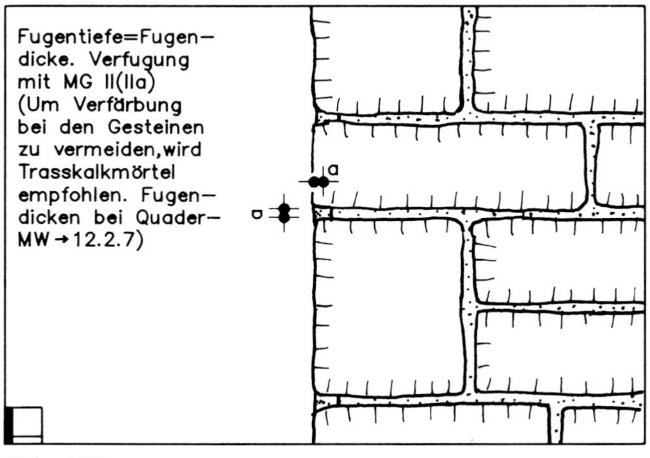

Abb. 448

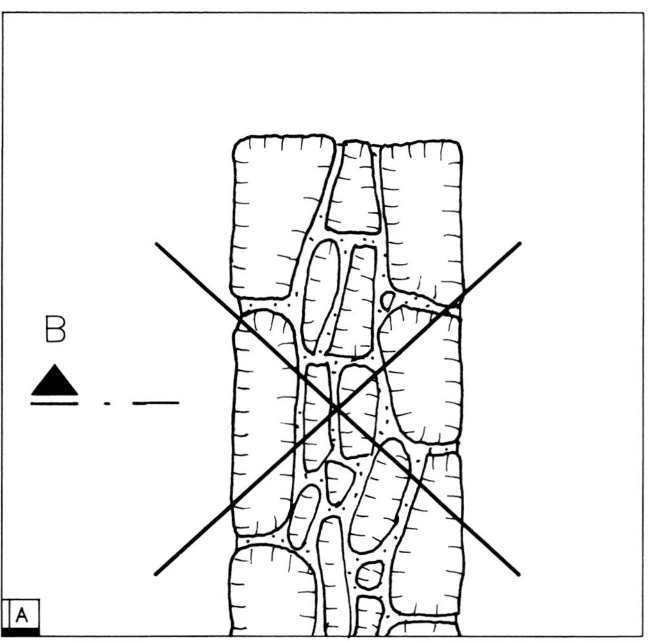

Abb. 447

Die Art der Bearbeitung der Steine in der Sichtfläche ist nicht maßgebend für die zulässige Druckbeanspruchung und deshalb hier nicht behandelt.

Dennoch sollen in diesem Zusammenhang einige Gedanken zur Oberflächenbehandlung angeführt werden, weil davon die Wetterbeständigkeit und das Aussehen auf Dauer (Langzeitverhalten) abhängen:

Als Oberflächenbearbeitung [13] bietet sich bei den Hartgesteinen die polierte Fläche an, welche allen Witterungseinflüssen dauernden Widerstand bietet, ohne den Hochglanz zu verlieren. Dem folgt die feingeschliffene oder geschliffene Fläche bei allen aufgezählten Materialien außer Nagelfluh und den spaltrauhen Materialien der Quarzite und Schiefer. Diese Bearbeitung wird bei diesen dichten Schichten bevorzugt angeboten, weil sie dem Ästhetiker noch Rechnung trägt, wirtschaftlich ist und vor allem in bezug auf Alterungserscheinungen infolge Witterungseinfluß beständig ist.

Diamantgesägt, gesandet, fein geschurt oder Carb. 120 geschliffen sind zurückhaltende Bearbeitungen mit gedämpfter Farbe und Strukturaussage des Materials. Sandgestrahlt, gehobelt, scharriert, gestockt oder beflammt sind teils mechanisch, teils handwerksmäßige gröbere Oberfllächenbearbeitungen mit sehr ansprechenden Strukturen (→ Foto 50 bis 66).

Die angesprochenen Bearbeitungsarten verstehen sich hauptsächlich (Hochglanz-OF!) für die Herstellung von Fassadenbekleidungen. Der Bearbeitungsbereich für die Oberfläche von Natursteinmauerwerk (N.MW) ist dagegen wesentlich größer. Im folgenden sind die Bearbeitungsarten (→ VOB) in die Gruppen a) »Handarbeit« und b) »Maschinenarbeit« eingeteilt:

a) Handarbeit

spaltrauh	
bruchrauh	
bossiert	(mit Bossierhammer)
gespitzt	(Spitzeisen, Zweispitz)
grob gestockt mittel gestockt fein gestockt	(mit Stockhammer unter Verwendung verschiedener Zahnweiten der Stock-Einsatzflächen, Spezielle Hartgesteins- bzw. Betonwerksteintechnik)
gebeilt	(mit Beil, Pille)
gekrönelt	(mit Spitzer, Krönel auf gespitzte Fläche; spezielle Weichgesteinstechnik)
geflächt	(mit Fläche)
gezahnt	(mit Zahnfläche)
grob scharriert scharriert	(mit Breit-, Halb-, Vierteleisen nach dem Kröneln)
feinscharriert	(feinerer gleichmäßiger Hieb)
aufgeschlagen	(winkelrechter, gleichmäßiger Hieb, 2 ... 4 mm breit)

b) Maschinenarbeit

abgerieben	(mit Schmirgel oder SiC = Siliziumcarbid)
gesandelt	(mit feinem Stahlsand bis zum Schmirgeln vorgearbeitet)
gesägt	(Drahtseilsägen, Trennsägen, Gattersägen, Sägemittel: Quarzsand, Stahlsand (Hartgußstahlkorn). Kreissägen mit Carborundum-(Siliziumcarbid = SiC) bzw. Stahlscheiben mit Diamant-Randbestückung. Bandsäge mit Diamantbesatz)
gefräst	(mit Fräs-Profilschleifkörpern)
geschurt	(mit Schurscheibe, Bearbeitung mit grober Masse)
grobgeschliffen halbgeschliffen geschliffen feingeschliffen	(mit Carborundum-, Schmirgel-Schleifkörpern bzw. mit auf Stahlteller aufgekitteten Schleifkörper-Segmenten)
anpoliert	(mit Filzscheibe, Poliermittel, Poliertripel, Polieroxide z. B. Polierrot, -gelb, -schwarz usw., Zinnasche, Kleesalz)
beflammt	(Abbrennen der gesägten Flächen mittels Brennstrahlverfahren. Die Fläche erhält ein leicht bruchrauhes Aussehen).

Nicht jede Gesteinsart eignet sich für alle Bearbeitungsarten. Die folgende Tabelle aus dem Standardleistungsbuch (StLB) »Naturwerksteinarten« zeigt die gebräuchlichsten Oberflächenbearbeitungen, bezogen auf die Gesteinsart.

	GESTEINSART \ Oberflächenbearbeitung	spaltrauh	bossiert	gespitzt	fein gespitzt	grob gestockt	mittel gestockt	fein gestockt	gebeilt	gekrönelt	gefläch	gezahnt	grob scharriert	fein scharriert	aufgeschlagen	abgerieben	gesandelt	stahlsandgesägt	gesägt	diamantgesägt	gefräst	grob geschurt	fein geschurt	grob geschliffen	halb geschliffen	geschliffen	fein geschliffen	bis zur Politur geschliffen	anpoliert	poliert	geflammt
Erstarrungsgesteine	1. Granit	X	X	X	X	X	X	X					X	X				X		X	X	X	X	X		X	X	X		X	X
	2. Syenit	X	X	X	X	X	X	X					X	X				X		X	X	X	X	X		X	X	X		X	
	3. Quarzdiorit	X	X	X	X	X	X	X										X			X	X	X			X	X	X		X	
	4. Diorit	X	X	X	X	X	X	X										X		X	X	X	X			X	X	X		X	
	5. Gabbro	X	X	X	X	X	X	X										X		X	X	X	X	X		X	X	X		X	
	6. Quarzporphyr	X	X	X	X	X	X	X										X			X	X	X			X	X	X		X	
	7. Porphyr	X	X	X	X	X	X	X	X				X	X	X	X	X		X		X					X	X	X		X	
	8. Trachyt	X	X	X	X	X	X	X	X	X	X		X	X	X	X	X	X			X					X	X	X		X	
	9. Diabas	X	X	X	X	X	X	X										X		X	X	X	X			X	X	X		X	
	10. Basaltlava	X	X	X	X	X	X		X				X	X	X	X			X		X										
Ablagerungsgesteine	11. Kalkbrekzie	X	X	X	X				X		X	X	X	X	X	X	X			X	X			X	X	X	X		X	X	
	12. Nagelfluh-Konglomerat	X	X	X	X	X			X		X	X	X	X	X	X	X		X		X			X	X	X	X				
	13. Sandstein-quarzitisch	X	X	X	X	X			X	X	X	X	X	X	X	X	X	X			X					X					
	14. Sandstein	X	X	X	X				X	X	X	X	X	X	X	X	X	X			X					X					
	15. Grauwacke	X	X	X	X	X	X	X										X			X	X	X			X	X		X	X	
	16. Marmor amorph	X	X	X	X	X	X	X	X	X		X	X	X	X	X	X		X	X	X			X	X	X	X		X	X	
	17. Kalkstein	X	X	X	X	X	X	X	X	X		X	X	X	X	X	X		X	X	X			X	X	X	X		X	X	
	18. Muschelkalk	X	X	X	X	X	X	X	X	X		X	X	X	X	X	X		X	X	X			X	X	X	X		X	X	
	19. Kalktuff, vulkanischer Tuffstein	X	X	X	X				X	X	X	X	X	X	X	X			X	X	X					X					
	20. Travertin	X	X	X	X	X	X	X	X	X		X	X	X	X	X	X		X	X	X			X	X	X	X		X	X	
	21. Onyxmarmor																		X	X	X			X	X	X	X		X	X	
	22. Solnhofer-Plattenkalk	X	X	X	X				X	X		X	X	X	X	X	X		X		X			X	X	X	X		X	X	
	23. Juramarmor	X	X	X	X	X	X	X	X	X		X	X	X	X	X	X		X	X	X			X	X	X	X		X	X	
	24. Dolomit	X	X	X	X	X	X	X	X	X		X	X	X	X	X	X		X	X	X			X	X	X	X		X	X	
Umwandlungsgesteine	25. Kristalliner Marmor	X	X	X	X	X	X	X	X	X		X	X	X	X	X	X		X	X	X			X	X	X	X		X	X	
	26. Serpentinit	X	X	X	X	X	X	X	X	X		X	X	X	X	X	X		X	X	X			X	X	X	X		X	X	
	27. Kristalliner Schiefer	X																		X	X										
	28. Gneis	X	X	X	X	X	X	X										X		X	X	X	X	X		X	X	X		X	X
	29. Glimmerschiefer	X																		X	X										
	30. Phyllit	X																		X	X										
	31. Quarzit	X																		X	X										
	32. Schiefer	X																	X		X			X	X	X	X		X	X	

X gibt die im Regelfall übliche Oberflächenbearbeitung der betreffenden Gesteinsart an.
Andere Ausführungsarten der Oberflächenbearbeitung werden dadurch nicht ausgeschlossen.

Die Benennungen und damit die Kenntnis der Natursteinoberflächen sind heute nur einem sehr kleinen Kreis von Fachleuten noch geläufig. Daher werden im folgenden an Sandsteinmustern [21] die gebräuchlichsten Oberflächenstrukturen in Fotos gezeigt. Die Abbildungen entsprechen 1/3 der natürlichen Größe. Die zur Erzielung dieser Oberflächen verwendeten Werkzeuge bzw. Maschinen werden ebenfalls vorgestellt.

Foto 50 Sandstein bossiert

Foto 51 zeigt die zum »Bossieren« verwendeten Werkzeuge. Handfäustel, Scharriereisen und Setzer, wobei der Setzer (rechts) sich vom Scharriereisen durch seine »stumpfe Schneide« unterscheidet.

Foto 52 Sandstein grob gespitzt

Foto 53 Sandstein fein gespitzt

Foto 50 (Werkzeug → Foto 51)

Foto 52 (Werkzeug → Foto 54)

Foto 51 Handfäustel, Scharriereisen und Setzer

Foto 53 (Werkzeug → Foto 54)

Foto 54 bringt den Handfäustel und verschiedene Spitzeisen, mit denen die Oberflächen von Foto 52 + 53 gearbeitet sind.

Foto 55 Sandstein fein gestockt

Foto 56 zeigt einen Stockhammer mit auswechselbaren Einsätzen, um grob, mittel oder fein zu stocken.

Foto 57 Sandstein gebeilt

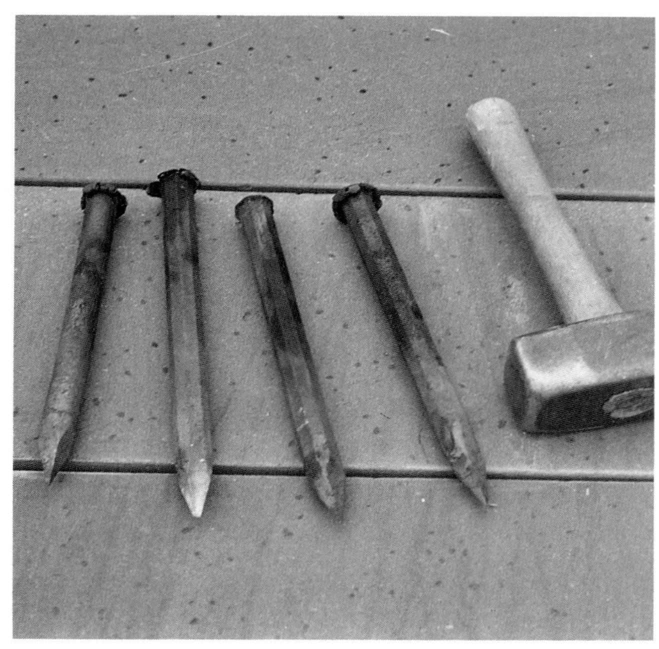

Foto 54 Handfäustel und Spitzeisen

Foto 56 Stockhammer

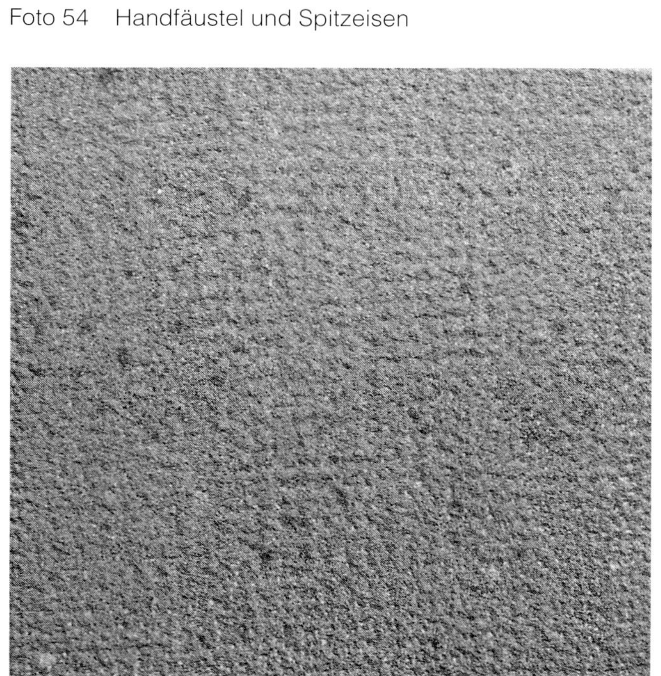

Foto 55 (Werkzeug → Foto 56)

Foto 57 (Werkzeug → Foto 58)

Foto 58 Dieses doppelschneidige Beil heißt Glattfläche (Schneidkanten aus Widia). Die Steinoberfläche wird zuerst abgespitzt (Werkzeug → Foto 54) und dann mit der Glattfläche gebeilt.

Foto 59 Sandstein gekrönelt bzw. gezahnt

Foto 60 Das gezahnte doppelschneidige Beil nennt man Zahnfläche, auch hier sind die Zähne aus Widia. Die »Weichheit« des Steins ist für das Oberflächenbild ausschlaggebend.

Foto 61 Sandstein geflächt

Foto 58 Glattfläche

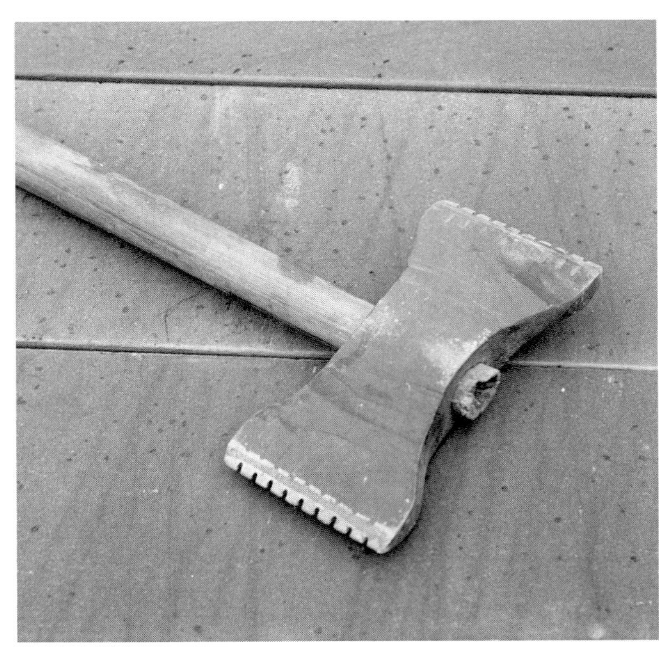

Foto 60 Zahnfläche

Foto 59 (Werkzeug → Foto 60)

Foto 61 (Werkzeug → Foto 58)

Foto 62 Sandstein scharriert

Foto 63 Klöpfel aus Hartgummi bzw. Holz und verschieden breite Scharriereisen

Foto 64 Sandstein geschliffen

Foto 65 Für die Handschleifmaschine gibt es grobe und feine Schleifscheiben, um die gewünschte Oberfläche zu erzielen.

Foto 62 (Werkzeug → Foto 63)

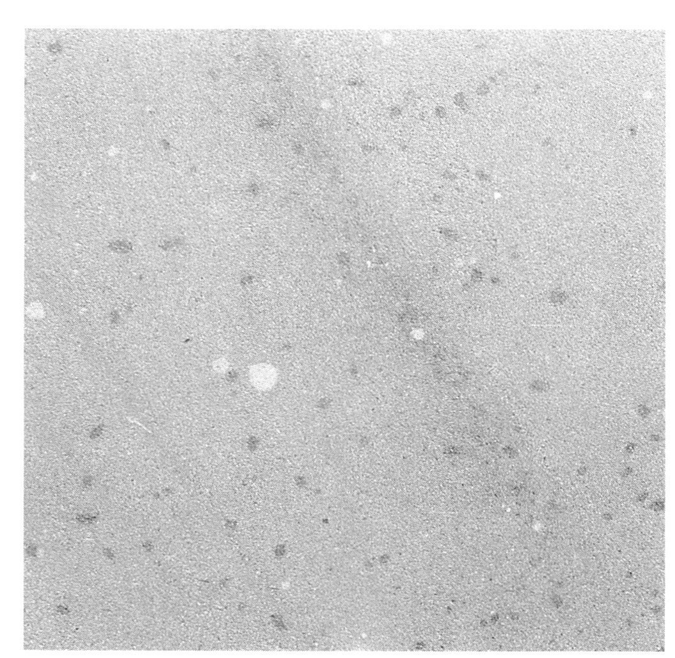

Foto 64 (Werkzeug → Foto 65)

Foto 63 Klöpfel und Scharriereisen

Foto 65 Handschleifmaschine

Foto 66 Sandstein sägerauh-stahlsandgeschnitten

Foto 67 In einem Sägegatter mit ungezahnten Stahlblättern wird durch Zugabe von Wasser und Stahlsand (Foto 68) die sägerauhe Oberflächenstruktur erzeugt.

Foto 68 Stahlsand zur Zugabe im Sägegatter

Foto 66 (Werkzeug → Foto 67 + 68)

Foto 68 Stahlsand

Foto 67 Sägegatter

12.2.2 Trockenmauerwerk (siehe Bild 14)

Bruchsteine sind ohne Verwendung von Mörtel unter geringer Bearbeitung in richtigem Verband so aneinanderzufügen, daß möglichst enge Fugen und kleine Hohlräume verbleiben. Die Hohlräume zwischen den Steinen müssen durch kleinere Steine so ausgefüllt werden, daß durch Einkeilen Spannung zwischen den Mauersteinen entsteht.

Trockenmauerwerk darf nur für Schwergewichtsmauern (→ Abb. 449 + 450) (Stützmauern) verwendet werden. Als Berechnungsgewicht dieses Mauerwerkes ist die Hälfte der Rohdichte des verwendeten Steines anzunehmen.

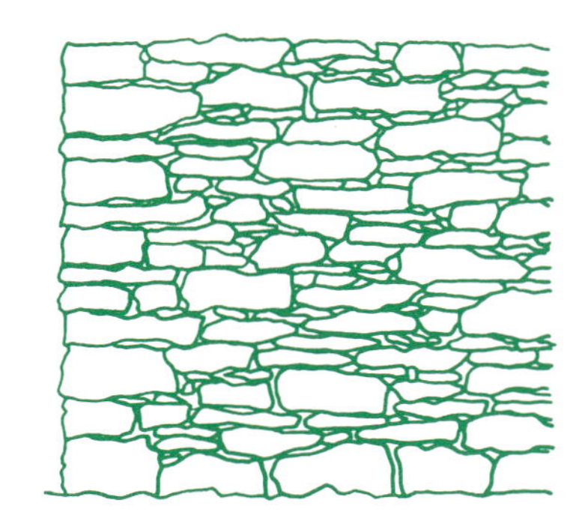

Bild 14: Trockenmauerwerk

Eine Trockenmauer ist für ein »Baugefüge« (→ Seite 13) nicht geeignet. Als »Schwergewichtsmauer« hat sie nur ihre eigene Standfestigkeit zu gewährleisten.

Als Stützmauer, wie auf Abb. 449 + 450 gezeigt, muß sie den Erddruck aufnehmen. Für nicht zu hohe Mauern sind dort einige Verhältnismaße [10] angegeben, zweckmäßig ist aber eine Berechnung.

Damit die Mauer standfester wird, läßt man sie gegen das abzustützende Erdreich anlaufen.

Die größten und einigermaßen rechteckigen Steine werden für die Ecken und für den Sockel genommen. Fälschlicherweise wird oft an Stelle des Mörtels fugenfüllendes Erdreich eingebaut, das bei Wasserandrang herausgeschwemmt werden kann! Der »trocken« versetzte Mauerkörper muß aber so in sich verkeilt und verspannt sein, daß er formbeständig bleibt. Bei Stützmauern wird nur die Sichtseite fluchtrecht ausgeführt, man bezeichnet sie daher als »einhäuptig«.

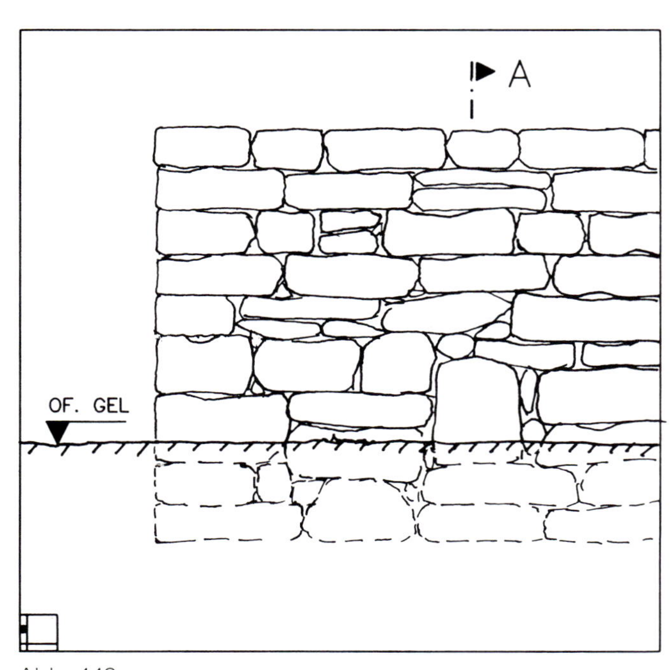

Abb. 449

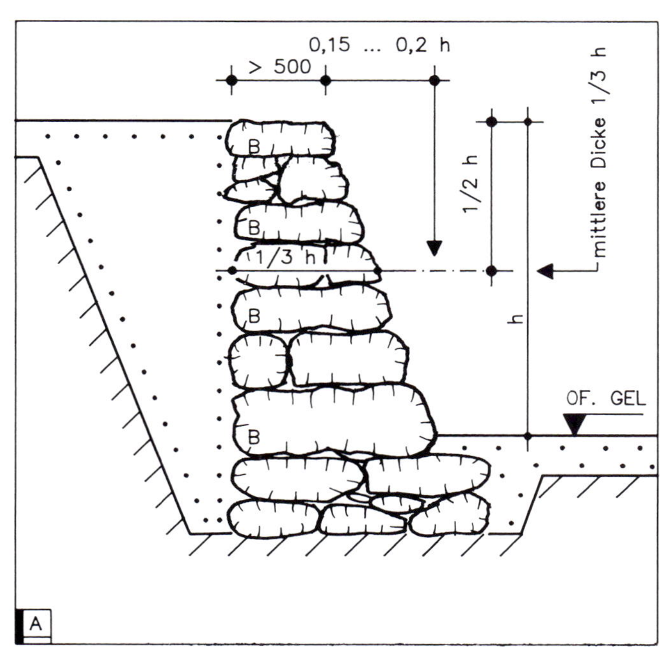

Abb. 450

12.2.3 Zyklopenmauerwerk und Bruchsteinmauerwerk
(siehe Bilder 15 und 16)

Wenig bearbeitete Bruchsteine sind im ganzen Mauerwerk im Verband und in Mörtel zu verlegen.

Das Bruchsteinmauerwerk ist in seiner ganzen Dicke und in Abständen von höchstens 1,50 m rechtwinklig zur Kraftrichtung auszugleichen (→ Abb. 452 + 453).

Für den Hochbau hat die Bruchsteinwand kaum noch Bedeutung. Zu finden ist sie u. U. als untergeordnete Kellerwand. Als freistehende Einfriedungsmauer und als Stützmauer in Gärten und Weinbergen wird sie noch gern genommen, da sie einen großen ästhetischen Reiz hat. Einige maßliche Angaben sind

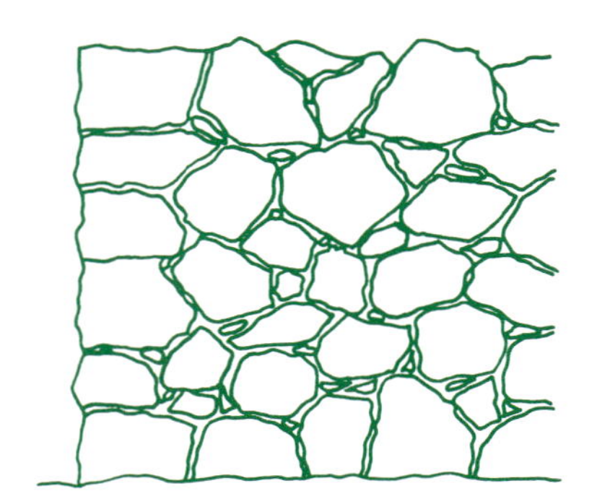

Bild 15: Zyklopenmauerwerk

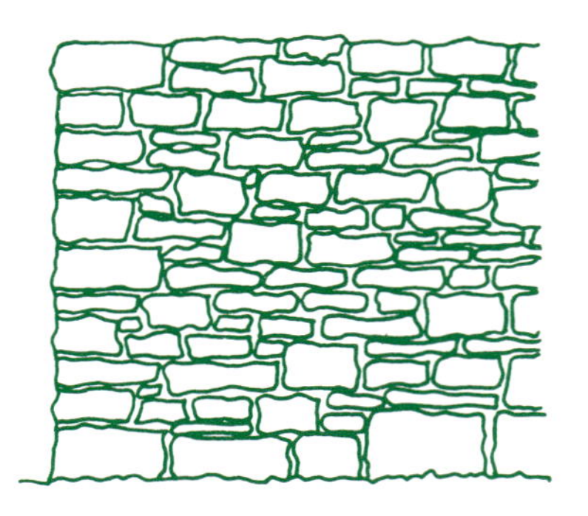

Bild 16: Bruchsteinmauerwerk

Die Struktur des Zyklopenmauerwerks (→ Abb. 451) spricht gegen jedes statische Gefühl. Es neigt stark zum Schieben und weist trotz der harten Steine (meist unregelmäßig geformte Hartsteine) keine nennenswerte Druckfestigkeit auf [10]. Auf Abb. 451 ist durch Kraftpfeile die Gefahr des Auseinandersprengens dieses Verbandes gezeigt, wenn keilförmige Steine Last übertragen.

auf Abb. 453 zusammengestellt. Für Ecken- und Sockelschichten werden die großen Steine genommen. Mörtel unter der Erdgleiche aus hydraulischen Kalken; über der Erde je nach Steinmaterial MG II oder MG IIa. Beim Einbau einer Feuchtigkeitssperrschicht ist ca. 15 cm über Erdgleiche eine waagerechte Abgleichung vorzusehen, um die Sperrschicht (SPS) zusammenhängend einbauen zu können.

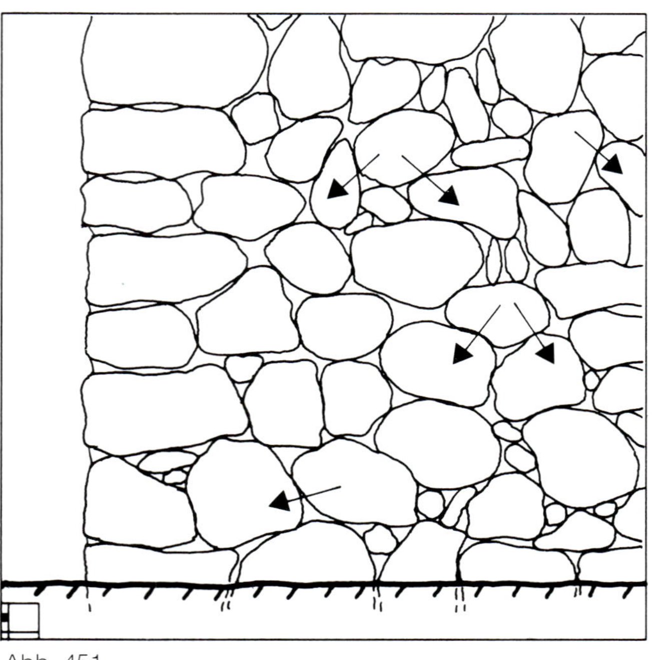

Abb. 451

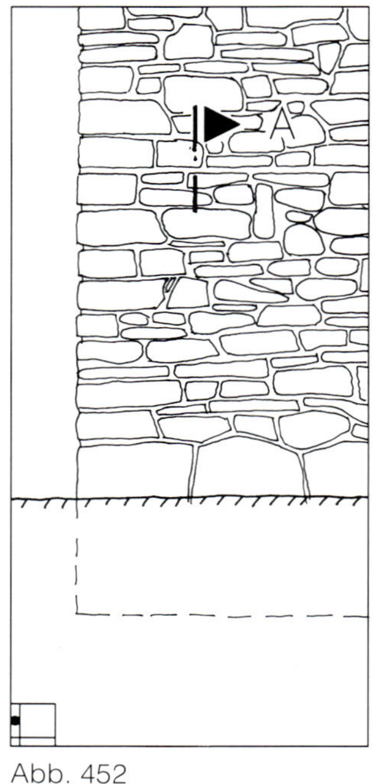

Abb. 452

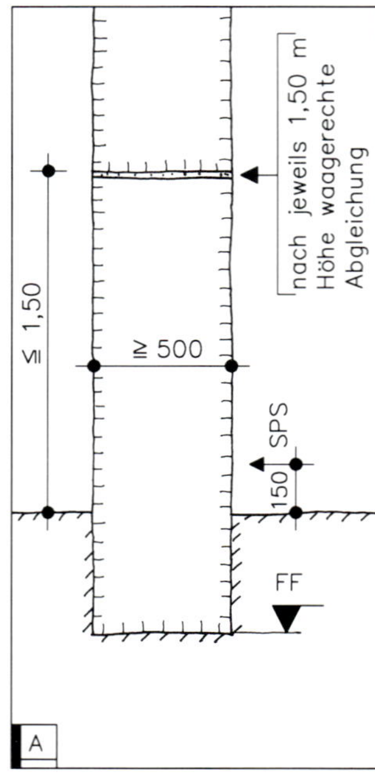

Abb. 453

12.2.4 Hammerrechtes Schichtenmauerwerk
(siehe Bild 17)

Die Steine der Sichtfläche erhalten auf mindestens 120 mm Tiefe bearbeitete Lager- und Stoßfugen, die ungefähr rechtwinklig zueinander stehen (→ Abb. 454).

Die Schichtdicke darf innerhalb einer Schicht und in den verschiedenen Schichten wechseln, jedoch ist das Mauerwerk in seiner ganzen Dicke in Abständen von höchstens 1,50 m rechtwinklig zur Kraftrichtung auszugleichen (→ Abb. 455).

Bild 17: Hammerrechtes Schichtenmauerwerk

Die schon in den Anmerkungen zum Bruchsteinmauerwerk ausgeführten Überlegungen für Mörtel und eventuell waagerechten Sperrschichten (SPS) gegen aufsteigendes Kapillarwasser gelten hier sinngemäß (→ Abb. 455).

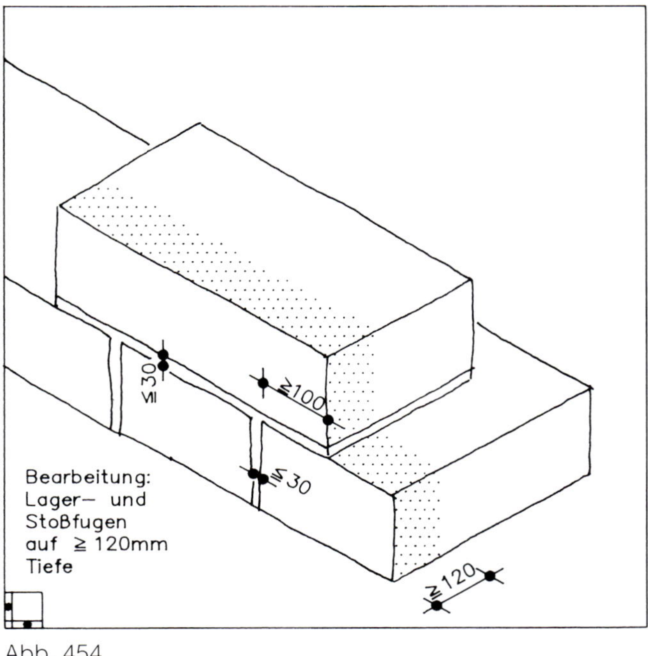

Abb. 454

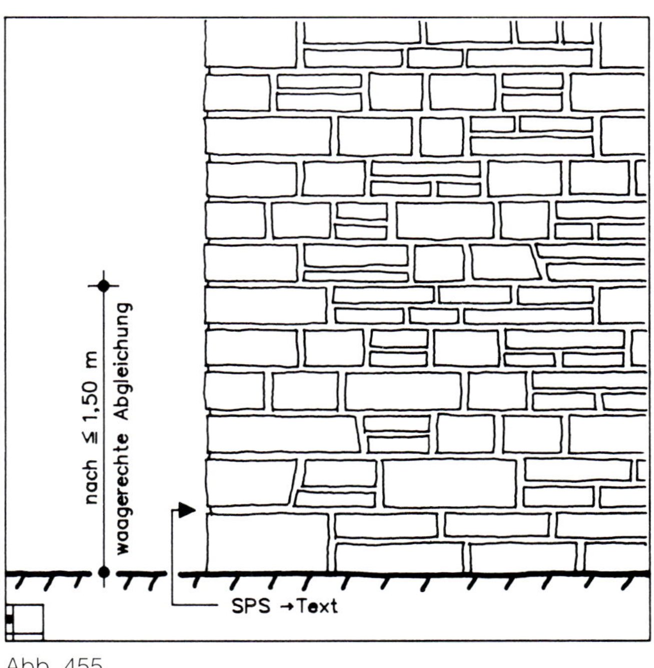

Abb. 455

12.2.5 Unregelmäßiges Schichtenmauerwerk
(siehe Bild 18)

Die Steine der Sichtfläche erhalten auf mindestens 150 mm Tiefe bearbeitete Lager- und Stoßfugen, die zueinander und zur Oberfläche rechtwinklig stehen (→ Abb. 456).

Die Fugen der Sichtfläche dürfen nicht dicker als 30 mm sein. Die Schichthöhe darf innerhalb einer Schicht und in den verschiedenen Schichten in mäßigen Grenzen wechseln, jedoch ist das Mauerwerk in seiner ganzen Dicke in Abständen von höchstens 1,50 m rechtwinklig zur Kraftrichtung auszugleichen.

Bild 18: Unregelmäßiges Schichtenmauerwerk

12.2.6 Regelmäßiges Schichtenmauerwerk
(siehe Bild 19)

Es gelten die Festlegungen nach Abschnitt 12.2.5. Darüber hinaus darf innerhalb einer Schicht die Höhe der Steine nicht wechseln; jede Schicht ist rechtwinklig zur Kraftrichtung auszugleichen. Bei Gewölben, Kuppeln und dergleichen müssen die Lagerfugen über die ganze Gewölbedicke hindurchgehen. Die Schichtsteine sind daher auf ihrer ganzen Tiefe in den Lagerfugen zu bearbeiten, während bei den Stoßfugen eine Bearbeitung auf 150 mm Tiefe genügt (→ Abb. 457).

Bild 19: Regelmäßiges Schichtenmauerwerk

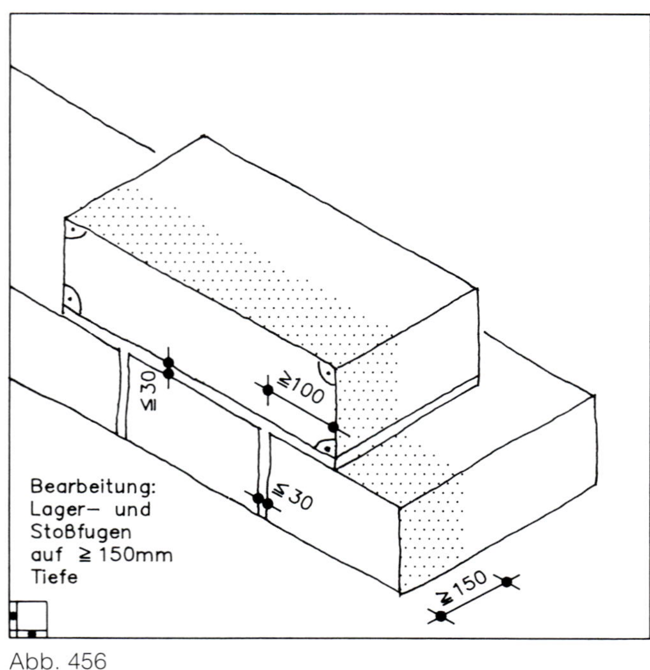

Abb. 456

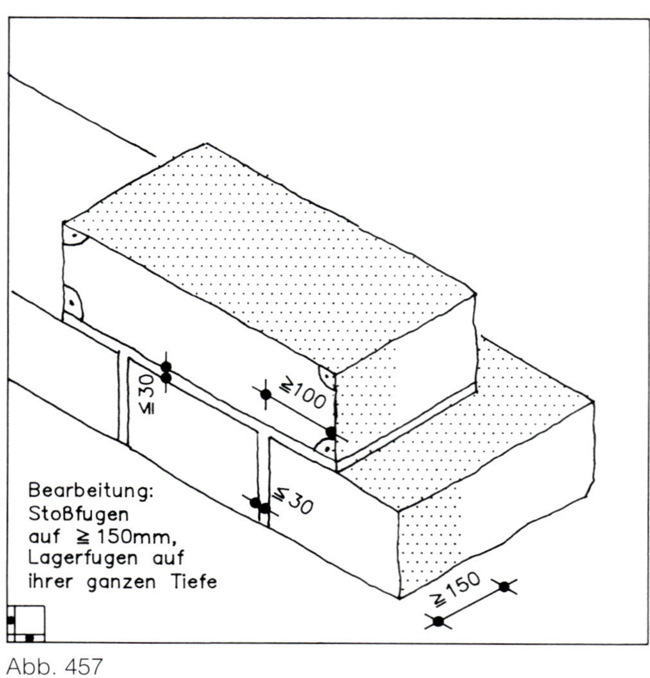

Abb. 457

12.2.7 Quadermauerwerk (siehe Bild 20)

Die Steine sind nach den angegebenen Maßen zu bearbeiten. Lager- und Stoßfugen müssen in ganzer Tiefe bearbeitet sein (→ Abb. 458).

Die Leitsätze für den Verband des Quadermauerwerks sind grundsätzlich die gleichen wie für Mauerwerk aus künstlichen Steinen [4]. Man kann entweder Quader von solcher Dicke haben, daß die Wand im Läuferverband errichtet wird, oder es werden Binder und Läufer angeordnet (→ Abb. 459 + 460). Hierbei lassen sich auch, wie beim Ziegelmauerwerk, verschiedene Verbandmuster herstellen. Die Fugendicke kann von 4...30 mm betragen. Engere Fugen als 4 mm lassen sich nur schwer vermörteln. Das unmittelbare Versetzen von Stein auf Stein ohne Mörtelfuge ist nur mit geschliffenen Fugenflächen der Quader möglich, wird aber heute kaum noch ausgeführt.

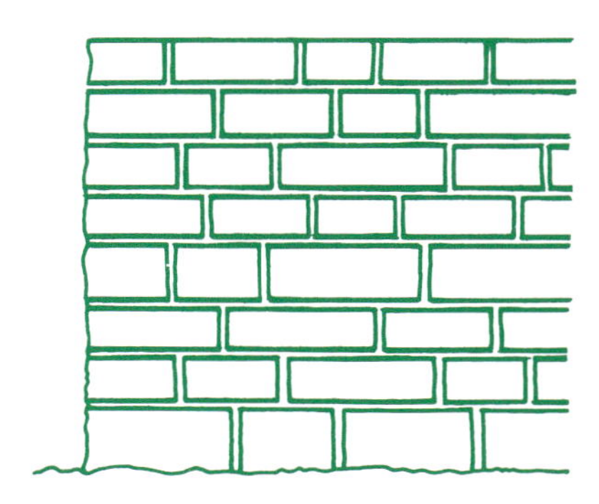

Bild 20: Quadermauerwerk

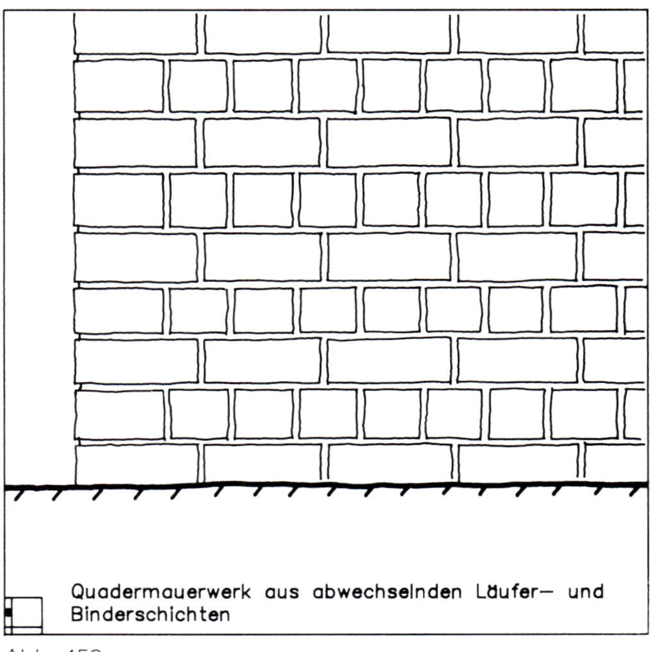

Abb. 459

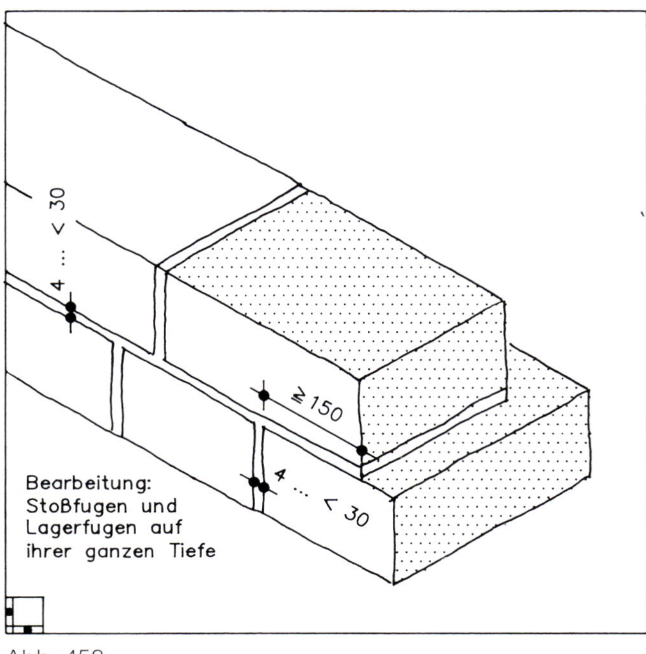

Abb. 458

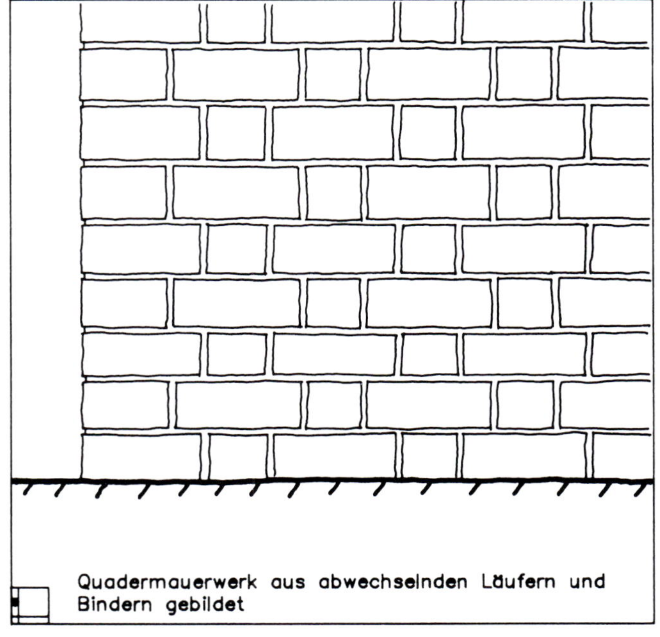

Abb. 460

12.2.8 Verblendmauerwerk (Mischmauerwerk)
(→ Abb. 461)

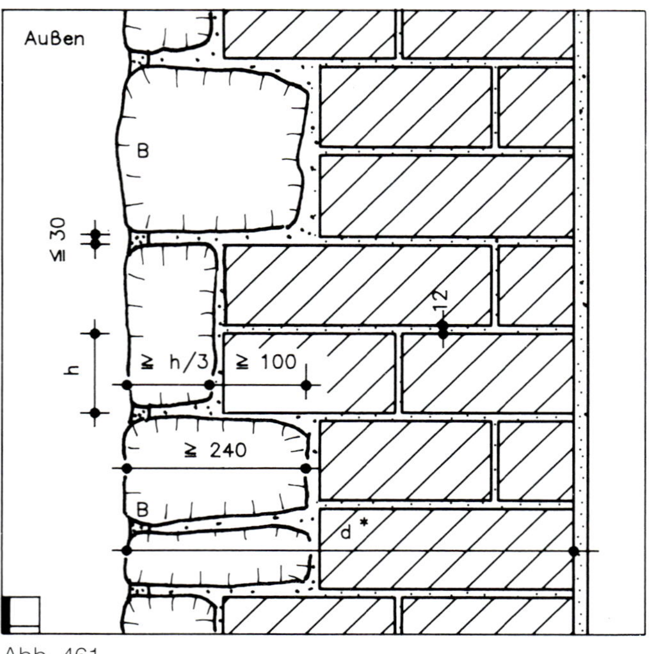

Abb. 461

Verblendmauerwerk darf unter den folgenden Bedingungen zum tragenden Querschnitt gerechnet werden:

a) Das Verblendmauerwerk muß gleichzeitig mit der Hintermauerung im Verband gemauert werden.

b) Es muß mit der Hintermauerung durch mindestens 30 % Bindersteine verzahnt werden.

c) Die Bindersteine müssen mindestens 240 mm dick (tief) sein und mindestens 100 mm in die Hintermauerung eingreifen.

d) Die Dicke von Platten muß gleich oder größer als 1/3 ihrer Höhe und mindestens 115 mm sein (→ Abb. 436).

e) Bei Hintermauerungen aus künstlichen Steinen (Mischmauerwerk) darf außerdem jede dritte Natursteinschicht nur aus Bindern bestehen.

Abb. 461 bringt den Vertikalschnitt durch ein Mischmauerwerk, wobei das Verblendmauerwerk als »Regelmäßiges Schichtenmauerwerk« nach 12.2.6 ausgeführt ist.

Die Verblendung trägt mit, daher besteht sie aus mindestens 30 % Bindersteinen, die mit der Hintermauerung verzahnt sind. Die Hintermauerung bei bewohnten Räumen beträgt mindestens 240 mm.

Die Dicke der Gesamtwand (d*) richtet sich nach der Statik, doch werden solche Mischmauerwerke aus herstellungstechnischen Gründen eine Dicke von ca. 50 cm kaum unterschreiten.

Besteht der hintere Wandteil aus Beton (→ Abb. 462), so gelten die vorstehenden Bedingungen sinngemäß.

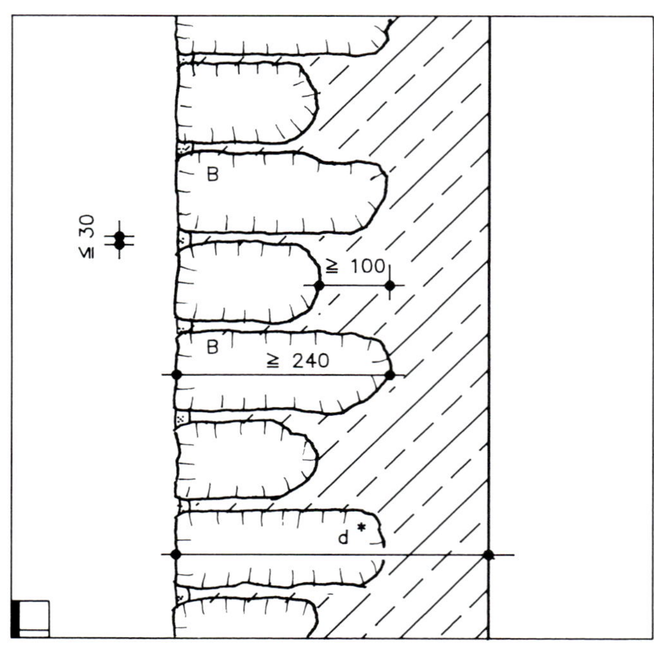

Abb. 462

Beim Aufmauern der Verblendschale wird lagenweise der Beton eingebracht und verdichtet, so daß keine Hohlstellen unter den Bindersteinen entstehen können.

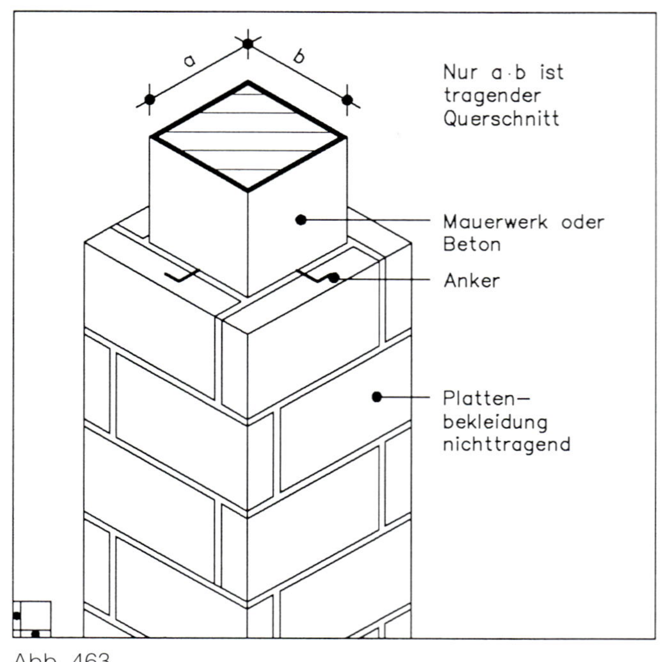

Abb. 463

Bei Pfeilern dürfen Plattenverkleidungen nicht zum tragenden Querschnitt gerechnet werden (→ Abb. 463).

Für die Ermittlung der zulässigen Beanspruchung des Bauteils ist das Material (Mauerwerk, Beton) mit der niedrigsten zulässigen Beanspruchung maßgebend.

Verblendmauerwerk, das nicht die Bedingungen der Aufzählungen a) bis e) erfüllt, darf nicht zum tragenden Querschnitt gerechnet werden. Geschichtete Steine dürfen dann auch gegen ihr Lager vermauert werden, wenn sie parallel zur Schichtung eine Mindestdruckfestigkeit von 20 MN/m² besitzen. Nichttragendes Verblendmauerwerk ist nach Abschnitt 8.4.3.1, Aufzählung e), zu verankern (→ Abb. 464) und nach Aufzählung d) desselben Abschnittes abzufangen.

Nichttragendes Verblendmauerwerk aus Natursteinen ist auf Abb. 464 im Prinzip gezeigt. Der Wandaufbau ist zweischalig, hierbei unterscheidet man Konstruktionen

- mit Luftschicht (→ Abb. 464)
- mit Luftschicht und Wärmedämmung
- mit Kerndämmung.

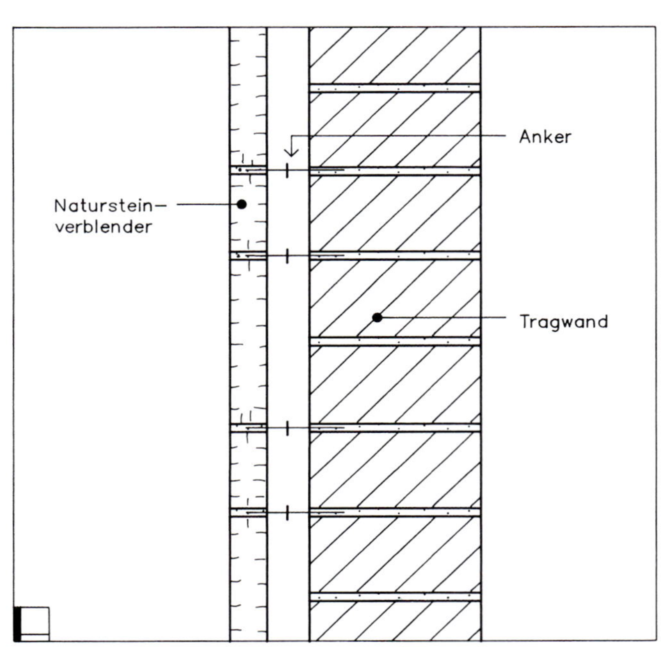

Abb. 464

12.3 Zulässige Beanspruchung

12.3.1 Allgemeines

Die Druckfestigkeit von Gestein, das für tragende Bauteile verwendet wird, muß mindestens 20 MN/m² betragen. Abweichend davon ist Mauerwerk der Güteklasse N4 aus Gestein mit der Mindestdruckfestigkeit von 5 N/mm² zulässig, wenn die Grundwerte σ_0 nach Tabelle 14 für die Steinfestigkeit β_{St} = 20 N/mm² nur zu einem Drittel angesetzt werden. Bei einer Steinfestigkeit von 10 N/mm² sind die Grundwerte σ_0 zu halbieren.

Erfahrungswerte für die Mindestdruckfestigkeiten einiger Gesteinsarten sind in Tabelle 12 angegeben.

Als Mörtel darf nur Normalmörtel verwendet werden.

Tabelle 12: Mindestdruckfestigkeit der Gesteinsarten

Gruppe	Gesteinsarten	Mindestdruckfestigkeit N/mm²
A	Kalkstein, Travertin, vulkanische Tuffsteine	20
B	Weiche Sandsteine (mit tonigem Bindemittel) und dergleichen	30
C	Dichte (feste) Kalksteine und Dolomite (einschließlich Marmor), Basaltlava und dergleichen	50
D	Quarzitische Sandsteine (mit kieseligem Bindemittel), Grauwacke und dergleichen	80
E	Granit, Syenit, Diorit, Quarzporphyr, Melaphyr, Diabas und dergleichen	120

»Gesunde« natürliche Steine können ohne Druckfestigkeitsprüfung verwendet werden, wenn sie eindeutig den in Tabelle 12 aufgeführten Gesteinsarten zugeordnet werden können. Müssen Druckfestigkeitsprüfungen vorgenommen werden, so ist der kleinste Einzelwert für die Einordnung in Tabelle 12 maßgebend [18].

Die Gesteinsarten der Gruppe A und B bezeichnet man allgemein als »Weichgesteine«, dagegen jene der Gruppen C, D und E als »Hartgesteine«.

Da in Tabelle 12 die Gesteinsarten in ihren zugeordneten Gruppen nur allgemein angesprochen sind, werden sie im folgenden näher beschrieben [13].

Natursteine

sind im Gegensatz zu »Kunststeinen« (Betonwerkstein) alle natürlich gewachsenen Gesteine, d. h. in der Natur vorkommendes Felsgestein (Festgestein). Sie sind Gemenge aus Mineralien, deren Zusammenhalt durch direkte Verwachsung oder durch eine Grundmasse bzw. ein Bindemittel (Zementation) gewährleistet wird. Nach ihrer Entstehung lassen sie sich grob einteilen in: Erstarrungsgesteine, Schichtgesteine, metamorphe (umgewandelte) Gesteine. Um als Bausteine verlegt und versetzt werden zu können, müssen Natursteine maschinell und handwerklich bearbeitet werden. Die Baupraxis bezeichnet sie daher als *Naturwerksteine*.

Gruppierung der Gesteinsarten nach Mindestdruckfestigkeiten (DIN 1053-1, Tabelle 12)

[* Druckfestigkeit des trockenen Gesteins (DIN 52105)]

GRUPPE A (20 N/mm²)

Kalksteine

Farbe: viele Farbtöne und Farbvariationen

In ihrem Gefüge sehr verschiedenartig ausgebildete Schichtsteine, die im wesentlichen aus Kalziumkarbonat bestehen. Sie lassen sich nach zwei Festigkeitsgruppen einteilen in:
- poröse Kalksteine (→ unten: Travertine, Kalktuffe) und
- dichte Kalksteine (→ Gruppe C).

Handelsüblich werden alle polierbaren Kalksteine unter »Marmor« erfaßt.

Travertine, Kalktuffe (20 ... 60 N/mm²)*

Farbe: weiß-gelb, hellgelb, bräunlich, goldbräunlich, rötlich

Sammelbegriff für poröse Kalksteine. Hierzu gehören die eigentlichen Travertine, die zwar porös, aber infolge fortschreitender Kalziumkarbonatzufuhr und Umkristallisation sehr dicht und damit polierfähig sind, sowie die hochporösen oder weichen Kalktuffe. Beide entstanden durch Ausfällungen kalkhaltiger Wässer.
Heimische Vorkommen: Baden-Württemberg (Cannstatt/Schwäbischer Jura)

Vulkanische Tuffe (2 ... 30 N/mm²)*

Farbe: gelblich, rötlich

Im Gegensatz zu den Kalktuffen (→ oben) stammen die vulkanischen Tuffe aus ausgeworfenen vulkanischen Lockerstoffen, die nachträglich verfestigt wurden. Sie besitzen ein schlackiges Gefüge und gliedern sich auf in Basalttuffe, Porphyrtuffe, Trachyttuffe, Leuzittuffe u. a.
Heimische Vorkommen: Rheinland, Schwaben

Konglomerate (23 ... 43 N/mm²)*

Farbe: verschiedenfarbig

Diese Gesteine entstanden durch Verkittung mehr oder minder großer abgeschliffener und gerundeter Gesteinstrümmer. Am festesten und wetterbeständigsten sind Konglomerate mit kieseligem Bindemittel. Nagelfluh ist ein karbonatisches Konglomerat, das am Alpenrand abgebaut wird.
Heimische Vorkommen: Polling, Brannenburg/Obb.

GRUPPE B (30 N/mm²)

Sandsteine (30 ... 180 N/mm²)
(Quarzitische Sandsteine → Gruppe D)

Farbe: weißgrau, grau, dunkelgrau, graublau, graugrün, graugelb, gelblich, gelbbraun, hellrot, rot bis violett, dunkelrot, rotbraun

Geschichtete, fein-, mittel- und grobkörnige Sande, die überwiegend aus Quarzkörnern bestehen und durch ein zementierendes Bindemittel verfestigt sind. Vom Bindemittel, das tonig, mergelig, kalkig, dolomitisch, kieselig, eisenschlüssig sein kann, sind Festigkeit, Wasseraufnahmefähigkeit, Abnützbarkeit und Wetterbeständigkeit abhängig. Nach Vorkommen werden unterschieden: Buntsandstein, Burgsandstein, Oberkirchner Sandstein, Mainsandstein, Ruhrsandstein, Schilfsandstein, Stubensandstein u. a.
Heimische Vorkommen: Allgäu, Baden-Württemberg, Bayern (Ober- und Untermain), Harz, Hessen, Rheinland-Pfalz, Ruhrgebiet, Nordrhein-Westfalen

GRUPPE C (50 N/mm²)

Dichte, feste Kalksteine (80 ... 180 N/mm²)

Farbe: wechselnde Mischfarben von weiß über alle Farbkombinationen bis schwarz

Die Naturwerksteinindustrie bezeichnet alle polierbaren, dichten und körnigen Kalkgesteine und Dolomitgesteine in amorpher Form als »Marmore«. Diese Handelsmarmore bestehen chemisch hauptsächlich aus kohlensaurem Kalzium ($CaCO_3$) oder aus kohlensaurem Kalzium-Magnesium ($CaCO_3$ + $MgCO_3$). Sie können von Serpentin (→ Gruppe D) oder Glimmerlagen durchsetzt sein. Neben Kalziumkarbonat findet man Beimengungen von Metalloxiden, Farberden usw. Häufig vorkommende schmale und breite Adern entstammen ursprünglichen tektonischen Rissen, die im Laufe der Zeit durch Kalkspat wieder aufgefüllt wurden und verwachsen sind.

Einige Unterarten und Vorkommen:

Juramarmore (80 ... 180 N/mm^2)*

Farbe: weißlich, gelb, gelbbräunlich, graublau

Ein dichter feinkörniger polierbarer Kalkstein (handelsüblich »Marmor«) mit vielen Versteinerungen und teils lebhafter Musterung durch Einsprengungen von Metalloxiden.
Jura-Travertin ist eine leicht poröse Varietät, hat aber mit dem gesteinskundlichen definierten Travertin (→ Gruppe A) nichts zu tun.
Heimische Vorkommen: Bayern (Jura, Altmühltal)

Muschelkalke (80 ... 180 N/mm^2)*

Farbe: graubraun bis dunkelgraubraun, blaugrau

Der Name verrät die Entstehung aus versteinerten Schalentierresten. Es handelt sich um einen dichten, polierbaren Kalkstein (handelsüblich »Marmor«), bei dem die Hohlräume zwischen den Schalenresten durch teilweise chemisch ausgefällte Kalkablagerungen, teils durch feinen Kalkschlamm ausgefüllt wurden, wodurch ein kompaktes Gestein entstand. Manche Sorten haben durch die unvollkommene Ausfüllung der Hohlräume stark zerriebener Schalenreste eine leichte poröse Struktur (Kernstein). Es liegt aber dennoch eine dichte Schalenverzahnung vor.
Heimische Vorkommen: Bayern (Unterfranken/Raum Würzburg), Baden-Württemberg (Crailsheim)

Onyxmarmore (80 ... 180 N/mm^2)*

Farbe: gelb mit braun, weißlichgelb, grün mit braun, farbenprächtig und stets stark durchscheinend

Onyx entstand durch Ausscheidung grobkristallinen Kalkspats aus Becken, in die sich kalkhaltige Wässer ergossen. Wenige Fundstellen. Gewinnung nur in verhältnismäßig kleinen Blöcken.

Solnhofer Plattenkalke (80 ... 180 N/mm^2)*

Farbe: gelblich getönt, seltener hell- oder dunkelblau gefärbt

Schichtenweise Ablagerung und Verfestigung von Kalkschlamm aus Küstenzonen und Senken des Jurameeres. Feinkörniger dichter Kalkstein. Plattendicke bis 30 cm.
Heimische Vorkommen: Bayern (Jura/Altmühltal)

Dolomite (80 ... 180 N/mm^2)*

Farbe: Elfenbein, hellgrau, graugelb, graugrün

Durch magnesiumhaltige Lösungen nachträglich umgewandelte polierfähige Kalksteine. Sie bestehen aus einem Mineralgemenge von Dolomit und Kalzit ($CaCO_3$ + $MgCO_3$).
Heimische Vorkommen: Bayern (Ober- und Mittelfranken)

Marmore (80 ... 180 N/mm^2)*

Farbe: weiß bis grau, weißbräunlich, weißrosa

In der Tiefe umgewandelte polierbare Kalksteine mit feinst- bis grobkörniger kristalliner Struktur (sog. »echter Marmor«). Durch verschiedene Beimischungen wie z. B. Eisen, Glimmer, Quarzit, Graphit u.a. ergeben sich vielfältige Farbspiele und Zeichnungen. Bei den im Marmor häufig vorkommenden schmalen und breiten Adern verschiedener Färbung handelt es sich um Risse, die durch gebirgsbildende Kräfte im Stein entstanden, aber im Laufe der Zeit durch Kalkspat wieder ausgefüllt wurden und verwachsen sind.
Vorkommen: Die im deutschen Bauwesen verwendeten kristallinen Marmore kommen hauptsächlich aus Italien, Griechenland, Türkei, Bulgarien, Rumänien, Schweiz, Jugoslawien, Spanien, Portugal, Österreich, Polen.

Basaltlava (80 ... 150 N/mm^2)*

Farbe: dunkelgrau, grauschwarz, rötlich

Basaltische Ergußmassen, die sich teilweise entgasen konnten und mehr oder minder große, jedoch gleichmäßig verteilte Poren bilden. Je nach Porenvolumen wird Hartbasaltlava (etwa 11 % Poren) und Weichbasaltlava (20 ... 25 % Poren) unterschieden. Dementsprechend variieren die Druckfestigkeiten des trockenen Gesteins zwischen 80 ... 150 N/mm^2.
Heimische Vorkommen: Rheinland (Eifel)

Brekzien (90 ... 180 N/mm^2)*

Farbe: viele Farbspiele und Farbkontraste

Entstehung des festen, polierfähigen Materials durch Verkittung von kantigen Gesteinsbruchstücken aus Magmasteinen, Kalken, Sandsteinen oder verfestigten vulkanischen Ascheablagerungen. Das Bindemittel kann tonig, eisenschüssig, kalkig oder kieselig sein.
Vorkommen: keine abbauwürdigen Vorkommen in Deutschland, aber in den Tälern der Alpenländer

GRUPPE D **(80 N/mm^2)**

Quarzitische Sandsteine (→ auch Gruppe B, Sandsteine) (120 ... 200 N/mm^2)*

Farbe: weißlich bis graugrün

Geschichtete, fein-, mittel- und grobkörnige Sande, die überwiegend aus Quarzkörnern bestehen und in ein festes, meist kieseliges Bindemittel eingebettet sind.
Einheimische Vorkommen: Nürnberger Quarzit, Eberbach/Neckar

Grauwacken (150 ... 300 N/mm²)*

Farbe: graublau, graugrün, graubraun

Diese teils konglomeratisch-groben, teils aber auch feineren Sandsteine des Erdaltertums nehmen eine Mittelstellung zwischen Brekzien (→ Gruppe D), Konglomeraten (→ Gruppe A) und Sandsteinen (→ Sandsteine; Gruppe B, und oben: Quarzitische Sandsteine) ein. Es besteht ein hoher kieseliger Anteil am kalkig-tonigen Bindemittel.
Heimische Vorkommen: Rheinland (Rheinisches Schiefergebirge), Harz

Quarzite (50 ... 300 N/mm²)*

Farbe: hellgrau, grünlich, braunrötlich

Umgewandelte Sandsteine älterer geologischer Formationen, quarzgebunden, mit fein- bis mittelkörnigem, dichtem Gefüge. Lagen hellen Glimmers verleihen ihnen ein schiefrig glänzendes Aussehen.
Heimische Vorkommen: Bayern, Hessen, Westfalen

Serpentinite (140 ... 250 N/mm²)*

Farbe: hell- bis dunkelgrün, grünrötlich

Durch Umwandlung olivinreicher plutonischer Gesteine entstandenes polierbares Gestein mit lebhafter, von Kalkspat durchzogener Struktur. Wegen ihrer geringen Mineralhärte werden sie von der Naturwerkstein-Industrie als Weichgestein geführt und unter »Marmor« (→ Gruppe C; Dichte Kalksteine) erfaßt.
Vorkommen: Alpenländer, Bayern (Fichtelgebirge)

GRUPPE E (120 N/mm²)

Granite (160 ...240 N/mm²)*

Farbe: hell- bis dunkelgrau, weißblaugrau, blaugelblich, gelblich, rötlich

Durch Erstarrung gebildetes, polierbares, fein- bis grobkörniges Tiefengestein, bestehend aus Kalifeldspat, Quarz und Glimmer. Der hellere Farbton wird im wesentlichen durch die ersten beiden bestimmt, da der Anteil des Dunkelglimmers (Biotit) nur etwa 20 % beträgt.
Heimische Vorkommen: Bayern (Fichtelgebirge, Oberpfälzer- und Bayerischer Wald), Hessen (Odenwald), Baden-Württemberg (Schwarzwald)

Syenite (160 ... 240 N/mm²)*

Durch das Fehlen des Quarzes unterscheidet sich der normale Syenit, das körnige Tiefengestein, vom Granit. Es ist durch seine beiden Hauptbestandteile, den roten Kalifeldspat und die grünlich bis schwarze Hornblende meist dunkler als letzterer.
Vorkommen: Vogesen, Dresden, Nordwest-Italien

Diorite (170 ... 300 N/mm²)*

Farbe: dunkelgrau bis tiefschwarz

Der meist kieselsäurearme Diorit enthält weißlich-glasklaren Kalknatron-Feldspat und dunkle Hornblende. Die Struktur kann mittel- bis feinkörnig sein.
Heimische Vorkommen: Bayern (Bayerischer Wald), Hessen (Odenwald)

Gabbro (170 ... 300 N/mm²)*

Farbe: dunkel- bis olivgrün, grünlichblau, bräunlich-grau, weißgrau

Das polierfähige, bereits basische Tiefen- und Erstarrungsgestein besteht aus kalkreichem Kalknatron-Feldspat und zum Teil dunklem Augit; Quarz und Glimmer sind nicht vorhanden.
Heimische Vorkommen fehlen; Einfuhren erfolgen aus Skandinavien, Südafrika, Brasilien.

Quarzporphyre (180 ... 300 N/mm²)*

Farbe: rötlich bis gelblichbraun, gelegentlich auch grünlich gesprenkelt

Ein Alt-Ergußgestein porphyrischen Gefüges, mineralisch und chemisch dem Granit ähnlich. In der dichten oder feinkörnigen Grundmasse befinden sich Einsprenglinge aus reichlich Quarz, sowie Kali- und Kalknatron-Feldspat, Glimmer (Biotit) u. a., Quarzporphyr ist infolge seiner Porosität nicht immer schleif- und polierbar.
Vorkommen: bei Chemnitz, Halle, Leipzig; Italien; Schweden; Schweiz

Melaphyre (250 ... 400 N/mm²)*

Farbe: grünschwarz bis schwarz

Es handelt sich um Alt-Ergußsteine porphyrischer Struktur, die hauptsächlich aus Augit und Feldspat bestehen und Einsprenglinge aus Olivin (Olivindiabas) besitzen können.
Heimische Vorkommen: Harz, Saar-Nahe-Gebiet

Diabase (180 ... 250 N/mm²)*

Sie sind den älteren gabbroiden Ergußmassen zugeordnet, sind kieselsäurearm und haben eine meist klein- bis mittelkörnige dichte Struktur. Diabase lassen sich polieren.
Heimische Vorkommen: Hessen (Dillkreis, Rothaargebirge)

Gneise (160 ... 280 N/mm²)*

Farbe: hell- bis dunkelgrau, hellgrün, rötlich

Bei Gneisen handelt es sich um umgewandelte (metamorphe) Gesteine verschiedener Entstehungsweise. Orthogneis entstand direkt aus granitischem Material, während Paragneis sekundär aus der Umbildung alter Schichtgesteine hervorgegangen ist. Das Gestein besitzt ein schiefriges und schichtiges Gefüge und ist polierbar.
Heimische Vorkommen: Hessen (Odenwald)

Das Natursteinmauerwerk ist nach seiner Ausführung (insbesondere Steinform, Verband und Fugenausbildung) in die Güteklasse N1 bis N4 einzustufen. Tabelle 13 und Bild 21 geben einen Anhalt für die Einstufung. Die darin aufgeführten Anhaltswerte Fugenhöhe/Steinlänge, Neigung der Lagerfuge und Übertragungsfaktor sind als Mittelwerte anzusehen. Der Übertragungsfaktor ist das Verhältnis von Überlappungsfläche der Steine zum Wandquerschnitt im Grundriß. Die Grundeinstufung nach Tabelle 13 beruht auf üblichen Ausführungen.

Tabelle 13: Anhaltswerte zur Güteklasseneinstufung von Natursteinmauerwerk

Güteklasse	Grundeinstufung	Fugenhöhe/ Steinlänge h/l	Neigung der Lagerfuge $\tan\alpha$	Übertragungsfaktor η
N1	Bruchsteinmauerwerk	≤ 0,25	≤ 0,30	≥ 0,5
N2	Hammerrechtes Schichtenmauerwerk	≤ 0,20	≤ 0,15	≥ 0,65
N3	Schichtenmauerwerk	≤ 0,13	≤ 0,10	≥ 0,75
N4	Quadermauerwerk	≤ 0,07	≤ 0,05	≥ 0,85

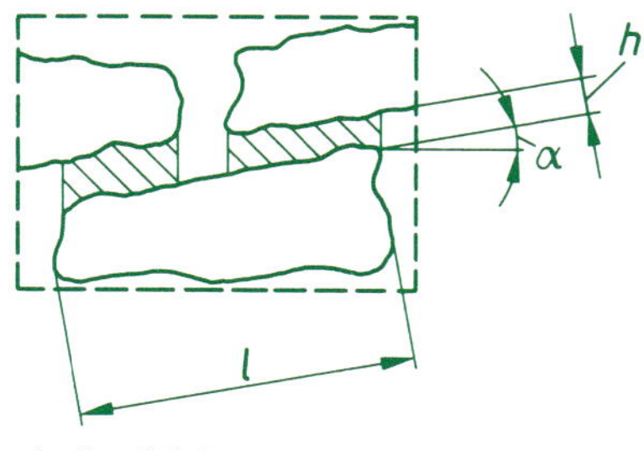

a) Ansicht

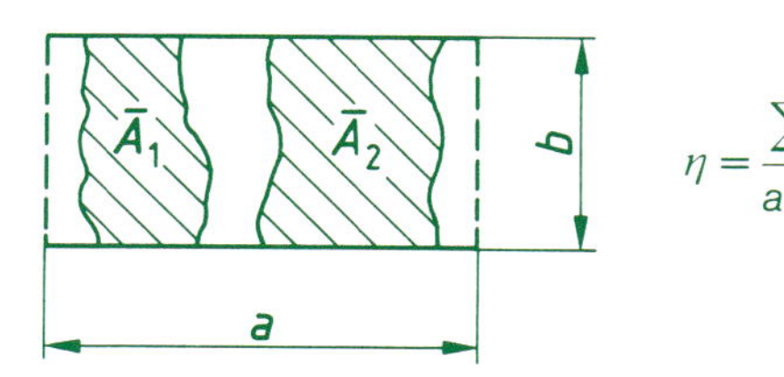

$$\eta = \frac{\sum \bar{A}_i}{a \cdot b}$$

b) Grundriß des Wandquerschnittes

Bild 21: Darstellung der Anhaltswerte nach Tabelle 13

Die Mindestdicke von tragendem Natursteinmauerwerk beträgt 240 mm, der Mindestquerschnitt 0,1 m² (→ Abb. 465).

Der Wandquerschnitt kann selbstverständlich auch aus einem ungeteilten Stein bestehen.

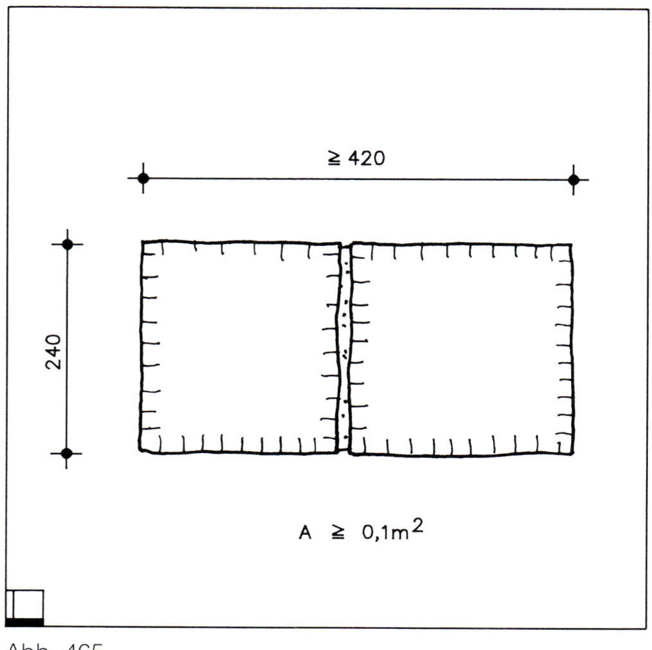

Abb. 465

12.3.2 Spannungsnachweis bei zentrischer und exzentrischer Druckbeanspruchung

Die Grundwerte σ_0 der zulässigen Spannungen von Natursteinmauerwerk ergeben sich in Abhängigkeit von der Güteklasse, der Steinfestigkeit und der Mörtelgruppen nach Tabelle 14.

In Tabelle 14 bedeutet β_{St} die charakteristische Druckfestigkeit der Natursteine (5% Quantil bei 90% Aussagewahrscheinlichkeit), geprüft nach DIN 52105.

5% Quantil (oder auch Fraktil) ist diejenige Menge einer gegebenen Grundgesamtheit von Steinen, für die eine bestimmte Eigenschaft, z.B. die Druckfestigkeit, nicht zutrifft; d.f.: in 95% aller Fälle wird in Tabelle 14 die geforderte Eigenschaft erreicht.

Wände der Schlankheit $h_K/d > 10$ sind nur in den Güteklassen N3 und N4 zulässig. Schlankheiten $h_K/d > 14$ sind nur bei mittiger Belastung zulässig, Schlankheiten $h_K/d > 20$ sind unzulässig.

Bei Schlankheiten $h_K/d \leq 10$ sind als zulässige Spannungen die Grundwerte σ_0 nach Tabelle 14 anzusetzen. Bei Schlankheiten $h_K/d > 10$ sind die Grundwerte σ_0 nach Tabelle 14 mit dem Faktor

$$\frac{25 - h_K/d}{15}$$

abzumindern.

12.3.3 Zug- und Biegezugspannungen

Zugspannungen sind im Regelfall in Natursteinmauerwerk der Güteklassen N1, N2 und N3 unzulässig.

Bei Güteklasse N4 gilt Abschnitt 6.9.4 sinngemäß mit max $\sigma_z = 0{,}20$ MN/m².

12.3.4 Schubspannungen

Für den Nachweis der Schubspannungen gilt 6.9.5 mit dem Höchstwert max $\tau = 0{,}3$ MN/m².

Tabelle 14: Grundwerte σ_0 der zulässigen Druckspannungen für Natursteinmauerwerk mit Normalmörtel

Güteklasse	Steinfestigkeit β_{St} MN/m²	Grundwerte σ_0 [1]) Mörtelgruppe			
		I MN/m²	II MN/m²	IIa MN/m²	III MN/m²
N1	≥ 20	0,2	0,5	0,8	1,2
	≥ 50	0,3	0,6	0,9	1,4
N2	≥ 20	0,4	0,9	1,4	1,8
	≥ 50	0,6	1,1	1,6	2,0
N3	≥ 20	0,5	1,5	2,0	2,5
	≥ 50	0,7	2,0	2,5	3,5
	≥ 100	1,0	2,5	3,0	4,0
N4	≥ 20	1,2	2,0	2,5	3,0
	≥ 50	2,0	3,5	4,0	5,0
	≥ 100	3,0	4,5	5,5	7,0

[1]) Bei Fugendicken über 40 mm sind die Grundwerte σ_0 um 20 % zu vermindern.

Anhang A

Mauermörtel

A.1 Mörtelarten

Mauermörtel ist ein Gemisch von Sand, Bindemittel und Wasser, gegebenenfalls auch Zusatzstoffen und Zusatzmitteln.

Es werden unterschieden:

a) Normalmörtel (NM),
b) Leichtmörtel (LM) und
c) Dünnbettmörtel (DM).

Normalmörtel sind baustellengefertigte Mörtel und Werkmörtel mit Zuschlagarten nach DIN 4226-1 mit einer Trockenrohdichte von mindestens 1,5 kg/dm³. Diese Eigenschaft ist für Mörtel nach Tabelle A.1 gegeben; für Mörtel nach Eignungsprüfung ist sie nachzuweisen.

Leichtmörtel [1]) sind Werk-Trocken- oder Werk-Frischmörtel mit einer Trockenrohdichte < 1,5 kg/dm³ mit Zuschlagarten nach DIN 4226-1 und DIN 4226-2 sowie Leichtzuschlag, dessen Brauchbarkeit nach den bauaufsichtlichen Vorschriften nachgewiesen ist (siehe Abschnitt 1, Anmerkung).

Dünnbettmörtel sind Werk-Trockenmörtel aus Zuschlagarten nach DIN 4226-1 mit einem Größtkorn von 1,0 mm, Zement nach DIN 1164-1 sowie Zusätzen (Zusatzmitteln, Zusatzstoffen). Die organischen Bestandteile dürfen einen Masseanteil von 2 % nicht überschreiten.

Normalmörtel werden in die Mörtelgruppen I, II, IIa, III und IIIa eingeteilt; Leichtmörtel in die Gruppen LM 21 und LM 36; Dünnbettmörtel wird der Gruppe III zugeordnet.

A.2 Bestandteile und Anforderungen

A.2.1 Sand

Sand muß aus Zuschlagarten nach DIN 4226-1, Abschnitt 4 und/oder DIN 4226-2 oder aus Zuschlag (Zuschlag nach DIN 4226-1 ist ein Gemenge (Haufwerk) von ungebrochenen und/oder gebrochenen Körnern aus natürlichen und/oder künstlichen mineralischen Stoffen. Er besteht aus etwa gleich oder verschieden großen Körnern mit dichtem Gefüge.), dessen Brauchbarkeit nach den bauaufsichtlichen Vorschriften nachgewiesen ist (siehe Abschnitt 1, Anmerkung), bestehen. Er soll gemischtkörnig sein und darf keine Bestandteile enthalten, die zu Schäden am Mörtel oder Mauerwerk führen.

Solche Bestandteile können z. B. sein: Größere Mengen Abschlämmbares, sofern dieses aus Ton oder Stoffen organischen Ursprungs besteht (z. B. pflanzliche, humusartige oder Kohlen-, insbesondere Braunkohlenanteile).

Als abschlämmbare Bestandteile werden Kornanteile unter 0,063 mm bezeichnet (siehe DIN 4226-1). Die Prüfung erfolgt nach DIN 4226-3. Ist der Masseanteil an abschlämmbaren Bestandteilen größer als 8 %, so muß die Brauchbarkeit des Zuschlages bei der Herstellung von Mörtel durch eine Eignungsprüfung nach Abschnitt A.5 nachgewiesen werden. Eine Eignungsprüfung ist auch erforderlich, wenn bei der Prüfung mit Natronlauge nach DIN 4226-3 eine tiefgelbe, bräunliche oder rötliche Verfärbung festgestellt wird.

Der Leichtzuschlag (Leichtzuschlag nach DIN 4226-2 ist ein Gemenge (Haufwerk) von ungebrochenen und/oder gebrochenen Körnern aus natürlichen und/oder künstlichen mineralischen Stoffen. Er besteht aus etwa gleich oder verschieden großen Körnern mit **porigem** Gefüge.) muß die Anforderungen an den Glühverlust, die Raumbeständigkeit und an die Schüttdichte nach DIN 4226-2 erfüllen, jedoch darf bei Leichtzuschlag mit einer Schüttdichte < 0,3 kg/dm³ die geprüfte Schüttdichte von dem aufgrund der Eignungsprüfung festgelegten Sollwert um nicht mehr als 20 % abweichen.

A.2.2 Bindemittel

Es dürfen nur Bindemittel nach DIN 1060-1, DIN 1164-1 sowie DIN 4211 verwendet werden.

Das sind:

DIN 1060-1	Baukalk
DIN 1164-1	Portland-, Eisenportland-, Hochofen- und Traßzement
DIN 4211	Putz- und Mauerbinder

A.2.3 Zusatzstoffe

Zusatzstoffe sind fein aufgeteilte Zusätze, die die Mörteleigenschaften beeinflussen und im Gegensatz zu den Zusatzmitteln in größerer Menge zugegeben werden. Sie dürfen das Erhärten des Bindemittels, die Festigkeit und die Beständigkeit des Mörtels sowie den Korrosionsschutz der Bewehrung im Mörtel bzw. von stählernen Verankerungskonstruktionen nicht unzulässig beeinträchtigen.

Als Zusatzstoffe dürfen nur Baukalke nach DIN 1060-1, Gesteinsmehle nach DIN 4226-1, Traß nach DIN 51043 und Betonzusatzstoffe mit Prüfzeichen sowie geeignete Pigmente (z. B. nach DIN 53237) verwendet werden.

Zusatzstoffe dürfen nicht auf den Bindemittelgehalt angerechnet werden, wenn die Mörtelzusammensetzung nach Tabelle A.1 festgelegt wird; für diese Mörtel darf der Volumenanteil höchstens 15 % vom Sandgehalt betragen. Eine Eignungsprüfung ist in diesem Fall nicht erforderlich.

Zusatzstoffe sind:

- Baukalke nach DIN 1060-1
- Sand mit dichtem Gefüge nach DIN 4226-1
- Traß (feingemahlener Tuffstein) nach DIN 51043

[1]) DIN 4108-4 ist zu beachten.

A.2.4 Zusatzmittel

Zusatzmittel sind Zusätze, die die Mörteleigenschaften durch chemische oder physikalische Wirkung ändern und in geringer Menge zugegeben werden, wie z.B. Luftporenbildner, Verflüssiger, Dichtungsmittel, Erstarrungsbeschleuniger und Verzögerer, sowie solche, die den Haftverbund zwischen Mörtel und Stein günstig beeinflussen. Luftporenbildner dürfen nur in der Menge zugeführt werden, daß bei Normalmörtel und Leichtmörtel die Trockenrohdichte um höchstens 0,3 kg/dm^3 vermindert wird.

Zusatzmittel dürfen nicht zu Schäden am Mörtel oder am Mauerwerk führen. Sie dürfen auch die Korrosion der Bewehrung oder der stählernen Verankerungen nicht fördern. Diese Anforderung gilt für Betonzusatzmittel mit allgemeiner bauaufsichtlicher Zulassung als erfüllt.

Für andere Zusatzmittel ist die Unschädlichkeit nach den Zulassungsrichtlinien[2]) für Betonzusatzmittel durch Prüfung des Halogengehaltes und durch die elektrochemische Prüfung nachzuweisen.

Da Zusatzmittel einige Eigenschaften positiv und unter Umständen gleichzeitig andere aber auch negativ beeinflussen können, ist vor Verwendung eines Zusatzmittels stets eine Mörtel-Eignungsprüfung nach Abschnitt A.5 durchzuführen.

Geeignete Zusatzmittel können bei Mauerwerk und Putz zur Güte und Verarbeitbarkeit des Mörtels erheblich beitragen. Wesen und eingeführte Abkürzungen der Zusatzmittel [5; 6] sind nachstehend kurz beschrieben:

Luftporenbildner (LP)

Luftporenbildende Zusatzmittel sollen zur Erzielung eines hohen Frost- bzw. Frost-Tausalz-Widerstandes ausreichende Mengen kleiner kugeliger Luftporen gleichmäßig verteilt in den Mörtel bzw. Beton einführen.

Verflüssiger (BV = Betonverflüssiger)

Betonverflüssiger sollen den für eine bestimmte Konsistenz oder Verarbeitbarkeit erforderlichen Wassergehalt des Gemisches verringern oder die Verarbeitbarkeit des Frischmörtels bzw. Frischbetons verbessern.

[2]) Richtlinien für die Erteilung von Zulassungen für Betonzusatzmittel (Zulassungsrichtlinien), Fassung Juni 1993, abgedruckt in den Mitteilungen des Deutschen Instituts für Bautechnik, 1993, Heft. 5.

Dichtungsmittel (DM)

Zusatzmittel, die die kapillare Saugfähigkeit des Mörtels und Betons vermindern oder aufheben, werden als Dichtungsmittel bezeichnet. Ihre wasserabweisende Wirkung wird durch hydrophobierende Stoffe, wie Metallseifen und Silikonpräparate, erzielt und beruht auf einer Erhöhung der Oberflächenspannung an den Mündungen der Mörtelporen. Dichtungsmittel sind sowohl in flüssiger Form wie auch als pulverförmiger Zusatz im Handel. Ihre Hauptanwendungsgebiete liegen bei der Herstellung von wasserabweisenden Putzen und wasserdichtem Beton. Die Verwendung von Dichtungsmitteln für Mörtel bei Sicht- und Verblendmauerwerk ist umstritten. Bei Fehlstellen in der Fugenvermörtelung kann trotz Dichtungsmittelzusatz Feuchtigkeit in das Mauerwerk eintreten. Dem Mörtel ist jedoch dann durch den Dichtungszusatz die kapillare Rückführungsmöglichkeit der Feuchtigkeit genommen.

Erstarrungsbeschleuniger (BE)

Erstarrungsbeschleuniger sollen das Erstarren deutlich beschleunigen, gegebenenfalls auch bei niederen Temperaturen. Sie enthalten vorwiegend Carbonate, Aluminate oder organische Stoffe. Bevorzugt verwendet man sie auch zu Ausbesserungsarbeiten.

Erstarrungsverzögerer (VZ)

Erstarrungsverzögerer bestehen im allgemeinen aus mehreren anorganischen oder organischen Stoffkomponenten, die das Erstarren des Zements verzögern und damit eine längere Verarbeitung des Mörtels ermöglichen. Anwendung bevorzugt bei hohen Temperaturen und Arbeitsunterbrechungen. Die meisten Verzögerer wirken gleichzeitig verflüssigend.

Alle Mörtelzusatzmittel sind genau nach den Angaben der Herstellerfirma zu verarbeiten. Sofern keine gültige bauaufsichtliche Zulassung vorliegt, müssen Eignungsprüfungen vorgenommen werden.

Haftverbund-Mörtelzusatz

Durch Anwendung eines geeigneten Mörtelzusatzes läßt sich der Verbund zwischen Mörtel und Mauerstein erheblich verbessern, wodurch die Gefahr nachträglicher Absetzungen und damit Undichtigkeiten, vor allem an Wetterseiten, wirksam gemindert werden kann. Ebenso kann die Schub- und Biegefestigkeit erhöht werden.

Diese Zusätze sind wässerige Kunststoffdispersionen mit milchigem Aussehen auf Basis meist von verseifungsfesten Polyvinylverbindungen oder Epoxidharzen. In entsprechender Verdünnung mit Wasser wird es dem Mörtel an Stelle des Anmachwassers beigegeben. Die Kunststoffe sind nach Aushärtung hervorragende Kleber.

Mörtel-Eignungsprüfungen über die Brauchbarkeit von Zusatzmittel-Kombinationen nach Abschnitt A.5 sind durch eine anerkannte Materialprüfstelle durchzuführen.

A.3 Mörtelzusammensetzung und Anforderungen

A.3.1 Normalmörtel (NM)

Die Zusammensetzung der Mörtelgruppen für Normalmörtel ergibt sich ohne besonderen Nachweis aus Tabelle A.1. Mörtel der Gruppe IIIa soll wie Mörtel der Gruppe III nach Tabelle A.1 zusammengesetzt sein. Die größere Festigkeit soll vorzugsweise durch Auswahl geeigneter Sande erreicht werden.

Für Mörtel der Gruppen II, IIa und III, die in ihrer Zusammensetzung nicht Tabelle A.1 entsprechen, sowie stets für Mörtel der Gruppe IIIa sind Eignungsprüfungen nach A.5.2 durchzuführen; dabei müssen die Anforderungen nach Tabelle A.2 erfüllt werden.

Die Mörtelzusammensetzungen nach Tabelle A.1 sind vornehmlich auf die Festigkeit der genannten Mörtelgruppen abgestimmt [7]. Ebenso wichtig sind aber die Wasserdichtigkeit und Dampfdurchlässigkeit. Mit Rücksicht auf den notwendigen haftschlüssigen Mörtelverbund und außerdem auch wegen der wünschenswerten Elastizität des Fugensystems sollten für die Errichtung von schlagregenbeanspruchtem unverputzt bleibendem Mauerwerk nachstehend aufgeführte Mörtelmischungen bevorzugt werden:

Kalkzementmörtel / Gruppe II

1 RT Portlandzement
2 RT Kalkhydrat
8 RT Sand 0 ... 4 mm ∅

Traßkalkmörtel / Gruppe II

1 RT hochhydraulischer Traßkalk LP (fabrikfertig)
2,5 RT Sand 0 ... 4 mm ∅

Traßkalkmörtel müssen sorgfältig nachbehandelt werden (lange Erhärtungszeit: Frostgefährdung).

Kalkzementmörtel / Gruppe IIa

1 RT Portlandzement
1 RT Kalkhydrat
6 RT Sand 0 ... 4 mm ∅

Traßkalk-Zementmörtel / Gruppe IIa

1 RT Portlandzement
2 RT hochhydraulischer Traßkalk LP
8 RT Sand 0 ... 4 mm ∅

Tabelle A.1: Mörtelzusammensetzung, Mischungsverhältnisse für Normalmörtel in Raumteilen (RT)

Landläufig übliche Mörtelbezeichnung		1	2	3	4	5	6	7
		Mörtelgruppe MG	Luftkalk		Hydraulischer Kalk (HL2)	Hydraulischer Kalk (HL5), Putz- und Mauerbinder (MC5)	Zement	Sand [1]) aus natürlichem Gestein
			Kalkteig	Kalkhydrat				
Kalkmörtel	1	I	1	–	–	–	–	4
	2		–	1	–	–	–	3
	3		–	–	1	–	–	3
	4		–	–	–	1	–	4,5
Kalkzementmörtel oder verlängerter Zementmörtel	5	II	1,5	–	–	–	1	8
	6		–	2	–	–	1	8
	7		–	–	2	–	1	8
	8		–	–	–	1	–	3
	9	IIa	–	1	–	–	1	6
	10		–	–	–	2	1	8
Zementmörtel	11	III	–	–	–	–	1	4
	12	IIIa [2])	–	–	–	–	1	4

[1]) Die Werte des Sandanteils beziehen sich auf den lagerfeuchten Zustand.
[2]) Siehe auch A.3.1.

Tabelle A.2: Anforderungen an Normalmörtel

1	2	3	4
Mörtelgruppe MG	Mindestdruckfestigkeit[1]) im Alter von 28 Tagen Mittelwert		Mindesthaftscherfestigkeit im Alter von 28 Tagen[4]) Mittelwert
	bei Eignungsprüfung[2]), [3]) N/mm²	bei Güteprüfung N/mm²	bei Eignungsprüfung N/mm²
I	–	–	–
II	3,5	2,5	0,10
II a	7	5	0,20
III	14	10	0,25
III a	25	20	0,30

[1]) Mittelwert der Druckfestigkeit von sechs Proben (aus drei Prismen). Die Einzelwerte dürfen nicht mehr als 10 % vom arithmetischen Mittel abweichen.

[2]) Zusätzlich ist die Druckfestigkeit des Mörtels in der Fuge zu prüfen. Diese Prüfung wird z. Z. nach der »Vorläufigen Richtlinie zur Ergänzung der Eignungsprüfung von Mauermörtel; Druckfestigkeit in der Lagerfuge; Anforderungen, Prüfung« durchgeführt. Die dort festgelegten Anforderungen sind zu erfüllen.

[3]) Richtwert bei Werkmörtel

[4]) Als Referenzstein ist Kalksandstein mit DIN 106 – KS 12 – 2,0 – NF (ohne Lochung bzw. Grifföffnung) mit einer Eigenfeuchte von 3 bis 5 % (Masseanteil), zu verwenden, dessen Eignung für diese Prüfung von der Amtlichen Materialprüfanstalt für das Bauwesen beim Institut für Baustoffkunde und Materialprüfung der Universität Hannover, Nienburger Straße 3, 30617 Hannover, bescheinigt worden ist.
Die maßgebende Haftscherfestigkeit ergibt sich aus dem Prüfwert multipliziert mit dem Prüffaktor 1,2.

A.3.2 Leichtmörtel (LM)

Für Leichtmörtel ist die Zusammensetzung aufgrund einer Eignungsprüfung (siehe Abschnitt A.5.3) festzulegen.

Leichtmörtel müssen die Anforderungen nach Tabelle A.3 erfüllen.

Zusätzlich müssen Zuschlagarten nach DIN 4226-1 und DIN 4226-2 sowie Zuschlag, dessen Brauchbarkeit nach den bauaufsichtlichen Vorschriften nachgewiesen ist (siehe Abschnitt 1, Anmerkung), den Anforderungen nach Abschnitt A.2.1, letzter Absatz, genügen.

Bei der Bestimmung der Längs- und Querdehnungsmoduln gilt in Zweifelsfällen der Querdehnungsmodul als Referenzgröße.

Leichtmörtel tragen die Kurzbezeichnung LM im Gegensatz zu Normalmörtel (NM, siehe Tabelle A.1). Es sind Dämm-Mauermörtel, die die Wärmebrücken im Fugenbereich des Mauerkörpers, die bei Verwendung von Normalmörtel entstehen, verhindern sollen. Diese bilden sich im Laufe der Zeit auf den Putzflächen ab. Foto 69 zeigt diese vielerorts zu findende Erscheinung im Zusammenhang mit einer Stahlbetonkonstruktion. Die »dunklen« Linien und Flächen zeigen die schlechter wärmegedämmten Stellen, die Wärmebrücken also.

Dämm-Mauermörtel verhindern durch ihre Zusammensetzung Wärmebrücken weitgehend. Sie werden meist als Werk-Trockenmörtel geliefert.

Die Zahlen »21« und »36« sind Rechenwerte der Wärmeleitfähigkeit in Kurzbezeichnung.

In Tabelle A.3 in Zeile 6 ist die Wärmeleitfähigkeit λ_{10tr} in W/(m·K) für LM 21 mit ≤ 0,18 gefordert; für LM 36 gilt entsprechend ≤ 0,27. Mit einem Aufschlag für die baupraktische Feuchte, also für die Haushaltsfeuchte, die über die Bestimmung der hygroskopischen Feuchtigkeit ermittelt wurde, ergeben sich die Rechenwerte der Wärmeleitfähigkeit mit 0,21 bzw. 0,36 W/(m · K) [42].

Während der Normalmörtel in den bisher üblichen Mörtelgruppen mit unterschiedlichen Druckfestigkeiten definiert ist, wird der Leichtmörtel in den Mörtelgruppen LM 21 und LM 36 nur wärmetechnisch definiert, die Druckfestigkeit für beide Sorten aber entspricht demselben Wert (≥ 5 N/mm²).

Foto 69

Tabelle A.3: Anforderungen an Leichtmörtel

		Anforderungen bei				Prüfung nach
		Eignungsprüfung		Güteprüfung		
		LM 21	LM 36	LM 21	LM 36	
1	Druckfestigkeit im Alter von 28 Tagen, in N/mm²	≥ 7 [2]) [1])	≥ 7 [2]) [1])	≥ 5	≥ 5	DIN 18555-3
2	Querdehnungsmodul E_q im Alter von 28 Tagen, in N/mm²	> 7,5 · 10³	> 15 · 10³	[3])	[3])	DIN 18555-4
3	Längsdehnungsmodul E_l im Alter von 28 Tagen, in N/mm²	> 2 · 10³	> 3 · 10³	–	–	DIN 18555-4
4	Haftscherfestigkeit [4]) im Alter von 28 Tagen, in N/mm²	≥ 0,20	≥ 0,20	–	–	DIN 18555-5
5	Trockenrohdichte [6]) im Alter von 28 Tagen, in kg/dm³	≤ 0,70	≤ 1,0	[5])	[5])	DIN 18555-3
6	Wärmeleitfähigkeit [6]) λ_{10tr} in W/(m · K)	≤ 0,18	≤ 0,27	–	–	DIN 52612-1

[1]) Siehe Fußnote [2]) in Tabelle A.2.
[2]) Richtwert
[3]) Trockenrohdichte als Ersatzprüfung, bestimmt nach DIN 18555-3.
[4]) Siehe Fußnote [4]) in Tabelle A.2.
[5]) Grenzabweichung höchstens ± 10 % von dem bei der Eignungsprüfung ermittelten Wert.
[6]) Bei Einhaltung der Trockenrohdichte nach Zeile 5 gelten die Anforderungen an die Wärmeleitfähigkeit ohne Nachweis als erfüllt. Bei einer Trockenrohdichte größer als 0,7 kg/dm³ für LM 21 sowie größer als 1,0 kg/dm³ für LM 36 oder bei Verwendung von Quarzsandzuschlag sind die Anforderungen nachzuweisen.

* λ_{10tr} (sprich: »Lambda 10 trocken«) ist die Wärmeleitfähigkeit eines Stoffes, die bei ± 10 °C im trockenen Zustand ermittelt wird.

A.3.3 Dünnbettmörtel

Für Dünnbettmörtel ist die Zusammensetzung aufgrund einer Eignungsprüfung (siehe Abschnitt A.5.4) festzulegen. Dünnbettmörtel müssen die Anforderungen nach Tabelle A.4 erfüllen.

A.3.4 Verarbeitbarkeit

Alle Mörtel müssen eine verarbeitungsgerechte Konsistenz aufweisen. Aus diesem Grund dürfen Zusätze zur Verbesserung der Verarbeitbarkeit und des Wasserrückhaltevermögens zugegeben werden (siehe Abschnitt A.2.4). In diesem Fall sind Eignungsprüfungen erforderlich (siehe aber A.2.3).

Der Mörtel muß vor Beginn des Erstarrens verarbeitet sein. Beim Verarbeiten des Mauermörtels ist durch entsprechende Zusammensetzung und Konsistenz sicherzustellen, daß ohne besondere Schwierigkeiten vollfugig gemauert werden kann (S.122).

Dies gilt besonders für Mörtel der Gruppe III. Aus diesem Grunde können bei Verwendung von Mörteln der Gruppe III Zusätze zur Verbesserung der Verarbeitbarkeit und des Wasserrückhaltevermögens zugegeben werden.

Bei ungünstigen Witterungsbedingungen (Nässe, niedrige Temperaturen) ist mindestens ein Mörtel der Gruppe II zu verwenden.

A.4 Herstellung des Mörtels

A.4.1 Baustellenmörtel

Bei der Herstellung des Mörtels auf der Baustelle müssen Maßnahmen für die trockene und witterungsgeschützte Lagerung der Bindemittel, Zusatzstoffe und Zusatzmittel und eine saubere Lagerung des Zuschlages getroffen werden.

Für das Abmessen der Bindemittel und des Zuschlages, gegebenenfalls auch der Zusatzstoffe und der Zusatzmittel, sind Waagen oder Zumeßbehälter (z. B. Behälter oder Mischkästen mit volumetrischer Einteilung, jedoch keine Schaufeln) zu verwenden, die eine gleichmäßige Mörtelzusammensetzung erlauben. Die Stoffe müssen im Mischer so lange gemischt werden, bis ein gleichmäßiges Gemisch entstanden ist. Eine Mischanweisung ist deutlich sichtbar am Mischer anzubringen.

Tabelle A.4: Anforderungen an Dünnbettmörtel

		Anforderungen bei		Prüfung nach
		Eignungsprüfung	Güteprüfung	
1	Druckfestigkeit [1]) im Alter von 28 Tagen, in N/mm²	≥ 14 [4])	≥ 10	DIN 18555-3
2	Druckfestigkeit [1]) im Alter von 28 Tagen bei Feuchtlagerung, in N/mm²	≥ 70 % vom Istwert der Zeile 1		DIN 18555-3, jedoch Feuchtlagerung [2])
3	Haftscherfestigkeit [3]) im Alter von 28 Tagen, in N/mm²	≥ 0,5	–	DIN 18555-5
4	Verarbeitbarkeitszeit, in h	≥ 4	–	DIN 18555-8
5	Korrigierbarkeitszeit, in min	≥ 7	–	DIN 18555-8

[1]) Siehe Fußnote [1]) in Tabelle A.2.
[2]) Bis zum Alter von 7 Tagen im Klima 20/95 nach DIN 18555-3, danach 7 Tage im Normalklima DIN 50014-20/65-2 und 14 Tage unter Wasser bei + 20 °C.
[3]) Siehe Fußnote [4]) in Tabelle A.2.
[4]) Richtwert

A.4.2 Werkmörtel

Werkmörtel sind nach DIN 18557 herzustellen, zu liefern und zu überwachen. Es werden folgende Lieferformen unterschieden:

a) Werk-Trockenmörtel,

Werk-Trockenmörtel ist ein Gemisch der Ausgangsstoffe, das auf der Baustelle durch ausschließliche Zugabe einer vom Hersteller anzugebenden Menge Wasser und durch Mischen verarbeitbar gemacht wird (nach DIN 18557).

b) Werk-Vormörtel und

Werk-Vormörtel (in einigen Gebieten wird hierfür bisher der Begriff Werk-Naßmörtel verwendet) ist ein Gemisch aus Zuschlägen mit Luft- und Wasserkalken als Bindemittel sowie gegebenenfalls Zusätzen, das auf der Baustelle nach Zugabe von Wasser und gegebenenfalls zusätzlichem Bindemittel seine endgültige Zusammensetzung erhält und durch Mischen verarbeitbar gemacht wird (nach DIN 18557).

c) Werk-Frischmörtel (einschließlich Mehrkammer-Silomörtel).

Werk-Frischmörtel ist gebrauchsfertiger Mörtel in verarbeitbarer Konsistenz (nach DIN 18557).

Bei der Weiterbehandlung dürfen dem Werk-Trockenmörtel nur die erforderlichen Wassermengen und dem Werk-Vormörtel außer der erforderlichen Wassermenge die erforderliche Zementmenge zugegeben werden. Werkmörteln dürfen jedoch auf der Baustelle keine Zuschläge und Zusätze (Zusatzstoffe und Zusatzmittel) zugegeben werden. Mehrkammer-Silomörtel dürfen nur mit dem vom Werk fest eingestellten Mischungsverhältnis unter Zugabe der erforderlichen Wassermenge hergestellt werden.

Werk-Vormörtel und Werk-Trockenmörtel müssen auf der Baustelle in einem Mischer aufbereitet werden. Werk-Frischmörtel ist gebrauchsfertig in verarbeitbarer Konsistenz zu liefern.

Beim Bezug des Mörtels aus dem Werk ist darauf zu achten, daß

a) jeder Lieferung ein Lieferschein beiliegt, aus dem eindeutig die Mörtelgruppe, das Mischungsverhältnis, die Art des verwendeten Bindemittels und ggf. die Art und Menge der Zusätze zu erkennen sind,

b) jeder Lieferung ggf. eine Anweisung über die Weiterbehandlung des gelieferten Mörtels bzw. Vormörtels beiliegt, z. B. Angabe der auf der Baustelle zuzugebenden Zementmenge in Raum- und Gewichtsteilen.

A.5 Eignungsprüfungen

A.5.1 Allgemeines

Eignungsprüfungen sind für Mörtel erforderlich,

a) wenn die Brauchbarkeit des Zuschlages nach Abschnitt A.2.1 nachzuweisen ist,
b) wenn Zusatzstoffe (siehe aber A.2.3) oder Zusatzmittel verwendet werden,
c) bei Baustellenmörtel, wenn dieser nicht nach Tabelle A.1 zusammengesetzt ist oder Mörtel der Gruppe IIIa verwendet wird,
d) bei Werkmörtel einschließlich Leicht- und Dünnbettmörtel,
e) bei Bauwerken mit mehr als sechs gemauerten Vollgeschossen (→ Abb. 466).

Die Eignungsprüfung ist zu wiederholen, wenn sich die Ausgangsstoffe oder die Zusammensetzung des Mörtels wesentlich ändern.

Bei Mörteln, die zur Beeinflussung der Verarbeitungszeit Zusatzmittel enthalten, sind die Probekörper am Beginn und am Ende der vom Hersteller anzugebenden Verarbeitungszeit herzustellen. Die Prüfung erfolgt stets im Alter von 28 Tagen, gerechnet vom Beginn der Verarbeitungszeit. Die Anforderungen sind von Proben beider Entnahmetermine zu erfüllen.

Bei jeder Baustofflieferung ist durch Augenschein zu prüfen, ob die Lieferung und die Angaben auf der Verpackung bzw. auf dem Lieferschein mit der Bestellung übereinstimmen. Weiterhin ist, – falls erforderlich – zu prüfen, ob der Nachweis der Güteüberwachung oder der Brauchbarkeit nach Abschnitt A.5.1 geführt ist.

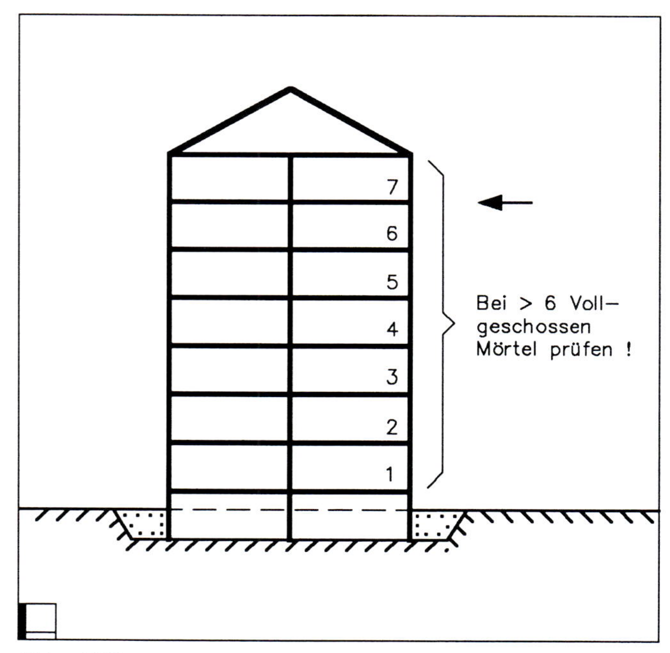

Abb. 466

A.5.2 Normalmörtel

Es sind die Konsistenz und die Rohdichte des Frischmörtels nach DIN 18555-2 zu ermitteln. Außerdem sind die Druckfestigkeit nach DIN 18555-3 und zusätzlich nach der vorläufigen Richtlinie zur Ergänzung der Eignungsprüfung von Mauermörtel und die Haftscherfestigkeit nach DIN 18555-5[3]) nachzuweisen. Dabei sind die Anforderungen nach Tabelle A.2 zu erfüllen.

A.5.3 Leichtmörtel

Es sind zu ermitteln:

a) Druckfestigkeit im Alter von 28 Tagen nach DIN 18555-3 und Druckfestigkeit des Mörtels in der Fuge nach der vorläufigen Richtlinie zur Ergänzung der Eignungsprüfung von Mauermörtel.

b) Querdehnungs- und Längsdehnungsfugen E_q und E_l im Alter von 28 Tagen nach DIN 18555-4,

c) Haftscherfestigkeit nach DIN 18555-5[3]),

d) Trockenrohdichte nach DIN 18555-3,

e) Schüttdichte des Leichtzuschlags nach DIN 4226-3.

Dabei sind die Anforderungen nach Tabelle A.3 zu erfüllen. Die Werte für die Trockenrohdichte und die Leichtmörtelgruppen LM 21 und LM 36 sind auf dem Sack oder Lieferschein anzugeben.

»LM« steht als Abkürzung für Leichtmörtel bzw. Leichtmauermörtel.

Die Zahlen »21« bzw. »36« sind die Rechenwerte der Wärmeleitfähigkeit in Kurzbezeichnung.

Der in Tabelle A.3 (Zeile 6) angegebene Wert der Wärmeleitfähigkeit z. B. für LM 21 mit ≤ 0,18 W/(m · K) erfährt einen Zuschlag für die baupraktische Feuchte, also für die Haushaltsfeuchte, so daß demnach der Rechenwert für diesen Leichtmörtel 0,21 W/(m · K) beträgt. Für LM 36 gilt dies entsprechend.

A.5.4 Dünnbettmörtel

Es sind zu ermitteln:

a) Druckfestigkeit im Alter von 28 Tagen nach DIN 18555-3 sowie der Druckfestigkeitsabfall infolge Feuchtlagerung (siehe Tabelle A.4),

b) Haftscherfestigkeit im Alter von 28 Tagen nach DIN 18555-5[3]),

c) Verarbeitbarkeitszeit und Korrigierbarkeitszeit nach DIN 18555-8.

Die Anforderungen nach Tabelle A.4 sind zu erfüllen.

[3]) Siehe Fußnote [4]) in Tabelle A.2.

DEUTSCHE NORM November 1996

Mauerwerk
Teil 1: Berechnung und Ausführung

DIN 1053-1

ICS 91.060.10; 91.080.30

Deskriptoren: Mauerwerk, Berechnung, Ausführung, Bauwesen

Ersatz für Ausgabe 1990-02
Mit DIN 1053-2 : 1996-11
Ersatz für DIN 1053-2 : 1984-07

Masonry – Design and construction

Maçonneries – Calcul et exécution

Maße in mm

Inhalt

Fortsetzung Seiten 2 bis 32

Normenausschuß Bauwesen (NABau) im DIN Deutsches Institut für Normung e. V.

Ref. Nr. DIN 1053-1 : 1996-11
Preisgr. 14 Vertr.-Nr. 0014

Vorwort

Diese Norm wurde vom Normenausschuß Bauwesen (NABau), Fachbereich 06 "Mauerwerksbau", Arbeitsausschuß 06.30.00 "Rezept- und Ingenieurmauerwerk", erarbeitet. DIN 1053 "Mauerwerk" besteht aus folgenden Teilen:

Teil 1: Berechnung und Ausführung

Teil 2: Mauerwerksfestigkeitsklassen aufgrund von Eignungsprüfungen

Teil 3: Bewehrtes Mauerwerk – Berechnung und Ausführung

Teil 4: Bauten aus Ziegelfertigbauteilen

Änderungen

Gegenüber der Ausgabe Februar 1990 und DIN 1053-2: 1984-07 wurden folgende Änderungen vorgenommen:

a) Haupttitel "Rezeptmauerwerk" gestrichen.

b) Inhalt sachlich und redaktionell neueren Erkenntnissen angepaßt;

c) Genaueres Berechnungsverfahren, bisher in DIN 1053-2, eingearbeitet.

Frühere Ausgaben

DIN 4156: 05.43; DIN 1053: 02.37x, 12.52, 11.62; DIN 1053-1: 1974-11, 1990-02

1 Anwendungsbereich und normative Verweisungen

1.1 Anwendungsbereich

Diese Norm gilt für die Berechnung und Ausführung von Mauerwerk aus künstlichen und natürlichen Steinen.

Mauerwerk nach dieser Norm darf entweder nach dem vereinfachten Verfahren (Voraussetzungen siehe 6.1) oder nach dem genaueren Verfahren (siehe Abschnitt 7) berechnet werden.

Innerhalb eines Bauwerkes, das nach dem vereinfachten Verfahren berechnet wird, dürfen einzelne Bauteile nach dem genaueren Verfahren bemessen werden.

Bei der Wahl der Bauteile sind auch die Funktionen der Wände hinsichtlich des Wärme-, Schall-, Brand- und Feuchteschutzes zu beachten. Bezüglich der Vermauerung mit und ohne Stoßfugenvermörtelung siehe 9.2.1 und 9.2.2.

Es dürfen nur Baustoffe verwendet werden, die den in dieser Norm genannten Normen entsprechen.

> ANMERKUNG: Die Verwendung anderer Baustoffe bedarf nach den bauaufsichtlichen Vorschriften eines besonderen Nachweises der Verwendbarkeit, z. B. durch eine allgemeine bauaufsichtliche Zulassung.

1.2 Normative Verweisungen

Diese Norm enthält durch datierte oder undatierte Verweisungen Festlegungen aus anderen Publikationen. Diese normativen Verweisungen sind an den jeweiligen Stellen im Text zitiert, und die Publikationen sind nachstehend aufgeführt. Bei datierten Verweisungen gehören spätere Änderungen oder Überarbeitungen dieser Publikationen nur zu dieser Norm, falls sie durch Änderung oder Überarbeitung eingearbeitet sind. Bei undatierten Verweisungen gilt die letzte Ausgabe der in Bezug genommenen Publikation.

DIN 105-1
Mauerziegel – Vollziegel und Hochlochziegel

DIN 105-2
Mauerziegel – Leichthochlochziegel

DIN 105-3
Mauerziegel – Hochfeste Ziegel und hochfeste Klinker

DIN 105-4
Mauerziegel – Keramikklinker

DIN 105-5
Mauerziegel – Leichtlanglochziegel und Leichtlangloch-Ziegelplatten

DIN 106-1
Kalksandsteine – Vollsteine, Lochsteine, Blocksteine, Hohlblocksteine

DIN 106-2
Kalksandsteine – Vormauersteine und Verblender

DIN 398
Hüttensteine – Vollsteine, Lochsteine, Hohlblocksteine

DIN 1045
Beton und Stahlbeton – Bemessung und Ausführung

DIN 1053-2
Mauerwerk – Teil 2: Mauerwerksfestigkeitsklassen aufgrund von Eignungsprüfungen

DIN 1053-3
Mauerwerk – Bewehrtes Mauerwerk – Berechnung und Ausführung

DIN 1055-3
Lastannahmen für Bauten – Verkehrslasten

DIN 1057-1
Baustoffe für freistehende Schornsteine – Radialziegel – Anforderungen, Prüfung, Überwachung

DIN 1060-1
Baukalk – Teil 1: Definitionen, Anforderungen, Überwachung

DIN 1164-1
Zement – Teil 1: Zusammensetzung, Anforderungen

DIN 4103-1
Nichttragende innere Trennwände – Anforderungen, Nachweise

DIN 4108-3
Wärmeschutz im Hochbau – Klimabedingter Feuchteschutz – Anforderungen und Hinweise für Planung und Ausführung

DIN 4108-4
Wärmeschutz im Hochbau – Wärme- und feuchteschutztechnische Kennwerte

DIN 4165
Porenbeton-Blocksteine und Porenbeton-Plansteine

DIN 4211
Putz- und Mauerbinder – Anforderungen, Überwachung

DIN 4226-1
Zuschlag für Beton – Zuschlag mit dichtem Gefüge – Begriffe, Bezeichnung und Anforderungen

DIN 4226-2
Zuschlag für Beton – Zuschlag mit porigem Gefüge (Leichtzuschlag) – Begriffe, Bezeichnung und Anforderungen

DIN 4226-3
Zuschlag für Beton – Prüfung von Zuschlag mit dichtem oder porigem Gefüge

DIN 17440
Nichtrostende Stähle – Technische Lieferbedingungen für Blech, Warmband, Walzdraht, gezogenen Draht, Stabstahl, Schmiedestücke und Halbzeug

DIN 18151
Hohlblöcke aus Leichtbeton

DIN 18152
Vollsteine und Vollblöcke aus Leichtbeton

DIN 18153
Mauersteine aus Beton (Normalbeton)

DIN 18195-4
Bauwerksabdichtungen – Abdichtungen gegen Bodenfeuchtigkeit – Bemessung und Ausführung

DIN 18200
Überwachung (Güteüberwachung) von Baustoffen, Bauteilen und Bauarten – Allgemeine Grundsätze

DIN 18515-1
Außenwandbekleidungen – Angemörtelte Fliesen oder Platten – Grundsätze für Planung und Ausführung

DIN 18515-2
Außenwandbekleidungen – Anmauerung auf Aufstandsflächen – Grundsätze für Planung und Ausführung

DIN 18550-1
Putz – Begriffe und Anforderungen

DIN 18555-2
Prüfung von Mörteln mit mineralischen Bindemitteln – Frischmörtel mit dichten Zuschlägen – Bestimmung der Konsistenz, der Rohdichte und des Luftgehalts

DIN 18555-3
Prüfung von Mörteln mit mineralischen Bindemitteln – Festmörtel – Bestimmung der Biegezugfestigkeit, Druckfestigkeit und Rohdichte

DIN 18555-4
Prüfung von Mörteln mit mineralischen Bindemitteln – Festmörtel – Bestimmung der Längs- und Querdehnung sowie von Verformungskenngrößen von Mauermörteln im statischen Druckversuch

DIN 18555-5
Prüfung von Mörteln mit mineralischen Bindemitteln – Festmörtel – Bestimmung der Haftscherfestigkeit von Mauermörteln

DIN 18555-8
Prüfung von Mörteln mit mineralischen Bindemitteln – Frischmörtel – Bestimmung der Verarbeitbarkeitszeit und der Korrigierbarkeitszeit von Dünnbettmörteln für Mauerwerk

DIN 18557
Werkmörtel – Herstellung, Überwachung und Lieferung

DIN 50014
Klimate und ihre technische Anwendung – Normalklimate

DIN 51043
Traß – Anforderungen, Prüfung

DIN 52105
Prüfung von Naturstein – Druckversuch

DIN 52612-1
Wärmeschutztechnische Prüfungen – Bestimmung der Wärmeleitfähigkeit mit dem Plattengerät – Durchführung und Auswertung

DIN 53237
Prüfung von Pigmenten – Pigmente zum Einfärben von zement- und kalkgebundenen Baustoffen

Richtlinien für die Erteilung von Zulassungen für Betonzusatzmittel (Zulassungsrichtlinien), Fassung Juni 1993, abgedruckt in den Mitteilungen des Deutschen Instituts für Bautechnik, 1993, Heft 5

Vorläufige Richtlinie zur Ergänzung der Eignungsprüfung von Mauermörtel – Druckfestigkeit in der Lagerfuge – Anforderungen, Prüfung

Zu beziehen über Deutsche Gesellschaft für Mauerwerksbau e. V. (DGfM), 53179 Bonn, Schloßallee 10.

2 Begriffe

2.1 Rezeptmauerwerk (RM)

Rezeptmauerwerk ist Mauerwerk, dessen Grundwerte der zulässigen Druckspannungen σ_o in Abhängigkeit von Steinfestigkeitsklassen, Mörtelarten und Mörtelgruppen nach den Tabellen 4a und 4b festgelegt werden.

2.2 Mauerwerk nach Eignungsprüfung (EM)

Mauerwerk nach Eignungsprüfung ist Mauerwerk, dessen Grundwerte der zulässigen Druckspannungen σ_o aufgrund von Eignungsprüfungen nach DIN 1053-2 und nach Tabelle 4c bestimmt werden.

2.3 Tragende Wände

Tragende Wände sind überwiegend auf Druck beanspruchte, scheibenartige Bauteile zur Aufnahme vertikaler Lasten, z. B. Deckenlasten, sowie horizontaler Lasten, z. B. Windlasten. Als "Kurze Wände" gelten Wände oder Pfeiler, deren Querschnittsflächen kleiner als 1 000 cm^2 sind. Gemauerte Querschnitte kleiner als 400 cm^2 sind als tragende Teile unzulässig.

2.4 Aussteifende Wände

Aussteifende Wände sind scheibenartige Bauteile zur Aussteifung des Gebäudes oder zur Knickaussteifung tragender Wände. Sie gelten stets auch als tragende Wände.

2.5 Nichttragende Wände

Nichttragende Wände sind scheibenartige Bauteile, die überwiegend nur durch ihre Eigenlast beansprucht werden und auch nicht zum Nachweis der Gebäudeaussteifung oder der Knickaussteifung tragender Wände herangezogen werden.

2.6 Ringanker

Ringanker sind in Wandebene liegende horizontale Bauteile zur Aufnahme von Zugkräften, die in den Wänden infolge von äußeren Lasten oder von Verformungsunterschieden entstehen können.

2.7 Ringbalken

Ringbalken sind in Wandebene liegende horizontale Bauteile, die außer Zugkräften auch Biegemomente infolge von rechtwinklig zur Wandebene wirkenden Lasten aufnehmen können.

3 Bautechnische Unterlagen

Als bautechnische Unterlagen gelten insbesondere die Bauzeichnungen, der Nachweis der Standsicherheit und eine Baubeschreibung sowie etwaige Zulassungs- und Prüfbescheide.

Für die Beurteilung und Ausführung des Mauerwerks sind in den bautechnischen Unterlagen mindestens Angaben über

a) Wandaufbau und Mauerwerksart (RM oder EM),

b) Art, Rohdichteklasse und Druckfestigkeitsklasse der zu verwendenden Steine,

c) Mörtelart, Mörtelgruppe,

d) Aussteifende Bauteile, Ringanker und Ringbalken,

e) Schlitze und Aussparungen,

f) Verankerungen der Wände,

g) Bewehrungen des Mauerwerks,

h) verschiebliche Auflagerungen

erforderlich.

4 Druckfestigkeit des Mauerwerks

Die Druckfestigkeit des Mauerwerks wird bei Berechnung nach dem vereinfachten Verfahren nach 6.9 charakterisiert durch die Grundwerte σ_0 der zulässigen Druckspannungen. Sie sind in Tabelle 4a und 4b in Abhängigkeit von den Steinfestigkeitsklassen, den Mörtelarten und Mörtelgruppen, in Tabelle 4c in Abhängigkeit von der Nennfestigkeit des Mauerwerks nach DIN 1053-2 festgelegt.

Wird nach dem genaueren Verfahren nach Abschnitt 7 gerechnet, so sind die Rechenwerte β_R der Druckfestigkeit von Mauerwerk nach Gleichung (10) zu berechnen.

Für Mauerwerk aus Natursteinen ergeben sich die Grundwerte σ_0 der zulässigen Druckspannungen in Abhängigkeit von der Güteklasse des Mauerwerks, der Steinfestigkeit und der Mörtelgruppe aus Tabelle 14.

5 Baustoffe

5.1 Mauersteine

Es dürfen nur Steine verwendet werden, die DIN 105-1 bis DIN 105-5, DIN 106-1 und DIN 106-2, DIN 398, DIN 1057-1, DIN 4165, DIN 18151, DIN 18152 und DIN 18153 entsprechen.

Für die Verwendung von Natursteinen gilt Abschnitt 12.

5.2 Mauermörtel

5.2.1 Anforderungen

Es dürfen nur Mauermörtel verwendet werden, die den Bedingungen des Anhanges A entsprechen.

5.2.2 Verarbeitung

Zusammensetzung und Konsistenz des Mörtels müssen vollfugiges Vermauern ermöglichen. Dies gilt besonders für Mörtel der Gruppen III und IIIa. Werkmörteln dürfen auf der Baustelle keine Zuschläge und Zusätze (Zusatzstoffe und Zusatzmittel) zugegeben werden. Bei ungünstigen Witterungsbedingungen (Nässe, niedrige Temperaturen) ist ein Mörtel mindestens der Gruppe II zu verwenden.

Der Mörtel muß vor Beginn des Erstarrens verarbeitet sein.

5.2.3 Anwendung

5.2.3.1 Allgemeines

Mörtel unterschiedlicher Arten und Gruppen dürfen auf einer Baustelle nur dann gemeinsam verwendet werden, wenn sichergestellt ist, daß keine Verwechslung möglich ist.

5.2.3.2 Normalmörtel (NM)

Es gelten folgende Einschränkungen:

a) Mörtelgruppe I:

– Nicht zulässig für Gewölbe und Kellermauerwerk, mit Ausnahme bei der Instandsetzung von altem Mauerwerk, das mit Mörtel der Gruppe I gemauert ist.

– Nicht zulässig bei mehr als zwei Vollgeschossen und bei Wanddicken kleiner als 240 mm; dabei ist als Wanddicke bei zweischaligen Außenwänden die Dicke der Innenschale maßgebend.

– Nicht zulässig für Vermauern der Außenschale nach 8.4.3.

– Nicht zulässig für Mauerwerk EM

b) Mörtelgruppen II und IIa:

– Keine Einschränkung.

c) Mörtelgruppen III und IIIa:

– Nicht zulässig für Vermauern der Außenschale nach 8.4.3. Abweichend davon darf MG III zum nachträglichen Verfugen und für diejenigen Bereiche von Außenschalen verwendet werden, die als bewehrtes Mauerwerk nach DIN 1053-3 ausgeführt werden.

5.2.3.3 Leichtmörtel (LM)

Es gelten folgende Einschränkungen:

– Nicht zulässig für Gewölbe und der Witterung ausgesetztes Sichtmauerwerk (siehe auch 8.4.2.2 und 8.4.3).

5.2.3.4 Dünnbettmörtel (DM)

Es gelten folgende Einschränkungen:

– Nicht zulässig für Gewölbe und für Mauersteine mit Maßabweichungen der Höhe von mehr als 1,0 mm (Anforderungen an Plansteine).

6 Vereinfachtes Berechnungsverfahren

6.1 Allgemeines

Der Nachweis der Standsicherheit darf mit dem gegenüber Abschnitt 7 vereinfachten Verfahren geführt werden, wenn die folgenden und die in Tabelle 1 enthaltenen Voraussetzungen erfüllt sind:

– Gebäudehöhe über Gelände nicht mehr als 20 m.

Als Gebäudehöhe darf bei geneigten Dächern das Mittel von First- und Traufhöhe gelten.

– Stützweite der aufliegenden Decken $l \leq 6{,}0$ m, sofern nicht die Biegemomente aus dem Deckendrehwinkel durch konstruktive Maßnahmen, z. B. Zentrierleisten, begrenzt werden; bei zweiachsig gespannten Decken ist für l die kürzere der beiden Stützweiten einzusetzen.

Tabelle 1: Voraussetzungen für die Anwendung des vereinfachten Verfahrens

<table>
<tr><th rowspan="2"></th><th rowspan="2">Bauteil</th><th colspan="3">Voraussetzungen</th></tr>
<tr><th>Wanddicke
d
mm</th><th>lichte Wandhöhe
h_s</th><th>Verkehrslast
p
kN/m²</th></tr>
<tr><td>1</td><td rowspan="2">Innenwände</td><td>≥ 115
< 240</td><td>≤ 2,75 m</td><td rowspan="4">≤ 5</td></tr>
<tr><td>2</td><td>≥ 240</td><td>–</td></tr>
<tr><td>3</td><td rowspan="2">einschalige Außenwände</td><td>≥ 175[1]
< 240</td><td>≤ 2,75 m</td></tr>
<tr><td>4</td><td>≥ 240</td><td>$\leq 12 \cdot d$</td></tr>
<tr><td>5</td><td rowspan="3">Tragschale zweischaliger Außenwände und zweischalige Haustrennwände</td><td>≥ 115[2]
< 175[2]</td><td rowspan="2">≤ 2,75 m</td><td>≤ 3[3]</td></tr>
<tr><td>6</td><td>≥ 175
< 240</td><td rowspan="2">≤ 5</td></tr>
<tr><td>7</td><td>≥ 240</td><td>$\leq 12 \cdot d$</td></tr>
</table>

[1]) Bei eingeschossigen Garagen und vergleichbaren Bauwerken, die nicht zum dauernden Aufenthalt von Menschen vorgesehen sind, auch $d \geq 115$ mm zulässig.

[2]) Geschoßanzahl maximal zwei Vollgeschosse zuzüglich ausgebautes Dachgeschoß; aussteifende Querwände im Abstand ≤ 4,50 m bzw. Randabstand von einer Öffnung ≤ 2,0 m.

[3]) Einschließlich Zuschlag für nichttragende innere Trennwände.

Beim vereinfachten Verfahren brauchen bestimmte Beanspruchungen, z. B. Biegemomente aus Deckeneinspannung, ungewollte Exzentrizitäten beim Knicknachweis, Wind auf Außenwände usw., nicht nachgewiesen zu werden, da sie im Sicherheitsabstand, der den zulässigen Spannungen zugrunde liegt, oder durch konstruktive Regeln und Grenzen berücksichtigt sind.

Ist die Gebäudehöhe größer als 20 m, oder treffen die in diesem Abschnitt enthaltenen Voraussetzungen nicht zu, oder soll die Standsicherheit des Bauwerkes oder einzelner Bauteile genauer nachgewiesen werden, ist der Standsicherheitsnachweis nach Abschnitt 7 zu führen.

6.2 Ermittlung der Schnittgrößen infolge von Lasten

6.2.1 Auflagerkräfte aus Decken

Die Schnittgrößen sind für die während des Errichtens und im Gebrauch auftretenden, maßgebenden Lastfälle zu berechnen. Bei der Ermittlung der Stützkräfte, die von einachsig gespannten Platten und Rippendecken sowie von Balken und Plattenbalken auf das Mauerwerk übertragen werden, ist die Durchlaufwirkung bei der ersten Innenstütze stets, bei den übrigen Innenstützen dann zu berücksichtigen, wenn das Verhältnis benachbarter Stützweiten kleiner als 0,7 ist. Alle übrigen Stützkräfte dürfen ohne Berücksichtigung einer Durchlaufwirkung unter der Annahme berechnet werden, daß die Tragwerke über allen Innenstützen gestoßen und frei drehbar gelagert sind. Tragende Wände unter einachsig gespannten Decken, die parallel zur Deckenspannrichtung verlaufen, sind mit einem Deckenstreifen angemessener Breite zu belasten, so daß eine mögliche Lastabtragung in Querrichtung berücksichtigt ist. Die Ermittlung der Auflagerkräfte aus zweiachsig gespannten Decken darf nach DIN 1045 erfolgen.

6.2.2 Knotenmomente

In Wänden, die als Zwischenauflager von Decken dienen, brauchen die Biegemomente infolge des Auflagerdrehwinkels der Decken unter den Voraussetzungen des vereinfachten Verfahrens nicht nachgewiesen zu werden. Als Zwischenauflager in diesem Sinne gelten:

a) Innenauflager durchlaufender Decken

b) Beidseitige Endauflager von Decken

c) Innenauflager von Massivdecken mit oberer konstruktiver Bewehrung im Auflagerbereich, auch wenn sie rechnerisch auf einer oder auf beiden Seiten der Wand parallel zur Wand gespannt sind.

In Wänden, die als einseitiges Endauflager von Decken dienen, brauchen die Biegemomente infolge des Auflagerdrehwinkels der Decken unter den Voraussetzungen des vereinfachten Verfahrens nicht nachgewiesen zu werden, da dieser Einfluß im Faktor k_3 nach 6.9.1 berücksichtigt ist.

6.3 Wind

Der Einfluß der Windlast rechtwinklig zur Wandebene darf beim Spannungsnachweis unter den Voraussetzungen des vereinfachten Verfahrens in der Regel vernachlässigt werden, wenn ausreichende horizontale Halterungen der Wände vorhanden sind. Als solche gelten z. B. Decken mit Scheibenwirkung oder statisch nachgewiesene Ringbalken im Abstand der zulässigen Geschoßhöhen nach Tabelle 1.

Unabhängig davon ist die räumliche Steifigkeit des Gebäudes sicherzustellen.

6.4 Räumliche Steifigkeit

Alle horizontalen Kräfte, z. B. Windlasten, Lasten aus Schrägstellung des Gebäudes, müssen sicher in den Baugrund weitergeleitet werden können. Auf einen rechnerischen Nachweis der räumlichen Steifigkeit darf verzichtet werden, wenn die Geschoßdecken als steife Scheiben ausgebildet sind bzw. statisch nachgewiesene, ausreichend steife Ringbalken vorliegen und wenn in Längs- und Querrichtung des Gebäudes eine offensichtlich ausreichende Anzahl von genügend langen aussteifenden Wänden vorhanden ist, die ohne größere Schwächungen und ohne Versprünge bis auf die Fundamente geführt sind.

Ist bei einem Bauwerk nicht von vornherein erkennbar, daß Steifigkeit und Stabilität gesichert sind, so ist ein rechnerischer Nachweis der Standsicherheit der waagerechten und lotrechten Bauteile erforderlich. Dabei sind auch Lotabweichungen des Systems durch den Ansatz horizontaler Kräfte zu berücksichtigen, die sich durch eine rechnerische Schrägstellung des Gebäudes um den im Bogenmaß gemessenen Winkel

$$\varphi = \pm \frac{1}{100\sqrt{h_G}} \quad (1)$$

ergeben. Für h_G ist die Gebäudehöhe in m über OK Fundament einzusetzen.

Bei Bauwerken, die aufgrund ihres statischen Systems eine Umlagerung der Kräfte erlauben, dürfen bis zu 15 % des ermittelten horizontalen Kraftanteils einer Wand auf andere Wände umverteilt werden.

Bei großer Nachgiebigkeit der aussteifenden Bauteile müssen darüber hinaus die Formänderungen bei der Ermittlung der Schnittgrößen berücksichtigt werden. Dieser Nachweis darf entfallen, wenn die lotrechten aussteifenden Bauteile in der betrachteten Richtung die Bedingungen der folgenden Gleichung erfüllen:

$$h_G \sqrt{\frac{N}{EI}} \leq 0,6 \quad \text{für } n \geq 4 \quad (2)$$

$$\leq 0,2 + 0,1 \cdot n \quad \text{für } 1 \leq n < 4$$

Hierin bedeuten:

- h_G Gebäudehöhe über OK Fundament
- N Summe aller lotrechten Lasten des Gebäudes
- EI Summe der Biegesteifigkeit aller lotrechten aussteifenden Bauteile im Zustand I nach der Elastizitätstheorie in der betrachteten Richtung (für E siehe 6.6)
- n Anzahl der Geschosse

6.5 Zwängungen

Aus der starren Verbindung von Baustoffen unterschiedlichen Verformungsverhaltens können erhebliche Zwängungen infolge von Schwinden, Kriechen und Temperaturänderungen entstehen, die Spannungsumlagerungen und Schäden im Mauerwerk bewirken können. Das gleiche gilt bei unterschiedlichen Setzungen. Durch konstruktive Maßnahmen (z. B. ausreichende Wärmedämmung, geeignete Baustoffwahl, zwängungsfreie Anschlüsse, Fugen usw.) ist unter Beachtung von 6.6 sicherzustellen, daß die vorgenannten Einwirkungen die Standsicherheit und Gebrauchsfähigkeit der baulichen Anlage nicht unzulässig beeinträchtigen.

6.6 Grundlagen für die Berechnung der Formänderung

Als Rechenwerte für die Verformungseigenschaften der Mauerwerksarten aus künstlichen Steinen dürfen die in der Tabelle 2 angegebenen Werte angenommen werden.

Die Verformungseigenschaften der Mauerwerksarten können stark streuen. Der Streubereich ist in Tabelle 2 als Wertebereich angegeben; er kann in Ausnahmefällen noch größer sein. Sofern in den Steinnormen der Nachweis anderer Grenzwerte des Wertebereichs gefordert wird, gelten diese. Müssen Verformungen berücksichtigt werden, so sind die der Berechnung zugrunde liegende Art und Festigkeitsklasse der Steine, die Mörtelart und die Mörtelgruppe anzugeben.

Für die Berechnung der Randdehnung ε_R nach Bild 3 sowie der Knotenmomente nach 7.2.2 und zum Nachweis der Knicksicherheit nach 7.9.2 dürfen vereinfachend die dort angegebenen Verformungswerte angenommen werden.

Tabelle 2: Verformungskennwerte für Kriechen, Schwinden, Temperaturänderung sowie Elastizitätsmoduln

Mauersteinart	Endwert der Feuchtedehnung (Schwinden, chemisches Quellen)[1]		Endkriechzahl		Wärmedehnungskoeffizient		Elastizitätsmodul	
	$\varepsilon_{f\infty}$[1]		φ_{∞}[2]		α_T		E[3]	
	Rechenwert	Wertebereich	Rechenwert	Wertebereich	Rechenwert	Wertebereich	Rechenwert	Wertebereich
	mm/m				10^{-6}/K		MN/m²	
1	2	3	4	5	6	7	8	9
Mauerziegel	0	+ 0,3 bis – 0,2	1,0	0,5 bis 1,5	6	5 bis 7	$3500 \cdot \sigma_0$	3000 bis $4000 \cdot \sigma_0$
Kalksandsteine[4]	– 0,2	– 0,1 bis – 0,3	1,5	1,0 bis 2,0	8	7 bis 9	$3000 \cdot \sigma_0$	2500 bis $4000 \cdot \sigma_0$
Leichtbetonsteine	– 0,4	– 0,2 bis – 0,5	2,0	1,5 bis 2,5	10 8[5]	8 bis 12	$5000 \cdot \sigma_0$	4000 bis $5500 \cdot \sigma_0$
Betonsteine	– 0,2	– 0,1 bis – 0,3	1,0	–	10	8 bis 12	$7500 \cdot \sigma_0$	6500 bis $8500 \cdot \sigma_0$
Porenbetonsteine	– 0,2	+ 0,1 bis – 0,3	1,5	1,0 bis 2,5	8	7 bis 9	$2500 \cdot \sigma_0$	2000 bis $3\,000 \cdot \sigma_0$

[1]) Verkürzung (Schwinden): Vorzeichen minus; Verlängerung (chemisches Quellen): Vorzeichen plus

[2]) $\varphi_{\infty} = \varepsilon_{k\infty}/\varepsilon_{el}$; $\varepsilon_{k\infty}$ Endkriechdehnung; $\varepsilon_{el} = \sigma/E$

[3]) E Sekantenmodul aus Gesamtdehnung bei etwa 1/3 der Mauerwerksdruckfestigkeit; σ_0 Grundwert nach Tabellen 4a, 4b und 4c.

[4]) Gilt auch für Hüttensteine

[5]) Für Leichtbeton mit überwiegend Blähton als Zuschlag

6.7 Aussteifung und Knicklänge von Wänden

6.7.1 Allgemeine Annahmen für aussteifende Wände

Je nach Anzahl der rechtwinklig zur Wandebene unverschieblich gehaltenen Ränder werden zwei-, drei- und vierseitig gehaltene sowie frei stehende Wände unterschieden. Als unverschiebliche Halterung dürfen horizontal gehaltene Deckenscheiben und aussteifende Querwände oder andere ausreichend steife Bauteile angesehen werden. Unabhängig davon ist das Bauwerk als Ganzes nach 6.4 auszusteifen.

Bei einseitig angeordneten Querwänden darf unverschiebliche Halterung der auszusteifenden Wand nur angenommen werden, wenn Wand und Querwand aus Baustoffen annähernd gleichen Verformungsverhaltens gleichzeitig im Verband hochgeführt werden und wenn ein Abreißen der Wände infolge stark unterschiedlicher Verformung nicht zu erwarten ist, oder wenn die zug- und druckfeste Verbindung durch andere Maßnahmen gesichert ist. Beidseitig angeordnete Querwände, deren Mittelebenen gegeneinander um mehr als die dreifache Dicke der auszusteifenden Wand versetzt sind, sind wie einseitig angeordnete Querwände zu behandeln.

Aussteifende Wände müssen mindestens eine wirksame Länge von 1/5 der lichten Geschoßhöhe h_s und eine Dicke von 1/3 der Dicke der auszusteifenden Wand, jedoch mindestens 115 mm, haben.

Ist die aussteifende Wand durch Öffnungen unterbrochen, muß die Länge der Wand zwischen den Öffnungen mindestens so groß wie nach Bild 1 sein. Bei Fenstern gilt die lichte Fensterhöhe als h_1 bzw. h_2.

Bei beidseitig angeordneten, nicht versetzten Querwänden darf auf das gleichzeitige Hochführen der beiden Wände im Verband verzichtet werden, wenn jede der beiden Querwände den vorstehend genannten Bedingungen für aussteifende Wände genügt. Auf Konsequenzen aus unterschiedlichen Verformungen und aus bauphysikalischen Anforderungen ist in diesem Fall besonders zu achten.

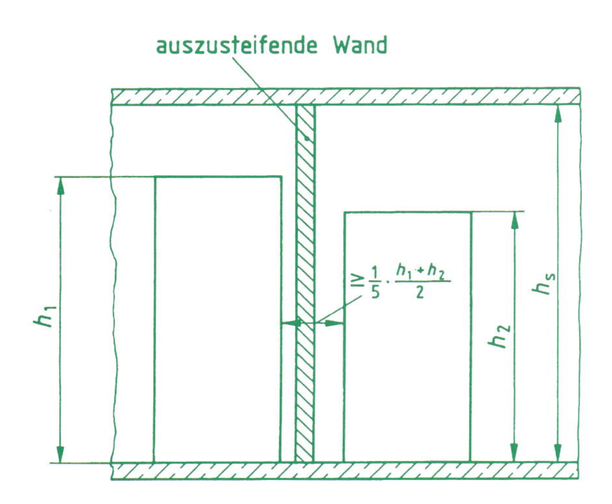

Bild 1: Mindestlänge der aussteifenden Wand

6.7.2 Knicklängen

Die Knicklänge h_K von Wänden ist in Abhängigkeit von der lichten Geschoßhöhe h_s wie folgt in Rechnung zu stellen:

a) Zweiseitig gehaltene Wände:
Im allgemeinen gilt

$$h_K = h_s$$

Bei Plattendecken und anderen flächig aufgelagerten Massivdecken darf die Einspannung der Wand in den Decken durch Abminderung der Knicklänge auf

$$h_K = \beta \cdot h_s$$

berücksichtigt werden.

Sofern kein genauerer Nachweis für β nach 7.7.2 erfolgt, gilt vereinfacht:

β = 0,75 für Wanddicke $d \leq$ 175 mm

β = 0,90 für Wanddicke 175 mm $< d \leq$ 250 mm

β = 1,00 für Wanddicke $d >$ 250 mm.

Als flächig aufgelagerte Massivdecken in diesem Sinn gelten auch Stahlbetonbalken- und -rippendecken nach DIN 1045 mit Zwischenbauteilen, bei denen die Auflagerung durch Randbalken erfolgt.

Die so vereinfacht ermittelte Abminderung der Knicklänge ist jedoch nur zulässig, wenn keine größeren horizontalen Lasten als die planmäßigen Windlasten rechtwinklig auf die Wände wirken und folgende Mindestauflagertiefen a auf den Wänden der Dicke d gegeben sind:

$d \geq$ 240 mm $\quad a \geq$ 175 mm

$d <$ 240 mm $\quad a = d$

b) Drei- und vierseitig gehaltene Wände:

Für die Knicklänge gilt $h_K = \beta \cdot h_s$. Bei Wänden der Dicke d mit lichter Geschoßhöhe $h_s \leq$ 3,50 m darf β in Abhängigkeit von b und b' nach Tabelle 3 angenommen werden, falls kein genauerer Nachweis für β nach 7.7.2 erfolgt. Ein Faktor β ungünstiger als bei einer zweiseitig gehaltenen Wand braucht nicht angesetzt zu werden. Die Größe b bedeutet bei vierseitiger Halterung den Mittenabstand der aussteifenden Wände, b' bei dreiseitiger Halterung den Abstand zwischen der Mitte der aussteifenden Wand und dem freien Rand (siehe Bild 2). Ist $b > 30 \cdot d$ bei vierseitiger Halterung bzw. $b' > 15 \cdot d$ bei dreiseitiger Halterung, so sind die Wände wie zweiseitig gehaltene zu behandeln. Ist die Wand in der Höhe des mittleren Drittels durch vertikale Schlitze oder Nischen geschwächt, so ist für d die Restwanddicke einzusetzen oder ein freier Rand anzunehmen. Unabhängig von der Lage eines vertikalen Schlitzes oder einer Nische ist an ihrer Stelle eine Öffnung anzunehmen, wenn die Restwanddicke kleiner als die halbe Wanddicke oder kleiner als 115 mm ist.

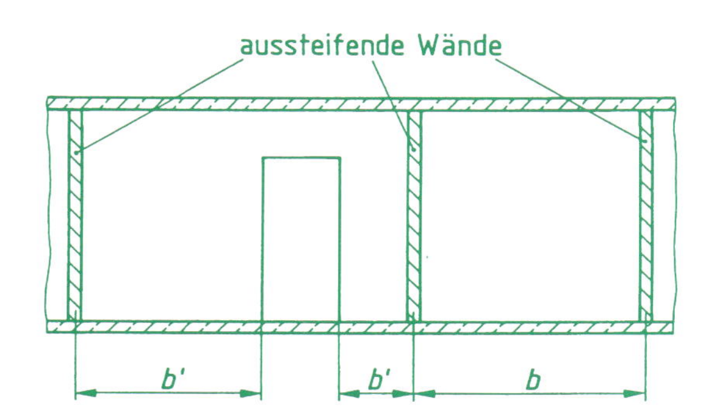

Bild 2: Darstellung der Größen b und b'

Tabelle 3: Faktor β zur Bestimmung der Knicklänge $h_K = \beta \cdot h_s$ von drei- und vierseitig gehaltenen Wänden in Abhängigkeit vom Abstand b der aussteifenden Wände bzw. vom Randabstand b' und der Dicke d der auszusteifenden Wand

Dreiseitig gehaltene Wand				β	Vierseitig gehaltene Wand				
Wanddicke in mm			b'		b	Wanddicke in mm			
240	175	115	m		m	115	175	240	300
			0,65	0,35	2,00				
			0,75	0,40	2,25				
			0,85	0,45	2,50				
			0,95	0,50	2,80				
			1,05	0,55	3,10				
			1,15	0,60	3,40	$b \leq$ 3,45 m			
			1,25	0,65	3,80				
			1,40	0,70	4,30				
		$b' \leq$ 1,75 m	1,60	0,75	4,80		$b \leq$ 5,25 m		
			1,85	0,80	5,60				
	$b' \leq$ 2,60 m		2,20	0,85	6,60			$b \leq$ 7,20 m	
$b' \leq$ 3,60 m			2,80	0,90	8,40				$b \leq$ 9,00 m

6.7.3 Öffnungen in Wänden

Haben Wände Öffnungen, deren lichte Höhe größer als 1/4 der Geschoßhöhe oder deren lichte Breite größer als 1/4 der Wandbreite oder deren Gesamtfläche größer als 1/10 der Wandfläche ist, so sind die Wandteile zwischen Wandöffnung und aussteifender Wand als dreiseitig gehalten, die Wandteile zwischen Wandöffnungen als zweiseitig gehalten anzusehen.

6.8 Mitwirkende Breite von zusammengesetzten Querschnitten

Als zusammengesetzt gelten nur Querschnitte, deren Teile aus Steinen gleicher Art, Höhe und Festigkeitsklasse bestehen, die gleichzeitig im Verband mit gleichem Mörtel gemauert werden und bei denen ein Abreißen von Querschnittsteilen infolge stark unterschiedlicher Verformung nicht zu erwarten ist. Querschnittsschwächungen durch Schlitze sind zu berücksichtigen. Brüstungs- und Sturzmauerwerk dürfen nicht in die mitwirkende Breite einbezogen werden. Die mitwirkende Breite darf nach der Elastizitätstheorie ermittelt werden. Falls kein genauer Nachweis geführt wird, darf die mitwirkende Breite beidseits zu je 1/4 der über dem betrachteten Schnitt liegenden Höhe des zusammengesetzten Querschnitts, jedoch nicht mehr als die vorhandene Querschnittsbreite, angenommen werden.

Die Schubtragfähigkeit des zusammengesetzten Querschnitts ist nach 7.9.5 nachzuweisen.

6.9 Bemessung mit dem vereinfachten Verfahren

6.9.1 Spannungsnachweis bei zentrischer und exzentrischer Druckbeanspruchung

Für den Gebrauchszustand ist auf der Grundlage einer linearen Spannungsverteilung unter Ausschluß von Zugspannungen nachzuweisen, daß die zulässigen Druckspannungen

$$\text{zul } \sigma_D = k \cdot \sigma_o \quad (3)$$

nicht überschritten werden.

Hierin bedeuten:

σ_o Grundwerte nach Tabellen 4a, 4b oder 4c.

k Abminderungsfaktor:

- Wände als Zwischenauflager: $k = k_1 \cdot k_2$
- Wände als einseitiges Endauflager: $k = k_1 \cdot k_2$ oder $k = k_1 \cdot k_3$, der kleinere Wert ist maßgebend.

k_1 Faktor zur Berücksichtigung unterschiedlicher Sicherheitsbeiwerte bei Wänden und "kurzen Wänden"

$k_1 = 1{,}0$ für Wände

$k_1 = 1{,}0$ für "kurze Wände" nach 2.3, die aus einem oder mehreren ungetrennten Steinen oder aus getrennten Steinen mit einem Lochanteil von weniger als 35 % bestehen und nicht durch Schlitze oder Aussparungen geschwächt sind.

$k_1 = 0{,}8$ für alle anderen "kurzen Wände".

Gemauerte Querschnitte, deren Flächen kleiner als 400 cm² sind, sind als tragende Teile unzulässig. Schlitze und Aussparungen sind hierbei zu berücksichtigen.

k_2 Faktor zur Berücksichtigung der Traglastminderung bei Knickgefahr nach 6.9.2.

$k_2 = 1{,}0$ für $h_K/d \leq 10$

$$k_2 = \frac{25 - h_K/d}{15} \quad \text{für } 10 < h_K/d \leq 25$$

mit h_K als Knicklänge nach 6.7.2. Schlankheiten $h_K/d > 25$ sind unzulässig.

k_3 Faktor zur Berücksichtigung der Traglastminderung durch den Deckendrehwinkel bei Endauflagerung auf Innen- oder Außenwänden.

Bei Decken zwischen Geschossen:

$k_3 = 1$ für $l \leq 4{,}20$ m

$k_3 = 1{,}7 - l/6$ für $4{,}20 \text{ m} < l \leq 6{,}00$ m

mit l als Deckenstützweite in m nach 6.1.

Bei Decken über dem obersten Geschoß, insbesondere bei Dachdecken:

$k_3 = 0{,}5$ für alle Werte von l. Hierbei sind rechnerisch klaffende Lagerfugen vorausgesetzt.

Wird die Traglastminderung infolge Deckendrehwinkel durch konstruktive Maßnahmen, z. B. Zentrierleisten, vermieden, so gilt unabhängig von der Deckenstützweite $k_3 = 1$.

Falls ein Nachweis für ausmittige Last zu führen ist, dürfen sich die Fugen sowohl bei Ausmitte in Richtung der Wandebene (Scheibenbeanspruchung) als auch rechtwinklig dazu (Plattenbeanspruchung) rechnerisch höchstens bis zum Schwerpunkt des Querschnitts öffnen. Sind Wände als Windscheiben rechnerisch nachzuweisen, so ist bei Querschnitten mit klaffender Fuge infolge Scheibenbeanspruchung zusätzlich nachzuweisen, daß die rechnerische Randdehnung aus der Scheibenbeanspruchung auf der Seite der Klaffung den Wert $\varepsilon_R = 10^{-4}$ nicht überschreitet (siehe Bild 3). Der Elastizitätsmodul für Mauerwerk darf hierfür zu $E = 3000 \cdot \sigma_o$ angenommen werden.

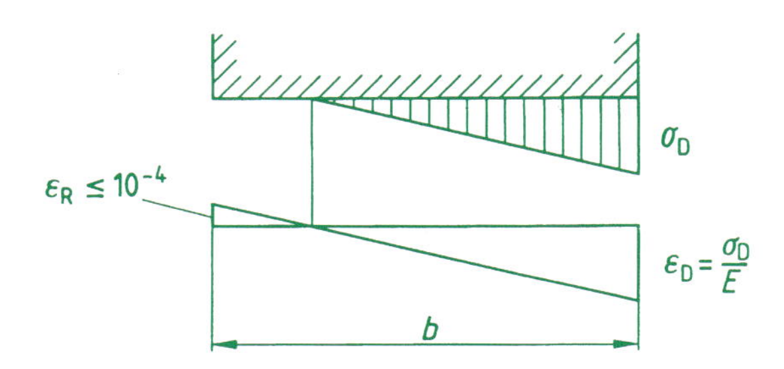

b Länge der Windscheibe

σ_D Kantenpressung

ε_D rechnerische Randstauchung im maßgebenden Gebrauchs-Lastfall

Bild 3: Zulässige rechnerische Randdehnung bei Scheiben

Bei zweiseitig gehaltenen Wänden mit $d < 175$ mm und mit Schlankheiten $\frac{h_K}{d} > 12$ und Wandbreiten < 2,0 m ist der Einfluß einer ungewollten, horizontalen Einzellast $H = 0{,}5$ kN, die in halber Geschoßhöhe angreift und die über die Wandbreite gleichmäßig verteilt werden darf, nachzuweisen. Für diesen Lastfall dürfen die zulässigen Spannungen um den Faktor 1,33 vergrößert werden. Dieser Nachweis darf entfallen, wenn Gleichung (12) eingehalten ist.

Tabelle 4a: Grundwerte σ_o der zulässigen Druckspannungen für Mauerwerk mit Normalmörtel

Steinfestigkeitsklasse	Grundwerte σ_o für Normalmörtel Mörtelgruppe				
	I MN/m²	II MN/m²	IIa MN/m²	III MN/m²	IIIa MN/m²
2	0,3	0,5	0,5[1])	–	–
4	0,4	0,7	0,8	0,9	–
6	0,5	0,9	1,0	1,2	–
8	0,6	1,0	1,2	1,4	–
12	0,8	1,2	1,6	1,8	1,9
20	1,0	1,6	1,9	2,4	3,0
28	–	1,8	2,3	3,0	3,5
36	–	–	–	3,5	4,0
48	–	–	–	4,0	4,5
60	–	–	–	4,5	5,0

[1]) $\sigma_o = 0{,}6$ MN/m² bei Außenwänden mit Dicken ≥ 300 mm. Diese Erhöhung gilt jedoch nicht für den Nachweis der Auflagerpressung nach 6.9.3.

6.9.2 Nachweis der Knicksicherheit

Der Faktor k_2 nach 6.9.1 berücksichtigt im vereinfachten Verfahren die ungewollte Ausmitte und die Verformung nach Theorie II. Ordnung. Dabei ist vorausgesetzt, daß in halber Geschoßhöhe nur Biegemomente aus Knotenmomenten nach 6.2.2 und aus Windlasten auftreten. Greifen größere horizontale Lasten an oder werden vertikale Lasten mit größerer planmäßiger Exzentrizität eingeleitet, so ist der Knicksicherheitsnachweis nach 7.9.2 zu führen. Ein Versatz der Wandachsen infolge einer Änderung der Wanddicken gilt dann nicht als größere Exzentrizität, wenn der Querschnitt der dickeren tragenden Wand den Querschnitt der dünneren tragenden Wand umschreibt.

Tabelle 4b: Grundwerte σ_0 der zulässigen Druckspannungen für Mauerwerk mit Dünnbett- und Leichtmörtel

Steinfestigkeitsklasse	Grundwerte σ_0 für Dünnbettmörtel[1]) MN/m²	Leichtmörtel LM 21 MN/m²	Leichtmörtel LM 36 MN/m²
2	0,6	0,5[2])	0,5[2]),[3])
4	1,1	0,7[4])	0,8[5])
6	1,5	0,7	0,9
8	2,0	0,8	1,0
12	2,2	0,9	1,1
20	3,2	0,9	1,1
28	3,7	0,9	1,1

[1]) Anwendung nur bei Porenbeton-Plansteinen nach DIN 4165 und bei Kalksand-Plansteinen. Die Werte gelten für Vollsteine. Für Kalksand-Lochsteine und Kalksand-Hohlblocksteine nach DIN 106-1 gelten die entsprechenden Werte der Tabelle 4a bei Mörtelgruppe III bis Steinfestigkeitsklasse 20.

[2]) Für Mauerwerk mit Mauerziegeln nach DIN 105-1 bis DIN 105-4 gilt $\sigma_0 = 0{,}4$ MN/m².

[3]) $\sigma_0 = 0{,}6$ MN/m² bei Außenwänden mit Dicken ≥ 300 mm. Diese Erhöhung gilt jedoch nicht für den Fall der Fußnote[2]) und nicht für den Nachweis der Auflagerpressung nach 6.9.3.

[4]) Für Kalksandsteine nach DIN 106-1 der Rohdichteklasse ≥ 0,9 und für Mauerziegel nach DIN 105-1 bis DIN 105-4 gilt $\sigma_0 = 0{,}5$ MN/m².

[5]) Für Mauerwerk mit den in Fußnote[4]) genannten Mauersteinen gilt $\sigma_0 = 0{,}7$ MN/m².

Tabelle 4c: Grundwerte σ_0 der zulässigen Druckspannungen für Mauerwerk nach Eignungsprüfung (EM)

Nennfestigkeit β_M[1]) in N/mm²	1,0 bis 9,0	11,0 und 13,0	16,0 bis 25,0
σ_0 in MN/m² [2])	0,35 β_M	0,32 β_M	0,30 β_M

[1]) β_M nach DIN 1053-2

[2]) σ_0 ist auf 0,01 MN/m² abzurunden.

6.9.3 Auflagerpressung

Werden Wände von Einzellasten belastet, so muß die Aufnahme der Spaltzugkräfte sichergestellt sein. Dies kann bei sorgfältig ausgeführtem Mauerwerksverband als gegeben angenommen werden. Die Druckverteilung unter Einzellasten darf dann innerhalb des Mauerwerks unter 60° angesetzt werden. Der höher beanspruchte Wandbereich darf in höherer Mauerwerksfestigkeit ausgeführt werden. Es ist 6.5 zu beachten.

Unter Einzellasten, z. B. unter Balken, Unterzügen, Stützen usw., darf eine gleichmäßig verteilte Auflagerpressung von $1{,}3 \cdot \sigma_0$ mit σ_0 nach Tabellen 4a, 4b oder 4c angenommen werden, wenn zusätzlich nachgewiesen wird, daß die Mauerwerksspannung in halber Wandhöhe den Wert zul σ_D nach Gleichung (3) nicht überschreitet.

Teilflächenpressungen rechtwinklig zur Wandebene dürfen den Wert $1{,}3 \cdot \sigma_0$ nach Tabellen 4a, 4b oder 4c nicht überschreiten. Bei Einzellasten $F \geq 3$ kN ist zusätzlich die Schubspannung in den Lagerfugen der belasteten Steine nach 6.9.5, Gleichung (6), nachzuweisen. Bei Loch- und Kammersteinen ist z. B. durch Unterlagsplatten sicherzustellen, daß die Druckkraft auf mindestens zwei Stege übertragen wird.

6.9.4 Zug- und Biegezugspannungen

Zug- und Biegezugspannungen rechtwinklig zur Lagerfuge dürfen in tragenden Wänden nicht in Rechnung gestellt werden.

Zug- und Biegezugspannungen σ_Z parallel zur Lagerfuge in Wandrichtung dürfen bis zu folgenden Höchstwerten in Rechnung gestellt werden:

$$\text{zul}\ \sigma_Z = 0{,}4 \cdot \sigma_{0HS} + 0{,}12 \cdot \sigma_D \leq \max\ \sigma_Z \qquad (4)$$

Hierin bedeuten:

- zul σ_Z zulässige Zug- und Biegezugspannung parallel zur Lagerfuge;
- σ_D zugehörige Druckspannung rechtwinklig zur Lagerfuge;
- σ_{0HS} zulässige abgeminderte Haftscherfestigkeit nach Tabelle 5;
- max σ_Z Maximalwert der zulässigen Zug- und Biegezugspannung nach Tabelle 6.

Tabelle 5: Zulässige abgeminderte Haftscherfestigkeit σ_{0HS} in MN/m²

Mörtelart, Mörtelgruppe	NM I	NM II	NM IIa LM 21 LM 36	NM III DM	NM IIIa
σ_{0HS} [1])	0,01	0,04	0,09	0,11	0,13

[1]) Für Mauerwerk mit unvermörtelten Stoßfugen sind die Werte σ_{0HS} zu halbieren. Als vermörtelt in diesem Sinn gilt eine Stoßfuge, bei der etwa die halbe Wanddicke oder mehr vermörtelt ist.

Tabelle 6: Maximale Werte max σ_Z der zulässigen Biegezugspannungen in MN/m²

Steinfestigkeitsklasse	2	4	6	8	12	20	≥ 28
max σ_Z	0,01	0,02	0,04	0,05	0,10	0,15	0,20

6.9.5 Schubnachweis

Ist ein Nachweis der räumlichen Steifigkeit nach 6.4 nicht erforderlich, darf im Regelfall auch der Schubnachweis für die aussteifenden Wände entfallen.

Ist ein Schubnachweis erforderlich, darf für Rechteckquerschnitte (keine zusammengesetzten Querschnitte) das folgende vereinfachte Verfahren angewendet werden:

$$\tau = \frac{c \cdot Q}{A} \leq \text{zul } \tau \qquad (5)$$

Scheibenschub:

$$\text{zul } \tau = \sigma_{oHS} + 0,2 \cdot \sigma_{Dm} \leq \max \tau \qquad (6a)$$

Plattenschub:

$$\text{zul } \tau = \sigma_{oHS} + 0,3\ \sigma_{Dm} \qquad (6b)$$

Hierin bedeuten:

- Q Querkraft
- A überdrückte Querschnittsfläche
- c Faktor zur Berücksichtigung der Verteilung von τ über den Querschnitt. Für hohe Wände mit H/L ≥ 2 gilt c = 1,5; für Wände mit H/L ≤ 1,0 gilt c = 1,0; dazwischen darf linear interpoliert werden. H bedeutet die Gesamthöhe, L die Länge der Wand. Bei Plattenschub gilt c = 1,5.
- σ_{oHS} siehe Tabelle 5
- σ_{Dm} mittlere zugehörige Druckspannung rechtwinklig zur Lagerfuge im ungerissenen Querschnitt A
- max τ = 0,010 · β_{Nst} für Hohlblocksteine
  = 0,012 · β_{Nst} für Hochlochsteine und Steine mit Grifföffnungen oder -löchern
  = 0,014 · β_{Nst} für Vollsteine ohne Grifföffnungen oder -löcher
- β_{Nst} Nennwert der Steindruckfestigkeit (Steinfestigkeitsklasse).

7 Genaueres Berechnungsverfahren

7.1 Allgemeines

Das genauere Berechnungsverfahren darf auf einzelne Bauteile, einzelne Geschosse oder ganze Bauwerke angewendet werden.

7.2 Ermittlung der Schnittgrößen infolge von Lasten

7.2.1 Auflagerkräfte aus Decken

Es gilt 6.2.1.

7.2.2 Knotenmomente

Der Einfluß der Decken-Auflagerdrehwinkel auf die Ausmitte der Lasteintragung in die Wände ist zu berücksichtigen. Dies darf durch eine Berechnung des Wand-Decken-Knotens erfolgen, bei der vereinfachend ungerissene Querschnitte und elastisches Materialverhalten zugrunde gelegt werden können. Die so ermittelten Knotenmomente dürfen auf 2/3 ihres Wertes ermäßigt werden.

Die Berechnung des Wand-Decken-Knotens darf an einem Ersatzsystem unter Abschätzung der Momenten-Nullpunkte in den Wänden, im Regelfall in halber Geschoßhöhe, erfolgen. Hierbei darf die halbe Verkehrslast wie ständige Last angesetzt und der Elastizitätsmodul für Mauerwerk zu $E = 3000\ \sigma_0$ angenommen werden.

7.2.3 Vereinfachte Berechnung der Knotenmomente

Die Berechnung des Wand-Decken-Knotens darf durch folgende Näherungsrechnung ersetzt werden, wenn die Verkehrslast nicht größer als 5 kN/m² ist:

Der Auflagerdrehwinkel der Decken bewirkt, daß die Deckenauflagerkraft A mit einer Ausmitte e angreift, wobei e zu 5 % der Differenz der benachbarten Deckenspannweiten, bei Außenwänden zu 5 % der angrenzenden Deckenspannweite angesetzt werden darf.

Bei Dachdecken ist das Moment $M_D = A_D \cdot e_D$ voll in den Wandkopf, bei Zwischendecken ist das Moment $M_Z = A_Z \cdot e_Z$ je zur Hälfte in den angrenzenden Wandkopf und Wandfuß einzuleiten. Längskräfte N_0 infolge Lasten aus darüber befindlichen Geschossen dürfen zentrisch angesetzt werden (siehe auch Bild 4).

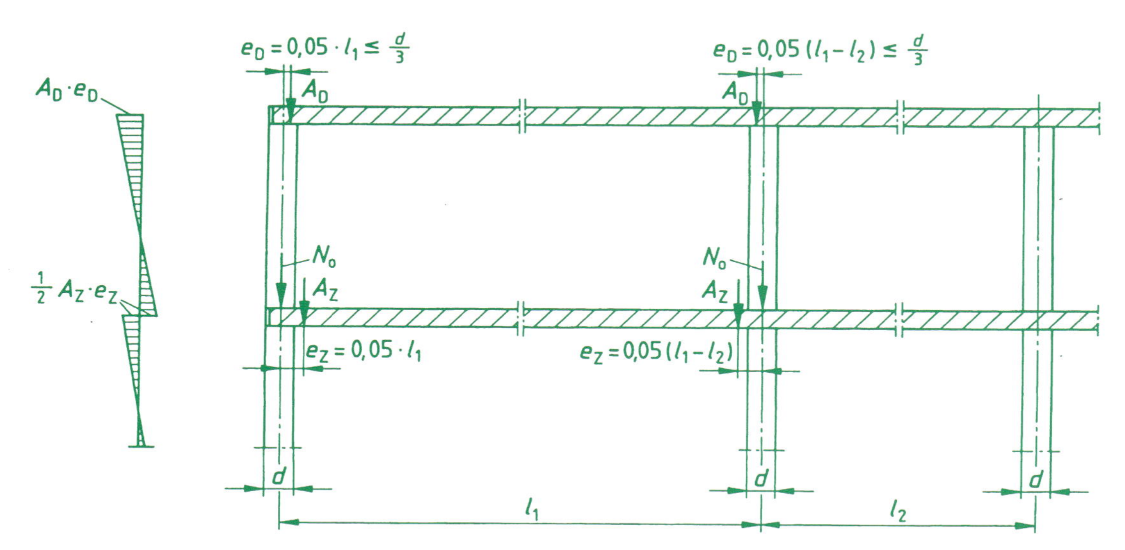

Bild 4: Vereinfachende Annahmen zur Berechnung von Knoten- und Wandmomenten

Bei zweiachsig gespannten Decken mit Spannweitenverhältnissen bis 1 : 2 darf als Spannweite zur Ermittlung der Lastexzentrizität 2/3 der kürzeren Seite eingesetzt werden.

7.2.4 Begrenzung der Knotenmomente

Ist die rechnerische Exzentrizität der resultierenden Last aus Decken und darüber befindlichen Geschossen infolge der Knotenmomente am Kopf bzw. Fuß der Wand größer als 1/3 der Wanddicke d, so darf sie zu 1/3 d angenommen werden. In diesem Fall ist Schäden infolge von Rissen in Mauerwerk und Putz durch konstruktive Maßnahmen, z. B. Fugenausbildung, Zentrierleisten, Kantennut usw. mit entsprechender Ausbildung der Außenhaut entgegenzuwirken.

7.2.5 Wandmomente

Der Momentenverlauf über die Wandhöhe infolge Vertikallasten ergibt sich aus den anteiligen Wandmomenten der Knotenberechnung (siehe Bild 4). Momente infolge Horizontallasten, z. B. Wind oder Erddruck, dürfen unter Einhaltung des Gleichgewichts zwischen den Grenzfällen Volleinspannung und gelenkige Lagerung umgelagert werden; dabei ist die Begrenzung der klaffenden Fuge nach 7.9.1 zu beachten.

7.3 Wind

Momente aus Windlast rechtwinklig zur Wandebene dürfen im Regelfall bis zu einer Höhe von 20 m über Gelände vernachlässigt werden, wenn die Wanddicken $d \geq 240$ mm und die lichten Geschoßhöhen $h_s \leq 3{,}0$ m sind. In Wandebene sind die Windlasten jedoch zu berücksichtigen (siehe 7.4).

7.4 Räumliche Steifigkeit

Es gilt 6.4.

7.5 Zwängungen

Es gilt 6.5.

7.6 Grundlagen für die Berechnung der Formänderungen

Es gilt 6.6. Für die Berechnung der Knotenmomente darf vereinfachend der E-Modul $E = 3000 \cdot \sigma_0$ angenommen werden. Beim Nachweis der Knicksicherheit gilt der ideelle Sekantenmodul $E_i = 1\,100 \cdot \sigma_0$.

7.7 Aussteifung und Knicklänge von Wänden

7.7.1 Allgemeine Annahmen für aussteifende Wände

Es gilt 6.7.1.

7.7.2 Knicklängen

Die Knicklänge h_K von Wänden ist in Abhängigkeit von der lichten Geschoßhöhe h_s wie folgt in Rechnung zu stellen:

a) Frei stehende Wände:

$$h_K = 2 \cdot h_s \sqrt{\frac{1 + 2N_o/N_u}{3}} \qquad (7)$$

Hierin bedeuten:

N_o Längskraft am Wandkopf,

N_u Längskraft am Wandfuß.

b) Zweiseitig gehaltene Wände:
Im allgemeinen gilt

$$h_K = h_s \qquad (8a)$$

Bei flächig aufgelagerten Decken, z. B. Massivdecken, darf die Knicklänge wegen der Einspannung der Wände in den Decken nach Tabelle 7 reduziert werden, wenn die Bedingungen dieser Tabelle eingehalten sind. Hierbei darf der Wert β nach Gleichung (8b) angenommen werden, falls er nicht durch Rahmenrechnung nach Theorie II. Ordnung bestimmt wird:

$$\beta = 1 - 0{,}15 \cdot \frac{E_b I_b}{E_{mw} I_{mw}} \cdot h_s \cdot \left(\frac{1}{l_1} + \frac{1}{l_2}\right) \geq 0{,}75 \qquad (8b)$$

Hierin bedeuten:

E_{mw}, E_b E-Modul des Mauerwerks nach 6.6 bzw. des Betons nach DIN 1045

I_{mw}, I_b Flächenmoment 2. Grades der Mauerwerkswand bzw. der Betondecke

l_1, l_2 Angrenzende Deckenstützweiten; bei Außenwänden gilt

$$\frac{1}{l_2} = 0.$$

Bei Wanddicken ≤ 175 mm darf ohne Nachweis $\beta = 0{,}75$ gesetzt werden. Ist die rechnerische Exzentrizität der Last im Knotenanschnitt nach 7.2.4 größer als 1/3 der Wanddicke, so ist stets $\beta = 1$ zu setzen

Tabelle 7: Reduzierung der Knicklänge zweiseitig gehaltener Wände mit flächig aufgelagerten Massivdecken

Wanddicke d mm	Erforderliche Auflagertiefe a der Decke auf der Wand
< 240	d
≥ 240 ≤ 300	$\geq \frac{3}{4} d$
> 300	$\geq \frac{2}{3} d$
Planmäßige Ausmitte e[1]) der Last in halber Geschoßhöhe (für alle Wanddicken)	**Reduzierte Knicklänge h_K[2])**
$\leq \frac{d}{6}$	$\beta \cdot h_s$
$\frac{d}{3}$	$1{,}00\ h_s$

[1]) Das heißt Ausmitte ohne Berücksichtigung von f_1 und f_2 nach 7.9.2, jedoch gegebenenfalls auch infolge Wind.

[2]) Zwischenwerte dürfen geradlinig eingeschaltet werden.

c) Dreiseitig gehaltene Wände (mit einem freien vertikalen Rand):

$$h_K = \frac{1}{1+\left(\frac{\beta \cdot h_s}{3b}\right)^2} \cdot \beta \cdot h_s \geq 0{,}3 \cdot h_s \quad (9a)$$

d) Vierseitig gehaltene Wände:

für $h_s \leq b$:

$$h_K = \frac{1}{1+\left(\frac{\beta \cdot h_s}{b}\right)^2} \cdot \beta \cdot h_s \quad (9b)$$

für $h_s > b$:

$$h_K = \frac{b}{2} \quad (9c)$$

Hierin bedeuten:

b Abstand des freien Randes von der Mitte der aussteifenden Wand, bzw. Mittenabstand der aussteifenden Wände

β wie bei zweiseitig gehaltenen Wänden

Ist $b > 30\,d$ bei vierseitig gehaltenen Wänden, bzw. $b > 15\,d$ bei dreiseitig gehaltenen Wänden, so sind diese wie zweiseitig gehaltene zu behandeln. Hierin ist d die Dicke der gehaltenen Wand. Ist die Wand im Bereich des mittleren Drittels durch vertikale Schlitze oder Nischen geschwächt, so ist für d die Restwanddicke einzusetzen oder ein freier Rand anzunehmen. Unabhängig von der Lage eines vertikalen Schlitzes oder einer Nische ist an ihrer Stelle ein freier Rand anzunehmen, wenn die Restwanddicke kleiner als die halbe Wanddicke oder kleiner als 115 mm ist.

7.7.3 Öffnungen in Wänden

Es gilt 6.7.3.

7.8 Mittragende Breite von zusammengesetzten Querschnitten

Es gilt 6.8.

7.9 Bemessung mit dem genaueren Verfahren

7.9.1 Tragfähigkeit bei zentrischer und exzentrischer Druckbeanspruchung

Auf der Grundlage einer linearen Spannungsverteilung und ebenbleibender Querschnitte ist nachzuweisen, daß die γ-fache Gebrauchslast ohne Mitwirkung des Mauerwerks auf Zug im Bruchzustand aufgenommen werden kann. Hierbei ist β_R der Rechenwert der Druckfestigkeit des Mauerwerks mit der theoretischen Schlankheit Null. β_R ergibt sich aus

$$\beta_R = 2{,}67 \cdot \sigma_o \quad (10)$$

Hierin bedeutet:

σ_o Grundwert der zulässigen Druckspannung nach Tabellen 4a, 4b oder 4c.

Der Sicherheitsbeiwert ist $\gamma_W = 2{,}0$ für Wände und für "kurze Wände" (Pfeiler) nach 2.3, die aus einem oder mehreren ungetrennten Steinen oder aus getrennten Steinen mit einem Lochanteil von weniger als 35 % bestehen und keine Aussparungen oder Schlitze enthalten. Für alle anderen "kurzen Wände" gilt $\gamma_P = 2{,}5$. Gemauerte Querschnitte mit Flächen kleiner als 400 cm² sind als tragende Teile unzulässig.

Im Gebrauchszustand dürfen klaffende Fugen infolge der planmäßigen Exzentrizität e (ohne f_1 und f_2 nach 7.9.2) rechnerisch höchstens bis zum Schwerpunkt des Gesamtquerschnitts entstehen. Bei Querschnitten, die vom Rechteck abweichen, ist außerdem eine mindestens 1,5fache Kippsicherheit nachzuweisen. Bei Querschnitten mit Scheibenbeanspruchung und klaffender Fuge ist zusätzlich nachzuweisen, daß die rechnerische Randdehnung aus der Scheibenbeanspruchung auf der Seite der Klaffung unter Gebrauchslast den Wert $\varepsilon_R = 10^{-4}$ nicht überschreitet (siehe Bild 3). Bei exzentrischer Beanspruchung darf im Bruchzustand die Kantenpressung den Wert $1{,}33\,\beta_R$, die mittlere Spannung den Wert β_R nicht überschreiten.

7.9.2 Nachweis der Knicksicherheit

Bei der Ermittlung der Spannungen sind außer der planmäßigen Exzentrizität e die ungewollte Ausmitte f_1 und die Stabauslenkung f_2 nach Theorie II. Ordnung zu berücksichtigen. Die ungewollte Ausmitte darf bei zweiseitig gehaltenen Wänden sinusförmig über die Geschoßhöhe mit dem Maximalwert

$$f_1 = \frac{h_K}{300}$$

(h_K = Knicklänge nach 7.7.2) angenommen werden.

Die Spannungsdehnungsbeziehung ist durch einen ideellen Sekantenmodul E_i zu erfassen. Abweichend von Tabelle 2 gilt für alle Mauerwerksarten $E_i = 1100 \cdot \sigma_o$.

An Stelle einer genaueren Rechnung darf die Knicksicherheit durch Bemessung der Wand in halber Geschoßhöhe nachgewiesen werden, wobei außer der planmäßigen Exzentrizität e an dieser Stelle folgende zusätzliche Exzentrizität $f = f_1 + f_2$ anzusetzen ist:

$$f = \bar{\lambda} \cdot \frac{1+m}{1800} \cdot h_K \quad (11)$$

Hierin bedeuten:

$\bar{\lambda} = \frac{h_K}{d}$ Schlankheit der Wand

h_K Knicklänge der Wand

$m = \frac{6 \cdot e}{d}$ bezogene planmäßige Exzentrizität in halber Geschoßhöhe

In Gleichung (11) ist der Einfluß des Kriechens in angenäherter Form erfaßt.

Wandmomente nach 7.2.5 sind mit ihren Werten in halber Geschoßhöhe als planmäßige Exzentrizitäten zu berücksichtigen.

Schlankheiten $\bar{\lambda} > 25$ sind nicht zulässig.

Bei zweiseitig gehaltenen Wänden nach 6.4 mit Schlankheiten $\bar{\lambda} > 12$ und Wandbreiten < 2,0 m ist zusätzlich nachzuweisen, daß unter dem Einfluß einer ungewollten, horizontalen Einzellast $H = 0{,}5$ kN die Sicherheit γ mindestens 1,5 beträgt. Die Horizontalkraft H ist in halber Wandhöhe anzusetzen und darf auf die vorhandene Wandbreite b gleichmäßig verteilt werden.

Dieser Nachweis darf entfallen, wenn

$$\bar{\lambda} \leq 20 - 1000 \cdot \frac{H}{A \cdot \beta_R} \quad (12)$$

Hierin bedeutet:

A Wandquerschnitt $b \cdot d$.

7.9.3 Einzellasten, Lastausbreitung und Teilflächenpressung

Werden Wände von Einzellasten belastet, so ist die Aufnahme der Spaltzugkräfte konstruktiv sicherzustellen. Die Spaltzugkräfte können durch die Zugfestigkeit des Mauerwerksverbandes, durch Bewehrung oder durch Stahlbetonkonstruktionen aufgenommen werden.

Ist die Aufnahme der Spaltzugkräfte konstruktiv gesichert, so darf die Druckverteilung unter konzentrierten Lasten innerhalb des Mauerwerkes unter 60° angesetzt werden. Der höher beanspruchte Wandbereich darf in höherer Mauerwerksfestigkeit ausgeführt werden. 7.5 ist zu beachten.

Wird nur die Teilfläche A_1 (Übertragungsfläche) eines Mauerwerksquerschnittes durch eine Druckkraft mittig oder ausmittig belastet, dann darf A_1 mit folgender Teilflächenpressung σ_1 beansprucht werden, sofern die Teilfläche $A_1 \leq 2\,d^2$ und die Exzentrizität des Schwerpunktes der Teilfläche $e < \frac{d}{6}$ ist:

$$\sigma_1 = \frac{\beta_R}{\gamma}\left(1 + 0{,}1 \cdot \frac{a_1}{l_1}\right) \leq 1{,}5 \cdot \frac{\beta_R}{\gamma} \qquad (13)$$

Hierin bedeuten:

- a_1 Abstand der Teilfläche vom nächsten Rand der Wand in Längsrichtung
- l_1 Länge der Teilfläche in Längsrichtung
- d Dicke der Wand
- γ Sicherheitsbeiwert nach 7.9.1.

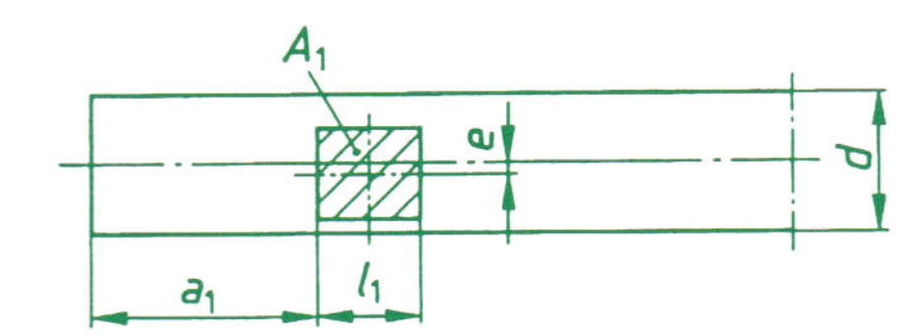

Bild 5: Teilflächenpressungen

Teilflächenpressungen rechtwinklig zur Wandebene dürfen den Wert $0{,}5\,\beta_R$ nicht überschreiten. Bei Einzellasten $F \geq 3$ kN ist zusätzlich die Schubspannung in den Lagerfugen der belasteten Einzelsteine nach 7.9.5 nachzuweisen. Bei Loch- und Kammersteinen ist z. B. durch Unterlagsplatten sicherzustellen, daß die Druckkraft auf mindestens 2 Stege übertragen wird.

7.9.4 Zug- und Biegezugspannungen

Zug- und Biegezugspannungen rechtwinklig zur Lagerfuge dürfen in tragenden Wänden nicht in Rechnung gestellt werden.

Zug- und Biegezugspannungen σ_Z parallel zur Lagerfuge in Wandrichtung dürfen bis zu folgenden Höchstwerten im Gebrauchszustand in Rechnung gestellt werden:

$$\text{zul}\,\sigma_Z \leq \frac{1}{\gamma}\,(\beta_{RHS} + \mu \cdot \sigma_D)\,\frac{\ddot{u}}{h} \qquad (14)$$

$$\text{zul}\,\sigma_Z \leq \frac{\beta_{RZ}}{2\gamma} \leq 0{,}3\ \text{MN/m}^2 \qquad (15)$$

Der kleinere Wert ist maßgebend.

Hierin bedeuten:

- zul σ_Z zulässige Zug- und Biegezugspannung parallel zur Lagerfuge
- σ_D Druckspannung rechtwinklig zur Lagerfuge
- β_{RHS} Rechenwert der abgeminderten Haftscherfestigkeit nach 7.9.5
- β_{RZ} Rechenwert der Steinzugfestigkeit nach 7.9.5
- μ Reibungsbeiwert = 0,6
- $\ddot{u}$ Überbindemaß nach 9.3
- h Steinhöhe
- γ Sicherheitsbeiwert nach 7.9.1

7.9.5 Schubnachweis

Die Schubspannungen sind nach der technischen Biegelehre bzw. nach der Scheibentheorie für homogenes Material zu ermitteln, wobei Querschnittsbereiche, in denen die Fugen rechnerisch klaffen, nicht in Rechnung gestellt werden dürfen.

Die unter Gebrauchslast vorhandenen Schubspannungen τ und die zugehörige Normalspannung σ in der Lagerfuge müssen folgenden Bedingungen genügen:

Scheibenschub:

$$\gamma \cdot \tau \leq \beta_{RHS} + \bar{\mu} \cdot \sigma \qquad (16a)$$

$$\leq 0{,}45 \cdot \beta_{RHS} \cdot \sqrt{1 + \sigma/\beta_{RZ}} \qquad (16b)$$

Plattenschub:

$$\gamma \cdot \tau \leq \beta_{RHS} + \mu \cdot \sigma \qquad (16c)$$

Hierin bedeuten:

- β_{RHS} Rechenwert der abgeminderten Haftscherfestigkeit. Es gilt $\beta_{RHS} = 2\,\sigma_{0HS}$ mit σ_{0HS} nach Tabelle 5. Auf die erforderliche Vorbehandlung von Steinen und Arbeitsfugen entsprechend 9.1 wird besonders hingewiesen.
- μ Rechenwert des Reibungsbeiwertes. Für alle Mörtelarten darf $\mu = 0{,}6$ angenommen werden.
- $\bar{\mu}$ Rechenwert des abgeminderten Reibungsbeiwertes. Mit der Abminderung wird die Spannungsverteilung in der Lagerfuge längs eines Steins berücksichtigt. Für alle Mörtelgruppen darf $\bar{\mu} = 0{,}4$ gesetzt werden.

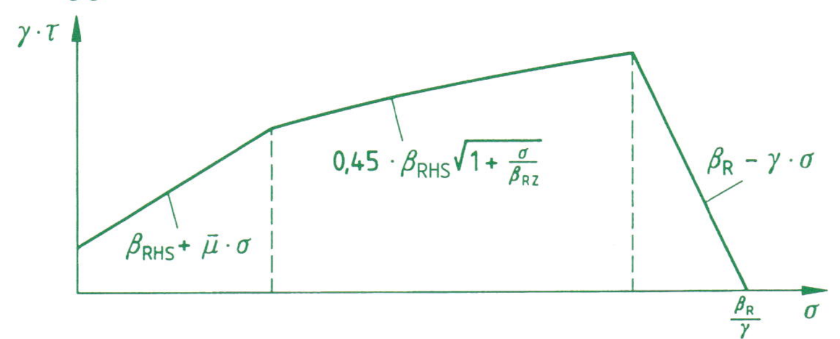

Bild 6: Bereich der Schubtragfähigkeit bei Scheibenschub

β_{RZ} Rechenwert der Steinzugfestigkeit. Es gilt:

$\beta_{RZ} = 0{,}025 \cdot \beta_{Nst}$ für Hohlblocksteine

$= 0{,}033 \cdot \beta_{Nst}$ für Hochlochsteine und Steine mit Grifföffnungen oder Grifflöchern

$= 0{,}040 \cdot \beta_{Nst}$ für Vollsteine ohne Grifföffnungen oder Grifflöcher

β_{Nst} Nennwert der Steindruckfestigkeit (Steindruckfestigkeitsklasse)

γ Sicherheitsbeiwert nach 7.9.1

Bei Rechteckquerschnitten genügt es, den Schubnachweis für die Stelle der maximalen Schubspannung zu führen. Bei zusammengesetzten Querschnitten ist außerdem der Nachweis am Anschnitt der Teilquerschnitte zu führen.

8 Bauteile und Konstruktionsdetails

8.1 Wandarten, Wanddicken

8.1.1 Allgemeines

Die statisch erforderliche Wanddicke ist nachzuweisen. Hierauf darf verzichtet werden, wenn die gewählte Wanddicke offensichtlich ausreicht. Die in den folgenden Abschnitten festgelegten Mindestwanddicken sind einzuhalten.

Innerhalb eines Geschosses soll zur Vereinfachung von Ausführung und Überwachung das Wechseln von Steinarten und Mörtelgruppen möglichst eingeschränkt werden (siehe auch 5.2.3).

Steine, die unmittelbar der Witterung ausgesetzt bleiben, müssen frostwiderstandsfähig sein. Sieht die Stoffnorm hinsichtlich der Frostwiderstandsfähigkeit unterschiedliche Klassen vor, so sind bei Schornsteinköpfen, Kellereingangs-, Stütz- und Gartenmauern, stark strukturiertem Mauerwerk und ähnlichen Anwendungsbereichen Steine mit der höchsten Frostwiderstandsfähigkeit zu verwenden.

Unmittelbar der Witterung ausgesetzte, horizontale und leicht geneigte Sichtmauerwerksflächen, wie z. B. Mauerkronen, Schornsteinköpfe, Brüstungen, sind durch geeignete Maßnahmen (z. B. Abdeckung) so auszubilden, daß Wasser nicht eindringen kann.

8.1.2 Tragende Wände

8.1.2.1 Allgemeines

Wände, die mehr als ihre Eigenlast aus einem Geschoß zu tragen haben, sind stets als tragende Wände anzusehen. Wände, die der Aufnahme von horizontalen Kräften rechtwinklig zur Wandebene dienen, dürfen auch als nichttragende Wände nach 8.1.3 ausgebildet sein.

Tragende Innen- und Außenwände sind mit einer Dicke von mindestens 115 mm auszuführen, sofern aus Gründen der Standsicherheit, der Bauphysik oder des Brandschutzes nicht größere Dicken erforderlich sind.

Die Mindestmaße tragender Pfeiler betragen 115 mm × 365 mm bzw. 175 mm × 240 mm.

Tragende Wände sollen unmittelbar auf Fundamente gegründet werden. Ist dies in Sonderfällen nicht möglich, so ist auf ausreichende Steifigkeit der Abfangkonstruktion zu achten.

8.1.2.2 Aussteifende Wände

Es ist 8.1.2.1, zweiter und letzter Absatz, zu beachten.

8.1.2.3 Kellerwände

Bei Kellerwänden darf der Nachweis auf Erddruck entfallen, wenn die folgenden Bedingungen erfüllt sind:

a) Lichte Höhe der Kellerwand $h_s \leq 2{,}60$ m, Wanddicke $d \geq 240$ mm.

b) Die Kellerdecke wirkt als Scheibe und kann die aus dem Erddruck entstehenden Kräfte aufnehmen.

c) Im Einflußbereich des Erddrucks auf die Kellerwände beträgt die Verkehrslast auf der Geländeoberfläche nicht mehr als 5 kN/m², die Geländeoberfläche steigt nicht an, und die Anschütthöhe h_e ist nicht größer als die Wandhöhe h_s.

d) Die Wandlängskraft N_1 aus ständiger Last in halber Höhe der Anschüttung liegt innerhalb folgender Grenzen:

$$\frac{d \cdot \beta_R}{3\gamma} \geq N_1 \geq \min N \quad \text{mit} \quad \min N = \frac{\rho_e \cdot h_s \cdot h_e^2}{20d} \qquad (17)$$

Hierin und in Bild 7 bedeuten:

h_s lichte Höhe der Kellerwand

h_e Höhe der Anschüttung

d Wanddicke

ρ_e Rohdichte der Anschüttung

β_R, γ nach 7.9.1

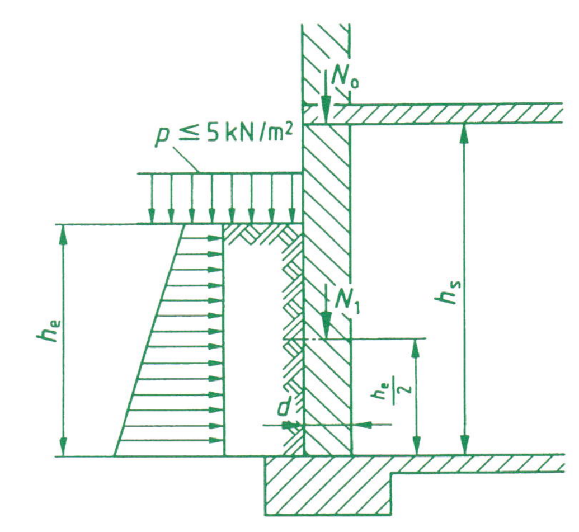

Bild 7: Lastannahmen für Kellerwände

Anstelle von Gleichung (17) darf nachgewiesen werden, daß die ständige Auflast N_o der Kellerwand unterhalb der Kellerdecke innerhalb folgender Grenzen liegt:

$$\max N_o \geq N_o \geq \min N_o \qquad (18)$$

mit

$\max N_o = 0{,}45 \cdot d \cdot \sigma_o$

$\min N_o$ nach Tabelle 8

σ_o siehe Tabellen 4a, 4b oder 4c

Tabelle 8: Min N_o für Kellerwände ohne rechnerischen Nachweis

Wanddicke d mm	min N_o in kN/m bei einer Höhe der Anschüttung h_e von 1,0 m	1,5 m	2,0 m	2,5 m
240	6	20	45	75
300	3	15	30	50
365	0	10	25	40
490	0	5	15	30
Zwischenwerte sind geradlinig zu interpolieren.				

Ist die dem Erddruck ausgesetzte Kellerwand durch Querwände oder statisch nachgewiesene Bauteile im Abstand b ausgesteift, so daß eine zweiachsige Lastabtragung in der Wand stattfinden kann, dürfen die unteren Grenzwerte N_o und N_1 wie folgt abgemindert werden:

Tabelle 9: Größte zulässige Werte der Ausfachungsfläche von nichttragenden Außenwänden ohne rechnerischen Nachweis

1	2	3	4	5	6	7
Wanddicke d mm	Größte zulässige Werte[1]) der Ausfachungsfläche in m^2 bei einer Höhe über Gelände von					
	0 bis 8 m		8 bis 20 m		20 bis 100 m	
	$\varepsilon = 1,0$	$\varepsilon \geq 2,0$	$\varepsilon = 1,0$	$\varepsilon \geq 2,0$	$\varepsilon = 1,0$	$\varepsilon \geq 2,0$
115 [2])	12	8	8	5	6	4
175	20	14	13	9	9	6
240	36	25	23	16	16	12
≥ 300	50	33	35	23	25	17

[1]) Bei Seitenverhältnissen $1,0 < \varepsilon < 2,0$ dürfen die größten zulässigen Werte der Ausfachungsflächen geradlinig interpoliert werden.

[2]) Bei Verwendung von Steinen der Festigkeitsklassen ≥ 12 dürfen die Werte dieser Zeile um $^1/_3$ vergrößert werden.

$$b \leq h_s: \quad N_1 \geq \frac{1}{2} \min N; \quad N_o \geq \frac{1}{2} \min N_o \qquad (19)$$

$$b \geq 2h_s: \quad N_1 \geq \min N; \quad N_o \geq \min N_o \qquad (20)$$

Zwischenwerte sind geradlinig zu interpolieren.

Die Gleichungen (17) bis (20) setzen rechnerisch klaffende Fugen voraus.

Bei allen Wänden, die Erddruck ausgesetzt sind, soll eine Sperrschicht gegen aufsteigende Feuchtigkeit aus besandeter Pappe oder aus Material mit entsprechendem Reibungsverhalten bestehen.

8.1.3 Nichttragende Wände

8.1.3.1 Allgemeines

Nichttragende Wände müssen auf ihre Fläche wirkende Lasten auf tragende Bauteile, z. B. Wand- oder Deckenscheiben, abtragen.

8.1.3.2 Nichttragende Außenwände

Bei Ausfachungswänden von Fachwerk-, Skelett- und Schottensystemen darf auf einen statischen Nachweis verzichtet werden, wenn

a) die Wände vierseitig gehalten sind (z. B. durch Verzahnung, Versatz oder Anker),

b) die Bedingungen nach Tabelle 9 erfüllt sind und

c) Normalmörtel mindestens der Mörtelgruppe IIa oder Dünnbettmörtel oder Leichtmörtel LM 36 verwendet werden.

In Tabelle 9 ist ε das Verhältnis der größeren zur kleineren Seite der Ausfachungsfläche.

Bei Verwendung von Steinen der Festigkeitsklassen ≥ 20 und gleichzeitig bei einem Seitenverhältnis $\varepsilon = h/l \geq 2,0$ dürfen die Werte der Tabelle 9, Spalten 3, 5 und 7, verdoppelt werden (h, l Höhe bzw. Länge der Ausfachungsfläche).

8.1.3.3 Nichttragende innere Trennwände

Für nichttragende innere Trennwände, die nicht durch auf ihre Fläche wirkende Windlasten beansprucht werden, siehe DIN 4103-1.

8.1.4 Anschluß der Wände an die Decken und den Dachstuhl

8.1.4.1 Allgemeines

Umfassungswände müssen an die Decken entweder durch Zuganker oder durch Reibung angeschlossen werden.

8.1.4.2 Anschluß durch Zuganker

Zuganker (bei Holzbalkendecken Anker mit Splinten) sind in belasteten Wandbereichen, nicht in Brüstungsbereichen, anzuordnen. Bei fehlender Auflast sind erforderlichenfalls Ringanker vorzusehen. Der Abstand der Zuganker soll im allgemeinen 2 m, darf jedoch in Ausnahmefällen 4 m nicht überschreiten. Bei Wänden, die parallel zur Deckenspannrichtung verlaufen, müssen die Maueranker mindestens einen 1 m breiten Deckenstreifen und mindestens zwei Deckenrippen oder zwei Balken, bei Holzbalkendecken drei Balken, erfassen oder in Querrippen eingreifen.

Werden mit den Umfassungswänden verankerte Balken über einer Innenwand gestoßen, so sind sie hier zugfest miteinander zu verbinden.

Giebelwände sind durch Querwände oder Pfeilervorlagen ausreichend auszusteifen, falls sie nicht kraftschlüssig mit dem Dachstuhl verbunden werden.

8.1.4.3 Anschluß durch Haftung und Reibung

Bei Massivdecken sind keine besonderen Zuganker erforderlich, wenn die Auflagertiefe der Decke mindestens 100 mm beträgt.

8.2 Ringanker und Ringbalken

8.2.1 Ringanker

In alle Außenwände und in die Querwände, die als vertikale Scheiben der Abtragung horizontaler Lasten (z. B. Wind) dienen, sind Ringanker zu legen, wenn mindestens eines der folgenden Kriterien zutrifft:

a) bei Bauten, die mehr als zwei Vollgeschosse haben oder länger als 18 m sind,

b) bei Wänden mit vielen oder besonders großen Öffnungen, besonders dann, wenn die Summe der Öffnungsbreiten 60 % der Wandlänge oder bei Fensterbreiten von mehr als $^2/_3$ der Geschoßhöhe 40 % der Wandlänge übersteigt,

c) wenn die Baugrundverhältnisse es erfordern.

Die Ringanker sind in jeder Deckenlage oder unmittelbar darunter anzubringen. Sie dürfen aus Stahlbeton, bewehrtem Mauerwerk, Stahl oder Holz ausgebildet werden und müssen unter Gebrauchslast eine Zugkraft von 30 kN aufnehmen können.

In Gebäuden, in denen der Ringanker nicht durchgehend ausgebildet werden kann, ist die Ringankerwirkung auf andere Weise sicherzustellen.

Ringanker aus Stahlbeton sind mit mindestens zwei durchlaufenden Rundstäben zu bewehren (z. B. zwei Stäben mit mindestens 10 mm Durchmesser). Stöße sind nach DIN 1045 auszubilden und möglichst gegeneinander zu versetzen. Ringanker aus bewehrtem Mauerwerk sind gleichwertig zu bewehren. Auf diese Ringanker dürfen dazu parallel liegende durchlaufende Bewehrungen mit vollem Querschnitt angerechnet werden, wenn sie in Decken oder in Fensterstürzen im Abstand von höchstens 0,5 m von der Mittelebene der Wand bzw. der Decke liegen.

8.2.2 Ringbalken

Werden Decken ohne Scheibenwirkung verwendet oder werden aus Gründen der Formänderung der Dachdecke Gleitschichten unter den Deckenauflagern angeordnet, so ist die horizontale Aussteifung der Wände durch Ringbalken oder statisch gleichwertige Maßnahmen sicherzustellen. Die Ringbalken und ihre Anschlüsse an die aussteifenden Wände sind für eine horizontale Last von $^{1}/_{100}$ der vertikalen Last der Wände und gegebenenfalls aus Wind zu bemessen. Bei der Bemessung von Ringbalken unter Gleitschichten sind außerdem Zugkräfte zu berücksichtigen, die den verbleibenden Reibungskräften entsprechen.

8.3 Schlitze und Aussparungen

Schlitze und Aussparungen, bei denen die Grenzwerte nach Tabelle 10 eingehalten werden, dürfen ohne Berücksichtigung bei der Bemessung des Mauerwerks ausgeführt werden.

Vertikale Schlitze und Aussparungen sind auch dann ohne Nachweis zulässig, wenn die Querschnittsschwächung, bezogen auf 1 m Wandlänge, nicht mehr als 6 % beträgt und die Wand nicht drei- oder vierseitig gehalten gerechnet ist. Hierbei müssen eine Restwanddicke nach Tabelle 10, Spalte 8, und ein Mindestabstand nach Spalte 9 eingehalten werden.

Alle übrigen Schlitze und Aussparungen sind bei der Bemessung des Mauerwerks zu berücksichtigen.

8.4 Außenwände

8.4.1 Allgemeines

Außenwände sollen so beschaffen sein, daß sie Schlagregenbeanspruchungen standhalten. DIN 4108-3 gibt dafür Hinweise.

8.4.2 Einschalige Außenwände

8.4.2.1 Verputzte einschalige Außenwände

Bei Außenwänden aus nicht frostwiderstandsfähigen Steinen ist ein Außenputz, der die Anforderungen nach DIN 18550-1 erfüllt, anzubringen oder ein anderer Witterungsschutz vorzusehen.

8.4.2.2 Unverputzte einschalige Außenwände (einschaliges Verblendmauerwerk)

Bleibt bei einschaligen Außenwänden das Mauerwerk an der Außenseite sichtbar, so muß jede Mauerschicht mindestens zwei Steinreihen gleicher Höhe aufweisen, zwischen denen eine durchgehende, schichtweise versetzte, hohlraumfrei vermörtelte, 20 mm dicke Längsfuge verläuft (siehe Bild 8). Die Mindestwanddicke beträgt 310 mm. Alle Fugen müssen vollfugig und haftschlüssig vermörtelt werden.

Bei einschaligem Verblendmauerwerk gehört die Verblendung zum tragenden Querschnitt. Für die zulässige Beanspruchung ist die im Querschnitt verwendete niedrigste Steinfestigkeitsklasse maßgebend.

Soweit kein Fugenglattstrich ausgeführt wird, sollen die Fugen der Sichtflächen mindestens 15 mm tief flankensauber ausgekratzt und anschließend handwerksgerecht ausgefugt werden.

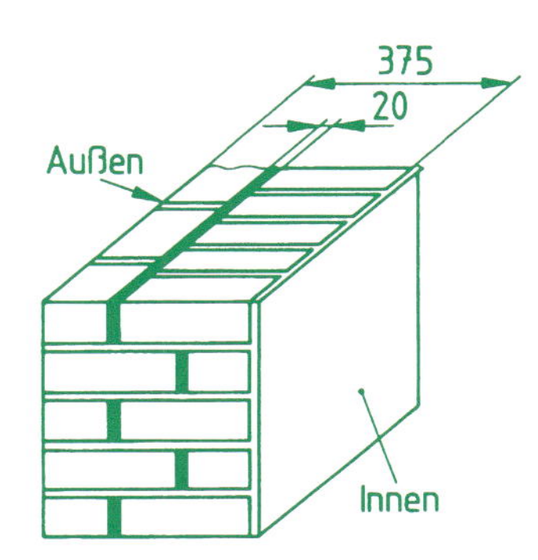

Bild 8: Schnitt durch 375 mm dickes einschaliges Verblendmauerwerk (Prinzipskizze)

8.4.3 Zweischalige Außenwände

8.4.3.1 Konstruktionsarten und allgemeine Bestimmungen für die Ausführung

Nach dem Wandaufbau wird unterschieden nach zweischaligen Außenwänden

- mit Luftschicht,
- mit Luftschicht und Wärmedämmung,
- mit Kerndämmung,
- mit Putzschicht.

Bei Anordnung einer nichttragenden Außenschale (Verblendschale oder geputzte Vormauerschale) vor einer tragenden Innenschale (Hintermauerschale) ist folgendes zu beachten:

a) Bei der Bemessung ist als Wanddicke nur die Dicke der tragenden Innenschale anzunehmen. Wegen der Mindestdicke der Innenschale siehe 8.1.2.1. Bei Anwendung des vereinfachten Verfahrens ist 6.1 zu beachten.

b) Die Mindestdicke der Außenschale beträgt 90 mm. Dünnere Außenschalen sind Bekleidungen, deren Ausführung in DIN 18515 geregelt ist. Die Mindestlänge von gemauerten Pfeilern in der Außenschale, die nur Lasten aus der Außenschale zu tragen haben, beträgt 240 mm.

Die Außenschale soll über ihre ganze Länge und vollflächig aufgelagert sein. Bei unterbrochener Auflagerung (z. B. auf Konsolen) müssen in der Abfangebene alle Steine beidseitig aufgelagert sein.

c) Außenschalen von 115 mm Dicke sollen in Höhenabständen von etwa 12 m abgefangen werden. Sie dürfen bis zu 25 mm über ihr Auflager vorstehen. Ist die 115 mm dicke Außenschale nicht höher als zwei Geschosse oder wird sie alle zwei Geschosse abgefangen, dann darf sie bis zu einem Drittel ihrer Dicke über ihr Auflager vorstehen. Diese Überstände sind beim Nachweis der Auflagerpressung zu berücksichtigen. Für die Ausführung der Fugen der Sichtflächen von Verblendschalen siehe 8.4.2.2.

d) Außenschalen von weniger als 115 mm Dicke dürfen nicht höher als 20 m über Gelände geführt werden und sind in Höhenabständen von etwa 6 m abzufangen. Bei Gebäuden bis zwei Vollgeschossen darf ein Giebeldreieck bis 4 m Höhe ohne zusätzliche Abfangung ausgeführt werden. Diese Außenschalen dürfen maximal 15 mm über ihr Auflager vorstehen. Die Fugen der Sichtflächen von diesen Verblendschalen sollen in Glattstrich ausgeführt werden.

Tabelle 10: Ohne Nachweis zulässige Schlitze und Aussparungen in tragenden Wänden

Maße in mm

1	2	3	4	5	6	7	8	9	10
Wanddicke	Horizontale und schräge Schlitze[1]) nachträglich hergestellt		Vertikale Schlitze und Aussparungen, nachträglich hergestellt			Vertikale Schlitze und Aussparungen in gemauertem Verband			
	Schlitzlänge		Schlitztiefe[4])	Einzelschlitzbreite[5])	Abstand der Schlitze und Aussparungen von Öffnungen	Schlitzbreite[5])	Restwanddicke	Mindestabstand der Schlitze und Aussparungen	
	unbeschränkt	≤ 1,25 m²)							
	Schlitztiefe[3])	Schlitztiefe						von Öffnungen	untereinander
≥ 115	–	–	≤ 10	≤ 100	≥ 115	–	–	≥ 2fache Schlitzbreite bzw. ≥ 240	≥ Schlitzbreite
≥ 175	0	≤ 25	≤ 30	≤ 100		≤ 260	≥ 115		
≥ 240	≤ 15	≤ 25	≤ 30	≤ 150		≤ 385	≥ 115		
≥ 300	≤ 20	≤ 30	≤ 30	≤ 200		≤ 385	≥ 175		
≥ 365	≤ 20	≤ 30	≤ 30	≤ 200		≤ 385	≥ 240		

[1]) Horizontale und schräge Schlitze sind nur zulässig in einem Bereich ≤ 0,4 m ober- oder unterhalb der Rohdecke sowie jeweils an einer Wandseite. Sie sind nicht zulässig bei Langlochziegeln.

[2]) Mindestabstand in Längsrichtung von Öffnungen ≥ 490 mm, vom nächsten Horizontalschlitz zweifache Schlitzlänge.

[3]) Die Tiefe darf um 10 mm erhöht werden, wenn Werkzeuge verwendet werden, mit denen die Tiefe genau eingehalten werden kann. Bei Verwendung solcher Werkzeuge dürfen auch in Wänden ≥ 240 mm gegenüberliegende Schlitze mit jeweils 10 mm Tiefe ausgeführt werden.

[4]) Schlitze, die bis maximal 1 m über den Fußboden reichen, dürfen bei Wanddicken ≥ 240 mm bis 80 mm Tiefe und 120 mm Breite ausgeführt werden.

[5]) Die Gesamtbreite von Schlitzen nach Spalte 5 und Spalte 7 darf je 2 m Wandlänge die Maße in Spalte 7 nicht überschreiten. Bei geringeren Wandlängen als 2 m sind die Werte in Spalte 7 proportional zur Wandlänge zu verringern.

e) Die Mauerwerksschalen sind durch Drahtanker aus nichtrostendem Stahl mit den Werkstoffnummern 1.4401 oder 1.4571 nach DIN 17440 zu verbinden (siehe Tabelle 11). Die Drahtanker müssen in Form und Maßen Bild 9 entsprechen. Der vertikale Abstand der Drahtanker soll höchstens 500 mm, der horizontale Abstand höchstens 750 mm betragen.

Tabelle 11: Mindestanzahl und Durchmesser von Drahtankern je m² Wandfläche

		Drahtanker	
		Mindest-anzahl	Durch-messer mm
1	mindestens, sofern nicht Zeilen 2 und 3 maßgebend	5	3
2	Wandbereich höher als 12 m über Gelände oder Abstand der Mauerwerks-schalen über 70 bis 120 mm	5	4
3	Abstand der Mauerwerks-schalen über 120 bis 150 mm	7 oder 5	4 5

An allen freien Rändern (von Öffnungen, an Gebäudeecken, entlang von Dehnungsfugen und an den oberen Enden der Außenschalen) sind zusätzlich zu Tabelle 11 drei Drahtanker je m Randlänge anzuordnen.

Werden die Drahtanker nach Bild 9 in Leichtmörtel eingebettet, so ist dafür LM 36 erforderlich. Drahtanker in Leichtmörtel LM 21 bedürfen einer anderen Verankerungsart.

Andere Verankerungsarten der Drahtanker sind zulässig, wenn durch Prüfzeugnis nachgewiesen wird, daß diese Verankerungsart eine Zug- und Druckkraft von mindestens 1 kN bei 1,0 mm Schlupf je Drahtanker aufnehmen kann. Wird einer dieser Werte nicht erreicht, so ist die Anzahl der Drahtanker entsprechend zu erhöhen.

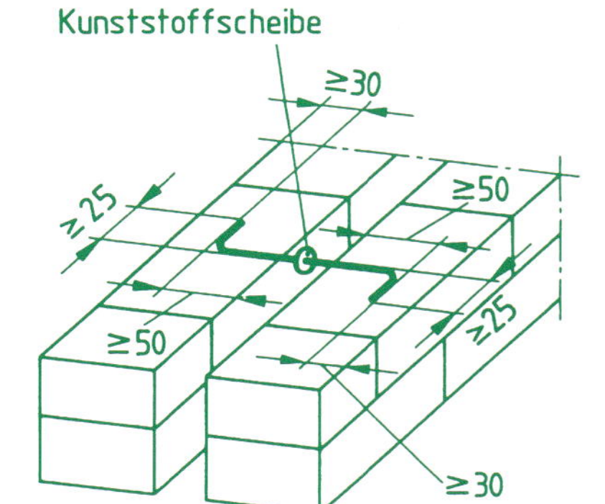

Bild 9: Drahtanker für zweischaliges Mauerwerk für Außenwände

Die Drahtanker sind unter Beachtung ihrer statischen Wirksamkeit so auszuführen, daß sie keine Feuchte von der Außen- zur Innenschale leiten können (z. B. Aufschieben einer Kunststoffscheibe, siehe Bild 9).

Andere Ankerformen (z. B. Flachstahlanker) und Dübel im Mauerwerk sind zulässig, wenn deren Brauchbarkeit nach den bauaufsichtlichen Vorschriften nachgewiesen ist, z. B. durch eine allgemeine bauaufsichtliche Zulassung.

Bei nichtflächiger Verankerung der Außenschale, z. B. linienförmig oder nur in Höhe der Decken, ist ihre Standsicherheit nachzuweisen.

Bei gekrümmten Mauerwerksschalen sind Art, Anordnung und Anzahl der Anker unter Berücksichtigung der Verformung festzulegen.

f) Die Innenschalen und die Geschoßdecken sind an den Fußpunkten der Zwischenräume der Wandschalen gegen Feuchtigkeit zu schützen (siehe Bild 10). Die Abdichtung ist im Bereich des Zwischenraumes im Gefälle nach außen, im Bereich der Außenschale horizontal zu verlegen. Dieses gilt auch bei Fenster- und Türstürzen sowie im Bereich von Sohlbänken.

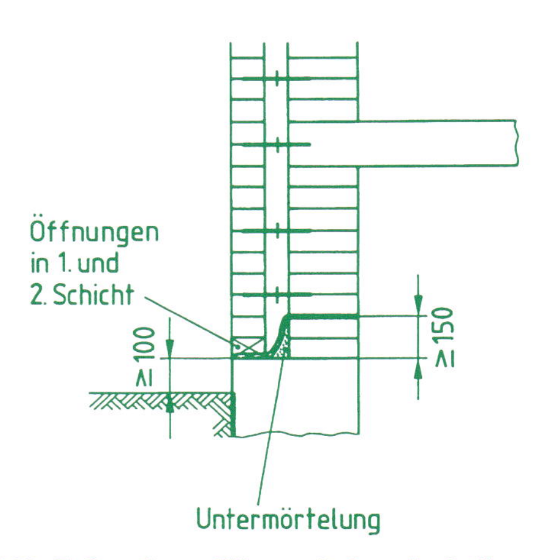

Bild 10: Fußpunktausführung bei zweischaligem Verblendmauerwerk (Prinzipskizze)

Die Aufstandsfläche muß so beschaffen sein, daß ein Abrutschen der Außenschale auf ihr nicht eintritt. Die erste Ankerlage ist so tief wie möglich anzuordnen. Die Dichtungsbahn für die untere Sperrschicht muß DIN 18195-4 entsprechen. Sie ist bis zur Vorderkante der Außenschale zu verlegen, an der Innenschale hochzuführen und zu befestigen.

g) Abfangekonstruktionen, die nach dem Einbau nicht mehr kontrollierbar sind, sollen dauerhaft gegen Korrosion geschützt sein.

h) In der Außenschale sollen vertikale Dehnungsfugen angeordnet werden. Ihre Abstände richten sich nach der klimatischen Beanspruchung (Temperatur, Feuchte usw.), der Art der Baustoffe und der Farbe der äußeren Wandfläche. Darüber hinaus muß die freie Beweglichkeit der Außenschale auch in vertikaler Richtung sichergestellt sein.

Die unterschiedlichen Verformungen der Außen- und Innenschale sind insbesondere bei Gebäuden mit über mehrere Geschosse durchgehender Außenschale auch bei der Ausführung der Türen und Fenster zu beachten. Die Mauerwerksschalen sind an ihren Berührungspunkten (z. B. Fenster- und Türanschlägen) durch eine wasserundurchlässige Sperrschicht zu trennen.

Die Dehnungsfugen sind mit einem geeigneten Material dauerhaft und dicht zu schließen.

8.4.3.2 Zweischalige Außenwände mit Luftschicht

Bei zweischaligen Außenwänden mit Luftschicht ist folgendes zu beachten:

a) Die Luftschicht soll mindestens 60 mm und darf bei Verwendung von Drahtankern nach Tabelle 11 höchstens 150 mm dick sein. Die Dicke der Luftschicht darf bis auf 40 mm vermindert werden, wenn der Fugenmörtel mindestens an einer Hohlraumseite abgestrichen wird. Die Luftschicht darf nicht durch Mörtelbrücken unterbrochen werden. Sie ist beim Hochmauern durch Abdecken oder andere geeignete Maßnahmen gegen herabfallenden Mörtel zu schützen.

b) Die Außenschalen sollen unten und oben mit Lüftungsöffnungen (z. B. offene Stoßfugen) versehen werden, wobei die unteren Öffnungen auch zur Entwässerung dienen. Das gilt auch für die Brüstungsbereiche der Außenschale. Die Lüftungsöffnungen sollen auf 20 m² Wandfläche (Fenster und Türen eingerechnet) eine Fläche von jeweils etwa 7500 mm² haben.

c) Die Luftschicht darf erst 100 mm über Erdgleiche beginnen und muß von dort bzw. von Oberkante Abfangkonstruktion (siehe 8.4.3.1, Aufzählung c)) bis zum Dach bzw. bis Unterkante Abfangkonstruktion ohne Unterbrechung hochgeführt werden.

8.4.3.3 Zweischalige Außenwände mit Luftschicht und Wärmedämmung

Bei Anordnung einer zusätzlichen matten- oder plattenförmigen Wärmedämmschicht auf der Außenseite der Innenschale ist zusätzlich zu 8.4.3.2 zu beachten:

a) Bei Verwendung von Drahtankern nach Tabelle 11 darf der lichte Abstand der Mauerwerksschalen 150 mm nicht überschreiten. Bei größerem Abstand ist die Verankerung durch andere Verankerungsarten gemäß 8.4.3.1, Aufzählung e), 4. Absatz, nachzuweisen.

b) Die Luftschichtdicke von mindestens 40 mm darf nicht durch Unebenheit der Wärmedämmschicht eingeengt werden. Wird diese Luftschichtdicke unterschritten, gilt 8.4.3.4.

c) Hinsichtlich der Eigenschaften und Ausführung der Wärmedämmschicht ist 8.4.3.4, Aufzählung a), sinngemäß zu beachten.

8.4.3.4 Zweischalige Außenwände mit Kerndämmung

Zusätzlich zu 8.4.3.2 gilt:

Der lichte Abstand der Mauerwerksschalen darf 150 mm nicht überschreiten. Der Hohlraum zwischen den Mauerwerksschalen darf ohne verbleibende Luftschicht verfüllt werden, wenn Wärmedämmstoffe verwendet werden, die für diesen Anwendungsbereich genormt sind oder deren Brauchbarkeit nach den bauaufsichtlichen Vorschriften nachgewiesen ist, z. B. durch eine allgemeine bauaufsichtliche Zulassung.

In Außenschalen dürfen glasierte Steine oder Steine mit Oberflächenbeschichtungen nur verwendet werden, wenn deren Frostwiderstandsfähigkeit unter erhöhter Beanspruchung geprüft wurde. [1])

Auf die vollfugige Vermauerung der Verblendschale und die sachgemäße Verfugung der Sichtflächen ist besonders zu achten.

Entwässerungsöffnungen in der Außenschale sollen auf 20 m² Wandfläche (Fenster und Türen eingerechnet) eine Fläche von mindestens 5 000 mm² im Fußpunktbereich haben.

Als Baustoff für die Wärmedämmung dürfen z. B. Platten, Matten, Granulate und Schüttungen aus Dämmstoffen, die dauerhaft wasserabweisend sind, sowie Ortschäume verwendet werden.

Bei der Ausführung gilt insbesondere:

a) Platten- und mattenförmige Mineralfaserdämmstoffe sowie Platten aus Schaumkunststoffen und Schaumglas als Kerndämmung sind an der Innenschale so zu befestigen, daß eine gleichmäßige Schichtdicke sichergestellt ist.

Platten- und mattenförmige Mineralfaserdämmstoffe sind so dicht zu stoßen, Platten aus Schaumkunststoffen so auszubilden und zu verlegen (Stufenfalz, Nut und Feder oder versetzte Lagen), daß ein Wasserdurchtritt an den Stoßstellen dauerhaft verhindert wird.

Materialausbruchstellen bei Hartschaumplatten (z. B. beim Durchstoßen der Drahtanker) sind mit einer lösungsmittelfreien Dichtungsmasse zu schließen.

Die Außenschale soll so dicht, wie es das Vermauern erlaubt (Fingerspalt), vor der Wärmedämmschicht errichtet werden.

b) Bei lose eingebrachten Wärmedämmstoffen (z. B. Mineralfasergranulat, Polystyrolschaumstoff-Partikeln, Blähperlit) ist darauf zu achten, daß der Dämmstoff den Hohlraum zwischen Außen- und Innenschale vollständig ausfüllt. Die Entwässerungsöffnungen am Fußpunkt der Wand müssen funktionsfähig bleiben. Das Ausrieseln des Dämmstoffes ist in geeigneter Weise zu verhindern (z. B. durch nichtrostende Lochgitter).

c) Ortschaum als Kerndämmung muß beim Ausschäumen den Hohlraum zwischen Außen- und Innenschale vollständig ausfüllen. Die Ausschäumung muß auf Dauer in ihrer Wirkung erhalten bleiben.

Für die Entwässerung gilt Aufzählung b) sinngemäß.

8.4.3.5 Zweischalige Außenwände mit Putzschicht

Auf der Außenseite der Innenschale ist eine zusammenhängende Putzschicht aufzubringen. Davor ist die Außenschale (Verblendschale) so dicht, wie es das Vermauern erlaubt (Fingerspalt), vollfugig zu errichten.

Wird statt der Verblendschale eine geputzte Außenschale angeordnet, darf auf die Putzschicht auf der Außenseite der Innenschale verzichtet werden.

Für die Drahtanker nach 8.4.3.1, Aufzählung e), genügt eine Dicke von 3 mm.

Bezüglich der Entwässerungsöffnungen gilt 8.4.3.2, Aufzählung b), sinngemäß. Auf obere Entlüftungsöffnungen darf verzichtet werden.

Bezüglich der Dehnungsfugen gilt 8.4.3.1, Aufzählung h).

8.5 Gewölbe, Bogen und Gewölbewirkung

8.5.1 Gewölbe und Bogen

Gewölbe und Bogen sollen nach der Stützlinie für ständige Last geformt werden. Der Gewölbeschub ist durch geeignete Maßnahmen aufzunehmen. Gewölbe und Bogen größerer Stützweite und stark wechselnder Last sind nach der Elastizitätstheorie zu berechnen. Gewölbe und Bogen mit günstigem Stichverhältnis, voller Hintermauerung oder reichlicher Überschüttungshöhe und mit überwiegender ständiger Last dürfen nach dem Stützlinienverfahren untersucht werden, ebenso andere Gewölbe und Bogen mit kleineren Stützweiten.

8.5.2 Gewölbte Kappen zwischen Trägern

Bei vorwiegend ruhender Verkehrslast nach DIN 1055-3 ist für Kappen, deren Dicke erfahrungsgemäß ausreicht (Trägerabstand bis etwa 2,50 m), ein statischer Nachweis nicht erforderlich.

Die Mindestdicke der Kappen beträgt 115 mm.

Es muß im Verband gemauert werden (Kuff oder Schwalbenschwanz).

Die Stichhöhe muß mindestens $^1/_{10}$ der Kappenstützweite sein.

---

[1]) Mauerziegel nach DIN 52252-1, Kalksandsteine nach DIN 106-2

Die Endfelder benachbarter Kappengewölbe müssen Zuganker erhalten, deren Abstände höchstens gleich dem Trägerabstand des Endfeldes sind. Sie sind mindestens in den Drittelpunkten und an den Trägerenden anzuordnen. Das Endfeld darf nur dann als ausreichendes Widerlager (starre Scheibe) für die Aufnahme des Horizontalschubes der Mittelfelder angesehen werden, wenn seine Breite mindestens ein Drittel seiner Länge ist. Bei schlankeren Endfeldern sind die Anker über mindestens zwei Felder zu führen. Die Endfelder als Ganzes müssen seitliche Auflager erhalten, die in der Lage sind, den Horizontalschub der Mittelfelder auch dann aufzunehmen, wenn die Endfelder unbelastet sind. Die Auflager dürfen durch Vormauerung, dauernde Auflast, Verankerung oder andere geeignete Maßnahmen gesichert werden.

Über den Kellern von Gebäuden mit vorwiegend ruhender Verkehrslast von maximal 2 kN/m^2 darf ohne statischen Nachweis davon ausgegangen werden, daß der Horizontalschub von Kappen bis 1,3 m Stützweite durch mindestens 2 m lange, 240 mm dicke und höchstens 6 m voneinander entfernte Querwände aufgenommen wird, wobei diese gleichzeitig mit den Auflagerwänden der Endfelder (in der Regel Außenwände) im Verband zu mauern sind oder, wenn Loch- bzw. stehende Verzahnung angewendet wird, durch statisch gleichwertige Maßnahmen zu verbinden sind.

8.5.3 Gewölbewirkung über Wandöffnungen

Voraussetzung für die Anwendung dieses Abschnittes ist, daß sich neben und oberhalb des Trägers und der Lastflächen eine Gewölbewirkung ausbilden kann, dort also keine störenden Öffnungen liegen, und der Gewölbeschub aufgenommen werden kann.

Bei Sturz- oder Abfangträgern unter Wänden braucht als Last nur die Eigenlast des Teils der Wände eingesetzt zu werden, der durch ein gleichseitiges Dreieck über dem Träger umschlossen wird.

Gleichmäßig verteilte Deckenlasten oberhalb des Belastungsdreiecks bleiben bei der Bemessung der Träger unberücksichtigt. Deckenlasten, die innerhalb des Belastungsdreiecks als gleichmäßig verteilte Last auf das Mauerwerk wirken (z. B. bei Deckenplatten und Balkendecken mit Balkenabständen ≤ 1,25 m), sind nur auf der Strecke, in der sie innerhalb des Dreiecks liegen, einzusetzen (siehe Bild 11a).

Für Einzellasten, z. B. von Unterzügen, die innerhalb oder in der Nähe des Lastdreiecks liegen, darf eine Lastverteilung von 60° angenommen werden. Liegen Einzellasten außerhalb des Lastdreiecks, so brauchen sie nur berücksichtigt zu werden, wenn sie noch innerhalb der Stützweite des Trägers

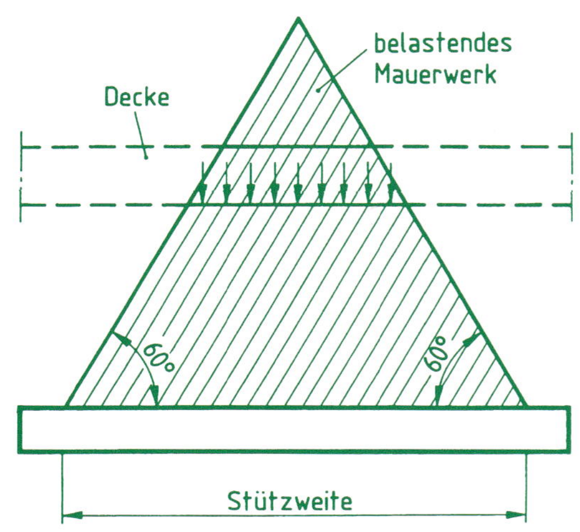

Bild 11a: Deckenlast über Wandöffnungen bei Gewölbewirkung

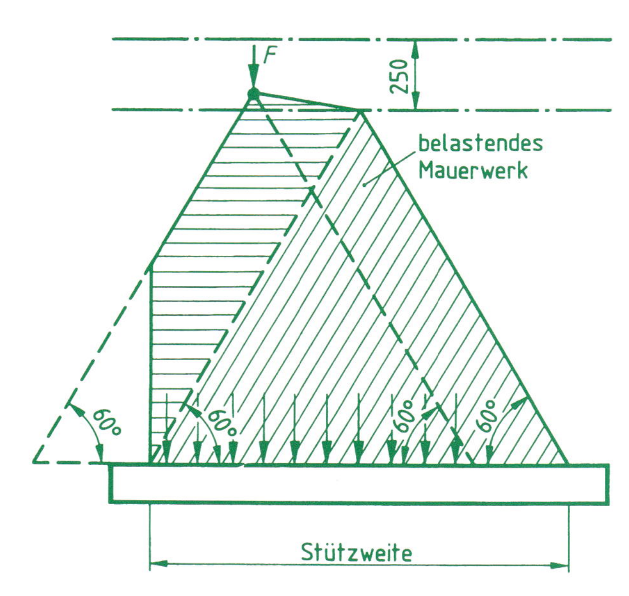

Bild 11b: Einzellast über Wandöffnungen bei Gewölbewirkung

und unterhalb einer Horizontalen angreifen, die 250 mm über der Dreieckspitze liegt.

Solchen Einzellasten ist die Eigenlast des in Bild 11b horizontal schraffierten Mauerwerks zuzuschlagen.

9 Ausführung

9.1 Allgemeines

Bei stark saugfähigen Steinen und/oder ungünstigen Umgebungsbedingungen ist ein vorzeitiger und zu hoher Wasserentzug aus dem Mörtel durch Vornässen der Steine oder andere geeignete Maßnahmen einzuschränken, wie z. B.

a) durch Verwendung von Mörtel mit verbessertem Wasserrückhaltevermögen,

b) durch Nachbehandlung des Mauerwerks.

9.2 Lager-, Stoß- und Längsfugen

9.2.1 Vermauerung mit Stoßfugenvermörtelung

Bei der Vermauerung sind die Lagerfugen stets vollflächig zu vermauern und die Längsfugen satt zu verfüllen bzw. bei Dünnbettmörtel der Mörtel vollflächig aufzutragen. Stoßfugen sind in Abhängigkeit von der Steinform und vom Steinformat so zu verfüllen bzw. bei Dünnbettmörtel der Mörtel vollflächig aufzutragen, daß die Anforderungen an die Wand hinsichtlich des Schlagregenschutzes, Wärmeschutzes, Schallschutzes sowie des Brandschutzes erfüllt werden können. Beispiele für

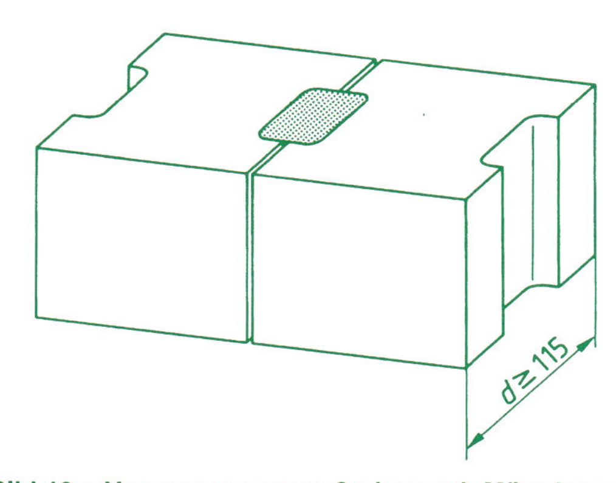

Bild 12a: Vermauerung von Steinen mit Mörteltaschen bei Knirschverlegung (Prinzipskizze)

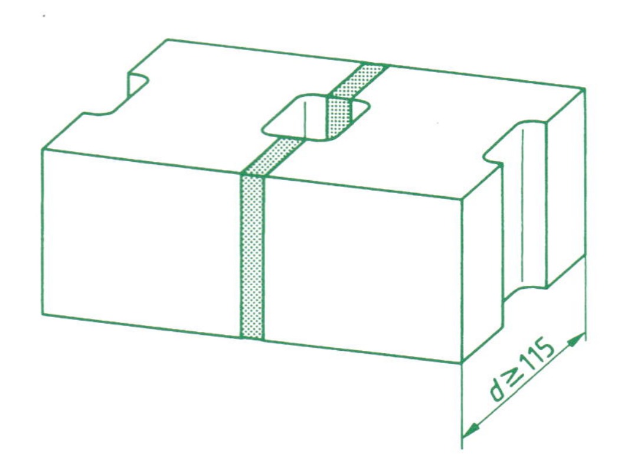

Bild 12b: Vermauerung von Steinen mit Mörteltaschen durch Auftragen von Mörtel auf die Steinflanken (Prinzipskizze)

Vermauerungsarten und Fugenausbildung sind in den Bildern 12a bis 12c angegeben.

Die Dicke der Fugen soll so gewählt werden, daß das Maß von Stein und Fuge dem Baurichtmaß bzw. dem Koordinierungsmaß entspricht. In der Regel sollen die Stoßfugen 10 mm und die Lagerfugen 12 mm dick sein. Bei Vermauerung der Steine mit Dünnbettmörtel muß die Dicke der Stoß- und Lagerfuge 1 bis 3 mm betragen.

Wenn Steine mit Mörteltaschen vermauert werden, sollen die Steine entweder knirsch verlegt und die Mörteltaschen verfüllt werden (siehe Bild 12a) oder durch Auftragen von Mörtel auf die Steinflanken vermauert werden (siehe Bild 12b). Steine gelten dann als knirsch verlegt, wenn sie ohne Mörtel so dicht aneinander verlegt werden, wie dies wegen der herstellungsbedingten Unebenheiten der Stoßfugenflächen möglich ist. Der Abstand der Steine soll im allgemeinen nicht größer als 5 mm sein. Bei Stoßfugenbreiten > 5 mm müssen die Fugen beim Mauern beidseitig an der Wandoberfläche mit Mörtel verschlossen werden.

9.2.2 Vermauerung ohne Stoßfugenvermörtelung

Soll bei Verwendung von Normal-, Leicht- oder Dünnbettmörtel auf die Vermörtelung der Stoßfugen verzichtet werden, müssen hierzu die Steine hinsichtlich ihrer Form und Maße geeignet sein. Die Steine sind stumpf oder mit Verzahnung durch ein Nut- und Federsystem ohne Stoßfugenvermörtelung knirsch zu verlegen bzw. ineinander verzahnt zu versetzen (siehe Bild 12c). Bei Stoßfugenbreiten > 5 mm müssen die Fugen beim Mauern beidseitig an der Wandoberfläche mit Mörtel verschlossen werden. Die erforderlichen Maßnahmen zur Erfüllung der Anforderungen an die Bauteile hinsichtlich des Schlagregenschutzes, Wärmeschutzes, Schallschutzes sowie des Brandschutzes sind bei dieser Vermauerungsart besonders zu beachten.

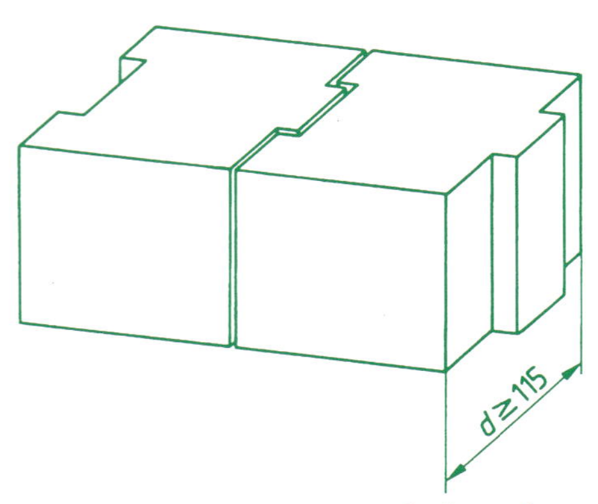

Bild 12c: Vermauerung von Steinen ohne Stoßfugenvermörtelung (Prinzipskizze)

9.2.3 Fugen in Gewölben

Bei Gewölben sind die Fugen so dünn wie möglich zu halten. Am Gewölberücken dürfen sie nicht dicker als 20 mm werden.

9.3 Verband

Es muß im Verband gemauert werden, d. h., die Stoß- und Längsfugen übereinanderliegender Schichten müssen versetzt sein.

Das Überbindemaß $ü$ (siehe Bild 13) muß $\geq 0{,}4\,h$ bzw. ≥ 45 mm sein, wobei h die Steinhöhe (Sollmaß) ist. Der größere Wert ist maßgebend.

Die Steine einer Schicht sollen gleiche Höhe haben. An Wandenden und unter Stürzen ist eine zusätzliche Lagerfuge in jeder zweiten Schicht zum Längen- und Höhenausgleich gemäß Bild 13c) zulässig, sofern die Aufstandsfläche der Steine mindestens 115 mm lang ist und Steine und Mörtel mindestens gleiche Festigkeit wie im übrigen Mauerwerk haben. In Schichten mit Längsfugen darf die Steinhöhe nicht größer als die Steinbreite sein. Abweichend davon muß die Aufstandsbreite von Steinen der Höhe 175 und 240 mm mindestens 115 mm betragen. Für das Überbindemaß gilt Absatz 2. Die Absätze 1 und 3 gelten sinngemäß auch für Pfeiler und kurze Wände.

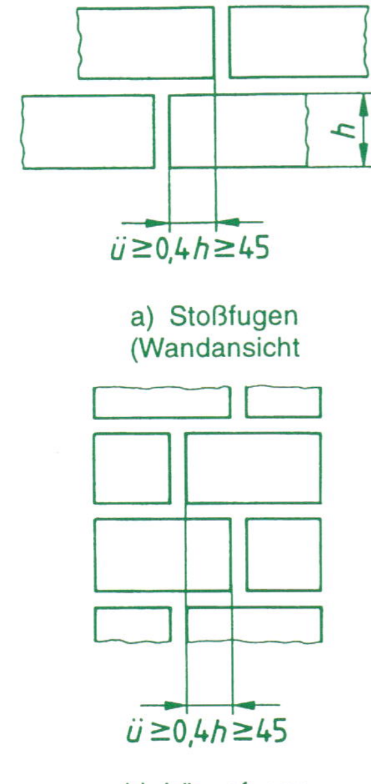

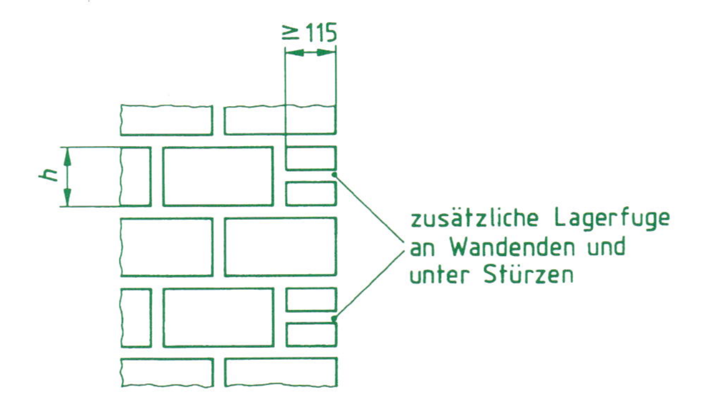

c) Höhenausgleich an Wandenden und Stürzen

Bild 13: Überbindemaß und zusätzliche Lagerfugen

9.4 Mauern bei Frost

Bei Frost darf Mauerwerk nur unter besonderen Schutzmaßnahmen ausgeführt werden. Frostschutzmittel sind nicht zulässig; gefrorene Baustoffe dürfen nicht verwendet werden.

Frisches Mauerwerk ist vor Frost rechtzeitig zu schützen, z. B. durch Abdecken. Auf gefrorenem Mauerwerk darf nicht weitergemauert werden. Der Einsatz von Salzen zum Auftauen ist nicht zulässig. Teile von Mauerwerk, die durch Frost oder andere Einflüsse beschädigt sind, sind vor dem Weiterbau abzutragen.

10 Eignungsprüfungen

Eignungsprüfungen sind nur für Mörtel notwendig, wenn dies nach Anhang A, A.5, gefordert wird.

11 Kontrollen und Güteprüfungen auf der Baustelle

11.1 Rezeptmauerwerk (RM)

11.1.1 Mauersteine

Der bauausführende Unternehmer hat zu kontrollieren, ob die Angaben auf dem Lieferschein oder dem Beipackzettel mit den bautechnischen Unterlagen übereinstimmen. Im übrigen gilt DIN 18200 in Verbindung mit den entsprechenden Normen für die Steine.

11.1.2 Mauermörtel

Bei Verwendung von Baustellenmörtel ist während der Bauausführung regelmäßig zu überprüfen, daß das Mischungsverhältnis nach Anhang A, Tabelle A.1, oder nach Eignungsprüfung eingehalten ist.

Bei Werkmörteln ist der Lieferschein oder der Verpackungsaufdruck daraufhin zu kontrollieren, ob die Angaben über Mörtelart und Mörtelgruppe mit den bautechnischen Unterlagen sowie die Sortennummer und das Lieferwerk mit der Bestellung übereinstimmen und das Übereinstimmungszeichen ausgewiesen ist.

Bei allen Mörteln der Gruppe IIIa ist an jeweils drei Prismen aus drei verschiedenen Mischungen je Geschoß, aber mindestens je 10 m^3 Mörtel, die Mörteldruckfestigkeit nach DIN 18555-3 nachzuweisen; sie muß dabei die Anforderungen an die Druckfestigkeit nach Anhang A, Tabelle A.2, Spalte 3, erfüllen.

Bei Gebäuden mit mehr als sechs gemauerten Vollgeschossen ist die geschoßweise Prüfung, mindestens aber je 20 m^3 Mörtel, auch bei Normalmörteln der Gruppen II, IIa und III sowie bei Leicht- und Dünnbettmörteln durchzuführen, wobei bei den obersten drei Geschossen darauf verzichtet werden darf.

11.2 Mauerwerk nach Eignungsprüfung (EM)

11.2.1 Einstufungsschein, Eignungsnachweis des Mörtels

Vor Beginn jeder Baumaßnahme muß der Baustelle der Einstufungsschein und gegebenenfalls der Eignungsnachweis des Mörtels (siehe DIN 1053-2, 6.4, letzter Absatz) zur Verfügung stehen.

11.2.2 Mauersteine

Jeder Mauersteinlieferung ist ein Beipackzettel beizufügen, aus dem neben der Norm-Bezeichnung des Steines einschließlich der EM-Kennzeichnung die Steindruckfestigkeit nach Einstufungsschein, die Mörtelart und -gruppe, die Mauerwerksfestigkeitsklasse, die Einstufungsschein-Nr und die ausstellende Prüfstelle ersichtlich sind. Das bauausführende Unternehmen hat zu kontrollieren, ob die Angaben auf dem Lieferschein und dem Beipackzettel mit den bautechnischen Unterlagen übereinstimmen und den Angaben auf dem Einstufungsschein entsprechen.

Im übrigen gilt DIN 18200 in Verbindung mit den entsprechenden Normen für die Steine.

11.2.3 Mörtel

Bei Verwendung von Baustellenmörtel ist während der Bauausführung regelmäßig zu überprüfen, daß das Mischungsverhältnis nach dem Einstufungsschein eingehalten wird.

Bei Werkmörtel ist der Lieferschein daraufhin zu kontrollieren, ob die Angaben über die Mörtelart und -gruppe, das Herstellwerk und die Sorten-Nr den Angaben im Einstufungsschein entsprechen.

Bei Verwendung von Austauschmörteln nach DIN 1053-2, 6.4, letzter Absatz, ist entsprechend zu verfahren.

Bei allen Mörteln ist an jeweils 3 Prismen aus 3 verschiedenen Mischungen die Mörteldruckfestigkeit nach DIN 18555-3 nachzuweisen. Sie muß dabei die Anforderungen an die Druckfestigkeit nach Tabellen A.2, A.3 und A.4 bei Güteprüfung erfüllen. Diese Kontrollen sind für jeweils 10 m^3 verarbeiteten Mörtels, mindestens aber je Geschoß, vorzunehmen.

12 Natursteinmauerwerk

12.1 Allgemeines

Natursteine für Mauerwerk dürfen nur aus gesundem Gestein gewonnen werden. Ungeschützt dem Witterungswechsel ausgesetztes Mauerwerk muß ausreichend witterungswiderstandsfähig gegen diese Einflüsse sein.

Geschichtete (lagerhafte) Steine sind im Bauwerk so zu verwenden, wie es ihrer natürlichen Schichtung entspricht. Die Lagerfugen sollen rechtwinklig zum Kraftangriff liegen. Die Steinlängen sollen das Vier- bis Fünffache der Steinhöhen nicht über- und die Steinhöhe nicht unterschreiten.

12.2 Verband

12.2.1 Allgemeines

Der Verband bei reinem Natursteinmauerwerk muß im ganzen Querschnitt handwerksgerecht sein, d. h., daß

a) an der Vorder- und Rückfläche nirgends mehr als drei Fugen zusammenstoßen,

b) keine Stoßfuge durch mehr als zwei Schichten durchgeht,

c) auf zwei Läufer mindestens ein Binder kommt oder Binder- und Läuferschichten miteinander abwechseln,

d) die Dicke (Tiefe) der Binder etwa das $1\frac{1}{2}$fache der Schichthöhe, mindestens aber 300 mm, beträgt,

e) die Dicke (Tiefe) der Läufer etwa gleich der Schichthöhe ist,

f) die Überdeckung der Stoßfugen bei Schichtenmauerwerk mindestens 100 mm und bei Quadermauerwerk mindestens 150 mm beträgt und

g) an den Ecken die größten Steine (gegebenenfalls in Höhe von zwei Schichten) nach Bild 17 und Bild 18 eingebaut werden.

Lassen sich Zwischenräume im Innern des Mauerwerks nicht vermeiden, so sind sie mit geeigneten, allseits von Mörtel umhüllten Steinstücken so auszuzwickeln, daß keine unvermörtelten Hohlräume entstehen. In ähnlicher Weise sind auch weite Fugen auf der Vorder- und Rückseite von Zyklopenmauerwerk, Bruchsteinmauerwerk und hammerrechtem Schichtenmauerwerk zu behandeln. Sofern kein Fugenglattstrich ausgeführt wird, sind die Sichtflächen nachträglich zu verfugen. Sind die Flächen der Witterung ausgesetzt, so muß die Verfugung lückenlos sein und eine Tiefe mindestens gleich der Fugendicke haben. Die Art der Bearbeitung der Steine in der Sichtfläche ist nicht maßgebend für die zulässige Druckbeanspruchung und deshalb hier nicht behandelt.

Seite 26
DIN 1053-1 : 1996-11

12.2.2 Trockenmauerwerk (siehe Bild 14)

Bruchsteine sind ohne Verwendung von Mörtel unter geringer Bearbeitung in richtigem Verband so aneinanderzufügen, daß möglichst enge Fugen und kleine Hohlräume verbleiben. Die Hohlräume zwischen den Steinen müssen durch kleinere Steine so ausgefüllt werden, daß durch Einkeilen Spannung zwischen den Mauersteinen entsteht.

Trockenmauerwerk darf nur für Schwergewichtsmauern (Stützmauern) verwendet werden. Als Berechnungsgewicht dieses Mauerwerkes ist die Hälfte der Rohdichte des verwendeten Steines anzunehmen.

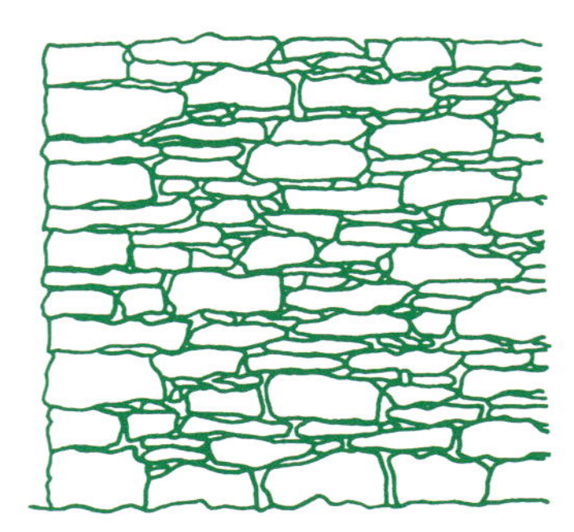

Bild 14: Trockenmauerwerk

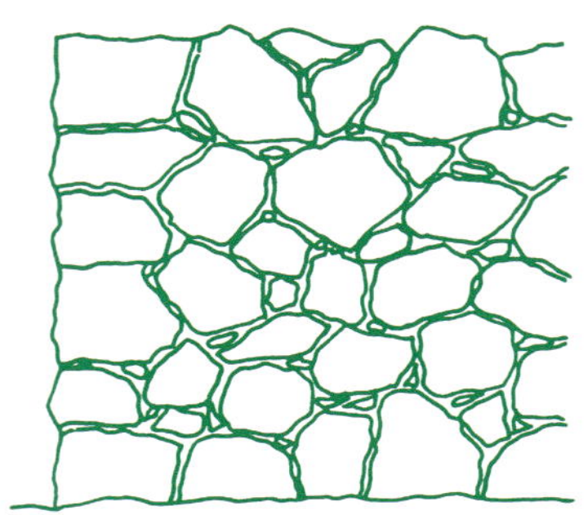

Bild 15: Zyklopenmauerwerk

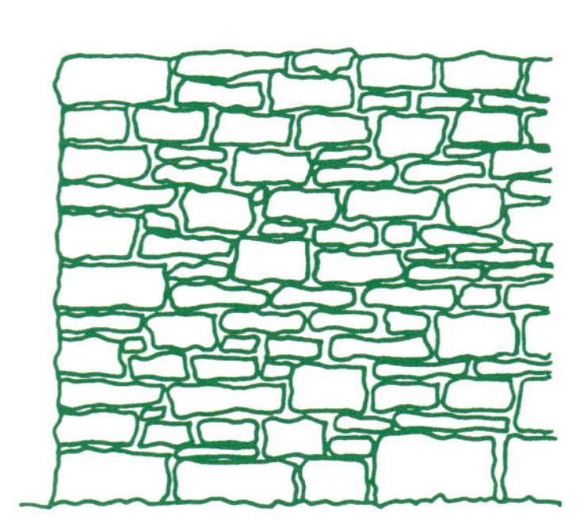

Bild 16: Bruchsteinmauerwerk

Bild 17: Hammerrechtes Schichtenmauerwerk

12.2.3 Zyklopenmauerwerk und Bruchsteinmauerwerk (siehe Bilder 15 und 16)

Wenig bearbeitete Bruchsteine sind im ganzen Mauerwerk im Verband und in Mörtel zu verlegen.

Das Bruchsteinmauerwerk ist in seiner ganzen Dicke und in Abständen von höchstens 1,50 m rechtwinklig zur Kraftrichtung auszugleichen.

12.2.4 Hammerrechtes Schichtenmauerwerk (siehe Bild 17)

Die Steine der Sichtfläche erhalten auf mindestens 120 mm Tiefe bearbeitete Lager- und Stoßfugen, die ungefähr rechtwinklig zueinander stehen.

Die Schichtdicke darf innerhalb einer Schicht und in den verschiedenen Schichten wechseln, jedoch ist das Mauerwerk in seiner ganzen Dicke in Abständen von höchstens 1,50 m rechtwinklig zur Kraftrichtung auszugleichen.

12.2.5 Unregelmäßiges Schichtenmauerwerk (siehe Bild 18)

Die Steine der Sichtfläche erhalten auf mindestens 150 mm Tiefe bearbeitete Lager- und Stoßfugen, die zueinander und zur Oberfläche rechtwinklig stehen.

Die Fugen der Sichtfläche dürfen nicht dicker als 30 mm sein. Die Schichthöhe darf innerhalb einer Schicht und in den verschiedenen Schichten in mäßigen Grenzen wechseln, jedoch ist das Mauerwerk in seiner ganzen Dicke in Abständen von höchstens 1,50 m rechtwinklig zur Kraftrichtung auszugleichen.

12.2.6 Regelmäßiges Schichtenmauerwerk (siehe Bild 19)

Es gelten die Festlegungen nach 12.2.5. Darüber hinaus darf innerhalb einer Schicht die Höhe der Steine nicht wechseln; jede Schicht ist rechtwinklig zur Kraftrichtung auszugleichen. Bei Gewölben, Kuppeln und dergleichen müssen die Lagerfugen über die ganze Gewölbedicke hindurchgehen. Die Schichtsteine sind daher auf ihrer ganzen Tiefe in den Lagerfugen zu bearbeiten, während bei den Stoßfugen eine Bearbeitung auf 150 mm Tiefe genügt.

Bild 18: Unregelmäßiges Schichtenmauerwerk

Bild 19: Regelmäßiges Schichtenmauerwerk

12.2.7 Quadermauerwerk (siehe Bild 20)

Die Steine sind nach den angegebenen Maßen zu bearbeiten. Lager- und Stoßfugen müssen in ganzer Tiefe bearbeitet sein.

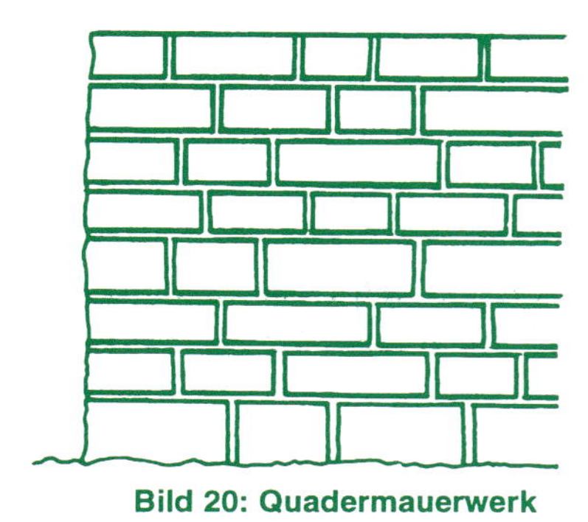

Bild 20: Quadermauerwerk

12.2.8 Verblendmauerwerk (Mischmauerwerk)

Verblendmauerwerk darf unter den folgenden Bedingungen zum tragenden Querschnitt gerechnet werden:

a) Das Verblendmauerwerk muß gleichzeitig mit der Hintermauerung im Verband gemauert werden.

b) Es muß mit der Hintermauerung durch mindestens 30 % Bindersteine verzahnt werden.

c) Die Bindersteine müssen mindestens 240 mm dick (tief) sein und mindestens 100 mm in die Hintermauerung eingreifen.

d) Die Dicke von Platten muß gleich oder größer als $^1/_3$ ihrer Höhe und mindestens 115 mm sein.

e) Bei Hintermauerungen aus künstlichen Steinen (Mischmauerwerk) darf außerdem jede dritte Natursteinschicht nur aus Bindern bestehen.

Besteht der hintere Wandteil aus Beton, so gelten die vorstehenden Bedingungen sinngemäß.

Bei Pfeilern dürfen Plattenverkleidungen nicht zum tragenden Querschnitt gerechnet werden.

Für die Ermittlung der zulässigen Beanspruchung des Bauteils ist das Material (Mauerwerk, Beton) mit der niedrigsten zulässigen Beanspruchung maßgebend.

Verblendmauerwerk, das nicht die Bedingungen der Aufzählungen a) bis e) erfüllt, darf nicht zum tragenden Querschnitt gerechnet werden. Geschichtete Steine dürfen dann auch gegen ihr Lager vermauert werden, wenn sie parallel zur Schichtung eine Mindestdruckfestigkeit von 20 MN/m^2 besitzen. Nichttragendes Verblendmauerwerk ist nach 8.4.3.1, Aufzählung e), zu verankern und nach Aufzählung d) desselben Abschnittes abzufangen.

12.3 Zulässige Beanspruchung

12.3.1 Allgemeines

Die Druckfestigkeit von Gestein, das für tragende Bauteile verwendet wird, muß mindestens 20 N/mm^2 betragen. Abweichend davon ist Mauerwerk der Güteklasse N4 aus Gestein mit der Mindestdruckfestigkeit von 5 N/mm^2 zulässig, wenn die Grundwerte σ_0 nach Tabelle 14 für die Steinfestigkeit β_{st} = 20 N/mm^2 nur zu einem Drittel angesetzt werden. Bei einer Steinfestigkeit von 10 N/mm^2 sind die Grundwerte σ_0 zu halbieren.

Erfahrungswerte für die Mindestdruckfestigkeit einiger Gesteinsarten sind in Tabelle 12 angegeben.

Als Mörtel darf nur Normalmörtel verwendet werden.

Das Natursteinmauerwerk ist nach seiner Ausführung (insbesondere Steinform, Verband und Fugenausbildung) in die Güteklassen N1 bis N4 einzustufen. Tabelle 13 und Bild 21 geben einen Anhalt für die Einstufung. Die darin aufgeführten Anhaltswerte Fugenhöhe/Steinlänge, Neigung der Lagerfuge und Übertragungsfaktor sind als Mittelwerte anzusehen. Der Übertragungsfaktor ist das Verhältnis von Überlappungsflächen der Steine zum Wandquerschnitt im Grundriß. Die Grundeinstufung nach Tabelle 13 beruht auf üblichen Ausführungen.

Die Mindestdicke von tragendem Natursteinmauerwerk beträgt 240 mm, der Mindestquerschnitt 0,1 m^2.

Tabelle 12: Mindestdruckfestigkeit der Gesteinsarten

Gesteinsarten	Mindestdruckfestigkeit N/mm^2
Kalkstein, Travertin, vulkanische Tuffsteine	20
Weiche Sandsteine (mit tonigem Bindemittel) und dergleichen	30
Dichte (feste) Kalksteine und Dolomite (einschließlich Marmor), Basaltlava und dergleichen	50
Quarzitische Sandsteine (mit kieseligem Bindemittel), Grauwacke und dergleichen	80
Granit, Syenit, Diorit, Quarzporphyr, Melaphyr, Diabas und dergleichen	120

Tabelle 13: Anhaltswerte zur Güteklasseneinstufung von Natursteinmauerwerk

Güte-klasse	Grundeinstufung	Fugenhöhe/ Steinlänge h/l	Neigung der Lagerfuge $\tan\alpha$	Übertragungs-faktor η
N1	Bruchsteinmauerwerk	≤ 0,25	≤ 0,30	≥ 0,5
N2	Hammerrechtes Schichten-mauerwerk	≤ 0,20	≤ 0,15	≥ 0,65
N3	Schichtenmauerwerk	≤ 0,13	≤ 0,10	≥ 0,75
N4	Quadermauerwerk	≤ 0,07	≤ 0,05	≥ 0,85

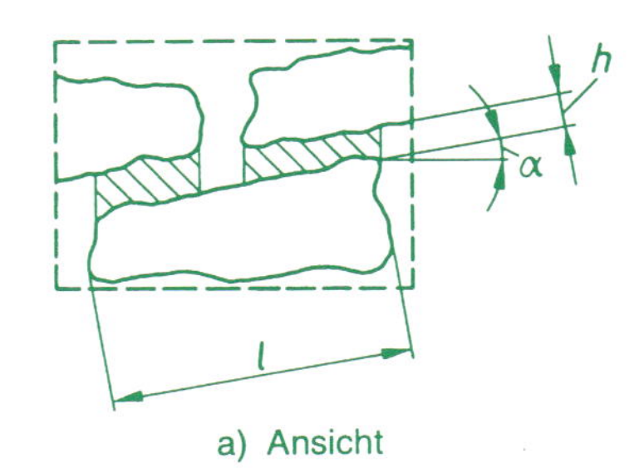

a) Ansicht

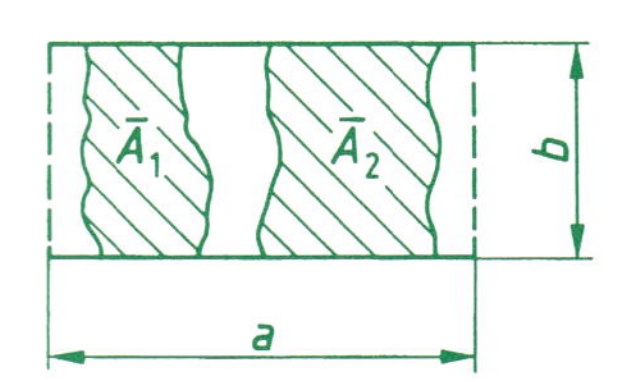

$$\eta = \frac{\Sigma \bar{A}_i}{a \cdot b}$$

b) Grundriß des Wandquerschnittes

Bild 21: Darstellung der Anhaltswerte nach Tabelle 13

12.3.2 Spannungsnachweis bei zentrischer und exzentrischer Druckbeanspruchung

Die Grundwerte σ_0 der zulässigen Spannungen von Natursteinmauerwerk ergeben sich in Abhängigkeit von der Güteklasse, der Steinfestigkeit und der Mörtelgruppen nach Tabelle 14.

In Tabelle 14 bedeutet β_{st} die charakteristische Druckfestigkeit der Natursteine (5 % Quantil bei 90 % Aussagewahrscheinlichkeit), geprüft nach DIN 52105.

Wände der Schlankheit $h_K/d > 10$ sind nur in den Güteklassen N3 und N4 zulässig. Schlankheiten $h_K/d > 14$ sind nur bei mittiger Belastung zulässig, Schlankheiten $h_K/d > 20$ sind unzulässig.

Bei Schlankheiten $h_K/d \leq 10$ sind als zulässige Spannungen die Grundwerte σ_0 nach Tabelle 14 anzusetzen. Bei Schlankheiten $h_K/d > 10$ sind die Grundwerte σ_0 nach Tabelle 14 mit dem Faktor

$$\frac{25 - h_K/d}{15}$$

abzumindern.

Tabelle 14: Grundwerte σ_0 der zulässigen Druckspannungen für Natursteinmauerwerk mit Normalmörtel

Güteklasse	Steinfestigkeit β_{st} N/mm²	Grundwerte σ_0[1]) Mörtelgruppe I MN/m²	II MN/m²	IIa MN/m²	III MN/m²
N1	≥ 20	0,2	0,5	0,8	1,2
	≥ 50	0,3	0,6	0,9	1,4
N2	≥ 20	0,4	0,9	1,4	1,8
	≥ 50	0,6	1,1	1,6	2,0
N3	≥ 20	0,5	1,5	2,0	2,5
	≥ 50	0,7	2,0	2,5	3,5
	≥ 100	1,0	2,5	3,0	4,0
N4	≥ 20	1,2	2,0	2,5	3,0
	≥ 50	2,0	3,5	4,0	5,0
	≥ 100	3,0	4,5	5,5	7,0

[1]) Bei Fugendicken über 40 mm sind die Grundwerte σ_0 um 20 % zu vermindern.

12.3.3 Zug- und Biegezugspannungen

Zugspannungen sind im Regelfall in Natursteinmauerwerk der Güteklassen N1, N2 und N3 unzulässig.

Bei Güteklasse N4 gilt 6.9.4 sinngemäß mit max σ_Z = 0,20 MN/m².

12.3.4 Schubspannungen

Für den Nachweis der Schubspannungen gilt 6.9.5 mit dem Höchstwert max τ = 0,3 MN/m².

Anhang A
Mauermörtel

A.1 Mörtelarten

Mauermörtel ist ein Gemisch von Sand, Bindemittel und Wasser, gegebenenfalls auch Zusatzstoffen und Zusatzmitteln.

Es werden unterschieden:

a) Normalmörtel (NM),

b) Leichtmörtel (LM) und

c) Dünnbettmörtel (DM).

Normalmörtel sind baustellengefertigte Mörtel oder Werkmörtel mit Zuschlagarten nach DIN 4226-1 mit einer Trockenrohdichte von mindestens 1,5 kg/dm³. Diese Eigenschaft ist für Mörtel nach Tabelle A.1 gegeben; für Mörtel nach Eignungsprüfung ist sie nachzuweisen.

Leichtmörtel[1]) sind Werk-Trocken- oder Werk-Frischmörtel mit einer Trockenrohdichte < 1,5 kg/dm³ mit Zuschlagarten nach DIN 4226-1 und DIN 4226-2 sowie Leichtzuschlag, dessen Brauchbarkeit nach den bauaufsichtlichen Vorschriften nachgewiesen ist (siehe Abschnitt 1, Anmerkung).

Dünnbettmörtel sind Werk-Trockenmörtel aus Zuschlagarten nach DIN 4226-1 mit einem Größtkorn von 1,0 mm, Zement nach DIN 1164-1 sowie Zusätzen (Zusatzmitteln, Zusatzstoffen). Die organischen Bestandteile dürfen einen Masseanteil von 2 % nicht überschreiten.

Normalmörtel werden in die Mörtelgruppen I, II, IIa, III und IIIa eingeteilt; Leichtmörtel in die Gruppen LM 21 und LM 36; Dünnbettmörtel wird der Gruppe III zugeordnet.

A.2 Bestandteile und Anforderungen

A.2.1 Sand

Sand muß aus Zuschlagarten nach DIN 4226-1, Abschnitt 4, und/oder DIN 4226-2 oder aus Zuschlag, dessen Brauchbarkeit nach den bauaufsichtlichen Vorschriften nachgewiesen ist (siehe Abschnitt 1, Anmerkung), bestehen. Er soll gemischtkörnig sein und darf keine Bestandteile enthalten, die zu Schäden am Mörtel oder Mauerwerk führen.

Solche Bestandteile können z. B. sein: größere Mengen Abschlämmbares, sofern dieses aus Ton oder Stoffen organischen Ursprungs besteht (z. B. pflanzliche, humusartige oder Kohlen-, insbesondere Braunkohlenanteile).

Als abschlämmbare Bestandteile werden Kornanteile unter 0,063 mm bezeichnet (siehe DIN 4226-1). Die Prüfung erfolgt nach DIN 4226-3. Ist der Masseanteil an abschlämmbaren Bestandteilen größer als 8 %, so muß die Brauchbarkeit des Zuschlages bei der Herstellung von Mörtel durch eine Eignungsprüfung nach A.5 nachgewiesen werden. Eine Eignungsprüfung ist auch erforderlich, wenn bei der Prüfung mit Natronlauge nach DIN 4226-3 eine tiefgelbe, bräunliche oder rötliche Verfärbung festgestellt wird.

Der Leichtzuschlag muß die Anforderungen an den Glühverlust, die Raumbeständigkeit und an die Schüttdichte nach DIN 4226-2 erfüllen, jedoch darf bei Leichtzuschlag mit einer Schüttdichte < 0,3 kg/dm³ die geprüfte Schüttdichte von dem aufgrund der Eignungsprüfung festgelegten Sollwert um nicht mehr als 20 % abweichen.

A.2.2 Bindemittel

Es dürfen nur Bindemittel nach DIN 1060-1, DIN 1164-1 sowie DIN 4211 verwendet werden.

A.2.3 Zusatzstoffe

Zusatzstoffe sind fein aufgeteilte Zusätze, die die Mörteleigenschaften beeinflussen und im Gegensatz zu den Zusatzmitteln in größerer Menge zugegeben werden. Sie dürfen das Erhärten des Bindemittels, die Festigkeit und die Beständigkeit des Mörtels sowie den Korrosionsschutz der Bewehrung im Mörtel bzw. von stählernen Verankerungskonstruktionen nicht unzulässig beeinträchtigen.

Als Zusatzstoffe dürfen nur Baukalke nach DIN 1060-1, Gesteinsmehle nach DIN 4226-1, Traß nach DIN 51043 und Betonzusatzstoffe mit Prüfzeichen sowie geeignete Pigmente (z. B. nach DIN 53237) verwendet werden.

Zusatzstoffe dürfen nicht auf den Bindemittelgehalt angerechnet werden, wenn die Mörtelzusammensetzung nach Tabelle A.1 festgelegt wird; für diese Mörtel darf der Volumenanteil höchstens 15 % vom Sandgehalt betragen. Eine Eignungsprüfung ist in diesem Fall nicht erforderlich.

A.2.4 Zusatzmittel

Zusatzmittel sind Zusätze, die die Mörteleigenschaften durch chemische oder physikalische Wirkung ändern und in geringer Menge zugegeben werden, wie z. B. Luftporenbildner, Verflüssiger, Dichtungsmittel, Erstarrungsbeschleuniger und Verzögerer, sowie solche, die den Haftverbund zwischen Mörtel und Stein günstig beeinflussen. Luftporenbildner dürfen nur in der Menge zugeführt werden, daß bei Normalmörtel und Leichtmörtel die Trockenrohdichte um höchstens 0,3 kg/dm³ vermindert wird.

Zusatzmittel dürfen nicht zu Schäden am Mörtel oder am Mauerwerk führen. Sie dürfen auch die Korrosion der Bewehrung oder der stählernen Verankerungen nicht fördern. Diese Anforderung gilt für Betonzusatzmittel mit allgemeiner bauaufsichtlicher Zulassung als erfüllt.

Für andere Zusatzmittel ist die Unschädlichkeit nach den Zulassungsrichtlinien[2]) für Betonzusatzmittel durch Prüfung des Halogengehaltes und durch die elektrochemische Prüfung nachzuweisen.

Da Zusatzmittel einige Eigenschaften positiv und unter Umständen gleichzeitig andere aber auch negativ beeinflussen können, ist vor Verwendung eines Zusatzmittels stets eine Mörtel-Eignungsprüfung nach A.5 durchzuführen.

---

[1]) DIN 4108-4 ist zu beachten.

[2]) Richtlinien für die Erteilung von Zulassungen für Betonzusatzmittel (Zulassungsrichtlinien), Fassung Juni 1993, abgedruckt in den Mitteilungen des Deutschen Instituts für Bautechnik, 1993, Heft 5.

A.3 Mörtelzusammensetzung und Anforderungen

A.3.1 Normalmörtel (NM)

Die Zusammensetzung der Mörtelgruppen für Normalmörtel ergibt sich ohne besonderen Nachweis aus Tabelle A.1. Mörtel der Gruppe IIIa soll wie Mörtel der Gruppe III nach Tabelle A.1 zusammengesetzt sein. Die größere Festigkeit soll vorzugsweise durch Auswahl geeigneter Sande erreicht werden.

Für Mörtel der Gruppen II, IIa und III, die in ihrer Zusammensetzung nicht Tabelle A.1 entsprechen, sowie stets für Mörtel der Gruppe IIIa sind Eignungsprüfungen nach A.5.2 durchzuführen; dabei müssen die Anforderungen nach Tabelle A.2 erfüllt werden.

Tabelle A.1: Mörtelzusammensetzung, Mischungsverhältnisse für Normalmörtel in Raumteilen

	1	2	3	4	5	6	7
	Mörtelgruppe MG	Luftkalk		Hydraulischer Kalk (HL2)	Hydraulischer Kalk (HL5), Putz- und Mauerbinder (MC5)	Zement	Sand[1]) aus natürlichem Gestein
		Kalkteig	Kalkhydrat				
1	I	1	–	–	–	–	4
2	I	–	1	–	–	–	3
3	I	–	–	1	–	–	3
4	I	–	–	–	1	–	4,5
5	II	1,5	–	–	–	1	8
6	II	–	2	–	–	1	8
7	II	–	–	2	–	1	8
8	II	–	–	–	1	–	3
9	IIa	–	1	–	–	1	6
10	IIa	–	–	–	2	1	8
11	III	–	–	–	–	1	4
12	IIIa[2])	–	–	–	–	1	4

[1]) Die Werte des Sandanteils beziehen sich auf den lagerfeuchten Zustand.
[2]) Siehe auch A.3.1.

Tabelle A.2: Anforderungen an Normalmörtel

1	2	3	4
Mörtelgruppe	Mindestdruckfestigkeit[1]) im Alter von 28 Tagen Mittelwert		Mindesthaftscherfestigkeit im Alter von 28 Tagen[4]) Mittelwert
MG	bei Eignungsprüfung[2]), [3]) N/mm²	bei Güteprüfung N/mm²	bei Eignungsprüfung N/mm²
I	–	–	–
II	3,5	2,5	0,10
IIa	7	5	0,20
III	14	10	0,25
IIIa	25	20	0,30

[1]) Mittelwert der Druckfestigkeit von sechs Proben (aus drei Prismen). Die Einzelwerte dürfen nicht mehr als 10 % vom arithmetischen Mittel abweichen.
[2]) Zusätzlich ist die Druckfestigkeit des Mörtels in der Fuge zu prüfen. Diese Prüfung wird z. Z. nach der "Vorläufigen Richtlinie zur Ergänzung der Eignungsprüfung von Mauermörtel; Druckfestigkeit in der Lagerfuge; Anforderungen, Prüfung" durchgeführt. Die dort festgelegten Anforderungen sind zu erfüllen.
[3]) Richtwert bei Werkmörtel
[4]) Als Referenzstein ist Kalksandstein DIN 106 – KS 12 – 2,0 – NF (ohne Lochung bzw. Grifföffnung) mit einer Eigenfeuchte von 3 bis 5 % (Masseanteil) zu verwenden, dessen Eignung für diese Prüfung von der Amtlichen Materialprüfanstalt für das Bauwesen beim Institut für Baustoffkunde und Materialprüfung der Universität Hannover, Nienburger Straße 3, 30617 Hannover, bescheinigt worden ist.
Die maßgebende Haftscherfestigkeit ergibt sich aus dem Prüfwert multipliziert mit dem Prüffaktor 1,2.

Tabelle A.3: Anforderungen an Leichtmörtel

		Anforderungen bei				Prüfung nach
		Eignungsprüfung		Güteprüfung		
		LM 21	LM 36	LM 21	LM 36	
1	Druckfestigkeit im Alter von 28 Tagen, in N/mm²	≥ 7²) ¹)	≥ 7²) ¹)	≥ 5	≥ 5	DIN 18555-3
2	Querdehnungsmodul E_q im Alter von 28 Tagen, in N/mm²	> 7,5 · 10³	> 15 · 10³	³)	³)	DIN 18555-4
3	Längsdehnungsmodul E_l im Alter von 28 Tagen, in N/mm²	> 2 · 10³	> 3 · 10³	–	–	DIN 18555-4
4	Haftscherfestigkeit⁴) im Alter von 28 Tagen, in N/mm²	≥ 0,20	≥ 0,20	–	–	DIN 18555-5
5	Trockenrohdichte⁶) im Alter von 28 Tagen, in kg/dm³	≤ 0,7	≤ 1,0	⁵)	⁵)	DIN 18555-3
6	Wärmeleitfähigkeit⁶) λ_{10tr}, in W/(m · K)	≤ 0,18	≤ 0,27	–	–	DIN 52612-1

¹) Siehe Fußnote²) in Tabelle A.2.
²) Richtwert
³) Trockenrohdichte als Ersatzprüfung, bestimmt nach DIN 18555-3.
⁴) Siehe Fußnote⁴) in Tabelle A.2.
⁵) Grenzabweichung höchstens ± 10 % von dem bei der Eignungsprüfung ermittelten Wert.
⁶) Bei Einhaltung der Trockenrohdichte nach Zeile 5 gelten die Anforderungen an die Wärmeleitfähigkeit ohne Nachweis als erfüllt. Bei einer Trockenrohdichte größer als 0,7 kg/dm³ für LM 21 sowie größer als 1,0 kg/dm³ für LM 36 oder bei Verwendung von Quarzsandzuschlag sind die Anforderungen nachzuweisen.

Tabelle A.4: Anforderungen an Dünnbettmörtel

		Anforderungen bei		Prüfung nach
		Eignungsprüfung	Güteprüfung	
1	Druckfestigkeit¹) im Alter von 28 Tagen, in N/mm²	≥ 14⁴)	≥ 10	DIN 18555-3
2	Druckfestigkeit¹) im Alter von 28 Tagen bei Feuchtlagerung, in N/mm²	≥ 70 % vom Istwert der Zeile 1		DIN 18555-3, jedoch Feuchtlagerung²)
3	Haftscherfestigkeit³) im Alter von 28 Tagen, in N/mm²	≥ 0,5	–	DIN 18555-5
4	Verarbeitbarkeitszeit, in h	≥ 4	–	DIN 18555-8
5	Korrigierbarkeitszeit, in min	≥ 7	–	DIN 18555-8

¹) Siehe Fußnote¹) in Tabelle A.2.
²) Bis zum Alter von 7 Tagen im Klima 20/95 nach DIN 18555-3, danach 7 Tage im Normalklima DIN 50014-20/65-2 und 14 Tage unter Wasser bei + 20 °C.
³) Siehe Fußnote⁴) in Tabelle A.2.
⁴) Richtwert

A.3.2 Leichtmörtel (LM)

Für Leichtmörtel ist die Zusammensetzung aufgrund einer Eignungsprüfung (siehe A.5.3) festzulegen.

Leichtmörtel müssen die Anforderungen nach Tabelle A.3 erfüllen.

Zusätzlich müssen Zuschlagarten nach DIN 4226-1 und DIN 4226-2 sowie Zuschlag, dessen Brauchbarkeit nach den bauaufsichtlichen Vorschriften nachgewiesen ist (siehe Abschnitt 1, Anmerkung), den Anforderungen nach A.2.1, letzter Absatz, genügen.

Bei der Bestimmung der Längs- und Querdehnungsmoduln gilt in Zweifelsfällen der Querdehnungsmodul als Referenzgröße.

A.3.3 Dünnbettmörtel (DM)

Für Dünnbettmörtel ist die Zusammensetzung aufgrund einer Eignungsprüfung (siehe A.5.4) festzulegen. Dünnbettmörtel müssen die Anforderungen nach Tabelle A.4 erfüllen.

A.3.4 Verarbeitbarkeit

Alle Mörtel müssen eine verarbeitungsgerechte Konsistenz aufweisen. Aus diesem Grunde dürfen Zusätze zur Verbesserung der Verarbeitbarkeit und des Wasserrückhaltevermögens zugegeben werden (siehe A.2.4). In diesem Fall sind Eignungsprüfungen erforderlich (siehe aber A.2.3).

A.4 Herstellung des Mörtels

A.4.1 Baustellenmörtel

Bei der Herstellung des Mörtels auf der Baustelle müssen Maßnahmen für die trockene und witterungsgeschützte Lagerung der Bindemittel, Zusatzstoffe und Zusatzmittel und eine saubere Lagerung des Zuschlages getroffen werden.

Für das Abmessen der Bindemittel und des Zuschlages, gegebenenfalls auch der Zusatzstoffe und der Zusatzmittel, sind Waagen oder Zumeßbehälter (z. B. Behälter oder Mischkästen mit volumetrischer Einteilung, jedoch keine Schaufeln) zu verwenden, die eine gleichmäßige Mörtelzusammensetzung erlauben. Die Stoffe müssen im Mischer so lange gemischt werden, bis ein gleichmäßiges Gemisch entstanden ist. Eine Mischanweisung ist deutlich sichtbar am Mischer anzubringen.

A.4.2 Werkmörtel

Werkmörtel sind nach DIN 18557 herzustellen, zu liefern und zu überwachen. Es werden folgende Lieferformen unterschieden:

a) Werk-Trockenmörtel,

b) Werk-Vormörtel und

c) Werk-Frischmörtel (einschließlich Mehrkammer-Silomörtel).

Bei der Weiterbehandlung dürfen dem Werk-Trockenmörtel nur die erforderlichen Wassermengen und dem Werk-Vormörtel außer der erforderlichen Wassermenge die erforderliche Zementmenge zugegeben werden. Werkmörteln dürfen jedoch auf der Baustelle keine Zuschläge und Zusätze (Zusatzstoffe und Zusatzmittel) zugegeben werden. Mehrkammer-Silomörtel dürfen nur mit dem vom Werk fest eingestellten Mischungsverhältnis unter Zugabe der erforderlichen Wassermenge hergestellt werden.

Werk-Vormörtel und Werk-Trockenmörtel müssen auf der Baustelle in einem Mischer aufbereitet werden. Werk-Frischmörtel ist gebrauchsfertig in verarbeitbarer Konsistenz zu liefern.

A.5 Eignungsprüfungen

A.5.1 Allgemeines

Eignungsprüfungen sind für Mörtel erforderlich,

a) wenn die Brauchbarkeit des Zuschlages nach A.2.1 nachzuweisen ist,

b) wenn Zusatzstoffe (siehe aber A.2.3) oder Zusatzmittel verwendet werden,

c) bei Baustellenmörtel, wenn dieser nicht nach Tabelle A.1 zusammengesetzt ist oder Mörtel der Gruppe IIIa verwendet wird,

d) bei Werkmörtel einschließlich Leicht- und Dünnbettmörtel,

e) bei Bauwerken mit mehr als sechs gemauerten Vollgeschossen.

Die Eignungsprüfung ist zu wiederholen, wenn sich die Ausgangsstoffe oder die Zusammensetzung des Mörtels wesentlich ändern.

Bei Mörteln, die zur Beeinflussung der Verarbeitungszeit Zusatzmittel enthalten, sind die Probekörper am Beginn und am Ende der vom Hersteller anzugebenden Verarbeitungszeit herzustellen. Die Prüfung erfolgt stets im Alter von 28 Tagen, gerechnet vom Beginn der Verarbeitungszeit. Die Anforderungen sind von Proben beider Entnahmetermine zu erfüllen.

A.5.2 Normalmörtel

Es sind die Konsistenz und die Rohdichte des Frischmörtels nach DIN 18555-2 zu ermitteln. Außerdem sind die Druckfestigkeit nach DIN 18555-3 und zusätzlich nach der vorläufigen Richtlinie zur Ergänzung der Eignungsprüfung von Mauermörtel und die Haftscherfestigkeit nach DIN 18555-5[3]) nachzuweisen. Dabei sind die Anforderungen nach Tabelle A.2 zu erfüllen.

A.5.3 Leichtmörtel

Es sind zu ermitteln:

a) Druckfestigkeit im Alter von 28 Tagen nach DIN 18555-3 und Druckfestigkeit des Mörtels in der Fuge nach der vorläufigen Richtlinie zur Ergänzung der Eignungsprüfung von Mauermörtel,

b) Querdehnungs- und Längsdehnungsmodul E_q und E_l im Alter von 28 Tagen nach DIN 18555-4,

c) Haftscherfestigkeit nach DIN 18555-5[3]),

d) Trockenrohdichte nach DIN 18555-3,

e) Schüttdichte des Leichtzuschlags nach DIN 4226-3.

Dabei sind die Anforderungen nach Tabelle A.3 zu erfüllen. Die Werte für die Trockenrohdichte und die Leichtmörtelgruppen LM 21 oder LM 36 sind auf dem Sack oder Lieferschein anzugeben.

A.5.4 Dünnbettmörtel

Es sind zu ermitteln:

a) Druckfestigkeit im Alter von 28 Tagen nach DIN 18555-3 sowie der Druckfestigkeitsabfall infolge Feuchtlagerung (siehe Tabelle A.4),

b) Haftscherfestigkeit im Alter von 28 Tagen nach DIN 18555-5[3]),

c) Verarbeitbarkeitszeit und Korrigierbarkeitszeit nach DIN 18555-8.

Die Anforderungen nach Tabelle A.4 sind zu erfüllen.

---

[3]) Siehe Fußnote [4]) in Tabelle A.2.

Erklärungen der Kürzungen und Zeichen

Wortkürzungen, Begriffskürzungen (z.T. genormt)

A	Abb.	Abbildung(en)
	ANS	Ansicht
	ASP	Aussparung
B	B	Binder(stein)
	BE	Erstarrungsbeschleuniger
	Bi.B	Bitumenbahn
	B ...	Beton mit einer Druckfestigkeitsangabe, z. B. B 25
	B 50	nur für unbewehrten Beton
	B 100, B 150, B 250, B 350, B 450, B 550	für unbewehrten und bewehrten Beton
	BSH	Brettschichtholz
	BSt	Betonstahl
	BStG	Baustahlgewebe
	BV	Betonverflüssiger
C	Cu	Kupfer
D	DASP	Dampfsperre
	DD	Deckendurchbruch
	DED	Dauerelastischer Dichtstoff
	DF	Dünnformat
	DG	Dachgeschoß
	DIN	Deutsches Institut für Normung e.V.
	DM	Dichtungsmittel mit Mörtel
E	EG	Erdgeschoß
F	Fb	Fensterbank
	Fe	Eisen, Baustahl
	F-Decke	Fertigteildecke
	FDT	Fundament
	FF	Frostfrei
	F-Teil	Fertigteil
G	GEL	Gelände (OF.GEL)
	Gew.-%	Gewichtsprozent
	GF	Gleitfuge
	GKB	Gipskarton-Bauplatte
	GFK	Gipskarton-Feuerschutzplatte
	GR	Grundriß
	G	Porenbeton (Gasbeton)
H	Hbl	Hohlblockstein aus Leichtbeton
	Hbl 25	Hbl mit Druckfestigkeitsangabe
	HK	Hinterkante
	HLz	Hochlochziegel
	HLz/II	MW aus HLz mit MG II
	HLz2DF/II	MW aus Hochlochziegel vom Format 2DF (240/115/113 mm) mit MG II
	H.PKT	Hochpunkt
	HSL	Hüttenlochstein
	HSV	Hüttenvollstein
K	KG	Kellergeschoß
	KHLz	Klinkerhochlochziegel
	KMz	Klinkermauerziegel
	KS	Kalksandvollstein
	KSL	Kalksandlochstein
	KS Vm	Kalksandvollstein als Vormauerstein
	KS Vb	Kalksandvollstein als Verblendstein
	KSL Vm	Kalksandlochstein als Vormauerstein
	KSL Vb	Kalksandlochstein als Verblendstein
L	L	Läufer(stein)
	LB	Leichtbeton
	Li.M	Lichtmaß
	HLz	Leichtlochziegel
	LLz	Langlochziegel
	LM	Leichtmörtel
	LP	Luftporenbildner
	LS	Längsschnitt
M	M.	Maßstab
	MAT	Material
	MG	Mörtelgruppe
	MG I	Luftkalkmörtel nach DIN 1053-1 (bzw. für Putze nach DIN 18550-1: P I)
	MG II	Kalkzementmörtel nach DIN 1053-1 (bzw. für Putze nach DIN 18550-1: II)
	MG III	Zementmörtel nach DIN 1053-1 (bzw. für Putze nach DIN 18550-1: P III)
	MG IV	Gipsmörtel (nach DIN 18550-1: P IV)
	MV	Mischungsverhältnis

	MW	Mauerwerk
	MW/II	MW mit MG II
	MW/III	MW mit MG III
	Mz	Mauerziegel
	Mz/II	MW aus MzNF mit MG II
N	NE	Nicht-Eisen-Metalle
	NF	Normalformat (z. B. Mz NF)
	N + F	Nut + Feder-Bretter
	N.MW	Naturstein-Mauerwerk
O	OF	Oberfläche
	OFF	Oberfläche Fertigboden
	OF.GEL	Oberfläche Gelände
	OFR	Oberfläche Rohboden
	OG	Obergeschoß
	OZ	Ordnungszahl
P	P ...	Putz mit Mörtelgruppe, z. B. P II
	PKT	Punkt
	PMz	Porenziegel
	PU.PR	Putzprofil
	PU.TRÄ	Putzträger
	PZ	Portlandzement
Q	QS	Querschnitt
R	RA	Ringanker
	RB	Ringbalken
	RBM	Rohbaumaß
	RF	Raumfuge
	RSM	Rippenstreckmetall
	RT	Raumteil
S	S.	Seite
	SL	Sockellinie
	SI.MW	Sichtmauerwerk
	SPS	Sperrschicht
	St ...	Baustahl
	St.	Stück
	St.B	Stahlbeton
T	Tab.	Tabelle
	TP	Teilpunkt
	T.PKT	Tiefpunkt
	Tr	Traß
	TREL	Trennlage
	Tr.Z	Traßzement
U	UG	Untergeschoß
	ü.GEL	über Gelände
	UZ	Unterzug
	ÜZ	Überzug
V	VA	Voranstrich
	VbKSV	Verblender Kalksandvollstein
	V_2A	Nichtrostender Stahl
	V_4A	Nichtrostender, leichtsäurebeständiger Stahl
	VGM	Vergußmasse
	VK	Vorderkante
	VMz	Vormauerziegel
	VMz/II	MW aus VMz mit MG II
	VOB	Verdingungsordnung für Bauleistungen
	VZ	Erstarrungsverzögerer
W	WP	Werkplan
	WS	Wandschlitz
	WS.L	Wandschlitz lotrecht
	WS.W	Wandschlitz waagerecht
	W/Z	Wasserzementwert
Z	Z ...	Zement ...
	Zn	Zink

Zeichen

a ... b	a bis b
a − b	a minus b
a + b	a plus b
a = b	a gleich b
a < b	a kleiner b
a ≤ b	a kleiner oder gleich b
a ≈ b	a ungefähr gleich b
a ≠ b	a ungleich b
a > b	a größer b
a ≥ b	a größer oder gleich b (mindestens a)
a · b	a mal b
a x b	a mal b
a : b	a geteilt durch b
a / b	a zu b
a ⊥ b	a senkrecht zu b
a ∥ b	a parallel zu b
a ∦ b	a nicht parallel zu b
...	und so weiter, folgende
∑	Summe
∞	unendlich
∡	Winkel
⊾	rechtwinklig
→	siehe, vergleiche

Abkürzende Zeichen (für Mechanik und Statik)

a	Abstand
b	Breite, Querschnittsbreite
d	Dicke, Durchmesser (∅)
e	Entfernung, Achsmaß, Exzentrizität
f	Stich(höhe) eines Bogens, Überhöhung eines Sturzes
A	Fläche
g	ständige Linien- oder Flächenlasten
h	Höhe
H	Horizontalkraft
l	Länge
λ	Schlankheit
$l_{ü}$	Übergreifungslänge bei Stahlbewehrung
P	Einzellast
r	Radius
S	Stützweite
ü	Überbindemaß
W	Widerlagerbreite

Einheiten

Sie stehen oft in eckigen Klammern [ ]

m	Meter
dm	Dezimeter
cm	Zentimeter
mm	Millimeter
m^2	Quadratmeter
dm^2	Quadratdezimeter
cm^2	Quadratzentimeter
mm^2	Quadratmillimeter
m^3	Kubikmeter
dm^3	Kubikdezimeter
cm^3	Kubikzentimeter
mm^3	Kubikmillimeter
h	Stunde
min	Minute
l	Liter
s	Sekunde
t	Tonne
kg	Kilogramm
g	Gramm
MN	Mega-Newton
kN	Kilo-Newton
N	Newton
Mp	Megapond
kp	Kilopond
p	Pond

Schraffursinnbilder, z.T. nach DIN 1356

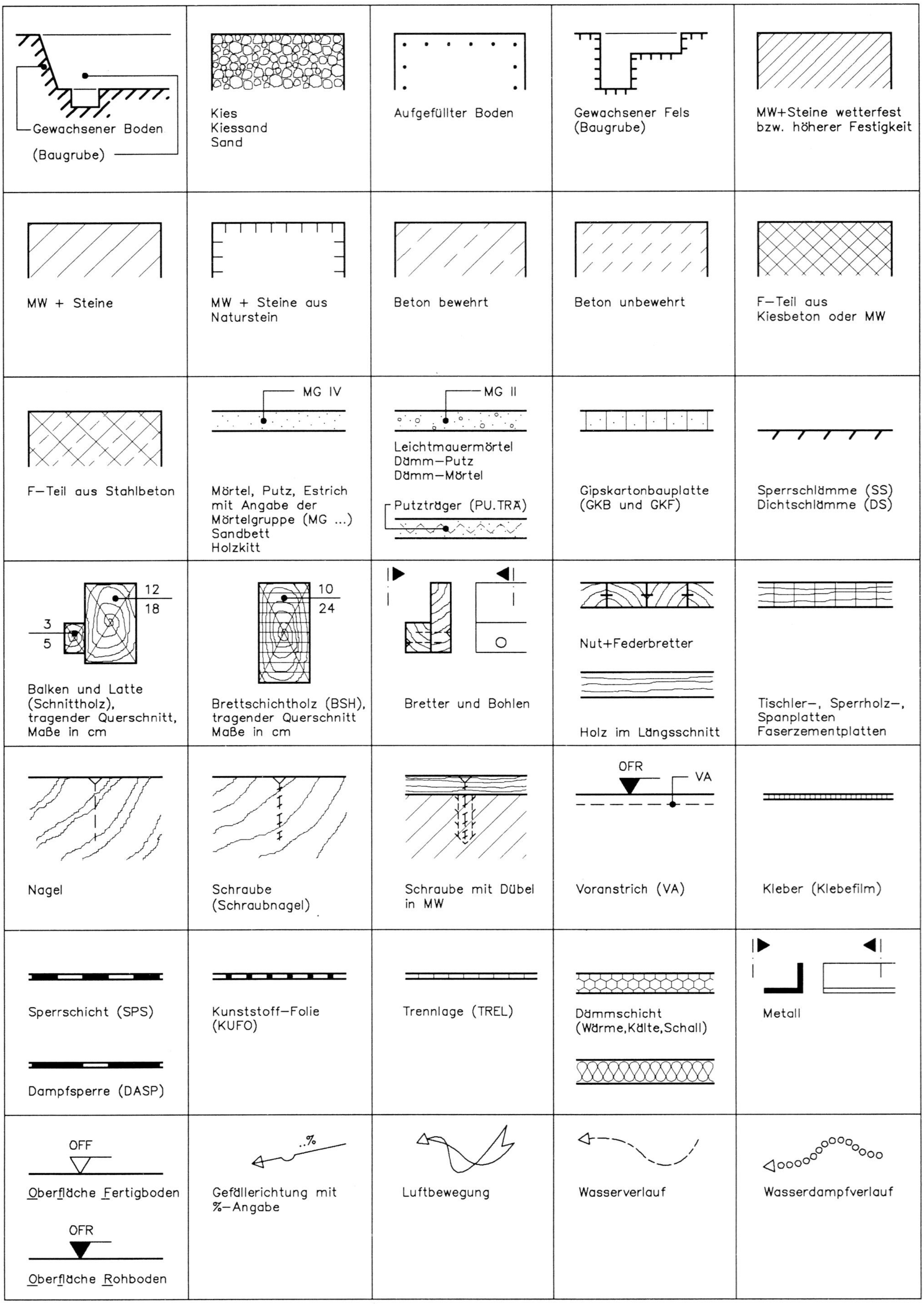

Gewachsener Boden (Baugrube)	Kies Kiessand Sand	Aufgefüllter Boden	Gewachsener Fels (Baugrube)	MW+Steine wetterfest bzw. höherer Festigkeit
MW + Steine	MW + Steine aus Naturstein	Beton bewehrt	Beton unbewehrt	F–Teil aus Kiesbeton oder MW
F–Teil aus Stahlbeton	MG IV Mörtel, Putz, Estrich mit Angabe der Mörtelgruppe (MG ...) Sandbett Holzkitt	MG II Leichtmauermörtel Dämm–Putz Dämm–Mörtel Putzträger (PU.TRÄ)	Gipskartonbauplatte (GKB und GKF)	Sperrschlämme (SS) Dichtschlämme (DS)
12 18 3 5 Balken und Latte (Schnittholz), tragender Querschnitt, Maße in cm	10 24 Brettschichtholz (BSH), tragender Querschnitt Maße in cm	Bretter und Bohlen	Nut+Federbretter Holz im Längsschnitt	Tischler–, Sperrholz–, Spanplatten Faserzementplatten
Nagel	Schraube (Schraubnagel)	Schraube mit Dübel in MW	OFR VA Voranstrich (VA)	Kleber (Klebefilm)
Sperrschicht (SPS) Dampfsperre (DASP)	Kunststoff–Folie (KUFO)	Trennlage (TREL)	Dämmschicht (Wärme,Kälte,Schall)	Metall
OFF Oberfläche Fertigboden OFR Oberfläche Rohboden	..% Gefällerichtung mit %–Angabe	Luftbewegung	Wasserverlauf	Wasserdampfverlauf

Literatur- und Quellenverzeichnis

[1 Kalksandstein-Information (Hrsg.): Kalksandstein. Planung, Konstruktion, Ausführung. 2. Aufl. Düsseldorf: Beton-Verlag 1989.

[2] Schneider, K.-J. (Hrsg.): Bautabellen. 9. Aufl. Düsseldorf: Werner 1990.

[3] Reichert, H.: Sperrschicht und Dichtschicht im Hochbau. Köln: R. Müller 1974.

[4] Wienke, F.: Das große Baubuch, Braunschweig.

[5] Zement-Taschenbuch 1974/75. Wiesbaden/Berlin: Bauverlag 1974.

[6] Schweizerische Ziegelindustrie: Dokumentation für das Bauen VSZS. 1972.

[7] Bundesverband der Deutschen Ziegelindustrie: Ziegel-Beratung Bonn.

[8] Kalksandstein-Information (Hrsg.): Kalksandsteine – Technische Informationen. Hannover.

[9] Hardo-Befestigungen. Fa. Hegemann, Arnsberg.

[10] Schmitt, H.: Hochbaukonstruktion. 5. Aufl. Ravensburg: Vieweg 1974.

[11] Fachverband Ziegelindustrie Südwest. Mauerziegel – Ziegelmauer. Neustadt.

[12] Hart, F. u. E. Bogenberger: Der Mauerziegel. Bundesverband der Deutschen Ziegelindustrie. Bonn.

[13] Bauen mit Naturwerkstein. Informationsstelle Naturwerkstein Würzburg.

[14] Mauerwerk, Berechnung und Ausführung 9/75. Neuerungen der DIN 1053. Fachliteratur zum Bauen mit Ziegeln. Bundesverband der Deutschen Ziegelindustrie. Bonn.

[15] VOB Verdingungsordnung für Bauleistungen. Ausgabe 1988. Berlin: Beuth 1988.

[16] Migua-Bewegungsfugen-Dichtungen. Fa. Hammerschmidt. Heiligenhaus.

[17] Grunau, E. B.: Fugen im Hochbau. 2. Aufl. Köln: R. Müller 1973.

[18] Funk, P. u. H. J. Irmscher: Erläuterungen zu den Mauerwerksbestimmungen. Berlin/München: Ernst & Sohn 1975.

[19] Dauerelastische Dichtungsbänder. Fa. Odenwald-Chemie. Heidelberg.

[20] Standardleistungsbuch für das Bauwesen (StLB). Leistungsbereich 014 Naturwerksteinarbeiten. Berlin: Beuth 1987.

[21] Fa. K. Schmelzer Hartsandsteinwerke Ebersbach-Rockenau.

[22] Kalksandstein-Information (Hrsg.): Rezeptmauerwerk, Berechnung und Ausführung. DIN 1053 Teil 1. Düsseldorf: Beton-Verlag 1990.

[23] Kalksandstein-Information (Hrsg.): KS-Mauerfibel. 3. Aufl. 1986.

[24] Halfeneisen – Katalog FM 88.

[25] Schöck-Isokorb-Katalog 6/1988.

[26] Mauerwerk-Atlas. Teil 6: Konstruktionen – Details von H. Reichert. München: Institut für internationale Architektur-Dokumentation (Hrsg.) Köln: R. Müller 1996.

[27] Schild, E. u.a.: Schwachstellen. Bauschadensverhütung im Hochbau. Schäden, Ursachen, Konstruktions- und Ausführungsempfehlungen. Band 2: Außenwände und Öffnungsanschlüsse. 4. Auflage. Wiesbaden/Berlin 1990.

[28] Bundesverband KS-Industrie (Hrsg.): Das weiße gedämmte Haus. Hannover 1980.

[29] Industrieverband Hartschaum (Hrsg.): Dämmpraxis Heidelberg.

[30] Isover-Preisliste B 5 – 3/86. Fa. Grünzweig + Hartmann und Glasfaser AG.

[31] Einblas-Dämmtechnik. Fa. Deutsche Rockwool, Gladbeck.

[32] Maschinen-Dämmung. Fa. Wilmsen, Essen.

[33] Reeh, H. u. H. Brechner: Kalksandstein: Statik und Bemessung. DIN 1053 Teil 2. 2. Aufl. Düsseldorf: Beton-Verlag 1986.

[34] Martens, P.: Risseschäden im Mauerwerk. In: Das Bauzentrum 6 (1977).

[35] Pieper, K.: Risse im Mauerwerk. In: DAB 2 (1977), 4 (1977) und 6 (1977).

[36] Kilcher AG Recherswil, Schweiz.

[37] Murfor-Mauerwerksbewehrung. Fa. Bekaert Deutschland, Bad Homburg.

[38] Milbrandt, E.: Aussteifende Holzbalkendecken im Mauerwerksbau. Informationsdienst Holz. München: EGH in der Deutschen Gesellschaft für Holzforschung.

[39] Deutsche Gesellschaft für Mauerwerksbau (Hrsg.): Nichttragende innere Trennwände aus künstlichen Steinen und Wandbauplatten. Bonn 1987.

[40] Wendker-Gail-Keramikwand.

[41] Handbook T1b. Timloc Cavity Trays. Goole North. Humberside, Großbritannien 1990.

[42] Perlite-Bau-Info LM 21.

[43] Kalksandstein-Information (Hrsg.): Mischmauerwerk.

[44] Pohl, R. u.a.: Mauerwerksbau. 3. Auflage. Düsseldorf: Werner 1990.

[45] RWE-Handbuch Technischer Ausbau 1987/88. Heidelberg: Energie-Verlag 1987.

[46] Funk, P. (Hrsg.): Mauerwerk-Kommentar zu DIN 1053 Teil 1. Berlin: Beuth/Ernst & Sohn 1990.

Stichwortverzeichnis